電子學精要

第八版

Electronic Principles, 8e

Albert P. Malvino
David J. Bates
著

潘添福
譯

國家圖書館出版品預行編目(CIP)資料

電子學精要 / Albert P. Malvino, David J. Bates 著；潘添福
譯. – 四版. -- 臺北市：麥格羅希爾，臺灣東華，2019.11
　　面；　公分
　　譯自：Electronic principles, 8th ed.
　　ISBN　978-986-341-408-7 (平裝)

1. 電子工程 2. 電路

448.6　　　　　　　　　　　　　　　107023206

電子學精要 第八版

繁體中文版© 2019 年，美商麥格羅希爾國際股份有限公司台灣分公司版權所有。本書所有內容，未經本公司事前書面授權，不得以任何方式（包括儲存於資料庫或任何存取系統內）作全部或局部之翻印、仿製或轉載。

Traditional Chinese abridged edition copyright © 2019 by McGraw-Hill International Enterprises, LLC., Taiwan Branch
Original title: Electronic Principles, 8e (ISBN: 978-0-07-337388-1)
Original title copyright © 2016 by McGraw-Hill Education.
All rights reserved.
Previous edition © 2007.

作　　　者	Albert P. Malvino, David J. Bates
譯　　　者	潘添福
合 作 出 版暨發 行 所	美商麥格羅希爾國際股份有限公司台灣分公司台北市 10488 中山區南京東路三段 168 號 15 樓之 2客服專線：00801-136996
	臺灣東華書局股份有限公司10045 台北市重慶南路一段 147 號 3 樓TEL: (02) 2311-4027　　FAX: (02) 2311-6615郵撥帳號：00064813門市：10045 台北市重慶南路一段 147 號 1 樓TEL: (02) 2371-9320
總 經 銷	臺灣東華書局股份有限公司
出 版 日 期	西元 2019 年 11 月 四版一刷

ISBN：978-986-341-408-7

譯 序

　　針對大專院校常將電子學這門專業科目設計成一學年（約八個月，實務上學習之時數可能會再偏少些）的課程，以原版共計 24 章的內容量來看，將其作為電子學初學者一學年的教學課程相當吃重，學習者也不易學好。故在參酌實務教學經驗下，特別將原版內容精簡成重點 12 章，希望在保有精要的前提下，減輕教師與學習者的負擔，同時學習者也能獲得電子學中的精要知識，對於日後要學習其餘內容也易觸類旁通。

　　《電子學精要》（*Electronic Principles*, 8e）雖為精簡版，但編排上仍涵蓋原版的諸多重點單元，編譯上亦維持原版一貫的完整詳實，由淺入深、循序漸進。內容說明敘述仔細，搭配各個範例協助讀者建立與釐清觀念，並輔以模擬軟體 MultiSim 交互驗證；而各章節亦附有重點提示，強化讀者觀念，除了是一本非常適合作為電子學初學者的入門參考書，對於教學者、進階學習者或電子相關從業人員而言，亦是一本非常具有實用參考價值的工具書。

潘添福

前 言

全書共分十二章，當中蘊含了電子元件的介紹及其應用電路與觀念的分析及探討。研讀本書前，建議讀者應先具備基本電(路)學及一定的數學基礎。

全書章節在內容編排上，首先介紹二極體（diode）元件。在第 1 章到第 4 章中，我們針對二極體的本身、原理及其應用電路與特殊形式二極體做了詳細介紹。其次是電晶體元件，在第 5 章到第 7 章中，我們分別介紹了雙極性接面電晶體（BJT）其特性、原理、偏壓及交流模型；而在第 8 章及第 9 章中，則分別探討了另外兩種電晶體類型：接面場效應電晶體（JFET）及金氧半場效應電晶體（MOSFET）；第 10 章至第 12 章中則進一步介紹了重要的頻率響應（frequency effects）、運算放大器（OPA）及負回授（negative feedback）。

學習特色

《電子學精要》包含許多學習特色：

章首介紹：每章開頭簡短介紹學生將要學習的階段。
學習目標：簡短列出預期的學習成果。
章節大綱：詳列各章主題。
詞彙：提示學生該章重要詞彙。
例題：各章皆有說明重要概念或電路操作的實例，包含電路分析、應用、電路檢測及基本設計。
練習題：多數例題後皆附有練習題讓學生演練，章末並提供解答。
知識補給站：提供有趣及更深入的說明。
MultiSim：學生可自行網路下載檔案實際操作練習。
元件資料手冊：提供半導體元件的完整或部分元件資料手冊供參考。
總結表：學生可利用總結表複習該章重要主題。
章末總結：可作為考前複習，並列出重要電路推導和定義強化學習。
電路檢測表：學生可使用電路模擬軟體 MultiSim 建立電路檢測技巧。
章末習題：包含自我測驗、問題、腦力激盪、電路分析、問題回顧等。

目 次

Chatper 1　半導體.. 2

- 1-1　導體.. 4
- 1-2　半導體.. 5
- 1-3　矽晶體.. 6
- 1-4　本質半導體.. 10
- 1-5　兩種載子流.. 10
- 1-6　半導體摻雜.. 11
- 1-7　兩種非本質半導體.. 12
- 1-8　無偏壓二極體.. 13
- 1-9　順向偏壓.. 15
- 1-10　反向偏壓.. 16
- 1-11　崩潰.. 18
- 1-12　能階.. 19
- 1-13　障壁電位與溫度.. 22
- 1-14　反向偏壓二極體.. 23

Chatper 2　二極體原理.. 34

- 2-1　基本概念.. 36
- 2-2　理想二極體.. 40
- 2-3　第二種近似法.. 42
- 2-4　第三種近似法.. 44
- 2-5　電路檢測.. 47
- 2-6　閱讀元件資料手冊.. 49
- 2-7　如何計算本體電阻值.. 53
- 2-8　二極體的直流電阻值.. 54
- 2-9　負載線.. 55
- 2-10　表面黏著式二極體.. 56
- 2-11　電子系統的簡介.. 58

Chatper 3　二極體電路 66

- 3-1　半波整流器 68
- 3-2　變壓器 72
- 3-3　全波整流器 74
- 3-4　橋式整流器 78
- 3-5　輸入扼流圈濾波器 83
- 3-6　輸入電容濾波器 86
- 3-7　峰值反向電壓及突波電流 94
- 3-8　其他的電源供應主題 96
- 3-9　解決電路問題 101
- 3-10　截波器與限制器 103
- 3-11　箝位器 108
- 3-12　電壓倍增器 112

Chatper 4　特殊用途的二極體 128

- 4-1　稽納二極體 130
- 4-2　加載的稽納穩壓器 133
- 4-3　稽納二極體的第二種近似法 ...139
- 4-4　稽納脫離點（Zener Drop-Out Point）.... 143
- 4-5　閱讀元件資料手冊 145
- 4-6　電路檢測 149
- 4-7　負載線（Load Lines）.............152
- 4-8　發光二極體 (LEDs)..................153
- 4-9　其他光電元件 161
- 4-10　蕭特基二極體 164
- 4-11　變容器 167
- 4-12　其他二極體 170

Chatper 5　雙極性接面電晶體原理 184

- 5-1　未偏壓電晶體 186
- 5-2　偏壓電晶體 186
- 5-3　電晶體電流 189
- 5-4　共射極連接 192

5-5	基極特性曲線	193
5-6	集極特性曲線	195
5-7	電晶體近似法	201
5-8	閱讀元件資料手冊	204
5-9	表面黏著式電晶體	210
5-10	電流增益的差異	212
5-11	負載線	213
5-12	工作點	219
5-13	認識飽和	222
5-14	電晶體開關	226
5-15	電路檢測	227

Chatper 6　雙極性接面電晶體偏壓 ... 242

6-1	射極偏壓法	244
6-2	LED 驅動電路	248
6-3	電路檢測射極偏壓元件	251
6-4	更多光電子元件	253
6-5	分壓器偏壓法	257
6-6	精確的 VDB 分析	260
6-7	VDB 負載線及 Q 點	262
6-8	雙電源射極偏壓法	266
6-9	其他類型的偏壓法	270
6-10	電路檢測 VDB 元件	272
6-11	*PNP* 電晶體	273

Chatper 7　交流模型 ... 288

7-1	基極偏壓放大器	290
7-2	射極偏壓放大器	296
7-3	小信號操作	299
7-4	交流 β 值	302
7-5	射極二極體的交流電阻	303
7-6	兩種電晶體模型	307
7-7	分析放大器	309
7-8	元件資料手冊上的交流物理量	314

Chatper 8　接面場效應電晶體.......................... 324

8-1	基本概念	326
8-2	汲極特性曲線	328
8-3	轉導特性曲線	331
8-4	偏壓於歐姆區	333
8-5	偏壓於主動區	336
8-6	轉導值	348
8-7	接面場效應電晶體放大器	350
8-8	接面場效應電晶體類比開關	357
8-9	其他接面場效應電晶體的應用	360
8-10	閱讀元件資料手冊	370
8-11	接面場效應電晶體的測試	373

Chatper 9　金氧半場效應電晶體 388

9-1	空乏型 MOSFET	390
9-2	空乏型 MOSFET 特性曲線	390
9-3	空乏型 MOSFET 放大器	392
9-4	增強型 MOSFET	394
9-5	歐姆區	397
9-6	數位開關	404
9-7	互補式金氧半導體	408
9-8	功率場效應電晶體	410
9-9	增強型 MOSFET 放大器	418
9-10	MOSFET 的測試	422

Chatper 10　頻率響應 434

10-1	放大器的頻率響應	436
10-2	分貝功率增益	442
10-3	分貝電壓增益	445
10-4	阻抗匹配	448
10-5	在參考值之上的分貝值	451
10-6	波德圖	453
10-7	更多的波德圖	457

10-8	米勒效應	464
10-9	上升時間與頻寬的關係	467
10-10	BJT 電路級的頻率分析	470
10-11	FET 電路級的頻率分析	479
10-12	表面黏著電路的頻率效應	485

Chatper 11 運算放大器 496

11-1	運算放大器的介紹	498
11-2	運算放大器 741	500
11-3	反相放大器	512
11-4	非反相放大器	519
11-5	雙運算放大器之應用	524
11-6	線性積體電路	530
11-7	表面黏著元件運算放大器	536

Chatper 12 負回授 548

12-1	四種負回授	550
12-2	VCVS 電壓增益	552
12-3	其他的 VCVS 方程式	555
12-4	ICVS 放大器	560
12-5	VCIS 放大器	563
12-6	ICIS 放大器	565
12-7	頻寬	567

奇數題解答　583

名詞索引　587

中英章節對照表　592

Chapter 1 半導體

要知道二極體、電晶體與積體電路如何運作,首先你必須了解半導體這種既非導體亦非絕緣體的材料。半導體包含一些自由電子,但是它們之所以特別,是因為電洞的存在。在本章中,你將會學習到半導體、電洞及其他相關主題。

學習目標

在學習完本章後,你應能夠:
- 認識良導體及半導體在原子層的特性。
- 描述矽晶體的結構。
- 列出兩種載子,並說出使其成為多數載子的雜質種類。
- 說明在無偏壓、順偏及逆(反)偏情況下,各二極體 *pn* 接面的情形。
- 描述跨在二極體兩端上過多的反向電壓所造成的崩潰電流種類。

章節大綱

1-1 導體
1-2 半導體
1-3 矽晶體
1-4 本質半導體
1-5 兩種載子流
1-6 半導體摻雜
1-7 兩種非本質半導體
1-8 無偏壓二極體
1-9 順向偏壓
1-10 反向偏壓
1-11 崩潰
1-12 能階
1-13 障壁電位與溫度
1-14 反向偏壓二極體

詞彙

ambient temperature　環境溫度	junction diode　接面二極體
avalanche effect　雪崩效應	junction temperature　接面溫度
barrier potential　障壁電位	majority carriers　多數載子
breakdown voltage　崩潰電壓	minority carriers　少數載子
conduction band　導通帶	n-type semiconductor　n 型半導體
covalent bond　共價鍵	p-type semiconductor　p 型半導體
depletion layer　空乏層	pn junction　pn 接面
diode　二極體	recombination　再結合
doping　摻雜	reverse bias　反（逆）向偏壓
extrinsic semiconductor　非本質半導體	saturation current　飽和電流
forward bias　順向偏壓	semiconductor　半導體
free electron　自由電子	silicon　矽
hole　電洞	surface-leakage current　表面漏電流
intrinsic semiconductor　本質半導體	thermal energy　熱能

1-1　導體

銅是良導體，從圖 1-1 的原子結構就可清楚看出。原子核包含 29 個質子（proton，正電荷）。當銅原子電荷為中性時，29 個電子（負電荷）會像行星繞著太陽一樣環繞著原子核運行。電子會在不同的軌道（orbit）運行，在第一個軌道上有 2 個電子，在第二個軌道有 8 個，在第三個軌道有 18 個，而在最外圍軌道有 1 個。

穩定的軌道

圖 1-1 的正原子核吸引著電子繞行，這些電子之所以不被拉入原子核是因為它們的圓周運動所產生的離心力剛好等於拉往原子核的力量，所以軌道是穩定的。這個觀念就類似於環繞地球軌道的人造衛星，只要速度與高度適中，人造衛星即可維持在一個軌道上。

電子在越外圍的軌道，感受到原子核的引力就越小，在越外圍的軌道，電子移動較慢，所產生的離心力也較小。圖 1-1 中最外圍軌道的電子移動緩慢，幾乎沒有感受到原子核的引力。

原子核

電子學裡最重要的就是稱為價軌道（valence orbit）的外圍軌道了，它控制著原子的電氣特性。為了強調價軌道的重要性，我們定義原子的核心（core）為原子核及其所有的內部軌道。銅原子的核心為原子核（+29）及前面的三個軌道（–28）。

因為銅原子的核心包含 29 個質子及 28 個內部電子，所以其淨電荷為 +1，圖 1-2 可以幫助我們了解原子核及其價軌道。價電子位於一

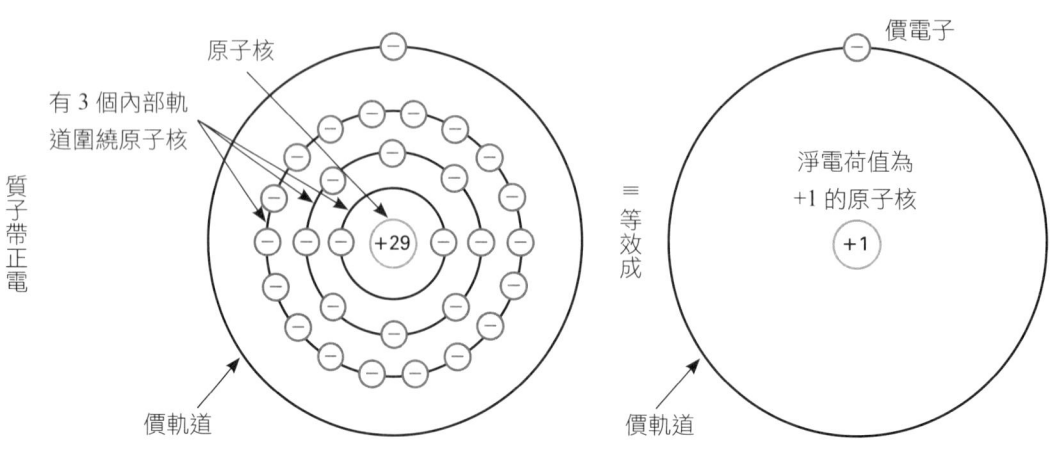

圖 **1-1**　銅原子。　　　　　　　　　圖 **1-2**　銅原子的等效圖。

個環繞在淨電荷僅為 +1 原子核的大軌道上，因此，感受到來自原子核的拉力非常小。

自由電子

由於原子核與價電子間的吸引力微弱，所以外力很容易就能把電子移出銅原子，也因此我們常稱價電子為**自由電子（free electron）**，而這也是銅為良導體的原因。小小的電壓就能讓自由電子從一個原子流往下個原子。最好的導體是銀、銅跟黃金；它們都有一個如圖 1-2 的樣子。

例題 1-1

假設有一外力移除了圖 1-2 中銅原子的價電子，那麼銅原子的淨電荷會是什麼？如果有一個外部電子移入圖 1-2 中的價軌道，那麼其淨電荷會是什麼？

解答 當價電子離開時，原子的淨電荷會變成 +1。每當原子失去一個電子，它就會變成帶正電。我們稱一個帶正電荷的原子為*正離子*（positive ion）。

當外部電子移入圖 1-2 的價軌道時，原子的淨電荷會變成 −1。每當原子在它的價軌道上有一個額外電子時，我們稱這個帶負電荷的原子為*負離子*（negative ion）。

1-2 半導體

最好的導體（銀、銅與黃金）有一個價電子，而最好的絕緣體有八個價電子。**半導體（semiconductor）**是個電氣特性介於導體與絕緣體間的元素。如你所料，最好的半導體有四個價電子。

鍺

鍺就是一個半導體，在價軌道上有四個電子。多年前，鍺是唯一適合製作半導體元件的材料，但這些鍺元件有個致命缺點是工程師無法克服的（鍺有不小的反向電流，這會在稍後討論）。最後，另一種名為**矽（silicon）**的材料取而代之，成為最常應用的半導體材料。

矽

矽是僅次於氧為地球上最豐富的元素。過去因提煉的問題阻礙了人們對矽的利用。問題一被解決後，矽的優點（稍後討論）很快便讓它成為半導體材料的首選。如果沒有矽，現代電子、通訊及電腦將變得不可能。

獨立的矽原子有 14 個質子與 14 個電子。如圖 1-3a 所示，第一個軌道包含 2 個電子，第二個軌道包含 8 個電子，剩餘的 4 個電子則在價軌道。在圖 1-3a，因為原子核包含了 14 個質子，而在第一與第二軌道有 10 個電子，所以原子核淨電荷為 +4。

圖 1-3b 為矽原子的原子核，四個價電子告訴我們矽是半導體。

> **知識補給站**
> 另一個常見的半導體元素是碳（C），主要用來製造電阻。

例題 1-2

如果圖 1-3b 中的矽原子失去一個價電子，則其淨電荷會是什麼？如果它在價軌道獲得一個額外電子呢？

解答 如果它失去一個電子，就會變成電荷為 +1 的正離子。如果它得到一個額外電子，就會變成電荷為 −1 的負離子。

1-3 矽晶體

當矽原子結合形成固體時，它們會排列序，稱為晶體（crystal）。每個矽原子會與相鄰四個原子共享它的電子，使得在它的價軌道上會

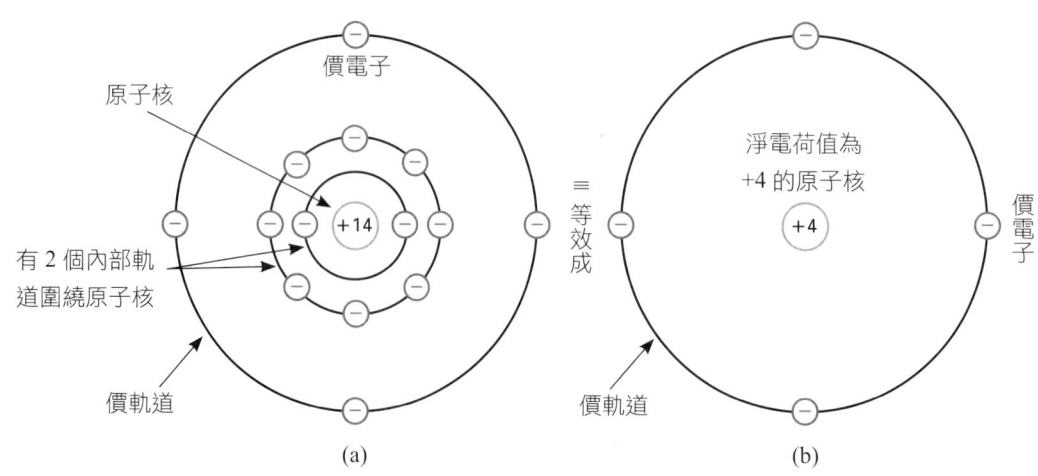

圖 1-3 (a) 矽原子；(b) 矽原子的等效情況。

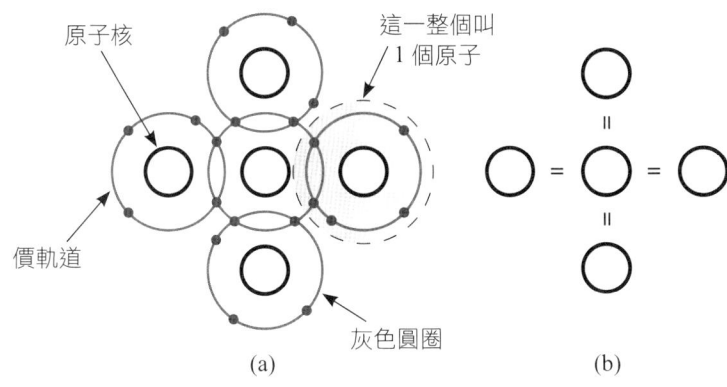

圖 1-4 (a) 在晶體中的原子有 4 個相鄰原子；(b) 共價鍵。

有 8 個電子。例如圖 1-4a 為一個有著四個相鄰原子的中央原子。圖中灰色圓圈代表矽原子核外的價軌道。雖然中央原子原來在其價軌道上有 4 個電子，它現在有 8 個電子。

共價鍵

每個相鄰的原子會和在中央處的原子共享一個電子，所以在中央的原子會有 4 個額外電子，這使得它在價軌道上會有 8 個電子。這些電子不再屬於任何單一原子所擁有。這種共享觀念適用於所有其他矽原子。換句話說，矽晶體內每個原子都會有 4 個相鄰原子。

圖 1-4a 中每個原子核的電荷量皆為 +4。看一下圖中央的原子核及其右邊的原子核。這兩個原子核以同樣大小但相反方向的力量吸引著在它們之間的一對電子，這相反的拉力正是矽原子會拉在一起的原因。這個觀念就像拔河，只要兩隊以相同但相反的力量拉著，他們就會結合在一起。

在圖 1-4a 中，由於每個共享電子被反向拉著，電子會在相對的原子核間形成一個鍵結，我們稱這種化學結合為**共價鍵（covalent bond）**。圖 1-4b 以較簡單的方式呈現出共價鍵的概念。一個矽晶體中有數十億個矽原子，每個都有 8 個價電子；這些價電子就是把晶體束縛在一起成為固體的共價鍵。

價飽和

每個在矽晶體中的原子在價軌道上都有 8 個電子。這 8 個電子會產生化學穩定性，進而產生固態的矽物質。沒人能確定為何所有元素的外圍軌道總是傾向會有 8 個電子。當一個元素中沒有自然地存在 8 個電子時，它似乎會傾向與其他原子結合，與其共享電子，好讓外圍

軌道會有 8 個電子。

有些物理學高階方程式可部分解釋在不同材料中,為何 8 個電子會產生化學穩定性,但沒人清楚為何是數目 8。它就像萬有引力、庫倫定理及其他定理等諸多定理中的一個,我們可以觀察得到,但卻無法完全解釋清楚為什麼。

當價軌道有 8 個電子時,價軌道為飽和(saturated),因為不會再有電子可以填進軌道中。以下為定理描述:

$$\text{原子價飽和:} n = 8 \qquad (1\text{-}1)$$

換句話說,價軌道無法容納超過 8 個電子。而且,這 8 個價電子稱為束縛電子(bound electron),因為它們被原子緊緊束縛住。由於有了這些被束縛住的電子,室溫(約 25°C)下的矽晶體幾乎是完美的絕緣體。

電洞

環境溫度(室溫)(ambient temperature) 是指四周的空氣溫度。當環境溫度超過絕對零度(−273°C)時,空氣中的熱能會造成矽晶體中的原子震動。環境溫度越高,震動越劇烈。當你拿起一個溫熱的物體,你所感覺到的溫熱便是原子震動所造成的。

在一個矽晶體中,原子的震動有時會使電子移出價軌道。當這種情況發生時,如圖 1-5a 所示,被釋放掉的電子會獲得足夠的能量進入更外圍的軌道,成為自由電子。

不只如此,電子的離開會在價軌道上產生一個稱為**電洞(hole)**的空缺(如圖 1-5a)。由於失去電子會產生正離子,所以這個電洞的行為像正電荷,會吸引並捕捉最鄰近的電子。有無電洞是導體與半導體間的重要差異;電洞能讓半導體做到導體做不到的事。

在室溫下,熱能只會產生少許電洞與自由電子。為了增加電洞與自由電子的數目,對晶體做摻雜(dope)是必要的。稍後的章節會做進一步討論。

> **知識補給站**
> 電洞與電子各擁有 0.16×10^{-18} 庫倫的電荷,但極性相反。

再結合與生命期

在純矽晶體裡,**熱能(thermal energy/heat energy)** 會創造相等數量的自由電子與電洞。自由電子會在晶體內任意移動。有時自由電子會趨近電洞,受到吸引而落入電洞中。**再結合(recombination)** 指的是自由電子與電洞的結合(如圖 1-5b)。

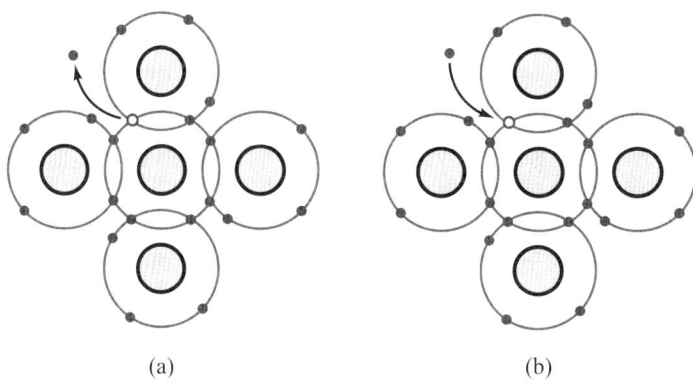

圖 1-5 (a) 熱能會產生電子與電洞；(b) 自由電子與電洞的再結合。

一個自由電子從存在到消失的這段時間稱為生命期（lifetime），可以從幾奈秒到幾微秒，時間長短視晶體本身結構有多完美及其他因素而定。

主要觀念

在任何時候，一個矽晶體內會發生以下情形：

1. 熱會產生一些自由電子與電洞。
2. 其他自由電子與電洞會發生「再結合」。
3. 有些自由電子與電洞是暫時存在著，它們在等待「再結合」的發生。

例題 1-3

如果一個純矽晶體裡有一百萬個自由電子，那麼它會有多少個電洞呢？如果環境溫度增加，這些自由電子與電洞會發生什麼事呢？

解答 如圖 1-5a 所示，當熱能產生一個自由電子，它會同時產生一個電洞。因此，一個純矽晶體永遠會有相同數量的電洞與自由電子。如果有一百萬個自由電子，那就會有一百萬個電洞。

溫度越高會讓原子震動的程度越大，意味會產生更多的自由電子與電洞。但不管溫度是多少，一個純矽晶體會有相同數量的自由電子與電洞。

1-4 本質半導體

本質半導體（intrinsic semiconductor）為一純半導體。若晶體中的每個原子均為矽原子，則此矽晶體為一本質半導體。室溫下的矽晶體好比絕緣體，因為它只有極少由熱能產生的自由電子及電洞。

自由電子流

圖 1-6 為在兩塊帶電荷金屬極板間的一部分矽晶體。假設熱已產生一個自由電子與一個電洞，自由電子是在晶體右端的大軌道上。由於極板帶負電荷，自由電子會被排斥到左端。這個自由電子可以從一個大軌道移動到下一個，直到它到達正極板。

電洞流

注意在圖 1-6 左邊的電洞。這個電洞在 A 點會吸引價電子，造成這個價電子移入此電洞。

當在 A 點的價電子移往左邊，它會在 A 點產生一個新的電洞，效果就跟把原來的電洞移動到右邊一樣。在 A 點產生的新電洞會吸引並捕捉另一個價電子。依此方式，價電子可沿著箭頭所指路徑移動，意味電洞可沿著 A-B-C-D-E-F 路徑反向移動，就跟一個正電荷一樣。

1-5 兩種載子流

圖 1-7 為一本質半導體，它有相同數量的自由電子與電洞，這是因為熱會產生成對的自由電子與電洞。施加的電壓會讓自由電子往左流，而電洞往右流。當自由電子到達晶體的左邊，它們會進入外部的導線而流往電池正極。

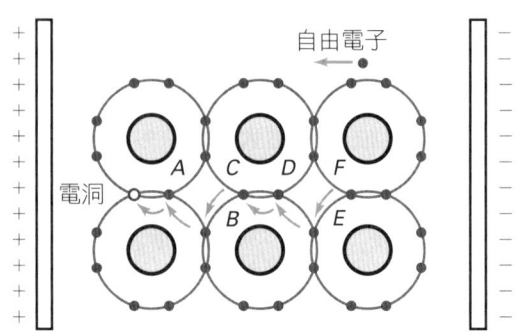

圖 1-6 電洞流過半導體。

另一方面，在電池負極的自由電子將會流往晶體的右邊。在這裡，它們會進入晶體而與到達晶體右邊的電洞發生再結合。依此方式，穩定的自由電子與電洞流會在半導體內發生。注意，在半導體外沒有電洞流。

圖 1-7 中，自由電子與電洞是往相反方向移動。從現在開始，我們會將半導體中的電流視為自由電子流與電洞流的結合。由於它們把電荷從一處運往另一處，所以自由電子與電洞常稱為載子（carrier）。

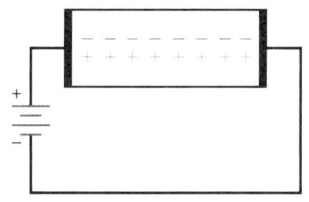

圖 **1-7** 本質半導體有相同數量的自由電子與電洞。

1-6　半導體摻雜

摻雜（doping）是增加半導體傳導性的一種方法。這意味把雜質原子加入本質（intrinsic）晶體中去修改它的電氣傳導性。摻了雜質的半導體稱為**非本質半導體（extrinsic semiconductor）**。

增加自由電子

廠商如何摻雜矽晶體呢？首先要融化純矽晶體。這會打破共價鍵，讓矽從固體變成液體。為增加自由電子的數量，五價（pentavalent）原子會被加入融化的液態矽中。五價原子在價軌道會有 5 個電子，如砷、銻及磷等。由於這些材料會貢獻一個額外電子給矽晶體，所以被稱為施體（donor）雜質。

圖 1-8a 為摻雜後的矽晶體在冷卻及固化後的固態晶體結構。一個五價原子位處中央，圍繞它的是 4 個矽原子。如前面所說，相鄰的原子會與中央原子共享一個電子，但此時會多出一個電子。每個五價原子都會有 5 個價電子。由於只有 8 個電子能塞入價軌道，所以這個多出來的電子會留在較外圍的軌道上。換句話說，它會是個自由電子。

矽晶體中的每個五價原子或施體原子都會產生一個自由電子，這就是廠商控制摻雜半導體傳導性的方法。摻入雜質越多，傳導性就會越好。摻雜少的半導體阻抗較高，而摻雜多的半導體阻抗較低。

增加電洞數目

我們如何將純矽晶體進行摻雜以得到較多的電洞呢？我們可以摻入原子中只有三個價電子的三價雜質（trivalent impurity），例如鋁（aluminum）、硼（boron）與鎵（gallium）。

圖 1-8b 的中央處為一個三價原子。它被 4 個矽原子圍繞，每一個都分享一個價電子。由於三價原子只有三個價電子，而每個相鄰原子都共享一個電子，所以軌道上只有 7 個電子。這意味在每個三價原

• 自由電子

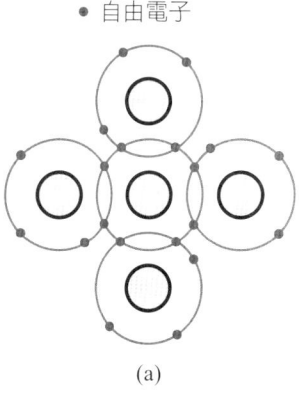

(a)

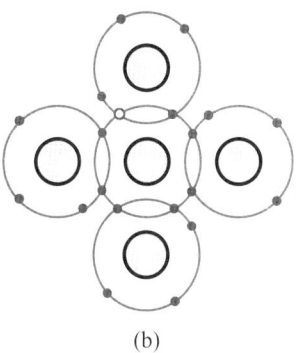

(b)

圖 **1-8**　(a) 摻雜以獲得更多自由電子；(b) 摻雜以獲得更多電洞。

的價軌道上會有一個電洞。當再結合發生時，每個電洞可接受一個自由電子，所以三價原子也稱為受體（acceptor）原子。

重點

廠商在對半導體進行摻雜前，必須先把它製成一個純晶體，然後藉由控制摻入的雜質量，精確地控制半導體的特性。過去純鍺晶體比純矽晶體容易生產，因此早期半導體元件都是用鍺製成。後來由於製造技術的改進，純矽晶體變得容易獲得，矽的優點讓它成為了最受歡迎與最常用的半導體材料。

例題 1-4

某摻雜半導體有一百億個矽原子與 1500 萬個五價原子。若環境溫度為 25°C，在半導體中會有多少個自由電子與電洞？

解答 每個五價原子都會貢獻一個自由電子，因此半導體會有摻雜所產生的 1500 萬個自由電子。相較之下，由於在半導體中只有因熱所產生的電洞，所以將幾乎沒有電洞。

練習題 1-4 如例題 1-4，若以 500 萬個三價原子取代五價原子摻入，則在半導體內會有多少個電洞？

1-7 兩種非本質半導體

半導體可以藉由摻雜獲得更多的自由電子或電洞。摻雜半導體可分兩種。

n 型半導體

被摻入五價雜質的矽稱為 **n 型半導體**（*n*-type semiconductor），*n* 代表「負」的意思。圖 1-9 為一個 *n* 型半導體。由於 *n* 型半導體中的自由電子數量超過電洞，所以自由電子稱為**多數載子**（majority carrier），而電洞稱為**少數載子**（minority carrier）。

所施加的電壓使得自由電子會移到左邊，而電洞會移到右邊。當電洞到達晶體右端時，來自外部電路的自由電子會進入半導體而與電洞再結合。

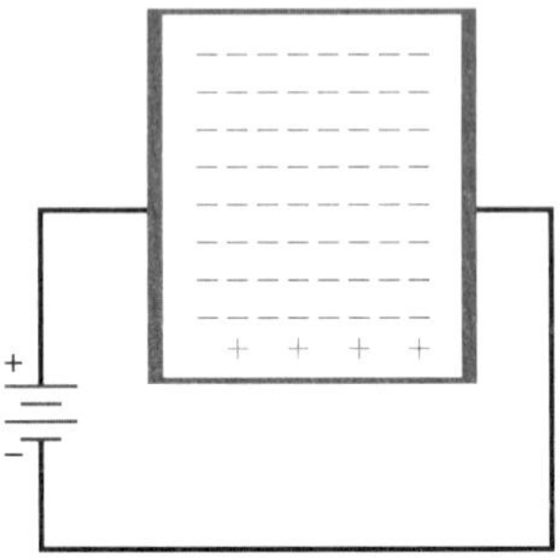

圖 1-9 *n* 型半導體有許多自由電子。

圖 1-9 中的自由電子流往晶體左邊，進入導線，並持續流入電池正極。

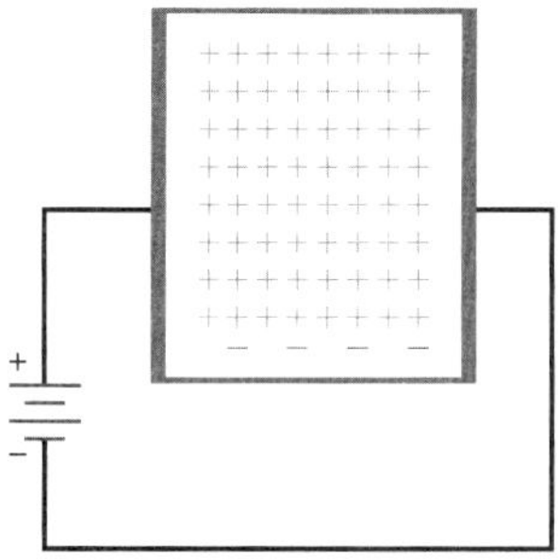

p 型半導體

摻入三價雜質的矽稱為 **p 型半導體**（*p*-type semiconductor），*p* 代表「正」的意思。圖 1-10 為一個 *p* 型半導體。由於電洞數量超過自由電子，所以電洞被稱為多數載子，而自由電子為少數載子。

所施加的電壓使得自由電子會移往左邊，而電洞會移往右邊。圖 1-10 中到達晶體右端的電洞將會與來自外部電路的自由電子再結合。

圖 1-10 中也有少數載子流。在半導體內的自由電子會從右往左流。由於少數載子為數太少，所以在電路中幾乎沒有任何作用。

圖 1-10 *p* 型半導體有許多電洞。

1-8 無偏壓二極體

單獨的 *n* 型半導體與 *p* 型半導體的用處跟碳電阻差不多，然而一旦廠商將同一塊晶體的一半摻雜成 *p* 型而另一半摻雜成 *n* 型時，便會產生出一個新東西。

p 型與 *n* 型半導體之間的邊界稱為 **pn 接面**（*pn* junction），已延伸出許多發明，包括二極體、電晶體與積體電路。了解 *pn* 接面能夠讓你知道各種半導體元件。

無偏壓二極體

如前一節所討論的，摻雜矽晶體中的每個三價原子都會產生一個電洞。因此，我們可以想像一塊 *p* 型半導體，如圖 1-11 左側所示。每個用圓圈圈起來的負號是三價原子，而每個正號是在它價軌道上的電洞。

同樣的，我們也能想像 *n* 型半導體的五價原子及自由電子，如圖 1-11 右側所示。每個用圓圈圈起來的正號代表一個五價原子，而每個負號是它貢獻給半導體的自由電子。注意，由於正號與負號個數相同，所以每塊半導體材料呈電中性。

如圖 1-12 所示，廠商可以生產一邊是 *p* 型材料、另一邊為 *n* 型的單一晶體。*p* 型區與 *n* 型區交會的邊界為接面，因此 *pn* 晶體又稱**接面二極體**（junction diode）。**二極體**（diode）這個字是兩個電極（di + electrodes，即「兩（個）」+「電極」）的縮寫。

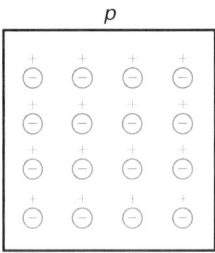
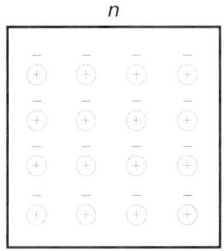

圖 1-11 兩種半導體。

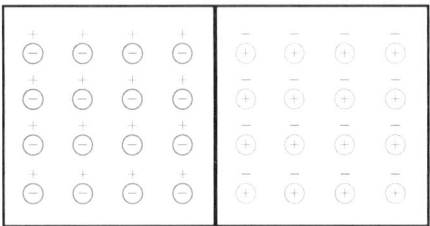

圖 1-12 pn 接面。

空乏層

由於彼此的互相排斥，圖 1-12 中 n 型區的自由電子會往四面八方擴散開，其中有些會擴散過 pn 接面。當一個自由電子進入 p 型區時，它會變成少數載子。由於受到大量電洞環繞，此少數載子的生命期會很短。自由電子在進入 p 型區後會很快與電洞再結合，電洞會消失，而自由電子會變成價電子。

每次一個電子擴散過接面，它會產生一對離子。當一個電子離開 n 側時，它會留下一個少了一個負電荷的五價原子；這個五價原子會變成正離子。當此遷移電子落入 p 側的電洞後，它會使捕獲它的三價原子成為負離子。

圖 1-13a 為在接面兩側的離子。圓圈圈起來的正號是正離子，而圓圈圈起來的負號是負離子。由於共價鍵之故，離子在晶體結構中是固定的，所以它們不像自由電子跟電洞能四處移動。

在接面的每一對正離子與負離子稱為雙極（dipole）。雙極的產生意味一個自由電子與電洞已脫離運行。當雙極的數量逐漸增加，接近接面處的區域逐漸沒有載子的存在。我們稱這空無載子的區域為**空乏層**（**depletion layer**，見圖 1-13b）。

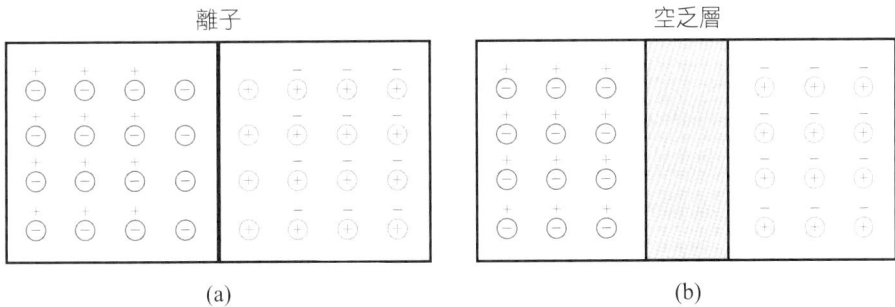

圖 1-13 (a) 接面處離子的產生；(b) 空乏層。

障壁電位

每一個雙極在正離子與負離子間會有電場。因此，若有額外的自由電子進入空乏層，電場會試著把這些電子推回去 n 型區。電場的力量會隨著每個穿過的電子而增加直到達到平衡，這意味電場最終會阻止電子擴散過接面。

在圖 1-13a，離子間的電場等同於稱為**障壁電位（barrier potential）**的電位差。在 25°C，鍺二極體的障壁電位近似於 0.3 伏特，而矽二極體則為 0.7 伏特。

1-9 順向偏壓

圖 1-14 為跨在二極體上的一直流源。電源負端連接到 n 型材料，而電源正端連接到 p 型材料。這接法稱為**順向偏壓（forward bias）**。

自由電子流

在圖 1-14，電池把電洞與自由電子推向接面處。若電池電壓小於障壁電位，則自由電子不會有足夠能量穿越空乏層；當它們進入空乏

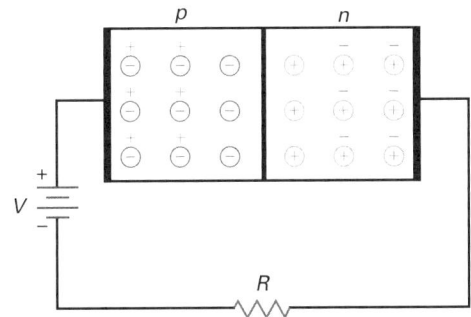

||| Multisim　**圖 1-14**　順向偏壓。

層時，離子會把它們推回去 n 型區域。因此，二極體沒有電流流過。

當直流電壓源大於障壁電位時，電池會再次把電洞與自由電子推向接面。此時自由電子會有足夠能量穿越空乏層並與電洞做再結合。你可以想像在 p 型區所有電洞移往右邊，而所有自由電子移往左邊，就會有概念了。這些相反的電荷會在鄰近接面的某處再結合。由於自由電子會持續進入二極體右端，而電洞會持續在左端被產生，所以二極體會有一持續電流。

一個電子的流動

讓我們跟著一個電子看它如何走過整個電路。當自由電子離開電池負極後，它會進入二極體右端，穿過 n 型區域直到抵達接面。當電池電壓大於 0.7 伏特時，自由電子會有足夠能量越過空乏層。自由電子在進入 p 型區域後，會很快地跟電洞做再結合。

換句話說，自由電子會變成價電子。作為一個價電子，它會持續移往左邊，從一個電洞到下一個電洞，直到抵達二極體最左端。當它離開二極體左端時，一個新的電洞會出現，而上述過程會再度展開。由於有數十億個電子會經歷同樣的過程，所以會有一持續電流經過二極體。串聯電阻可以限制順向電流的大小。

重點

在順向偏壓（即順偏）二極體中的電流容易流動。只要施加的電壓大於障壁電位，電路中就會有持續不斷的大電流。換句話說，若電源電壓大於 0.7 伏特，則矽二極體會允許順向電流持續流過。

1-10　反向偏壓

若將直流電源反向，你會得到圖 1-15。此時電池負端連接到 p 側，而正端連到 n 側。此連接稱為**反（逆）向偏壓（reverse bias）**。

空乏層變寬

電池負端會吸引電洞，而電池正端會吸引自由電子。因此，電洞與自由電子會流出接面，所以空乏層會變寬。

圖 1-16a 中的空乏層會擴展到多寬呢？當電洞與電子遠離接面時，新產生的離子會增加跨於空乏層上的電位差。空乏層越寬，電位差越大。當空乏層上的跨壓差等於所施加的逆向電壓時，空乏層會停止擴大。當這種情形發生時，電子與電洞會停止離開接面區。

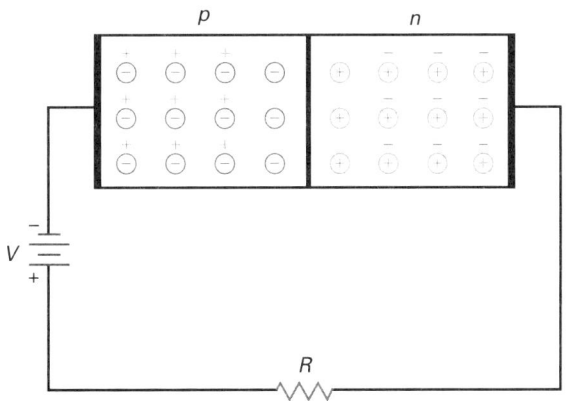

Multisim 圖 1-15 反向偏壓。

有時候空乏層會如圖 1-16b 中的灰色區所示。灰色區的寬度正比於反向電壓。當反向電壓增加時，空乏層會變更寬。

少數載子電流

在空乏層穩定後會有任何電流嗎？會的，反向偏壓時仍會存在一個微小電流。回想一下，熱能會持續地產生自由電子與電洞對。這意味一些少數載子會存在於接面兩側。這些少數載子絕大多數會跟多數載子做再結合，但在空乏層內的那些可能會存在夠久，進而越過接面。當這種情況發生時，會有一個微小電流在外部電路中流動。

圖 1-17 繪出了這個概念。假設熱能已在接面附近產生一個自由電子及電洞，空乏層會推動自由電子到右邊，驅使一個電子離開晶體右端。空乏層中的電洞會被推往左邊。這個在 p 側的額外電洞會讓一個電子進入晶體左端，並落入一個電洞中。由於熱能持續在空乏層內產生電子－電洞對，所以一個持續且微小的電流會在外部電路中流動。

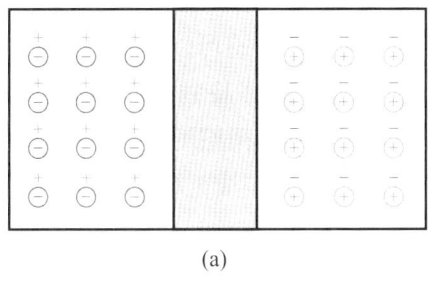
(a)

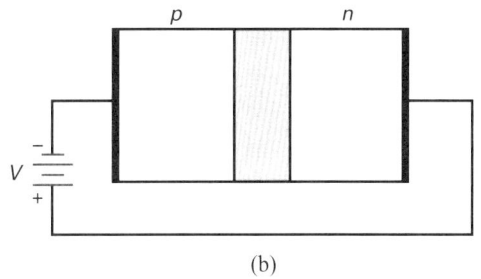
(b)

圖 1-16 (a) 空乏層；(b) 增加反向偏壓會擴大空乏層。

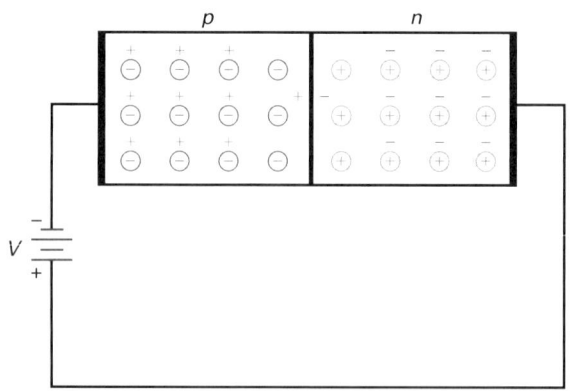

圖 1-17 空乏層中熱產生的自由電子與電洞會產生反向少數飽和電流（reverse minority-saturation current）。

由熱所產生的少數載子引起的反向電流稱為**飽和電流（saturation current）**。在方程式中，飽和電流以符號 I_S 表示。飽和（saturation）意味我們無法得到比由熱能所產生更多的少數載子電流。換句話說，增加反向電壓無法增加由熱所產生的少數載子數量。

表面漏電流

除了熱產生的少數載子電流，在反向偏壓二極體中還有其他電流存在嗎？有的。晶體表面有一個微小電流流過，稱為**表面漏電流（surface-leakage current）**，是由表面雜質及晶體不完美結構所造成。

重點

二極體中的反向電流是由少數載子電流及表面漏電流所組成。在多數應用中，矽二極體中的反向電流小到可以忽略。要記住的重點是：在反向偏壓矽二極體中的電流近似於零。

1-11 崩潰

二極體有最大的電壓額定值。二極體可以承受的反向電壓有其限制。如果你持續增加反向電壓，最終將到達二極體的**崩潰電壓（breakdown voltage）**。許多二極體的崩潰電壓至少為 50 伏特。二極體的元件資料（data sheet）上會註明其崩潰電壓。由二極體製造商所提供的元件資料會明列關於該元件的重要資訊及典型應用。

一旦到達崩潰電壓，在空乏層中會有許多少數載子突然出現而讓二極體導通得很沉重。

知識補給站
超過二極體的崩潰電壓並不代表會弄壞二極體。只要反向電壓與反向電流之乘積沒有超過二極體的功率額定值，二極體就可以完全恢復。

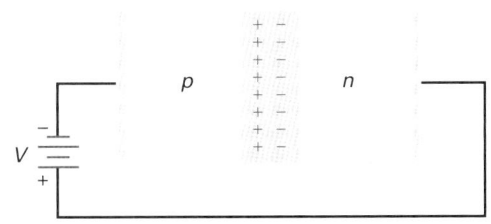

圖 1-18 在空乏層中的雪崩效應會產生許多自由電子與電洞。

這些載子從何而來呢？它們是由在較高的反向電壓下發生**雪崩效應**（avalanche effect，見圖 1-18）時所產生。一如往常，一微小的反向少數載子電流仍舊存在。當反向電壓增加時，它會驅使少數載子移動得更快。這些少數載子會與晶體的原子碰撞。當這些少數載子有足夠的能量時，它們便能敲鬆價電子而產生出自由電子。這些新生的少數載子會跟現存的少數載子一起去碰撞其他的晶體原子。由於一個自由電子會釋放一個價電子而獲得 2 個自由電子，所以這個過程是等比級數關係。這兩個自由電子隨後會再釋放出兩個電子而獲得 4 個自由電子，這個過程會一直持續直到反向電流變得非常大。

圖 1-19 是放大後的空乏層。反向偏壓會驅使自由電子移往右邊。當它移動時，電子會加速；反向偏壓越大，電子就移動得越快。如果高速的電子有足夠的能量，就能把第一個原子的價電子撞去較外圍的軌道，因而產生兩個自由電子。這兩個在加速後，會繼續逐出兩個電子。就這樣，少數載子的數量可能會變得相當多而讓二極體導通得很沉重。

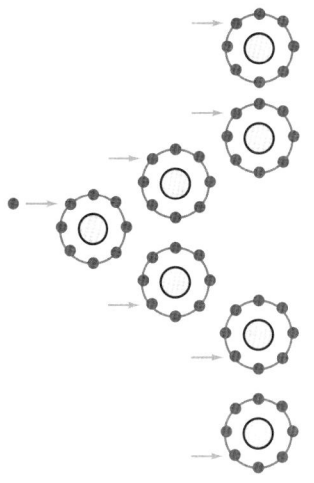

圖 1-19 雪崩效應的過程是呈等比級數（geometric progression）關係：1, 2, 4, 8, . . .

二極體的崩潰電壓與二極體摻雜程度有關。以整流二極體（最常見）來說，崩潰電壓通常是大於 50 伏特。表 1-1 顯示了順偏與反（逆）偏二極體之間的差異。

1-12　能階

從電子的軌道大小，我們可以推估電子總能量的近似值。也就是說，我們可以想像圖 1-20a 的每個半徑等於圖 1-20b 中的一個能階。在最小軌道中的電子是在第一能階，在第二軌道的電子是在第二能階，以此類推。

越外圍的軌道能量越高

由於電子是受原子核吸引，要將電子提升到更外圍的軌道需要額

表 1-1 二極體偏壓

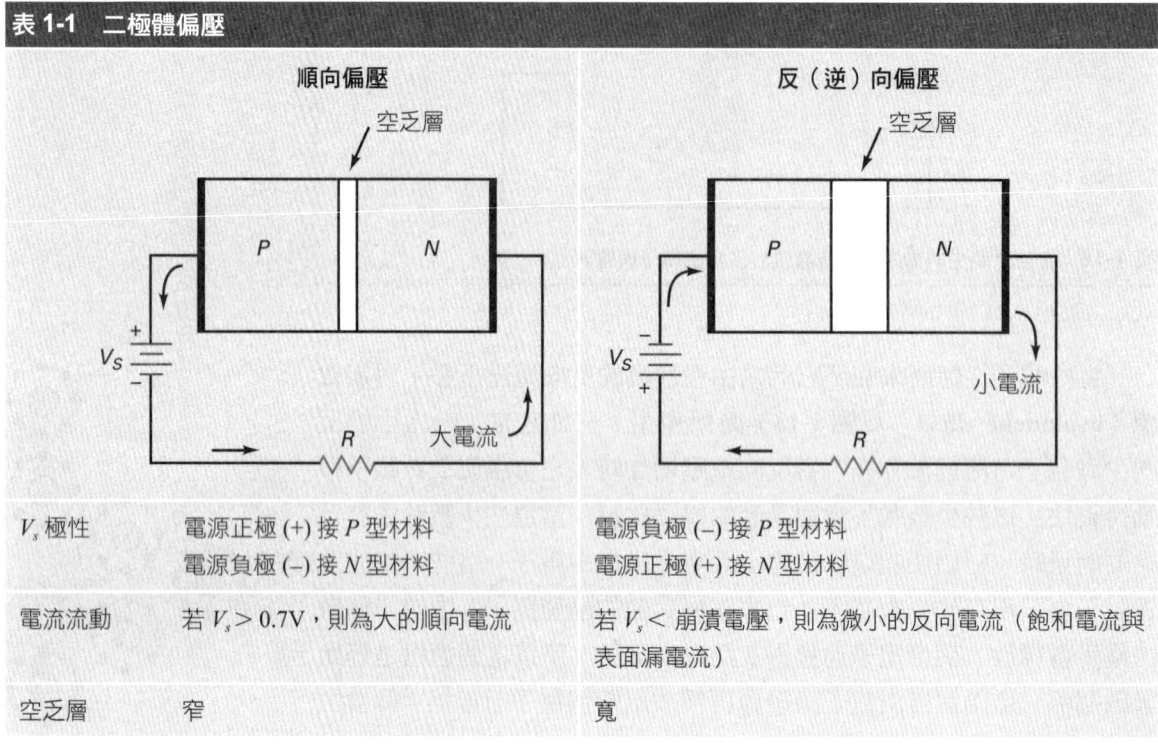

	順向偏壓	反（逆）向偏壓
V_s 極性	電源正極 (+) 接 P 型材料 電源負極 (–) 接 N 型材料	電源負極 (–) 接 P 型材料 電源正極 (+) 接 N 型材料
電流流動	若 $V_s > 0.7V$，則為大的順向電流	若 $V_s <$ 崩潰電壓，則為微小的反向電流（飽和電流與表面漏電流）
空乏層	窄	寬

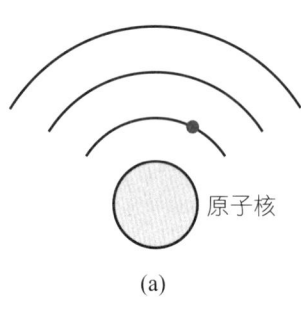

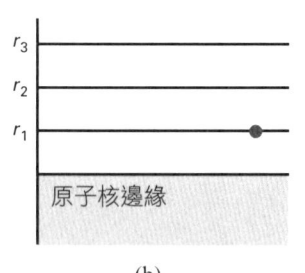

圖 1-20　能階正比於軌道大小。(a) 軌道；(b) 能階。

外的能量。當一個電子從第一軌道移到第二軌道，它是獲得位能。可以把電子提升到更高能階的外部力量有熱、光及電壓等。

例如，假設某外部力量把電子從第一軌道抬升到第二軌道，如圖 1-20a 所示。由於電子更遠離原子核，因此位能更高（圖 1-20b）。好比一個在地球上方的物體：就地球來說，當物體越高其位能就越大。如果放開物體，則物體落下的距離就越大，撞擊地球時所做的功（work）就越多。

落下的電子會放光

當電子移往更外圍軌道後，它可能會掉回較低的能階。此時，它會以熱、光或其他輻射方式釋放額外能量。

在發光二極體（light-emitting diode, LED）上施加電壓，會把電子抬升到更高的能階。依所使用的材料而定，這些電子掉回較低能階時會放出不同顏色的光，包括紅、綠、橙或藍色。一些發光二極體會產生紅外線（不可見光），適用於防盜警報系統。

能帶

當一個矽原子被獨立出來，電子的軌道只會受到此獨立原子電荷

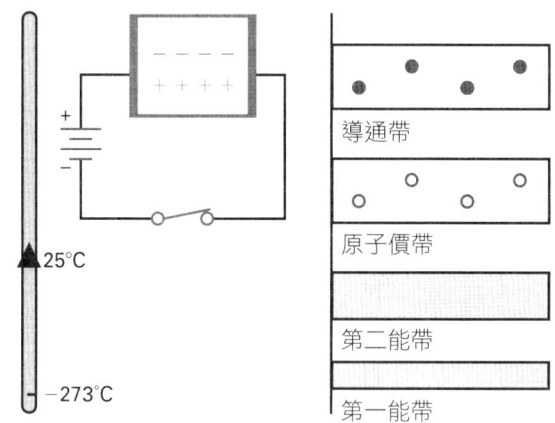

圖 1-21 本質半導體及其能帶。

的影響；這讓能階就像圖 1-20b 所示。但是當矽原子在晶體中時，各電子的軌道也會受到許多其他矽原子的電荷所影響。由於各個電子在晶體中有其獨一無二的位置，所以沒有兩個電子會看到一模一樣的環繞電荷。因此，每個電子的軌道都不一樣，或者可說，每個電子的能階都不一樣。

圖 1-21 顯示能階的狀況。由於沒有兩個電子會看到一樣的電荷環境，故所有在第一軌道的電子會有稍微不同的能階。第一軌道電子有數十億個，所以這些些微差異的能階會形成能量群聚（cluster），或能帶（band）。同樣地，數十億個第二軌道電子都會有稍微不同的能階形成第二能帶，以此類推。

另一個觀點：如你所知，熱能會產生少許自由電子及電洞。電洞會維持在原子價帶上，但自由電子會去下個更高能帶，稱為**導通帶（conduction band）**。這是為何圖 1-21 中的導通帶裡有一些自由電子，而原子價帶則有一些電洞的原因。當開關閉合時，一微小電流會存在純半導體裡；自由電子會移經導通帶，而電洞則移經原子價帶。

n 型能帶

圖 1-22 為 n 型半導體能帶。如你所料，在導通帶多數載子是自由電子，而在原子價帶少數載子是電洞，由於圖 1-22 中的開關為閉合的，所以多數載子流往左邊，而少數載子流往右邊。

p 型能帶

圖 1-23 為 p 型半導體的能帶，在這裡你會看到載子角色的互換。

知識補給站

對於 n 型與 p 型半導體，溫度上升會產生相同數量的少數與多數電流載子。

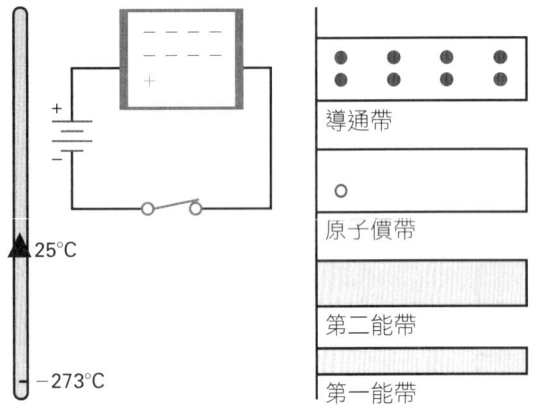

圖 1-22　n 型半導體及其能帶。

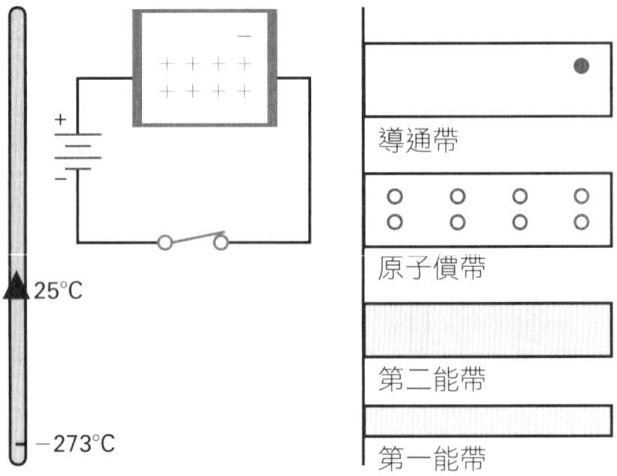

圖 1-23　p 型半導體及其能帶。

現在原子價帶中的多數載子是電洞，而在導通帶的少數載子是自由電子。由於圖 1-23 中的開關為閉合的，所以多數載子流往右邊，而少數載子流往左邊。

1-13　障壁電位與溫度

接面溫度（junction temperature）是二極體內部在 pn 接面處的溫度，與環境溫度（ambient temperature）則不同。環境溫度是指二極體周遭的溫度。當二極體處於導通狀態時，由於再結合所產生的熱，接面溫度會高於環境溫度。

障壁電位與接面溫度有關。接面溫度上升會在摻雜區產生更多的自由電子與電洞。當這些電荷擴散到空乏層，空乏層會變得更窄。這意味在更高的接面溫度下障壁電位會更小。

在繼續討論之前，我們需先定義一個符號：

$$\Delta = 變化量 \tag{1-2}$$

希臘字母 Δ 代表「變化量」。例如，ΔV 意指電壓的變化量，而 ΔT 指的是溫度的變化量。$\Delta V/\Delta T$ 代表電壓變化量除以溫度變化量。

現在我們可以描述一個評估障壁電位變化量的規則了：每上升攝氏 1 度，矽二極體的障壁電位就會下降 2 mV。

可寫成式子：

$$\frac{\Delta V}{\Delta T} = -2 \text{ mV}/°\text{C} \tag{1-3}$$

重新整理：

$$\Delta V = (-2 \text{ mV/°C}) \Delta T \qquad (1\text{-}4)$$

以此，我們可以計算在任何接面溫度時的障壁電位。

例題 1-5

假設環境溫度為 25°C，障壁電位為 0.7 伏特。當接面溫度為 100°C 及 0°C 時，矽二極體的障壁電位各是多少？

解答　當接面溫度為 100°C 時，障壁電位的變化量為：

$$\Delta V = (-2 \text{ mV/°C}) \Delta T = (-2 \text{ mV/°C})(100°C - 25°C) = -150 \text{ mV}$$

這告訴我們障壁電位會從其室溫值下降 150mV，所以等於：

$$V_B = 0.7 \text{ V} - 0.15 \text{ V} = 0.55 \text{ V}$$

當接面溫度為 0°C 時，障壁電位的變化量為：

$$\Delta V = (-2 \text{ mV/°C}) \Delta T = (-2 \text{ mV/°C})(0°C - 25°C) = 50 \text{ mV}$$

這告訴我們障壁電位會從其室溫值上升 50 mV，所以等於：

$$V_B = 0.7 \text{ V} + 0.05 \text{ V} = 0.75 \text{ V}$$

練習題 1-5　當接面溫度為 50°C 時，例題 1-5 中的障壁電位會是多少？

1-14　反向偏壓二極體

讓我們討論有關反向偏壓二極體的一些進階概念。首先，當反向電壓變化時，空乏層寬度會改變。讓我們來看一下這隱含什麼。

暫態電流

當反向電壓增加時，電洞與電子會離開接面。當自由電子與電洞離開接面時，它們會留下正離子與負離子，因此，空乏層會變寬。反向偏壓越大，空乏層就越寬。在空乏層調整到新的寬度這段期間，外部電路中會有電流流動。在空乏層停止變寬後，此暫態電流會降為零。

暫態電流的流動時間與外部電路 RC 時間常數有關，其典型時間為數個奈秒。因此，頻率低於約 10 MHz 時，暫態電流的影響可被忽略。

反向飽和電流

如前所述,將二極體順向偏壓會讓其空乏層寬度變小,而讓自由電子越過接面。反向偏壓二極體則會讓情形相反:藉由移動電洞與自由電子離開接面處,會讓空乏層變寬。

如圖 1-24,假設熱能在一個反向偏壓二極體的空乏層內產生一個電洞與自由電子。在 A 的自由電子與在 B 的電洞現在可以貢獻反向電流。由於反向偏壓,自由電子將移往右邊,有效地把一個電子推離開二極體右端;同樣地,電洞將移往左邊,這個在 p 側的額外電洞會讓電子進入晶體左端。

接面溫度越高,飽和電流越大,有個好用的近似法可記:每上升 10°C,飽和電流 I_S 會加倍。式子如下:

$$\text{Percent } \Delta I_S = 100\% \ (\text{每上升 } 10°C) \tag{1-5}$$

換句話說,溫度每上升 10°C,飽和電流變化量是百分之百。若溫度變化量小於 10°C,你可以使用等效法則:

$$\text{Percent } \Delta I_S = 7\% \ (\text{每上升 } 1°C) \tag{1-6}$$

換句話說,溫度每上升攝氏 1 度,飽和電流變化量是 7%。這 7% 是由式(1-5)換算出每度所對應的飽和電流變化量之近似值。

矽與鍺

在矽原子中,原子價帶與導通帶之間的距離稱為能隙(energy gap)。當熱能產生自由電子與電洞時,它必須給價電子足夠的能量跳入導通帶。能隙越大,熱能就越難產生出電子 - 電洞對(electron-hole pair)。幸好矽有較大的能隙,代表在正常溫度下,熱能不會產生許多電子 - 電洞對。

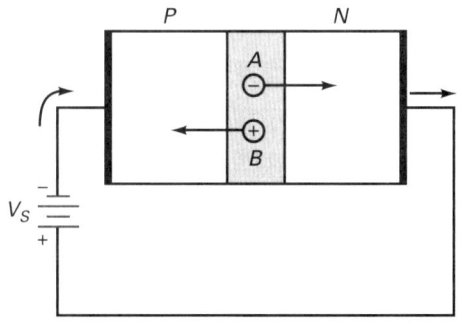

圖 1-24 熱能會在空乏層內產生自由電子與電洞。

鍺原子的原子價帶更接近於導通帶。換句話說，鍺的能隙比矽小，因此在鍺元件中，熱能會產生更多的電子-電洞對。這就是前面提及的那個致命缺點。鍺過多反向電流的特性讓它在現代電腦、消費性電子產品及通訊電路中失去了被廣泛利用的機會。

表面漏電流

我們在第 1-10 節中簡單討論過表面漏電流。還記得它是晶體表面的一個反向電流。以下說明為何表面漏電流會存在。假設在圖 1-25a 上下的原子都是在晶體表面。由於這些原子沒有相鄰者，它們在價軌道上只有 6 個電子，表示每一個表面原子裡有兩個電洞。想像這些電洞沿著晶體表面排列，如圖 1-25b 好像晶體表面披上一片像 p 型半導體般的表皮。因此，電子可以從晶體左端進入，經過表面的電洞，然後從晶體右端離開。依此，我們就會得到表面上微小的反向電流。

表面漏電流是直接正比於反向電壓。例如，若反向電壓變兩倍，則表面漏電流 I_{SL} 會變兩倍。我們可以定義表面漏電阻如下：

$$R_{SL} = \frac{V_R}{I_{SL}} \tag{1-7}$$

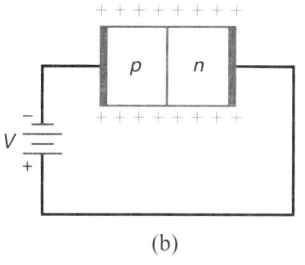

圖 1-25 (a) 晶體表面的原子沒有相鄰的原子；(b) 晶體的表面有電洞。

例題 1-6

一個矽二極體在 25°C 時有 5 nA 的飽和電流。試問在 100°C 時，飽和電流會是多少？

解答 溫度變化量是：

$$\Delta T = 100°C - 25°C = 75°C$$

利用式 (1-5)，在 25°C 到 95°C 間有 2 的 7 次方：

$$I_S = (2^7)(5 \text{ nA}) = 640 \text{ nA}$$

利用式 (1-6)，在 95°C 到 100°C 間有增加 5°：

$$I_S = (1.07^5)(640 \text{ nA}) = 898 \text{ nA}$$

練習題 1-6 使用如例題 1-6 相同的二極體，則 80°C 時飽和電流會是多少？

例題 1-7

若 25 伏特的反向電壓表面漏電流為 2 nA，則 35 伏特的反向電壓表面漏電流會是多少？

解答 有兩種方法可以求解此題。首先計算表面漏電阻：

$$R_{SL} = \frac{25 \text{ V}}{2 \text{ nA}} = 12.5(10^9) \text{ }\Omega$$

然後計算在 35 伏特時的表面漏電流如下：

$$I_{SL} = \frac{35 \text{ V}}{12.5(10^9) \text{ }\Omega} = 2.8 \text{ nA}$$

以下為第二種方法。由於表面漏電流是直接正比於反向電壓，所以：

$$I_{SL} = \frac{35 \text{ V}}{25 \text{ V}} 2 \text{ nA} = 2.8 \text{ nA}$$

練習題 1-7 在例題 1-7，100 伏特的反向電壓之表面漏電流為多少？

● 總結

1-1 導體
一個中性的銅原子在外圍軌道上只有一個電子。由於這個單一電子可以輕易地從原子被逐出，所以稱為自由電子。因為只需些許電壓就會使自由電子從一個原子流往下一個原子，所以銅是良導體。

1-2 半導體
矽是最被廣泛使用的半導體材料。一個獨立的矽原子在其價軌道上會有 4 個電子。在價軌道的電子數量是導通性的關鍵。導體有一個價電子，半導體有 4 個價電子，而絕緣體則有 8 個價電子。

1-3 矽晶體
晶體中的每個矽原子有 4 個價電子及 4 個電子，而這 4 個電子是跟相鄰原子所共享。室溫下的純矽晶體只會有極少由熱所產生的自由電子與電洞。從自由電子與電洞產生開始到它們發生再結合之間的時間稱為生命期。

1-4 本質半導體
本質半導體是質純的半導體（即無摻入任何雜質）。當外部電壓施加到本質半導體時，自由電子會流向電池正端，而電洞會流往電池負端。

1-5 兩種載子流
本質半導體中有兩種載子流。第一種，有自由電子流經過較大軌道（導通帶）；第二種，有電洞流經過較小軌道（原子價帶）。

1-6 摻雜半導體
摻雜會增加半導體的導電性。經過摻雜的半導體稱為非本質半導體。當本質半導體被摻入五價（施體）原子時，它的自由電子會比電洞多。當本質半導體被摻入三價（受體）原子時，它的電洞會比自由電子多。

1-7 非本質半導體的兩種型態
在 n 型半導體中，自由電子是多數載子，電洞是少數載子。而在 p 型半導體中，電洞是多數載子，自由電子是少數載子。

1-8 無偏壓二極體
無偏壓二極體在 pn 接面會有一個空乏層。該空乏層中的離子會產生一個障壁電位。在室溫下，矽二極體的障壁電位約為 0.7V，鍺二極體則約為 0.3V。

1-9 順向偏壓

當外部電壓反抗障壁電位時,二極體為順向偏壓。如果施加的電壓大於障壁電位,則電流大。也就是說,順向偏壓二極體中的電流容易流動。

1-10 反向偏壓

當外部電壓是幫助障壁電位時,二極體為反向偏壓。當反向電壓增加時,空乏層的寬度會增加,電流近似於零。

1-11 崩潰

反向電壓過大不是造成雪崩效應,就是造成稽納效應。然後,大的崩潰電壓就會破壞二極體。通常二極體不會操作在崩潰區,唯一的例外是稽納二極體。這種特殊用途的二極體將在後面章節中討論。

1-12 能階

越外圍軌道電子的能階越高。如果有一外力將電子提高到更高能階,當電子落回其原來軌道時,電子將釋放出能量。

1-13 障壁電位和溫度

當接面溫度升高時,空乏層會變更窄,障壁電位會降低。每上升攝氏 1 度,它就會下降約 2 mV。

1-14 反向偏壓二極體

二極體中的反向電流有三個成分。首先是當反向電壓變化時產生的暫態電流。第二個是少數載子電流,因為它與反向電壓無關,所以也稱為飽和電流。第三個是表面漏電流;當反向電壓增加時,它也會增加。

● 定義

(1-2)　$\Delta = $ 變化量

(1-7)　$R_{SL} = \dfrac{V_R}{I_{SL}}$

● 定理

(1-1)　價飽和：$n = 8$

● 推導式

(1-3)　$\dfrac{\Delta V}{\Delta T} = -2$ mV/°C

(1-4)　$\Delta V = (-2$ mV/°C$) \Delta T$

(1-5)　Percent $\Delta I_S = 100\%$ (每上升 10°C)

(1-6)　Percent $\Delta I_S = 7\%$ (每上升 1°C)

● 自我測驗

1. 銅原子核含有多少質子？
   a. 1
   b. 4
   c. 18
   d. 29

2. 中性銅原子的淨電荷為
   a. 0
   b. +1
   c. −1
   d. +4

3. 假設從一個銅原子移除價電子，此原子的淨電荷會變成
   a. 0
   b. +1
   c. –1
   d. +4
4. 銅原子的價電子經歷了什麼樣來自於原子核的吸引力？
   a. 沒有
   b. 微弱的
   c. 強烈的
   d. 無法確定
5. 矽原子有多少價電子？
   a. 0
   b. 1
   c. 2
   d. 4
6. 哪個是最廣泛使用的半導體？
   a. 銅
   b. 鍺
   c. 矽
   d. 以上皆非
7. 矽原子核含有多少質子？
   a. 4
   b. 14
   c. 29
   d. 32
8. 矽原子結合成有秩序的樣式稱為
   a. 共價鍵
   b. 晶體
   c. 半導體
   d. 價軌道
9. 本質半導體在室溫下會有一些電洞。是什麼原因造成這些電洞？
   a. 摻雜
   b. 自由電子
   c. 熱能
   d. 價電子
10. 當電子被移往更外圍軌道時，其能階相對於原子核是
    a. 增加
    b. 降低
    c. 保持不變
    d. 視原子的種類而定
11. 自由電子和電洞的合併稱為
    a. 共價鍵
    b. 生命期
    c. 再結合
    d. 熱能
12. 在室溫下，本質矽晶體的作用大致近似
    a. 電池
    b. 導體
    c. 絕緣體
    d. 一根銅線
13. 從電洞被創造出開始到它消失之間的這段時間稱為
    a. 摻雜
    b. 生命期
    c. 再結合
    d. 原子價
14. 導體的價電子也可稱為
    a. 束縛電子
    b. 自由電子
    c. 原子核
    d. 質子
15. 導體有多少種載子流？
    a. 1
    b. 2
    c. 3
    d. 4
16. 半導體有多少種載子流？
    a. 1
    b. 2
    c. 3
    d. 4

17. 將電壓施加到半導體時，電洞會流
    a. 離開負的電壓
    b. 向正的電壓
    c. 在外部電路中
    d. 以上皆非
18. 對於半導體材料，當其含有什麼時，其價軌道是飽和的
    a. 一個電子
    b. 等於正與負離子
    c. 四個電子
    d. 八個電子
19. 在本質半導體中，電洞的數量
    a. 等於自由電子數
    b. 大於自由電子數
    c. 少於自由電子數
    d. 以上皆非
20. 絕對零度等於
    a. $-273°C$
    b. $0°C$
    c. $25°C$
    d. $50°C$
21. 在絕對零度下，本質半導體具有
    a. 少數自由電子
    b. 許多電洞
    c. 許多自由電子
    d. 沒有電洞或自由電子
22. 在室溫下，本質半導體具有
    a. 少數自由電子和電洞
    b. 許多電洞
    c. 許多自由電子
    d. 沒有電洞
23. 當溫度如何時，本質半導體中的自由電子和電洞的數量會減少
    a. 減少
    b. 增加
    c. 不變
    d. 以上皆非
24. 價電子向右流動意味電洞正流向
    a. 左邊
    b. 右邊
    c. 不是左邊，就是右邊
    d. 以上皆非
25. 電洞像是
    a. 原子
    b. 晶體
    c. 負電荷
    d. 正電荷
26. 三價原子有多少價電子？
    a. 1
    b. 3
    c. 4
    d. 5
27. 一個受體原子會有多少價電子？
    a. 1
    b. 3
    c. 4
    d. 5
28. 如果你想生產一個 p 型半導體，你會使用哪一種？
    a. 受體原子
    b. 施體原子
    c. 五價雜質
    d. 矽
29. 在哪種半導體中電子是少數載子？
    a. 非本質
    b. 本質
    c. n 型
    d. p 型
30. p 型半導體含有多少自由電子？
    a. 許多
    b. 沒有
    c. 只有熱能所產生的那些
    d. 和電洞的數量相同

31. 銀是最好的導體。你認為它有多少價電子？
    a. 1
    b. 4
    c. 18
    d. 29

32. 假設本質半導體在室溫下有 10 億個自由電子，如果溫度下降到 0°C，會有多少個電洞呢？
    a. 少於 10 億個
    b. 10 億個
    c. 超過 10 億個
    d. 無法確定

33. 將一外部電壓源施加到 p 型半導體，如果晶體的左端為正，多數載子會流向哪個方向呢？
    a. 左邊
    b. 右邊
    c. 兩邊都不是
    d. 無法確定

34. 以下何者不在同一組？
    a. 導體
    b. 半導體
    c. 四價電子
    d. 晶體結構

35. 以下何者近似於室溫？
    a. 0°C
    b. 25°C
    c. 50°C
    d. 75°C

36. 晶體內矽原子的價軌道上有多少個電子？
    a. 1
    b. 4
    c. 8
    d. 14

37. 負離子是原子
    a. 獲得一個質子
    b. 失去一個質子
    c. 獲得一個電子
    d. 失去一個電子

38. 以下何者描述了 n 型半導體？
    a. 中性
    b. 帶正電
    c. 帶負電
    d. 有許多電洞

39. p 型半導體包含電洞和？
    a. 正離子
    b. 負離子
    c. 五價原子
    d. 施體原子

40. 以下何者描述了 p 型半導體？
    a. 中性
    b. 帶正電
    c. 帶負電
    d. 有許多自由電子

41. 與鍺二極體相比，矽二極體的反向飽和電流
    a. 跟高溫時一樣
    b. 更低
    c. 跟低溫時一樣
    d. 更高

42. 什麼會造成空乏層？
    a. 摻雜
    b. 再結合
    c. 障壁電位
    d. 離子

43. 室溫下矽二極體的障壁電位是？
    a. 0.3 V
    b. 0.7 V
    c. 1 V
    d. 每攝氏溫度 2 mV

44. 比較鍺和矽原子的能隙時，矽原子的能隙為
    a. 差不多
    b. 較低
    c. 較高
    d. 無法預料

45. 在矽二極體中，反向電流通常是
    a. 非常小
    b. 非常大
    c. 零
    d. 在崩潰區

46. 當維持一個固定溫度時，矽二極體的反向偏壓增加時，二極體的飽和電流會
    a. 增加
    b. 減少
    c. 維持不變
    d. 等於其表面漏電流

47. 發生雪崩效應時的電壓稱為
    a. 障壁電位
    b. 空乏層
    c. 膝點電壓
    d. 崩潰電壓

48. 當二極體如何時，二極體的空乏層寬度會變小？
    a. 順偏
    b. 一開始形成時
    c. 逆（反）偏
    d. 不導通時

49. 當反向電壓從 10 伏特降到 5 伏特時，空乏層會
    a. 變更小
    b. 變更大
    c. 不受影響
    d. 崩潰

50. 當二極體順偏時，自由電子與電洞的再結合可能會產生
    a. 熱
    b. 光
    c. 輻射
    d. 以上皆是

51. 有一 10 伏特的反向電壓跨在二極體上。試問跨在空乏層上的電壓為？
    a. 0 V
    b. 0.7 V
    c. 10 V
    d. 以上皆非

52. 矽原子中的能隙是指原子價帶與何者間的距離？
    a. 原子核 (Nucleus)
    b. 導通帶 (Conduction band)
    c. 原子的核心 (Atom's core)
    d. 正離子 (Positive ions)

53. 當接面溫度上升多少時，反向飽和電流會加倍？
    a. 1°C
    b. 2°C
    c. 4°C
    d. 10°C

54. 當反向電壓增加多少時，表面漏電流會加倍？
    a. 7%
    b. 100%
    c. 200%
    d. 2 mV

● 問題

1. 如果銅原子獲得 2 個電子，則其淨電荷為何？

2. 如果矽原子獲得 3 個價電子，則其淨電荷為何？

3. 試指出下列何者為導體，何者為半導體：
    a. 鍺
    b. 銀
    c. 矽
    d. 黃金

4. 若一純矽晶體內有 50 萬個電洞，試問其有多少個自由電子？

5. 有一順偏二極體，若流經 n 側的電流為 5 mA，試問流經以下各處的電流各為何？
    a. p 側
    b. 外部接線
    c. 接面

6. 試指出以下何者為 n 型半導體，何者為 p 型半導體：

a. 摻入受體原子
b. 含五價雜質的晶體
c. 電洞是多數載子
d. 施體原子被加入晶體中
e. 自由電子是少數載子

7. 一電路設計者將在溫度範圍 0°~75°C 間使用二極體，試問障壁電位的最大值與最小值各為何？

8. 在 25°C 時，一矽二極體的飽和電流為 10 nA。若其操作在溫度範圍 0°~75°C 間，試問飽和電流的最大值與最小值各為何？

9. 當反向電壓為 10 伏特時，一二極體的表面漏電流為 10 nA。若反向電壓增到 100 伏特，試問其表面漏電流為何？

• 腦力激盪

10. 在室溫 25°C 下，一矽二極體的反向電流為 5 μA，在 100°C 下則為 100 μA。試問在 25°C 下，飽和電流及表面漏電流各為何？

11. 有 pn 接面的元件用於電腦。電腦的速度取決於二極體開關的速度有多快。根據你所學到有關反向偏壓的知識，如何能讓電腦運作的速度更快？

• 運用軟體 Multisim 分析與解決問題

Multisim 分析與解決問題的檔案請至所提供的網址下載。網址內的章節序號為原文書的章節序號，請參照書末所附的「中英章節對照表」下載相關檔案。本章相關的檔案為 MTC02-12 到 MTC02-16。

開啟並分析解決各個檔案。執行量測以確認是否有錯，如果有，請查明錯誤。

12. 開啟並分析及解決檔案 MTC02-12。
13. 開啟並分析及解決檔案 MTC02-13。
14. 開啟並分析及解決檔案 MTC02-14。
15. 開啟並分析及解決檔案 MTC02-15。
16. 開啟並分析及解決檔案 MTC02-16。

• 問題回顧

一群電子學專家提出了這些問題。在大多數情況下，所有問題的答案皆可透過本書提供的資訊找到。你可能偶爾會碰到一個不熟悉的術語，發生這種情況時，不妨查一查科學技術類的相關辭典。此外，也可能出現本書未涵蓋的問題，此時你可以透過圖書館查找資料。

1. 請說明為何銅是電的良導體。
2. 請以繪圖方式說明半導體和導體的差別。
3. 請輔以繪圖，說明所有你知道有關電洞的事及它們與自由電子的差別。
4. 請以搭配繪圖的方式，說明半導體摻雜的基本概念。
5. 請以繪圖方式說明為何在順向偏壓二極體中會有電流存在。
6. 請說明為何在反向偏壓二極體中會有一個微小的電流存在。
7. 反向偏壓二極體在某些情況下會崩潰，請詳細說明雪崩效應。
8. 請說明發光二極體為何會發光。

9. 電洞會在導體中流動嗎？為何會或為何不會？當電洞到達半導體末端時會發生何事？
10. 何謂表面漏電流？
11. 二極體中的再結合為什麼重要？
12. 請說明非本質半導體和本質半導體的差別，並說明這些差別為什麼重要？
13. 請描述 pn 接面一開始產生時發生的動作，說明時請包含空乏層的形成。
14. 在 pn 接面二極體中，哪一種電荷載子會移動？電洞或自由電子？

● 自我測驗解答

1. d	15. a	29. d	43. b
2. a	16. b	30. c	44. c
3. b	17. d	31. a	45. a
4. b	18. d	32. a	46. c
5. d	19. a	33. b	47. d
6. c	20. a	34. a	48. a
7. b	21. d	35. b	49. a
8. b	22. a	36. c	50. d
9. c	23. a	37. c	51. c
10. a	24. a	38. a	52. b
11. c	25. d	39. b	53. d
12. c	26. b	40. a	54. b
13. b	27. b	41. b	
14. b	28. a	42. b	

● 練習題解答

1-4　約 5 百萬個電洞

1-5　$V_B = 0.65$ V

1-6　$I_S = 224$ nA

1-7　$I_{SL} = 8$ nA

Chapter 2 二極體原理

在討論完二極體曲線後,我們會看到二極體的近似法。由於在多數情況中,正確的分析是非常冗長及耗時的,所以我們會需要近似作法。例如,對於在電路檢測時,理想的近似作法通常是合適的。而且在許多情況中,二極體的第二種近似法給了我們快速且容易的求解方式。此外,為了更好的準確性,我們可使用第三種近似法或以電腦求解,得到幾近正確的答案值。

學習目標

在學習完本章後,你應能夠:
- 繪出二極體符號及標示出陽極與陰極。
- 繪出二極體曲線及標示出所有重要的點與區域。
- 描述理想二極體。
- 描述第二種近似法。
- 描述第三種近似法。
- 列出如元件資料手冊上所示的四個基本二極體特性。
- 描述如何以數位多功能電表及電壓計測試二極體。
- 描述元件、電路和系統之間的關係。

章節大綱

2-1　基本概念
2-2　理想二極體
2-3　第二種近似法
2-4　第三種近似法
2-5　電路檢測
2-6　閱讀元件資料手冊
2-7　如何計算本體電阻值
2-8　二極體的直流電阻值
2-9　負載線
2-10　表面黏著式二極體
2-11　電子系統的簡介

詞彙

anode　陽極
bulk resistance　本體電阻
cathode　陰極
electronic systems　電子系統
ideal diode　理想二極體
knee voltage　膝點電壓
linear device　線性元件
load line　負載線
maximum forward current　最大順向電流
nonlinear device　非線性元件
ohmic resistance　歐姆電阻
power rating　功率額定值

2-1 基本概念

由於一般電阻的電流對電壓之圖形是一條直線，所以一般來說電阻是**線性元件**（linear device）。但二極體就不同了，由於其電流對電壓之圖形非一條直線，所以是**非線性元件**（nonlinear device）。這原因來自於其內部存在的障壁電位。當二極體上面的跨壓低於障壁電位時，二極體電流很小；而當二極體上面的跨壓超過障壁電位時，二極體電流便會快速地上升。

圖形符號及外殼型式

圖 2-1a 為二極體圖形符號，p 端稱為**陽極**（anode），而 n 端稱為**陰極**（cathode）。二極體符號看來像是從 p 端指向 n 端的箭頭，即從陽極指向陰極。圖 2-1b 為許多典型二極體外殼型式當中的一些，許多二極體（但並非全部）都會藉由色帶來分辨出陰極端（K）。

基本二極體電路

圖 2-1c 為二極體電路，在這電路中二極體為順向偏壓。我們如何知道是順偏呢？由於電池正端透過電阻驅動 p 端，而電池負端連接到 n 端。利用這樣的連接，電路正努力將電洞與自由電子推向接面。

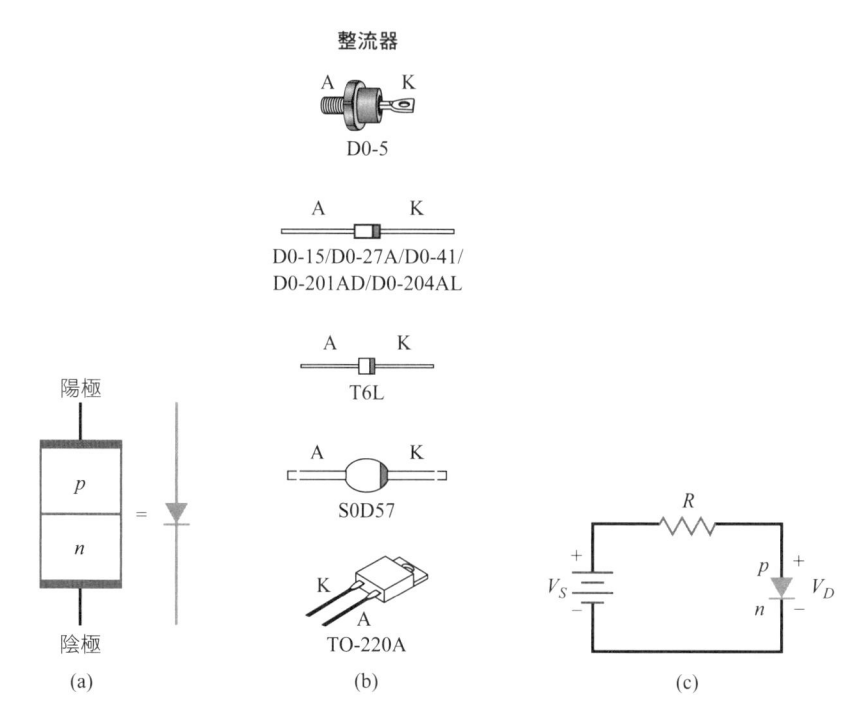

圖 2-1　二極體。(a) 圖形符號；(b) 二極體外殼型式；(c) 順向偏壓。

在較複雜的電路中,要決定二極體是否順向偏壓可能是困難的。不過這裡有個指南可供參考,你可以問問自己:外部電路是以容易流動的方向推動電流嗎?若是,二極體則為順向偏壓(順偏)。

什麼是容易流動的方向?若你使用的是傳統電流(即電洞流),則容易流動的方向就跟二極體箭頭所指的方向相同;若你偏愛的是電子流,那麼容易流動的方向就是二極體箭頭所指的相反方向了。

當二極體是一個複雜電路當中的一部分時,我們也可以使用戴維寧定理(Thevenin's theorem)去求解其是否順偏。例如,假設我們已利用戴維寧定理將複雜電路簡化成圖 2-1c,則我們可知二極體為順偏。

順向區

圖 2-1c 是可以在實驗室建立的一個電路。在連接好這電路後,你可以量測二極體電流與電壓。你也可將直流電源極性反過來,並且量測逆偏下的二極體電流與電壓。若你畫出二極體電流對二極體電壓之圖形,會得到如圖 2-2 之圖形。

當二極體順偏時,一直要到二極體電壓高於障壁電位時才會有明顯的電流出現。另一方面,當二極體逆偏時,一直要到二極體電壓到達崩潰電壓時才會有逆向電流。然後,累增崩潰會產生大量的逆向電流破壞二極體。

膝點電壓

在順向區中,電流開始快速上升的那點電壓稱為二極體的**膝點電壓(knee voltage)**。膝點電壓會等於障壁電位,二極體電路的分析通常會落在求解二極體電壓是否為高於或低於膝點電壓上面。若是高於,則二極體會輕易導通;若是低於,則二極體不會導通。我們定義

知識補給站
像蕭特基這類特殊用途的二極體,在現代要求低膝點電壓的應用中已取代了鍺二極體。

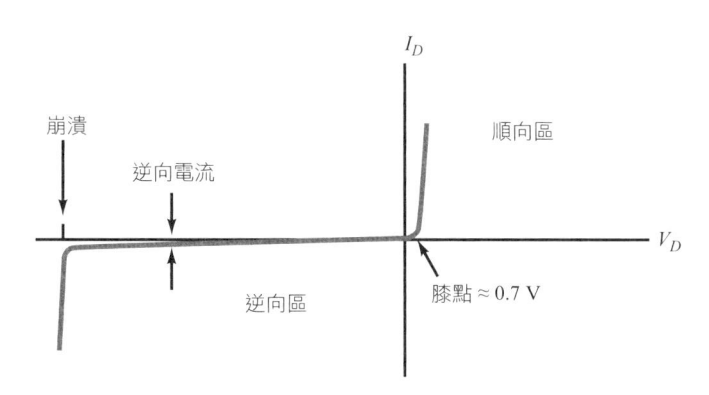

圖 2-2 二極體曲線。

矽二極體膝點電壓值為：

$$V_K \approx 0.7 \text{ V} \tag{2-1}$$

（注意：符號 ≈ 表示「近似等於」的意思。）

雖然鍺二極體很少用在新的設計中，但是你仍然可能會在一些特別的電路或是舊設備中看到鍺二極體。因此，記住鍺二極體的膝點電壓約為 0.3 V，這較低的膝點電壓值是個優點，而且在某些應用中，鍺二極體是會被考慮使用的。

本體電阻值

超過膝點電壓時，二極體電流會快速地增加，這意謂二極體電壓微小的增加將會造成二極體電流大大的增加。在克服障壁電位後，所有會妨礙電流流動的就是 p 與 n 區的**歐姆電阻**（ohmic resistance）。換句話說，若 p 與 n 區是兩個分開的半導體，就跟尋常的電阻一樣，你就可以用歐姆計量測到各自的電阻值了。

這些歐姆電阻值的和，稱為二極體的**本體電阻**（bulk resistance），定義為：

$$R_B = R_P + R_N \tag{2-2}$$

本體電阻值視 p 與 n 區的大小與它們的摻雜程度而定，常常本體電阻值是小於 1 Ω。

最大直流順向電流

若二極體電流太大，過多的熱將會損毀二極體。因此，製造商的元件資料手冊上會指出二極體可以安全操作，而不會讓壽命縮短或特性降低的最大電流值。

最大順向電流（maximum forward current）是元件資料手冊上已知最大額定參數值當中的一個。這電流可能會被寫成 I_{max}、$I_{F(max)}$、I_O 等等，視製造商而定。例如，1N456 的最大順向電流額定值為 135 mA，這意謂這顆二極體可以安全處理一個 135 mA 連續的順向電流。

功率損耗

跟電阻一樣，你可以計算二極體的功率損耗。它會等於二極體電壓與電流之乘積，如方程式：

$$P_D = V_D I_D \tag{2-3}$$

功率額定值（power rating）是二極體可以安全操作，而不會讓壽命縮短或特性降低的最大功率值。以數學符號表示時，其定義為：

$$P_{max} = V_{max}I_{max} \qquad (2\text{-}4)$$

這裡的 V_{max} 是對應於 I_{max} 的電壓。例如，若二極體的最大電壓與電流分別為 1 V 及 2 A 時，則額定功率值為 2 W。

例題 2-1 ||||MultiSim

試問圖 2-3a 的二極體是順向偏壓或逆向偏壓？

解答　R_2 的跨壓為正；因此，電路正努力把電流朝容易流動的方向推動。若這還不清楚，想像看入二極體的戴維寧等效電路，如圖 2-3b 所示。為了確定戴維寧等值，記住 $V_{TH} = \frac{R_2}{R_1 + R_2}(V_S)$ 和 $R_{TH} = \frac{R_1}{R_2}$。在這串聯電路中，你可以看見直流電源試圖在容易流動的方向中推動電流。因此，二極體為順向偏壓。

每當你有疑慮時，將電路簡化成串聯電路。那麼，直流電源是否正努力以容易流動的方向推動電流，將變得清楚許多。

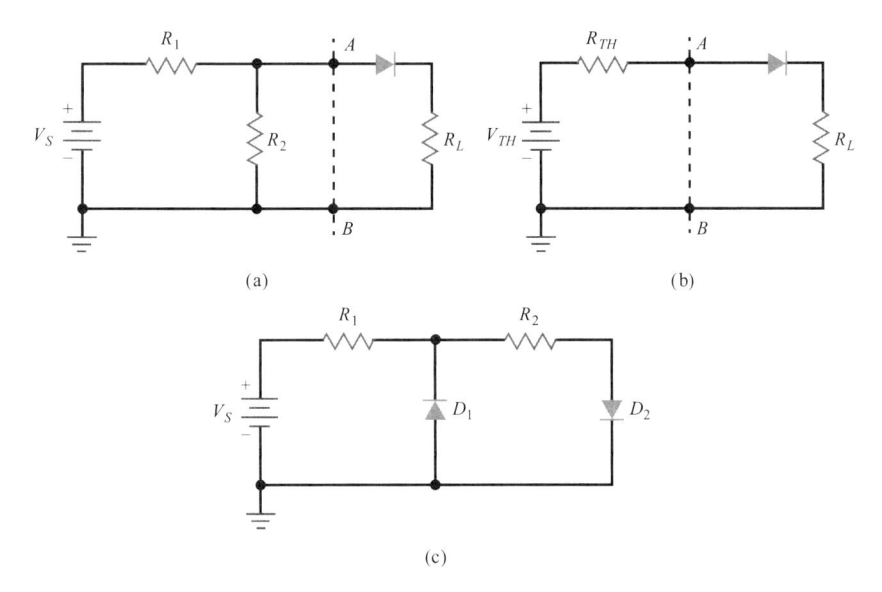

圖 2-3

練習題 2-1　試問圖 2-3c 中的二極體是順向偏壓或逆向偏壓？

例題 2-2

有個二極體的額定功率值為 5 W。若二極體電壓為 1.2 V，且二極體電流為 1.75 A，試求功率損耗值？二極體會被弄壞嗎？

解答

$$P_D = (1.2 \text{ V})(1.75 \text{ A}) = 2.1 \text{ W}$$

這小於額定功率值,所以二極體不會被弄壞。

練習題 2-2 參考例題 2-2,若二極體電壓為 1.1 V 且電流為 2 A,試求二極體的功率損耗值。

2-2 理想二極體

圖 2-4 為二極體順向區之詳細圖形。這裡你會看見二極體電流 I_D 對二極體電壓 V_D 之情形。請注意,一直到二極體電壓趨近於障壁電位時,電流都近似於零。在 0.6 V 到 0.7 V 附近某處,二極體電流開始增加。當二極體電壓大於 0.8 V 時,二極體電流會變得明顯且圖形幾乎呈線性。

二極體可能會在最大順向電流、額定功率及其他特性上有所不同,這要視二極體摻雜程度及其尺寸大小而定。若我們需要精確的解答,我們必須使用特定二極體的圖形。雖然每個二極體的精確電流及電壓點都不相同,但是任何二極體的圖形都會類似於圖 2-4。所有矽二極體都會有約 0.7 V 的膝點電壓值。

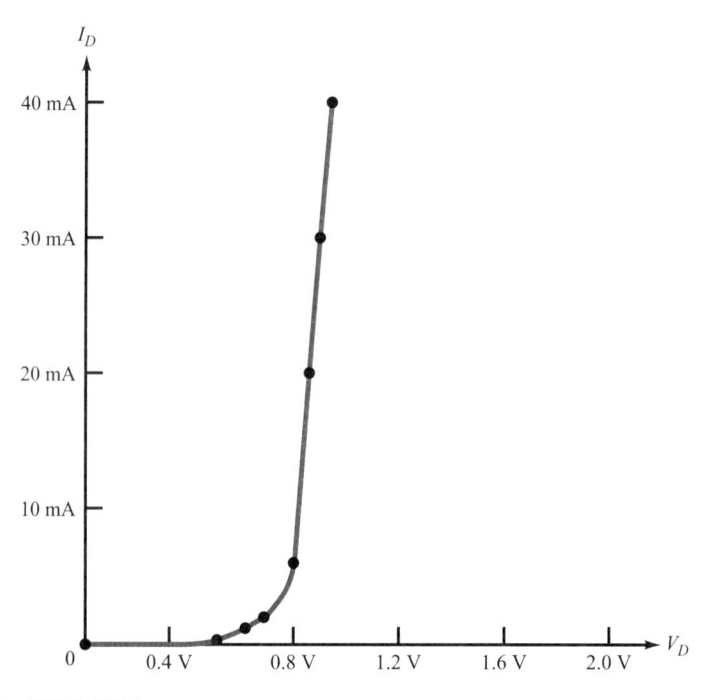

圖 2-4 順向電流圖。

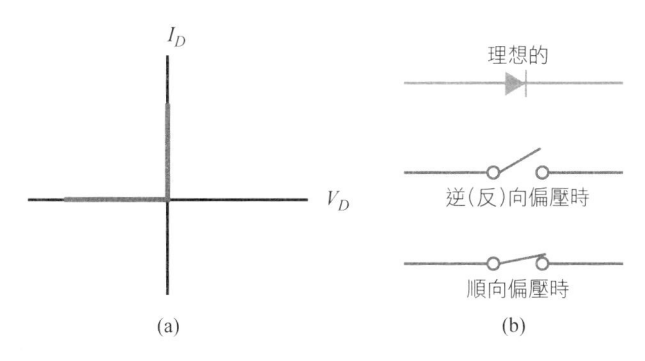

圖 2-5　(a) 理想二極體曲線；(b) 理想二極體扮演開關的角色。

我們常常不需要求出精確的答案，這是為何對於二極體我們可以且應該採取近似作法。我們將從最簡單的近似法〔稱為**理想二極體（ideal diode）**〕開始。根本來說，二極體的作用為何？在順向時它會導通，而在逆向時導通性很差。理想上，當順偏時，二極體會扮演完美的導體（即電阻值零）；而當逆偏時，則像完美的絕緣體（即電阻值無窮大）。

圖 2-5a 為理想二極體的電流─電壓圖形。它反映我們剛剛所說的：當順偏時電阻值為零，逆偏時電阻值為無窮大。然而，要建立這樣的一個元件是不可能的，但這卻是製造商想生產的東西。

有哪個元件可以扮演理想的二極體？有的，一般開關在閉合時會有零電阻值，而在開路時會有無窮大的電阻值。因此，理想二極體順偏時扮演一個閉合的開關，而逆偏時則為開路。圖 2-5b 總結了開關的概念。

例題 2-3

試使用理想二極體計算圖 2-6a 中之負載電壓與電流值。

解答　由於二極體順偏，所以其等效為一個閉合的開關。將二極體想像成一個閉合的開關。那麼，你會看見所有電源電壓跨在負載電阻上：

$$V_L = 10 \text{ V}$$

利用歐姆定律（Ohm's law），負載電流為：

$$I_L = \frac{10 \text{ V}}{1 \text{ k}\Omega} = 10 \text{ mA}$$

練習題 2-3　在圖 2-6a 中，若電源電壓為 5 V，試求理想負載電流值。

例題 2-4

試使用理想二極體，計算圖 2-6b 中之負載電壓及電流值。

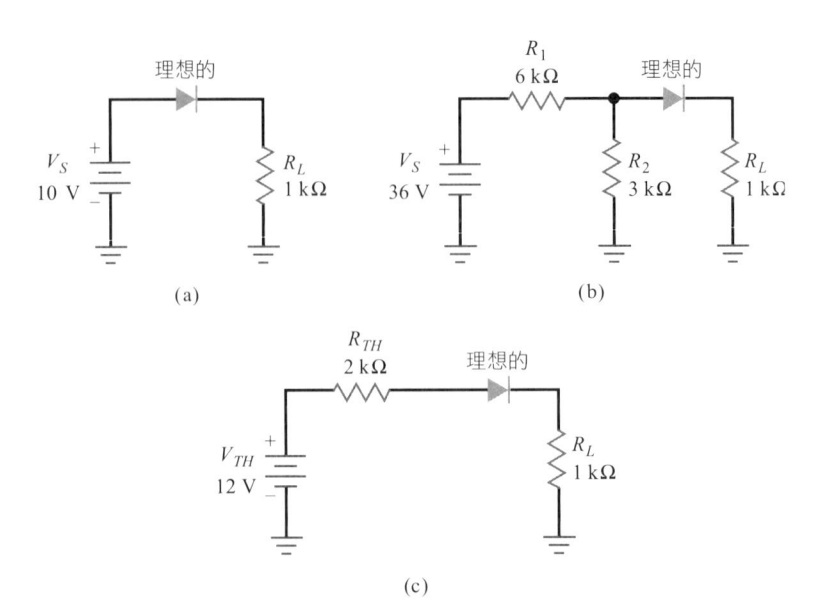

圖 2-6

解答 求解這問題的一種方法是將電路戴維寧等效成二極體的左邊，從二極體看回電源，我們會看到分壓電阻 6 kΩ 及 3 kΩ；戴維寧等效電壓與電阻分別為 12 V、2 kΩ。圖 2-6c 為戴維寧等效電路驅動二極體。

現在，我們有個串聯電路，我們可看到二極體是順偏的。想像二極體是一個閉合的開關。那麼，剩下的計算為：

$$I_L = \frac{12 \text{ V}}{3 \text{ k}\Omega} = 4 \text{ mA}$$

且

$$V_L = (4 \text{ mA})(1 \text{ k}\Omega) = 4 \text{ V}$$

你不必使用戴維寧定理。你可以藉由想像二極體是一個閉合的開關來分析圖 2-6b。然後，你會得到電阻 3 kΩ 與 1 kΩ 並聯，等效值為 750 Ω。使用歐姆定理，你可以計算跨在電阻 6 kΩ 上的 32 V 壓降。剩下的分析會產生相同的負載電壓及電流值。

練習題 2-4 使用圖 2-6b，將 36 V 電源改成 18 V，並使用理想二極體求解負載電壓及電流值。

> **知識補給站**
> 當你在進行包含一個假設是順偏的矽二極體之電路檢測時，二極體電壓量測值遠大於 0.7 V，其意謂二極體已經故障且開路了。

2-3　第二種近似法

在多數電路檢測的情況下，使用理想近似法是可行的。但是我們並非總是在電路檢測。有時候，我們會想要得到更精確的負載電流與電壓值，而這就是第二種近似法（second approximation）的由來。

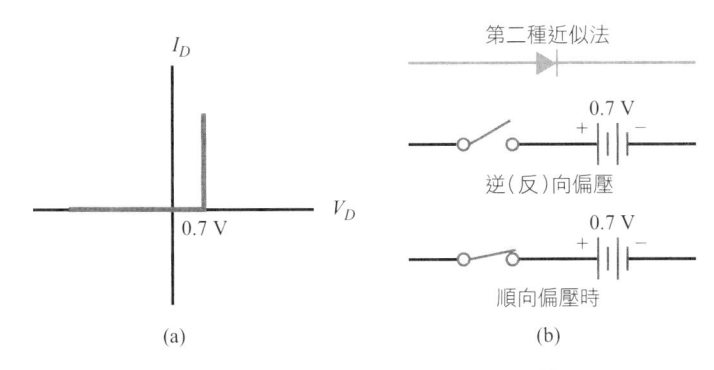

圖 2-7 (a) 第二種近似法的二極體曲線；(b) 第二種近似法的等效電路。

　　圖 2-7a 為第二種近似法的電流對電壓之圖形。圖形中顯示一直要到二極體上的跨壓為 0.7 V 時才會有電流出現。在這點二極體會導通，之後不管電流有多少，二極體上面都只會有 0.7 V。

　　圖 2-7b 為矽二極體的第二種近似法之等效電路圖。我們將二極體想像成一個跟 0.7 V 障壁電位串聯的開關。若面對二極體的戴維寧等效電壓大於 0.7 V，則開關將會閉合。當二極體導通時，對於任何的順向電流值其電壓將為 0.7 V。

　　另一方面，若戴維寧等效電壓小於 0.7 V，開關將會打開。在這情形中，沒有電流會流過二極體了。

例題 2-5

試使用第二種近似法計算圖 2-8 之負載電壓、負載電流及二極體功率。

解答　由於二極體順偏，其等效為一個 0.7 V 電池，這意謂負載電壓會等於電源電壓減去二極體上的壓降：

$$V_L = 10\text{ V} - 0.7\text{ V} = 9.3\text{ V}$$

利用歐姆定律，負載電流為：

$$I_L = \frac{9.3\text{ V}}{1\text{ k}\Omega} = 9.3\text{ mA}$$

二極體功率為

$$P_D = (0.7\text{ V})(9.3\text{ mA}) = 6.51\text{ mW}$$

練習題 2-5　使用圖 2-8，將電源電壓改成 5 V 並計算新的負載電壓、電流及二極體功率。

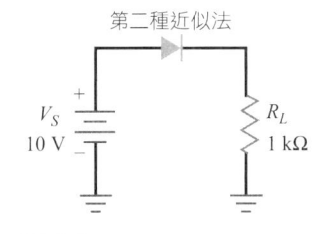

圖 2-8

例題 2-6

試使用第二種近似法計算圖 2-9a 之負載電壓、負載電流及二極體功率。

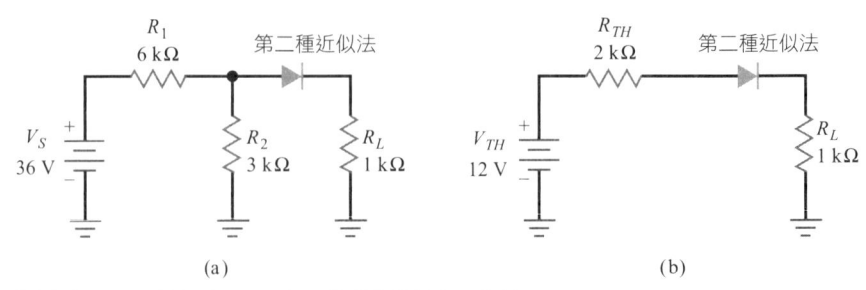

圖 2-9 (a) 原始電路；(b) 利用戴維寧等效定理化簡。

解答 再一次，我們將電路戴維寧等效成二極體的左邊。如之前，戴維寧等效電壓為 12 V 而戴維寧等效電阻為 2 kΩ。圖 2-9b 為簡化後的電路。

由於二極體電壓為 0.7 V，負載電流為：

$$I_L = \frac{12 \text{ V} - 0.7 \text{ V}}{3 \text{ k}\Omega} = 3.77 \text{ mA}$$

負載電壓為：

$$V_L = (3.77 \text{ mA})(1 \text{ k}\Omega) = 3.77 \text{ V}$$

而二極體功率為：

$$P_D = (0.7 \text{ V})(3.77 \text{ mA}) = 2.64 \text{ mW}$$

練習題 2-6 使用 18 V 當作電壓源，重做例題 2-6。

2-4 第三種近似法

在二極體的第三種近似法（third approximation）中，我們包含了二極體本身的本體電阻 R_B。圖 2-10a 為 R_B 對於二極體曲線之影響。在矽二極體導通後，電壓會隨電流增加而線性上升。由於二極體本身的本體電阻，所以流過的電流越大時，二極體上的電壓就會越大。

第三種近似法的等效電路是一個開關串聯一個 0.7 V 的障壁電位及一個電阻 R_B（參見圖 2-10b）。當二極體上的電壓大於 0.7 V 時，二極體就會導通。在導通期間，跨於二極體上的整個電壓值 V_D 為：

$$V_D = 0.7 \text{ V} + I_D R_B \tag{2-5}$$

其中，I_D 為流經二極體的電流。通常，本體電阻是小於 1 Ω 的，在我們計算中可以放心地忽略它。而要忽略本體電阻的一個有用指標是滿足以下條件時：

忽略本體電阻的條件：$R_B < 0.01 R_{TH}$ 時 (2-6)

第 2 章　二極體原理　**45**

(a)

(b)

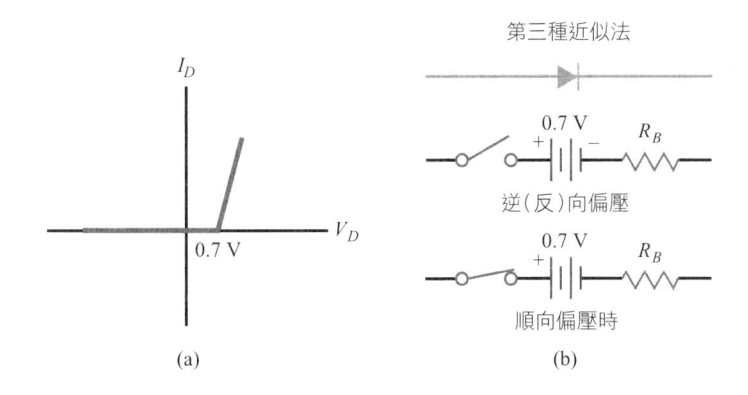

圖 2-10　(a) 第三種近似法的二極體曲線；(b) 第三種近似法的等效電路。

當本體電阻小於面對二極體時的戴維寧等效電阻的 $\frac{1}{100}$ 時，我們可忽略本體電阻。當這條件滿足時，誤差會小於 1%。由於電路設計者通常會讓所設計的電路滿足式 (2-6)，所以第三種近似法很少被採用。

應用題 2-7

圖 2-11a 的 1N4001 有 0.23 Ω 的本體電阻，試求負載電壓、負載電流與負載功率。

解答　藉由二極體第三種近似法更換二極體，我們可得到圖 2-11b。由於本體電阻值比負載電阻值的 $\frac{1}{100}$ 還小，所以可以忽略本體電阻值。在這情況中，我們可以使用二極體第二種近似法來求解問題。在例題 2-6 中，我們已求出負載電壓 9.3 V、負載電流 9.3 mA 與二極體功率 6.51 mW。

應用題 2-8

針對負載電阻為 10 Ω 時，重做前面例題。

解答　圖 2-12a 為等效電路，整個電阻值為：

$$R_T = 0.23\ \Omega + 10\ \Omega = 10.23\ \Omega$$

跨在 R_T 上的整個電壓為：

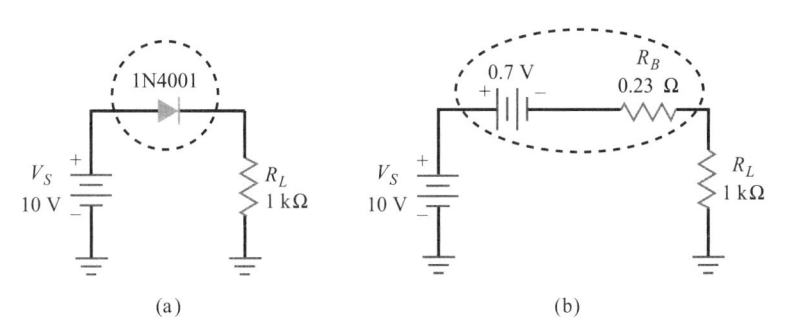

(a)

(b)

圖 2-11

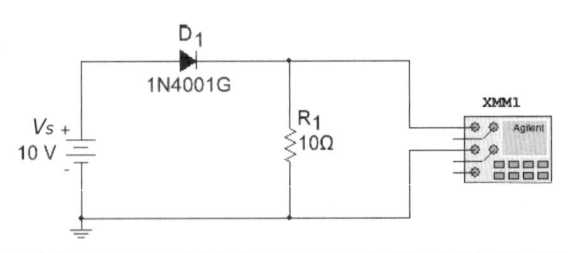

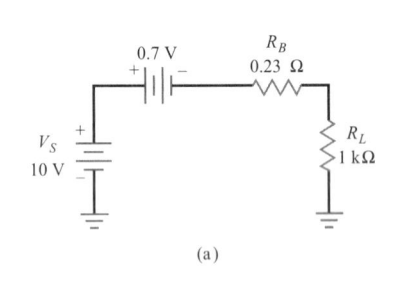

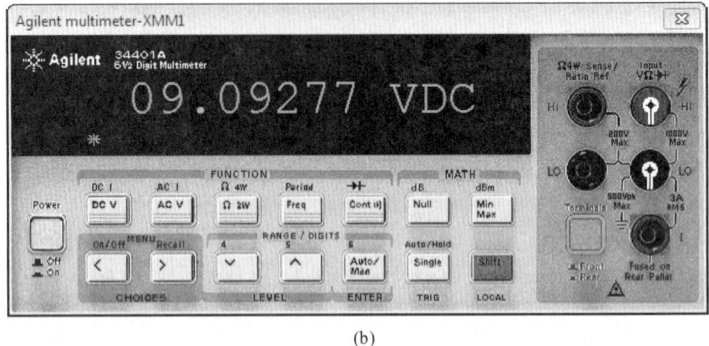

圖 2-12

$$V_T = 10 \text{ V} - 0.7 \text{ V} = 9.3 \text{ V}$$

因此，負載電流為：

$$I_L = \frac{9.3 \text{ V}}{10.23 \text{ Ω}} = 0.909 \text{ A}$$

負載電壓為：

$$V_L = (0.909 \text{ A})(10 \text{ Ω}) = 9.09 \text{ V}$$

為了計算二極體功率，我們需要知道二極體電壓。我們可以兩種方法中的任一種來求得。我們可以從電源電壓減去負載電壓：

$$V_D = 10 \text{ V} - 9.09 \text{ V} = 0.91 \text{ V}$$

或是可使用式 (2-5)：

$$V_D = 0.7 \text{ V} + (0.909 \text{ A})(0.23 \text{ Ω}) = 0.909 \text{ V}$$

在最後兩個答案中的些微差異是由於四捨五入所造成。二極體功率為：

$$P_D = (0.909 \text{ V})(0.909 \text{ A}) = 0.826 \text{ W}$$

還有兩點，第一，1N4001 的最大順向電流值為 1 A 而額定功率值為 1 W，所以二極體是以 10 Ω 的負載電阻值被推向其極限值。第二，以二極體第三種近似法計算出的負載電壓值為 9.09 V，其非常接近以模擬軟體 MultiSim 求出的負載電壓值 9.09 V（參見圖 2-12b）。

總結表 2-1 繪出了三種二極體近似法間的差異。

總結表 2-1 二極體近似法

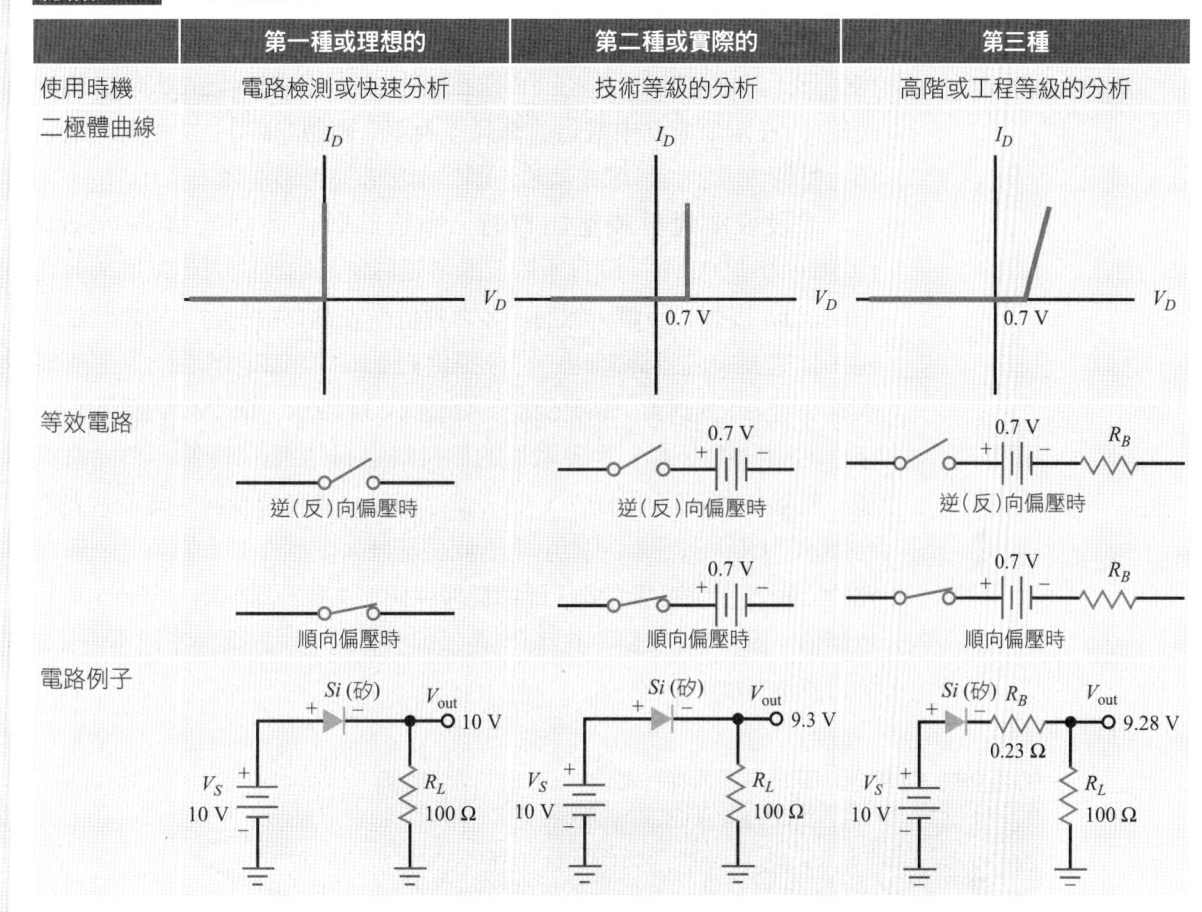

	第一種或理想的	第二種或實際的	第三種
使用時機	電路檢測或快速分析	技術等級的分析	高階或工程等級的分析
二極體曲線		0.7 V	0.7 V
等效電路	逆(反)向偏壓時 / 順向偏壓時	0.7 V 逆(反)向偏壓時 / 0.7 V 順向偏壓時	0.7 V, R_B 逆(反)向偏壓時 / 0.7 V, R_B 順向偏壓時
電路例子	V_S = 10 V, R_L = 100 Ω, V_{out} = 10 V	V_S = 10 V, R_L = 100 Ω, V_{out} = 9.3 V	V_S = 10 V, R_B = 0.23 Ω, R_L = 100 Ω, V_{out} = 9.28 V

練習題 2-8 使用 5 V 當作電壓源，重做例題 2-8。

2-5 電路檢測

你可以快速地使用歐姆計，並調到中高電阻值範圍之檔位來確認二極體情況。量測任一個方向的二極體直流電阻值，然後將探棒對調後再量一次其直流電阻值。順向電流將會視歐姆計所調的範圍來決定，意思是你會在不同的範圍下得到不同的讀值。

然而，我們所尋找的主要東西是逆向電阻值對順向電阻值要是高比值的情況。對於使用在電子作業中的典型矽二極體來說，比值應該高於 1000:1。記住要使用一個夠高的電阻值範圍以避免二極體損壞的可能性。正常來說，R×100 或 R×1 K 範圍將會提供適當的安全測量情況。

使用歐姆計去確認二極體，是測試二極體通與不通的一個例子。

你所感興趣的不是二極體正確的直流電阻值；你想知道的是二極體是否在順向時有低的電阻值，而在逆向時有高的電阻值。對於以下的任何情形，二極體的問題為：在兩個方向中電阻值都極低（表示二極體短路）；在兩個方向中電阻值都高（表示二極體開路）；在逆向中電阻值有點低（表示二極體有漏洞，即二極體非完全不導通）。

當設成歐姆檔或電阻檔時，多數的數位多功能電表（digital multimeters, DMMs）沒有所需要的電壓與電流輸出能力可以用來適切地測試 pn 接面二極體。然而，多數數位電表會有特別的二極體測試範圍。當電表設成這範圍時，它會提供約 1 mA 的固定電流給任何跟電表探棒連接的元件。當順偏時，如圖 2-13a 所示，DMM 會顯示出 pn 接面的順向電壓 V_F。對於常見的矽材料之 pn 接面二極體，順向電壓值一般都會在 0.5 V 到 0.7 V 間。當二極體被電表探棒逆偏時，電表將會顯示「OL」或「1」，表示超出測試範圍，如圖 2-13b 所示。一個短路的二極體在這兩個方向（即順偏與逆偏上）都會顯示出小於 0.5 V 的電壓值。而一個有漏洞的二極體在這兩個方向上，則會顯示出小於 2 V 的電壓值。

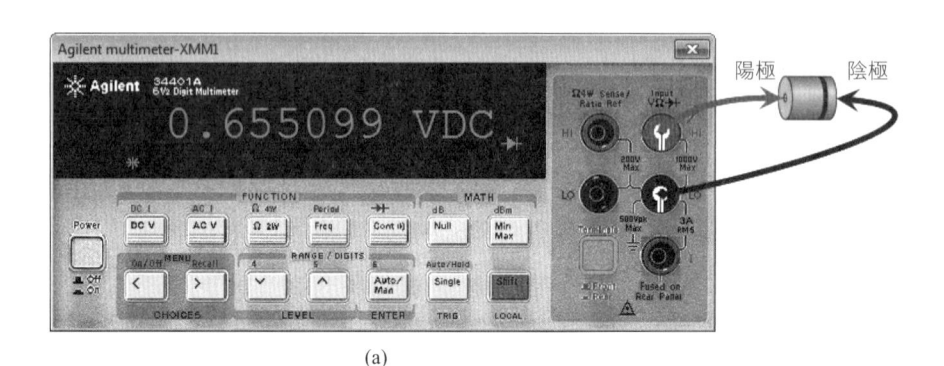

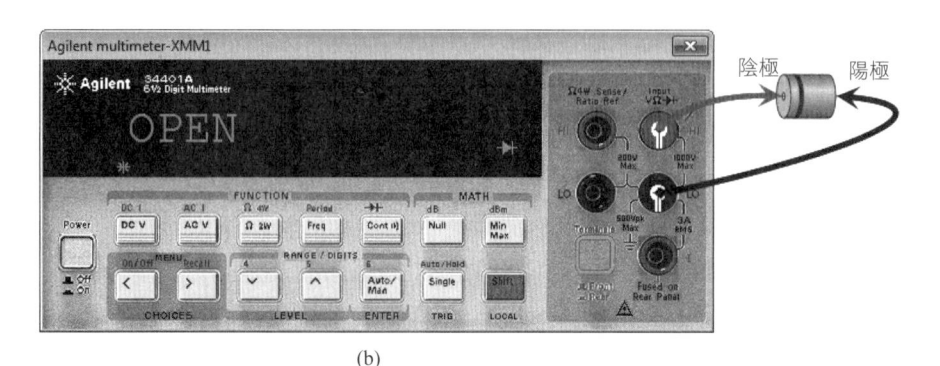

圖 2-13　(a) 以數位多功能電表對二極體進行順偏測試；(b) 以數位多功能電表對二極體進行逆偏測試。

例題 2-9

圖 2-14 為之前所分析的二極體電路，假設有些情況造成二極體燒毀，試問你將會得到哪些徵候？

解答 當二極體燒毀時，它會變成開路。在這情況中，電流會降為零。因此，若你量測負載電壓時，電壓計將顯示為零。

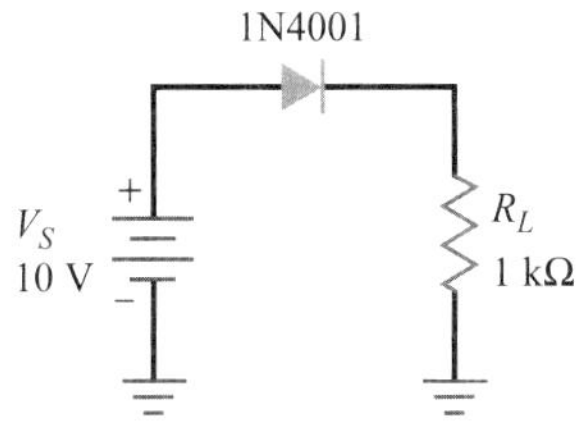

例題 2-10

假設圖 2-14 的電路無法運作，若負載並非短路，試問哪裡出了問題？

解答 可能發生許多問題。首先，二極體可能開路；其次，電源電壓可能為零；第三，連接線可能斷掉了。

你如何找出問題呢？量測電壓以隔離有問題的元件，然後斷開任何有疑慮的元件並測試其電阻值。例如，你可以先量測電源電壓，再量負載電壓。若有電源電壓而無負載電壓，二極體可能是開路了。以歐姆計或數位電表測試將可知曉。若二極體通過歐姆計或數位多功能電表的測試，由於沒有其他原因可以解釋為何有電源電壓但卻沒有負載電壓，所以此時請確認線路連接情形。

若沒有電源電壓，則是電源有問題，或是電源與二極體間的線路發生了開路。電源問題是常見的。通常，當電子設備沒有運作時，問題是發生在電源供應器上，這是為何多數電路檢測者會從量測電源供應器出來的電壓著手。

圖 2-14 電路檢測。

2-6 閱讀元件資料手冊

元件資料手冊（data sheet）或是規格書會列出半導體元件的重要參數值與操作特性。而且，必要的資訊如外殼型式、接腳、測試步驟及典型的應用情況，都可以從元件資料手冊上獲得。半導體製造商一般會以發行技術手冊或是以網路方式提供資訊。這類訊息也可以透過在網路上交互搜尋參考或尋找其他替代元件的方式找到。

製造商元件資料手冊上許多訊息是模糊不清的，而且只有電路設計者會用到。因此，在本書中，我們將只討論元件資料手冊上有描述到物理量的那些項目。

知識補給站
網路搜尋引擎，如 Google，可以快速幫忙找到半導體規格。

逆向崩潰電壓

讓我們從二極體 1N4001 的資料手冊開始，其係用於電源供應器之整流二極體（將交流電壓轉換成直流電壓）。圖 2-15 為二極體

1N4001 - 1N4007
General Purpose Rectifiers

May 2009

Features
- Low forward voltage drop.
- High surge current capability.

DO-41
COLOR BAND DENOTES CATHODE

Absolute Maximum Ratings * $T_A = 25°C$ unless otherwise noted

Symbol	Parameter	4001	4002	4003	4004	4005	4006	4007	Units
V_{RRM}	Peak Repetitive Reverse Voltage	50	100	200	400	600	800	1000	V
$I_{F(AV)}$	Average Rectified Forward Current .375 " lead length @ $T_A = 75°C$	1.0							A
I_{FSM}	Non-Repetitive Peak Forward Surge Current 8.3ms Single Half-Sine-Wave	30							A
I^2t	Rating for Fusing (t<8.3ms)	3.7							A^2sec
T_{STG}	Storage Temperature Range	colspan="7" -55 to +175							°C
T_J	Operating Junction Temperature	colspan="7" -55 to +175							°C

* These ratings are limiting values above which the serviceability of any semiconductor device may by impaired.

Thermal Characteristics

Symbol	Parameter	Value	Units
P_D	Power Dissipation	3.0	W
$R_{\theta JA}$	Thermal Resistance, Junction to Ambient	50	°C/W

Electrical Characteristics $T_A = 25°C$ unless otherwise noted

Symbol	Parameter	Value	Units
V_F	Forward Voltage @ 1.0A	1.1	V
I_{rr}	Maximum Full Load Reverse Current, Full Cycle $T_A = 75°C$	30	μA
I_R	Reverse Current @ Rated V_R $T_A = 25°C$ $T_A = 100°C$	5.0 50	μA μA
C_T	Total Capacitance $V_R = 4.0V$, f = 1.0MHz	15	pF

© 2009 Fairchild Semiconductor Corporation
1N4001 - 1N4007 Rev. C2
www.fairchildsemi.com

(a)

圖 2-15　二極體 1N4001-1N4007 的元件資料手冊。(Copyright Fairchild Semiconductor Corporation. Used by permission.)

譯註：建議相關科系讀者自行查閱內容，學會看懂元件資料手冊，以培養本質學能。

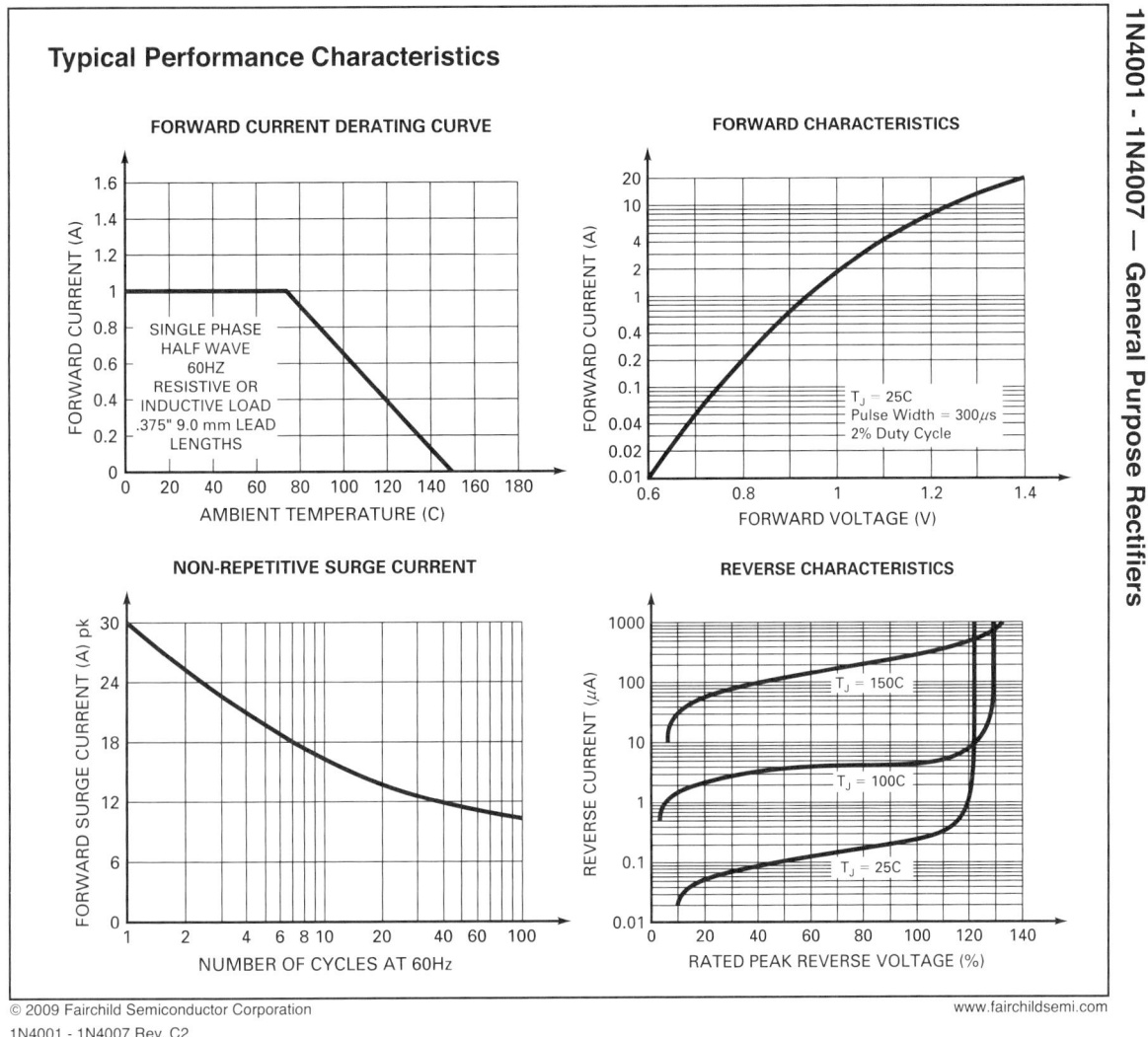

Typical Performance Characteristics

(b)

圖 2-15（續）

1N4001-1N4007 系列的元件資料手冊，七個二極體有相同的順向特性及不同的逆向特性。我們感興趣的是當中的 1N4001，第一項是最大額定絕對值：

	符號	1N4001
峰值持續性逆向電壓	V_{RRM}	50 V

這個二極體崩潰電壓為 50 V。由於當大量載子突然出現在空乏層時，二極體會進入累增崩潰狀態，所以這個崩潰電壓會出現。以像 1N4001 的整流二極體來說，崩潰通常是具有破壞性的。

以 1N4001 來說，逆向電壓為 50 V，代表設計者會在所有操作情

況下避免這個具有破壞性的電壓等級。這是為何設計者會在設計時考慮安全因數了。由於它與許多設計因素有關，所以所有的安全因數要設多大並沒有硬性的規定。一個保守性設計會取 2 的安全因數值，其意謂絕不允許 1N4001 上面的逆向跨壓超過 25 V。而稍差的保守性設計則可能會允許來到 40 V。

在其他元件資料手冊上，逆向崩潰電壓可能被標示成 *PIV*、*PRV* 或 *BV*。

最大順向電流

另一個有趣的項目是整流後的順向電流，其看起來就像元件資料手冊上的：

	符號	值
整流後的平均順向電流 @ $T_A = 75\ °C$	$I_{F(AV)}$	1 A

這項目告訴我們當 1N4001 用作整流器時，其可以處理最大來到 1 A 的順向電流值。當過多的功率損耗造成二極體燒毀時，1 A 就是其順向電流的等級了。在其他元件資料手冊上面，平均電流則可能會標示成 I_o。

而且，設計者會將 1 A 看作是 1N4001 的最大絕對額定值，它是個不應該靠近的順向電流等級。這就是為何設計時會將安全因數包含在內──可能的因數值是 2。換句話說，一個可靠的設計會確保在所有的操作條件下順向電流都會小於 0.5 A。元件的故障研究顯示，元件的壽命會減少其最大值。這是為何有些設計者會使用如 10:1 的安全因數。一個真的保守性設計會保持 1N4001 的最大順向電流在 0.1 A 或更少。

順向電壓降

圖 2-15「電氣特性」（Electrical Characteristic）中，第一個項目所給的資料是：

特性及條件	符號	最大值
順向電壓降 $(i_F) = 1.0\ A, T_A = 25\ °C$	V_F	1.1 V

如圖 2-15 所示的順向特性（Forward Characteristics）曲線圖，當電流為 1 A 且接面溫度為 25°C 時，典型 1N4001 順向電壓降為 0.93 V。如

果你測試過數百個 1N4001，你將會發現有的會是 1.1 V。

最大逆向電流

元件資料手冊上另一個值得討論的項目是：

特性及條件	符號	最大值
逆向電流	I_R	
$T_A = 25°C$		10 μA
$T_A = 100°C$		50 μA

這是最大逆向直流額定電壓（對 1N4001 是 50 V）下的逆向電流值，在溫度 25°C 時，典型的 1N4001 最大逆向電流為 10 μA。但請注意在 100°C 時，它是如何會上升到 50 μA 的。記住這個逆向電流包含由熱所產生的飽和電流及表面漏電流。你可以從這些數值中看到溫度是個關鍵。一個擁有典型二極體 1N4001 之設計，在溫度 25°C 時，逆向電流會小於 10 μA 而能正常操作；但是在量產時，若接面溫度達到 100°C 時，將會導致失敗發生。

2-7　如何計算本體電阻值

當你試著準確分析二極體電路時，你將會需要知道二極體的本體電阻值。製造商的元件資料手冊通常不會分開列出本體電阻值，但是他們確實提供足夠的資訊讓你去計算它。以下是本體電阻值的推導式：

$$R_B = \frac{V_2 - V_1}{I_2 - I_1} \tag{2-7}$$

其中 V_1 及 I_1 是在膝點電壓處或是超過它一些的電壓與電流，而 V_2 及 I_2 則是在二極體曲線上位於更高些處的電壓與電流。

例如，1N4001 的元件資料手冊提供電流 1 A 時的順向電壓值為 0.93 V。由於是矽二極體，它會有約 0.7 V 的膝點電壓及約為零的電流值。因此，使用的值是 $V_2 = 0.93$ V、$I_2 = 1$ A、$V_1 = 0.7$ V 及 $I_1 = 0$。將這些值代入方程式，我們會得到本體電阻值為：

$$R_B = \frac{V_2 - V_1}{I_2 - I_1} = \frac{0.93 \text{V} - 0.7 \text{ V}}{1 \text{ A} - 0 \text{ A}} = \frac{0.23 \text{ V}}{1 \text{ A}} = 0.23 \text{ Ω}$$

順帶一提，二極體曲線為電流對電壓之圖形，本體電阻值等於膝點以上的斜率之倒數值。二極體的斜率越大，本體電阻值越小。換句話說，膝點以上的二極體曲線越垂直，則本體電阻值就會越低。

2-8　二極體的直流電阻值

若你計算整個二極體電壓對整個二極體電流之比值，你會得到二極體的直流電阻值。在順向中，這個直流電阻值符號標示為 R_F；而在逆向中，則標示為 R_R。

順向電阻值

由於二極體是非線性元件，所以其直流電阻值會隨流過之電流而變化。例如，針對二極體 1N914，這裡有幾組順向電流及電壓值：10 mA 在 0.65 V、30 mA 在 0.75 V 及 50 mA 在 0.85 V。在第一點，直流電阻值為：

$$R_F = \frac{0.65 \text{ V}}{10 \text{ mA}} = 65 \text{ }\Omega$$

在第二點：

$$R_F = \frac{0.75 \text{ V}}{30 \text{ mA}} = 25 \text{ }\Omega$$

在第三點：

$$R_F = \frac{0.85 \text{ mV}}{50 \text{ mA}} = 17 \text{ }\Omega$$

請注意，當電流增加時，直流電阻是如何下降的。在任何情況中，順向電阻值都會比逆向電阻值來得小。

逆向電阻值

類似地，針對二極體 1N914，這裡有兩組逆向電流與電壓值：25 nA 在 20 V；5 μA 在 75 V。在第一點，直流電阻值為：

$$R_R = \frac{20 \text{ V}}{25 \text{ nA}} = 800 \text{ M}\Omega$$

在第二點：

$$R_R = \frac{75 \text{ V}}{5 \text{ }\mu\text{A}} = 15 \text{ M}\Omega$$

請注意，當我們逼近崩潰電壓（75 V）時，直流電阻值是如何下降的。

直流電阻值 vs. 本體電阻值

二極體的直流電阻值不同於本體電阻值。二極體的直流電阻值等於本體電阻值再加上障壁電位的影響。換句話說，二極體的直流電阻值為其總電阻值；而本體電阻值只有 p 與 n 區的電阻值。因此，二極體的直流電阻值總是大於本體電阻值。

2-9　負載線

這節是有關**負載線（load line）**，它是一種用來找出二極體正確的電流與電壓值之工具。負載線對於電晶體是有用的，所以稍後在電晶體章節中將會有詳細的介紹。

負載線方程式

我們要如何求出圖 2-16a 中正確的二極體電流值呢？流過電阻之電流為：

$$I_D = \frac{V_S - V_D}{R_S} \tag{2-8}$$

由於串聯電路，所以這個電流跟流過二極體的電流相同。

例子

如圖 2-16b 所示，若電源電壓為 2 V，且電阻值為 100 Ω，則式 (2-8) 會變成：

$$I_D = \frac{2 - V_D}{100} \tag{2-9}$$

式 (2-9) 電流與電壓之間呈線性關係。若我們畫出這個方程式，我們將會得到一條直線。例如，令 V_D 等於零，則：

$$I_D = \frac{2\,\text{V} - 0\,\text{V}}{100\,\Omega} = 20\,\text{mA}$$

畫出這點（$I_D = 20$ mA，$V_D = 0$），這點會落在圖 2-17 的垂直軸上。由於 2 V 跨在 100 Ω 上為最大電流，所以這點稱為飽和（saturation）點。

這裡有如何得到另一個點的方法。令 V_D 等於 2 V，則式 (2-9) 可得出：

$$I_D = \frac{2\,\text{V} - 2\,\text{V}}{100\,\Omega} = 0$$

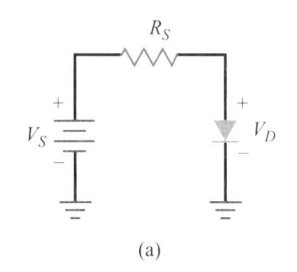

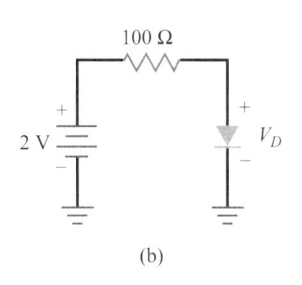

圖 2-16　負載線分析。

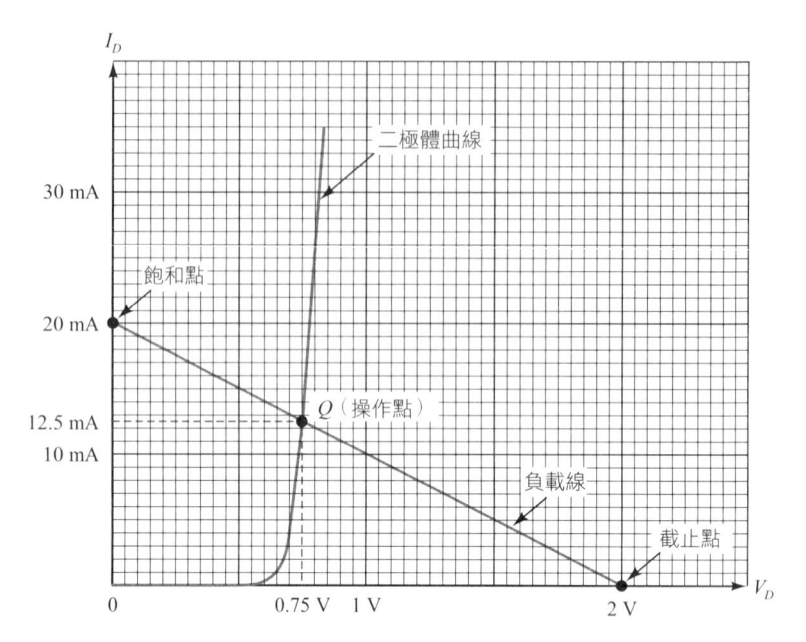

圖 2-17 Q 點是二極體曲線與負載線之交點。

當我們畫出這點（$I_D = 0$，$V_D = 2\text{V}$）時，我們會在水平軸上得到這點（圖 2-17）。由於其表示最小電流，所以這點稱為截止（cutoff）點。

藉由挑選其他電壓值，我們可計算與畫出額外的點。由於式 (2-9) 是線性的，所有的點將會落在直線上，如圖 2-17 所示。這直線稱為負載線（load line）。

Q 點

圖 2-17 為負載線及二極體曲線。它們的交點即為 Q 點，表示其為二極體曲線與負載線間同時皆存在的解答。換句話說，對於二極體與電路兩者來說，圖形上的交點 Q 是唯一會有作用的點。藉由讀取 Q 點所對應之座標值，我們會得到電流 12.5 mA 及二極體電壓 0.75 V。

順帶一提，在現在的討論中，Q 是 quiescent（靜態）的縮寫，其意思是指「處於靜止中」。半導體電路的靜態點或稱 Q 點，在其他章節中將會討論到。

2-10　表面黏著式二極體

表面黏著式（surface-mount, SM）二極體可以在任何有應用到二極體的地方看到。SM 二極體體積小、效率高且在電路板上相對容易測試、移除與更換。雖然有許多 SM 的包裝型式，但有兩種基本型式主

宰著工業界：SM（表面黏著式）及 SOT（small outline transistor，小型體電晶體）。

SM 包裝有兩個 L 形的接腳，且身體的一端會有色帶以指出陰極腳。圖 2-18 為典型的一組尺寸值。SM 包裝的長度與寬度與元件的額定電流值有關，表面積越大則額定電流值越高。所以額定電流值 1 A 的 SM 二極體可能會有 0.181 英寸乘以 0.115 英寸的表面積。另一方面，3 A 的版本則可能會有 0.260 英寸乘以 0.236 英寸的表面積，而對於所有的額定電流值，厚度則傾向維持在 0.103 英寸左右。

增加 SM 樣式的二極體表面積會增加其散熱能力。而且，黏著端的寬度對應增加會使熱傳導性上升。加快把熱傳導到由焊接接合點、黏著面及電路板本身所形成的散熱片上。

SOT-23 包裝會有鷗翼式（gull-wing）的接腳（見圖 2-19）。接腳由上面以逆時針方向標上數字，接腳 3 是獨自在一邊。然而，沒有標

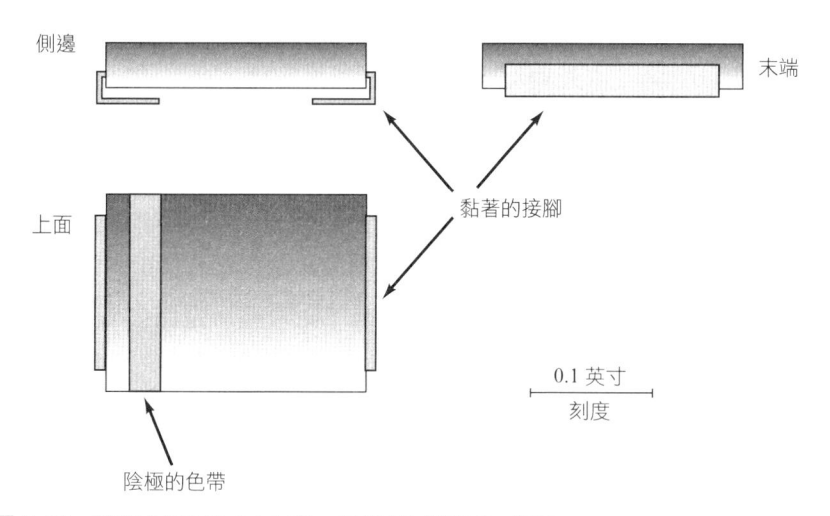

圖 2-18 雙端點 SM 樣式之包裝，用於表面黏著式二極體。

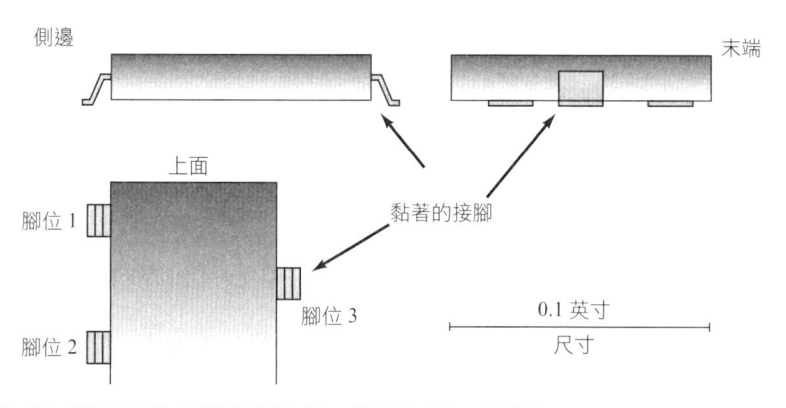

圖 2-19 SOT-23 為三端電晶體包裝，常用於 SM 二極體上。

準的記號用來指出哪兩個接腳是用作陰極與陽極端。為了知道二極體的內部連接，你可以找尋電路板上的線索，確認電路圖或是參考二極體製造商的元件資料手冊。有些 SOT 樣式的包裝會包含兩個二極體在內，而它們會把各自的陰極或陽極端連接在一起成為一個接腳。

SOT-23 包裝的二極體體積小，尺寸不會大於 0.1 英寸。它們的小尺寸使得它們散熱困難，所以二極體額定電流值一般小於 1 A。體積小也使得我們想在它們身上標上辨識符號顯得不切實際。就如許多微小的 SM 元件一樣，你必須從電路板及電路圖上其他線索來找出腳位。

2-11 電子系統的簡介

在您研讀《電子學精要》一書時，您將了解各種電子半導體元件。這些設備中的每一個都具有獨特的屬性和特性。了解這些個別元件如何運作是非常重要的。而這只是剛開始而已。

這些電子設備通常不能獨立運行。而是要通過添加其他電子元件，例如電阻器、電容器、電感器和其他半導體元件，它們互連以形成電子電路。這些電子電路通常分為子集，例如模擬電路和數字電路，或應用特定電路，如放大器、轉換器、整流器等。雖然模擬電路的工作量通常變化很大，通常稱為線性電子設備，但數字電路通常在兩個不同狀態下的信號電平下工作，這兩個狀態代表邏輯或數值。使用變壓器、二極管、電容和電阻的基本二極管整流電路如圖 2-20a 所示。

當不同類型的電路連接在一起時會發生什麼？通過組合各種電路，可以形成功能塊。這些功能塊可以由多個階段組成，旨在採用特定類型輸入信號並產生所需的輸出。例如，圖 2-20b 是一個具有兩級的放大器，用於將信號電平從 10 m$V_{p\text{-}p}$ 的輸入增加到 10 $V_{p\text{-}p}$ 的輸出。

電子功能塊可以互連嗎？當然可以！這項研究使得電子學變得如此充滿動態和多樣化。這些相互連接的電子功能塊基本上組合在一起以創建**電子系統**（**electronic systems**）。電子系統可以在各種領域找到，包括自動化和工業控制、通信、計算機信息、安全系統等。圖 2-20c 是分解為功能塊的基本通信接收器系統的框圖。在對系統進行故障排除時，此類圖表非常有用。

總之，半導體元件與其他元件組合形成電路。電路可以組合成功能塊。功能塊可以互連以形成電子系統。更進一步，電子系統經常被連接以形成複雜的系統。

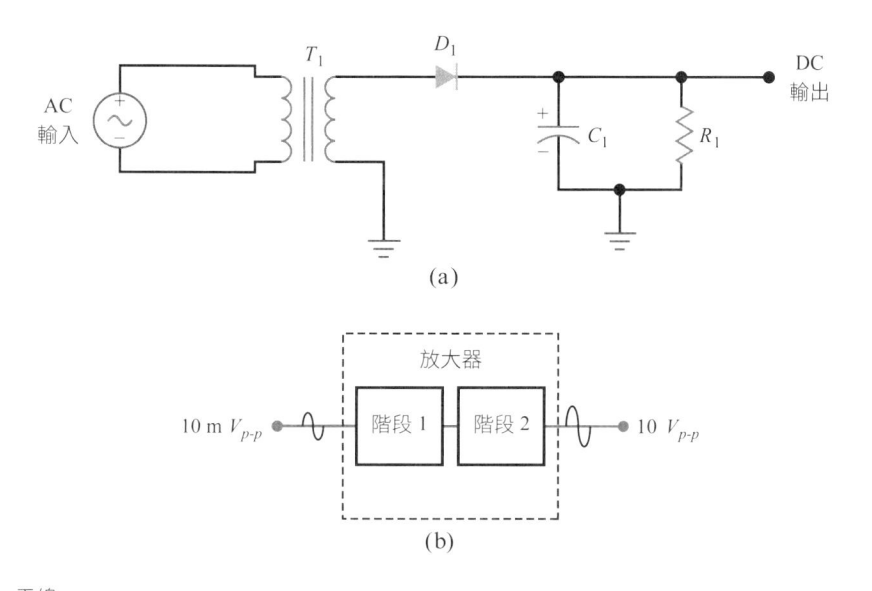

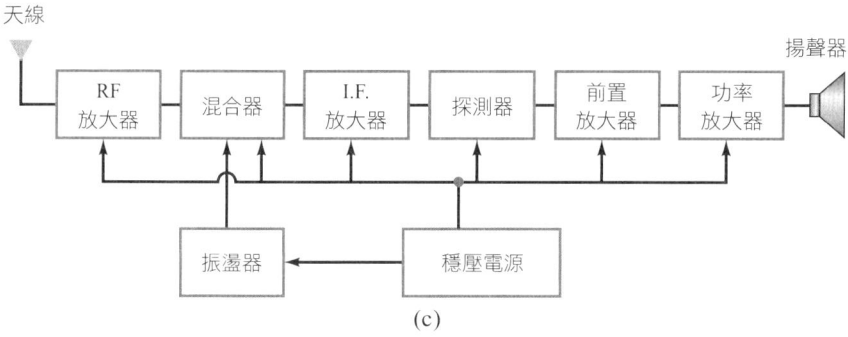

圖 2-20 （a）基本二極管整流器電路；（b）放大器功能塊；（c）通信接收器框圖

● 總結

2-1 基本概念
二極體為非線性元件。對於矽二極體來說，膝點電壓約為 0.7 V，其位於順向曲線向上轉彎之處，而本體電阻值為 p 及 n 區的歐姆電阻。二極體會有最大順向電流及額定功率值。

2-2 理想二極體
這是二極體的第一種近似法，當順偏時等效電路為一個閉合之開關；而當逆偏時則為開路。

2-3 第二種近似法
在這近似法中，我們將一個矽二極體想像成一個開關跟 0.7 V 之膝點電壓串聯。若面對二極體之戴維寧等效電壓大於 0.7 V 時，開關將會閉合。

2-4 第三種近似法
由於本體電阻經常是小到可以被忽略，所以我們很少會使用第三種近似法。在這近似法中，我們將二極體想像成是一個跟膝點電壓及本體電阻串聯的開關。

2-5 電路檢測
當你懷疑二極體有問題時，從電路上移除它並使用歐姆計來量測其各個方向之電阻值。你應該可以在一個方向上得到一個高電阻值，而在另一個方向上得到低電阻值，其比值至少 1000:1。記住，測試二極體時，要將歐姆計檔位調到足夠的電阻值範圍以避免可能損壞二極體。當二極體順

偏時，數位多功能電表（DMM）將會顯示 0.5 V 至 0.7 V；而當逆偏時將會顯示超出範圍。

2-6 閱讀元件資料手冊

元件資料手冊對於電路設計者及有時需要面臨挑選替代元件的維修人員而言是有用的。來自不同製造商的二極體元件資料手冊會包含相似的資訊，但會使用不同的符號以指出不同的操作情況。二極體元件資料手冊可能會列出以下訊息：崩潰電壓（V_R、V_{RRM}、V_{RWM}、PIV、PRV、BV）、最大順向電流（$I_{F(max)}$、$I_{F(av)}$、I_0）、順向壓降（$V_{F(max)}$、V_F）及最大逆向電流（$I_{R(max)}$、I_{RRM}）。

2-7 如何計算本體電阻值

在第三種近似法的順向區中你會需要兩個點。一個點可以是電流為零的 0.7 V。第二個點來自元件資料手冊上一個大的順向電流處，而其電壓與電流值兩個都是已知的。

2-8 二極體的直流電阻值

直流電阻值等於在一些操作點處的二極體電壓值除以二極體電流值。該電阻值是歐姆計將會量測到的東西，直流電阻值在應用上有其限制。在順向中其值很小，而在逆向中則很大。

2-9 負載線

對於負載電阻，二極體電路中的電流及電壓必須滿足二極體曲線與歐姆定律兩者。這些是兩個分開的要求，其在圖形上則為二極體曲線與負載線之交點。

2-10 表面黏著式二極體

表面黏著式二極體常發現於現代電子電路板上。這些二極體體積小、效率高且典型的外殼型式不是 SM（表面黏著式）就是 SOT（小型體電晶體）包裝。

2-11 電子系統的簡介

半導體元件組合形成電路。電路可以組合成功能塊。功能塊可以互連以形成電子系統。

● 定義

(2-1) 矽二極體膝點電壓：

$V_K \approx 0.7 \text{ V}$

(2-2) 本體電阻值：

$R_B = R_P + R_N$

(2-4) 最大功率損耗：

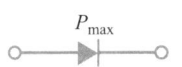

$P_{max} = V_{max} I_{max}$

(2-6) 忽略本體電阻值：

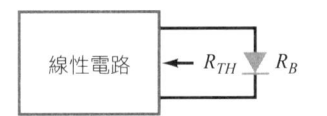

$R_B < 0.01 R_{TH}$

● 推導

(2-3) 二極體功率損耗：

$P_D = V_D I_D$

(2-5) 第三種近似法：

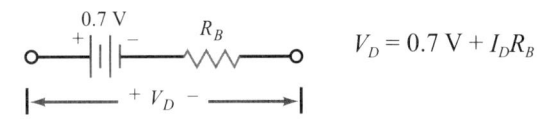

$V_D = 0.7 \text{ V} + I_D R_B$

(2-7) 本體電阻值：

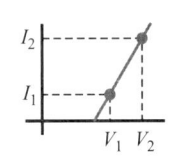

$R_B = \dfrac{V_2 - V_1}{I_2 - I_1}$

自我測驗

1. 當電流對電壓之圖形為一直線時，這元件稱為
   a. 主動的
   b. 線性的
   c. 非線性的
   d. 被動的

2. 電阻是什麼樣的元件？
   a. 單邊的
   b. 線性的
   c. 非線性的
   d. 雙極性的

3. 二極體是什麼樣的元件？
   a. 雙邊的
   b. 線性的
   c. 非線性的
   d. 單極性的

4. 不導通的二極體如何偏壓？
   a. 順向的
   b. 倒數的
   c. 很差地
   d. 逆向的

5. 當二極體電流很大時，偏壓為：
   a. 順向的
   b. 倒數的
   c. 很差的
   d. 逆向的

6. 二極體的膝點電壓約等於
   a. 施加的電壓
   b. 障壁電位
   c. 崩潰電壓
   d. 順向電壓

7. 逆向電流由少數載子電流及何者所組成
   a. 雪崩效應
   b. 順向電流
   c. 表面漏電流
   d. 稽納電流

8. 當矽二極體順偏時，第二種近似法的矽二極體上面會有多少跨壓？
   a. 0
   b. 0.3 V
   c. 0.7 V
   d. 1 V

9. 當矽二極體逆偏時，第二種近似法的矽二極體上面會有多少電流流過？
   a. 0
   b. 1 mA
   c. 300 mA
   d. 以上皆非

10. 以理想二極體近似法，順向二極體電壓值會為多少？
    a. 0
    b. 0.7 V
    c. 超過 0.7 V
    d. 1 V

11. 1N4001 本體電阻值為
    a. 0
    b. 0.23 Ω
    c. 10 Ω
    d. 1 kΩ

12. 若本體電阻值為零，在膝點之上的圖形會變成
    a. 水平的
    b. 垂直的
    c. 傾斜 45°
    d. 以上皆非

13. 什麼時候理想二極體常是適合採用的
    a. 電路檢測時
    b. 作精密計算時
    c. 電源電壓低時
    d. 負載電阻值低時

14. 什麼時候第二種近似法會運作良好？
    a. 電路檢測時
    b. 負載電阻值高時
    c. 電源電壓高時

d. 以上皆是

15. 什麼時候你才會使用第三種近似法？
    a. 負載電阻值低時
    b. 電源電壓高時
    c. 電路檢測時
    d. 以上皆非

16. |||MultiSim 利用理想二極體求圖 2-21 中的負載電流為多少？
    a. 0
    b. 11.3 mA
    c. 12 mA
    d. 25 mA

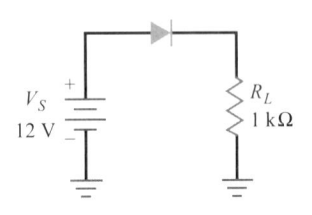

圖 2-21

17. |||MultiSim 利用第二種近似法，圖 2-21 中的負載電流會為多少？
    a. 0
    b. 11.3 mA
    c. 12 mA
    d. 25 mA

18. |||MultiSim 利用第三種近似法，圖 2-21 中的負載電流會為多少？
    a. 0
    b. 11.3 mA
    c. 12 mA
    d. 25 mA

19. |||MultiSim 若圖 2-21 中二極體開路，則負載電壓會為
    a. 0
    b. 11.3 V
    c. 20 V
    d. –15 V

20. |||MultiSim 若圖 2-21 中電阻沒有接地，以數位多功能電表測量電阻頂端與地之間的電壓值會最接近於
    a. 0
    b. 12 V
    c. 20 V
    d. –15 V

21. |||MultiSim 圖 2-21 中負載電壓量到 12 V，問題可能是
    a. 短路的二極體
    b. 開路的二極體
    c. 開路的負載電阻
    d. 電源電壓太大

22. 在圖 2-21 中使用第三種近似法，在二極體的本體電阻值需要被考慮之前，R_L 必須為多低？
    a. 1 Ω
    b. 10 Ω
    c. 23 Ω
    d. 100 Ω

● 問題

2-1 基本概念

1. 有顆跟 220 Ω 串聯之二極體，若電阻上跨壓為 6 V，試求流經二極體之電流值。

2. 有顆二極體的電壓為 0.7 V，而電流為 100 mA，試求二極體功率。

3. 有兩顆二極體串聯，第一顆二極體的電壓為 0.75 V，而第二顆為 0.8 V。若流經第一顆二極體的電流為 400 mA，試求流過第二顆二極體的電流值。

2-2 理想二極體

4. 圖 2-22a 中，試計算負載電流、負載電壓、負載功率、二極體功率及總功率。

5. 圖 2-22a 中，若電阻加倍，試求負載電流值。

6. 圖 2-22b 中，試計算負載電流、負載電壓、

負載功率、二極體功率及總功率。

7. 圖 2-22b 中，若電阻加倍，試求負載電流值。

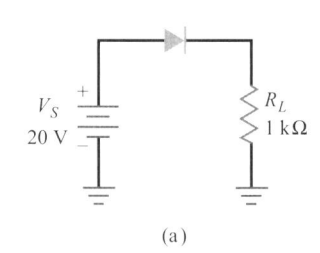

8. 圖 2-22b 中，若二極體極性相反，試求二極體電流與電壓值。

2-3　第二種近似法

9. 圖 2-22a 中，試計算負載電流、負載電壓、負載功率、二極體功率及總功率。

10. 圖 2-22a 中，若電阻加倍，試求負載電流值。

11. 圖 2-22b 中，試計算負載電流、負載電壓、負載功率、二極體功率及總功率。

12. 圖 2-22b 中，若電阻加倍，試求負載電流值。

13. 圖 2-22b 中，若二極體極性相反，試求二極體電流與電壓值。

2-4　第三種近似法

14. 圖 2-22a 中，試計算負載電流、負載電壓、負載功率、二極體功率及總功率（$R_B = 0.23\ \Omega$）。

15. 圖 2-22a 中，若電阻加倍，試求負載電流值（$R_B = 0.23\ \Omega$）。

16. 圖 2-22b 中，試計算負載電流、負載電壓、負載功率、二極體功率及總功率（$R_B = 0.23\ \Omega$）。

17. 圖 2-22b 中，若電阻加倍，試求負載電流值（$R_B = 0.23\ \Omega$）。

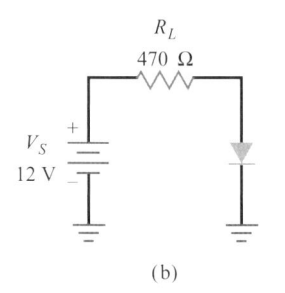

18. 圖 2-22b 中，若二極體極性相反，試求二極體電流與電壓值。

2-5　電路檢測

19. 假設圖 2-23a 中的二極體其跨壓為 5 V，試問二極體是開路或短路？

20. 圖 2-23a 中有東西造成 R 短路，試問二極體電壓值，且二極體會怎樣？

21. 圖 2-23a 中的二極體你量到其跨壓為零，接著你確認電源電壓，而其對地讀值為 5 V，試問電路有什麼問題？

22. 圖 2-23b 中，你在 R_1 與 R_2 接面處量到 3 V 的電位（記住電位總是對地來看的），接著你在二極體與 5 kΩ 電阻接面處量到零電位，試說出一些可能的問題。

23. 以數位多功能電表順向及逆向測試二極體，讀值分別為 0.7 V 與 1.8 V，試問二極體是好的嗎？

2-7　閱讀元件資料手冊

24. 若二極體必須承受 300 V 峰值之持續性的逆向電壓，在 1N4000 系列中你會挑選哪一種二極體？

25. 元件資料手冊顯示二極體的一端有個色帶，這色帶叫作什麼？二極體的圖形符號箭頭是指向色帶或者朝外指？

26. 煮開的水溫度為 100°C，若你丟下一個 1N4001 到一壺煮開的水中，它會壞掉嗎？請解釋。

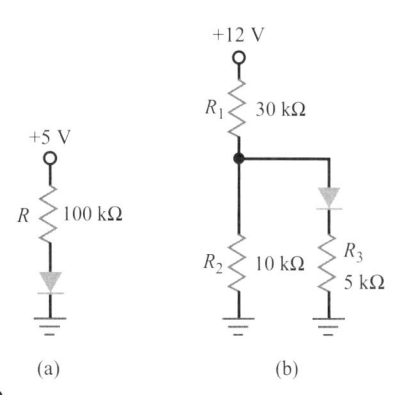

圖 2-22

圖 2-23

腦力激盪

27. 這裡有些二極體及它們最壞情況下的規格：

二極體	I_F	I_R
1N914	10 mA 在 1 V 時	25 nA 在 20 V 時
1N4001	1 A 在 1.1 V 時	10 μA 在 50 V 時
1N1185	10 A 在 0.95 V 時	4.6 mA 在 100 V 時

針對這些二極體，計算其各自的順向及逆向電阻值。

28. 圖 2-23a 中，試問 R 應為多少可得到約 20 mA 之二極體電流。

29. 圖 2-23b 中，試問 R_2 應為多少以建立 0.25 mA 之二極體電流。

30. 有個矽二極體在 1 V 時順向電流為 500 mA，請使用二極體第三種近似法計算其本體電阻值。

31. 已知有個矽二極體其逆向電流在溫度 25°C 時為 5 μA，而在 100°C 時則為 100 μA，試計算其表面漏電流值。

32. 圖 2-23b 中，電源是關閉的且電阻 R_1 上端接地，現在你使用一個歐姆計去量取二極體的順向及逆向電阻，發現這兩個讀值都相同，請問歐姆計讀到什麼？

33. 有些系統，像防盜警報與電腦，使用電池作備用電源以防斷電，試描述圖 2-24 的電路如何動作。

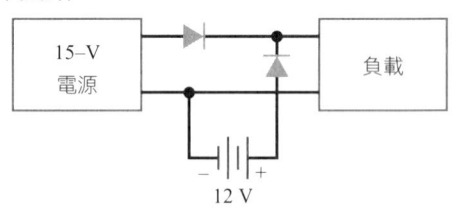

圖 2-24

運用軟體 Multisim 分析與解決問題

Multisim 分析與解決問題的檔案請至所提供的網址下載。網址內的章節序號為原文書的章節序號，請參照書末所附的「中英章節對照表」下載相關檔案。本章相關的檔案為 MTC03-34 到 MTC03-38。

開啟並分析解決各個檔案。執行量測以確認是否有錯，如果有，請查明錯誤。

34. 開啟並分析及解決檔案 MTC03-34。
35. 開啟並分析及解決檔案 MTC03-35。
36. 開啟並分析及解決檔案 MTC03-36。
37. 開啟並分析及解決檔案 MTC03-37。
38. 開啟並分析及解決檔案 MTC03-38。

問題回顧

針對以下問題，無論如何盡可能地畫出電路、圖形或任何圖表，將會有助於闡明你的答案。若你可以在你的解釋中結合文字與圖片，你會更可能地了解你所討論的東西。

1. 你曾聽過理想二極體嗎？若有，告訴我它是什麼，還有你何時會用到它？
2. 二極體近似法中有個叫做第二種近似法，告訴我其等效電路為何，還有矽二極體何時會導通？
3. 試繪出二極體曲線並解釋曲線中的不同部位。
4. 在實驗室工作檯上有個電路，每次連接一個新的二極體時都會一直燒壞。若我有這二極體的元件資料手冊，我需要確認哪些特性值？

5. 以最基本的話語，描述當二極體順偏與逆偏時，其所扮演的角色。
6. 在典型鍺二極體與矽二極體間的膝點電壓值差異為何？
7. 對於技術人員而言，有哪一種好的技術可以用來得知流過二極體的電流值而不需斷開電路呢？
8. 若你懷疑在電路板上有個二極體有問題，你會採取哪些步驟來得知其是否真的有問題？
9. 對於有效的二極體，逆向電阻值應會比順向電阻值大多少？
10. 在休旅車中，你會如何連接二極體以避免第二顆電池放電且還允許發電機對它充電？
11. 你可以使用哪種儀器來測試二極體正常與否？
12. 詳細地描述二極體的操作，在你的討論中請包含多數與少數載子。

● 自我測驗解答

1. b	7. c	13. a	19. a
2. b	8. c	14. d	20. b
3. c	9. a	15. a	21. a
4. d	10. a	16. c	22. c
5. a	11. b	17. b	
6. b	12. b	18. b	

● 練習題解答

2-1 D_1 逆偏；D_2 順偏

2-2 $P_D = 2.2$ W

2-3 $I_L = 5$ mA

2-4 $V_L = 2$ V；
  $I_L = 2$ mA

2-5 $V_L = 4.3$ V；
  $I_L = 4.3$ mA；
  $P_D = 3.01$ mW

2-6 $I_L = 1.77$ mA；
  $V_L = 1.77$ V；
  $P_D = 1.24$ mW

2-8 $R_T = 10.23$ Ω；
  $I_L = 420$ mA；
  $V_L = 4.2$ V；
  $P_D = 335$ mW

Chapter 3 二極體電路

如高畫質電視、音頻功率放大器及電腦等多數電子系統都需要直流電壓供電。由於電源電壓是交流且一般電壓值都很高,所以我們需要降低電源電壓並將其轉換成相對定值的直流輸出電壓。電子系統產生此直流電壓的這一部分稱為電源供應器(power supply),在其中允許電流單向流動的電路稱為整流器。其他部分電路則會濾波與調節直流輸出。本章會討論整流器(rectifier)、濾波器(filter)、穩壓器(voltage regulator)、截波器(clipper)、箝位器(clamper)及電壓倍增器(voltage multiplier)。

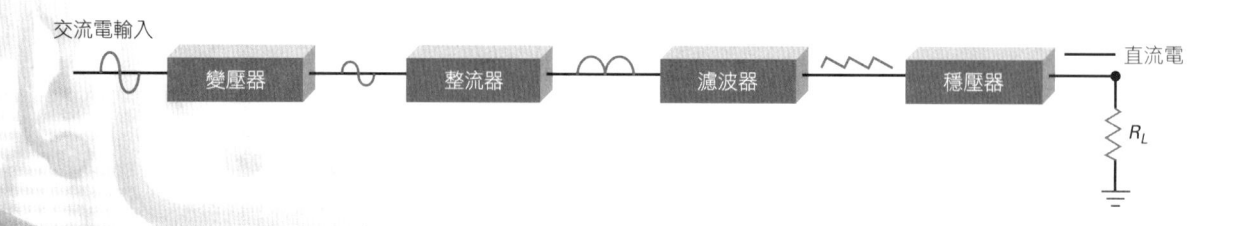

交流電輸入 → 變壓器 → 整流器 → 濾波器 → 穩壓器 → 直流電 R_L

學習目標

在學習完本章後,你應能夠:
- 繪出半波整流器電路圖並解釋其如何動作。
- 描述電源供應器中輸入變壓器的角色。
- 繪出全波整流器電路圖並解釋其如何動作。
- 繪出橋式整流器電路圖並解釋其如何動作。
- 分析輸入電容濾波器及其突波電流。
- 從整流器的元件資料中列出三項重要規格。
- 解釋截波器如何動作並繪出其波形。
- 解釋箝位器如何動作並繪出其波形。
- 描述電壓倍增器的動作。

章節大綱

3-1 半波整流器
3-2 變壓器
3-3 全波整流器
3-4 橋式整流器
3-5 輸入扼流圈濾波器
3-6 輸入電容濾波器
3-7 峰值反向電壓與突波電流
3-8 其他的電源供應器主題
3-9 求解電路問題
3-10 截波器與限制器
3-11 箝位器
3-12 電壓倍增器

詞彙

bridge rectifier　橋式整流器
capacitor-input filter　輸入電容濾波器
choke-input filter　輸入扼流圈濾波器
clamper　箝位器
clipper　截波器
dc value of a signal　信號的直流值
filter　濾波器
full-wave rectifier　全波整流器
half-wave rectifier　半波整流器
IC voltage regulator　IC 型穩壓器
integrated circuit (IC)　積體電路
passive filter　被動式濾波器

peak detector　峰值檢測器
peak inverse voltage　峰值反向電壓
polarized capacitor　有極性電容
power supply　電源供應器
rectifiers　整流器
ripple　漣波
surge current　突波電流
surge resistor　突波電阻
switching regulator　切換式穩壓器
unidirectional load current　單向的負載電流
voltage multiplier　電壓倍增器

3-1 半波整流器

圖 3-1a 為**半波整流器**（half-wave rectifier）電路。交流源會產生一個弦波電壓。假設有一個理想二極體，正半波電壓會將其順偏。由於開關如圖 3-1b 所示閉合，電壓源的正半波將跨在負載電阻上，而在負半波時，二極體將會逆偏。在這情況中，理想二極體將呈現開路狀態，不會有任何電壓跨在負載電阻上，如圖 3-1c 所示。

Ideal Waveforms 理想波形

圖 3-2a 為輸入電壓波形的圖形表示法。它是瞬時值為 v_{in} 而峰值為 $V_{p(in)}$ 的弦波。由於每一個半波的瞬時電壓是相同且相反的，所以這種純弦波在一週期下的平均值為零。如果你使用直流電壓計去量測此電壓，讀值將會是零，因為直流電壓計顯示的是平均值。

在圖 3-2b 的半波整流器中，在正半波期間二極體是導通的，但在負半波期間則不通。因此，如圖 3-2c 所示，電路會截掉負半波；我們稱這樣的波形為半波信號（half-wave signal）。此半波電壓會產生**單一方向的負載電流**（unidirectional load current），意即負載電流只會往一個方向流。若將二極體顛倒，當輸入電壓為負時它才會順偏，結果是輸出脈波會變負的，如圖 3-2d 所示。請注意波形中負峰值是如何從正峰值偏移過去，並隨著輸入電壓負半波而交變。

如圖 3-2c 所示的半波信號是一個脈動的直流電壓，會上升到最大值，再下降到零，然後在負半波期間維持零。這不是電子設備所需要的直流值；它們要的是定值的電壓，就像電池電壓一樣。為了得到這樣的電壓，我們需要將半波信號**濾波器**（filter）（稍後討論）。

當你在求解電路問題時，你可以使用理想二極體去分析半波整流電路。記住，輸出電壓峰值等於輸入電壓峰值：

$$\text{使用理想二極體下的半波：} V_{p(out)} = V_{p(in)} \tag{3-1}$$

半波信號的直流值

信號的直流值（dc value of a signal）跟平均值一樣。若你以直流電壓計量測一個信號，其讀值將會跟平均值相同。在基礎課程中，半波信號的直流值可以用公式推得：

$$\text{半波：} V_{dc} = \frac{V_p}{\pi} \tag{3-2}$$

由於我們必須算出一週期的平均值，所以此推導的證明需要用到微

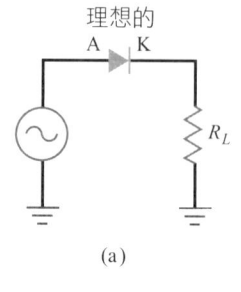

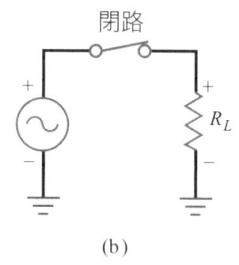

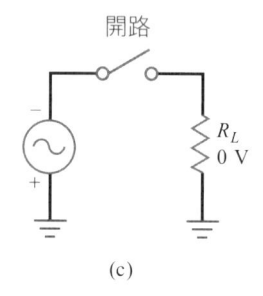

圖 3-1 (a) 理想的半波整流器；(b) 在正半波時；(c) 在負半波時。

知識補給站

半波信號的均方根（有效）值可用以下公式得出：

$$V_{rms} = 1.57\, V_{avg}$$

其中 $V_{avg} = V_{dc} = 0.318 V_p$
另一個公式為：

$$V_{rms} = \frac{V_p}{\sqrt{2}}$$

對於任何波形，均方根值對應到會產生相同熱效應的等值直流值。

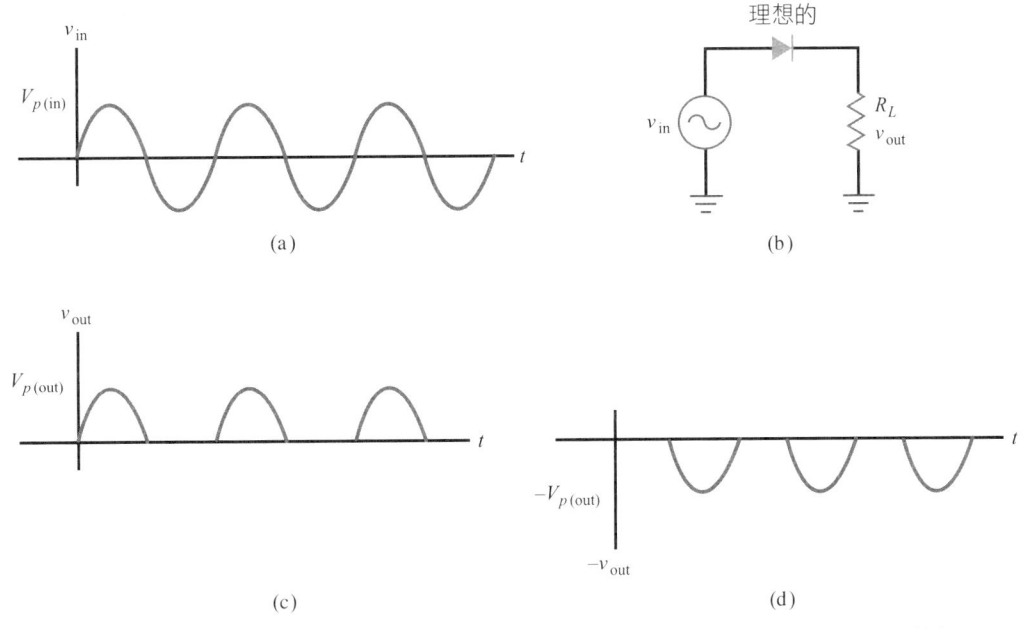

圖 3-2　(a) 半波整流器的輸入；(b) 電路；(c) 正半波整流電路的輸出；(d) 負半波整流電路的輸出。

積分。

由於 $1/\pi \approx 0.318$，你會看到式（3-2）寫成：

$$V_{\text{dc}} \approx 0.318 V_p$$

當方程式寫成此形式時，你可以看見直流（即平均）值等於峰值的 31.8%。例如，若半波信號的峰值電壓為 100 伏特，則直流電壓即平均值為 31.8 伏特。

輸出頻率

輸出頻率跟輸入頻率相同。當你比較圖 3-2c 跟圖 3-2a 時，這顯得合理，每一週期的輸入電壓會產生一週期的輸出電壓。因此我們可以寫成：

$$\text{半波}：f_{\text{out}} = f_{\text{in}} \tag{3-3}$$

我們稍後會將此推導用於濾波器中。

第二近似法

在負載電阻上的不會是一個完美的半波電壓。由於障壁電位的存在，要到交流電源到達接近 0.7 伏特後，二極體才會導通。當電源電壓峰值遠大於 0.7 伏特時，負載電壓將會像半波信號。例如，若電源

電壓峰值為 100 伏特 負載電壓將接近於一個完美的半波電壓。若電源電壓峰值只有 5 伏特，則負載電壓峰值將只有 4.3 伏特。你若需要更佳答案，請使用下面的推導式：

$$\text{使用第二近似法下的半波：} V_{p(\text{out})} = V_{p(\text{in})} - 0.7 \text{ V} \tag{3-4}$$

更高階的近似法（Higher Approximations）

多數設計者會確保二極體的本體電阻（bulk resistance）是遠小於面向二極體的戴維寧等效電阻，因此，幾乎在任何情況中，我們都可以忽略本體電阻。如果你必須要有比用第二近似法更佳的準確性，那你應該使用電腦及如 Multisim 之類的模擬軟體。

應用題 3-1 ||||Multisim

圖 3-3 所示為一個你可以在實驗室或是以電腦模擬軟體建立的半波整流器。示波器跨在 1 kΩ 兩端。設定示波器的垂直輸入耦合開關成直流，這將會顯示半波負載電壓。而且，有一個萬用電表（multimeter）跨在 1kΩ 兩端，以量測直流負載電壓。試計算負載電壓峰值的理論值及直流負載電壓，然後把示波器及萬用電表上的讀值與電腦模擬所得之數值做一比較。

解答 圖 3-3 所示為一個 10 伏特及 60Hz 的交流電源。電路圖上交流源電壓通常顯示的是有效值，或均方根值。回想一下，有效值（effective value）是一個直流電壓的數值，會產生跟交流電壓相同的熱效應。

由於電源電壓為 $10V_{\text{rms}}$，第一件要做的就是計算交流源的峰值。從以前的課程，你知道弦波的均方根值等於：

$$V_{\text{rms}} = 0.707 V_p$$

因此，圖 3-3 中的電源電壓峰值為：

$$V_p = \frac{V_{\text{rms}}}{0.707} = \frac{10 \text{ V}}{0.707} = 14.1 \text{ V}$$

以理想二極體來看，負載電壓峰值為：

$$V_{p(\text{out})} = V_{p(\text{in})} = 14.1 \text{ V}$$

直流負載電壓為：

$$V_{\text{dc}} = \frac{V_p}{\pi} = \frac{14.1 \text{ V}}{\pi} = 4.49 \text{ V}$$

使用第二近似法，我們會得到負載電壓峰值為：

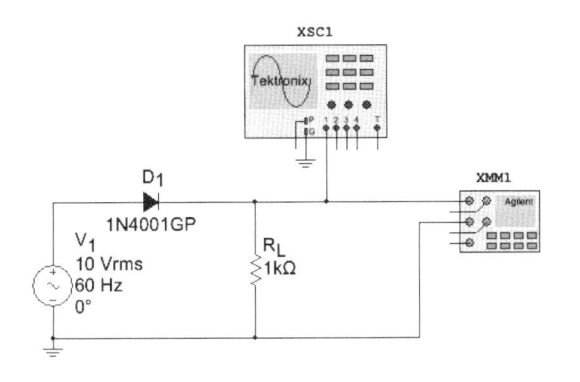

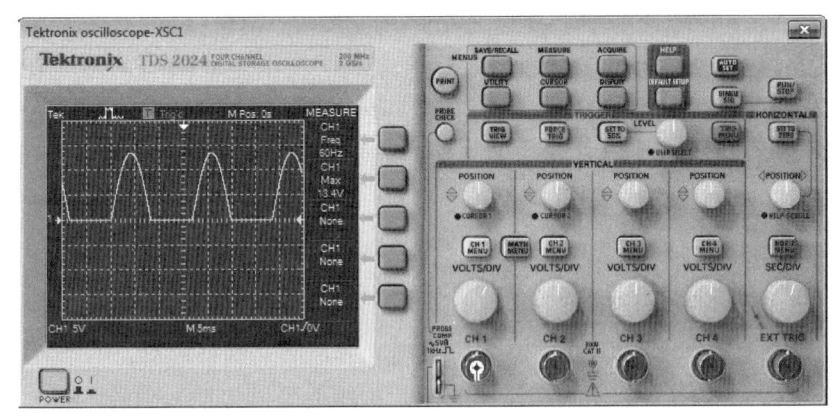

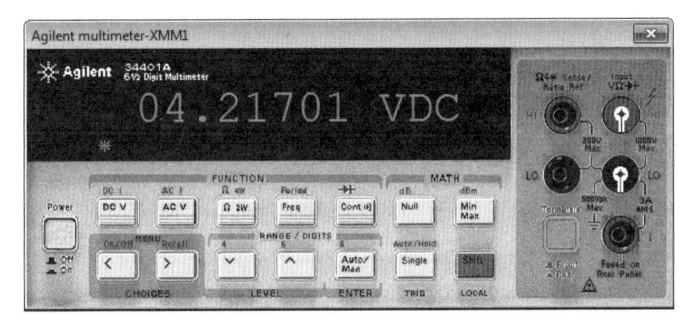

圖 3-3 半波整流器的實驗例子。

$$V_{p(\text{out})} = V_{p(\text{in})} - 0.7\text{ V} = 14.1\text{ V} - 0.7\text{ V} = 13.4\text{ V}$$

以及直流負載電壓為：

$$V_{\text{dc}} = \frac{V_p}{\pi} = \frac{13.4\text{ V}}{\pi} = 4.27\text{ V}$$

　　圖 3-3 顯示示波器與萬用電表讀到的數值。示波器的通道（channel）1 設為每格 5 伏特（5V/Div）。半波信號峰值落在 13~14 伏特間，符合我們用第二近似法所得到的結果。由於讀值約 4.22 伏特，萬用電表讀值也與理論值相符。

練習題 3-1 使用圖 3-3 的電路，將交流源電壓改為 15 伏特。試以第二近似法來計算二極體時的直流負載電壓 V_{dc}。

3-2 變壓器

美國的電力公司提供的是 120 V_{rms} 及頻率 60 Hz 的標稱線電壓（nominal line voltage）。實際上，從插座出來的電壓可能會在 105 到 125 V_{rms} 間變化，其變化跟一天當中的時間點、地點及其他因素有關。對於多數電路而言，這個線電壓值太高了，也是變壓器常出現在所有電子設備的電源供應端中的原因。變壓器會把線電壓降壓成對二極體、電晶體及其他半導體元件更安全與更適合的電壓值。

基本觀念

過去的課程已詳細討論了變壓器。在本章我們僅需要簡單地回顧一下。圖 3-4 為一個變壓器。在這裡，你會看到線電壓施加在變壓器的一次側繞組上。插頭通常會有第三根線使設備接地。由於匝數比為 N_1/N_2，當一次側匝數 N_1 大於二次側匝數 N_2 時，二次側電壓會是降壓的電壓。

相位點（Phasing Dot）

回想一下在變壓器繞阻上端打點的意義。打點端會有相同的瞬時相位。換句話說，當一個正半波跨在一次側時，也會有一個正半波跨於二次側。若二次側的打點是在接地端，則二次側電壓會跟一次側電壓相位相反，即反相 180 度。

當一次側電壓為正半波時，會有一個正的半弦波跨在二次側繞組上且讓二極體呈順偏狀態；當一次側電壓為負半波時，會有一個負的

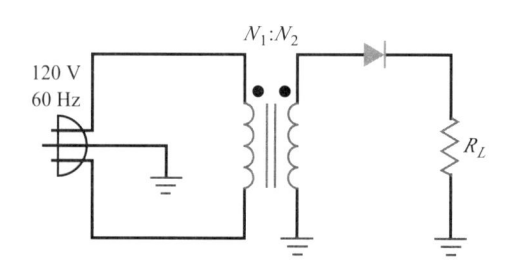

圖 3-4 具變壓器之半波整流器。

半弦波跨在二次繞組上且讓二極體呈逆（反）偏狀態。假設為理想二極體，我們會得到一個半波的負載電壓。

匝數比（Turns Ratio）

回憶一下以前曾學過的下列推導：

$$V_2 = \frac{V_1}{N_1/N_2} \tag{3-5}$$

這代表二次側電壓等於一次側電壓除以匝數比。有時候你會看到這個等效式：

$$V_2 = \frac{N_2}{N_1} V_1$$

意即二次側電壓等於匝數比的反比乘以一次側電壓。

針對均方根值、峰值及瞬時電壓值，你可以在兩式中擇一使用。大多數時候，因為交流源電壓幾乎都是以均方根值來表示，我們會用式（3-5），代入均方根值。

當我們在面對變壓器時，會遇到升壓（step up）及降壓（step down）這兩個名詞。這些名詞總是把二次側跟一次側關聯起來，代表升壓變壓器會產生一個比一次側電壓還高的二次側電壓，而降壓變壓器會產生一個比一次側電壓還小的二次側電壓。

例題 3-2

試問圖 3-5 中負載電壓峰值及直流負載電壓值為多少？

解答 變壓器匝數比為 5:1，這意味二次側電壓有效值為一次側電壓的五分之一：

$$V_2 = \frac{120 \text{ V}}{5} = 24 \text{ V}$$

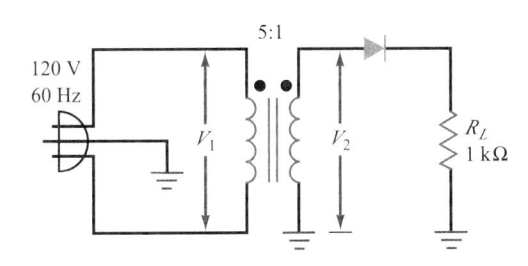

圖 3-5 變壓器的例子。

二次側電壓峰值為：

$$V_p = \frac{24\text{ V}}{0.707} = 34\text{ V}$$

以理想二極體來看，負載電壓峰值為：

$$V_{p(\text{out})} = 34\text{ V}$$

直流負載電壓為：

$$V_{\text{dc}} = \frac{V_p}{\pi} = \frac{34\text{ V}}{\pi} = 10.8\text{ V}$$

使用第二近似法時，負載電壓峰值為：

$$V_{p(\text{out})} = 34\text{ V} - 0.7\text{ V} = 33.3\text{ V}$$

且直流負載電壓為：

$$V_{\text{dc}} = \frac{V_p}{\pi} = \frac{33.3\text{ V}}{\pi} = 10.6\text{ V}$$

練習題 3-2 使用圖 3-5 電路，變壓器匝數比改成 2:1，試求解理想的直流負載電壓。

3-3 全波整流器

圖 3-6a 為一個**全波整流器（full-wave rectifier）**電路。注意在二次側接地的中央抽頭（center tap）。全波整流器等效於兩個半波整流器。由於中央抽頭，每個整流器都會有一個等於一半的二次側電壓輸入值。二極體 D_1 在正半波時會導通，而二極體 D_2 在負半波時會導通；結果是在這兩個半波期間都會有電流（即整流後的負載電流）在流。全波整流器就像兩個背對背的半波整流器。

圖 3-6b 為正半波時的等效電路。如你所見，D_1 為順向偏壓（順偏）。這會產生一個極性是上正下負的負載電壓跨在負載電阻上。圖 3-6c 為負半波時的等效電路。這次換成 D_2 順偏。如你所見，這也會產生一個上正下負的負載電壓。

在兩個半波期間，負載電壓都會有相同的極性，且負載電流都往同方向流。如圖 3-6d 所示，由於它已將交流輸入電壓變成脈動直流輸出電壓，所以此電路稱為全波整流器（full-wave rectifier）。我們將討論此波形的一些有趣特性。

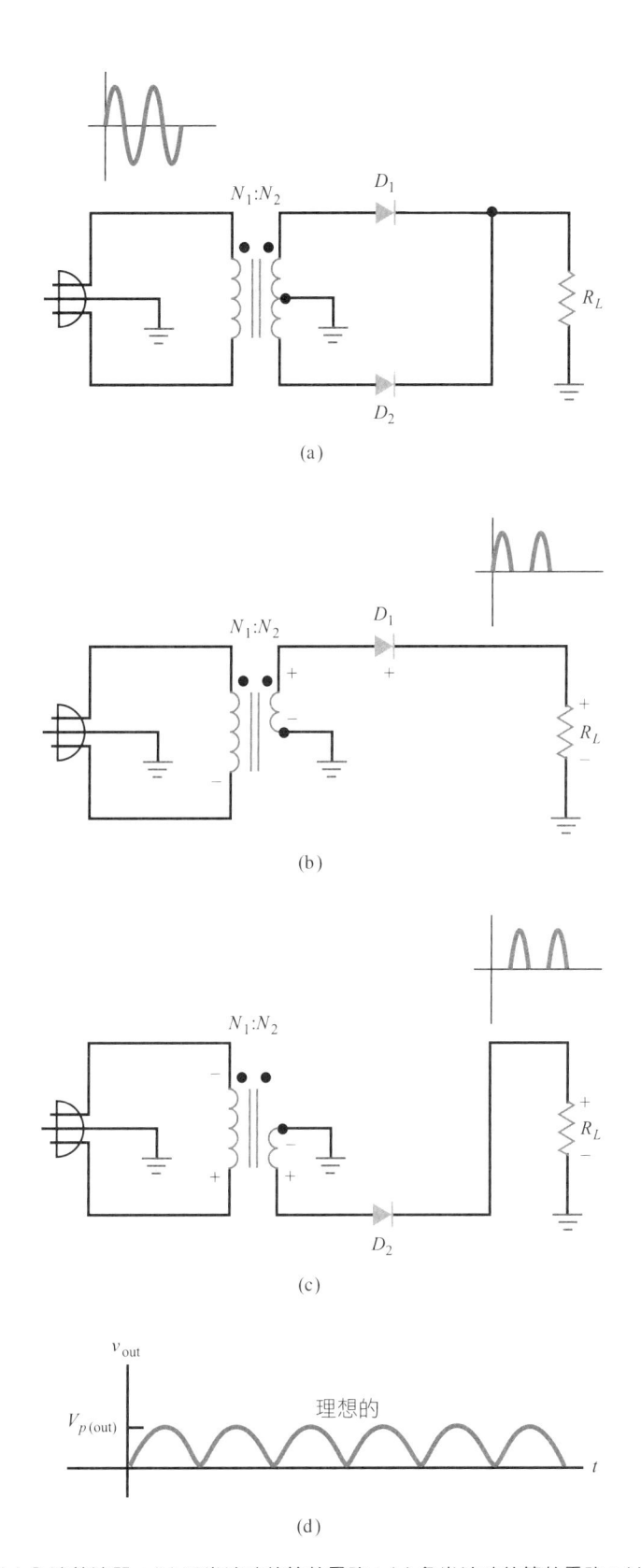

圖 3-6 (a) 全波整流器；(b) 正半波時的等效電路；(c) 負半波時的等效電路；(d) 全波輸出。

直流（即平均）值

由於全波信號會有兩倍的半波信號之正半波數，直流（即平均）值會有兩倍，如下所示：

$$\text{全波}：V_{\text{dc}} = \frac{2V_p}{\pi} \tag{3-6}$$

由於 $2/\pi = 0.636$，你會看見式（3-6）寫成：

$$V_{\text{dc}} \approx 0.636 V_p$$

在此式中，你可以看到直流（平均）值等於峰值的 63.6%。例如，若全波信號峰值為 100 伏特，則直流（即平均）電壓為 63.6 伏特。

> **知識補給站**
> 全波信號的均方根值為 $V_{\text{rms}} = 0.707\, V_p$，與弦波的全波信號值相同。

輸出頻率

半波整流器的輸出頻率會等於輸入頻率。但是全波整流器的輸出頻率不太尋常。交流線電壓頻率為 60 Hz，因此輸入週期會等於：

$$T_{\text{in}} = \frac{1}{f} = \frac{1}{60\ \text{Hz}} = 16.7\ \text{ms}$$

由於全波整流，所以全波信號的週期是輸入週期的一半：

$$T_{\text{out}} = 0.5(16.7\ \text{ms}) = 8.33\ \text{ms}$$

當我們計算輸出頻率時，我們會得到（如果你有疑慮，可以比較一下圖 3-6d 跟圖 3-2c）：

$$f_{\text{out}} = \frac{1}{T_{\text{out}}} = \frac{1}{8.33\ \text{ms}} = 120\ \text{Hz}$$

全波信號的輸出頻率是輸入頻率的兩倍，這是合理的。全波輸出的週波數是弦波輸入的兩倍。全波整流器會把每個負半波反轉過來，以至於我們會得到兩倍的正半波數，結果就是頻率變成了兩倍，如下面推導所示：

$$\text{全波}：f_{\text{out}} = 2f_{\text{in}} \tag{3-7}$$

第二近似法

由於全波整流器就像兩個背對背的半波整流器，所以我們可以使用前面提到的第二近似法（second approximation），目的是從理想輸出電壓峰值減掉 0.7 伏特。下面的例子會以繪圖方式呈現這個概念。

應用題 3-3　　　　Multisim

圖 3-7 為你可在實驗室建立或以電腦模擬出來的全波整流器。示波器的通道 1 顯示一次側電壓（弦波），而通道 2 顯示負載電壓（全波信號）。把通道 1 設成你的正輸入觸發點（trigger point）。大多數的示波器會需要一根 10x 探棒以量測較高的輸入電壓準位。試計算輸入及輸出電壓峰值，然後比較一下理論值與量測值。

解答　一次側電壓峰值為：

$$V_{p(1)} = \frac{V_{\text{rms}}}{0.707} = \frac{120 \text{ V}}{0.707} = 170 \text{ V}$$

由於 10:1 的降壓變壓器，二次側電壓峰值為：

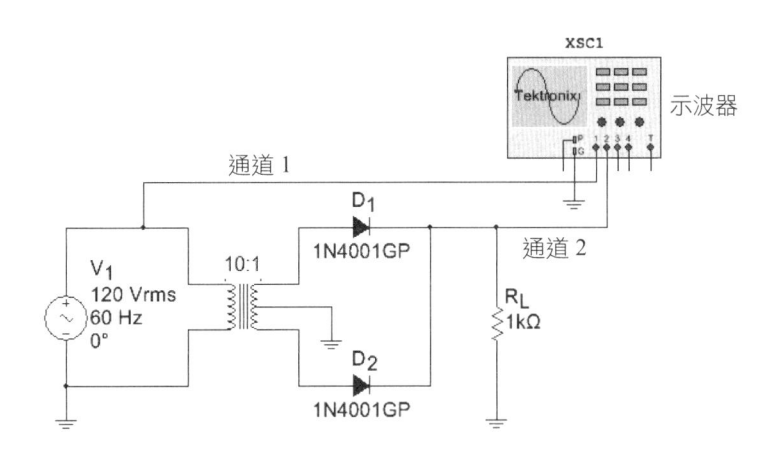

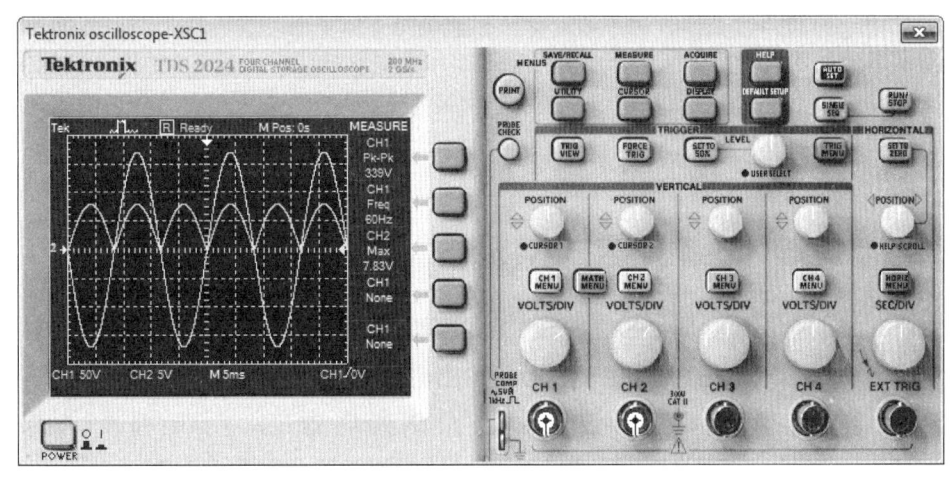

圖 3-7　全波整流的實驗室例子。

$$V_{p(2)} = \frac{V_{p(1)}}{N_1/N_2} = \frac{170 \text{ V}}{10} = 17 \text{ V}$$

全波整流器動作上就像兩個背對背的整流器。由於中央抽頭（center tap），對每個半波整流器而言，輸入電壓只會是二次側電壓的一半：

$$V_{p(\text{in})} = 0.5(17 \text{ V}) = 8.5 \text{ V}$$

理想下輸出電壓為：

$$V_{p(\text{out})} = 8.5 \text{ V}$$

使用第二近似法：

$$V_{p(\text{out})} = 8.5 \text{ V} - 0.7 \text{ V} = 7.8 \text{ V}$$

現在讓我們比較一下理論值與量測值。通道 1 的靈敏度為每格 50 伏特 (50 V/Div)；由於弦波輸入讀值接近 3.4 格，其峰值約為 170 伏特。通道 2 的靈敏度為每格 5 伏特 (5 V/Div)；由於全波輸出讀值約 1.4 格，其峰值約為 7 伏特。輸入與輸出兩個讀值與理論值合理符合。

我們再說一次，注意第二近似法只會稍微改進一下答案。如果你在解決電路問題時，改善程度其實很小。如果電路裡有問題，全波輸出很有可能會明顯跟理想值 8.5 伏特不同。

練習題 3-3 使用圖 3-7 電路，將變壓器匝數比改成 5:1，並計算二極體使用第二近似法下的 $V_{p(\text{in})}$ 與 $V_{p(\text{out})}$。

應用題 3-4　　　　　　　　　　　　　　　　　　　　　　||||Multisim

圖 3-7 中如果有一個二極體開路，那些不同電壓會如何受到影響？

解答　若有一個二極體開路，電路會回到半波整流器狀態。在這情況下，一半的二次側電壓仍是 8.5 伏特，但是負載電壓會是半波信號而非全波信號。這半波電壓峰值將仍是 8.5 伏特（當使用理想二極體來看時）或是 7.8 伏特（當二極體使用第二近似法來看時）。

3-4 橋式整流器

圖 3-8a 為一個**橋式整流器**（bridge rectifier）電路。由於橋式整流器會產生一個全波輸出電壓，它跟全波整流器類似。二極體 D_1 與 D_2 會在正半波時導通，而 D_3 與 D_4 會在負半波時導通。結果是，在兩個半波期間都會有電流（即整流後的負載電流）在流。

圖 3-8b 為正半波時的等效電路。如你所見，D_1 與 D_2 為順偏。如圖上標示的極性，這會產生一個上正下負的負載電壓跨在負載電阻上。想像一下 D_2 短路，那麼剩餘的電路會是一個我們熟悉的半波整流器。

圖 3-8c 為負半波時的等效電路。這次換 D_3 與 D_4 為順偏，這也會產生一個上正下負的負載電壓。如果想像一下 D_3 短路，電路看起來會像一個半波整流器，所以橋式整流器動作上就像兩個背對背的半波整流器。

知識補給站

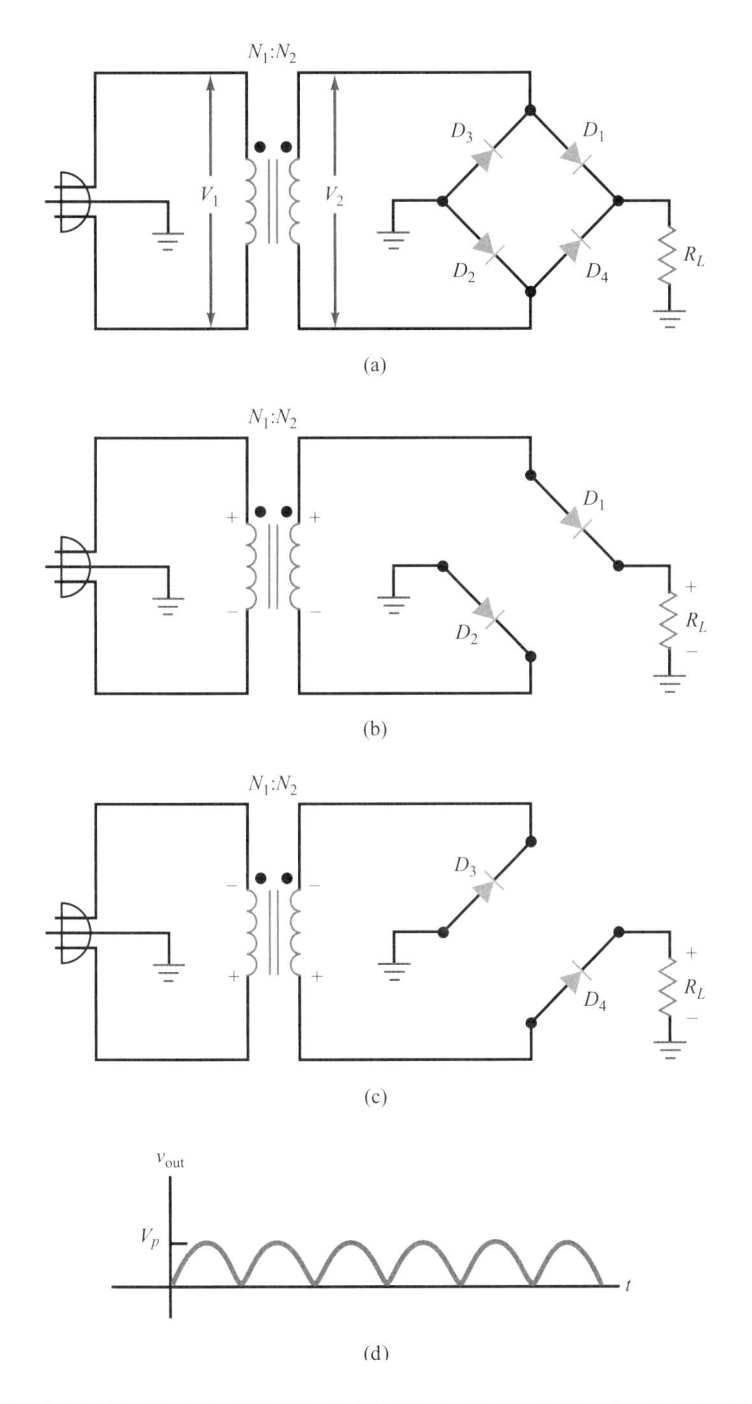

相對於使用雙二極體全波整流器，當我們使用橋式整流器時，可以一個 N_1/N_2 匝數比較高之變壓器來得到相同的直流輸出電壓。這意味使用橋式整流器時，變壓器需要的繞線匝數會比較少。因此，和橋式整流器一起使用的變壓器會比使用雙二極體全波整流器的變壓器更小、更輕且成本更低。光這點優勢就比以四個二極體來取代傳統雙二極體全波整流器中兩個二極體的還要好。

圖 3-8 (a) 橋式整流器；(b) 正半波時的等效電路；(c) 負半波時的等效電路；(d) 全波輸出；(e) 橋式整流器的各種包裝型式。

GBPC-W

WOB

SOIC-4

KBPM

GBPC

GBU

(e)

© Brian Moeskau/Brian Moeskau Photography

圖 3-8 （續）

在兩個半波期間，負載電壓會有相同的極性，且負載電流都是往同方向在流。如圖 3-8d 所示，電路已將交流輸入電壓變成脈動的直流輸出電壓。注意這種全波整流比之前章節提到的中央抽頭版本更優，因為整個二次側電壓都可以充分利用到。

圖 3-8e 所示為包括所有四個二極體的各式橋式整流器包裝（package）。

平均值與輸出頻率

因為橋式整流器會產生一個全波輸出，所以平均值與輸出頻率的方程式跟全波整流器的一樣：

$$V_{dc} = \frac{2V_p}{\pi}$$

而且

$$f_{out} = 2f_{in}$$

平均值為峰值的 63.6%，而輸出頻率為 120 Hz，已知線頻率為 60 Hz。

橋式整流器的一個優點是，所有的二次側電壓都用做橋式整流器的輸入。在使用相同的變壓器下，以橋式整流器來看，我們得到的峰

值電壓與直流電壓將會是全波整流器的兩倍。直流輸出電壓變兩倍補償了橋式整流器比全波整流器多用了兩顆二極體。通常你會看到橋式整流器被使用的機會比全波整流器還多。

順帶一提,在橋式整流器出現前,全波整流器已被使用多年。因此,即使橋式整流器輸出也是全波輸出,但「全波」習慣上只會用來稱呼全波整流器。為了區隔全波整流器與橋式整流器,有些文獻會稱全波整流器為傳統的全波整流器、雙二極體全波整流器或中央抽頭全波整流器。

第二近似法與其他的損失

由於橋式整流器在導通路徑上會有兩個二極體,所以輸出電壓峰值如下:

$$\text{使用第二近似法下的橋式:} V_{p(\text{out})} = V_{p(\text{in})} - 1.4 \text{ V} \quad (3\text{-}8)$$

如你所見,我們必須從峰值減掉兩個二極體的電壓降以得到一個較準確的負載電壓峰值。總表 3-1 比較了三種整流器及它們的特性。

總表 3-1　未濾波之整流器 *

	半波	全波	橋式
二極體數量	1	2	4
整流器輸入	$V_{p(2)}$	$0.5V_{p(2)}$	$V_{p(2)}$
輸出峰值(理想的)	$V_{p(2)}$	$0.5V_{p(2)}$	$V_{p(2)}$
輸出峰值(第二近似法)	$V_{p(2)} - 0.7 \text{ V}$	$0.5V_{p(2)} - 0.7 \text{ V}$	$V_{p(2)} - 1.4 \text{ V}$
直流電壓	$V_{p(\text{out})}/\pi$	$2V_{p(\text{out})}/\pi$	$2V_{p(\text{out})}/\pi$
漣波頻率	f_{in}	$2f_{\text{in}}$	$2f_{\text{in}}$

*$V_{p(2)}$ = 二次側電壓峰值;$V_{p(\text{out})}$ = 輸出電壓峰值。

應用題 3-5　　　　　　　　　　　　　　　　　　　　　　||| Multisim

試計算圖 3-9 中輸入與輸出電壓之峰值,然後比較一下理論值與量測值。

注意電路使用到一個橋式整流器包裝。

解答　一次側與二次側電壓峰值跟應用題 3-3 相同:

$$V_{p(1)} = 170 \text{ V}$$
$$V_{p(2)} = 17 \text{ V}$$

使用橋式整流器,所有二次側電壓都用做整流器的輸入。理想下,輸出電壓峰值為:

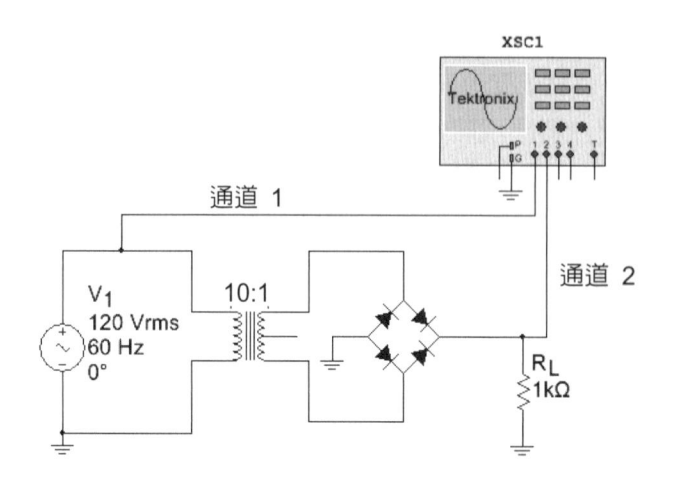

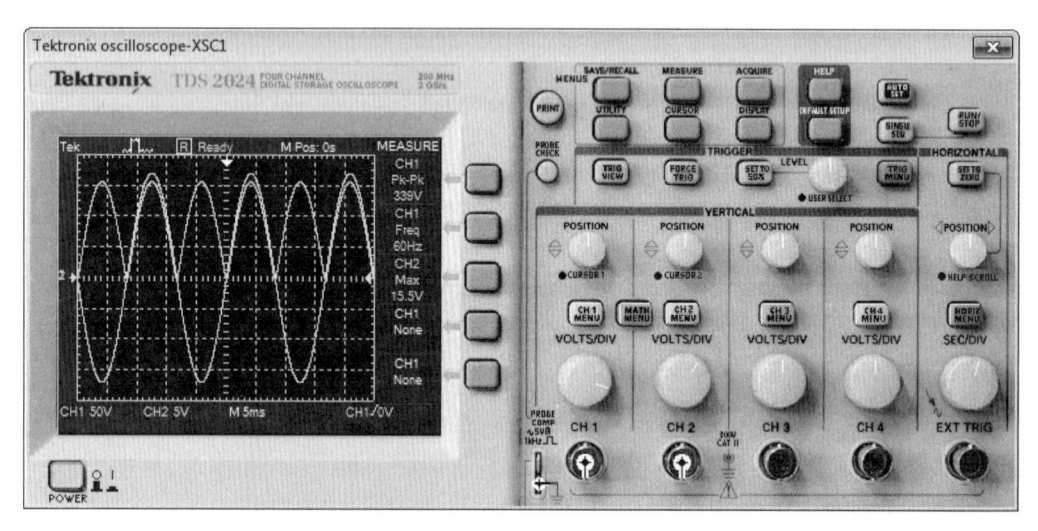

圖 3-9 橋式整流器的實驗室例子。

$$V_{p(\text{out})} = 17 \text{ V}$$

對於第二近似法：

$$V_{p(\text{out})} = 17 \text{ V} - 1.4 \text{ V} = 15.6 \text{ V}$$

　　現在讓我們比較一下理論值與量測值。示波器的通道 1 之靈敏度為每格 50 伏特（50 V/Div）；由於弦波輸入讀值約 3.4 格，其峰值約為 170 伏特。示波器的通道 2 之靈敏度為每格 5 伏特（5 V/Div）；由於半波輸出讀值約 3.2 格，其峰值約為 16 伏特。輸入與輸出兩者讀值都近似於理論值。

練習題 3-5　如應用題 3-5，使用匝數比 5:1 之變壓器，試以理想與第二近似法求解 $V_{p(\text{out})}$ 值。

3-5 輸入扼流圈濾波器

過去輸入扼流圈濾波器廣泛使用於整流器輸出之濾波。雖然由於成本、體積與重量因素，此類濾波器已很少再用，但這種濾波器有其教育上的價值，能幫助我們更容易理解其他濾波器。

基本概念

請看圖 3-10a。這種濾波器稱做**輸入扼流圈濾波器（choke-input filter）**，交流源會在電感、電容及電阻上產生電流。在每個元件中的交流電流與感抗、容抗及阻抗有關，電感會有感抗如下：

$$X_L = 2\pi f L$$

電容的容抗為：

$$X_C = \frac{1}{2\pi f C}$$

如你先前所學的，扼流圈（即電感）的主要特性是反抗電流變化。因此，輸入扼流圈濾波器理想上會把負載電阻上的交流電流降為零。對第二近似法來說，它會把交流負載電流降到一個非常小的值。讓我們來看看原因。

設計良好的輸入扼流圈濾波器的首要要求是輸入頻率的 X_C 要遠小於 R_L；當這條件滿足時，我們可以忽略負載阻抗而使用圖 3-10b 的等效電路。第二個要求是輸入頻率的 X_L 要遠大於 X_C；當此條件滿足時，交流輸出電壓會趨近於零。另一方面，由於在直流時（即頻率為 0 Hz）扼流圈會接近於短路且電容接近於開路，直流電流可以在最小損失下流到負載電阻去。

在圖 3-10b 中，電路的行為就像電抗性分壓器。當 X_L 遠大於 X_C 時，幾乎所有的交流電壓會落在扼流圈上。此時，交流輸出電壓等於：

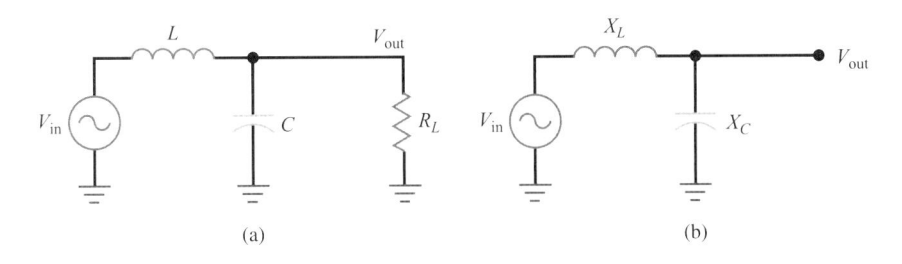

圖 3-10　(a) 輸入扼流圈濾波器；(b) 交流等效電路。

$$V_{\text{out}} \approx \frac{X_C}{X_L} V_{\text{in}} \tag{3-9}$$

例如,若 $X_L = 10 \text{ k}\Omega$、$X_C = 100 \text{ }\Omega$,且 $V_{\text{in}} = 15 \text{ V}$,則交流輸出電壓為:

$$V_{\text{out}} \approx \frac{100 \text{ }\Omega}{10 \text{ k}\Omega} 15 \text{ V} = 0.15 \text{ V}$$

在此例題中,輸入扼流圈濾波器衰減了百倍的交流電壓。

整流器輸出濾波

圖 3-11a 所示為在整流器與負載之間的輸入扼流圈濾波器。整流器可以是半波、全波或橋式。輸入扼流圈濾波器對負載電壓有何影

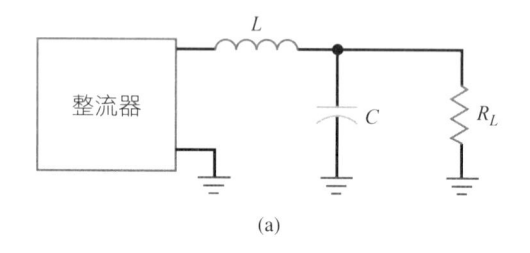

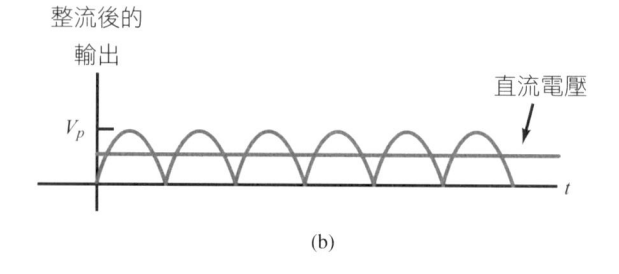

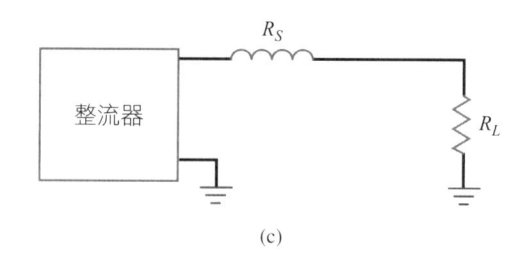

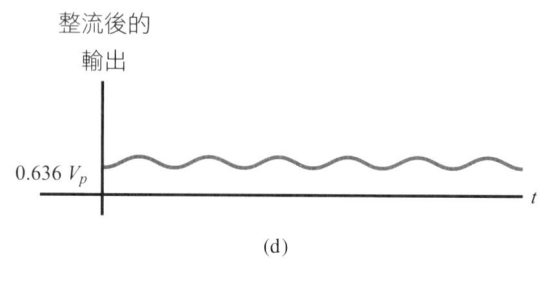

圖 3-11 (a) 具輸入扼流圈濾波器之整流器;(b) 整流器輸出有直流與交流成分;(c) 直流等效電路;(d) 濾波器輸出為具有微小漣波之直流電壓。

響？求解此問題最容易的方法是使用重疊定理。回想一下這定理的說明：如果你有兩個或多個電源，你可以把各個電源分開來做分析，然後再把各個電壓加總得到總電壓。

如圖 3-11b 所示，整流器輸出會有兩個不同的成分：直流電壓（平均值）與交流電壓（起伏部分）。這些電壓每一個都像獨立電源。就交流電壓而言，X_L 遠大於 X_C，且這會導致跨在負載電阻上的交流電壓非常小。即使交流成分非正弦波，對於交流負載電壓，式（3-9）仍然是一個接近的近似值。

就直流電壓而言，此電路動作上就像圖 3-11c。在直流下（即頻率為 0 Hz），感抗為零且容抗為無限大。只有電感繞阻的串聯阻抗存在。讓 R_S 遠小於 R_L 會使得多數的直流成分落在負載電阻上。

輸入扼流圈濾波器的運作如下：幾乎所有的直流成分都會落在負載電阻上，而幾乎所有的交流成分都會被擋掉。在這情況下，我們會得到幾乎是完美的定值直流電壓，就如同電池輸出般。圖 3-11d 所示為全波信號濾波後的輸出，之所以無法成為完美的直流電壓就差在有微小的交流負載電壓存在其中。這個微小的交流負載電壓稱為**漣波**（**ripple**）。利用示波器，我們可以量測其峰對峰值。為量測此漣波，設定示波器的垂直輸入耦合開關或設定成交流而非直流，好擋掉直流或平均值，讓你可以看到波形的交流成分。

主要缺點

電源供應器（power supply）是電子設備內負責將交流轉換成幾乎是完美直流輸出電壓的一種電路。它包括了整流器與濾波器。現今潮流偏向低壓、大電流的電源供應器。由於線頻率只有 60 Hz，必須使用大電感以獲取足夠感抗才能適當的濾波。但是大電感會有大的繞阻電阻，伴隨大的負載電流的話會造成嚴重的設計問題。換句話說，會有太多的直流電壓降落在扼流圈的阻抗上。而且大電感對於現代強調輕量化設計的半導體電路也不合適。

切換式穩壓器

輸入扼流圈濾波器的確有一個重要的應用。**切換式穩壓器**（**switching regulator**）是一種用於電腦、監視器及電子設備的特殊電源供應器，所用的頻率遠高於 60 Hz。一般來說，被過濾的頻率超過 20 kHz。在如此高頻下，我們可以使用更小的電感去設計有效的輸入扼流圈濾波器。我們會在後面的章節詳細討論。

3-6 輸入電容濾波器

輸入扼流圈濾波器會產生一個等於整流後電壓之平均值的直流輸出電壓。**輸入電容濾波器（capacitor-input filter）**會產生一個等於整流後電壓之峰值的直流輸出電壓。這種濾波器最常用於電源供應器中。

基本觀念

圖 3-12a 所示為一個交流源、二極體及電容。要了解輸入電容濾波器，關鍵是要了解在第一個 4 分之一週期間，這個簡單的電路在做什麼。

一開始電容未充電。在圖 3-12b 第一個四分之一週的期間，二極體是順偏。由於理想上它動作像一個閉合的開關，所以電容會開始充電，並且在第一個四分之一週的波形上每一處（瞬時點），電容電壓都會等於電源電壓。充電會持續到輸入來到其最大值（即 V_p）時才停止。此時，最大值處電容電壓等於 V_p。

在輸入電壓到達峰值（即 V_p）後，它會開始下降。一旦輸入電壓小於 V_p，二極體會不導通。在這情況下，它動作上就像圖 3-12c 中呈現開路的開關。在剩下的週期期間，電容會保持充飽狀態而二極體會維持開路。這就是圖 3-12b 中的輸出電壓會是定值，而且等於 V_p 的原因。

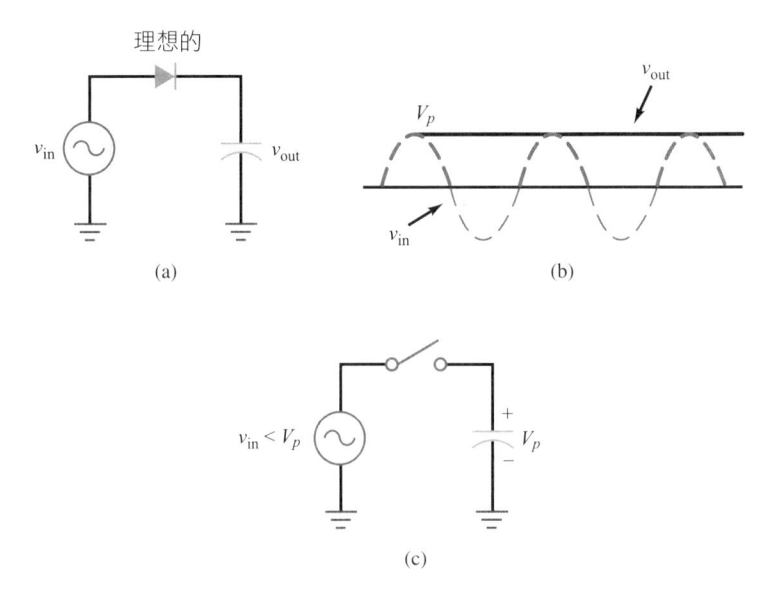

圖 3-12 (a) 無（負）載之輸入電容濾波器；(b) 輸出為純直流電壓；(c) 當二極體不通時電容保持充電。

理想上，所有輸入電容濾波器所做的是在第一個四分之一週期期間，把電容充電到峰值電壓。此峰值電壓為定值，是電子設備所需要的完美直流電壓。這裡只有一個問題：沒有負載電阻。

負載電阻的作用

要讓輸入電容濾波器能派上用場，我們需要跨接一個負載電阻在電容上，如圖 3-13a 所示。只要時間常數 R_LC 遠大於週期，那麼電容將會保持幾乎充飽狀態，而負載電壓約為 V_p。在圖 3-13b 中，我們可以看到之所以無法成為完美直流，是因為有微小的漣波存在其中。漣波峰對峰值越小，輸出會越趨近於完美的直流電壓。

在峰值之間，二極體是不通的，電容會透過負載電阻放電。換句話說，電容會提供負載電流。由於電容在峰值間只稍微放電，所以峰對峰漣波是微小的。當下一個峰值來到時，二極體會短暫導通，再次將電容充電到峰值。關鍵問題是：電路要能適當操作，電容的尺寸該是多少？在討論電容的尺寸前，先思索一下其他整流電路會發生的事。

全波濾波

如果我們把一個全波或是橋式整流器跟一個輸入電容濾波器連接在一起，峰對峰漣波會砍一半。圖 3-13c 顯示了原因。當一個全波電壓施加到 RC 電路時，電容的放電時間只有一半，因此峰對峰漣波是半波整流器的一半。

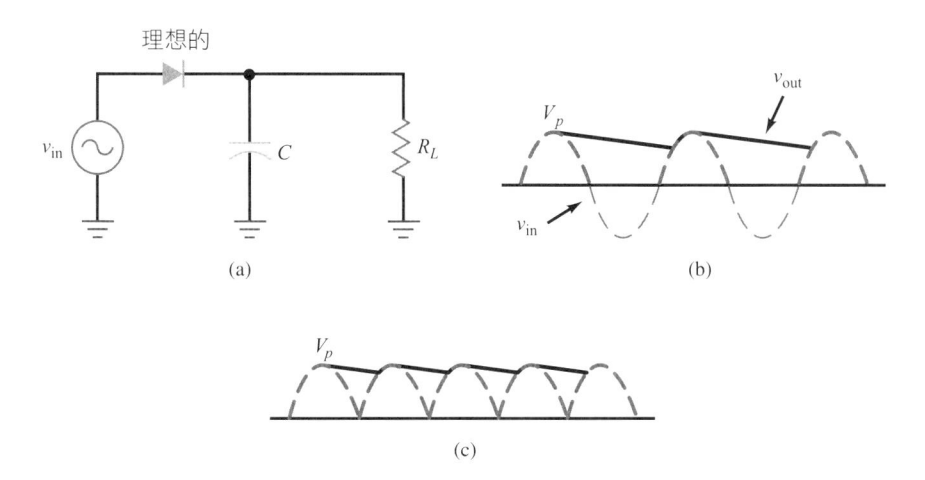

圖 3-13 (a) 輸入電容濾波器；(b) 輸出是帶有漣波的直流電壓；(c) 全波輸出有較少的漣波。

漣波方程式

以下是一個我們可用來評估任何輸入電容濾波器輸出峰對峰漣波之推導式：

$$V_R = \frac{I}{fC} \quad (3\text{-}10)$$

其中，V_R = 峰對峰漣波電壓
　　　I = 直流負載電流
　　　f = 漣波頻率
　　　C = 電容值

> **知識補給站**
> 另一個更準確用來評估任何輸入電容濾波器之輸出的公式如下：
> $$V_R = V_{p(\text{out})}(1 - \epsilon^{-t/R_LC})$$
> 時間 t 代表濾波電容 C 允許放電的時間長度。對半波整流器而言，t 可以近似為 16.67 ms，而對於全波整流器則為 8.33 ms。

這只是一個近似法，並非準確的推導式，可以用來評估峰對峰漣波。當需要更準確的答案時，我們可以使用如 Multisim 的電腦軟體來模擬。

例如，若直流負載電流為 10 mA 且容抗為 200 μF，橋式整流器與輸入電容濾波器的漣波為：

$$V_R = \frac{10 \text{ mA}}{(120 \text{ Hz})(200\ \mu\text{F})} = 0.417\ \text{V}_{\text{p-p}}$$

當使用此推導式時，要記得兩件事情。第一，漣波是在峰對峰電壓中。由於漣波電壓一般是使用示波器量測，所以記住這概念是有用的。第二，公式是對半波或全波電壓才有用；半波使用 60 Hz，而全波則使用 120 Hz。

如果可以取得示波器，那你應該使用示波器量測漣波。如果沒有示波器，你可以用交流電壓計量測，只是會有明顯誤差。多數交流電壓計是調校成讀取弦波的均方根值。由於漣波並非弦波，所以你的測量誤差可能高達 25%，誤差多少跟交流電壓計本身的設計有關。但當你在求解電路問題時，找出更大的漣波變化才是重點，此時測量誤差有多少就不是那麼重要。

如果你使用交流電壓計量測漣波，透過以下針對弦波的公式，你可以將式（3-10）提供的峰對峰值轉換成均方根值：

$$V_{\text{rms}} = \frac{V_{\text{p-p}}}{2\sqrt{2}}$$

除以 2 將峰對峰值轉換成峰值，而除以 $\sqrt{2}$ 可得與漣波有相同峰對峰值的弦波的均方根值。

準確的直流負載電壓

要算出具輸入電容濾波器之橋式整流器的準確直流負載電壓並不容易。一開始，我們會有兩個從峰值扣掉的二極體壓降。不只如此，還會有如下的額外的壓降出現：當電容再度充電時，由於二極體只會在每一週期間內短暫導通，所以會呈現極度導通的狀態。這短暫但大的電流必須流經變壓器繞阻及二極體的本體電阻。在我們的例子中，我們會算出理想輸出，或以第二近似法來看二極體去計算輸出，同時會考慮到實際的直流電壓值會稍微低一些。

例題 3-6

試問圖 3-14 中的直流負載電壓及漣波為何？

解答 二次側電壓均方根值為：

$$V_2 = \frac{120 \text{ V}}{5} = 24 \text{ V}$$

二次側電壓峰值為：

$$V_p = \frac{24 \text{ V}}{0.707} = 34 \text{ V}$$

假設為理想二極體且漣波微小，則直流負載電壓為：

$$V_L = 34 \text{ V}$$

為計算漣波，我們首先需要得到直流負載電流：

$$I_L = \frac{V_L}{R_L} = \frac{34 \text{ V}}{5 \text{ k}\Omega} = 6.8 \text{ mA}$$

現在我們可以式（3-10）得到：

$$V_R = \frac{6.8 \text{ mA}}{(60 \text{ Hz})(100 \text{ }\mu\text{F})} = 1.13 \text{ V}_{\text{p-p}} \approx 1.1 \text{ V}_{\text{p-p}}$$

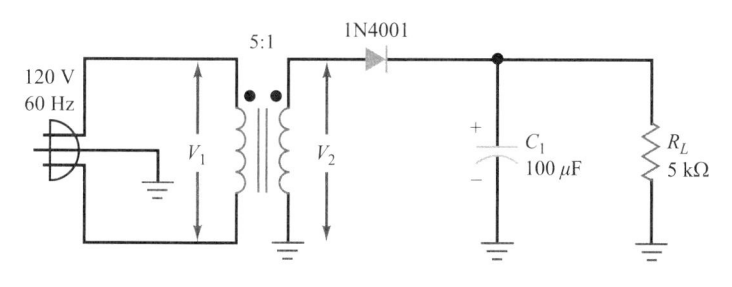

圖 3-14 半波整流器及輸入電容濾波器。

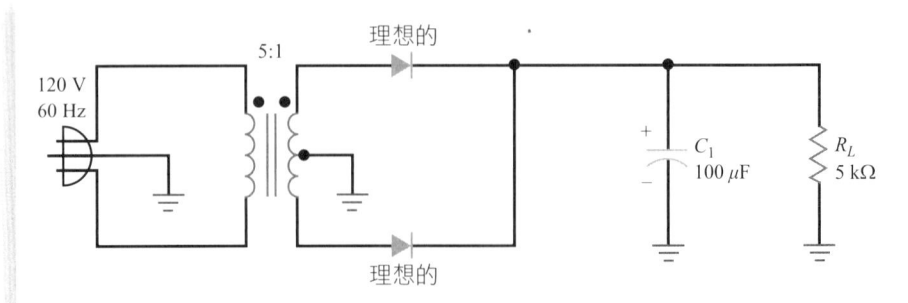

圖 3-15 全波整流器及輸入電容濾波器。

由於是取近似值且無法以示波器量到更準之位數，所以漣波取到兩位數即可。

以下是改善答案準確度之做法：當二極體導通時，會有約 0.7 伏特跨在其上，因此跨在負載上的峰值電壓會更靠近 33.3 伏特而非 34 伏特。漣波也會讓直流電壓稍微低些，所以實際直流負載電壓將比 34 伏特更接近 33 伏特。但是這些都是小誤差。通常在解決電路問題與做電路初步分析時，求出理想值（答案）就可以了。

關於電路有一個最後重點。濾波電容上的正負號指出它是一個**有極性的電容（polarized capacitor）**，其正端必須連接到整流器輸出的正端。在圖 3-15 中，電容外殼（case）上的正號被正確地接到輸出電壓正端。當你正在建立電路或檢測電路問題時，必須仔細看電容外殼，確認它是否是有極性電容。如果你把整流器二極體的極性顛倒過來建立一個負的電源供應器電路，務必確認電容的負端是連接到輸出電壓的負端，而其正端是接到地。

由於有極性的電解電容（electrolytic capacitor）在一小小包裝中便可以提供高電容值，所以電源供應器常使用這類電容。如前面所討論的，電解電容極性必須被正確地連接以產生氧化膜。如果一個電解電容極性被連接錯，那麼它會變燙且可能會爆炸。

例題 3-7　　　　　　　　　　　　　　　　　　Multisim

試問圖 3-15 中直流負載電壓及漣波為何？

解答　如前面例題，因降壓變壓器匝數比為 5:1，二次側電壓峰值仍為 34 伏特。此電壓的一半為半波電路之輸入。假設為理想二極體且漣波微小，則直流負載電壓為：

$$V_L = 17 \text{ V}$$

直流負載電流為：

$$I_L = \frac{17 \text{ V}}{5 \text{ k}\Omega} = 3.4 \text{ mA}$$

由式（3-10）可得：

$$V_R = \frac{3.4 \text{ mA}}{(120 \text{ Hz})(100 \text{ }\mu\text{F})} = 0.283 \text{ V}_{\text{p-p}} \approx 0.28 \text{ V}_{\text{p-p}}$$

因導通二極體跨壓為 0.7 伏特，所以實際直流負載電壓將更接近 16 伏特而非 17 伏特。

練習題 3-7　使用圖 3-15 電路，將 R_L 改為 2 kΩ，試求新的理想直流負載電壓與漣波。

例題 3-8　 ||||Multisim

試問圖 3-16 中，直流負載電壓及漣波為何？與前面兩個例題中的答案做一比較。

解答　如前例題，由於是 5:1 的降壓變壓器，所以二次側電壓峰值仍為 34 伏特。假設二極體為理想且漣波小，則直流負載電壓為：

$$V_L = 34 \text{ V}$$

直流負載電壓為：

$$I_L = \frac{34 \text{ V}}{5 \text{ k}\Omega} = 6.8 \text{ mA}$$

由式（3-10）可得：

$$V_R = \frac{6.8 \text{ mA}}{(120 \text{ Hz})(100 \text{ }\mu\text{F})} = 0.566 \text{ V}_{\text{p-p}} \approx 0.57 \text{ V}_{\text{p-p}}$$

因有 1.4 伏特跨在兩個導通的二極體上及漣波，所以實際的直流負載電壓將是較接近 32 伏特，而非 34 伏特。

針對三個不同的整流器，我們已計算出直流負載電壓及漣波。以下為它們的結果：

半波：34 V 和 1.13 V

全波：17 V 和 0.288 V

橋式：34 V 和 0.566 V

對一已知變壓器，由於橋式整流器的漣波較小，它會比半波整流器好，而且由於橋式整流器會產生兩倍的輸出電壓，所以它也比全波整流器好。綜合三者來看，橋式整流器最受歡迎。

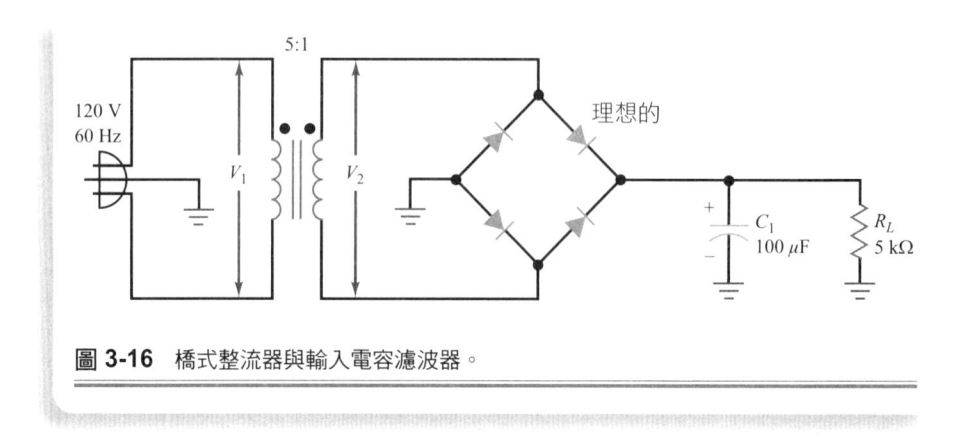

圖 3-16 橋式整流器與輸入電容濾波器。

應用題 3-9　　　　　　　　　　　　　　　　　　　　　　　Multisim

圖 3-17 為以模擬軟體 Multisim 所量測到的數值。試計算理論的負載電壓及漣波，並把它們與量測值做一比較。

解答　變壓器為匝數比 15:1 的降壓型變壓器，所以二次側電壓均方根值為：

$$V_2 = \frac{120 \text{ V}}{15} = 8 \text{ V}$$

而二次側電壓峰值為：

$$V_p = \frac{8 \text{ V}}{0.707} = 11.3 \text{ V}$$

讓我們使用二極體的第二近似法來求直流負載電壓：

$$V_L = 11.3 \text{ V} - 1.4 \text{ V} = 9.9 \text{ V}$$

為計算漣波，我們先要得到直流負載電流：

$$I_L = \frac{9.9 \text{ V}}{500 \text{ }\Omega} = 19.8 \text{ mA}$$

現在，我們可以式（3-10）得到：

$$V_R = \frac{19.8 \text{ mA}}{(120 \text{ Hz})(4700 \text{ }\mu\text{F})} = 35 \text{ mV}_{\text{p-p}}$$

　　在圖 3-17 中，萬用表讀到直流負載電壓約 9.9 伏特。
　　示波器的通道 1 每格設為 10 毫伏特（10 mV/Div）。峰對峰漣波約為 2.9 格，而量測值為 29.3 毫伏特。這值小於 35 mV 的理論值，強調了前面我們所說的：式（4-10）是用於估計漣波。如果你需要更準確的數值，可使用電腦模擬軟體求得。

練習題 3-9　將圖 3-17 中的電容改成 1000 μF，試計算新的電壓值 V_R。

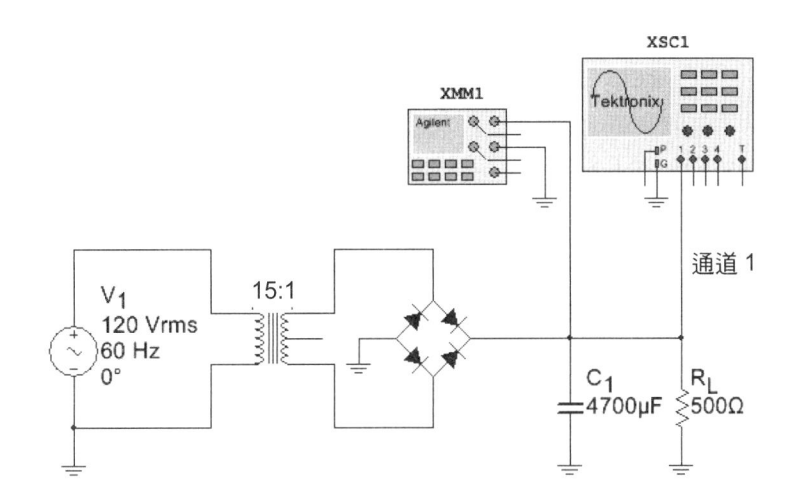

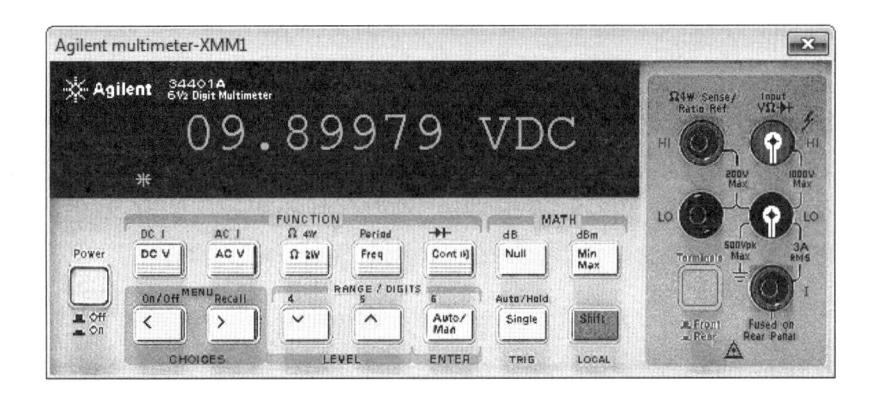

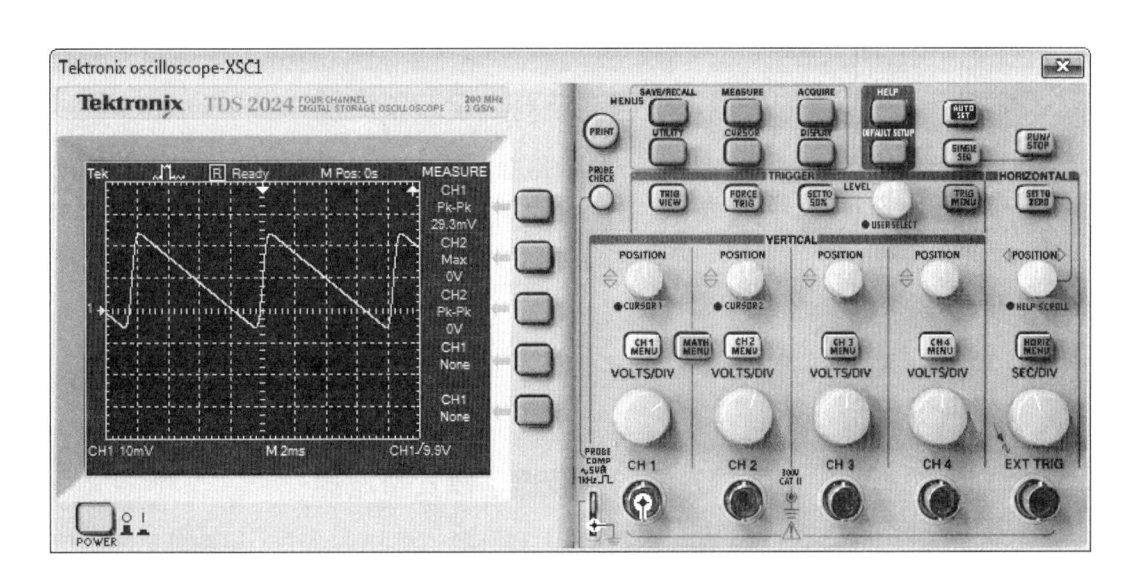

圖 3-17 橋式整流器及輸入電容濾波器之實驗例子。

3-7 峰值反向電壓及突波電流

峰值反向電壓（peak inverse voltage, PIV）是跨在整流器裡沒有導通的二極體上最大的電壓。這電壓必須小於二極體的崩潰電壓（breakdown voltage），否則二極體將會壞掉。峰值反向電壓與整流器及濾波器有關。使用輸入電容濾波器會發生最差的情況（worst case）。

如前所述，不同元件製造商的元件資料手冊會使用不同的符號來表示二極體的最大反向電壓額定值。有時候，這些符號會指出不同的量測條件。對於最大反向電壓額定值，元件資料手冊使用的一些符號有 PIV、PRV、V_B、V_{BR}、V_R、V_{RRM}、V_{RWM} 以及 V_R（max）。

具有輸入電容濾波器之半波整流器

圖 3-18a 所示為半波整流器之重要部分。這部分的電路會決定跨在二極體上的反向電壓有多少。剩餘電路由於沒有多大作用，所以會先不看。在最差情況下，二次側電壓峰值是在負峰值處，且電容完整充電在電壓 V_p。應用克希荷夫電壓定律（KVL），你可以馬上看到跨在非導通二極體上的峰值反向電壓為：

$$\text{PIV} = 2V_p \tag{3-11}$$

例如，若二次側電壓峰值為 15 伏特，峰值反向電壓為 30 伏特。只要二極體的崩潰電壓大於這電壓，二極體就不會被破壞。

具輸入電容濾波器之全波整流器

圖 3-18b 所示為計算峰值反向電壓之全波整流器的重要部分。重申一次，二次側電壓是在負峰值處。在這情況下，下端二極體動作上扮演短路（閉合），而上端二極體開路。克希荷夫定律意味著：

$$\text{PIV} = V_p \tag{3-12}$$

具輸入電容濾波器之橋式整流器

圖 3-18c 所示為橋式整流器的一部分，足夠計算出峰值反向電壓。由於上端二極體短路且下端開路，跨在下端二極體的峰值反向電壓為：

$$\text{PIV} = V_p \tag{3-13}$$

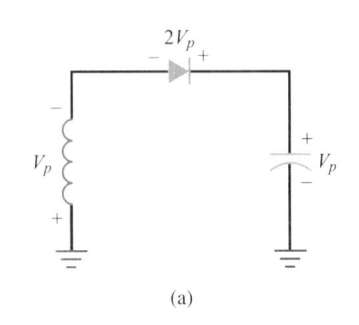

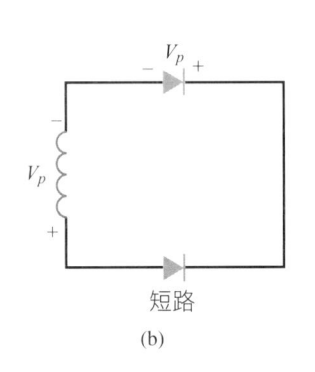

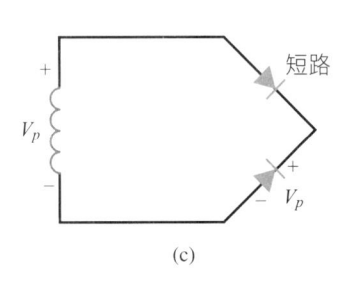

圖 3-18 (a) 半波整流器中峰值反向電壓；(b) 全波整流器中峰值反向電壓；(c) 橋式整流器中峰值反向電壓。

橋式整流器的另一個好處是對於已知負載電壓，其峰值反向電壓會最低。為產生相同的負載電壓，全波整流器會需要兩倍的二次側電壓。

突波電阻

在開機前，濾波電容是處於未充電的狀態。在開機瞬間，電容呈現短路。因此，一開始的充電電流可能非常大，而所有在充電路徑上阻礙它出現的是變壓器繞阻及二極體本身的本體電阻等阻抗。開機瞬間湧入的電流稱為**突波電流**（surge current）。

通常，電源供應器的設計者會選擇具有足夠電流額定能力的二極體以承受住突波電流。影響突波電流的是濾波電容之大小。有些時候，電路設計者可能寧願使用**突波電阻**（surge resistor），而非另一個二極體來解決。

圖 3-19 繪出了這概念。橋式整流器與輸入電容濾波器之間被插入了一個小電阻。要是沒有電阻，突波電流可能會破壞二極體。有了突波電阻，設計者會把突波電流減低到安全準位。突波電阻不常被使用，此處提出是怕你可能會看到它們出現在電源供應器裡。

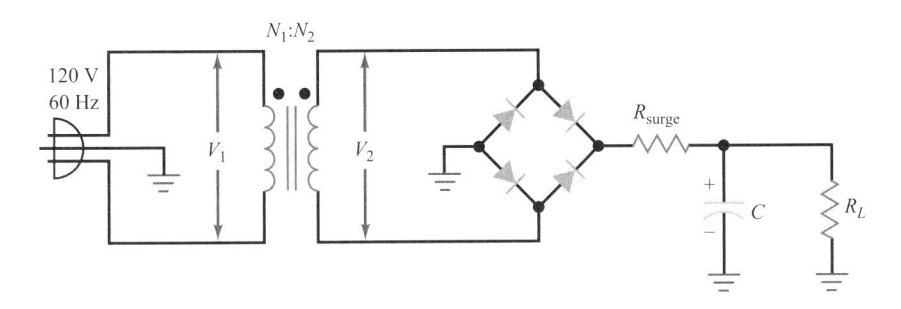

圖 3-19 以突波電阻限制突波電流。

例題 3-10

試問圖 3-19 中，若匝數比為 8:1，則峰值反向電壓為何？二極體元件 1N4001 的崩潰電壓為 50 伏特。在這電路中，使用它安全嗎？

解答 二次側電壓均方根值為：

$$V_2 = \frac{120 \text{ V}}{8} = 15 \text{ V}$$

峰值二次側電壓為：

$$V_p = \frac{15 \text{ V}}{0.707} = 21.2 \text{ V}$$

峰值反向電壓為：

$$PIV = 21.2 \text{ V}$$

由於峰值反向電壓遠小於 1N4001 的崩潰電壓 50 伏特，所以採用 1N4001 是很適合的。

練習題 3-10　根據圖 3-19 電路，將變壓器匝數比改成 2:1。試問你該採用 1N4000 系列中的哪一個二極體？

3-8　其他的電源供應主題

你已有電源供應器如何運作的基本概念了。在前面幾節中你已看到交流輸入電壓如何被整流及濾波，以得到直流電壓。你還需要知道一些額外的觀念。

商用變壓器

變壓器匝數比的使用只應用於理想變壓器上。鐵芯變壓器則不同。換句話說，你從零件供應商買到的變壓器並非理想變壓器，因為繞組有阻抗，會產生功率損耗（power loss）。而且，矽鋼片疊組而成的鐵芯（core）會有渦流（eddy current），會產生額外的功率損耗。由於有這些我們不想要的功耗，所以匝數比只是個近似值。事實上，變壓器的元件資料手冊很少列出匝數比。通常你看到的就是額定電流下的二次側電壓而已。

例如，圖 3-20a 所示為型號為 F-25X 的工業用變壓器，元件資料上只顯示出下列規格：在一次側電壓 115 V ac 下，當二次側電流為 1.5 安培時，二次側電壓為 12.6 V ac。若圖 3-20a 中二次側電流小於 1.5 安培，由於繞組及鐵芯中的功耗變低了，所以二次側電壓將會大於 12.6 V ac。

如果一定要知道一次側電流，你可以藉由以下定義去估計一下實際變壓器的匝數比：

$$\frac{N_1}{N_2} = \frac{V_1}{V_2} \tag{3-14}$$

例如，F25X 的 V_1=115 V 而 V_2=12.6 V，在 1.5 安培的額定負載電流匝數比為：

> **知識補給站**
> 當變壓器無（負）載時，二次側電壓通常會量到比額定值還高 5~10% 的值。

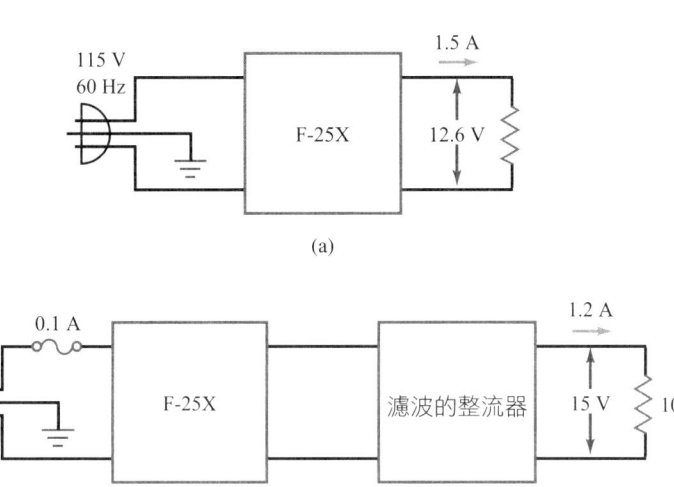

圖 3-20 (a) 實際變壓器的額定值；(b) 計算保險絲電流。

$$\frac{N_1}{N_2} = \frac{115}{12.6} = 9.13$$

由於負載電流下降會使計算的匝數比減少，所以這是一個近似值。

計算保險絲電流

在解決電路問題時，你可能需要計算出一次側電流有多少，以決定保險絲是否合適。使用實際變壓器時，最簡單的方法是假設輸入功率等於輸出功率，即：$P_{in}=P_{out}$。例如，圖 3-20b 所示為一個具保險絲之變壓器連接一個有濾波的整流器。試問 0.1 安培的保險絲合適嗎？

要解決電路問題時，以下是如何估算一次側電流的方法。輸出功率等於直流負載功率：

$$P_{out} = VI = (15\text{ V})(1.2\text{ A}) = 18\text{ W}$$

忽略整流器及變壓器中的功率損耗。由於輸入功率必須等於輸出功率：

$$P_{in} = 18\text{ W}$$

由於 $P_{in}=V_1I_1$，我們可以求解一次側電流：

$$I_1 = \frac{18\text{ W}}{115\text{ V}} = 0.156\text{ A}$$

由於我們忽略了變壓器及整流器的功率損耗，所以這只是一個初估。由於這些額外功耗，實際的一次側電流將再高約 5~20%。在任何情況

中,這保險絲都不適用;它應該至少要 0.25 安培。

慢速熔斷型保險絲

假設圖 3-20b 使用一個輸入電容濾波器。若有一普通型 0.25 安培之保險絲用於圖 3-20b 中,當你開機時,它將會熔斷(blow out),原因是前面提到的突波電流。多數電源供應器採用慢速熔斷型保險絲(slow-blow fuse),可以暫時承受電流過載。例如,一個 0.25 安培的慢速熔斷型保險絲可以承受 2 安培 0.1 秒,或 1.5 安培 1 秒,或者 1 安培 2 秒等的電流。利用慢速熔斷型保險絲,電路有時間去對電容充電。之後,一次側電流會下降到其正常準位,而保險絲仍舊完好。

計算二極體電流

不管半波整流器是否有濾波,由於電流只有一條路徑,所以流經二極體之平均電流必須等於直流負載電流。推導式如下:

$$半波:I_{diode}=I_{dc} \tag{3-15}$$

另一方面,由於電路中有兩個二極體一起均攤負載,全波整流器中流經每個二極體之平均電流只有直流負載電流的一半。同樣地,在橋式整流器中每個二極體必須承受一半的直流負載電流之平均電流,推導式如下:

$$全波:I_{diode}=0.5I_{dc} \tag{3-16}$$

總結表 3-2 比較了三種輸入電容濾波整流器之特性。

閱讀元件資料手冊

參考第 2 章中圖 2-15 元件 1N4001 的資料。元件資料上最大峰值

總結表 3-2　輸入電容濾波整流器 *

	半波	全波	橋式
二極體數量	1	2	4
整流器輸入	$V_{p(2)}$	$0.5V_{p(2)}$	$V_{p(2)}$
直流輸出(理想的)	$V_{p(2)}$	$0.5V_{p(2)}$	$V_{p(2)}$
直流輸出(第二近似法)	$V_{p(2)} - 0.7\ V$	$0.5V_{p(2)} - 0.7\ V$	$V_{p(2)} - 1.4\ V$
漣波頻率	f_{in}	$2f_{in}$	$2f_{in}$
峰值反向電壓	$2V_{p(2)}$	$V_{p(2)}$	$V_{p(2)}$
二極體電流	I_{dc}	$0.5I_{dc}$	$0.5I_{dc}$

*$V_{p(2)}$ = 二次側電壓峰值;$V_{p(out)}$ = 輸出電壓峰值;I_{dc} = 直流負載電流。

重複性反向電壓 V_{RRM} 與前面討論的峰值反向電壓相同。該資料說，元件 1N4001 可以承受 50 伏特的反向電壓。

整流後的順向電流平均值 $I_{F(av)}$、$I_{(max)}$ 或 I_0 為流經二極體之直流或平均電流。對於半波整流器，二極體電流等於直流負載電流；對於全波整流器或橋式整流器而言，其等於直流負載電流的一半。元件資料指出，1N4001 能通過 1 安培直流電流，意味著在橋式整流器中，直流負載電流可以高達 2 安培。元件資料上也提到突波電流額定值（surge-current rating, I_{FSM}）；當開機時，在一個週期期間，1N4001 能承受 30 安培的電流。

RC 濾波器

在 1970 年代以前，**被動式濾波器**（**passive filter**，即 R、L 及 C 等元件）常連接在整流器與負載電阻之間。現今則很少看見半導體元件製造的電源供應器裡使用被動式濾波器。但是在像音頻功率放大器等某些特殊的應用中，你可能仍然會看到它們。

圖 3-21a 所示為橋式整流器及輸入電容濾波器。通常，電路設計者會容忍濾波電容上 10% 的峰對峰漣波。不試著把漣波設得更低的原因是濾波電容值會得變得過大。而額外的濾波就由位在濾波電容及負載電阻間的 RC 濾波電路進行。

RC 濾波電路是只使用 R、L 或 C 元件之被動式濾波器的例子。經過設計，R 在漣波頻率時遠大於 X_C，因此漣波在到達負載電阻前會被降低。R 通常至少大於 X_C 10 倍，這意味每個 RC 電路會衰減漣波至少 10 倍。RC 濾波器的缺點是跨在各個 R 上面的直流電壓降。因此，RC 濾波器只適合用在非常輕的負載（即負載電流小或負載電阻大）。

LC 濾波器

當負載電流大時，圖 3-21b 的 LC 濾波器是在 RC 濾波器上的一種改進型濾波器。這概念是去降低串聯元件（在此為電感）上的漣波，藉由讓 X_L 遠大於 X_C，漣波可以降到非常低。由於繞組電阻小，所以跨在電感上的直流電壓降遠小於跨在 RC 這節電路電阻上的壓降值。

LC 濾波器過去曾風行一時，而現在由於當中的電感尺寸及成本因素，使得 LC 濾波器在典型的電源供應器中已變得過時。在低壓電源供應器中，LC 濾波器已被**積體電路**（**integrated circuit, IC**）所取代。此裝置含有二極體、電晶體、電阻及其他元件，體積微小，可針對特定功能作用。

知識補給站

由置放於兩個電容之間的電感所形成的濾波器常稱為 π 型濾波器。

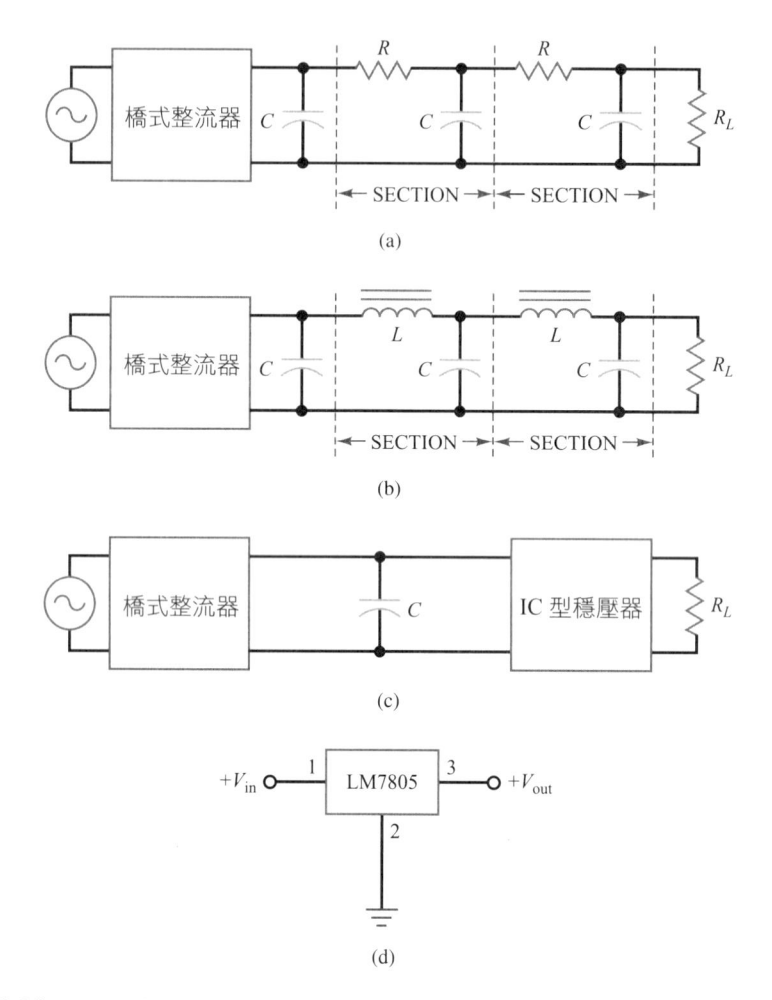

圖 3-21 (a) *RC* 濾波；(b) *LC* 濾波；(c) 穩壓器濾波；(d) 三端穩壓器。

　　圖 3-21c 以繪圖方式呈現了這個概念。在濾波電容及負載電阻之間有一個 **IC 型穩壓器（IC voltage regulator）**，不只能降低漣波，也能維持輸出電壓固定。在後面的章節中我們會討論 IC 型穩壓器。圖 3-21d 為一個三端穩壓器（three-terminal voltage regulator）的例子。只要它的輸入電壓比所要求的輸出電壓高 2~3 伏特，LM7805 IC 就可提供 5 伏特固定的正輸出電壓。其他 78XX 系列的穩壓器可以穩壓不同的輸出電壓值，例如 9V、12V 及 15V。79XX 系列則可提供穩壓的負輸出電壓。由於它們的成本低，IC 型穩壓器現在是降低漣波的標準做法。

　　總結表 3-3 將電源供應器拆成幾個方塊圖。

總結表 3-3　電源供應器方塊圖

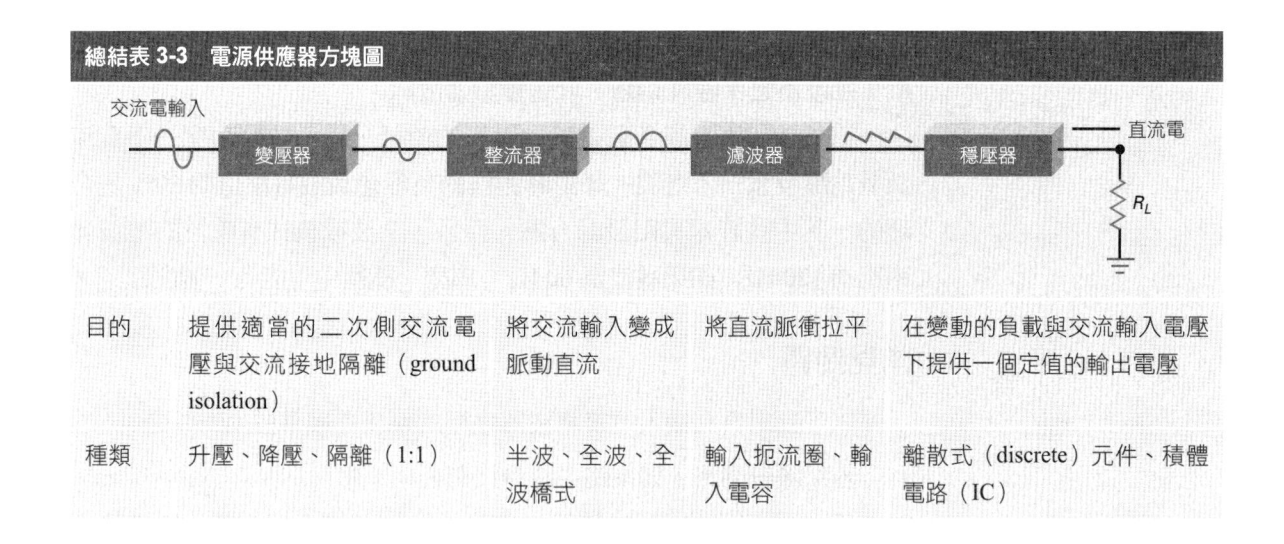

目的	提供適當的二次側交流電壓與交流接地隔離（ground isolation）	將交流輸入變成脈動直流	將直流脈衝拉平	在變動的負載與交流輸入電壓下提供一個定值的輸出電壓
種類	升壓、降壓、隔離（1:1）	半波、全波、全波橋式	輸入扼流圈、輸入電容	離散式（discrete）元件、積體電路（IC）

3-9　解決電路問題

　　幾乎每件電子設備都會有電源供應器，典型為驅動輸入電容濾波器的整流電路接著一個穩壓電路。電源供應器會產生電晶體及其他裝置所需的直流電壓。如果有一件電子設備運作不正常，你應先從檢查電源著手。設備的故障往往都是由電源供應器出問題所引起的。

步驟

　　假設你正在處理圖 3-22 的電路問題。你可以先量測直流負載電壓，其應該是接近於二次側電壓峰值。如果不是，有兩個可能的做法。

　　首先，若無負載電壓，你可以使用一個浮接的 VOM（萬用電表）或 DMM（數位電表）去量測二次側電壓（交流檔位）。讀值是跨在二次側繞組之均方根值電壓。要把它轉換成峰值，你可藉由加 40% 到均

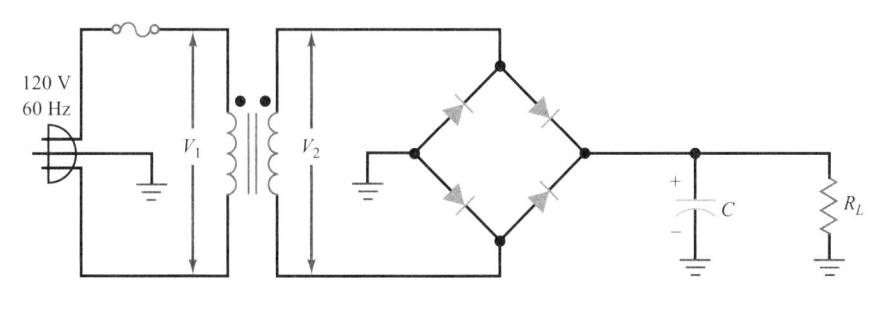

圖 3-22　求解電路問題。

方根值來估計。如果這是正常的，二極體可能有問題。若無二次側電壓，那麼不是保險絲熔斷，就是變壓器故障。

第二，如果直流負載電壓比應有的值低，以示波器觀察一下直流負載電壓及量一下漣波。峰對峰漣波約為理想負載電壓值的 10% 是合理的，其中些許差異跟設計有關。而且，全波或橋式整流器的漣波頻率應為 120 Hz。如果漣波為 60 Hz，那麼二極體中可能有一個開路了。

常見問題

以下列出具有輸入電容濾波器之橋式整流器最常發生的問題：

1. 若保險絲開路，則電路中將會沒有任何電壓。
2. 若濾波電容開路，由於輸出會是沒有濾波的全波信號，所以直流負載電壓將會變低。
3. 若二極體中有一個開路，由於只有半波整流，所以直流負載電壓將會變低，而且漣波頻率將會是 60 Hz 而非 120 Hz。如所有二極體都開路，將沒有任何的輸出。
4. 若負載短路，則保險絲將會熔斷，可能會使一或多個二極體或者變壓器被弄壞。
5. 有時候，濾波電容會因老化而滲漏，進而降低直流負載電壓。
6. 變壓器內繞阻短路偶爾會降低直流輸出電壓。在這情況下，觸碰變壓器常會感到溫度非常高。
7. 除了這些問題外，可能在焊接電路時會產生錫橋（solder bridge）、冷焊（cold-solder joint）或元件連接不好等問題。

總結表 3-4 列出了這些問題及它們的症狀。

總結表 3-4　具輸入電容濾波之橋式整流器的典型問題

	V_1	V_2	$V_{L(dc)}$	V_R	f_{ripple}	輸出的情況
保險絲熔斷	零	零	零	零	零	無輸出
電容開路	OK	OK	低	高	120 Hz	全波信號
一個二極體開路	OK	OK	低	高	60 Hz	半波漣波
所有二極體開路	OK	OK	零	零	零	無輸出
負載短路	零	零	零	零	零	無輸出
漏電容	OK	OK	低	高	120 Hz	輸出低
繞阻短路	OK	低	低	OK	120 Hz	輸出低

例題 3-11

當圖 3-23 的電路正常動作時,其二次側電壓均方根值為 12.7 伏特,負載電壓為 18 伏特,且峰對峰漣波電壓為 318 mV(毫伏)。若濾波電容開路,試問直流負載電壓會如何?

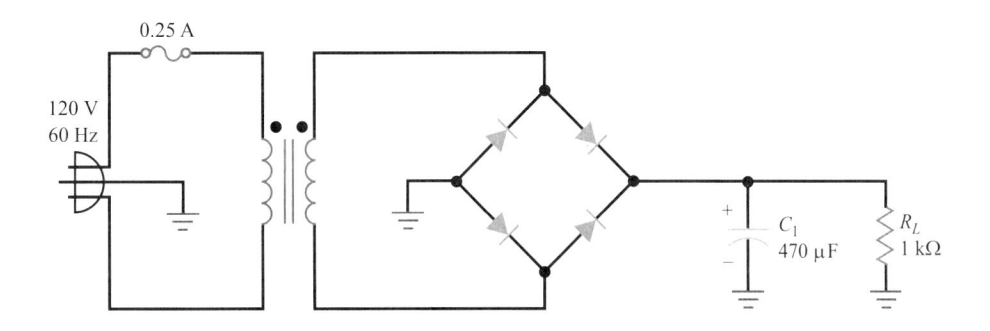

圖 3-23

解答 濾波電容開路,電路回到沒有濾波電容時的橋式整流器。由於沒有濾波,示波器跨在負載上將會顯示出一個峰值為 18 伏特的全波信號,平均值是 18 伏特的 63.6%,即 11.4 伏特。

例題 3-12

假設圖 3-23 的負載電阻短路,試描述症狀。

解答 負載電阻短路將使電流上升非常高,使保險絲熔斷,而且可能在保險絲發揮作用熔斷前,一或多個二極體就會先燒壞。通常當二極體短路時,它會引起其他整流二極體也短路。由於保險絲熔斷,將無法量到任何電壓。當你查看保險絲或以歐姆表(ohmmeter)量測時,你會看到它是開路的。

在關斷電源下,你應以歐姆計去確認是否有二極體壞掉。你也應該以歐姆計量測負載阻抗。如果阻抗值為零或非常低,那你有更多問題要找了。

電路問題有可能是有錫橋跨在負載電阻上、不正確的接線或其他可能。有時保險絲熔斷並不會造成負載永久短路,但重點是:當保險絲熔斷時,必須檢查二極體是否受損及負載電阻是否短路。

本章章末的求解電路問題練習有八個不同的問題,包括二極體開路、濾波電容、負載短路、保險絲熔斷及接地開路。

3-10 截波器與限制器

用在低頻電源供應器中的二極體為整流二極體(rectifier diode)。這些二極體已經過使用頻率 60 Hz 的優化處理,且功率大於 0.5 瓦。典型的整流二極體具有安培等級的順向電流能力。由於電子設備內多數電路操作在更高頻,所以整流二極體在電源供應器外的用處很少。

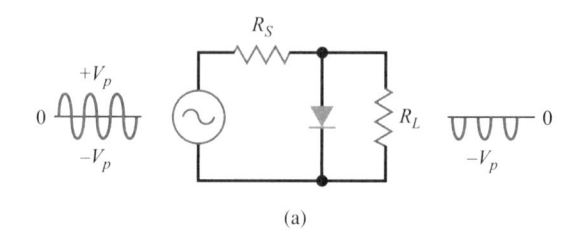

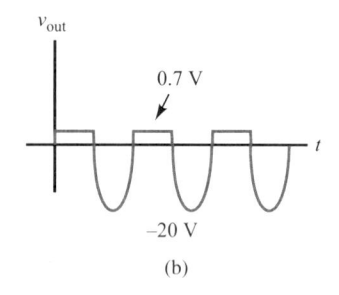

圖 3-24　(a) 正向截波器；(b) 輸出波形。

小信號二極體

在這節中，我們將會使用小信號二極體（small-signal diode）。這些二極體已經過使用高頻的優化處理，且功率小於 0.5 瓦。典型小信號二極體的額定電流能力為毫安培等級。小信號二極體的結構較小且輕，使得二極體能在較高頻操作。

正向截波器

截波器（**clipper**）是一種可以移去波形中正或負的部分之電路，對於信號塑形（shaping）、電路保護及通信這類處理很有用。圖 3-24a 為正向截波器（positive clipper，顧名思義即波形中的正成分被截掉），這就是為何輸出信號只會有負的半波。

以下為電路如何運作：在正半波期間，二極體導通且看起來像輸出端短路。理想上輸出電壓為零。在負半波期間，二極體是開路；此時，一個負半波會跨在輸出上。藉由人為的設計，串聯電阻遠小於負載電阻，這就是為何圖 3-24a 負輸出峰值會為 $-V_p$ 的原因。

對於第二近似法，當二極體導通時其電壓為 0.7 伏特，因此截波準位（clipping level）非零，而會是 0.7 伏特。例如，若輸入信號峰值為 20 伏特，則截波器輸出會像圖 3-24b。

定義條件

由於小信號二極體是優化在高頻下操作的，所以比起整流二極體，它們的接面面積較小，造成它們會有較大的本體電阻。如元件 1N914 的小信號二極體資料列出了在 1 伏特下的順向電流為 10 mA，因此其本體電阻為：

$$R_B = \frac{1\text{ V} - 0.7\text{ V}}{10\text{ mA}} = 30\text{ }\Omega$$

為何本體電阻重要呢？除非串聯電阻 R_S 遠大於本體電阻，否則截波器無法適當運作。而且除非截波器串聯電阻 R_S 遠小於負載電阻，否則截波器也無法適當運作。要讓截波器適當運作，我們會使用此定義：

$$\text{硬質截波器：} 100R_B < R_S < 0.01R_L \tag{3-17}$$

這意味串聯阻抗必須大於本體阻抗百倍，且小於負載阻抗百倍。當一個截波器滿足這些條件時，我們稱它為硬質截波器（stiff clipper）。例如，若二極體有 30 Ω 的本體電阻，則串聯電阻至少要 3 kΩ，且負載電阻應至少要 300 kΩ。

負向截波器

若我們如圖 3-25a 所示顛倒二極體的極性，就會得到一個負向截波器（negative clipper）。如你所料，這會移去信號中的負成分，理想上輸出波形只會有正半波而已。

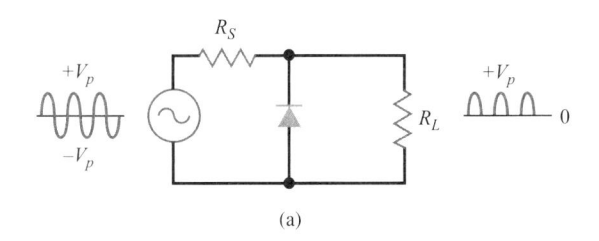

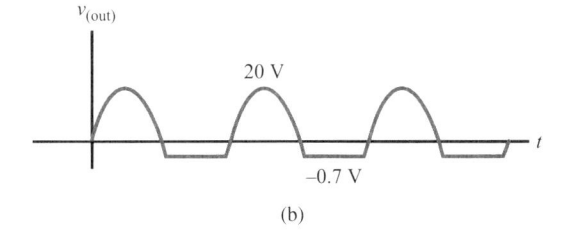

圖 3-25 (a) 負向截波器；(b) 輸出波形。

截波截得並不完美，因為由於二極體的偏移電壓（offset voltage，即障壁電位），截波準位會落在 −0.7 伏特。若輸入信號峰值為 20 伏特，則輸出信號會如圖 3-25b 所示。

限制器或二極體箝位

截波器可塑形波形，但同樣的電路也可以有完全不同的用處。圖 3-26a 電路的正常輸入是一個峰值只有 15 mV 的信號。由於在週期內沒有二極體是導通的，因此正常輸出為同樣的信號。

如果二極體都不導通，那這電路有何用呢？當你有一個無法接受太多輸入的敏感電路時，你可以使用正-負限制器（positive-negative limiter）去保護它的輸入端，如圖 3-26b 所示。若輸入信號試著超過 0.7 伏特，輸出會被限制在 0.7 伏特。另一方面，若輸入信號試著低於 −0.7 伏特，則輸出會限制在 −0.7 伏特。在像這樣的電路中，操作正常意味在任何一種極性下，輸入信號永遠小於 0.7 伏特。

運算放大器（op amp）就是一種敏感電路，後面的章節會討論到。運算放大器典型輸入電壓小於 15 mV，大於 15 mV 並不常見，而大於 0.7 伏特更屬不正常。在運算放大器輸入端的限制器將可避免因意外而施加過大的輸入電壓。

動圈式測量計（moving-coil meter）是較為人熟知的另一個敏感電路。藉由包括一個限制器，我們可以保護測量計的操作免於承受過大的輸入電壓或電流之影響。

圖 3-26a 的限制器也稱為二極體箝位（diode clamp）電路，這名稱

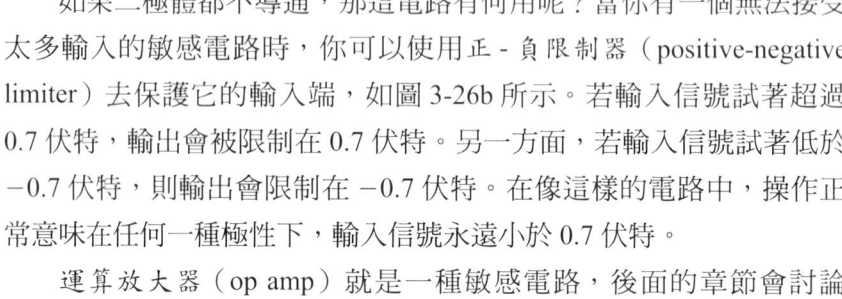

> **知識補給站**
> 負的二極體箝位電路常用於數位電晶體邏輯閘（TTL）的輸入端。

圖 3-26　(a) 二極體箝位電路；(b) 保護敏感電路。

意味箝位或限制電壓到一個指定範圍。有了它，二極體在正常操作期間是維持不導通狀態，而只有在電路發生不正常時（信號過大時）才會導通。

偏壓的截波器

正向截波器的參考準位（或截波準位）理想為零，或以第二近似法來看，是 0.7 伏特。我們要如何才能改變這個準位？

在電子學中，偏壓（bias）意味施加外部電壓以改變電路的參考準位。圖 3-27a 為使用偏壓以改變正向截波器準位的一個例子。藉由串聯一個直流電壓源到二極體，我們可以改變截波器準位。正常操作下新的 V 必須小於 V_p，當理想二極體的輸入電壓大於 V 時，就會立刻導通。以第二近似法來看，則是當輸入電壓大於 $V + 0.7V$ 時會開始導通。

圖 3-27b 顯示如何偏壓一個負向截波器。注意二極體與電池已被顛倒，因此參考準位變成 $-V-0.7V$，而輸出波形在所偏壓的準位處被負向截波。

截波器結合

我們可以結合兩個偏壓之截波器，如圖 3-28 所示。二極體 D_1 截掉高於正偏壓準位的正成分，而二極體 D_2 截掉低於負偏壓準位的負成分。當輸入電壓比偏壓準位大很多時，如圖 3-28 所示，輸出信號會是方波（square wave）。這是另一個以截波器進行信號塑形的例子。

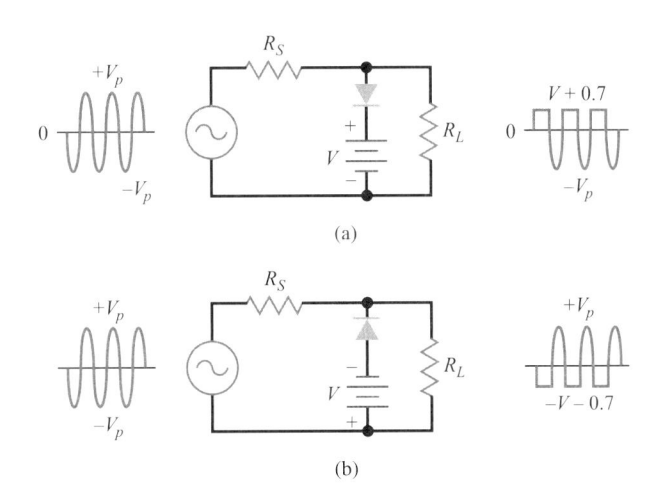

圖 3-27 (a) 偏壓的正向截波器；(b) 偏壓的負向截波器。

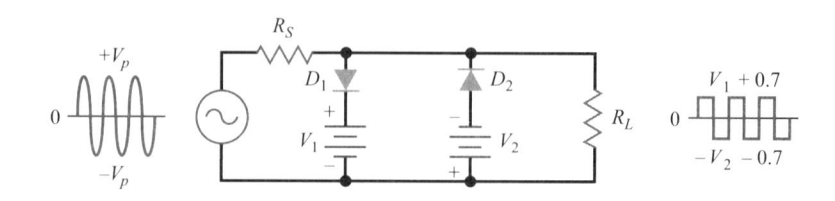

圖 3-28　偏壓的正－負向截波器。

變化型

使用電池去設定截波準位是不切實際的。由於每一個二極體會產生 0.7 伏特的偏壓，所以增加多個矽二極體是一個方法。例如，圖 3-29a 所示為三個放在正向截波器中的二極體。由於每個二極體會有約 0.7 伏特的偏壓，所以三個二極體會產生約 +2.1 伏特的截波準位。這個應用不只能用做截波器（波形塑造），也能作為二極體箝位（限制）去保護一個無法容忍超過 2.1V 輸入的敏感電路。

圖 3-29b 顯示另一個不使用電池的偏壓截波器。這次我們使用 R_1 與 R_2 分壓器（voltage divider）去設定偏壓準位，此偏壓準位為：

$$V_{bias} = \frac{R_2}{R_1 + R_2} V_{dc} \tag{3-18}$$

在這情況中，當輸入大於 $V_{bias}+0.7V$ 時，輸出電壓會被截波或限制。

圖 3-29c 所示為一個偏壓的二極體箝位電路，可以用於保護敏感電路避免過大的輸入電壓。圖中偏壓準位顯示為 +5 伏特，不過也可以設成是任何你想要的偏壓準位。以這樣的電路來說，一個具破壞性的 +100 伏特大電壓絕不會到達負載，因為二極體會限制最大輸出電壓為 +5.7 伏特。

有時候一個像圖 3-29d 的電路變化被用來移除掉限制二極體（limiting diode）D_1 的偏壓。這概念是這樣的：二極體 D_2 稍微偏壓進入順向導通區，以至於它會有約 0.7 伏特跨壓。這 0.7 伏特跨在 1 kΩ 及串聯的 D_1 與 100 kΩ 上，意味二極體 D_1 是在導通邊緣。因此，當信號來時，二極體 D_1 會導通接近零伏特。

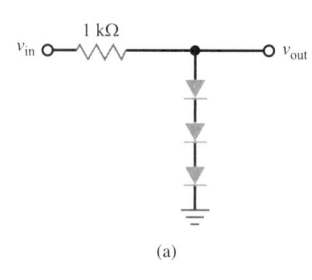

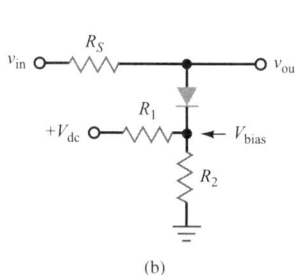

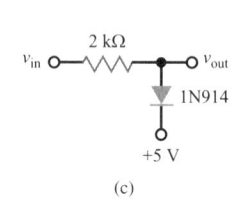

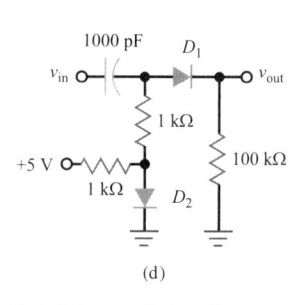

圖 3-29　(a) 截波器使用三個二極體來做偏移；(b) 以分壓器來偏壓截波器；(c) 當超過 5.7 伏特時二極體箝位電路會做動保護；(d) 以二極體 D_2 來偏壓 D_1 以移除偏移電壓。

3-11　箝位器

前一節討論過的二極體箝位電路會保護敏感電路。**箝位器**（**clamper**）則不同，所以別把這兩者搞混了。箝位器會增加直流電壓到信號裡去。

正向箝位器

圖 3-30a 顯示正向箝位器（positive clamper）的基本概念。當正向箝位器接受弦波輸入時，它會把一個正的直流電壓加到弦波裡去。換句話說，正向箝位器會把交流參考準位（通常為零）提升到一個直流準位，結果是讓交流電壓以此直流準位為中心，這意味弦波上的每個點都被向上移動，如輸出波形所示。

圖 3-30b 所示為正向箝位器之等效結果。一個交流源加到箝位器的輸入端，箝位器輸出的戴維寧等效電壓是把直流與交流源重疊在一起。交流信號會有一個被加入的直流電壓 V_p。這就是為何圖 3-30a 整個弦波都往上移動，以至於正峰值變為 $2V_p$ 且負峰值等於零。

圖 3-31a 為正向箝位器。以下是它在理想情況下的操作：一開始電容未充電。在輸入電壓的第一個負半波，二極體導通（圖 3-31b）。在交流源負峰值，電容被充飽且電壓為 V_p 而極性如圖上所示。

稍微超過負峰值後，二極體會不通（圖 3-31c）。$R_L C$ 時間常數故意被弄得比信號週期 T 大上許多（至少大一百倍）：

$$\text{硬質箝位器：} R_L C < 100T \qquad (3\text{-}19)$$

因此，在二極體不通期間，電容幾乎維持充飽狀態。以第一近似法（first approximation）來看，電容表現就像一顆電壓為 V_p 的電池，這是為何圖 3-31a 中的輸出電壓是正向箝位信號的原因。任何滿足式（3-19）的箝位器都稱為硬質箝位器（stiff clamper）。

> **知識補給站**
> 箝位器常用於 IC 電路，把信號的直流準位往正或負方向移動。

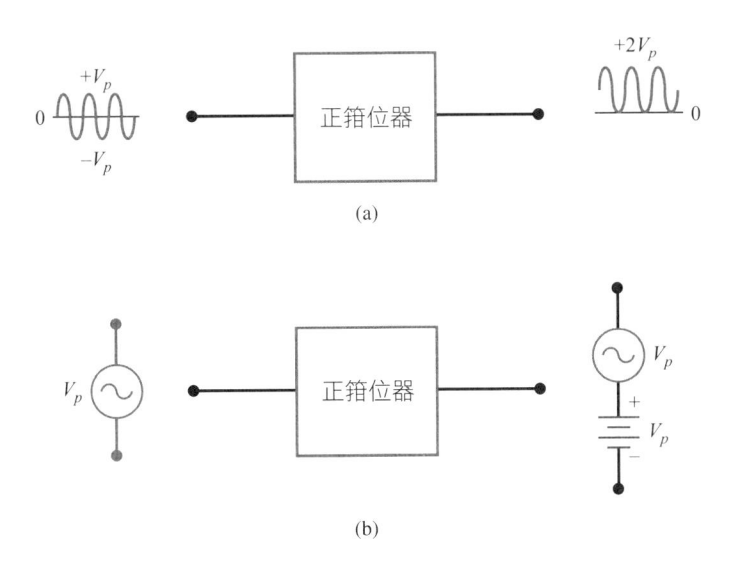

圖 3-30 (a) 正向箝位器向上移動波形；(b) 正向箝位器加入一個直流成分到信號裡。

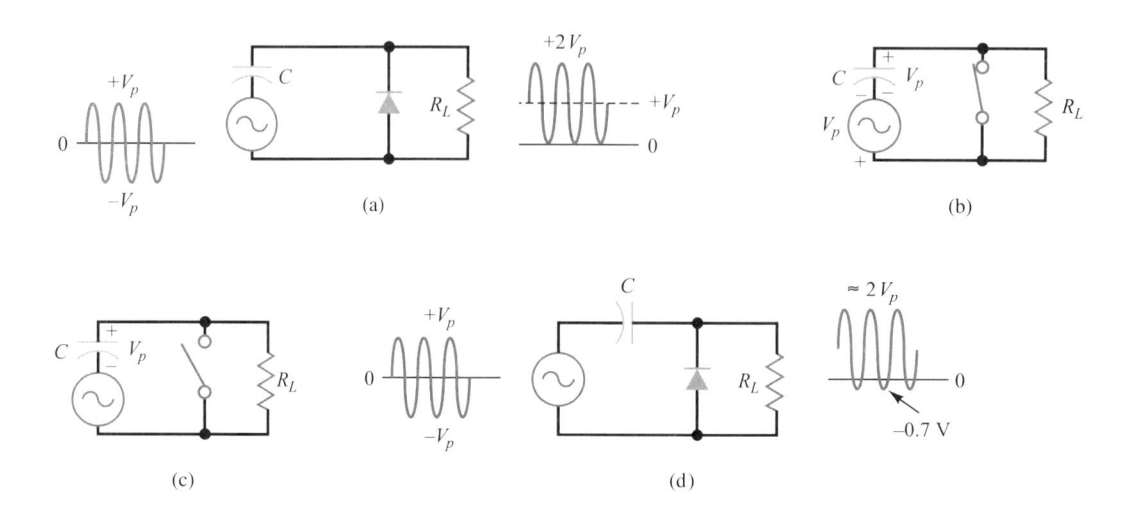

圖 3-31 (a) 理想的正向箝位器；(b) 在正峰值；(c) 超過正峰值；(d) 箝位器箝位箝得並不完美。

這概念類似於具有輸入電容濾波器之半波整流器的運作方式。第一個四分之一週期會充飽電容，然後在後面的週期期間，電容會保持幾乎所有的電量。在週期與週期間些許的電荷損失（電容放電）會由二極體導通遞補。

在圖 3-31c 中，充電的電容看起來像是一個電壓值為 V_p 的電池，這是被加到信號中的直流電壓。在第一個四分之一週期後，輸出電壓是一個參考準位為零的正向箝位弦波，即它是坐落在零伏特的準位上。

圖 3-31d 為常看到的電路圖。由於二極體導通時壓降為 0.7 伏特，所以電容電壓不會達到 V_p，因此，箝位箝得並不完美，負峰值會有 -0.7 伏特的參考準位。

負向箝位器

如果圖 3-31d 中的二極體顛倒會如何？我們會得到圖 3-32 的負向箝位器（negative clamper）。如你所見，電容電壓會反轉，而電路會變成負向箝位器。由於正峰值會有 0.7 伏特的參考準位而非為零，所以箝位箝得並不完美。

記住，二極體會指向移動方向。圖 3-32 中的二極體向下指，跟弦波移動的方向相同。這顯示它是負向箝位器。圖 3-31a 中的二極體向上指，波形往上移動，也就是說它是正向箝位器。

正向與負向箝位器都被廣泛地使用。例如，電視機使用箝位器去改變影像訊號的參考準位。箝位器也被用於雷達與通信電路中。

最後一點。目前討論過的不盡完美的截波與箝位不是問題。待我

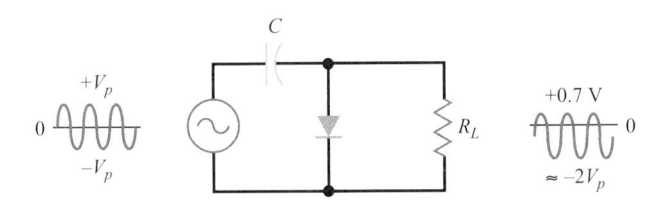

圖 3-32 負向箝位器。

們討論運算放大器後，我們將再次檢視截波器與箝位器。屆時，你將會看到消除障壁電位是多麼容易。換句話說，我們將看到幾乎是完美表現的電路。

峰對峰檢測器

具有輸入電容濾波器的半波整流器會產生一個近似於輸入信號峰值的直流輸出電壓。當相同的電路使用小信號二極體時，即稱為**峰值檢測器（peak detector）**。峰值檢測器一般是操作在遠高於 60 Hz 的頻率。在測量、信號處理及通信的應用中，峰值檢測器的輸出很有用。

如果你把箝位器與峰值檢測器串聯一起，會得到一個峰對峰檢測器（peak-to-peak detector，參見圖 3-33）。如你可見，箝位器的輸出是峰值檢測器的輸入。由於弦波被正向箝位（即波形被正向移動），所以峰值檢測器的輸入峰值會是 $2V_p$。這是為何峰值檢測器的輸出等於 $2V_p$ 的直流電壓之原因。

照例，RC 時間常數必須遠大於信號週期。藉由滿足此條件，你會得到不錯的箝位與峰值檢測效果，輸出漣波將因此變小。

量測非弦波信號是應用之一。一般的交流電壓計會被調校成讀取交流信號的均方根值。如果你試著用它去量測一個非弦波信號，將會得到不正確的讀值。然而，如果把峰對峰檢測器的輸出用作直流電壓

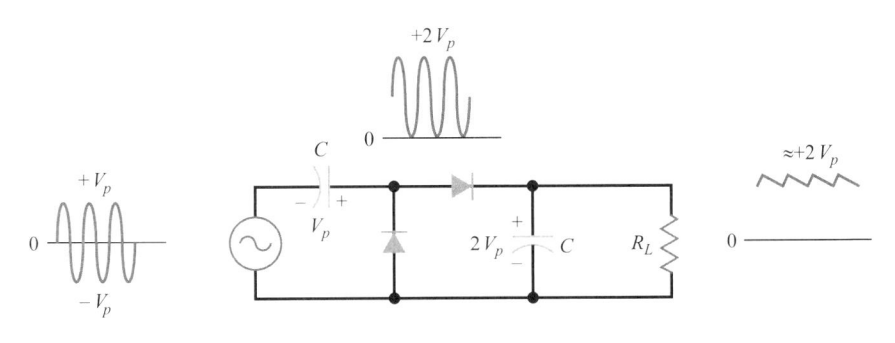

圖 3-33 峰對峰檢測器。

計的輸入，它將指出峰對峰電壓。若非弦波信號從 −20 上升至 +50 伏特，讀值為 70 伏特（50−(−20)=70V）。

3-12 電壓倍增器

峰對峰檢測器使用小信號二極體，且操作於高頻。藉由改用整流二極體及操作在 60 Hz，我們可以產生一種稱為倍壓器（voltage doubler）的新電源供應器。

倍壓器

圖 3-34a 是一個倍壓器（voltage doubler）。除了我們使用的是整流二極體及操作在 60 Hz 外，它的結構跟峰對峰檢測器一樣。箝位器這節電路會把一個直流成分加到二次側電壓，然後峰值檢測器會產生一

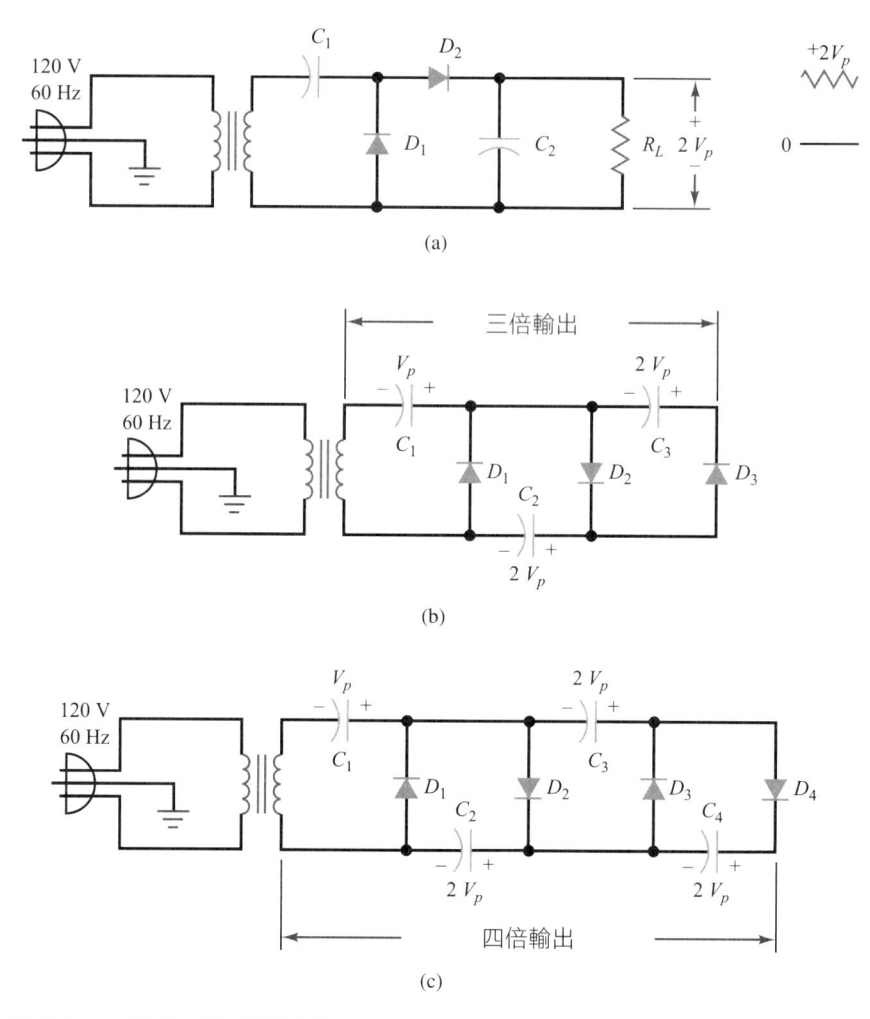

圖 3-34 具浮接負載之電壓倍增器。(a) 倍壓電路；(b) 三倍壓電路；(c) 四倍壓電路。

個直流輸出電壓，而它是兩倍的二次側電壓值。

當你可以改變變壓器匝數比以得到更高輸出電壓時，為何要用倍壓器呢？答案是：在較低壓時，你不需使用倍壓器。唯有當你試著產生非常高的直流輸出電壓時，才會遇到這問題。

例如，線電壓 120 V rms 即峰值 170 V。如果你試著產生 3400 伏特的直流電壓，你將需要使用匝數比 1:20 的升壓變壓器。問題來了。這麼高的二次側電壓只能靠大塊頭的變壓器才能得到。有時，電路設計者使用倍壓器及更小的變壓器反而可能還比較簡單。

三倍壓電路

藉由連接另一節電路，我們會得到圖 3-34b 的三倍壓電路（voltage tripler）。電路中的前兩節如同兩倍壓電路。在負半週的峰值處，二極體 D_3 為順偏，這會讓 C_3 充電到 $2V_p$，極性如圖 3-34b 所示。三倍壓輸出會跨在 C_1 與 C_3。負載電阻可以連接到三倍壓電路的輸出。只要時間常數夠長，輸出會等於約 $3V_p$。

四倍壓電路

圖 3-34c 是一個有著四節電路串聯（cascade）的四倍壓電路（voltage quadrupler）。前三節是一個三倍壓電路，而第四節讓整個電路成為一個四倍壓電路。第一個電容充電到 V_p，其他的電容充到 $2V_p$。四倍壓電路的輸出是跨在串聯的 C_2 與 C_4 上。我們連接一個負載電阻到四倍壓電路的輸出以獲得 $4V_p$ 的輸出電壓。

理論上，我們可以不設限地增加數節電路上去，但是增加節數會讓漣波變得更糟。不在低壓的電源供應器中使用**電壓倍增電路**（**voltage multiplier**，兩倍、三倍及四倍壓電路）的另一個原因就是漣波會增加。如之前所述，電壓倍增電路幾乎都只用於產生數百或數千伏特高壓。對於高壓低電流裝置如電視、示波器及電腦螢幕裡的陰極射線管（cathode-ray tube, CRT），電壓倍增電路是個自然而然的選擇。

變化型

圖 3-34 中所有的電壓倍增電路使用的負載電阻都是浮接的（floating，即無接地），這意味負載沒有任何一端接地。圖 3-35a 為只增加接地到圖 3-34a 中，而圖 3-35b 與 3-35c 是三倍壓（圖 3-34b）及四倍壓（圖 3-34c）電路的重新設計。在一些應用中，你可能會看到負載是浮接的設計（諸如在 CRT 中）；在其他的設計中，你可能會看到負載是接地的。

全波倍壓器

圖 3-35d 所示為全波倍壓器（full-wave voltage doubler）。在電源正半波時，上端電容如圖所示極性充電到峰值電壓。在下個半波時，下端電容如圖所示極性充電到峰值電壓。負載低時，最後輸出電壓約為 $2V_p$。

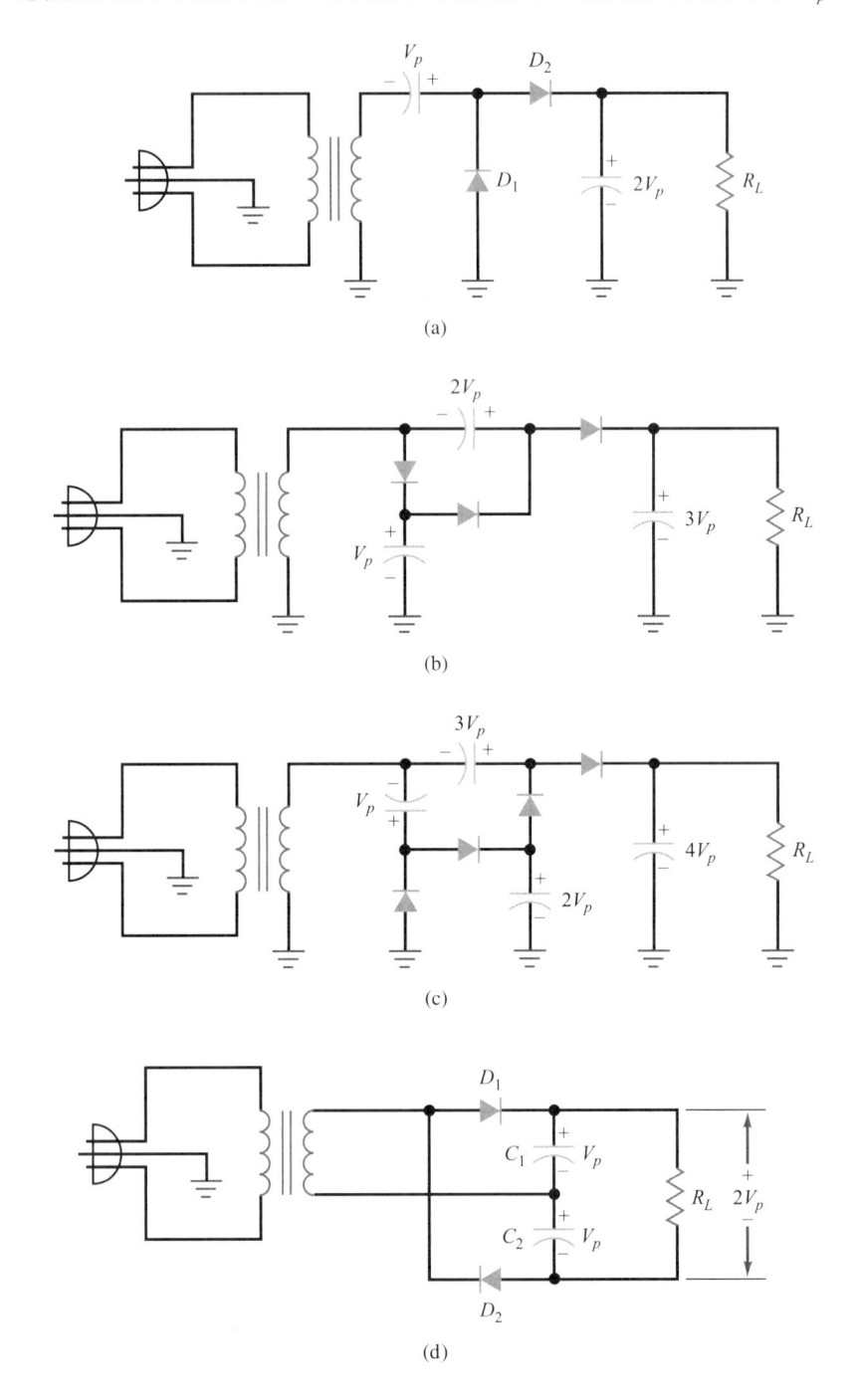

圖 3-35 帶有接地負載之電壓倍增器，但全波倍壓器除外。(a) 倍壓器；(b) 三倍壓器；(c) 四倍壓器；(d) 全波倍壓器。

之前討論的電壓倍增器（voltage multiplier）屬半波設計，即輸出漣波頻率為 60 Hz。另一方面，圖 3-35d 的電路稱為全波倍壓器，因為其中一個輸出電容會在各半波期間被充電。因此，輸出漣波為 120 Hz。由於它更容易被濾掉，所以這樣的漣波頻率值是個優點。全波倍壓器的另一個好處是二極體的 PIV 額定值只需要大於 V_p。

● 總結

3-1 半波整流器
半波整流器會有一個跟負載電阻串聯之二極體。負載電壓為半波輸出，半波整流器輸出的平均（即直流）電壓等於峰值電壓的 31.8%。

3-2 變壓器
輸入變壓器通常是一個降壓變壓器，其電壓會下降而電流上升。二次側電壓會等於一次側電壓除以匝數比。

3-3 全波整流器
全波整流器有一個中央抽頭變壓器伴隨著兩顆二極體及一個負載電阻。負載電壓為全波信號，其峰值為一半的二次側電壓。全波整流器輸出的平均值即直流電壓，等於峰電壓的 63.6%，且漣波頻率是 120 Hz 而非 60 Hz。

3-4 橋式整流器
橋式整流器會有四顆二極體。負載電壓是一個峰值等於二次側電壓之全波信號。半波整流器輸出的平均（即直流）電壓等於峰值電壓的 63.6%，且漣波頻率為 120 Hz。

3-5 輸入扼流圈濾波器
輸入扼流圈濾波器是一個 LC 分壓器，其感抗遠大於容抗。這類濾波器允許整流後的信號之平均值通過到達負載電阻。

3-6 輸入電容濾波器
這類濾波器允許整流後的信號峰值通過到達負載電阻。利用大電容會讓漣波變小，通常會小於直流電壓的 10%。輸入電容濾波器是電源供應器最常用的濾波器。

3-7 峰值反向電壓與突波電流
峰值反向電壓是指跨在整流器中不導通的二極體上之最大電壓。此電壓必須小於二極體的崩潰電壓。突波電流是短暫且大的電流，其在開機瞬間時存在。由於在第一個週期或最多在前幾個週期內，濾波電容就必須充電到峰值電壓，所以突波電流才會短暫卻大量。

3-8 其他的電源供應器主題
實際的變壓器通常會指明在額定負載電流下的二次側電壓。為計算一次側電流，你可以假設輸入功率等於輸出功率。慢速熔斷型保險絲常用於保護電路避免因突波電流造成傷害。在半波整流器中，平均二極體電流等於直流負載電流。在全波或橋式整流器中，任何二極體中的平均電流為直流負載電流的一半。RC 濾波器及 LC 濾波器有時可能會用於整流後的輸出之濾波。

3-9 求解電路問題
可以跟輸入電容濾波器一起量測的有直流輸出電壓、一次側電壓、二次側電壓及漣波等。你通常可以從中推斷問題為何，如二極體開路會讓輸出電壓降為零，或濾波電容開路會讓輸出降到整流後的信號之平均值。

3-10 截波器與限制器
截波器會把信號整形（shaping），截掉信號的正或負成分。限制器或二極體箝位會保護敏感性電路免於太大之電壓輸入。

3-11 箝位器
在箝位器加入一個直流電壓可把信號往上或往下移。峰對峰檢測器會產生出一個等於峰對峰值的

負載電壓。

3-12 電壓倍增器

倍壓器（voltage doubler）為峰對峰檢測器的另一種設計。其使用整流二極體取代小信號二極體，會產生一個等於整流後信號之峰值的兩倍之輸出電壓。三倍壓器（voltage tripler）與四倍壓器（voltage quadrupler）則會將輸入峰值增加3跟4倍。非常高壓之電源供應器是電壓倍增器（voltage multiplier）的主要應用對象。

● 定義

(3-14) 匝數比：

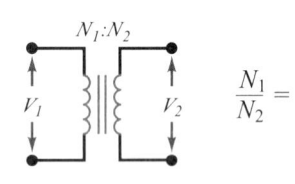

$$\frac{N_1}{N_2} = \frac{V_1}{V_2}$$

(3-19) 硬質箝位器：

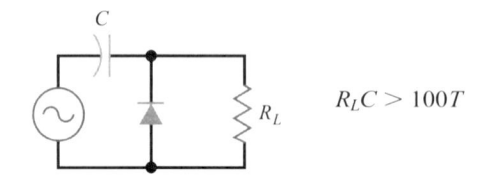

$$R_L C > 100T$$

(3-17) 硬質截波器：

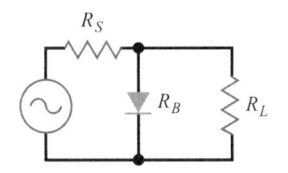

$$100R_B < R_S < 0.01R_L$$

● 推導式

(3-1) 理想半波：

理想的

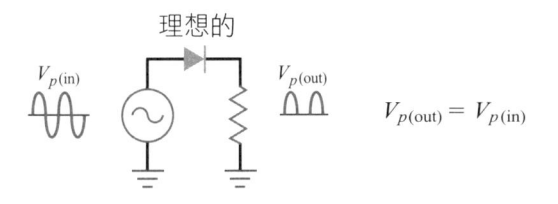

$$V_{p(\text{out})} = V_{p(\text{in})}$$

(3-4) 第二近似法下的半波：

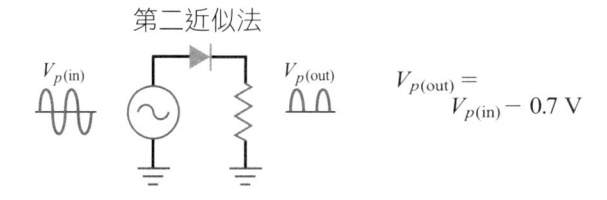

第二近似法

$$V_{p(\text{out})} = V_{p(\text{in})} - 0.7 \text{ V}$$

(3-2) 半波：

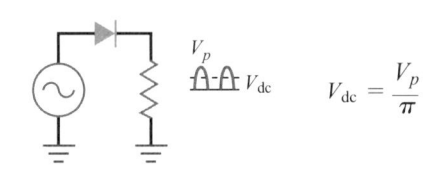

$$V_{\text{dc}} = \frac{V_p}{\pi}$$

(3-5) 理想變壓器：

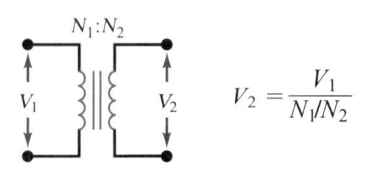

$$V_2 = \frac{V_1}{N_1/N_2}$$

(3-3) 半波：

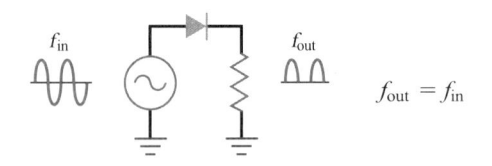

$$f_{\text{out}} = f_{\text{in}}$$

(3-6) 全波：

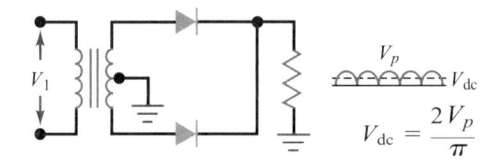

$$V_{\text{dc}} = \frac{2V_p}{\pi}$$

(3-7) 全波：

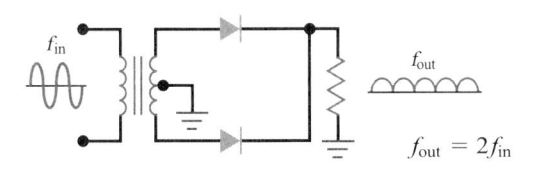

$f_{out} = 2f_{in}$

(3-8) 第二近似法下的橋式：

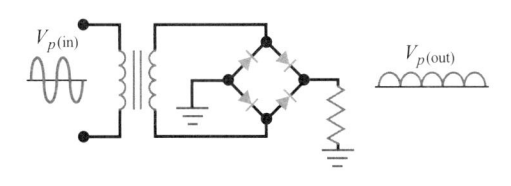

$V_{p(out)} = V_{p(in)} - 1.4\text{ V}$

(3-9) 輸入扼流圈濾波器：

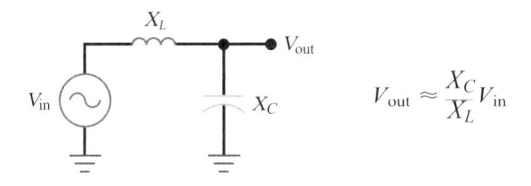

$V_{out} \approx \dfrac{X_C}{X_L} V_{in}$

(3-10) 峰對峰漣波：

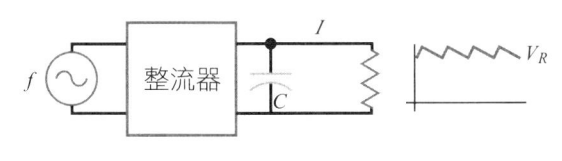

$V_R = \dfrac{I}{fC}$

(3-11) 半波：

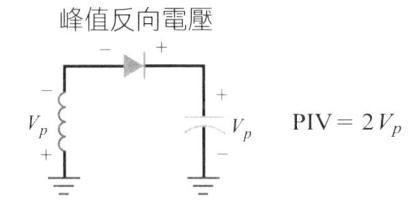

峰值反向電壓

$\text{PIV} = 2V_p$

(3-12) 全波：

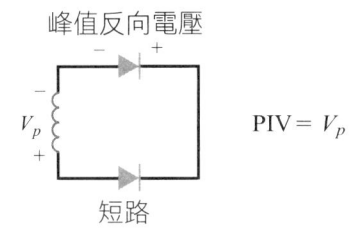

峰值反向電壓
短路

$\text{PIV} = V_p$

(3-13) 橋式：

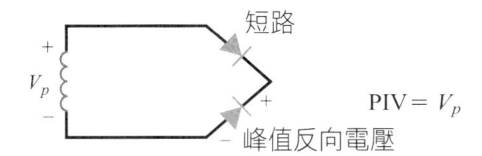

短路
峰值反向電壓

$\text{PIV} = V_p$

(3-15) 半波：

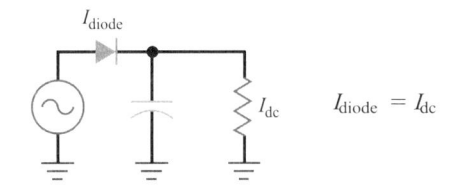

$I_{diode} = I_{dc}$

(3-16) 全波與橋式：

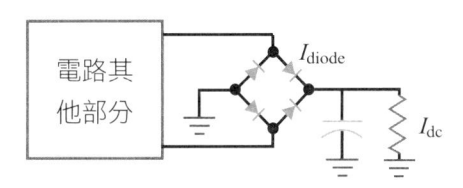

$I_{diode} = 0.5\, I_{dc}$

(3-18) 偏壓截波器：

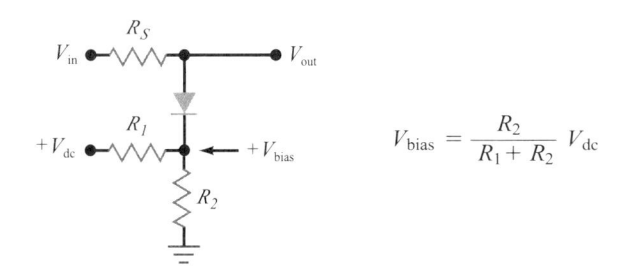

$V_{bias} = \dfrac{R_2}{R_1 + R_2} V_{dc}$

自我測驗

1. 若 $N_1/N_2=4$ 且一次側電壓為 120 伏特，則二次側電壓為何？
   a. 0 V
   b. 30 V
   c. 60 V
   d. 480 V

2. 在降壓變壓器中，下列何者較高？
   a. 一次側電壓
   b. 二次側電壓
   c. 兩個都不高
   d. 無答案可能

3. 有一個變壓器匝數比為 2:1。若一次側繞阻之電壓為 115 V_{rms}，則二次側電壓峰值為何？
   a. 57.5 V
   b. 81.3 V
   c. 230 V
   d. 325 V

4. 當一半波整流電壓跨於負載電阻上時，負載電流會在一週期中的哪個部分流動？
   a. 0°
   b. 90°
   c. 180°
   d. 360°

5. 假設半波整流器的線電壓可能低到 105 V_{rms} 或高到 125 V_{rms}。就一個匝數比 5:1 的降壓變壓器來說，最小負載電壓峰值最接近
   a. 21 V
   b. 25 V
   c. 29.7 V
   d. 35.4 V

6. 橋式整流器之輸出電壓為
   a. 半波信號
   b. 全波信號
   c. 橋式整流信號
   d. 弦波

7. 若線電壓 115 V_{rms}，匝數比 5:1 意味二次側電壓均方根值最接近
   a. 15 V
   b. 23 V
   c. 30 V
   d. 35 V

8. 若二次側電壓為 20 V_{rms}，試問全波整流器中負載電壓峰值為何？
   a. 0 V
   b. 0.7 V
   c. 14.1 V
   d. 28.3 V

9. 我們欲橋式整流器負載電壓峰值輸出為 40 伏特。試問二次側電壓均方根近似值為何？
   a. 0 V
   b. 14.4 V
   c. 28.3 V
   d. 56.6 V

10. 若一個全波整流電壓跨在負載電阻上，試問負載電流會在週期中的哪個部分流動？
    a. 0°
    b. 90°
    c. 180°
    d. 360°

11. 若二次側電壓為 12.6 V_{rms}，橋式整流器的負載電壓峰值輸出（使用第二近似法）為何？
    a. 7.5 V
    b. 16.4 V
    c. 17.8 V
    d. 19.2 V

12. 若線頻率為 60 Hz，半波整流器的輸出頻率為
    a. 30 Hz
    b. 60 Hz
    c. 120 Hz
    d. 240 Hz

13. 若線頻率為 60 Hz，橋式整流器的輸出頻率為
    a. 30 Hz
    b. 60 Hz
    c. 120 Hz
    d. 240 Hz

14. 都具有相同的二次側電壓與濾波器，何者會產生最多的漣波？
    a. 半波整流器
    b. 全波整流器
    c. 橋式整流器
    d. 無法判斷

15. 都具有相同的二次側電壓與濾波器，何者會產生最小的負載電壓？
    a. 半波整流器
    b. 全波整流器
    c. 橋式整流器
    d. 無法判斷

16. 若濾波後的負載電流為 10 mA，下列何者的二極體電流為 10 mA？
    a. 半波整流器
    b. 全波整流器
    c. 橋式整流器
    d. 無法判斷

17. 若負載電流為 5 mA 且濾波電容為 1000 μF，試問橋式整流器的峰對峰漣波輸出為何？
    a. 21.3 pV
    b. 56.3 nV
    c. 21.3 mV
    d. 41.7 mV

18. 橋式整流器中的二極體各具有 2 安培之最大直流電流能力。這意味其可承受的最大直流負載電流為
    a. 1 A
    b. 2 A
    c. 4 A
    d. 8 A

19. 試問二次側電壓為 20 V_{rms} 的橋式整流器中，跨於各二極體上的 PIV 為何？
    a. 14.1 V
    b. 20 V
    c. 28.3 V
    d. 34 V

20. 具有輸入電容濾波器之橋式整流器中，若二次側電壓上升，則負載電壓將
    a. 下降
    b. 維持不變
    c. 增加
    d. 以上皆非

21. 若增加濾波電容值，則漣波將
    a. 下降
    b. 維持不變
    c. 增加
    d. 以上皆非

22. 可移除波形正或負的成分之電路稱為
    a. 箝位器
    b. 截波器
    c. 二極體箝位
    d. 限制器

23. 加入一個正或負的直流電壓到輸入弦波中的電路稱為
    a. 箝位器
    b. 截波器
    c. 二極體箝位
    d. 限制器

24. 要讓箝位電路正常運作，其 R_LC 時間常數應該為
    a. 等於信號週期 T
    b. 大於信號週期 T 的 10 倍
    c. 大於信號週期 T 的 100 倍
    d. 小於信號週期 T 的 10 倍

25. 電壓倍增器是最適合用於產生以下何者的電路？
    a. 低壓低電流
    b. 低壓高電流
    c. 高壓低電流
    d. 高壓高電流

Problems 問題

3-1 半波整流器

1. **MultiSim** 若二極體為理想,試問圖 3-36a 中峰值輸出電壓為何?平均值為何?直流值為何?試繪出輸出波形。

2. **MultiSim** 針對圖 3-36b 電路,重解一次前面的問題。

3. **MultiSim** 二極體使用第二近似法,試問圖 3-36a 中峰值輸出電壓為何?平均值為何?直流值為何?試繪出輸出波形。

4. **MultiSim** 針對圖 3-36b 電路,重解一次前面的問題。

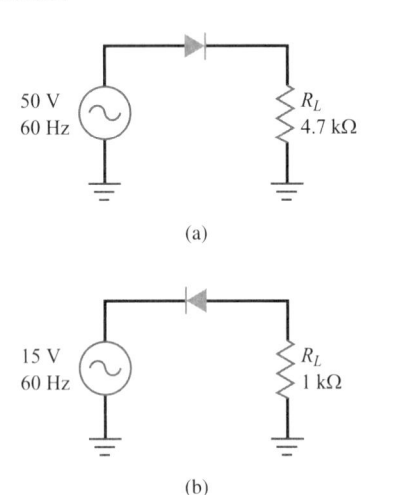

圖 3-36

3-2 變壓器

5. 若變壓器匝數比為 6:1,假設一次側電壓為 120 V_{rms},試問二次側均方根值與峰值電壓各為何?

6. 假設一次側電壓為 120 V_{rms},若變壓器匝數比為 1:12,試問二次側均方根值與峰值電壓各為何?

7. 圖 3-37 中使用理想二極體,試計算輸出電壓峰值及直流輸出電壓。

8. 圖 3-37 中二極體使用第二近似法,試計算輸出電壓峰值及直流電壓。

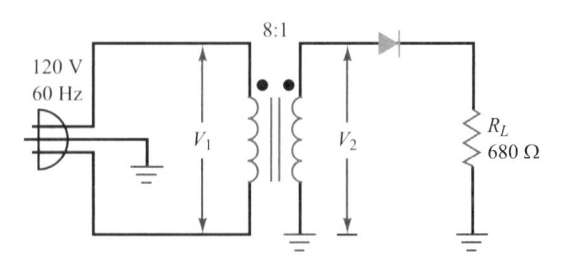

圖 3-37

3-3 全波整流器

9. 一個中央抽頭變壓器輸入為 120 V 且匝數比為 4:1。試問跨在二次側繞組上半部之均方根值電壓為何?峰值電壓為何?跨在二次側繞組下半部的電壓均方根值為何?

10. **MultiSim** 圖 3-38 中若二極體為理想,則峰值輸出電壓為何?平均值為何?直流值為何?試繪出輸出波形。

11. **MultiSim** 使用第二近似法,重解一次前面的問題。

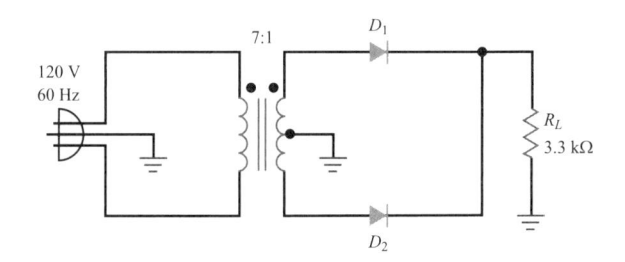

圖 3-38

3-4 橋式整流器

12. **MultiSim** 圖 3-39 中,若二極體為理想,則峰值輸出電壓為何?平均值為何?直流值為何?試繪出輸出波形。

13. **MultiSim** 使用第二近似法,重解一次前面的問題。

14. 若圖 3-39 的線電壓從 105 升到 125 V_{rms},試問直流輸出電壓最大值與最小值為何?

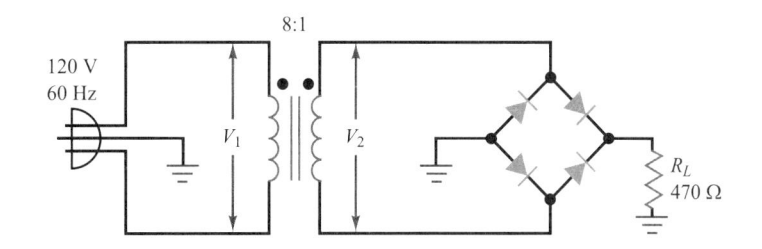

圖 3-39

3-5 輸入扼流圈濾波器

15. 輸入扼流圈濾波器之輸入為峰值 20 伏特之半波信號。若 $X_L = 1 \text{ k}\Omega$ 且 $X_C = 25 \text{ }\Omega$，試問跨於電容上之峰對峰漣波近似值為何？

16. 輸入扼流圈濾波器之輸入為峰值 14 伏特之全波信號。若 $X_L = 2 \text{ k}\Omega$ 且 $X_C = 50 \text{ }\Omega$，試問跨於電容上之峰對峰漣波近似值為何？

3-6 輸入電容濾波器

17. 圖 3-40a 中直流輸出電壓及漣波為何？試繪出其輸出波形。

18. 在圖 3-40b 中，試計算其直流輸出電壓與漣波。

19. 若電容值砍半，試問圖 3-40a 中漣波會如何？

20. 若圖 3-40a 中的電阻降為 500 Ω，漣波會如何？

21. 試問圖 3-41 中直流輸出電壓及漣波為何？試繪出輸出其波形。

22. 若圖 3-41 中的線電壓降到 105 伏特，試問直流輸出電壓為何？

3-7 峰值反向電壓與突波電流

23. 試問圖 3-41 中峰值反向電壓為何？

24. 若圖 3-41 中匝數比改為 3:1，試問峰值反向電壓為何？

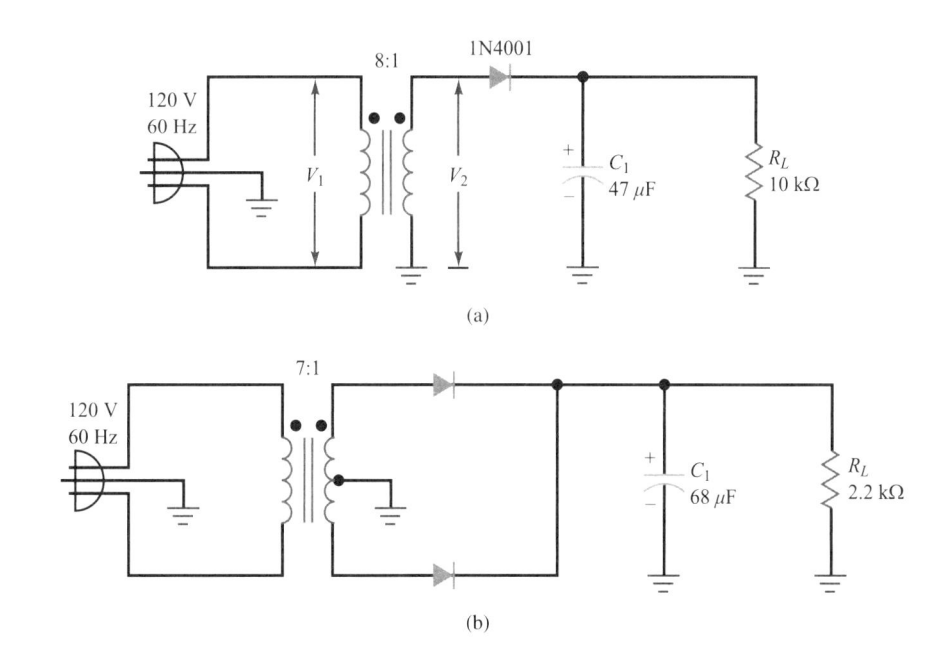

圖 3-40

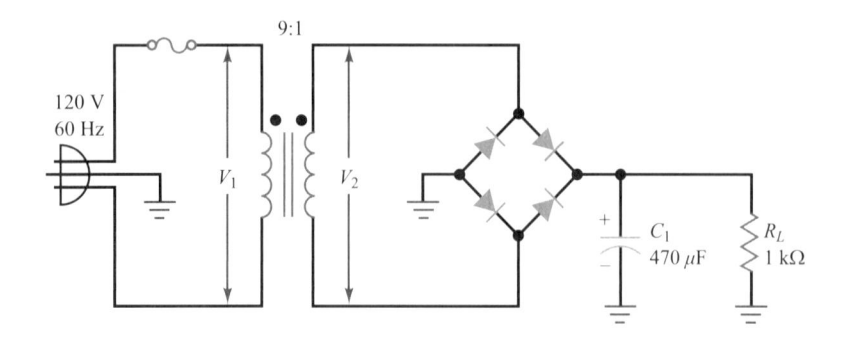

圖 3-41

3-8 其他的電源供應器主題

25. 以 F-25X 變壓器取代圖 3-41 中的變壓器。試問跨於二次側繞阻之峰值電壓近似值為何？直流輸出電壓近似值為何？變壓器是操作在其額定輸出電流嗎？直流輸出電壓比正常值高或低呢？

26. 圖 3-41 中一次側電流為何？

27. 圖 3-40a 及圖 3-40b 中，流經各個二極體之平均電流為何？

28. 試問流經圖 3-41 中各個二極體之平均電流為何？

3-9 求解電路問題

29. 若圖 3-41 中的濾波電容開路，試問直流輸出電壓為何？

30. 若圖 3-41 中只有一個二極體開路，試問直流輸出電壓為何？

31. 若有人不慎裝反了圖 3-41 電路中的電解電容，試問會發生怎樣的情況？

32. 若圖 3-41 的負載電阻開路，試問輸出電壓會發生什麼變化？

3-10 截波器與限制器

33. 繪出圖 3-42a 的輸出波形。試問最大正電壓與最大負電壓為何？

34. 針對圖 3-42b，重做一次前面的問題。

35. 圖 3-42c 的二極體箝位會保護敏感電路。試問所限制的準位為何？

36. 圖 3-42d 的最大正與最大負輸出電壓為何？試繪出輸出其波形。

37. 若圖 3-42d 中的弦波只有 20 mV，電路將扮演一個二極體箝位保護，而非偏壓截波器。在這情形下，試問輸出電壓保護範圍為何？

3-11 箝位器

38. 繪出圖 3-43a 的輸出波形。試問最大正電壓與最大負電壓為何？

39. 針對圖 3-43b 電路，重解一次前面的問題。

40. 試繪出圖 4-43c 中箝位器之輸出波形及最後的輸出。試問在使用理想二極體下，直流輸出電壓為何？而使用第二近似法時又為何？

3-12 電壓倍增器

41. 試計算圖 3-44a 的直流輸出電壓。

42. 試問圖 3-44b 之三倍壓輸出為何？

43. 試問圖 3-44c 中四倍壓輸出為何？

第 3 章 二極體電路　123

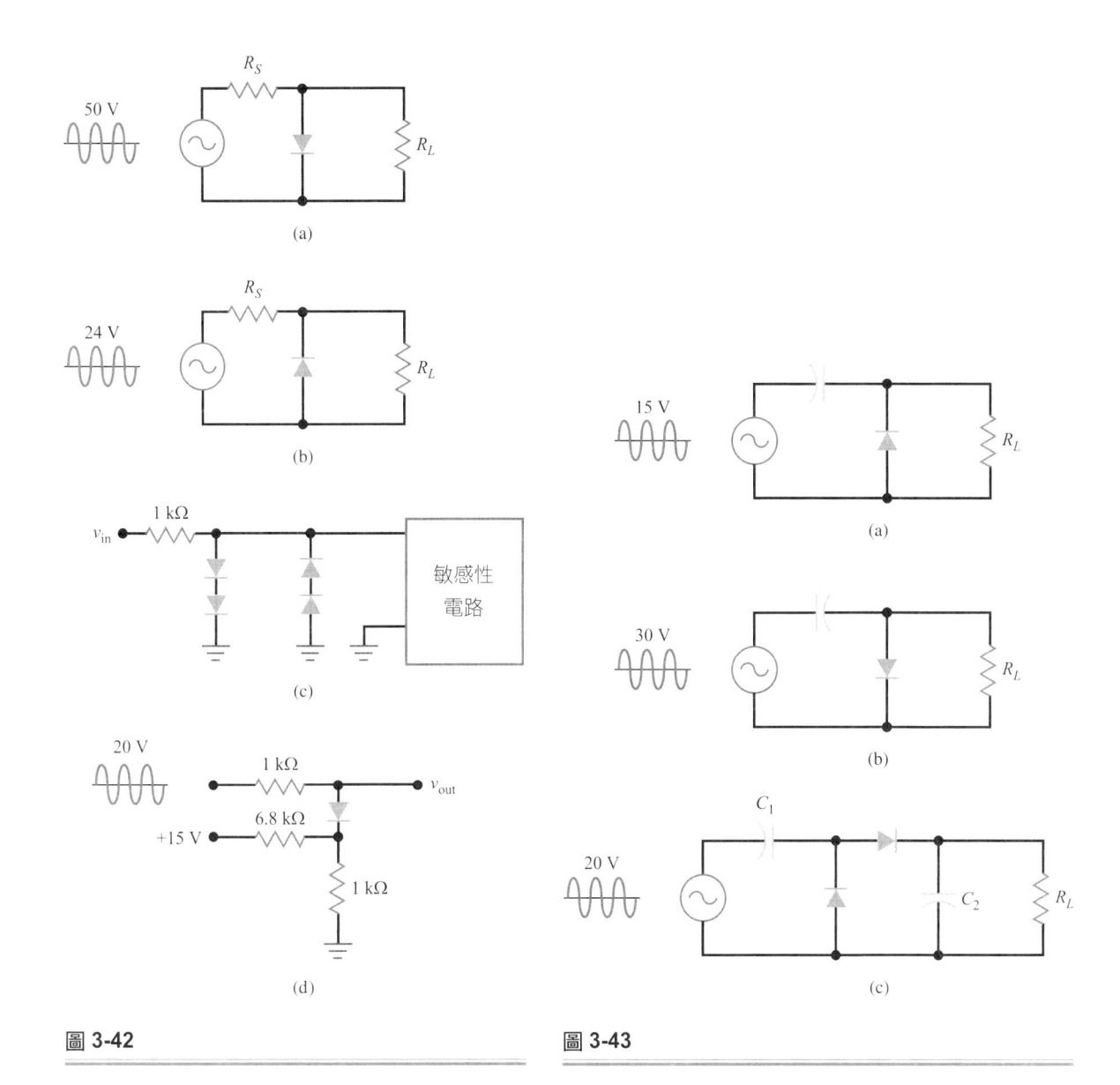

圖 3-42

圖 3-43

• 腦力激盪

44. 若圖 3-41 中的二極體有一個短路，可能的結果會是什麼？

45. 圖 3-45 電源供應器有兩個輸出電壓，試問其近似值為何？

46. 4.7 Ω 的突波電阻加入圖 3-45 電路中，試問突波電流最大可能值為何？

47. 一個全波電壓峰值為 15 V。你得到一本三角函數表的書，可以查閱在 1° 範圍內的弦波值。試描述你要如何證明一個全波信號的平均值為峰值的 63.6%。

48. 針對圖 3-46 中的開關位置，試問輸出電壓為何？若開關位置切到另一邊，試問輸出電壓為何？

49. 圖 3-47 中若 V_{in} 為 40 V_{rms}，而 RC 時間常數比電源電壓週期大許多，試問 V_{out} 等於什麼？原因為何？

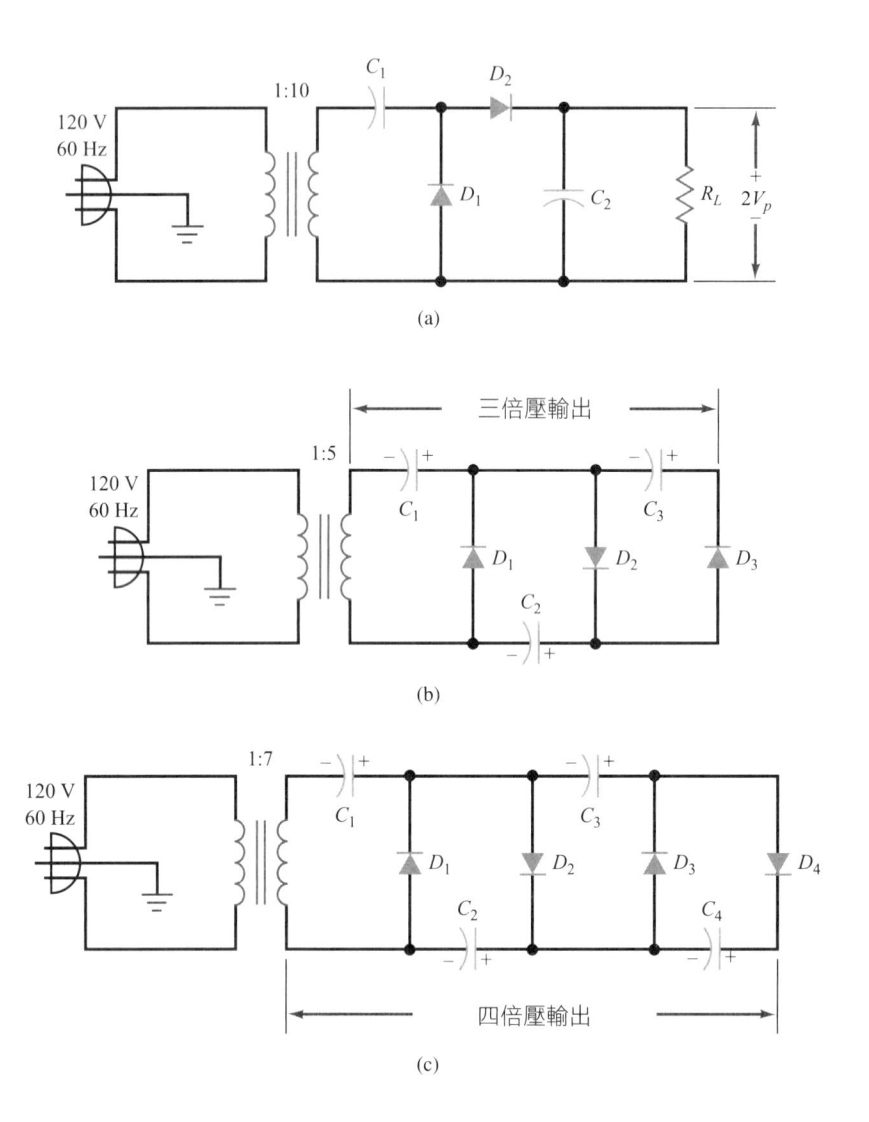

圖 3-44

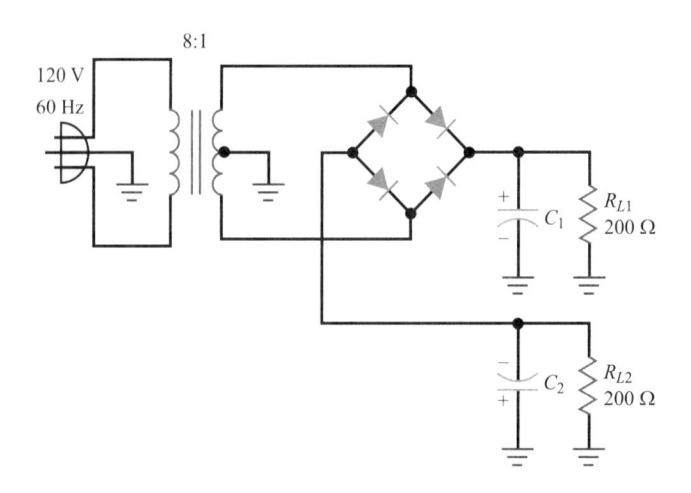

圖 3-45

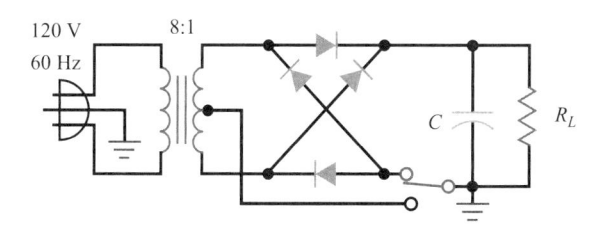

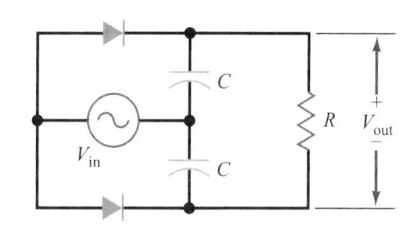

圖 3-46

圖 3-47

● 求解電路問題

50. 圖 3-48 所示為一個具有理想電路值及藏有 8 個問題（T1~T8）的橋式整流器，試找出所有的問題。

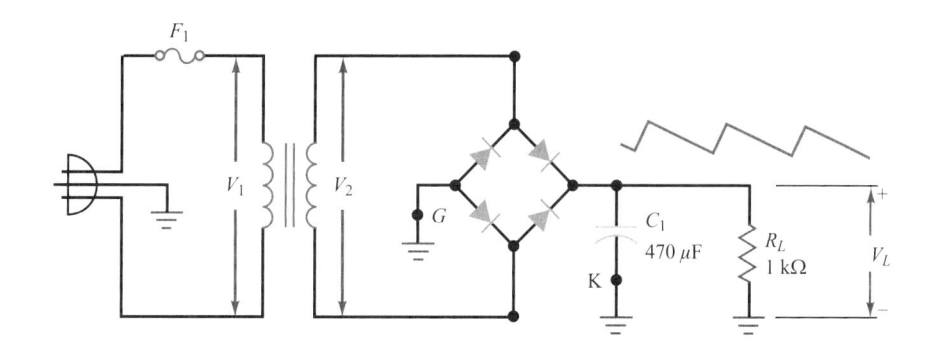

求解電路

	V_1	V_2	V_L	V_R	f	R_L	C_1	F_1
ok	115	12.7	18	0.3	120	1k	ok	ok
T1	115	12.7	11.4	18	120	1k	∞	ok
T2	115	12.7	17.7	0.6	60	1k	ok	ok
T3	0	0	0	0	0	0	ok	∞
T4	115	12.7	0	0	0	1k	ok	ok
T5	0	0	0	0	0	1k	ok	∞
T6	115	12.7	18	0	0	∞	ok	ok
T7	115	0	0	0	0	1k	ok	ok
T8	0	0	0	0	0	1k	0	∞

圖 3-48 求解電路

● 運用軟體 Multisim 分析與解決問題

Multisim 分析與解決問題的檔案請至所提供的網址下載。網址內的章節序號為原文書的章節序號，請參照書末所附的「中英章節對照表」下載相關檔案。本章相關的檔案為 MTC04-51 到 MTC04-55。

開啟並分析解決各個檔案。執行量測以確認是否有錯，如果有，請查明錯誤。

51. 開啟並分析及解決檔案 MTC04-51。
52. 開啟並分析及解決檔案 MTC04-52。
53. 開啟並分析及解決檔案 MTC04-53。
54. 開啟並分析及解決檔案 MTC04-54。
55. 開啟並分析及解決檔案 MTC04-55。

● 問題回顧

1. 這裡有紙筆。請說明具有輸入電容濾波器之橋式整流器如何運作。在你的說明中，我期待能看到電路圖與電路中不同處所對應到的波形。

2. 假設在實驗桌上有一個具有輸入電容濾波器之橋式整流器，但它無法運作了。你該如何找出電路問題。說明你會使用何種儀器以及你會如何隔開常見的問題。

3. 太大的電流或電壓可以弄壞電源供應器中的二極體。試繪出具有輸入電容濾波器之橋式整流器，並說明電流或電壓可以如何弄壞二極體。同樣的電路在面對太大的反向電壓時又會怎樣呢？

4. 告訴我你對截波器、箝位器與二極體箝位保護電路所有的認知，並介紹它們典型的波形與截波、箝位和做動保護的各自電壓準位。

5. 試說明峰對峰檢測器如何運作。倍壓器（voltage doubler）在哪些方面類似於峰對峰檢測器，在哪些方面又是不同的。

6. 相較於使用半波或全波整流器，電源供應器採用橋式整流器的優點為何？為何橋式整流器比其他更有效率？

7. 在何種電源供應器的應用中，可能會傾向使用 LC 濾波器取代 RC 濾波器？為什麼？

8. 半波整流器與全波整流器間的關係是什麼？

9. 在何種情況下電源供應器使用電壓倍增器是適當的？

10. 假設有個直流電源供應器輸出是 5 伏特，使用直流電壓計可以量到其準確輸出 5 伏特，試問電源供應器仍可能有問題嗎？如果這樣，你會如何解決？

11. 使用電壓倍增器取代高匝數比變壓器與一般整流器之原因為何？

12. 試列出 RC 與 LC 兩個濾波器之優缺點。

13. 當在解決電源供應器問題時，你發現有一個電阻燒黑了，量測後發現它開路了。你會換掉電阻再開機嗎？如果不會，接下來你該怎麼做？

14. 就一個橋式整流器，試列出三個可能的錯誤及各別對應的現象。

● 自我測驗解答

1. b	8. c	15. b	22. b
2. a	9. c	16. a	23. a
3. b	10. d	17. d	24. c
4. c	11. b	18. c	25. c
5. c	12. b	19. c	
6. b	13. c	20. c	
7. b	14. a	21. a	

● 練習題解答

3-1 $V_{dc} = 6.53$ V

3-2 $V_{dc} = 27$ V

3-3 $V_{p(in)} = 12$ V;

$V_{p(out)} = 11.3$ V

3-5 $V_{p(out)}$ 理想的 $= 34$ V;

$2d = 32.6$ V

3-7 $V_L = 17$ V;

$V_R = 0.71$ V$_{p\text{-}p}$

3-9 $V_R = 0.165$ V$_{p\text{-}p}$

3-10 1N4002 或 1N4003

Chapter 4 特殊用途的二極體

整流二極體是常見的二極體類型。它們用於電源供應器中，以將交流電壓轉換成直流電壓。但是二極體並非只能用作整流，現在我們將討論其他應用中所使用到的二極體。本章就以稽納二極體開始，其針對崩潰特性做了最佳處理。由於稽納二極體是穩壓的關鍵，所以非常重要。本章也會涵蓋到光電二極體、包括發光二極體、蕭特基二極體與其他種類的二極體。

學習目標

在學習完本章後，你應能夠：
- 呈現如何使用稽納二極體及計算與操作情況有關之不同參數值。
- 列出幾種光電元件及描述它們如何操作。
- 回想蕭特基二極體優於一般二極體的兩個優點。
- 解釋變容器如何運作。
- 敘述變阻器的主要用途。
- 列出技術人員對於稽納二極體元件資料手冊上感興趣的四個項目。
- 列出與描述其他半導體二極體的基本功能。

章節大綱

4-1　稽納二極體
4-2　加載的稽納穩壓器
4-3　稽納二極體的第二種近似法
4-4　稽納脫離點
4-5　閱讀元件資料手冊
4-6　電路檢測
4-7　負載線
4-8　發光二極體（LEDs）
4-9　光電元件
4-10　蕭特基二極體
4-11　變容器
4-12　其他二極體

詞彙

back diode　背面二極體
common-anode　共陽極
common-cathode　共陰極
current-regulator diode　穩流二極體
derating factor　降額因數
electroluminescence　電發光
laser diode　雷射二極體
leakage region　洩漏區
light-emitting diode (LED)　發光二極體
luminous intensity　發光強度
luminous efficacy　發光效率
negative resistance　負電阻值
optocoupler　光耦合器
optoelectronics　光電子學

photodiode　光二極體
PIN diode　PIN 二極體
preregulator　前級穩壓器
Schottky diode　蕭特基二極體
seven-segment display　七段顯示器
step-recovery diode　步級恢復二極體
temperature coefficient　溫度係數
tunnel diode　透納二極體
varactor　變容器
varistor　變阻器
zener diode　稽納二極體
zener effect　稽納效應
zener regulator　稽納穩壓器
zener resistance　稽納電阻

4-1 稽納二極體

由於可能會毀損，所以小信號及整流二極體從不會刻意操作在崩潰區。但**稽納二極體**（zener diode）則不同，它是一個製造商已針對在崩潰區操作做了最佳處理的矽二極體。稽納二極體是穩壓的主角，儘管電源及負載電壓變化較大，穩壓器是一種仍會將負載電壓幾乎維持在定值的一個電路。

I-V 圖形

圖 4-1a 為稽納二極體的電路符號；而圖 4-1b 則是另一種符號樣子。在這兩個當中的任一種符號，像 z 的線段代表「稽納」的意思。藉由改變矽二極體的摻雜程度，製造商可以製造出從約 2 V 到 1000 V 崩潰電壓的稽納二極體。這些二極體可以在任一區中操作，如：順向區、洩漏區及崩潰區。

圖 4-1c 為稽納二極體的 I-V 圖形。在順向區中，就像一般的矽二極體一樣，它會在約 0.7 V 開始導通。在**洩漏區**（leakage region）中（在零與崩潰區間），它只會有一個微小的逆向電流存在。在稽納二極體中，崩潰會有非常陡的膝點，緊跟著電流幾乎垂直上升。請注意電壓幾乎為定值，而在大部分崩潰區中約等於 V_Z。元件資料手冊通常會指出特定測試電流 I_{ZT} 下的 V_Z 值。

圖 4-1c 也顯示了最大逆向電流 I_{ZM}，只要逆向電流小於 I_{ZM}，二極體就會操作在安全範圍內。若電流大於 I_{ZM}，則二極體將會損毀。為了避免過大的逆向電流，就需要使用到限流電阻（稍後將會討論到）。

稽納電阻

在矽二極體第三種近似法中，跨於二極體的順向電壓會等於膝點電壓加上跨在本體電阻上的額外電壓值。

同樣地，在崩潰區，跨在二極體上的逆向電壓會等於崩潰電壓加上跨在本體電阻上的額外電壓值。在逆向區中，本體電阻稱為**稽納電阻**（zener resistance），這個電阻值等於崩潰區中的斜率之倒數。換句話說，崩潰區中的斜率越垂直，則稽納電阻值就會越小。

在圖 4-1c 中，稽納電阻意謂逆向電流的增加會造成逆向電壓稍微增加。電壓的增加非常小，典型值只有幾十分之一伏特。對於設計工作，這稍微的增加是重要的，但在電路檢測及初步分析則不然。所以除非有特別交代，否則我們的討論將會忽略掉稽納電阻值的影響。圖 4-1d 為典型的稽納二極體。

知識補給站
如傳統二極體一般，製造商會在稽納二極體的陰極端上標示顏色當作識別。

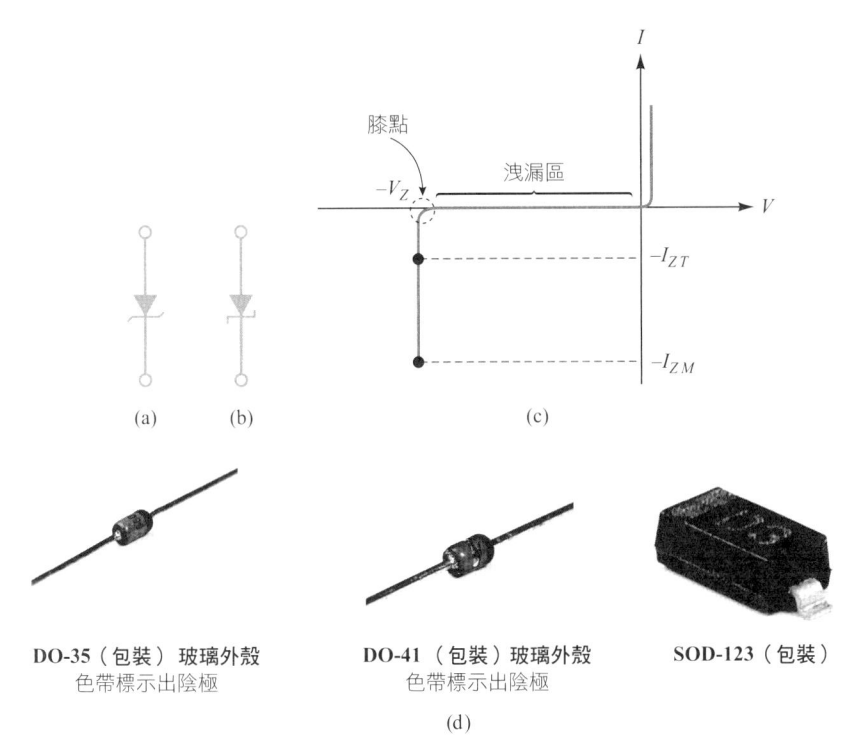

圖 4-1　稽納二極體。(a) 電路符號；(b) 另一種符號；(c) 電流對電壓的圖形；(d) 典型的稽納二極體（照片來源：© Brian Moeskau/Brian Moeskau Photography）。

稽納穩壓器

即使流過的電流改變，由於稽納二極體會維持定值的輸出電壓，所以稽納二極體有時稱為穩壓二極體（voltage-regulator diode）。對於正常的操作，如圖 4-2a 所示，你必須將稽納二極體逆向偏壓。而且為了得到在崩潰區操作，電源電壓 V_S 必須高於稽納崩潰電壓 V_Z。而串聯電阻 R_S（限流電阻）則是用來限制稽納電流以低於其最大額定電流值。否則，就像任何元件一樣有著太多功率損耗，稽納二極體將會燒毀。

圖 4-2b 繪出了電路接地的另一種方法。每當電路有接地時，你可以量測對地電壓值。

舉例來說，假設你想要知道圖 4-2b 串聯電阻上的跨壓。當你有個內建的電路時，這裡有個方法去找出它。首先，量測從 R_S 左端對地的電壓。其次，量測 R_S 右端對地的電壓。第三，減去這兩個電壓值以得到 R_S 上的跨壓。若你有浮接的 VOM（電壓歐姆表）或 DMM（數位多功能電表），則你可以直接跨接在串聯電阻上量測。

圖 4-2c 電源電壓的輸出連接到串聯電阻及稽納二極體上。當你想要一個低於電源供應器輸出的直流輸出電壓時，這電路會被使用。像

132 電子學精要

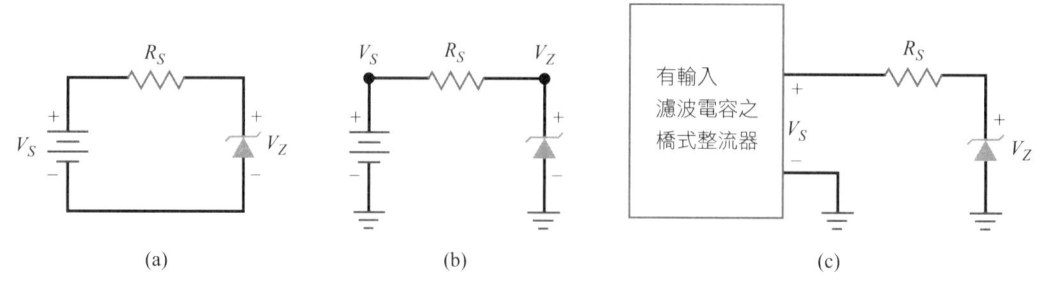

圖 4-2 稽納穩壓器。(a) 基本電路；(b) 相同的接地電路；(c) 電源供應器驅動穩壓器。

這樣的電路稱為稽納電壓調節器（zener voltage regulator），或簡稱**稽納穩壓器（zener regulator）**。

歐姆定律

在圖 4-2 中，串聯或限流電阻上的跨壓會等於電源電壓與稽納電壓間的差值。因此，流過電阻的電流為：

$$I_S = \frac{V_S - V_Z}{R_S} \tag{4-1}$$

一旦你有了串聯電流的值，你也會有稽納電流的值，這是因為圖 4-2 是串聯電路，請注意 I_S 必須小於 I_{ZM}。

理想的稽納二極體

對於電路檢測及初步分析，我們可以將崩潰區近似成垂直的。因此，即使電流變化，電壓都會為定值，這跟忽略掉稽納電阻值的作用是等效的。圖 4-3 為稽納二極體的理想近似法，這意謂稽納二極體操作在崩潰區，理想上就像是一顆電池。在稽納二極體操作在崩潰區的電路中，意謂你在心裡可以電源 V_Z 來替換掉稽納二極體。

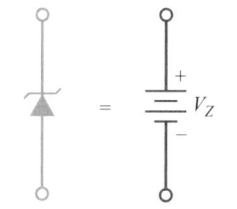

圖 4-3 稽納二極體的理想近似法。

例題 4-1

假設圖 4-4a 的稽納二極體的崩潰電壓為 10 V，試求最小及最大稽納電流值。

解答 施加的電壓會在 20 V 和 40 V 間變化。理想上，在圖 4-4b 中稽納二極體就像電池一樣。因此，對於在 20 V 和 40 V 間的任何電壓值，輸出電壓都會為 10 V。

當電源電壓最小時，最小電流會出現。想像在電阻左邊有 20 V，而右邊為 10 V，則你可看見電阻上跨壓為 10 V（= 20 V – 10 V = 10 V）。剩下的

第 4 章 特殊用途的二極體 　133

就是靠歐姆定律：

$$I_S = \frac{10\text{ V}}{820\text{ }\Omega} = 12.2\text{ mA}$$

當電源電壓為 40 V 時，最大電流會出現。在這情形中，電阻上跨壓為 30 V，則電流為：

$$I_S = \frac{30\text{ V}}{820\text{ }\Omega} = 36.6\text{ mA}$$

在如圖 4-4a 的穩壓器中，儘管電源電壓會在 20 V 到 40 V 間變化，輸出電壓都會維持在 10 V。電源電壓越大，則稽納電流越大，但是輸出電壓會穩穩地維持在 10 V（若稽納電阻被考慮進來，則當電源電壓增加時，輸出電壓會稍微增加）。

練習題 4-1　使用圖 4-4，若 V_{in} = 30 V，試求稽納電流 I_S。

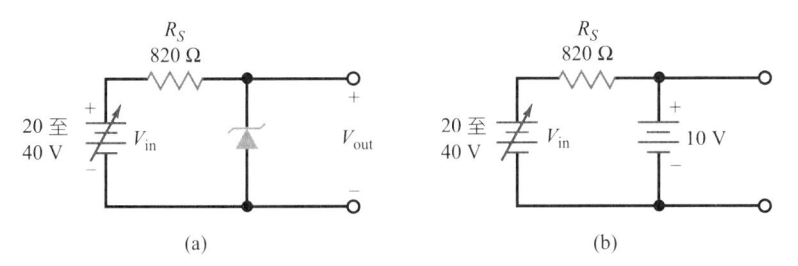

圖 4-4　例子。

4-2　加載的稽納穩壓器

圖 4-5a 為加載（loaded）的稽納穩壓器，而圖 4-5b 為相同的接地電路。稽納二極體操作在崩潰區且保持定值的負載電壓。甚至若電源電壓改變或負載電阻變化，負載電壓將維持固定，且會等於稽納電壓。

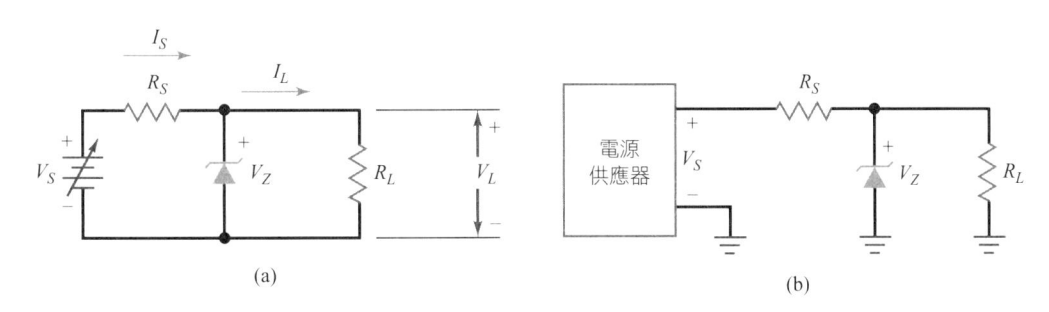

圖 4-5　加載的稽納穩壓器。(a) 基本電路；(b) 實際電路。

崩潰操作

你要如何分辨圖 4-5 的稽納二極體是否是操作在崩潰區？由於分壓電阻，朝向二極體的戴維寧等效電壓為：

$$V_{TH} = \frac{R_L}{R_S + R_L} V_S \tag{4-2}$$

當稽納二極體從電路斷開時，這電壓就會存在。這個戴維寧等效電壓必須高於稽納電壓；否則，稽納二極體無法產生崩潰。

串聯電流

除非其他方式指定，在所有後續的討論中，我們會假設稽納二極體是操作在崩潰區。在圖 4-5 中，流經串聯電阻的電流已知為：

$$I_S = \frac{V_S - V_Z}{R_S} \tag{4-3}$$

這是應用歐姆定律到限流電阻 R_S 上。不管是不是負載電阻都是一樣的作法。換句話說，若你斷開負載電阻，流經串聯電阻的電流仍會等於電阻上的跨壓除以電阻值。

負載電流

理想上，由於負載電阻跟稽納二極體並聯，所以負載電壓會等於稽納電壓，如方程式：

$$V_L = V_Z \tag{4-4}$$

這允許我們使用歐姆定律去計算負載電流：

$$I_L = \frac{V_L}{R_L} \tag{4-5}$$

稽納電流

利用克希荷夫電流定律（Kirchoff's current law）：

$$I_S = I_Z + I_L$$

稽納二極體及負載電阻是並聯的。它們的電流和必須等於總電流，其跟流經串聯電阻的電流相同。

我們可以重新整理上述方程式，以得到這個重要的方程式：

$$I_Z = I_S - I_L \tag{4-6}$$

這表示稽納電流不會再等於串聯電流，不會像無負載的稽納穩壓器一樣有著相同的電流值。

表 4-1 總結了加載的稽納穩壓器之分析步驟。你從串聯電流著手，然後是負載電壓及電流，最後是稽納電流。

稽納效應

當崩潰電壓高於 6 V 時，崩潰的起因是由於累增崩潰。這基本概念是由於少數載子被加速到夠高的速度撞出其他的少數載子，產生會造成逆向電流變大的連鎖或是累增崩潰效應發生。

稽納效應則不同，當二極體摻雜程度重，空乏層會變得非常窄。因此，跨在空乏層上的電場（即電壓除以距離）會非常強，當電場強度到達約 30 萬 V/cm 時，電場會強到足以將電子拉出它們的價軌道。這樣創造出自由電子的現象稱為**稽納效應（zener effect）**（也稱為高電場發射效應），其跟以高速的少數載子撞出價電子的累增崩潰效應明顯不同。

當崩潰電壓低於 4 V 時，只有稽納效應會出現。當崩潰電壓高於 6 V 時，只有累增崩潰會出現。而當崩潰電壓落在 4 V 和 6 V 間時，則兩個效應都會出現。

稽納效應比累增崩潰效應還早被發現，故所有用於崩潰區的二極體就是稽納二極體。雖然你可能偶爾會聽到累增崩潰二極體（avalanche diode）這個術語，但是稽納二極體這個名稱一般適用於所有的崩潰二極體。

溫度係數

當周遭溫度改變時，稽納電壓將會稍微變化。在元件資料手冊上，溫度的影響被列在**溫度係數（temperature coefficient）**底下，其定義為溫度每增加一度時崩潰電壓的變化情形。對於低於 4 V 的崩潰電壓，溫度係數是負的（稽納效應）。例如，崩潰電壓 3.9 V 的稽納二

> **知識補給站**
> 在需要高度穩定的參考電壓之應用中，稽納二極體會與一或多個半導體二極體串聯。它們的壓降會隨溫度變化，而變化的方向與 V_Z 變化的方向相反。結果是，即使溫度變化範圍很大，V_Z 仍保持非常穩定。

表 4-1 分析加載的稽納穩壓器

	處理	評論
步驟 1	計算串聯電流，式 (4-3)	應用歐姆定律到 R_S 上
步驟 2	計算負載電壓，式 (4-4)	負載電壓會等於二極體電壓
步驟 3	計算負載電流，式 (4-5)	應用歐姆定律到 R_L 上
步驟 4	計算稽納電流，式 (4-6)	應用電流定律到二極體上

> **知識補給站**
> 對於在約 3 V 和 8 V 間的稽納電壓，溫度係數也是會受到二極體中逆向電流強烈的影響。當電流增加時，溫度係數會變得更正。

極體溫度係數 –1.4 mV/°C，若溫度上升 1°C，崩潰電壓會下降 1.4 mV。

另一方面，對於崩潰電壓高於 6 V 溫度係數是正的（累增崩潰效應）。例如，崩潰電壓 6.2 V 的稽納二極體溫度係數 2 mV/°C。若溫度上升 1°C 時，崩潰電壓會增加 2 mV。

在 4 V 和 6 V 間，溫度係數從負變化到正。換句話說，在崩潰電壓為 4 V 和 6 V 間的稽納二極體中，其溫度係數會等於零。當在大的溫度範圍內需要穩固的稽納電壓值的應用中，這是重要的。

例題 4-2

圖 4-6a 中的稽納二極體是操作在崩潰區中？

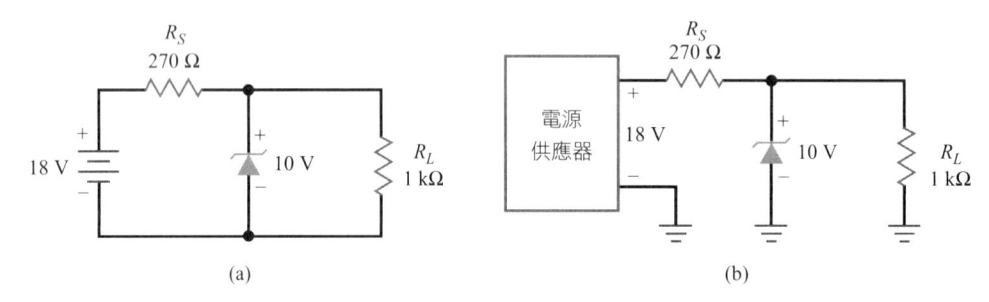

圖 4-6 例子。

解答 利用式 (4-2)：

$$V_{TH} = \frac{1\ k\Omega}{270\ \Omega + 1\ k\Omega}(18\ V) = 14.2\ V$$

由於戴維寧等效電壓大於稽納電壓，所以稽納二極體是操作在崩潰區中。

例題 4-3

圖 4-6b 中的稽納電流會等於多少？

解答 已知串聯電阻的兩端電壓，電壓相減你可以看到串聯電阻上跨壓為 8 V，然後由歐姆定律可得：

$$I_S = \frac{8\ V}{270\ \Omega} = 29.6\ mA$$

由於負載電壓為 10 V，負載電流為：

$$I_L = \frac{10\ V}{1\ k\Omega} = 10\ mA$$

稽納電流為兩個電流間之差值：

$$I_Z = 29.6\ mA - 10\ mA = 19.6\ mA$$

練習題 4-3 使用圖 4-6b，將電源電壓改成 15 V，試計算 I_S、I_L 及 I_Z。

應用題 4-4

圖 4-7 的電路是做什麼的？

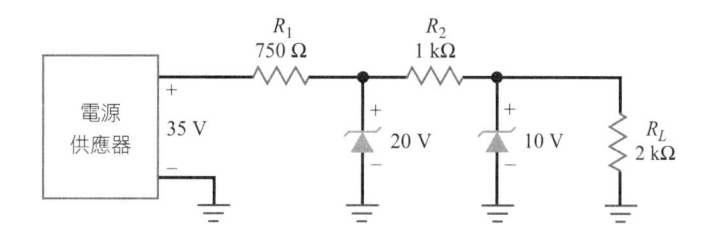

圖 4-7 例子。

解答 這是一個**前級穩壓器**（preregulator，第一個稽納二極體）驅動一個稽納穩壓器（第二個稽納二極體）的例題。首先，請注意前級穩壓器的輸出電壓為 20 V，對於第二個稽納穩壓器，這是其輸入，而其輸出為 10 V。這基本概念是提供給第二個穩壓器一個良好的穩壓輸入，以至於最後的輸出能被穩壓得很好。

應用題 4-5

圖 4-8 的電路是做什麼的？

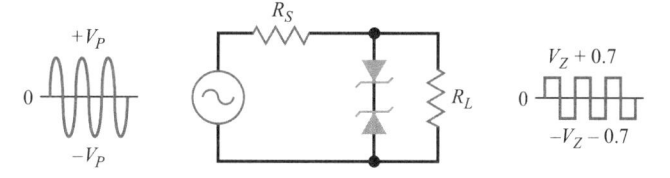

圖 4-8 稽納二極體用於修整波形。

解答 在多數應用中，稽納二極體用於穩壓器中而維持在崩潰區狀態。但是有些例外，如圖 4-8 所示，有時稽納二極體會用於修整波形的電路中。

請注意兩個稽納二極體的背對背連接。在正半週，上面的二極體會導通，而底下的二極體會崩潰。因此，輸出會被箝制住如圖所示。箝制準位會等於稽納電壓（崩潰的二極體）加上 0.7 V（順偏二極體）。

在負半週，動作相反。底下的二極體會導通，而上面的二極體會崩潰。在這樣的情況下，輸出幾乎是方波。輸入弦波越大，則輸出越像方波。

練習題 4-5 在圖 4-8 中，對於各二極體的 V_Z 為 3.3 V，試求 R_L 上之跨壓。

應用題 4-6

簡單描述圖 4-9 中各電路的動作情形。

解答 給定 20 V 電源電壓，圖 4-9a 顯示出稽納二極體及一般矽二極體是如何可以產生數種輸出電壓值的。下面的二極體會產生 10 V 的輸出。每個矽二極體為順偏，產生 10.7 V 及 11.4 V 的輸出電壓，如圖所示。上面的二極體輸出為 13.8 V，其崩潰電壓為 2.4 V。利用稽納及矽二極體的其他組合，像這電路可以產生不同的直流輸出電壓。

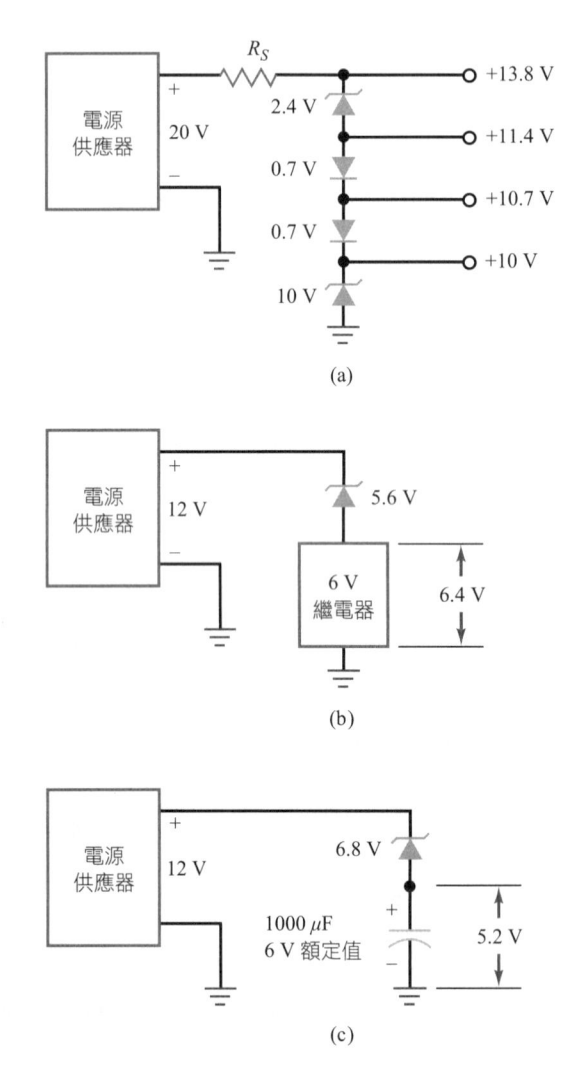

圖 4-9 稽納的應用。(a) 產生非標準的輸出電壓；(b) 在 12 V 系統中使用 6 V 繼電器；(c) 在 12 V 系統中使用 6 V 電容。

　　若你試著連接一個 6 V 繼電器到 12 V 系統，你有可能會損毀繼電器。所以調降一些電壓是需要的。圖 4-9b 顯示了一個方式，藉由串聯一個 5.6 V 的稽納二極體，則只剩 6.4 V 的電壓會跨在繼電器上，其通常是在繼電器的額定電壓誤差範圍內。

　　大的電解電容通常會有小的額定電壓值。例如，1000 μF 的電解電容可能只會有 6 V 的額定電壓值。這意謂跨在電容上的最大電壓應會低於 6 V。圖 4-9c 為 6 V 電解電容與 12 V 電源搭配使用之解答。而且，這想法是使用稽納二極體來吃掉一些電壓。在此情形中，稽納二極體會降低 6.8 V，只剩下 5.2 V 跨在電容上。這樣，電解電容可以針對電源供應進行濾波，且仍然維持其額定電壓。

4-3 稽納二極體的第二種近似法

圖 4-10a 為稽納二極體的第二種近似法。稽納電阻是跟理想電池串聯在一起。稽納二極體上的總跨壓會等於崩潰電壓加上稽納電阻上的壓降。由於稽納二極體中的 R_Z 相對小，所以它對於稽納二極體上的總跨壓只有很小的影響。

知識補給站
崩潰電壓接近 7 V 的稽納二極體會有最小的稽納阻抗。

負載電壓的影響

我們要如何計算稽納電阻對於負載電壓的影響呢？圖 4-10b 為電源供應器驅動加載之稽納穩壓器。理想上，負載電壓會等於崩潰電壓 V_Z。但在第二種近似法中，如圖 4-10c 所示我們會包括稽納電阻，跨在 R_Z 上的額外壓降將會稍微讓負載電壓增加。

由於圖 4-10c 中稽納電流會流經稽納電阻，所以負載電壓為：

$$V_L = V_Z + I_Z R_Z$$

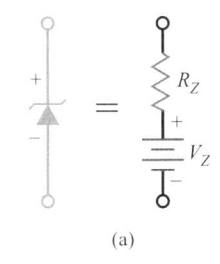

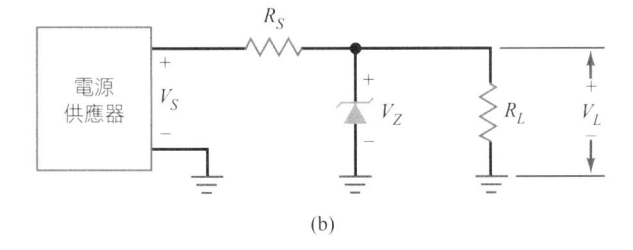

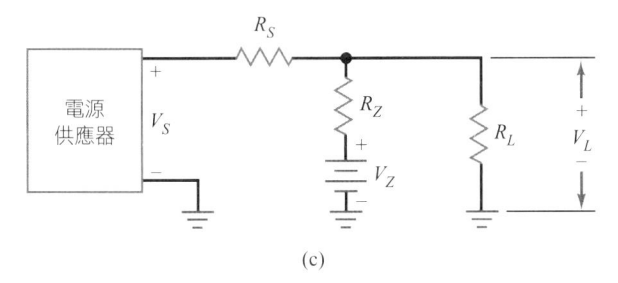

圖 4-10 稽納二極體的第二種近似法。(a) 等效電路；(b) 電源供應器驅動稽納穩壓器；(c) 分析中包含稽納電阻。

如你所見,從理想情況負載電壓的變化為:

$$\Delta V_L = I_Z R_Z \tag{4-7}$$

通常,R_Z 小,所以電壓變化小,典型上在數十分之一伏特內。例如,若 $I_Z = 10$ mA 及 $R_Z = 10\ \Omega$,則 $\Delta V_L = 0.1$ V。

漣波影響(Effect on Ripple)

我們可以使用如圖 4-11a 的等效電路。換句話說,會影響漣波只有所示的三個電阻值元件。我們甚至可以進一步簡化。在典型的設計中,R_Z 遠小於 R_L。因此,如圖 4-11b 所示,對於漣波會有顯著影響的只有串聯電阻及稽納電阻這兩個元件。

由於圖 4-11b 為一個分壓電阻,我們可以針對輸出漣波寫出以下方程式:

$$V_{R(\text{out})} = \frac{R_Z}{R_S + R_Z} V_{R(\text{in})}$$

漣波計算並非關鍵,即它們不必是正確的。在典型的設計中,由於 R_S 總是遠大於 R_Z,對於所有電路檢測及初步分析,我們可以使用此近似法:

$$V_{R(\text{out})} \approx \frac{R_Z}{R_S} V_{R(\text{in})} \tag{4-8}$$

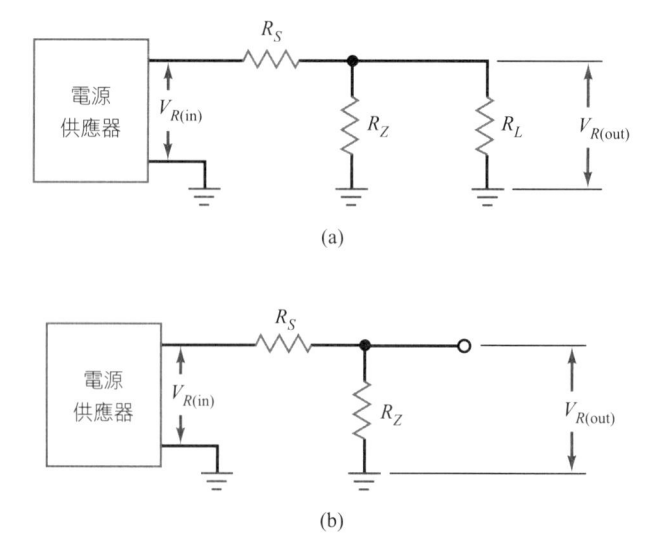

圖 4-11 稽納穩壓器會降低漣波。(a) 完整的交流等效電路;(b) 簡化的交流等效電路。

例題 4-7

圖 4-12 的稽納二極體的崩潰電壓為 10 V，而稽納電阻為 8.5 Ω。當稽納電流為 20 mA 時，試使用兩種近似法計算負載電壓值。

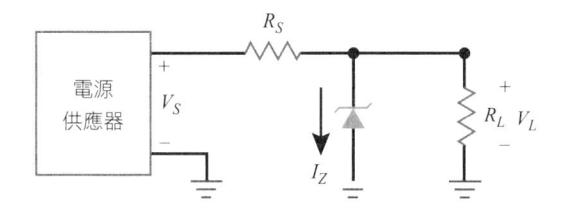

圖 4-12 加載的稽納穩壓器。

解答 負載電壓的變化 ΔV_L 等於稽納電流乘上稽納電阻：

$$\Delta V_L = I_Z R_Z = (20 \text{ mA})(8.5 \text{ Ω}) = 0.17 \text{ V}$$

對於第二種近似法，負載電壓為：

$$V_L = 10 \text{ V} + 0.17 \text{ V} = 10.17 \text{ V}$$

練習題 4-7 當 I_Z = 12 mA 時，試使用第二種近似法計算圖 4-12 的負載電壓值。

例題 4-8

在圖 4-12 中，R_S = 270 Ω、R_Z = 8.5 Ω 及 $V_{R(in)}$ = 2 V，試求負載上的近似漣波電壓值。

解答 負載漣波約等於 R_Z 對 R_S 之比值乘上輸入漣波：

$$V_{R(out)} \approx \frac{8.5 \text{ Ω}}{270 \text{ Ω}} 2 \text{ V} = 63 \text{ mV}$$

練習題 4-8 使用圖 4-12，若 $V_{R(in)}$ = 3 V，試求近似的負載漣波電壓值。

應用題 4-9

圖 4-13 的稽納穩壓器 V_Z = 10 V、R_S = 270 Ω 及 R_Z = 8.5 Ω，這些相同的值用在例題 4-7 與例題 4-8 中。試描述以模擬軟體 MultiSim 進行電路分析所得到之量測值。

解答 若我們使用稍早討論的方式計算圖 4-13 的電壓值，我們將會得到以下結果。利用 8:1 變壓器，二次側峰值電壓為 21.2 V。減去兩個二極體的壓降，在濾波電容上你會得到 19.8 V 的峰值電壓。流過 390 Ω 電阻的電流為 51 mA，而流經 R_S 的則為 36 mA，電容必須提供這兩個電流的總和 87 mA。利用漣波公式 $V_R = \dfrac{I}{fC}$（V_R = 峰對峰漣波電壓，I = 直流負載電流，f = 漣波頻率，C = 電容值），此電流會在電容上產生峰對峰值約 2.7 V 的漣波。如此，我們可計算來自稽納穩壓器的漣波值，其峰對峰值約為 85 mV。

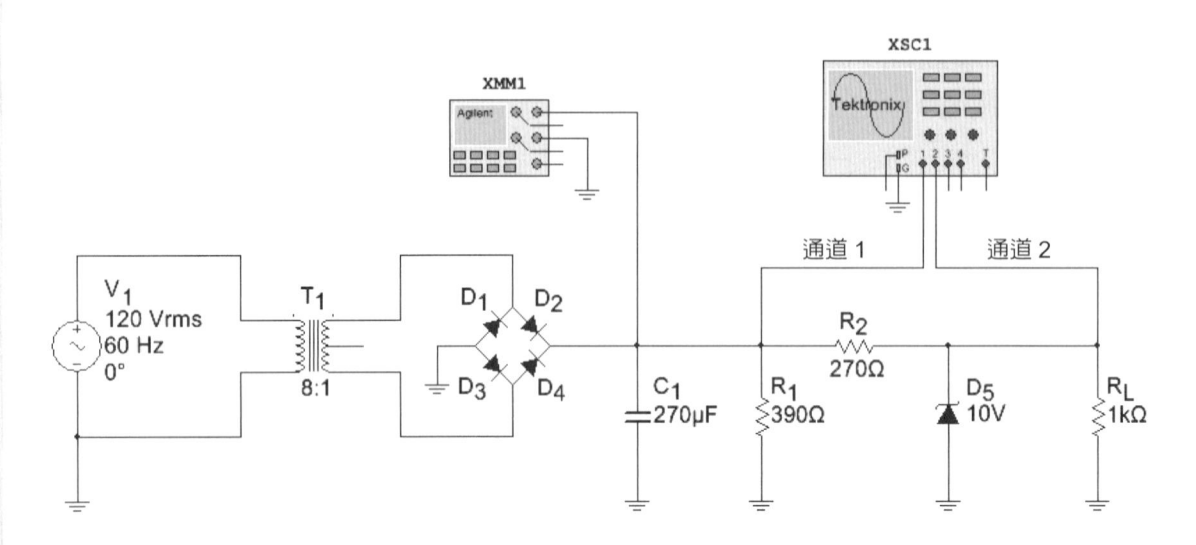

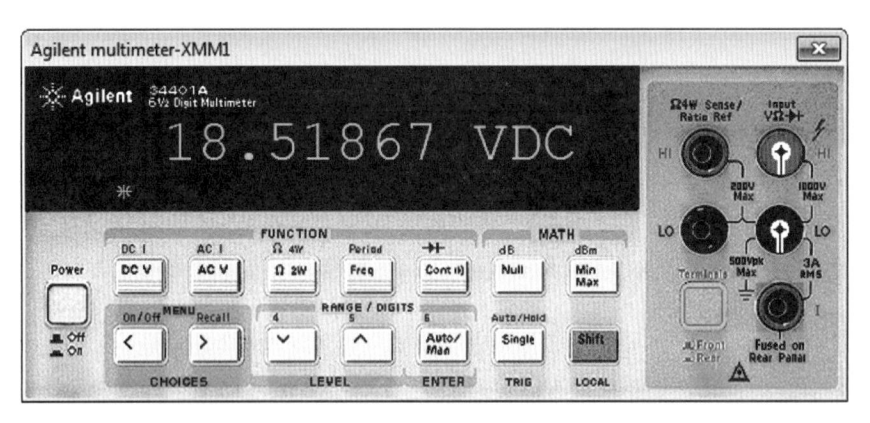

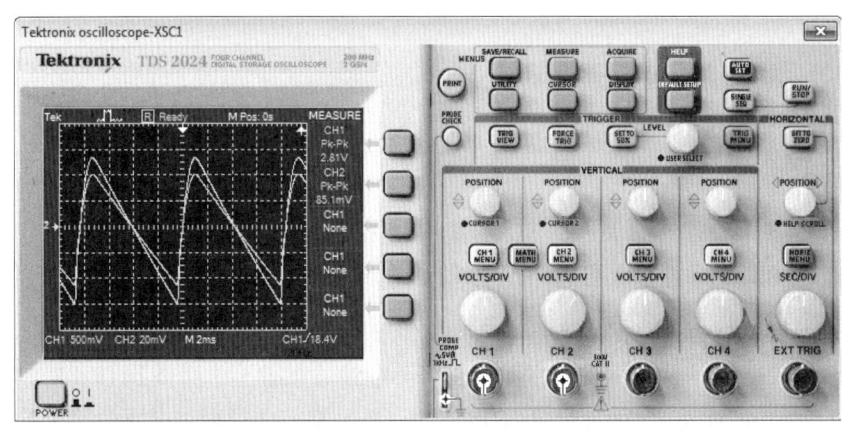

圖 4-13 稽納穩壓器漣波之 MultiSim 分析情形。

由於漣波大，跨在電容上的電壓會從高點的 19.8 V 擺動到低點的 17.1 V。若你將這兩個值做平均，你會得到 18.5 V，如近似直流電壓跨在濾波電容上。這較低的直流電壓意謂前面所計算的輸入及輸出漣波也將會較低。由於正確的分析必須包含更高階的影響，所以這些算式只是估計值。

現在，讓我們看模擬軟體 MultiSim 的量測值。其是幾乎正確的值，電壓表讀值為 18.78 V，非常接近評估值 18.5 V。示波器的通道 1（channel 1）顯示電容上的漣波，其峰對峰值約為 2 V，稍微小於峰對峰值 2.7 V，但仍然在合理範圍內。最後，稽納穩壓器的輸出漣波峰對峰值約為 85 mV（示波器通道 2）。

4-4 稽納脫離點（Zener Drop-Out Point）

對於稽納穩壓器要維持定值的輸出電壓，在所有的操作情況下，稽納二極體必須維持在崩潰區。這等於說對於所有的電源電壓及負載電流值必須有稽納電流。

最差情況

圖 4-14a 為稽納穩壓器，其電流如下：

$$I_S = \frac{V_S - V_Z}{R_S} = \frac{20 \text{ V} - 10 \text{ V}}{200 \text{ }\Omega} = 50 \text{ mA}$$

$$I_L = \frac{V_L}{R_L} = \frac{10 \text{ V}}{1 \text{ k}\Omega} = 10 \text{ mA}$$

且

$$I_Z = I_S - I_L = 50 \text{ mA} - 10 \text{ mA} = 40 \text{ mA}$$

現在，考慮當電源電壓從 20 V 下降到 12 V 會如何。在前面算式中，你可以看到 I_S 將會下降，I_L 將會維持不變，而 I_Z 將會下降。當 V_S 等於 12 V 時，I_S 將等於 10 mA，而 $I_Z = 0$。在這低電源電壓處，稽納二極體即將離開崩潰區。若電源進一步下降，將無法穩壓。換句話說，負載電壓將會小於 10 V。因此，一個低電源電壓可造成稽納電路的穩壓作用失效。

失去穩壓作用的另一個方式是讓負載電流變很大。在圖 4-14a 中，考慮當負載電阻值從 1 kΩ 下降到 200 Ω 時會如何。當負載電阻值為 200 Ω 時，負載電流會增加到 50 mA，而稽納電流會下降到零。再次，稽納二極體將會離開崩潰區。因此，若負載電阻值過低，稽納電路將失去穩壓作用。

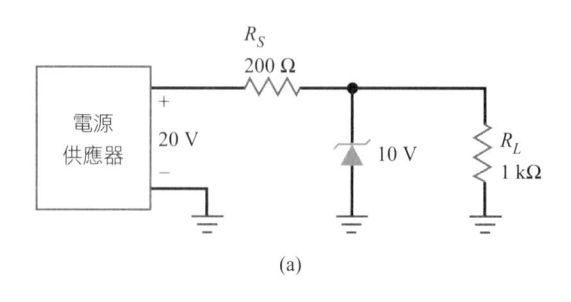

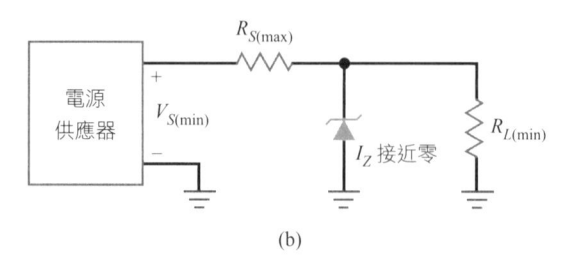

圖 4-14 稽納穩壓器。(a) 正常操作；(b) 在脫離點的最差情況。

最後，考慮當 R_S 從 200 Ω 增加到 1 kΩ 時。在這情形中，串聯電流會從 50 mA 下降到 10 mA。因此，高的串聯電阻值會讓電路失去穩壓。

圖 4-14b 藉由顯示最差情況總結了前面的概念。當稽納電流接近零，稽納穩壓趨近脫離或失效情況。針對最差情況分析電路，推導下列方程式是可能的：

$$R_{S(\max)} = \left(\frac{V_{S(\min)}}{V_Z} - 1\right) R_{L(\min)} \tag{4-9}$$

這個方程式的另一種形式也是有用的：

$$R_{S(\max)} = \frac{V_{S(\min)} - V_Z}{I_{L(\max)}} \tag{4-10}$$

由於你可以確認稽納穩壓器在任何操作情況下是否會失效，所以這兩個方程式是有用的。

例題 4-10

稽納穩壓器的輸入電壓會從 22 V 變化到 30 V。若穩壓的輸出電壓為 12 V，且負載電阻值會從 140 Ω 變化到 10 kΩ，試求最大允許的串聯電阻值。

解答 使用式 (4-9) 計算最大串聯電阻值如下：

$$R_{S(\max)} = \left(\frac{22\,\text{V}}{12\,\text{V}} - 1\right) 140\,\Omega = 117\,\Omega$$

只要串聯電阻值小於 117 Ω，在所有操作情況下，稽納穩壓器將會正確地運作。

練習題 4-10 使用例題 4-10，若穩壓的輸出電壓為 15 V，試求最大的允許串聯電阻值。

例題 4-11

稽納穩壓器的輸入電壓範圍從 15 V 到 20 V，而負載電流範圍從 5 mA 到 20 mA。若稽納電壓為 6.8 V，試求最大的允許串聯電阻值。

解答 使用式 (4-10) 計算最大的串聯電阻值如下：

$$R_{S(max)} = \frac{15\text{ V} - 6.8\text{ V}}{20\text{ mA}} = 410\text{ Ω}$$

若串聯電阻值小於 410 Ω，在所有情況下稽納穩壓器將會正確地運作。

練習題 4-11 使用 5.1 V 的稽納電壓值重做例題 4-11。

4-5 閱讀元件資料手冊

圖 4-15 為稽納二極體 1N5221B 及 1N4728A 系列的元件資料手冊。以下的討論參考這些元件資料手冊。再者，元件資料手冊上的多數訊息是針對設計者的，但有些項目即使是電路檢測者和測試者也會想要知道。

最大功率

稽納二極體的最大功率散逸會等於其電壓與電流之乘積：

$$P_Z = V_Z I_Z \tag{4-11}$$

例如，若 $V_Z = 12$ V 且 $I_Z = 10$ mA，則

$$P_Z = (12\text{ V})(10\text{ mA}) = 120\text{ mW}$$

只要 P_Z 小於額定功率，稽納二極體可操作在崩潰區而不會損毀。商用上可得到的稽納二極體之額定功率從 0.25 W 到超過 50 W。

例如，1N5221B 系列的元件資料手冊列出 500 mW 的最大額定功率值。一個安全的設計會包含安全因數，以維持功率損耗會好好地低於最大的 500 mW。如其他地方所提到的，保守的設計會用 2 或更大的安全因數值。

FAIRCHILD SEMICONDUCTOR®

Tolerance = 5%

July 2013

1N5221B - 1N5263B
Zener Diodes

DO-35 Glass case
COLOR BAND DENOTES CATHODE

Absolute Maximum Ratings

Symbol	Parameter	Value	Units
P_D	Power Dissipation	500	mW
	Derate above 50°C	4.0	mW/°C
T_{STG}	Storage Temperature Range	-65 to +200	°C
T_J	Operating Junction Temperature Range	-65 to +200	°C
	Lead Temperature (1/16 inch from case for 10 s)	+230	°C

Electrical Characteristics

Values are at T_A = 25°C unless otherwise noted.

Device	V_Z (V) @ I_Z [2] Min.	Typ.	Max.	Z_Z (Ω) @ I_Z (mA)		Z_{ZK} (Ω) @ I_{ZK}(mA)		I_R (μA) @ V_R (V)		T_C (%/°C)
1N5221B	2.28	2.4	2.52	30	20	1,200	0.25	100	1.0	-0.085
1N5222B	2.375	2.5	2.625	30	20	1,250	0.25	100	1.0	-0.085
1N5223B	2.565	2.7	2.835	30	20	1,300	0.25	75	1.0	-0.080
1N5224B	2.66	2.8	2.94	30	20	1,400	0.25	75	1.0	-0.080
1N5225B	2.85	3	3.15	29	20	1,600	0.25	50	1.0	-0.075
1N5226B	3.135	3.3	3.465	28	20	1,600	0.25	25	1.0	-0.07
1N5227B	3.42	3.6	3.78	24	20	1,700	0.25	15	1.0	-0.065
1N5228B	3.705	3.9	4.095	23	20	1,900	0.25	10	1.0	-0.06
1N5229B	4.085	4.3	4.515	22	20	2,000	0.25	5.0	1.0	+/-0.055
1N5230B	4.465	4.7	4.935	19	20	1,900	0.25	2.0	1.0	+/-0.03
1N5231B	4.845	5.1	5.355	17	20	1,600	0.25	5.0	2.0	+/-0.03
1N5232B	5.32	5.6	5.88	11	20	1,600	0.25	5.0	3.0	0.038
1N5233B	5.7	6	6.3	7.0	20	1,600	0.25	5.0	3.5	0.038
1N5234B	5.89	6.2	6.51	7.0	20	1,000	0.25	5.0	4.0	0.045
1N5235B	6.46	6.8	7.14	5.0	20	750	0.25	3.0	5.0	0.05
1N5236B	7.125	7.5	7.875	6.0	20	500	0.25	3.0	6.0	0.058
1N5237B	7.79	8.2	8.61	8.0	20	500	0.25	3.0	6.5	0.062
1N5238B	8.265	8.7	9.135	8.0	20	600	0.25	3.0	6.5	0.065
1N5239B	8.645	9.1	9.555	10	20	600	0.25	3.0	7.0	0.068
1N5240B	9.5	10	10.5	17	20	600	0.25	3.0	8.0	0.075
1N5241B	10.45	11	11.55	22	20	600	0.25	2.0	8.4	0.076
1N5242B	11.4	12	12.6	30	20	600	0.25	1.0	9.1	0.077
1N5243B	12.35	13	13.65	13	9.5	600	0.25	0.5	9.9	0.079
1N5244B	13.3	14	14.7	15	9.0	600	0.25	0.1	10	0.080
1N5245B	14.25	15	15.75	16	8.5	600	0.25	0.1	11	0.082
1N5246B	15.2	16	16.8	17	7.8	600	0.25	0.1	12	0.083
1N5247B	16.15	17	17.85	19	7.4	600	0.25	0.1	13	0.084
1N5248B	17.1	18	18.9	21	7.0	600	0.25	0.1	14	0.085
1N5249B	18.05	19	19.95	23	6.6	600	0.25	0.1	14	0.085
1N5250B	19	20	21	25	6.2	600	0.25	0.1	15	0.086

V_F Forward Voltage = 1.2V Max. @ I_F = 200mA

Note:
1. These ratings are limiting values above which the serviceability of any semiconductor device may be impaired.
   Non-recurrent square wave Pulse Width = 8.3 ms, T_A = 50°C

2. Zener Voltage (V_Z)
   The zener voltage is measured with the device junction in the thermal equilibrium at the lead temperature (T_L) at 30°C ± 1°C and 3/8" lead length.

© 2007 Fairchild Semiconductor Corporation
1N5221B - 1N5263B Rev. 1.2.0
www.fairchildsemi.com

圖 4-15　稽納的部分元件資料手冊。(Copyright of Fairchild Semiconductor. Used by Permission.)

FAIRCHILD SEMICONDUCTOR®

April 2009

1N4728A - 1N4758A
Zener Diodes

Tolerance = 5%

DO-41 Glass case
COLOR BAND DENOTES CATHODE

Absolute Maximum Ratings * T_a = 25°C unless otherwise noted

Symbol	Parameter	Value	Units
P_D	Power Dissipation @ TL ≤ 50°C, Lead Length = 3/8"	1.0	W
	Derate above 50°C	6.67	mW/°C
T_J, T_{STG}	Operating and Storage Temperature Range	-65 to +200	°C

* These ratings are limiting values above which the serviceability of the diode may be impaired.

Electrical Characteristics T_a = 25°C unless otherwise noted

Device	V_Z (V) @ I_Z (Note 1) Min.	Typ.	Max.	Test Current I_Z (mA)	Max. Zener Impedance Z_Z @ I_Z (Ω)	Z_{ZK} @ I_{ZK} (Ω)	I_{ZK} (mA)	Leakage Current I_R (μA)	V_R (V)	Non-Repetitive Peak Reverse Current I_{ZSM} (mA) (Note 2)
1N4728A	3.135	3.3	3.465	76	10	400	1	100	1	1380
1N4729A	3.42	3.6	3.78	69	10	400	1	100	1	1260
1N4730A	3.705	3.9	4.095	64	9	400	1	50	1	1190
1N4731A	4.085	4.3	4.515	58	9	400	1	10	1	1070
1N4732A	4.465	4.7	4.935	53	8	500	1	10	1	970
1N4733A	4.845	5.1	5.355	49	7	550	1	10	1	890
1N4734A	5.32	5.6	5.88	45	5	600	1	10	2	810
1N4735A	5.89	6.2	6.51	41	2	700	1	10	3	730
1N4736A	6.46	6.8	7.14	37	3.5	700	1	10	4	660
1N4737A	7.125	7.5	7.875	34	4	700	0.5	10	5	605
1N4738A	7.79	8.2	8.61	31	4.5	700	0.5	10	6	550
1N4739A	8.645	9.1	9.555	28	5	700	0.5	10	7	500
1N4740A	9.5	10	10.5	25	7	700	0.25	10	7.6	454
1N4741A	10.45	11	11.55	23	8	700	0.25	5	8.4	414
1N4742A	11.4	12	12.6	21	9	700	0.25	5	9.1	380
1N4743A	12.35	13	13.65	19	10	700	0.25	5	9.9	344
1N4744A	14.25	15	15.75	17	14	700	0.25	5	11.4	304
1N4745A	15.2	16	16.8	15.5	16	700	0.25	5	12.2	285
1N4746A	17.1	18	18.9	14	20	750	0.25	5	13.7	250
1N4747A	19	20	21	12.5	22	750	0.25	5	15.2	225
1N4748A	20.9	22	23.1	11.5	23	750	0.25	5	16.7	205
1N4749A	22.8	24	25.2	10.5	25	750	0.25	5	18.2	190
1N4750A	25.65	27	28.35	9.5	35	750	0.25	5	20.6	170
1N4751A	28.5	30	31.5	8.5	40	1000	0.25	5	22.8	150
1N4752A	31.35	33	34.65	7.5	45	1000	0.25	5	25.1	135
1N4753A	34.2	36	37.8	7	50	1000	0.25	5	27.4	125
1N4754A	37.05	39	40.95	6.5	60	1000	0.25	5	29.7	115
1N4755A	40.85	43	45.15	6	70	1500	0.25	5	32.7	110
1N4756A	44.65	47	49.35	5.5	80	1500	0.25	5	35.8	95
1N4757A	48.45	51	53.55	5	95	1500	0.25	5	38.8	90
1N4758A	53.2	56	58.8	4.5	110	2000	0.25	5	42.6	80

Notes:
1. Zener Voltage (V_Z)
   The zener voltage is measured with the device junction in the thermal equilibrium at the lead temperature (T_L) at 30°C ± 1°C and 3/8" lead length.
2. 2 Square wave Reverse Surge at 8.3 msec soak time.

© 2009 Fairchild Semiconductor Corporation
1N4728A - 1N4758A Rev. H3
www.fairchildsemi.com

圖 4-15（續）

最大電流

元件資料手冊上常會包含一個稽納二極體可以處理而不會超過其額定功率的最大電流值 I_{ZM}。若這個值沒有被列出，最大電流為：

$$I_{ZM} = \frac{P_{ZM}}{V_Z} \tag{4-12}$$

其中 I_{ZM} = 稽納電流的最大額定值

P_{ZM} = 額定功率值

V_Z = 稽納電壓值

例如，1N4742A 的稽納電壓為 12 V 及 1 W 的額定功率。因此，它的最大額定電流值為

$$I_{ZM} = \frac{1\ \text{W}}{12\ \text{V}} = 83.3\ \text{mA}$$

若你滿足電流額定值，你自動會滿足功率額定值。例如，如果你保持最大的稽納電流小於 83.3 mA，你也會保持最大功率損耗值小於 1 W。若你安全因數用 2，那你不需要擔心臨界設計會燒壞二極體。

誤差值

多數稽納二極體會有 A、B、C 或 D 的字尾來指出稽納電壓的誤差值。由於這些字尾符號並非總是一致的，所以請確定確認過包含在稽納元件資料手冊上任何指出特定誤差值的特殊註釋。例如，1N4728A 系列的元件資料手冊顯示其誤差值等於 ±5%，而 1N5221B 系列也有 ±5% 的誤差值。C 的字尾一般指示 ±2%，D 為 ±1%，而沒有字尾的則是 ±20%。

稽納電阻

稽納電阻，也稱為稽納阻抗（zener impedance），可表示為 R_{ZT} 或 Z_{ZT}。例如，1N5237B 在 20.0 mA 測試電流下量到的稽納電阻值為 8.0 Ω。只要稽納電流超過曲線的膝點處，你可以使用 8.0 Ω 作為稽納電阻的近似值。但是請注意，在曲線的膝點處（1000 Ω）稽納電阻會如何增加。重點是：如果可能的話，操作應是在測試電流或接近於測試電流，那麼你會知道稽納電阻值是相對微小的。

元件資料手冊會包含很多額外的訊息，但是它們主要是針對電路設計者。若你身處設計工作中，那麼你必須小心閱讀元件資料手冊，包括詳細指明如何測量物理量的注意事項。

調降額定值

元件資料手冊上的**降額因數（derating factor）**會告訴你必須降低多少的元件功率額定值。例如，在接腳溫度 50°C 時，1N4728A 系列的功率額定值為 1 W。降額因數已知為 6.67 mW/°C。這意謂超過 50°C 時每上升 1°C 你就必須減去 6.67 mW。即使你不是身處設計工作中，你都必須留意溫度的影響。如果知道接腳溫度將會超過 50°C，設計者必須調降額定值或減少稽納二極體的功率額定值。

4-6 電路檢測

圖 4-16 為稽納穩壓器，當電路適當運作時，在 A 與地之間的電壓為 18 V，在 B 與地之間的電壓為 10 V，而在 C 與地之間的電壓則為 10 V。

獨特的症狀

現在，讓我們來討論電路會出什麼問題。當電路沒有如應該有的情形運作，電路檢測者通常會從量測電壓下手，這些電壓量測值會提供我們幫助區隔出問題的線索。例如，假設量到的電壓值為：

$$V_A = +18 \text{ V} \qquad V_B = +10 \text{ V} \qquad V_C = 0$$

以下是在量到前面的電壓值後，電路檢測者心中會浮現出的想法：

> 如果負載電阻開路呢？不會的，負載電壓仍會是 10 V。如果負載電阻短路呢？不會的，那會將 B 與 C 拉到地，產生 0 V。好吧，如果是 B 與 C 間連接線開路呢？是的，那將會造成這些電壓值。

這問題會產生獨特的症狀。你可以得到這組電壓值的唯一方式是在 B 與 C 間開路。

含糊不清的症狀

並非所有的問題都會產生獨特的症狀。有時候，兩個或更多的問題會產生相同的電壓值。這裡有個例子，假設電路檢測者量測到這些電壓值：

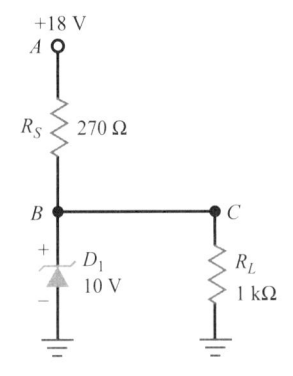

$$V_A = +18 \text{ V} \qquad V_B = 0 \qquad V_C = 0$$

圖 4-16 稽納穩壓器之電路檢測。

你認為問題會是什麼？想一想，當你有了答案，閱讀以下文字。

這裡有個電路檢測者可能會發現問題的方法。該想法是像：

我在 A 點得到電壓，但在 B 與 C 點沒有。如果是串聯電阻開路呢？那麼沒有電壓會到達 B 或是 C 點，但是我在 A 點與地間仍會量到 18 V。是的，那麼串聯電阻有可能是開路了。

在這點，電路檢測者會斷開串聯電阻並以歐姆計測量其電阻值。電阻開路是個可能，但假設量測後讀值是正常的。那麼電路檢測者會繼續思考如下：

這就奇怪了。有任何其他方法我可以在 A 點得到 18 V，而在 B 及 C 點得到 0 V 嗎？如果稽納二極體短路呢？如果負載電阻短路呢？如果在 B 與 C 或地間有焊錫噴濺呢？這些問題當中的任何一個將會產生我們所得到的症狀。

現在，電路檢測者有更多可能的問題需要去確認。最後，他們將會發現問題所在。

當元件燒毀，它們會變成開路，但並非總是這樣。有些半導體元件會產生內部短路問題，在每個情況中它們就像電阻值為零的電阻一樣。其他會產生短路的方式包括印刷電路板（print-circuit board, PCB）上走線間的焊錫噴濺、碰到兩條走線的焊錫球等等。因此，就元件短路及開路來說，你必須納入「如果……那會怎麼樣」的問題。

問題表

表 4-2 為圖 4-16 稽納穩壓器有可能會發生的問題。在計算電壓值時，請記住：短路的元件等效為零電阻值。而開路的元件則等效為無窮大電阻值。若你有使用 0 及 ∞（無窮大）計算的問題時，那就分別使用 0.001 Ω 及 1000 MΩ 來代表吧。換句話說，針對短路情況使用非常小的電阻值，而對於開路情形則使用非常大的電阻值。

在圖 4-16 中，串聯電阻 R_S 有可能短路或開路。我們把這些問題指為 R_{SS} 及 R_{SO}。同樣地，稽納二極體有可能短路或開路，我們以符號 D_{1S} 及 D_{1O} 來表示。而負載電阻也可能會短路或開路，我們則以符號 R_{LS} 及 R_{LO} 表示。最後，在 B 與 C 間的連接線也有可能開路，則以符號 BC_O 表示。

在表 4-2 中，第二列為當問題是短路的串聯電阻 R_{SS} 時的電壓值。在圖 4-16 中，當串聯電阻短路時，18 V 會在 B 與 C 點上出現。這會破壞稽納二極體及有可能破壞負載電阻，對於這問題，在 A、B 及 C

表 4-2　稽納穩壓器的問題及症狀

問題	V_A, V	V_B, V	V_C, V	評論
完全沒有	18	10	10	沒問題
R_{SS}	18	18	18	D_1 和 R_L 可能開路
R_{SO}	18	0	0	
D_{1S}	18	0	0	R_S 可能開路
D_{1O}	18	14.2	14.2	
R_{LS}	18	0	0	R_S 可能開路
R_{LO}	18	10	10	
BC_O	18	10	0	
無電源	0	0	0	請確認電源供應器

點使用電壓計會量測到 18 V，這問題及其電壓值如表 4-2 所示。

在圖 4-16 中，若串聯電阻開路，電壓不會到達 B 點。在這情形中，如表 4-2 所示，B 與 C 點的電壓會為零。這樣繼續下去，我們可得到表 4-2 剩下的項目。

在表 4-2 中，評論指出問題的發生可能被當成原本短路電路的直接結果。例如，短路的 R_S 將會破壞稽納二極體且也可能讓負載電阻開路（燒毀）。當然這就要視負載電阻的功率額定值而定。短路的 R_S 意謂會有 18 V 跨在 1 kΩ 上，這會產生 0.324 W 的功率。負載電阻額定值只有 0.25 W，則它會被燒毀而開路了。

在表 4-2 中，有些問題會產生獨特的電壓值，而其他的則會產生含糊不清的電壓值。例如，R_{SS}、D_{1O}、BC_O 及無電源所產生的電壓值是獨特的。若你量到這些獨特的電壓值，你可以分辨出問題而不需要斷開電路使用歐姆計測量。

另一方面，表 4-2 中的所有其他問題會產生含糊不清的電壓值。這意謂會有兩個或更多的問題可以產生相同的電壓值。若你量到一組含糊不清的電壓值，你將會需要斷開電路量測可疑元件的電阻值。例如，假設你在 A 點量到 18 V 而在 B 及 C 點皆為 0 V，那麼可以產生這些電壓值的問題是 R_{SO}、D_{1S} 及 R_{LS}。

稽納二極體可以許多方式測試，將數位多功能電表調到二極體檔位，將能測試二極體是開路或短路的。在順偏方向下正常的讀值將約為 0.7 V，而在逆偏方向下，則會顯示開路（即超出範圍）。然而，若稽納二極體有適當的崩潰電壓值 V_Z，則這測試結果將不會顯示出來。

半導體曲線追蹤儀（curve tracer），如圖 4-17 所示，將會正確地顯示出稽納的順偏與逆偏特性。若沒有曲線追蹤儀，簡單的測試法是去量測連接在電路中二極體上的電壓降。該電壓降應該接近其額定值。

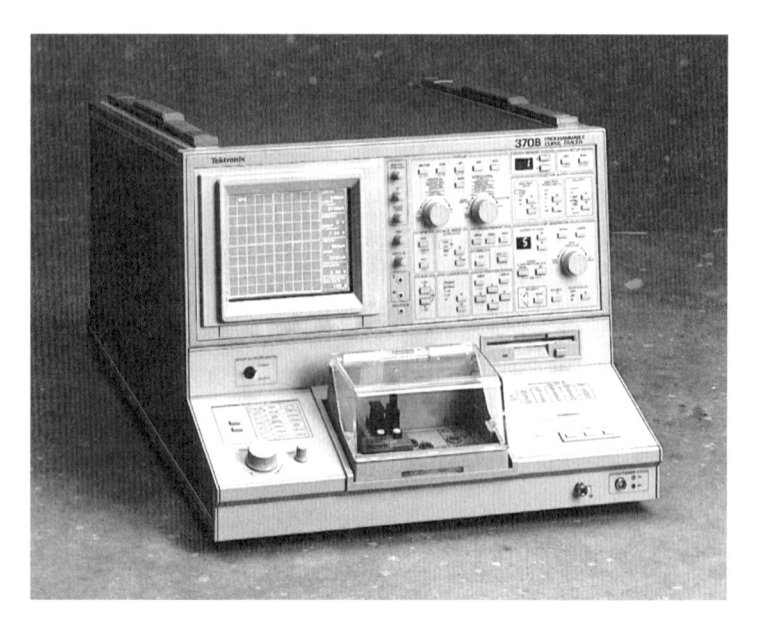

© Tektronix, Inc. Reprinted with permission. All rights reserved.

圖 4-17 曲線追蹤儀。

4-7 負載線（Load Lines）

圖 4-18a 中，流經稽納二極體的電流為：

$$I_Z = \frac{V_S - V_Z}{R_S}$$

假設 $V_S = 20$ V 而 $R_S = 1$ kΩ，則前面的方程式可簡化成：

$$I_Z = \frac{20 - V_Z}{1000}$$

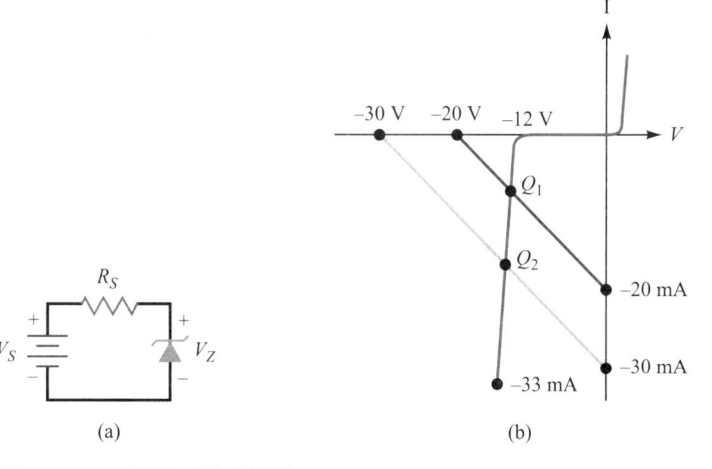

圖 4-18 (a) 稽納穩壓器電路；(b) 負載線。

藉由設定 V_Z 等於零及求解 I_Z 得到 20 mA，我們會得到飽和點。同樣地，為了得到截止點，我們設定 I_Z 等於零及求解 V_Z 得到 20 V。

另一種方法，你可以得到負載線的末端如下：想像圖 4-18a 中 V_S = 20 V 及 R_S = 1 kΩ。當稽納二極體短路，最大二極體電流為 20 mA。當二極體開路，最大二極體電壓為 20 V。

假設稽納二極體的崩潰電壓為 12 V。那麼其圖形如圖 4-18b 所示。當我們畫出 V_S = 20 V 及 R_S = 1 kΩ 情況下的負載線，我們會得到帶有交點 Q_1 的負載線上部。由於曲線稍微傾斜，所以在崩潰處稽納二極體上的跨壓將會稍微大於膝點電壓。

為了了解如何穩壓，假設電源電壓改成 30 V，則稽納電流會變為：

$$I_Z = \frac{30 - V_Z}{1000}$$

這暗示負載線端點為 30 mA 及 30 V，如圖 4-18b 所示。這新的交點是在 Q_2。比較一下 Q_2 與 Q_1，你可以看到會有更多電流流過稽納二極體，但稽納電壓大約相同。因此，即使電源電壓已從 20 V 改成 30 V，稽納電壓仍約為 12 V。這是穩壓的基本概念，即使輸入電壓已經變化很多，但輸出電壓仍會維持幾乎定值。

4-8 發光二極體 (LEDs)

光電子學（optoelectronics）是結合光學與電子學的一項科技。這領域包含許多以 pn 接面之動作為基礎的元件。光電元件的例子為**發光二極體**（light-emitting diodes, LEDs）、光二極體、光耦合器及雷射二極體。我們的討論將從 LED 開始。

發光二極體

由於 LED 具有更低的能耗、更小的尺寸、更快的開關和更長的使用壽命，LED 已經在許多應用中取代了白熾燈。圖 4-19 顯示局部的標準低功率 LED。正如在普通二極管中一樣，LED 具有必須適當偏置的陽極和陰極。塑料外殼的外側通常在一側具有平坦的點，其指示 LED 的陰極側。用於半導體芯片的材料將決定 LED 的特性。

圖 4-20a 為一個連接到電阻及 LED 之電源，以朝向外的箭頭符號表示放射的光線。在順偏的 LED 中，自由電子會越過接面並掉進電洞中。當這些電子從較高能階掉落到較低能階時，它們會放射能量。在一般二極體中，這能量是以熱的形式放射。但在 LED 中能量則是以光

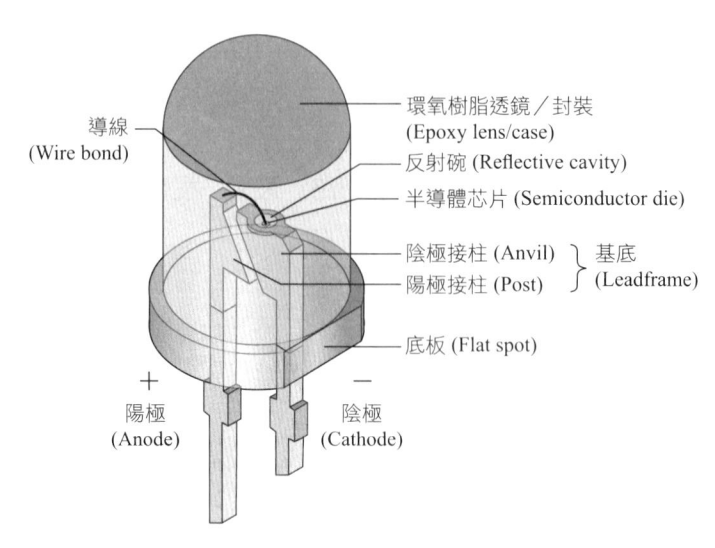

圖 4-19 LED 的構成部件。

的形式放射。該效應稱為**電發光**（electroluminescence）。

對應於光子波長能量的光的顏色，主要由所使用的半導體材料的能隙決定。藉由使用像鎵、砷及磷的元素，製造商可以生產會發射紅、綠、黃、藍、橙或紅外線（不可見光）的 LED。對於儀表板、互聯網路由器等應用的指標來說，會產生可見光的 LED 有其用途。紅外線 LED 的應用可見於安全系統、遠端遙控、工業控制系統以及其他需要不可見光的區域中。

LED 電壓與電流

圖 4-20b 電阻是避免電流超過二極體最大額定電流值的常見限流元件。由於電阻在左邊有節點電壓 V_S 及在右邊有節點電壓 V_D，所以電阻上的跨壓是兩個電壓間的差值。利用歐姆定律，串聯電流為：

$$I_S = \frac{V_S - V_D}{R_S} \tag{4-13}$$

對於多數商用上可取得的 LED，在 10 mA 和 50 mA 間的電流其典型的電壓降在 1.5 V 到 2.5 V 間。正確的電壓降視 LED 的電流、顏色、誤差等等的因素而定。除非在某些方面有指定，不然在本書中電路檢測或是分析低功率 LED 電路時，我們將使用 2 V 的標稱為電壓降。圖 4-20c 為典型的外殼各自帶有可見光的低功率 LED。

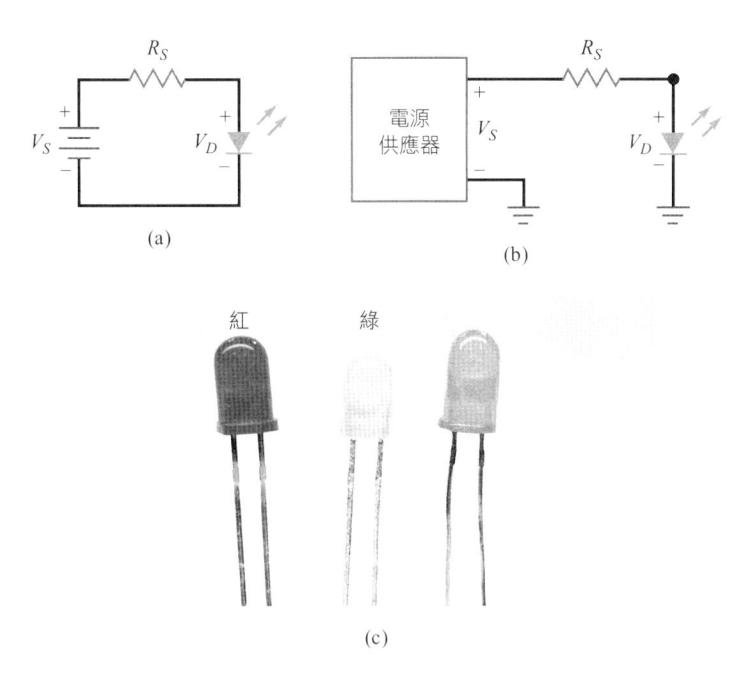

圖 4-20　LED 顯示器。(a) 基本電路；(b) 實際電路；(c) 典型的 LED。

LED 亮度

　　LED 的亮度視電流而定。發光量通常被指定為其**發光強度**（luminous intensity）I_V 並且以坎德拉（cd）評級。低功率 LED 通常以毫安德拉（mcd）為單位給出其額定值。例如，TLDR5400 是顆紅色光的 LED，其在 1 mA 的電流下，順向電壓值降為 1.8 V，靜態額定值為 70 mcd（20 mA）。發光強度降至 3 mcd。當 V_S 遠大於式 (4-13) 中的 V_D 時，LED 的亮度約為定值。如果像圖 4-20b 的電路使用 TLDR5400 進行量產，若 V_S 遠大於 V_D，則 LED 的亮度幾乎為定值。若 V_S 只稍微大於 V_D，則電路間的 LED 亮度變化情形將會變得明顯許多。

　　藉由電流源驅動 LED，是控制亮度的最好方式。這樣子，由於電流是定值，所以亮度會是固定的。當我們討論電晶體時（它們扮演電流源角色），我們將會展示如何使用電晶體驅動 LED。

LED 規格和特性

　　標準 TLDR5400 5 mm T-1¾ 紅色 LED 的部分數據表如圖 4-21 所示。這種類型的 LED 具有通孔引線，可用於許多應用中。

　　絕對最大額定值表規定 LED 的最大正向電流 I_F 為 50 mA，其最大反向電壓僅為 6 V 為了延長該器件的使用壽命，請務必使用適當的安全係數。在 25°C 的環境溫度下，LED 的最大額定功率為 100 mW，在較高溫度下必須降額。

VISHAY
www.vishay.com

TLDR5400
Vishay Semiconductors

High Intensity LED, Ø 5 mm Tinted Diffused Package

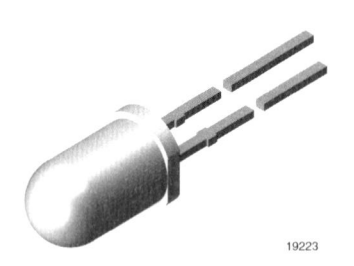

APPLICATIONS
- Bright ambient lighting conditions
- Battery powered equipment
- Indoor and outdoor information displays
- Portable equipment
- Telecommunication indicators
- General use

ABSOLUTE MAXIMUM RATINGS (T_{amb} = 25 °C, unless otherwise specified)
TLDR5400

PARAMETER	TEST CONDITION	SYMBOL	VALUE	UNIT
Reverse voltage [1]		V_R	6	V
DC forward current		I_F	50	mA
Surge forward current	$t_p \leq 10$ μs	I_{FSM}	1	A
Power dissipation		P_V	100	mW
Junction temperature		T_j	100	°C
Operating temperature range		T_{amb}	- 40 to + 100	°C

Note
[1] Driving the LED in reverse direction is suitable for a short term application

OPTICAL AND ELECTRICAL CHARACTERISTICS (T_{amb} = 25 °C, unless otherwise specified)
TLDR5400, RED

PARAMETER	TEST CONDITION	SYMBOL	MIN.	TYP.	MAX.	UNIT
Luminous intensity	I_F = 20 mA	I_V	35	70	-	mcd
Luminous intensity	I_F = 1 mA	I_V	-	3	-	mcd
Dominant wavelength	I_F = 20 mA	λ_d	-	648	-	nm
Peak wavelength	I_F = 20 mA	λ_p	-	650	-	nm
Spectral line half width		$\Delta\lambda$	-	20	-	nm
Angle of half intensity	I_F = 20 mA	φ	-	± 30	-	deg
Forward voltage	I_F = 20 mA	V_F	-	1.8	2.2	V
Reverse current	V_R = 6 V	I_R	-	-	10	μA
Junction capacitance	V_R = 0 V, f = 1 MHz	C_j	-	30	-	pF

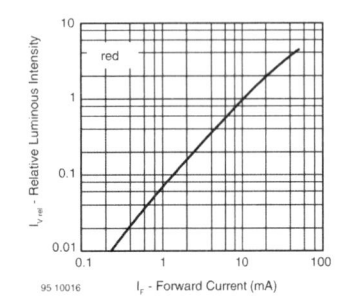

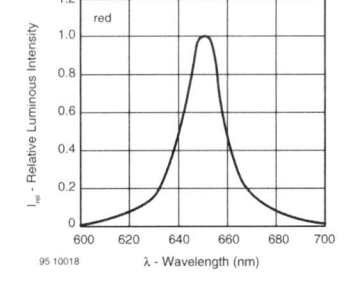

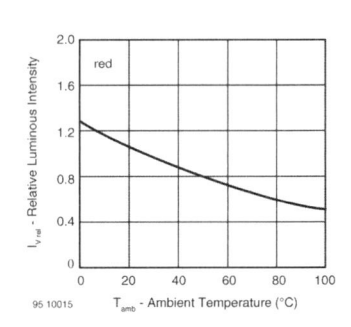

Fig. 6 - Relative Luminous Intensity vs. Forward Current

Fig. 4 - Relative Intensity vs. Wavelength

Fig. 8 - Relative Luminous Intensity vs. Ambient Temperature

Rev. 1.8, 29-Apr-13

Document Number: 83003

圖 4-21 TLDR5400 部分數據表。Datasheets courtesy of Vishay Intertechnology.

光學和電氣特性表顯示該 LED 在 20 mA 時的典型發光強度 I_V 為 70 mcd，在 1 mA 時降至 3 mcd。在該表中還規定，紅色 LED 的主波長為 648 納米，當以 30° 角觀察時，光強度下降至約 50%。相對發光強度與順向電流圖表顯示了 LED 的順向電流如何影響光強度。相對發光強度與波長的關係圖中顯示發光強度如何在約 650 納米的波長處達到峰值。

當 LED 的環境溫度升高或降低時會發生什麼？相對發光強度與環境溫度的關係圖表明，環境溫度的升高對 LED 的光輸出有很大的負面影響。當 LED 用於溫度變化較大的應用時，這一點變得非常重要。

應用題 4-12

圖 4-22a 為一種電壓極性測試器，它可以用來測試極性不明的直流電壓。當直流電壓為正時，綠色的 LED 燈會亮起。當直流電壓為負時，紅色 LED 燈會亮。若直流輸入電壓為 50 V 且串聯電阻值為 2.2 kΩ，試求近似的 LED 電流。

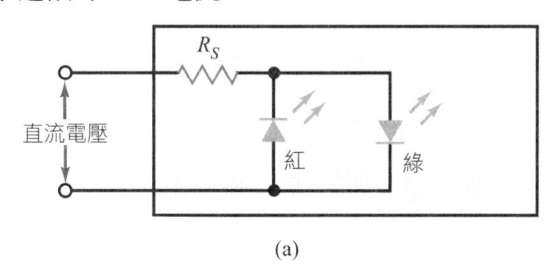

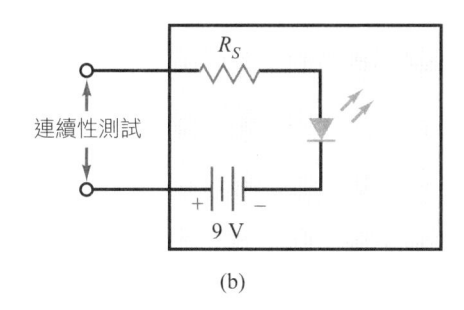

圖 4-22 (a) 極性指示器；(b) 連續性測試器。

解答 對於當中的任一個 LED，我們將會使用約 2 V 的順向電壓，利用式 (4-13)：

$$I_S = \frac{50\,\text{V} - 2\,\text{V}}{2.2\,\text{k}\Omega} = 21.8\,\text{mA}$$

應用題 4-13

圖 4-22b 為一種連續性測試器。在關閉測試電路中所有電源後，你可以使用這電路流去確認纜線、連接器及開關的連續性。若串聯電阻值為 470 Ω，試問 LED 電流值是多少？

解答 當輸入端短路時（連續性），內部的 9 V 電池所產生的 LED 電流為：

$$I_S = \frac{9\text{ V} - 2\text{ V}}{470\text{ Ω}} = 14.9\text{ mA}$$

練習題 4-13 圖 4-22b 中要產生 21 mA 的 LED 電流，串聯電阻值應為多少？

應用題 4-14

LED 常用於指示交流電壓的存在。圖 4-23 為交流電壓源驅動 LED 指示器。當有交流電壓時，在正半週會有 LED 電流。在負半週時，整流二極體會導通保護 LED 避免過高的逆向電壓。若交流電源電壓有效值為 20 V 且串聯電阻值為 680 Ω，試求平均的 LED 電流。而且，計算串聯電阻上的近似功率損耗值。

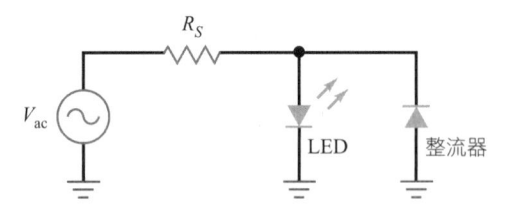

圖 4-23 低交流電壓指示器。

解答 LED 電流為整流半波信號，峰值電源電壓為 1.414×20 V，約為 28 V。忽略 LED 的電壓降，近似的峰值電流為：

$$I_S = \frac{28\text{ V}}{680\text{ Ω}} = 41.2\text{ mA}$$

流經 LED 的半波電流平均值為：

$$I_S = \frac{41.2\text{ mA}}{\pi} = 13.1\text{ mA}$$

在圖 4-23 中，忽略二極體壓降，這等於是說在串聯電阻右端會有個短路到地。然後，串聯電阻上的功率損耗會等於電源電壓平方除以電阻值：

$$P = \frac{(20\text{ V})^2}{680\text{ Ω}} = 0.588\text{ W}$$

當圖 4-23 中的電源電壓上升時，串聯電阻的功率損耗可能會上升到數瓦。對於多數應用，由於耐高瓦數的電阻體積大又花錢，所以這是個缺點。

練習題 4-14 若圖 4-23 的交流輸入電壓為 120 V 且串聯電阻值為 2 kΩ，試求 LED 平均電流值及近似的串聯電阻功率損耗值。

應用題 4-15

圖 4-24 所示的電路為交流市電之 LED 指示器。概念基本上跟圖 4-23 相同，除了我們使用電容取代電阻。若電容值為 0.68 μF，試求 LED 平均電流值。

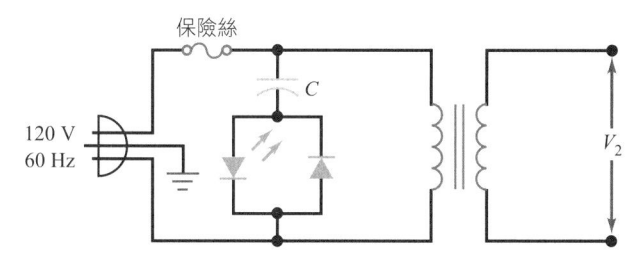

圖 4-24 高交流電壓指示器。

解答 計算電容抗（capacitive reactance）：

$$X_C = \frac{1}{2\pi f C} = \frac{1}{2\pi(60 \text{ Hz})(0.68 \text{ μF})} = 3.9 \text{ kΩ}$$

忽略 LED 電壓降，近似的峰值 LED 電流為：

$$I_S = \frac{170 \text{ V}}{3.9 \text{ kΩ}} = 43.6 \text{ mA}$$

LED 平均電流為：

$$I_S = \frac{43.6 \text{ mA}}{\pi} = 13.9 \text{ mA}$$

　串聯電容比起串聯電阻有什麼優點？由於在電容中電壓及電流相位相差 90°，所以電容不會有功率損耗。若使用 3.9 kΩ 電阻取代電容，它會有約 3.69 W 的功率損耗。由於電容較小且理想上不會產生熱，所以多數設計者較喜歡使用電容。

應用題 4-16

試問圖 4-25 電路的用途為何？

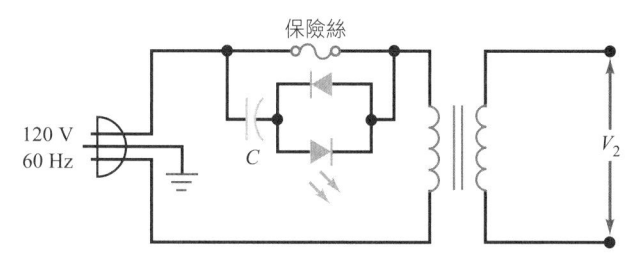

圖 4-25 保險絲熔斷指示器。

解答 這是保險絲熔斷指示器（blown-fuse indicator）。若保險絲正常，由於 LED 指示器上的跨壓約為 0 V，所以 LED 燈不會亮。另一方面，保險絲熔斷，一些線電壓會跨在 LED 指示器上，使 LED 點亮。

高功率 LED

到目前為止所討論的 LED 的典型功率耗散水平處於低毫瓦範圍內。例如，TLDR5400 LED 的最大額定功率為 100 mW，通常工作電壓約為 20 mA，典型順向壓降為 1.8 V 這樣可實現 36 mW 的功耗。

現在，高功率 LED 可提供 1 W 及以上的連續額定功率。這些功率 LED 可以在數百 mAs 的電流下工作，電流超過 1 A 正在開發愈來愈多的應用，包括汽車內部，外部和前向照明，建築室內和室外區域照明，以及數位影像和顯示器背光。

圖 4-26 顯示了一個高功率 LED 發光器的示例，該發光器具有高亮度的優點，適用於筒燈和室內區域照明等定向應用。諸如此類的 LED 使用更大的半導體管芯尺寸來處理高功率輸入。由於該元件需要耗散超過 1 W 的功率，因此對散熱器使用正確的安裝技術至關重要。否則，LED 將在短時間內發生故障。

在大多數應用中，光源的效率是一個重要因素。由於 LED 產生光和熱，因此了解使用多少電能來產生光輸出非常重要。用於描述這一術語的詞語稱為發光效率。光源的**發光效率（Luminous efficacy）**是輸出發光流量（lm）與電功率（W）之比，單位為 lm/W. 圖 4-27 顯示了 LUXEON TX 高功率 LED 發光器的部分數據，給出了它們的典型性能特徵。請注意，性能特徵的額定值為 350 mA，700 mA 和 1000 mA。測

圖 4-26 LUXEON TX High-Power Emitter（高功率 LED 發光器）。

Product Selection Guide for LUXEON TX Emitters, Junction Temperature = 85°C

Table 1.

Base Part Number	Nominal ANSI CCT	Min CRI 700 mA	Min Luminous Flux (lm) 700 mA	Typical Luminous Flux (lm) 350 mA	700 mA	1000 mA	Typical Forward Voltage (V) 350 mA	700 mA	1000 mA	Typical Efficacy (lm/W) 350 mA	700 mA	1000 mA
LIT2-3070000000000	3000K	70	230	135	245	327	2.71	2.80	2.86	142	125	114
LIT2-4070000000000	4000K	70	250	147	269	360	2.71	2.80	2.86	155	137	126
LIT2-5070000000000	5000K	70	260	151	275	369	2.71	2.80	2.86	159	140	129
LIT2-5770000000000	5700K	70	260	151	275	369	2.71	2.80	2.86	159	140	129
LIT2-6570000000000	6500K	70	260	151	275	369	2.71	2.80	2.86	159	140	129
LIT2-2780000000000	2700K	80	200	118	216	289	2.71	2.80	2.86	124	110	101
LIT2-3080000000000	3000K	80	210	124	227	304	2.71	2.80	2.86	131	116	106
LIT2-3580000000000	3500K	80	220	130	238	319	2.71	2.80	2.86	137	121	112
LIT2-4080000000000	4000K	80	230	136	247	331	2.71	2.80	2.86	143	126	116
LIT2-5080000000000	5000K	80	230	135	247	332	2.71	2.80	2.86	142	126	116

Notes for Table 1:

1. Philips Lumileds maintains a tolerance of ± 6.5% on luminous flux and ± 2 on CRI measurements.

圖 4-27 LUXEON TX 發射器的部分數據表。

試電流為 700 mA，LIT2-3070000000000 發射器的典型發光流量輸出為 245 lm。在此慎向電流水平下，典型的順向壓降為 2.80 V。因此，耗散的功率為 PD = IF × VF = 700 mA × 2.80 V = 1.96 W 此發射器的有效值可通過以下方式找到：

$$效率 = \frac{\text{lm}}{\text{W}} = \frac{245 \text{ lm}}{1.96 \text{ W}} = 125 \text{ lm/W}$$

相比之下，典型白熾燈泡的發光效率為 16 lm/W，緊湊型螢光燈泡的典型額定值為 60 lm/W。在考慮這些類型 LED 的整體效率時，重要的是要注意需要電子電路（稱為驅動器）來控制 LED 的電流和光輸出。由於這些驅動器也使用電力，因此整體系統效率降低。

4-9 其他光電元件

除了標準低功率通過高功率 LED 的外，還有其他許多基於 pn 連接點的光子作用的光電子元件。這些元件用於在各種電子應用中，作為提供、檢測和控制光。

七段顯示器

圖 4-28a 為**七段顯示器（seven-segment display）**，它包含長方形的 LED（從 *A* 到 *G* 共 7 個 LED）。由於每一個 LED 會構成所顯示字型

知識補給站

LED 主要的缺點是它們比起其他種類的顯示器會汲取相當多的電流。在許多情況中，LED 實際上是被快速地開開關關，而不是以一個穩定的電流來驅動。雖然 LED 並非一直導通，但對於肉眼來看 LED 卻是連續性地導通，而比起一直導通 LED，快速地開關 LED 所消耗的功率反而比較少。

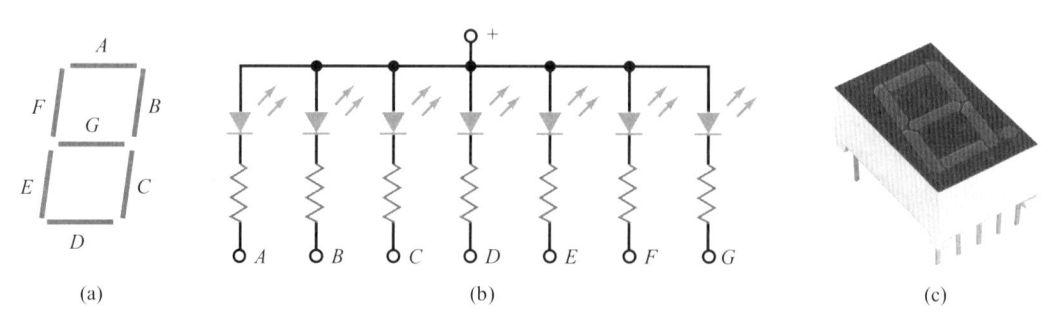

圖 4-28　七段顯示器。(a) 區段的實體布局；(b) 電路圖；(c) 小數點的實際顯示。由 Fairchild Semiconductor 提供。

中的一部分，所以每一個 LED 稱為**區段**（segment）。圖 4-28b 是七段顯示器的圖形，包含的外部串聯電阻將電流限制到安全準位。藉由將一個或更多電阻接地，我們可以構成從 0 至 9 中的任何一個數字，接地的 A、B、C、D 及 G 會產生數字 3。

七段顯示器也可以顯示大寫字母 A、C、E 及 F，加上小寫字母 b 及 d。微處理器訓練者常常會使用七段顯示來顯示從 0 至 9 的所有數字加上 A、b、C、d、E 及 F。

由於所有陽極是連接在一起，所以圖 4-28b 的七段顯示器稱為**共陽極**（common-anode）型式。也有所有陰極是連接在一起的**共陰極**（common-cathode）型式。圖 4-28c 顯示了一個實際的七段顯示器，帶有用於插入插座或焊接到印刷電路板的引腳。請注意圖中額外的小數點是用於十進位制。

光二極體

如前面所討論的，二極體中逆向電流的一個成分是少數載子流。由於熱能會持續撞出軌道上的價電子，所以這些載子會存在，在過程中會產生自由電子及電洞。少數載子的壽命不長，但是當它們存在時，它們可以貢獻逆向電流。

當光能衝擊 pn 接面時，它會撞出價電子。越多光線撞擊接面，二極體中的逆向電流越大。對於光的敏感性，**光二極體**（photodiode）已做最佳化處理。在二極體中的窗戶會讓光線穿過包裝射向接面，射進來的光線會產生自由電子與電洞。光線越強，少數載子的數量會越多，而逆向電流會越大。

圖 4-29 為光二極體的電路符號。箭頭代表透過二極體中的窗戶（window）射進來的光線。特別重要的是，電源及串聯電阻逆偏光二極體。當光線變強，逆向電流會上升，以典型的光二極體來說，逆向電流值是幾十微安培。

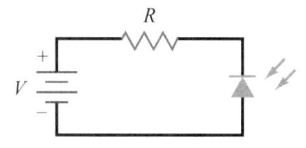

圖 4-29　射進來的光線會增加光二極體中的逆向電流。

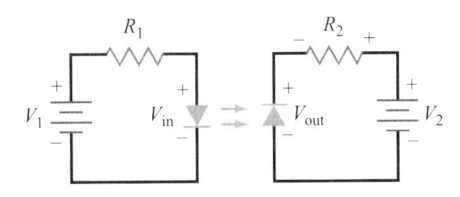

圖 4-30 光耦合器將 LED 及光二極體結合。

光耦合器

　　光耦合器（optocoupler），也稱光隔離器（optoisolator），是在單一包裝中結合了 LED 及光二極體。圖 4-30 為耦合器，它在輸入端會有 LED，而在輸出端則有光二極體。左邊的電源電壓及串聯電阻建立了流過 LED 的電流。然後從 LED 射出之光會射中光二極體，而這會在輸出電路建立起逆向電流。這逆向電流會在輸出電阻上產生跨壓，而這輸出電壓會等於輸出電源電壓減去電阻上之跨壓。

　　當輸入電壓正在變動，而光照量也正在波動中。這意謂輸出電壓會在步級輸入電壓中變動著。這是為什麼 LED 與光二極體的結合稱為**光耦合器（optocoupler）**。這元件可以將輸入信號耦合到輸出電路。其他種類的光耦合器會在它們的輸出電路側，使用光電晶、光閘流體及其他光元件。

　　光耦合器的主要優點，是輸入與輸出電路間的電氣隔離（electrical isolation）。利用光耦合器，在輸入與輸出間只靠光來傳遞。因此在兩個電路間可能會有約數千 MΩ 的隔離阻抗。對於在兩個電路中的電位可能相差數千 V 的高壓應用中，像這樣的隔離是有其用途的。

雷射二極體

　　在 LED 中，當自由電子從較高的能階掉到較低的能階時，自由電子會放射出光線。自由電子隨機與連續地掉落，會產生出相位在 0° 和 360° 間的光波。許多不同相位的光稱為非同調光（noncoherent light），LED 會產生非同調光。

　　雷射二極體（laser diode）則不同，它會產生同調光（coherent light）。這意謂所有光波是彼此同相的，雷射二極體的基本概念是使用鏡共振腔光波發射相同相位的單一頻率。由於共振，雷射二極體會產生非常強、集中且乾淨的狹窄光束。

　　雷射二極體即是我們所知的半導體雷射（semiconductor lasers）。這些二極體可以產生可見光（紅、綠或藍光）及不可見光（紅外線）。雷射二極體用於許多應用之中，諸如電信、資料溝通、寬頻存取、工

> **知識補給站**
> 光耦合器的重要規格是其電流轉換比（current/transfer ratio, CTR），其係元件的輸出（光二極體或光電晶體）電流對其輸入（LED）電流之比值。

業、太空、測試及量測、醫療與國防工業。它們也用於雷射印表機及需要大容量的光碟系統如 CD 與 DVD 播放機之消費性產品上。在寬頻通訊中，它們和光纖一起使用以增加網路速度。

光纖電纜（fiber-optic cable）是類似於絞線電纜，除了線股是用會傳遞光束而非自由電子的薄形彈性玻璃或塑膠纖維。其優點是：使用光纖電纜可以比銅線傳送更多的資訊。

新的應用發現是可見光雷射二極體（visible laser diodes, VLDs），將雷射波長推得更低進入可見光譜。而且近紅外線二極體被使用在機器視覺系統、感測器及保全系統中。

4-10 蕭特基二極體

當頻率增加時，小信號整流二極體的動作會開始變差。它們不再能夠快速截止以產生好的半波信號。要解決這問題得靠蕭特基二極體（Schottky diode）。在描述此特殊用途的二極體之前，讓我們來看看一般小信號二極體會引發的問題。

電荷儲存

圖 4-31a 為小信號二極體，而圖 4-31b 繪出了其能帶。如你所見，導通帶的電子已擴散過接面且在發生復合（recombination）（路徑 A）前即已進入 p 型區域。同樣地，電洞已越過接面且在復合（路徑 B）之前就進入 n 型區域。生命週期越長，在復合發生之前電荷所能移動的距離也會越遠。

例如，若生命週期等於 1 μs。在復合發生之前，自由電子與電洞平均會存在 1 μs。這允許自由電子深入擴散進 p 型區域中，在這裡它

知識補給站

蕭特基二極體是相對大電流的元件，當提供在 50 A 附近的順向電流時可以快速地切換。也值得注意的是，與傳統的 pn 接面整流二極體相比，蕭特基二極體一般會有較低的崩潰電壓額定值。

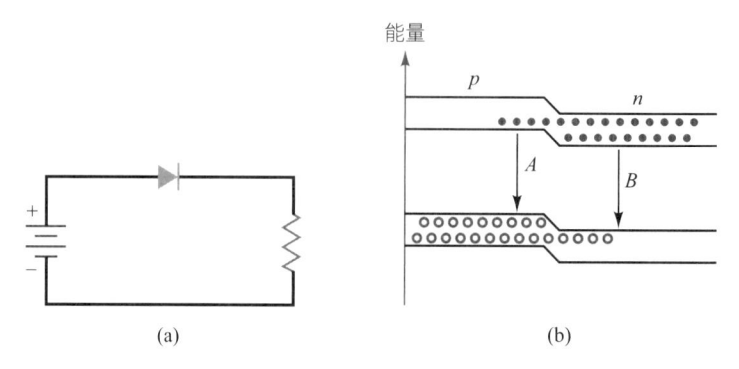

圖 4-31　電荷儲存。(a) 順偏會產生儲存的電荷；(b) 在高及低能帶中的儲存電荷。

們仍然暫時被維持在較高的能帶中。同樣地，電洞會深入擴散進 n 型區域中，在這裡它們是暫時地儲存在較低的能帶中。

順向電流越大，越過接面的電荷數便會越多。當生命週期越長，這些電荷會擴散得越深，而電荷維持在高與低能帶的時間就會越長。這個在較高能帶的自由電子與在較低能帶的電洞之短暫的儲存情形稱為*電荷儲存*（charge storage）。

電荷儲存會產生逆向電流

當你試著將二極體從導通變成截止，電荷儲存會引發問題。這是為什麼呢？因為如果你突然逆偏二極體，儲存的電荷將會在逆向中流動一陣子，當生命週期越長，這些電荷可以貢獻逆向電流的時間就會越長。

例如，如圖 4-32a 所示，假設原本順偏的二極體突然被逆偏。則圖 4-32b 中，由於儲存電荷的流動，大的逆向電流會存在一陣子，直到儲存的電荷不是越過接面就是復合，逆向電流才不會存在。

逆向回復時間

截止順偏二極體所花的時間稱為*逆向回復時間*（Reverse Recovery Time）t_{rr}。t_{rr} 的量測條件，會依製造商而不同。如元件的元件資料手冊所示，t_{rr} 是指逆向電流掉到 10% 的順向電流所花之時間。

例如，1N4148 的 t_{rr} 為 4 ns。若此二極體的順向電流為 10 mA 且被突然逆偏，對於逆向電流將花費約 4 ns 的時間下降到 1 mA。而小信號二極體的逆向回復時間是如此的短，以至於你甚至不用注意其在低於 10 MHz 以下之影響。只有當頻率超過 10 MHz 時，你才必須考慮 t_{rr}。

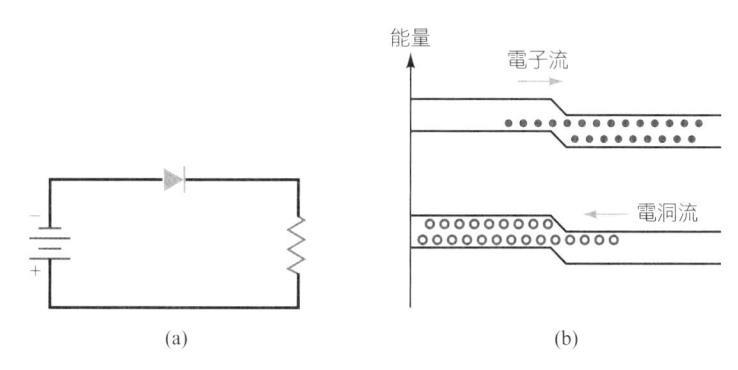

圖 4-32 儲存的電荷允許短暫的逆向電流。(a) 電源電壓的突然反轉；(b) 在逆向中的儲存電荷流。

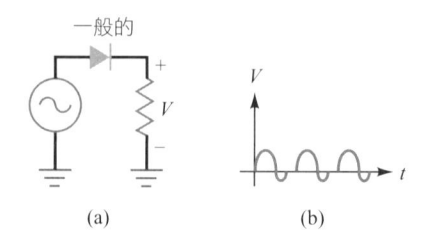

圖 4-33 在高頻處儲存的電荷會讓整流器的行為變差。(a) 使用一般小信號二極體的整流電路；(b) 在更高頻處，拖曳電流會出現在負半週。

在高頻處整流效果差

逆向回復時間對於整流會有什麼影響呢？看一下圖 4-33a 的半波整流器，在低頻處其輸出是半波整流信號。當頻率增加到百萬赫茲時，如圖 4-33b 所示，輸出信號會開始偏離半波形狀。有些靠近逆向半波開始處的逆向導通〔稱拖曳電流（tails）〕是要被留意的。

問題係當逆向回復時間已變成週期中明顯的部分時，其允許在負半週的初期有導通情形發生。例如，若 t_{rr} = 4 ns 且週期為 50 ns，則逆向的半週之初期將會有類似於圖 4-33b 中的拖曳電流現象發生。而當頻率繼續上升時，整流器會變得沒用。這是因為頻率與週期成反比，當頻率越高，週期會越小，而這個固定的逆向回復時間在整個週期中所占的影響就會越明顯。

消除電荷儲存

拖曳電流的解決方法是採用**蕭特基二極體（Schottky diode）**。這種二極體在接面的一邊使用諸如黃金或是白金的金屬，而在另一邊摻雜矽（典型的 n 型）。由於金屬在接面的一邊，蕭特基二極體沒有空乏層。沒有空乏層意謂在接面處就不會有儲存電荷。

當蕭特基二極體沒有偏壓時，在 n 型側的自由電子比起在金屬側的自由電子是在較小的軌道上。這軌道上的差異稱為蕭特基障壁電位（Schottky barrier），約 0.25 V。當二極體順偏時，在 n 型側的自由電子可以獲得足夠的能量在較大的軌道上移動。由於金屬沒有電洞，所以沒有電荷儲存及逆向回復時間的問題。

熱載子二極體

蕭特基二極體有時稱為熱載子二極體（hot-carrier diode）。此名稱的由來如下：比起在接面金屬端的電子，順偏會讓 n 端電子能量提升到更高準位。能量的增加賦予在 n 側電子熱載子的名稱。當這些高能

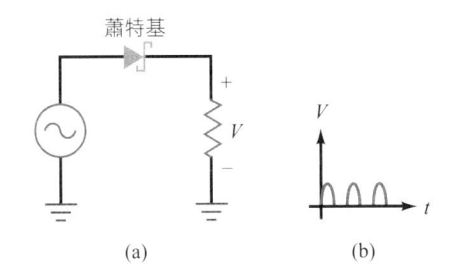

圖 4-34 在高頻處蕭特基二極體會消除拖曳部分。(a) 有蕭特基二極體的電路；(b) 在 300 MHz 的半波信號。

量電子越過接面，它們會掉進金屬內，其具有較低能量的導通帶。

高速截止

沒有電荷儲存意謂蕭特基二極體可以比一般二極體更快截止。事實上，蕭特基二極體可以輕易地整流超過 300 MHz 之頻率。當它用於如圖 4-34a 的電路，蕭特基二極體會產生完美的半波信號，如圖 4-34b 所示，甚至還超過頻率 300 MHz。

圖 4-34a 所示為蕭特基二極體的電路符號。請注意陰極端，看起來像長方形 S 的線其代表蕭特基（Schottky）。這樣可以幫助你記住這個電路符號。

應用

蕭特基二極體最重要的應用是在數位電腦中。電腦的速度視它們的二極體與電晶體切換速度有多快而定，而這正是蕭特基二極體的由來。由於它沒有電荷儲存的問題，所以蕭特基二極體已變成廣泛用於數位裝置之低功率蕭特基 TTLs（電晶體 - 電晶體邏輯電路）的核心。

最後一點，因為蕭特基二極體只有 0.25 V 的障壁電位，由於每個二極體在使用第二種近似法時你只會減去 0.25 V 而非 0.7 V，所以你可能偶爾會看到它用於低壓橋式整流器中。在低電壓電路中，蕭特基二極體具有較低的電壓降會是個優勢。

4-11 變容器

變容器（varactor），也稱為壓控變容器二極體（voltage-variable capacitance）、變容二極體（varicap、epicap）及調諧二極體（tuning diode）。由於變容器可用於電子調諧，所以廣泛用於電視接收器、FM 接收器及其他通訊設備中。

基本概念

在圖 4-35a 中，空乏層是在 p 型區與 n 型區之間。p 型區及 n 型區像是電容的極板，而空乏層則像是中間的介電質。當二極體逆偏時，空乏層的寬度會隨逆向電壓而增加。由於有著更大逆向電壓的空乏層會更寬，所以電容值會變得更小。這就跟你移開電容的 2 塊極板一樣，重要的概念是電容值會受逆向電壓控制。

等效電路與符號

圖 4-35b 為逆偏的二極體之交流等效電路。換句話說，就所關心的交流信號，變容器就像個可變的電容值。圖 4-35c 為變容器的電路符號。這個包含了跟二極體串聯的電容，提醒我們，變容器是個針對其可變電容值特性做最佳處理的元件。

逆向電壓越高電容值會越下降

圖 4-35d 顯示出電容值如何隨逆向電壓而變化。這圖形顯現當逆向電壓越大時，電容值會越小。此處真正重要的觀念是：逆向直流電壓會控制電容值。

變容器該如何使用呢？它是跟電感並聯形成並聯諧振電路。這電路只有在一個頻率，會出現最大阻抗值。該頻率稱為諧振頻率（resonant frequency）。若施加給變容器的直流逆向電壓改變，諧振頻率也會跟著改變。而這是電台、電視頻道等電子調諧背後的原理。

變容器特性

由於電容值會受電壓控制，所以變容器在許多應用中諸如電視接收器及車用無線電已取代靠機械來調諧的電容。變容器的元件資料手冊列出了在特定電壓下典型值為 –3 V 到 –4 V 所量到的電容參考值。圖 4-36 為 MV209 變容二極體的部分元件資料手冊，其列出了在 –3 V 下的參考電容值 C_t 為 29 pF。

除了提供參考電容值外，元件資料手冊一般會列出電容值比率 C_R 或與電壓範圍有關的調諧範圍。例如，伴隨 29 pF 的參考值，MV209 的元件資料手冊顯示對於 –3 V 到 –25 V 電壓範圍下最小的電容值比率為 5:1。這意謂當電壓從 –3 V 變到 –25 V 時，電容值或調諧範圍會從 29 pF 降到 6 pF。

變容器的調諧範圍，視摻雜程度而定。例如，圖 4-37a 為一個陡接面二極體（abrupt-junction diode）（一般種類的二極體）之摻雜切面

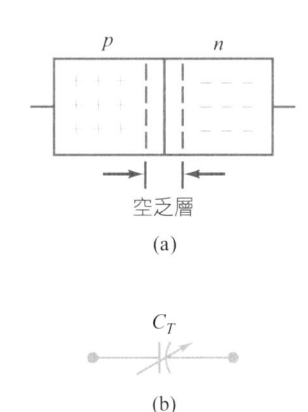

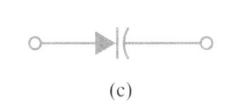

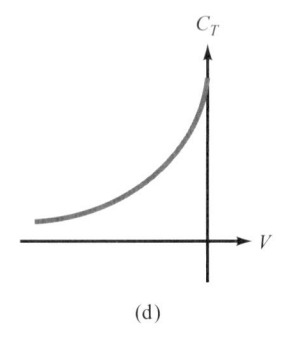

圖 4-35 變容器。(a) 摻雜區域像是被介電質分開的電容極板；(b) 交流等效電路；(c) 電路符號；(d) 電容值對逆向電壓的圖形。

元件	C_t，二極體電容值 $V_R = 3.0$ Vdc, $f = 1.0$ MHz pF			Q，優值 $V_R = 3.0$ Vdc $f = 50$ MHz	C_R，電容比 C_3/C_{25} $f = 1.0$ MHz（註1）	
	最小	正常	最大	最小	最小	最大
MMBV109LT1, MV209	26	29	32	200	5.0	6.5

1. C_R 為在 3 Vdc 量到的 C_t 除以在 25 Vdc 量到的 C_t。

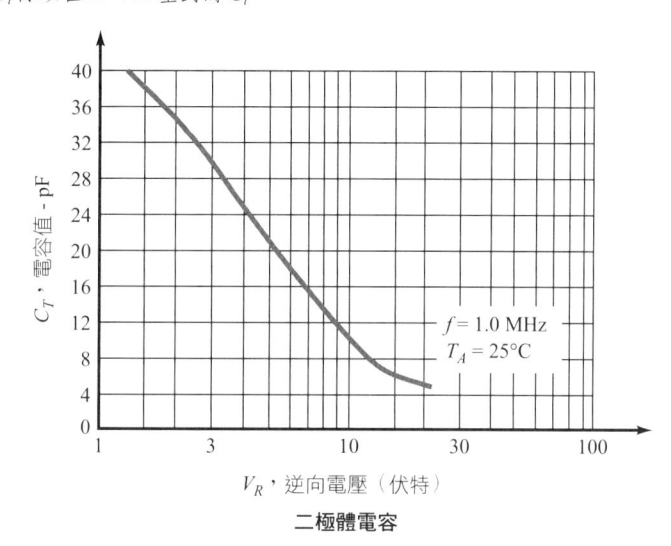

圖 4-36 MV209 的部分元件資料手冊。(Copyright of Semiconductor Components Industries, LLC. Used by Permission.)

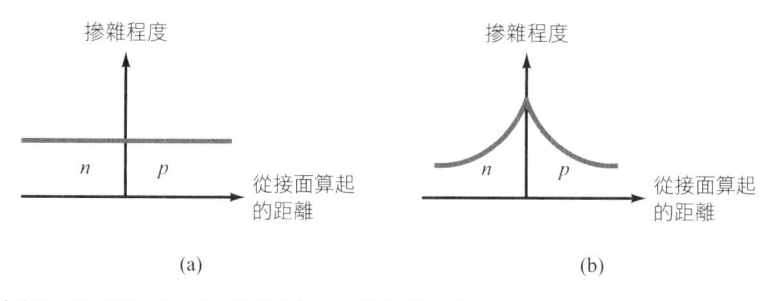

圖 4-37 摻雜切面圖。(a) 陡接面；(b) 超陡峭接面。

圖。切面圖顯示在接面兩邊摻雜是一致的，這個接面二極體的調諧範圍在 3:1 到 4:1 之間。

為了得到更大的調諧範圍，有些變容器會有超陡峭接面（hyperabrupt junction），而其摻雜切面圖看起來就像圖 4-37b。這切面圖告訴我們當接近接面時摻雜程度會增加。摻雜程度越重會產生越窄的空乏層及越大的電容值。而且，逆向電壓的改變對於電容值會有更多明顯的影響。超陡峭接面變容器的調諧範圍約 10:1，足以調諧從

535 kHz 到 1605 kHz 的 AM（調幅）電台（請注意：由於諧振頻率是反比於電容值的平方根，所以你需要 10:1 的範圍）。

例題 4-17

試問圖 4-38a 電路的用途？

解答 電晶體是半導體元件，其動作上像是個電流源。在圖 4-38a 中，電晶體會打出固定數量的毫安培電流進入 LC 共振槽電路。負直流電壓會逆偏變容器，藉由變化這個直流控制電壓，我們可以變動 LC 電路的共振頻率。

到目前為止，我們都是考慮交流信號，我們可以使用如圖 4-38b 的等效電路。耦合電容像是短路，交流電流源會驅動 LC 共振槽電路。變容器像是可變電容，其意謂我們可以藉由改變直流控制電壓來改變共振頻率，這是收音機與電視機接收器的調諧背後所含有的基本概念。

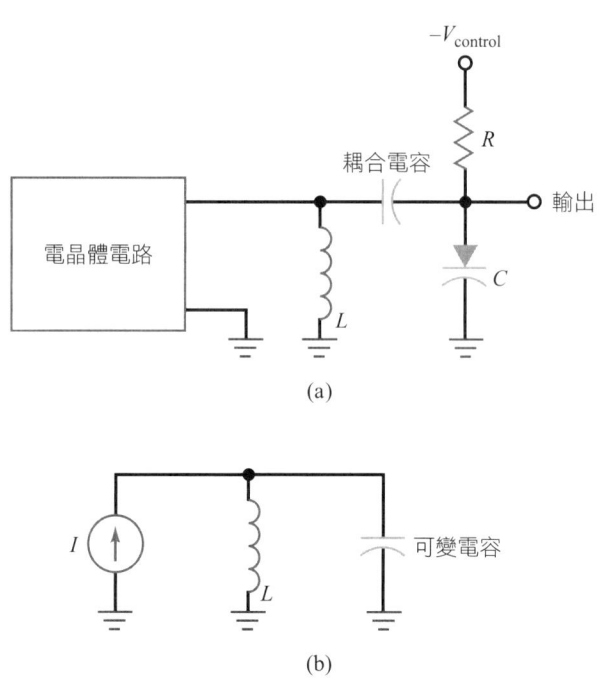

圖 4-38 變容器可以調諧諧振電路。(a) 電晶體（電流源）驅動調諧的 LC 槽；(b) 交流等效電路。

4-12 其他二極體

除了目前所討論的特殊用途的二極體，你應該知道一些其他的二極體。由於它們是如此的專門，所以只有簡單描述如下。

變阻器

雷擊、電力線故障及暫態藉由疊加在 120 V 的正常電壓上可汙染交流市電電壓。電壓驟降（dips）是非常嚴重的電壓降，會持續數微秒或更短。電壓突波（spikes）是非常短暫高達 2000 V 或更高的過電壓。在一些設備中，會在電力線與變壓器一次側間使用濾波器，以消除市電的暫態問題。

用來市電濾波的元件之一是**變阻器（varistor）**，也稱為暫態抑制器（transient suppressor）。此半導體元件像是在雙向中有著高崩潰電壓的兩個背對背之稽納二極體，商用上可取得變阻器崩潰電壓從 10 V 到 1000 V。它們可以處理數千或數百安培的峰值暫態電流。

例如，V130LA2 為崩潰電壓是 184 V（等於有效值 130 V，184 = $130\sqrt{2}$）的變阻器，而其峰值電流額定值為 400 A。連接跨於一次側繞線當中的一個元件之情形如圖 4-39a 所示，而你不必擔心電壓突波。因為變阻器會把所有電壓突波都箝制在 184 V，進而保護你的電源供應器。

穩流二極體

這些二極體運作方式與稽納二極體運作方式正好相反。這些二極體會維持電流定值，而不是維持電壓定值，它們被稱為**穩流二**

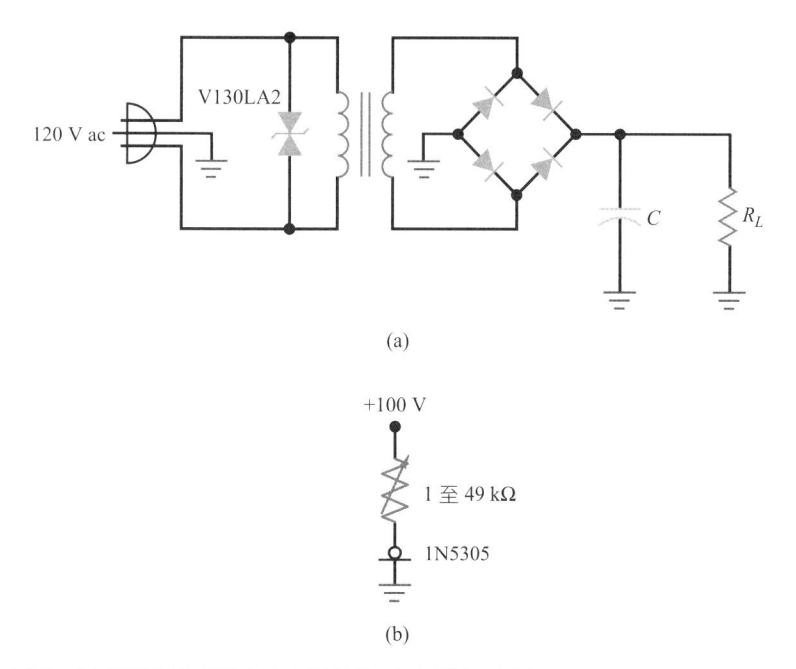

圖 4-39 (a) 變阻器會保護交流市電暫態；(b) 穩流二極體。

極體（**current-regulator diodes**）或定電流二極體（constant-current diodes）。當電壓變化時，這些元件會讓流經它們的電流保持固定，例如，1N5305 為定電流二極體，在 2 V 到 100 V 電壓範圍內典型電流值為 2 mA。在圖 4-39b 中，即使負載電阻值從 1 kΩ 到 49 kΩ 變化，二極體將會維持負載電流在 2 mA。

步級恢復二極體

步級恢復二極體（**step-recovery diode**）有獨特的摻雜情形，如圖 4-40a 所示。這個圖形指出載子密度在接近二極體接面處會下降。這獨特的載子分布情形會造成所謂的逆向快速截斷現象（reverse snap-off）。

圖 4-40b 為步級恢復二極體電路符號。在正半週期間，就像其他任何的矽二極體一樣，二極體會導通。但在負半週期間，由於儲存的電荷，所以逆向電流會繼續存在一陣子，然後突然掉到零。

圖 4-40c 為輸出電壓，這就好像二極體導通逆向電流一陣子，然後突然地斷開。這是為何步級恢復二極體也稱為快速二極體（snap diode）。電流突然的步級變化會富含諧波（harmonics），而且可以被濾除以產生較高頻率之弦波（諧波是輸入頻率的倍數如 2 f_{in}、3 f_{in} 及 4 f_{in}）。因此，步級快速恢復二極體在輸出頻率是輸入頻率的倍數之頻率乘法器（frequency multipliers）電路中是有其用途的。

背面二極體

稽納二極體正常會有大於 2 V 的崩潰電壓值。藉由增加摻雜程度，我們可以讓稽納效應在接近 0 V 時出現。順向導通仍會出現在 0.7 V 左右，但是現在逆向導通（崩潰）會在約 –0.1 V 開始。

由於在逆向中會比在順向中導通得更好，故具有如圖 4-41a 所示之特性的二極體，即稱為**背面二極體**（**back diode**）。圖 4-41b 為以峰值 0.5 V 之弦波驅動背面二極體及負載電阻之情形（請注意用於背面二

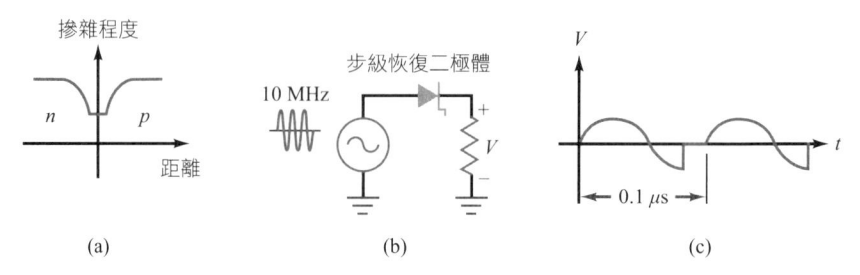

圖 4-40 步級恢復二極體。(a) 摻雜圖顯示接近接面會有較少的摻雜情形；(b) 整流交流輸入信號的電路；(c) 快速截斷會產生許多富含諧波的正電壓步級。

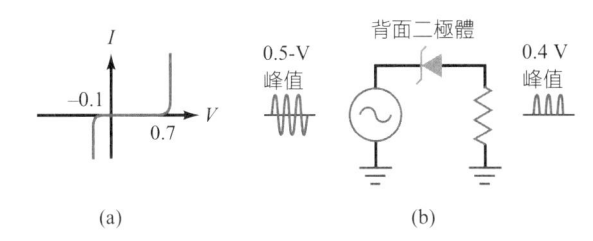

圖 4-41 背面二極體。(a) 出現在 0.1 V 的崩潰；(b) 整流微弱交流信號的電路。

極體的稽納符號)，0.5 V 不足以在順向中導通二極體，但它足以在逆向中崩潰二極體。因此，輸出為峰值 0.4 V 的半波信號，如圖 4-41b 所示。

背面二極體偶爾用來整流峰值振幅在 0.1 V 與 0.7 V 間的微弱信號。

透納二極體

藉由增加背面二極體的摻雜程度，我們可以在 0 V 處讓崩潰出現。而且，越重的摻雜會讓順向曲線失真，如圖 4-42a 所示。具有此圖形的二極體稱為**透納二極體**（tunnel diode）。

圖 4-42b 為透納二極體的電路符號，這類二極體展現了一個**負電阻值**（negative resistance）的現象。這意謂順向電壓的增加會產生順向電流下降，至少在 V_P 與 V_V 間的部分圖形是如此。透納二極體的負電阻值在稱為振盪器（oscillators）的高頻電路中很有用。這些電路能夠產生弦波信號，類似於交流發電機。但是不像會將機械能轉換為弦波信號的交流發電機，而振盪器會將直流能量轉換成弦波信號。

PIN 二極體

PIN 二極體（PIN diode）是一種在射頻及微波頻率中操作成可變電阻之半導體元件。圖 4-43a 為其導通情形，它是由介於 p 型與 n 型

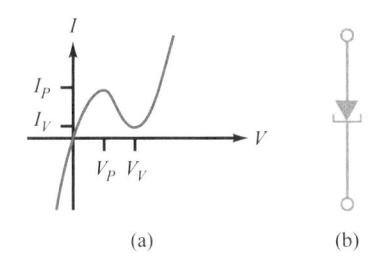

圖 4-42 透納二極體。(a) 出現在 0 V 處的崩潰；(b) 電路符號。

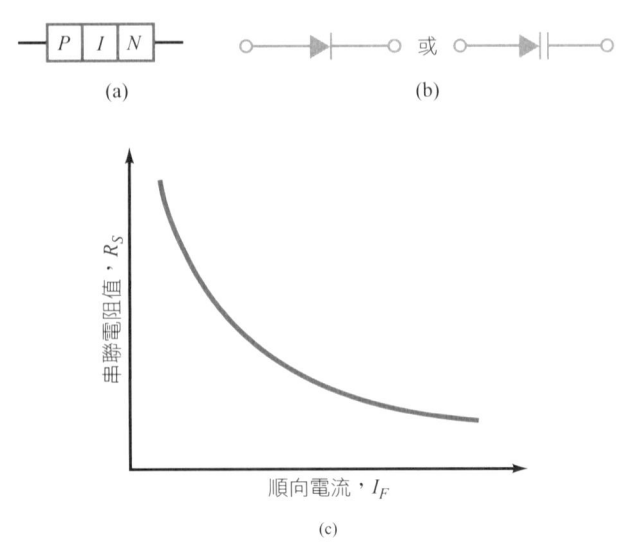

圖 4-43 PIN 二極體。(a) 結構；(b) 電路符號；(c) 串聯電阻值。

間的本質半導體材料所組成。圖 4-43b 為 PIN 二極體的電路符號。

當二極體順偏時，它就像受電流控制的電阻。圖 4-43c 顯示 PIN 二極體在順向電流增加時，其串聯電阻值 R_S 會下降之情形。而當逆向偏壓時，PIN 二極體則像固定的電容器，PIN 二極體廣泛用於射頻及微應用的調變電路中。

元件表

在本章中，總結表 4-3 列出了所有的特殊用途元件。稽納二極體在穩壓器中是有用的，LED 作為直流或交流指示器，七段指示器在量測儀器等等。你應該學習此表且記住它所包含的概念。

總結表 4-3 特殊用途元件

元件	重要概念	應用
稽納二極體	在崩潰區操作	穩壓器
LED	會發出非同調的光線	直流或交流顯示器
七段顯示器	可以顯示數字	量測儀器
光二極體	會產生少數載子	光偵測器
光耦合器	結合 LED 與光二極體	輸入 / 輸出隔離器
雷射二極體	會發射同調的光線	CD/DVD 播放器、寬頻通訊
蕭特基二極體	無電荷儲存	高頻整流器（300 MHz）
變容器	電容值可變	電視及接收器的調諧器
變阻器	兩種方式崩潰	市電電壓突波保護器
穩流二極體	維持電流定值	穩流器
步級回復二極體	在逆向導通期間會快速截斷	頻率乘法器
背面二極體	在逆向中會導通更好	微弱信號的整流器
透納二極體	會有負電阻值區	高頻振盪器
PIN 二極體	電阻值受控制	微波通訊

● 總結

4-1 稽納二極體

這是一種特別的二極體針對在崩潰區的操作做了最佳化處理。其主要用途是穩壓器，其是一種可維持負載電壓定值的電路。理想上，逆偏的稽納二極體像是一個完美的電池，對於第二種近似法，它有會產生微小額外電壓的本體電阻值。

4-2 加載的稽納穩壓器

當稽納二極體跟負載電阻並聯時，流過限流電阻的電流會等於稽納電流與負載電流之和。分析稽納穩壓器的過程，由求出串聯電流、負載電流及稽納電流所組成。

4-3 稽納二極體的第二種近似法

在第二種近似法中，我們想像稽納二極體是由一顆電壓為 V_Z 的電池及一個串聯電阻 R_Z 所組成。流過 R_Z 的電流會在二極體上產生額外的跨壓，但是這電壓通常不大。為了計算漣波減少量，你會需要稽納電阻值。

4-4 稽納脫離點

若稽納二極體離開崩潰區，稽納穩壓器將會失去穩壓作用。對於最小電源電壓、最大串聯電阻及最小負載電阻值，最差情況會出現。在所有操作情況下，對於稽納穩壓器要運作良好，那就是在最差情況下都必須要有稽納電流才行。

4-5 閱讀元件資料手冊

稽納二極體元件資料手冊上最重要的物理量是稽納電壓值、最大功率額定值、最大電流額定值及誤差值。設計者也會需要知道稽納電阻值、降額因數及一些其他項目。

4-6 電路檢測

電路檢測是一項藝術與科學。因此，從書本上你只能學到這麼多，剩下的必須從問題電路中直接體驗。由於電路檢測是一門藝術，你必須常常問自己「如果……那會怎樣」並用自己的方式解答。

4-7 負載線

負載線與稽納二極體圖形的交點是在 Q 點。當電源電壓改變時，一條帶有不同 Q 點的不同負載線會出現。雖然兩個 Q 點可能會有不同的電流值，但電壓幾乎相同，這是我們可以看見的穩壓證明。

4-8 發光二極體 (LEDS)

LED 是廣泛用於儀器設備、計算機及其他電子設備上的指示器。高強度 LED 具有高發光效率（lm/W），並正進入許多領域應用中。

4-9 其他光電元件

藉由將七個 LED 結合成一個包裝，我們會得到七段顯示器。另一個重要的光電元件是光耦合器，其允許我們將兩個電氣隔離的電路之信號耦合在一起。

4-10 蕭特基二極體

逆向回復時間是二極體突然從順偏變成逆偏時，本身要完全關斷所需的時間。這時間可能只有幾奈秒而已，但它在整流電路中之頻率能有多高會有個限制。蕭特基二極體是個特別的二極體，有著幾乎為零的逆向回復時間。因此，在需要快速切換的電路中，蕭特基二極體有其用途。

4-11 變容器

空乏層的寬度會隨逆向電壓而增加，這是為什麼變容器電容值可以由逆向電壓來控制。常見的應用是收音機與電視機的遠端調諧。

4-12 其他二極體

變阻器可做暫態抑制器使用。定電流二極體會維持電流而非電壓定值。步級回復二極體可快速地關斷，並會產生富含諧波之步級電壓。背面二極體在逆向比在順向中導通得更好。透納二極體會展現負電阻值特性，可用於高頻振盪器中。在射頻與微波通信電路中，PIN 二極體使用順偏控制電流來改變其電阻值。

● 推導

(4-3) 串聯電流：

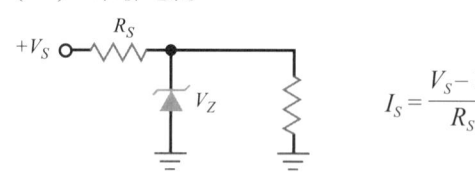

$$I_S = \frac{V_S - V_Z}{R_S}$$

(4-4) 負載電壓：

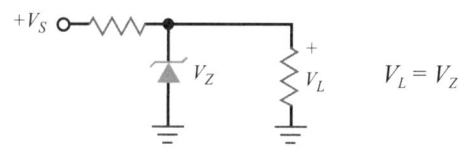

$$V_L = V_Z$$

(4-5) 負載電流：

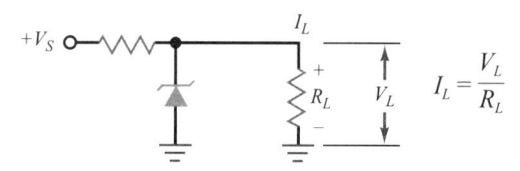

$$I_L = \frac{V_L}{R_L}$$

(4-6) 稽納電流：

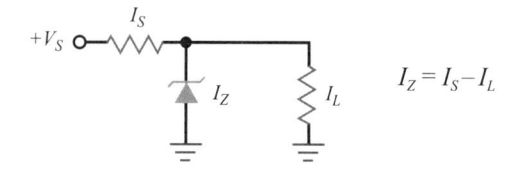

$$I_Z = I_S - I_L$$

(4-7) 負載電壓之變化：

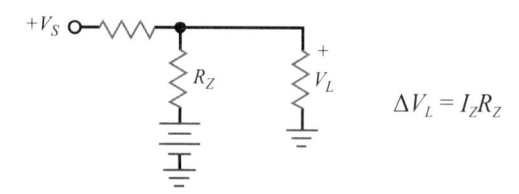

$$\Delta V_L = I_Z R_Z$$

(4-8) 輸出漣波：

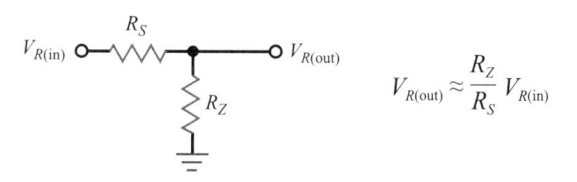

$$V_{R(out)} \approx \frac{R_Z}{R_S} V_{R(in)}$$

(4-9) 最大串聯電阻值：

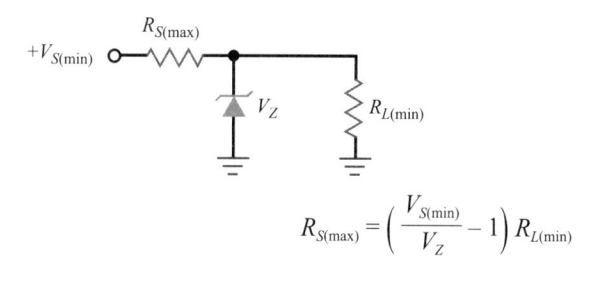

$$R_{S(max)} = \left(\frac{V_{S(min)}}{V_Z} - 1\right) R_{L(min)}$$

(4-10) 最大串聯電阻值：

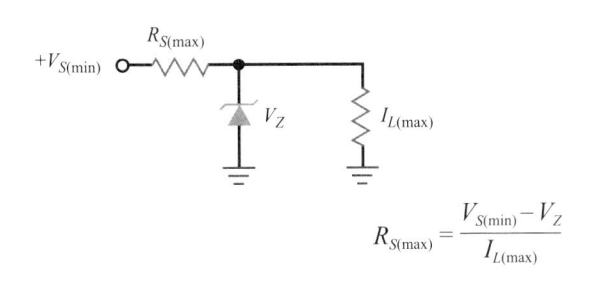

$$R_{S(max)} = \frac{V_{S(min)} - V_Z}{I_{L(max)}}$$

(4-13) LED 電流：

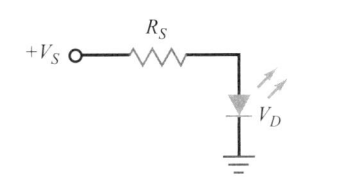

$$R_S = \frac{V_S - V_D}{R_S}$$

● 自我測驗

1. 在稽納二極體中，關於崩潰電壓的敘述何者為真？
   a. 當電流增加時它會下降
   b. 它會破壞二極體
   c. 它等於電流值乘以電阻值
   d. 它大概為定值

2. 以下何者是稽納二極體的最佳描述？
   a. 它為整流二極體
   b. 它為定電壓元件
   c. 它為定電流元件
   d. 它在順向區中運作

3. 稽納二極體
   a. 是顆電池
   b. 在崩潰區中有定電壓
   c. 有 1 V 的障壁電位
   d. 為順偏的

4. 跨在稽納電阻值上的電壓值通常是
   a. 小的
   b. 大的
   c. 以伏特量測
   d. 從崩潰電壓扣掉

5. 在無載稽納穩壓器中，若串聯電阻值上升，稽納電流
   a. 會下降
   b. 保持不變
   c. 會增加
   d. 等於電壓除以電阻值

6. 在第二種近似法中，跨在稽納二極體上的總電壓為崩潰電壓值與跨在何者上的電壓值總和？
   a. 電源
   b. 串聯電阻
   c. 稽納電阻
   d. 稽納二極體

7. 當稽納二極體怎樣時，負載電壓大概會為定值？
   a. 順偏
   b. 逆偏
   c. 在崩潰區操作
   d. 沒有偏壓

8. 在加載的稽納穩壓器中，何者是最大的電流？
   a. 串聯電流
   b. 稽納電流
   c. 負載電流
   d. 以上皆非

9. 若稽納穩壓器中的負載電阻值增加，稽納電流
   a. 會下降
   b. 保持不變
   c. 增加
   d. 等於電源電壓除以串聯電阻值

10. 若稽納穩壓器中的負載電阻值下降，串聯電流

a. 會下降
b. 保持不變
c. 增加
d. 等於電源電壓除以串聯電阻值

11. 當稽納穩壓器中的電源電壓上升時，哪一個電流會維持近似定值？
    a. 串聯電流
    b. 稽納電流
    c. 負載電流
    d. 總電流

12. 若稽納穩壓器中的稽納二極體極性接錯，負載電壓將是
    a. 0.7 V
    b. 10 V
    c. 14 V
    d. 18 V

13. 當稽納二極體是在其額定功率溫度之上操作
    a. 它會立刻被破壞
    b. 你必須降低其額定功率值
    c. 你必須增加其額定功率值
    d. 它將不會被影響

14. 以下何者無法顯示稽納二極體的崩潰電壓值？
    a. 電路內的電壓降
    b. 曲線追蹤儀
    c. 逆偏測試電路
    d. 數位多功能電表

15. 在高頻處，由於何種原因一般二極體會無法正常運作？
    a. 順偏
    b. 逆偏
    c. 崩潰
    d. 電荷儲存

16. 當跨於變容二極體上的反向電壓如何時，其電容值會增加？
    a. 會下降
    b. 會增加
    c. 崩潰
    d. 電荷儲存

17. 崩潰不會破壞稽納二極體，倘若稽納電流小於
    a. 崩潰電壓
    b. 稽納測試電流
    c. 最大稽納電流額定值
    d. 障壁電位

18. 跟矽整流二極體相比，LED 會有
    a. 較低的順向電壓及崩潰電壓
    b. 較低的順向電壓及較高的崩潰電壓
    c. 較高的順向電壓及較低的崩潰電壓
    d. 較高的順向電壓及崩潰電壓

19. 為了在七段顯示器中顯示數字 0
    a. C 必須關掉
    b. G 必須關掉
    c. F 必須導通
    d. 所有區段必須點亮

20. 如果高強度 LED 的環境溫度升高，則其發光流量輸出
    a. 增加
    b. 減少
    c. 逆轉
    d. 保持不變

21. 當光線下降時，光二極體中的逆向少數載子電流
    a. 會下降
    b. 會增加
    c. 不會受影響
    d. 逆向

22. 與壓控電容值有關的元件是
    a. 發光二極體
    b. 光二極體
    c. 變容二極體
    d. 稽納二極體

23. 若空乏層寬度下降，電容值
    a. 會下降
    b. 保持不變
    c. 增加
    d. 可變

24. 當逆向電壓下降時，電容值
    a. 會下降
    b. 維持不變
    c. 增加
    d. 會有更大頻寬
25. 變容器通常是
    a. 順偏
    b. 逆偏
    c. 沒有偏壓
    d. 在崩潰區操作
26. 用來整流微弱的交流信號的元件是
    a. 稽納二極體
    b. 發光二極體
    c. 變阻器
    d. 背面二極體
27. 下列何者會有負電阻值區域？
    a. 透納二極體
    b. 步級回復二極體
    c. 蕭特基二極體
    d. 光耦合器
28. 保險絲熔斷指示器使用
    a. 稽納二極體
    b. 定電流二極體
    c. 發光二極體
    d. PIN 二極體
29. 為了將輸出電路與輸入電路隔開，會使用哪一種元件？
    a. 背面二極體
    b. 光耦合器
    c. 七段顯示器
    d. 透納二極體
30. 有著 0.25 V 順向電壓降的二極體是
    a. 步級恢復二極體
    b. 蕭特基二極體
    c. 背面二極體
    d. 定電流二極體
31. 對於典型的操作，以何者來說你需要使用逆偏
    a. 稽納二極體
    b. 光二極體
    c. 變容器
    d. 以上皆是
32. 當流經過 PIN 二極體的順向電流下降，其電阻值會
    a. 增加
    b. 下降
    c. 保持定值
    d. 無法決定

● 問題

4-1 稽納二極體

1. **MultiSim** 無負載的稽納穩壓器電源電壓為 24 V，串聯電阻為 470 Ω，稽納電壓為 15 V，試求稽納電流值。
2. 在問題 1 中，若電源電壓會從 24 V 變動到 40 V，試求最大稽納電流值。
3. 若問題 1 的串聯電阻值誤差量有 ±5%，試求最大稽納電流值。

4-2 加載的稽納穩壓器

4. **MultiSim** 若將圖 4-44 中的稽納二極體連接斷開，試求負載電壓值。

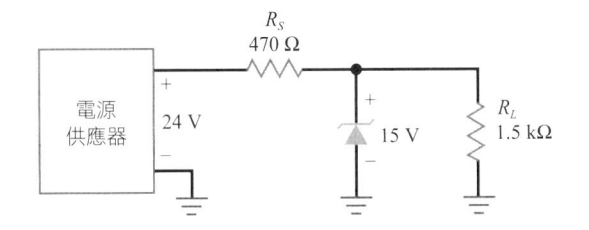

圖 4-44

5. **MultiSim** 試計算圖 4-44 中的所有電流值。

6. 假設圖 4-44 中的兩個電阻有 ±5% 的誤差值，試求最大稽納電流值。

7. 假設圖 4-44 的電源電壓可以從 24 V 變化到 40 V，試求最大稽納電流值。

8. 將圖 4-44 中的稽納二極體換成 1N4742A，試求負載電壓與稽納電流值。

9. 試繪出電源電壓為 20 V、串聯電阻值為 330 Ω、稽納電壓為 12 V 以及負載電阻 1 kΩ 之稽納穩壓器電路圖，試求負載電壓及稽納電流值。

4-3　稽納二極體的第二種近似法

10. 圖 4-44 的稽納二極體之稽納電阻值為 14 Ω。若電源電壓有峰對峰 1 V 的漣波，試求負載電阻上的漣波值。

11. 在白天，交流市電電壓會變化。這導致無穩壓的 24 V 輸出電源會在 21.5 V 到 25 V 間變化。若稽納電阻值為 14 Ω，試求在上述範圍下的電壓變化情形。

4-4　稽納脫離點

12. 假設圖 4-44 的電源電壓從 24 V 下降到 0 V。在沿著這方向上的一些點，稽納二極體將會停止穩壓，試求出失去穩壓時的電源電壓值。

13. 在圖 4-44 中，來自電源供應器無穩壓的輸出可能會從 20 V 變動到 26 V，而負載電阻值可能會從 500 Ω 變化到 1.5 kΩ。試問在這些情況下稽納穩壓器會失去作用嗎？若是這樣，試求串聯電阻值應為多少？

14. 圖 4-44 中無穩壓的電壓可能會從 18 V 變動到 25 V，而負載電流可能會從 1 mA 變化到 25 mA。試問稽納穩壓器在這些情況下會停止穩壓嗎？若是這樣，試求 R_S 的最大值。

15. 試求在圖 4-44 中不會失去稽納穩壓作用的最小負載電阻值。

4-5　閱讀元件資料手冊

16. 稽納二極體的電壓為 10 V，而電流為 20 mA，試求功率損耗值。

17. 1N5250B 有 5 mA 的電流經過它，試求其功率值。

18. 試求圖 4-44 的電阻及稽納二極體的功率損耗值。

19. 圖 4-44 的稽納二極體為 1N4744A，試求最小與最大的稽納電壓值。

20. 若稽納二極體 1N4736A 的接腳溫度上升到 100°C，試求二極體新的額定功率值。

4-6　電路檢測

21. 在圖 4-44 中，試求各個情況下的負載電壓值。
    a. 稽納二極體短路
    b. 稽納二極體開路
    c. 串聯電阻開路
    d. 負載電阻短路

22. 若你量到圖 4-44 中的負載電壓約為 18.3 V，你認為問題是什麼？

23. 你量到圖 4-44 的負載跨壓為 24 V，歐姆計指出稽納二極體開路。在更換稽納二極體前，你應該確認什麼事？

24. 圖 4-45 中，LED 沒亮，可能是下面哪一個問題？
    a. V130LA2 開路
    b. 在左邊兩個橋式二極體間的地開路
    c. 濾波電容開路
    d. 濾波電容短路
    e. 1N5314 開路
    f. 1N5314 短路

4-8　發光二極體 (LEDS)

25. **MultiSim** 試求流經圖 4-46 中的 LED 電流值。

26. 若圖 4-46 的電源電壓增加到 40 V，試求 LED 電流值。

27. 若電阻下降到 1 kΩ，試求圖 4-46 中的 LED 電流值。

28. 圖 4-46 中的電阻會一直下降到 LED 電流等於 13 mA，試求此時之電阻值。

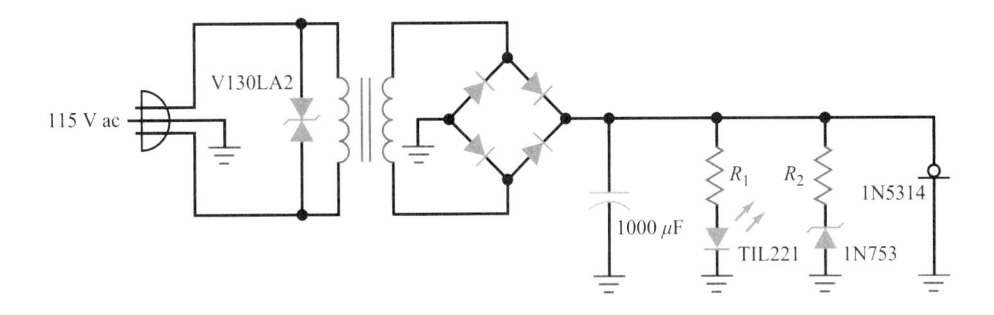

圖 4-45

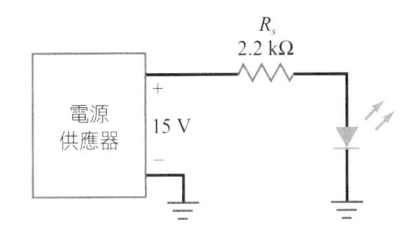

圖 4-46

● 腦力激盪

29. 圖 4-44 的稽納二極體的稽納電阻值為 14 Ω，試求負載電壓，請在計算中包含 R_Z。

30. 圖 4-44 的稽納二極體為 1N4744A，若負載電阻值會從 1 Ω 變化到 10 kΩ，試求最小負載電壓值及最大負載電壓值（請使用第二種近似法求解）。

31. 試設計符合以下規格的稽納穩壓器：負載電壓為 6.8 V、電源電壓為 20 V，及負載電流為 30 mA。

32. TIL312 為七段顯示器，每個區段在 20 mA 電流下會有 1.5 V 和 2 V 間的電壓降，電源電壓為 5 V。試設計一個受開關切換控制的七段顯示電路，而其最大電流汲取能力為 140 mA。

33. 當市電電壓有效值為 115 V，圖 4-45 的二次側電壓有效值為 12.6 V。一天中電力線變化 ±10%，電阻誤差為 ±5%。1N4733A 的誤差為 5%，而稽納電阻值為 7 Ω。若 R_2 為 560 Ω，試求在這天中的任何時刻，稽納電流的最大可能值。

34. 圖 4-45 中，二次側電壓有效值為 12.6 V，各二極體電壓降為 0.7 V。1N5314 為電流 4.7 mA 的定電流二極體。LED 電流為 15.6 mA，而稽納電流為 21.7 mA，濾波電容的誤差為 ±20%。試求最大峰對峰漣波值。

35. 圖 4-47 為腳踏車照明系統的一部分，二極體為蕭特基二極體，使用第二種近似法計算濾波電容上的跨壓。

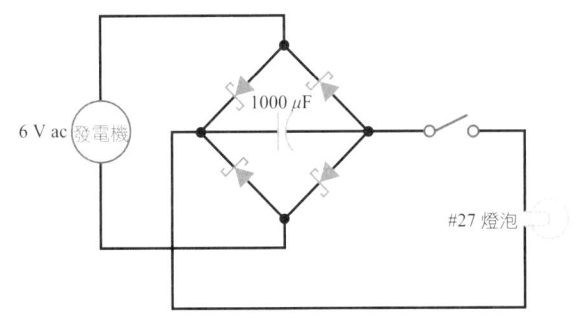

圖 4-47

• Troubleshooting 解決電路問題

如圖 4-48 所示，針對電路問題 T_1 到 T_8，電路檢測表列出了個別電路上各點的電壓值及二極體 D_1 的情況。第一列顯示在正常操作情況下被發現的值。

36. 找出圖 4-48 中問題 1 至 4。
37. 找出圖 4-48 中問題 5 至 8。

	V_A	V_B	V_C	V_D	D_1
OK	18	10.3	10.3	10.3	OK
T_1	18	0	0	0	OK
T_2	18	14.2	14.2	0	OK
T_3	18	14.2	14.2	14.2	∞
T_4	18	18	18	18	∞
T_5	0	0	0	0	OK
T_6	18	10.5	10.5	10.5	OK
T_7	18	14.2	14.2	14.2	OK
T_8	18	0	0	0	0

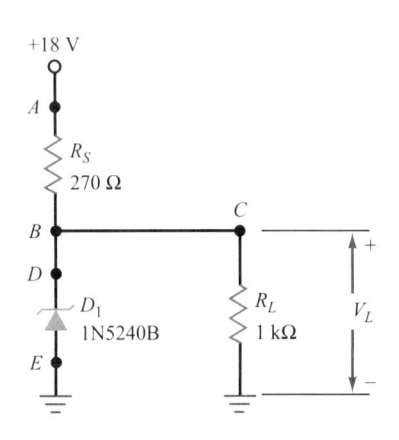

圖 4-48 電路檢測。

• 運用軟體 Multisim 分析與解決問題

Multisim 分析與解決問題的檔案請至所提供的網址下載。網址內的章節序號為原文書的章節序號，請參照書末所附的「中英章節對照表」下載相關檔案。本章相關的檔案為 MTC05-38 到 MTC05-42。

開啟並分析解決各個檔案。執行量測以確認是否有錯，如果有，請查明錯誤。

38. 開啟並分析及解決檔案 MTC05-38。
39. 開啟並分析及解決檔案 MTC05-39。
40. 開啟並分析及解決檔案 MTC05-40。
41. 開啟並分析及解決檔案 MTC05-41。
42. 開啟並分析及解決檔案 MTC05-42。

• 問題回顧

1. 試畫出稽納穩壓器，然後解釋其如何運作且用途與目的為何。
2. 我有個電源供應器會產生 25 V 直流輸出，我想要三個約 15 V、15.7 V 及 16.4 V 的穩壓輸出。請繪出會產生這些輸出電壓的電路．
3. 我有個稽納穩壓器在某天停止穩壓。在我這區域市電有效值會從 105 V 變化到 125 V。而且，稽納穩壓器的負載電阻值會從 100 Ω 變化到 1 kΩ。請說出這天稽納穩壓器會失效的一些可能原因。
4. 今天早晨，我用麵包板兜出了一個 LED 指示器。在我連接 LED 後，我開啟電源，LED

沒有點亮。我確認 LED 且發現它開路，我試著換了另一顆 LED，但結果一樣。試說出一些會這樣的可能原因。
5. 我聽說變容器可以用來調諧電視接收器，請告訴我它如何調諧諧振電路的基本概念。
6. 為何光耦合器可以用在電子電路中？
7. 已知一個標準型塑膠半圓頂式的 LED 包裝，請指出兩種分辨其陰極的方法。
8. 試解釋整流二極體與蕭特基二極體間的不同（若有的話）。
9. 試畫出如圖 4-4a 的電路，除將直流電源換成峰值 40 V 的交流電源之外，試畫出稽納電壓為 10 V 的輸出電壓圖形。

● 自我測驗解答

1. d
2. b
3. b
4. a
5. a
6. c
7. c
8. a
9. c
10. b
11. c
12. a
13. b
14. d
15. d
16. a
17. c
18. c
19. b
20. b
21. a
22. c
23. c
24. c
25. b
26. d
27. a
28. c
29. b
30. b
31. d
32. a

● 練習題解答

4-1　I_S = 24.4 mA

4-3　I_S = 18.5 mA；
　　I_L = 10 mA；
　　I_Z = 8.5 mA

4-5　V_{RL} = 峰對峰值 8 V 的方波

4-7　V_L = 10.1 V

4-8　$V_{R(\text{out})}$ = 峰對峰值 94 mV

4-10　$R_{S(\max)}$ = 65 Ω

4-11　$R_{S(\max)}$ = 495 Ω

4-13　R_S = 330 Ω

4-14　I_S = 27 mA；
　　P = 7.2 W

Chapter 5 雙極性接面電晶體原理

1951 年，威廉‧蕭克利（William Schockley）發明第一個**接面電晶體（junction transistor）**，它是一個半導體元件，可以放大如無線電及電視信號。電晶體已衍生出許多其他包括**積體電路（integrated circuit, IC）**的半導體發明，而積體電路為包含了數千個微小電晶體的小型化電晶體。由於積體電路的出現，使得現代電腦及其他電子奇蹟變得可能。

本章將介紹**雙極性接面電晶體（bipolar junction transistor, BJT）**，其會利用自由電子及電洞兩者。其中，bipolar 這個字係「雙極性」的縮寫，在其他章節中將會探討雙極性接面電晶體是如何當作放大器及開關來使用。

學習目標

在學習完本章後，你應能夠：

- 描述雙極性接面電晶體的基極、射極及集極電流關係。
- 繪出共射極電路圖及標出每一個端點、電壓及電阻值。
- 繪出一個假定的基極特性曲線及一組集極特性曲線，標出兩者的軸。
- 標出雙極性接面電晶體集極特性曲線操作的三個區域。
- 以理想電晶體及第二種電晶體近似法，計算共射極電晶體各自的電流及電壓值。
- 列出數種技術人員可能會用到的雙極性接面電晶體額定值。
- 敘述基極偏壓法為何無法在放大電路中操作良好。
- 對於已知基極偏壓電路，分辨其飽和點及截止點。
- 針對已知基極偏壓電路，計算 Q 點。

章節大綱

5-1　未偏壓電晶體
5-2　偏壓電晶體
5-3　電晶體電流
5-4　共射極連接
5-5　基極特性曲線
5-6　集極特性曲線
5-7　電晶體近似法
5-8　閱讀元件資料手冊
5-9　表面黏著式電晶體
5-10　電流增益的差異
5-11　負載線
5-12　工作點
5-13　認識飽和
5-14　電晶體開關
5-15　電路檢測

詞彙

active region　主動區
amplifying circuit　放大電路
base　基極
base bias　基極偏壓
bipolar junction transistor (BJT)　雙極性接面電晶體
breakdown region　崩潰區
collector　集極
collector diode　集極二極體
common emitter (CE)　共射極
current gain　電流增益
cutoff point　截止點
cutoff region　截止區
dc alpha　直流 α
dc beta　直流 β
emitter　射極
emitter diode　射極二極體
h parameters　h 參數
heat sink　散熱片
integrated circuit (IC)　積體電路
junction transistor　接面電晶體
load line　負載線
power transistors　功率電晶體
quiescent point　靜態點
saturation point　飽和點
saturation region　飽和區
small-signal transistors　小信號電晶體
soft saturation　淺飽和
surface-mount transistors　表面黏著式電晶體
switching circuit　開關電路
thermal resistance　熱阻
two-state circuit　雙態電路

5-1 未偏壓電晶體

電晶體有三個摻雜區，如圖 5-1 所示，下面的區域稱為**射極（emitter）**、中間區域為**基極（base）**，而上面區域則為**集極（collector）**。在實際的電晶體中，基極區遠比集極區與射極區還薄。由於在兩個 n 型區間有個 p 型區，所以圖 5-1 的電晶體為 npn 元件，回想一下在 n 型材料中多數載子是自由電子，而在 p 型材料中則是電洞。

電晶體也可以製作成 pnp 元件。pnp 電晶體的 n 型區位於兩個 p 型區之間。為了避免將電晶體 npn 與 pnp 混淆，一開始的討論將會把焦點放在 npn 電晶體上。

摻雜程度

在圖 5-1 中，射極高度摻雜；另一方面基極則是低度摻雜；而集極摻雜程度則是介於射極與基極的摻雜程度中間。三個區中的結構大小以集極最大。

射極與集極二極體

圖 5-1 的電晶體有兩個接面：一個是位於射極與基極間，另一個則是位於集極與基極間。因此，電晶體就像是兩個背對背的二極體。下面的二極體稱作射基二極體（emitter-base diode）或只稱為**射極二極體（emitter diode）**。上面的二極體稱作集基二極體（collector-base diode）或稱為**集極二極體（collector diode）**。

擴散前後

圖 5-1 為電晶體在發生擴散前的區域。n 型區中的自由電子將擴散過接面而與 p 型區中的電洞再次結合。我們可以看到，在每個 n 型區的自由電子穿過接面而與電洞再次復合。

結果是兩個空乏層，如圖 5-2 所示。對於這些空乏層的每一個而言，矽電晶體在 25°C 時，障壁電位約 0.7 V（鍺電晶體則為 0.3 V）。如前所述，我們會強調矽元件，係由於它們比起鍺元件使用上更廣。

5-2 偏壓電晶體

未偏壓電晶體像是兩個背對背的二極體，如圖 5-2b 所示，每一個二極體有大約 0.7 V 的障壁電位。在使用 DMM 測試 npn 晶體時，請牢

知識補給站
1947 年 12 月 23 日，Walter H. Brattain 與 John Bardeen 在貝爾實驗室驗證第一個電晶體的放大功能。第一個電晶體稱作點接觸電晶體（point-contact transistor），它是蕭克利所發明的接面電晶體的前身。

知識補給站
圖 5-1 中的電晶體有時稱為**雙極性接面電晶體（bipolar junction transistor）**或 BJT。然而，大部分在電子業的人們依然使用電晶體（transistor）這個字，來指稱雙極性電晶體。

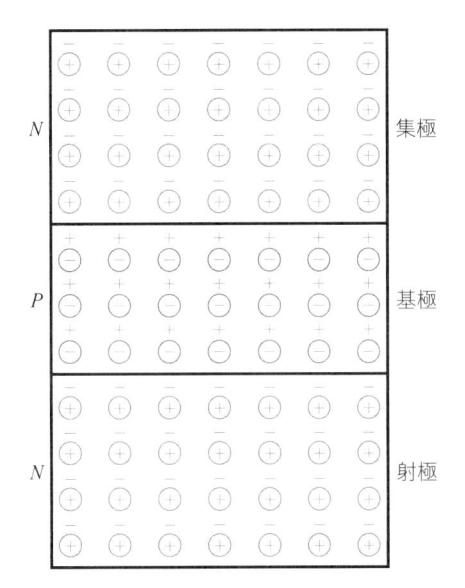

圖 5-1 電晶體的結構。

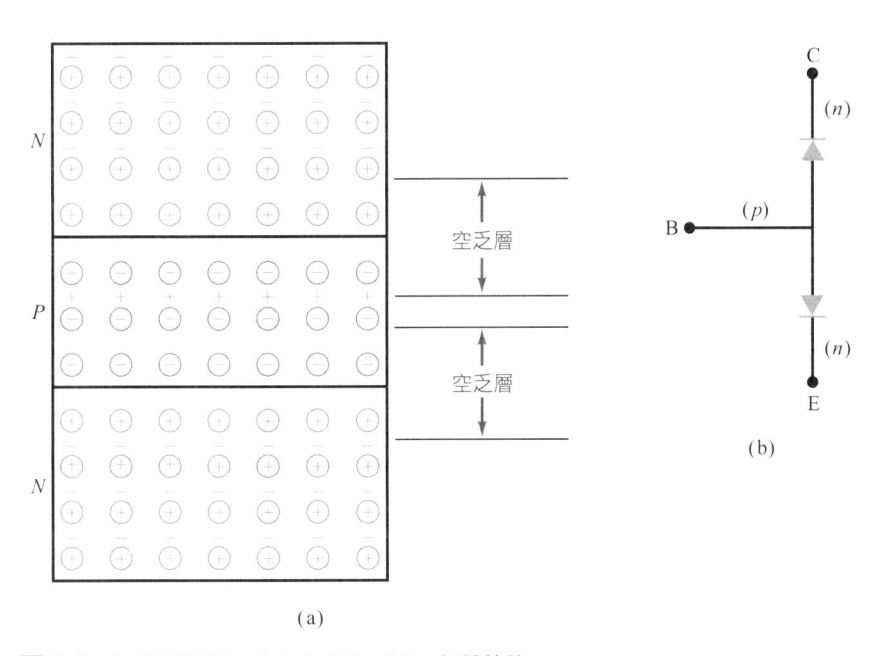

圖 5-2 無偏置晶體管。(a) 空乏層；(b) 二極體等值。

記這個二極體是等效的。當我們連接外部電壓源到電晶體時，將會得到流經電晶體不同部位的電流。

射極電子

圖 5-3 為一個偏壓電晶體，負號代表自由電子。高度摻雜的射極有如下的工作：射出或注入它的自由電子到基極。低度摻雜的基極也有定義好的目的：傳遞射極注入的電子到集極。由於集極收集了基極

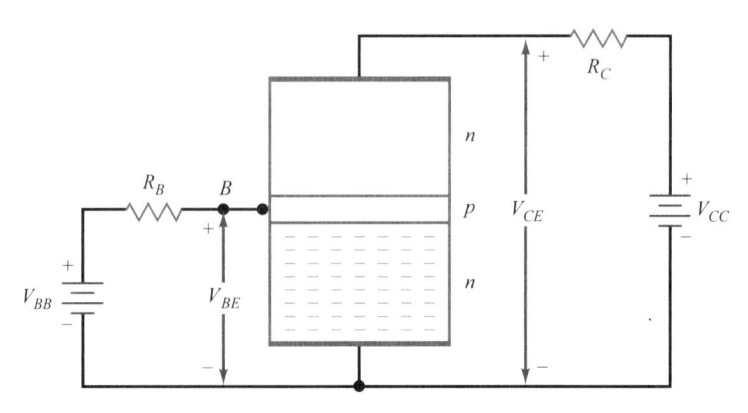

圖 5-3　偏壓電晶體。

大部分的電子，故稱之為集極。

圖 5-3 為電晶體常見偏壓方式，圖 5-3 左邊電源 V_{BB} 將射極二極體順偏，而右邊電源 V_{CC} 則是將集極二極體逆偏。雖然其他偏壓方法是可能的，但是將射極二極體順偏且將集極二極體逆偏，則會產生最有用的結果。

基極電子

在施加順向偏壓於圖 5-3 的射極二極體瞬間，射極的電子尚未進入基極區。若 V_{BB} 大於圖 5-3 中的射基障壁電位，射極電子將如圖 5-4 所示進入基極區。理論上，這些自由電子可以流往兩個方向中的另一邊。其一係它們可以流去左邊而離開基極，穿過迴路上的電阻 R_B 到電源正端。其二是自由電子可以流入集極。

自由電子會往哪一個方向去呢？大部分的自由電子會繼續往集極去，這是為何呢？原因有兩個：基極是低摻雜而且很薄，低摻雜意謂自由電子在基極區中的生存期長；很薄的基極意謂自由電子到達集極的距離很短。由於這兩個原因，幾乎所有的射極注入的電子會通過基極往集極去。

只有一些自由電子會在圖 5-4 低摻雜的基極處與電洞再次結合。然後如價電子般，它們將流過基極電阻往電壓 V_{BB} 的正端去。

集極電子

如圖 5-5 所示，幾乎所有的自由電子會進入集極。一旦它們在集極中，將感受到電壓源 V_{CC} 的吸引力。因此自由電子會流經集極，且穿過電阻 R_C 直到抵達集極供應電壓的正端。

這裡把將會發生的事做一總結：在圖 5-5 中，電壓 V_{BB} 將射極二極

知識補給站

在電晶體中，射基空乏層比集基空乏層還窄。原因在於射極區與集極區摻雜程度的不同。射極區的摻雜程度較高，由於有更多的自由電子，所以穿透進 n 型材料很少。然而，在集極側只有少數的自由電子，且空乏層必須穿透更深以建立障壁電位。

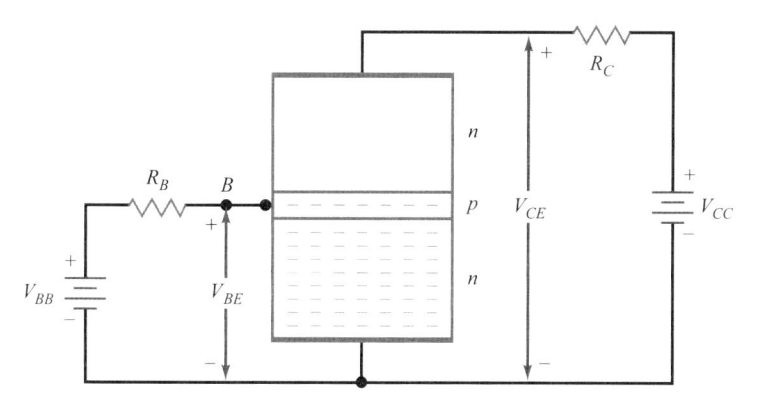

圖 5-4 射極注入自由電子進入基極。

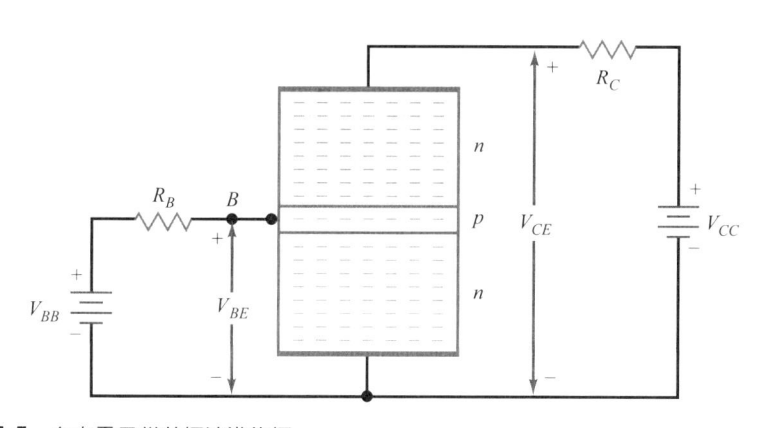

圖 5-5 自由電子從基極流進集極。

體順向偏壓，強迫射極中的自由電子進入基極。薄且低摻雜的基極給了幾乎所有的電子足夠的時間擴散進集極，這些電子流經集極越過電阻 R_C 進入電壓源 V_{CC}。

5-3 電晶體電流

圖 5-6a 及圖 5-6b 為 *npn* 電晶體的電路符號。若你較喜歡傳統的流動方式就使用圖 5-6a，若你偏愛電子流的方式則使用圖 5-6b。在圖 5-6 中，電晶體有三個不同的電流：射極電流 I_E、基極電流 I_B 與集極電流 I_C。

電流的比較情形

由於射極是電子的源頭，所以它會有最大的電流。因大部分的射極電子流往集極，集極電流幾乎是跟射極電流一樣大。相形之下，基極電流很小，常小於集極電流的 1%。

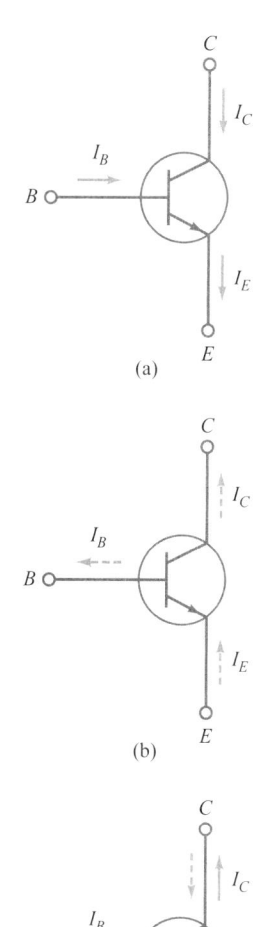

圖 5-6 三個電晶體電流。(a) 傳統流；(b) 電子流；(c) *pnp* 電流。

電流的關係

回想克希荷夫電流定律,它提到流進某點的電流總和會等於流出該點的電流總和。當將此定律應用在電晶體時,我們可獲得重要的關係:

$$I_E = I_C + I_B \tag{5-1}$$

這說明了射極電流會是集極電流與基極電流的總和。由於基極電流很小,所以集極電流近似於射極電流。

$$I_C \approx I_E$$

而基極電流遠小於集極電流:

$$I_B << I_C$$

(註:<<意思是遠小於。)

圖 5-6c 為 *pnp* 電晶體及其電流的圖示符號,注意電流方向跟 *npn* 的相反。再次注意式 (5-1) 對於 *pnp* 電晶體的電流一樣適用。

α

直流 α(**dc alpha**,符號表示為 α_{dc})定義為直流集極電流除以直流射極電流:

$$\alpha_{dc} = \frac{I_C}{I_E} \tag{5-2}$$

因為集極電流幾乎等於射極電流,所以直流 α 值會稍微小於 1。例如在低功率電晶體,其直流 α 值典型會大於 0.99。即使在高功率電晶體,其直流 α 值典型會大於 0.95。

β

電晶體的**直流 β**(**dc beta**,符號表示成 β_{dc})定義為直流集極電流與直流基極電流之比值:

$$\beta_{dc} = \frac{I_C}{I_B} \tag{5-3}$$

由於一個微小的基極電流會控制大很多的集極電流,所以直流 β 也稱作**電流增益**(**current gain**)。

電流增益是電晶體的主要優點,而且已產生多種應用。對於低功

率電晶體（低於 1 W），電流增益典型為 100 至 300，高功率電晶體（超過 1 W）通常有 20 至 100 的電流增益。

兩種推導

式 (5-3) 可以整理成兩種等效型式。首先，當已知 β_{dc} 及 I_B 值，可以此推導算出集極電流值：

$$I_C = \beta_{dc} I_B \qquad (5\text{-}4)$$

第二，當已知 β_{dc} 及 I_C 值，可以此推導算出基極電流值：

$$I_B = \frac{I_C}{\beta_{dc}} \qquad (5\text{-}5)$$

例題 5-1

電晶體集極電流為 10 mA 而基極電流為 40 μA，試求電晶體的電流增益值。

解答 將集極電流除以基極電流可得：

$$\beta_{dc} = \frac{10 \text{ mA}}{40 \text{ }\mu\text{A}} = 250$$

練習題 5-1 若基極電流為 50 μA，試求例題 5-1 中的電晶體電流增益。

例題 5-2

電晶體電流增益為 175。若基極電流為 0.1 mA，試求集極電流值。

解答 電流增益乘以基極電流可得：

$$I_C = 175(0.1 \text{ mA}) = 17.5 \text{ mA}$$

練習題 5-2 若 $\beta_{dc} = 100$，試求例題 5-2 的 I_C 值。

例題 5-3

電晶體集極電流為 2 mA。若電流增益為 135，試求基極電流值。

解答 將集極電流除以電流增益可得：

$$I_B = \frac{2 \text{ mA}}{135} = 14.8 \text{ }\mu\text{A}$$

練習題 5-3 例題 5-3 中，若 $I_C = 10$ mA，試求電晶體基極電流值。

5-4 共射極連接

連接電晶體有三種有用的作法：共射極（common emitter, CE）、共集極（common collector, CC）或共基極（common base, CB）。共集極與共基極接法將在後面章節中做討論，由於共射極接法廣泛地被使用，所以在本章中我們將主要針對共射極接法做說明。

共射極

在圖 5-7a 中，每個電源的參考點或是接地端點連接到射極，因此這電路稱作**共射極（common emitter, CE）**連接，這電路有兩個迴路。左邊迴路為基極迴路，而右邊迴路則為集極迴路。

在基極迴路中，電源 V_{BB} 以電阻 R_B 作為限流電阻來順偏射極二極體。藉由改變電壓 V_{BB} 或電阻 R_B，我們可以改變基極電流。換句話說，基極電流會控制集極電流。這是重要的，它意謂小電流（基極）會控制大電流（集極）。

在集極迴路中，源極電壓 V_{CC} 經過電阻 R_C 逆偏集極二極體。電源電壓 V_{CC} 必須逆偏集極二極體，否則電晶體無法適切地運作。換句話說，在圖 5-7a 中集極必須是正的，以收集注入基極的多數自由電子。

在圖 5-7a 中，左邊迴路中的基極電流會在基極電阻 R_B 上產生如

> **知識補給站**
> 基極迴路有時被稱為輸入迴路，而集極迴路則是輸出迴路。在共射極連接中輸入迴路控制著輸出迴路。

> **知識補給站**
> 「電晶體」最初由 John Pierce 在貝爾實驗室工作時命名。這種新設備是真空管的雙重裝置。真空管具有「跨導」性，而新裝置具有「跨阻」特性。

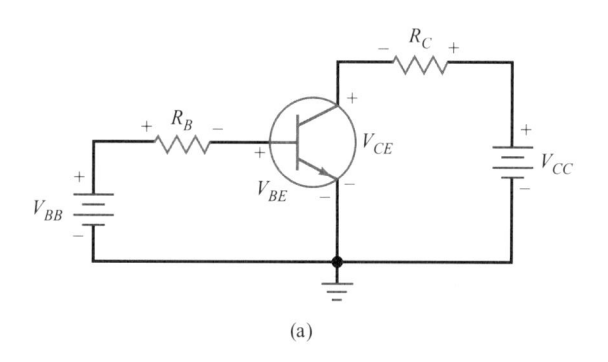

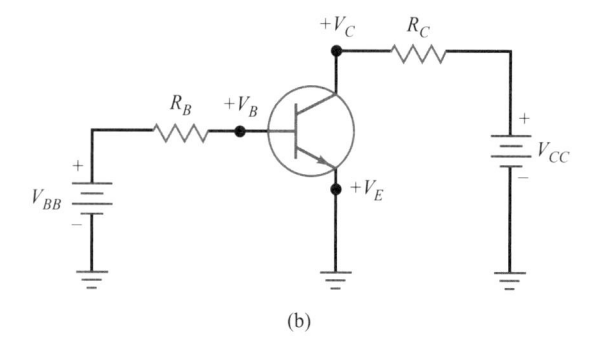

圖 5-7 共射極連接。(a) 基本電路；(b) 帶有地的電路。

圖所示極性的跨壓。同樣地，右邊迴路中的集極電流會在集極電阻 R_C 上產生如圖所示極性的跨壓。

雙下標

雙下標標記法用於電晶體電路時，當電壓的下標都相同時，表示是電壓源（如 V_{BB} 及 V_{CC}）。當電壓的下標不同時，表示的是兩點間的電壓（如 V_{BE} 及 V_{CE}）。

舉例來說，V_{BB} 的下標相同，代表 V_{BB} 是基極電壓源。相同地，V_{CC} 是集極電壓源。另一方面，V_{BE} 則是指點 B（基極）與點 E（射極）間的電壓。同樣地，V_{CE} 是點 C（集極）與點 E（射極）間的電壓。當測量雙下標電壓時，主或正電錶探頭放在第一個下標點上，公共探頭連接到電路的第二個下標點。

單下標

單下標用於節點電壓，即下標所指的點與地間的電壓。例如若重繪帶有地的圖 5-7a，可得圖 5-7b。V_B 是基極與地間的電壓，V_C 是集極與地間的電壓，而 V_E 是射極與地間的電壓（在此電路中，V_E 為零）。

你可以藉由減去它的單下標電壓來計算不同下標的雙下標電壓。這裡有三個例子：

$$V_{CE} = V_C - V_E$$
$$V_{CB} = V_C - V_B$$
$$V_{BE} = V_B - V_E$$

這裡係對於任何電晶體電路，你可以如何地計算出雙下標電壓：由於共射極連接（圖 5-7b）中，V_E 為零，所以電壓會化簡成：

$$V_{CE} = V_C$$
$$V_{CB} = V_C - V_B$$
$$V_{BE} = V_B$$

5-5 基極特性曲線

你認為 I_B 對 V_{BE} 的圖形長得如何？它看起來就像圖 5-8a 中的普通二極體圖形，為什麼長得像呢？這是順偏射極二極體，所以我們會預期看到一般的二極體電流對電壓之圖形，這意謂我們可以使用討論過的任何二極體近似方式。

應用歐姆定律在圖 5-8b 的基極電阻上，可得如下推導：

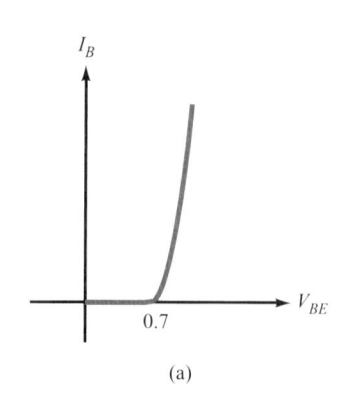

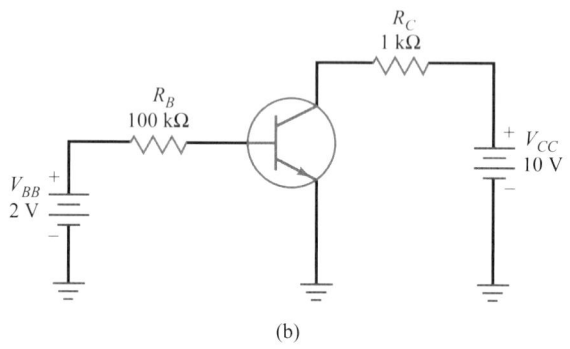

圖 5-8 (a) 二極體特性曲線；(b) 例子。

$$I_B = \frac{V_{BB} - V_{BE}}{R_B} \tag{5-6}$$

若我們用理想二極體，即 $V_{BE} = 0$，利用第二種近似法，則 $V_{BE} = 0.7$ V。

大多數時間，在權衡使用理想二極體的速度與使用較高階近似方式的準確度後，會發現第二種近似法是最好的折衷方式。對於第二種近似法，應記住的是如圖 5-8a 所示的 $V_{BE} = 0.7$ V。

例題 5-4

試以第二種近似法計算圖 5-8b 中的基極電流值。試求基極電阻上的跨壓值，及若 $\beta_{dc} = 200$ 時的集極電流值。

解答 2 V 的基極電壓源透過 100 kΩ 限流電阻順偏射極二極體。由於射極二極體跨壓為 0.7 V，基極電阻上的跨壓為：

$$V_{BB} - V_{BE} = 2 \text{ V} - 0.7 \text{ V} = 1.3 \text{ V}$$

流經基極電阻的電流為：

$$I_B = \frac{V_{BB} - V_{BE}}{R_B} = \frac{1.3 \text{ V}}{100 \text{ k}\Omega} = 13 \text{ μA}$$

以 200 的電流增益，集極電流為：

$$I_C = \beta_{dc}I_B = (200)(13\ \mu A) = 2.6\ mA$$

練習題 5-4 以基極電壓源 $V_{BB} = 4V$，重做例題 5-4。

5-6 集極特性曲線

在圖 5-9a 中，我們已知如何計算基極電流值。由於 V_{BB} 順偏射極二極體，我們所需做的是計算流經基極電阻 R_B 的電流值。現在讓我們轉移注意到集極迴路上。

在圖 5-9a 中，我們可以改變 V_{BB} 與 V_{CC} 以產生不同的電晶體電壓及電流。藉由量測 I_C 及 V_{CE}，我們可以得到 I_C 對 V_{CE} 圖形的資料。

舉例來說，假設改變 V_{BB} 得到 $I_B = 10\ \mu A$。以這定值的基極電流，我們可以變化 V_{CC} 與量測 I_C 及 V_{CE}，標繪資料得出如圖 5-9b 圖形（注意：這圖形是廣泛使用之低功率電晶體 2N3904 的，以其他的電晶體數值來看則可能會改變，但特性曲線的樣子都會相似）。

當 V_{CE} 為零時，集極二極體並非逆偏。這是為何圖形會顯示 V_{CE} 等於零時，集極電流值為零。在圖 5-9b 中，當 V_{CE} 從零上升時，集極電流會突然上升。當 V_{CE} 是幾十分之一伏特時，集極電流會變得幾乎

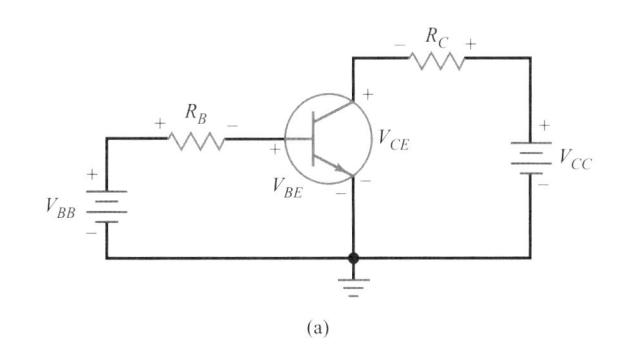

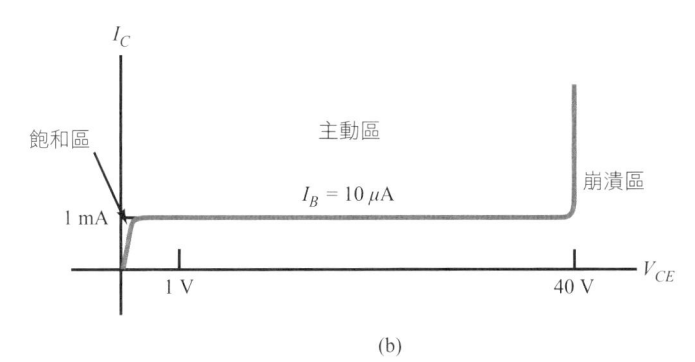

圖 5-9 (a) 基本電晶體電路；(b) 集極特性曲線。

固定而等於 1 mA。

圖 5-9b 的定電流區與稍前討論之電晶體動作有關。在集極二極體變成逆偏之後，它收集所有到達它的空乏層之電子。進一步增加 V_{CE} 不能讓集極電流增加。這是為什麼呢？由於集極只能收集射極注入基極的這些自由電子，這些注入電子的數目只跟基極電路有關，而與集極電路無關。這就是為何圖 5-9b 會顯示出在小於 1 V 的 V_{CE} 到超過 40 V 的 V_{CE} 間的集極電流都是固定的。

若 V_{CE} 大於 40 V，集極二極體會崩潰且電晶體會無法正常動作。電晶體不可在崩潰區操作。因此，在電晶體元件資料上的最大額定值中，我們要找尋一個叫作「集射極崩潰電壓」$V_{CE(\max)}$ 的參數。若電晶體崩潰，則它會故障損毀。

集極電壓與功率

克希荷夫電壓定律提到，一個迴路或是封閉路徑的電壓總和會等於零。當應用於圖 5-9a 的集極電流，由克希荷夫電壓定律可得到以下推導：

$$V_{CE} = V_{CC} - I_C R_C \qquad (5\text{-}7)$$

這意思是集射極跨壓會等於集極電源電壓減去集極電阻上之跨壓。

在圖 5-9a 中，電晶體的功率損耗約為：

$$P_D = V_{CE} I_C \qquad (5\text{-}8)$$

這意思是電晶體功率等於集射跨壓乘以集極電流。這功率損耗會導致集極二極體接面溫度上升，較高的功率會有較高的接面溫度。

當接面溫度介於 150°C 到 200°C 間，電晶體將會燒毀。元件資料手冊上最重要的一件訊息是最大額定功率 $P_{D(\max)}$。式 (5-8) 所提供之功率損耗必須小於 $P_{D(\max)}$，否則電晶體將會損毀。

操作區

圖 5-9b 的曲線有不同的區域，在這些區域中電晶體的動作是會改變的。首先在中間有個區域，在當中 V_{CE} 介於 1 V 與 40 V 之間。這代表了電晶體的正常操作。在這區域中，射極二極體為順向偏壓而集極二極體為逆向偏壓。而且集極幾乎收集了射極送入基極的所有電子，這是為何改變集極電壓對於集極電流沒有影響。這區域稱為**主動區**（**active region**）。以圖形來看，主動區是特性曲線中的水平部分。換句話說，在這區域中集極電流是固定的。

另一個操作區域是**崩潰區**（**breakdown region**），電晶體不會在這區域中操作，因為將會損毀。不像稽納二極體能崩潰操作，電晶體不能在崩潰區操作。

第三，特性曲線中有早爬升的部分，在這裡 V_{CE} 是介於零伏特與幾十分之一伏特間。特性曲線中的傾斜部分稱為**飽和區**（**saturation region**）。在這區域中，集極二極體的正電壓不足以收集所有注入基極的自由電子。在這區域中，基極電流 I_B 大於正常值，且電流增益 β_{dc} 小於正常值。

更多的特性曲線

若量測 I_C 與 I_B = 20 μA 時的 V_{CE} 值，可以繪出如圖 5-10 的第二種特性曲線。這特性曲線類似於第一種特性曲線，除了在主動區的集極電流為 2 mA。同樣地，主動區的集極電流是定值的。

當我們對於不同的基極電流繪出幾個特性曲線時，我們會得到如圖 5-10 中的一組集極特性曲線。另一個得到特性曲線的方法是使用曲線追蹤儀（一種可以顯示電晶體 I_C 對 V_{CE} 的量測儀器）。圖 5-10 中的主動區，每個集極電流比相對應的基極電流大上 100 倍。例如，頂端曲線的集極電流為 7 mA，而基極電流為 70 μA，電流增益為：

$$\beta_{dc} = \frac{I_C}{I_B} = \frac{7 \text{ mA}}{70 \text{ μA}} = 100$$

若檢視其他的曲線，會得到相同的結果：電流增益為 100。

知識補給站

當以曲線追蹤儀來顯示時，圖 5-10 中的集極特性曲線在 V_{CE} 增加時，實際上會有稍微上揚的斜率。這上升是由於當 V_{CE} 增加時，基極區會變得稍微小的結果（當 V_{CE} 增加時，CB 空乏層會變寬，因此基極會變窄）。更小的基極區，對於再結合所需可用之電洞會變得更少。由於每個特性曲線代表固定的基極電流，這結果看起來就像集極電流增加。

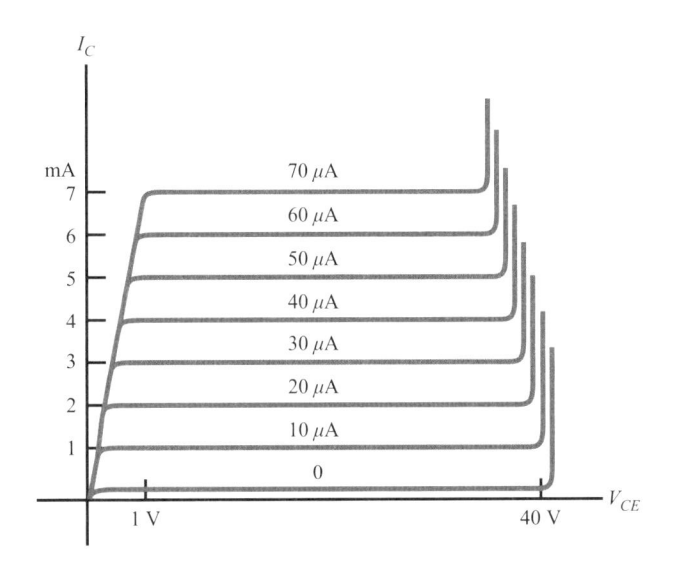

圖 5-10 集極特性曲線組。

以其他的電晶體來看，電流增益就可能不是 100 了，但是曲線的形狀會類似。所有電晶體都有主動區、飽和區及崩潰區，因為信號放大是在主動區，所以主動區最重要。

截止區

圖 5-10 下有一條非預期的曲線，這代表第四個可能的操作區域。注意基極電流為零，但是仍然會有小小的集極電流存在。這電流在曲線追蹤儀上，通常是小到無法看見的。底下的曲線是我們把它畫大來看的。這條底部的曲線，稱作電晶體的**截止區（cutoff region）**，而這小小的集極電流稱作集極截止電流（collector cutoff current）。

為何集極截止電流會存在？由於集極二極體有反向的少數載子電流與表面的漏電流。在設計良好的電路中，集極截止電流小到足夠忽略。例如，2N3904 有 50 nA 的集極截止電流。若實際的集極電流為 1 mA，忽略 50 nA 的集極截止電流，僅會產生低於 5% 的計算誤差。

要點

電晶體有四個不同的操作區：主動區、截止區、飽和區及崩潰區。當用作放大微弱信號時，電晶體在主動區操作。由於輸入信號的改變會在輸出信號中產生成正比的變化，有時候主動區稱作線性區（linear region）。飽和區與截止區在被稱為**開關電路（switching circuits）**的數位與電腦電路中是有用的。

例題 5-5

圖 5-11a 的電晶體 $\beta_{dc} = 300$，試求 I_B、I_C、V_{CE} 及 P_D。

解答 圖 5-11b 為帶有地的相同電路。基極電流等於：

$$I_B = \frac{V_{BB} - V_{BE}}{R_B} = \frac{10 \text{ V} - 0.7 \text{ V}}{1 \text{ M}\Omega} = 9.3 \text{ }\mu\text{A}$$

集極電流為：

$$I_C = \beta_{dc} I_B = (300)(9.3 \text{ }\mu\text{A}) = 2.79 \text{ mA}$$

而集射極電壓為：

$$V_{CE} = V_{CC} - I_C R_C = 10 \text{ V} - (2.79 \text{ mA})(2 \text{ k}\Omega) = 4.42 \text{ V}$$

集極功率損耗為：

$$P_D = V_{CE} I_C = (4.42 \text{ V})(2.79 \text{ mA}) = 12.3 \text{ mW}$$

第 5 章　雙極性接面電晶體原理　**199**

(a)

(b)

(c)

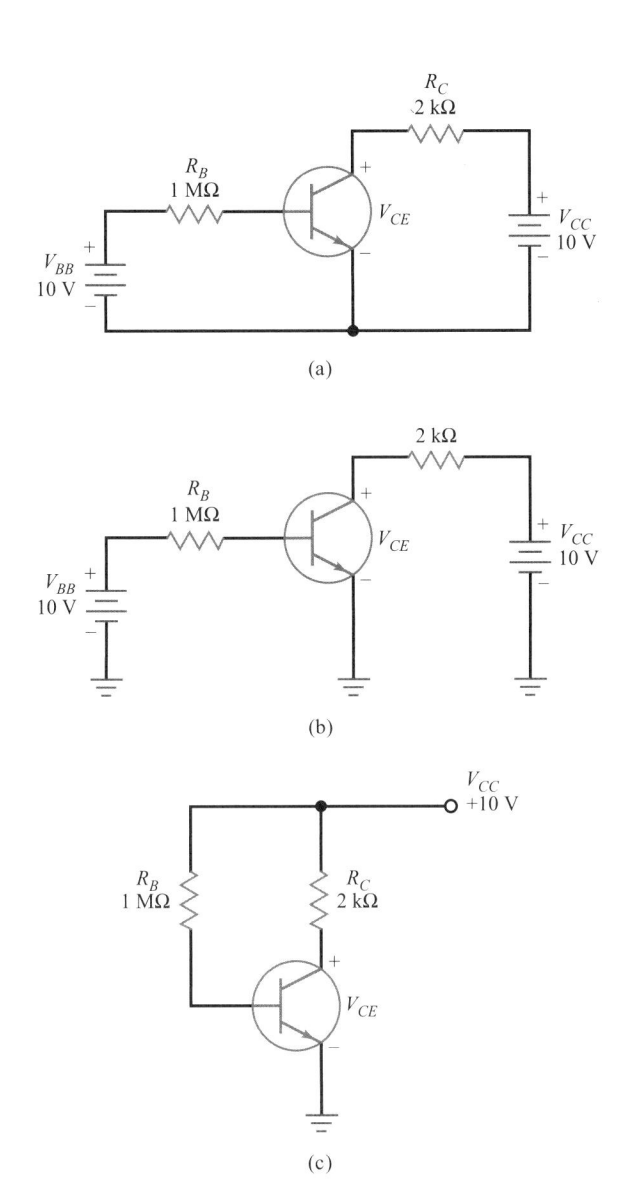

圖 5-11　電晶體電路。(a) 基本線路圖；(b) 帶有地的電路；(c) 簡化後的線路圖。

如圖 5-11b，當基極與集極供應電壓相同時，通常會看到畫成圖 5-11c 的簡單型式。

練習題 5-5　將 R_B 改成 680 kΩ，並重做例題 5-5。

應用題 5-6

|||MultiSim

圖 5-12 為利用模擬軟體 MultiSim 所建構出來的電晶體電路，試計算 2N4424 的電流增益值。

解答　首先，求出基極電流值如下：

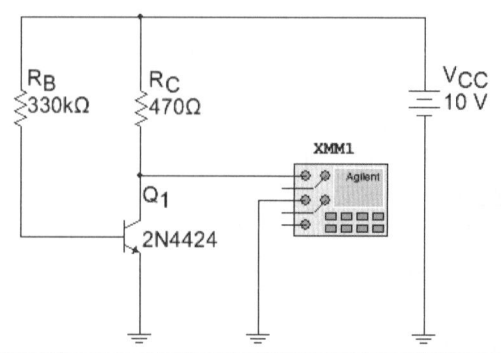

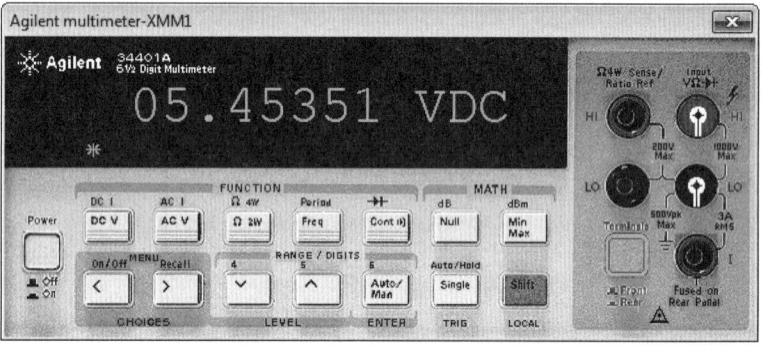

圖 5-12 計算 2N4424 電流增益的 MultiSim 電路。

$$I_B = \frac{10 \text{ V} - 0.7 \text{ V}}{330 \text{ k}\Omega} = 28.2 \text{ }\mu\text{A}$$

接著，我們需要集極電流。由於電表指出集射極電壓為 5.45 V，所以跨在集極電阻上的電壓為：

$$V = 10 \text{ V} - 5.45 \text{ V} = 4.55 \text{ V}$$

由於集極電流流經集極電阻，我們可使用歐姆定理得出集極電流值：

$$I_C = \frac{4.55 \text{ V}}{470 \text{ }\Omega} = 9.68 \text{ mA}$$

現在，我們可算出電流增益值：

$$\beta_{dc} = \frac{9.68 \text{ mA}}{28.2 \text{ }\mu\text{A}} = 343$$

元件 2N4424 是電晶體裡的高電流增益例子，小信號電晶體 β_{dc} 的典型範圍是 100 至 300。

練習題 5-6 利用模擬軟體 MultiSim，改變圖 5-12 的基極電阻成 560 kΩ，試求 2N4424 的電流增益值。

5-7 電晶體近似法

圖 5-13a 為一電晶體，跨於射極二極體上的電壓為 V_{BE}，而跨於集射極電壓則為 V_{CE}，試求電晶體的等效電路。

理想近似法

圖 5-13b 為電晶體的理想近似法。我們視射極二極體為理想二極體。在這情形中，$V_{BE} = 0$。這讓我們快速與容易地計算出基極電流值。當我們需要獲得大致的基極電流值時，這等效電路對於電路檢測常是有用的。

如圖 5-13b 所示，電晶體集極側如同一電流源，使 $\beta_{dc}I_B$ 的集極電流流過集極電阻。因此，在算出基極電流之後，可以乘上電流增益得到集極電流值。

知識補給站
雙極性電晶體常用作定電流源。

第二種近似法

圖 5-13c 為電晶體的第二種近似法。當基極供應電壓小時，因為它能顯著改善分析，這方式很常被採用。

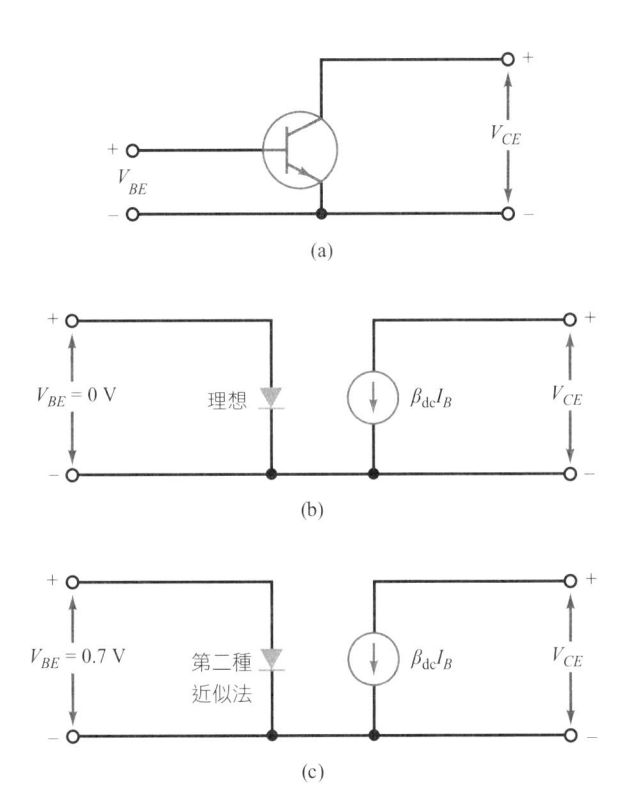

圖 5-13 電晶體近似法。(a) 原本的元件；(b) 理想的近似法；(c) 第二種近似法。

這次我們使用二極體的第二種近似法來計算基極電流。對於矽電晶體，這意謂 $V_{BE} = 0.7$ V（鍺電晶體 $V_{BE} = 0.3$ V）。利用第二種近似法，基極與集極電流將會稍低於它們的理想值。

高階近似法

射極二極體的本體電阻，只會在大電流的高功率應用中變得重要。射極二極體的本體電阻作用，會讓電壓 V_{BE} 超過 0.7 V。例如，在一些高功率電路中，跨於基射二極體的電壓可能會大於 1 V。

同樣地，在一些設計中集極二極體的本體電阻可能會有顯著的作用。除了射極與集極的本體電阻之外，電晶體有許多其他高次的影響，使得徒手計算變得冗長與耗時，針對這原因，高於第二種近似法就應使用電腦來運算了。

例題 5-7

試以理想電晶體，求解圖 5-14 中之集射極電壓值。

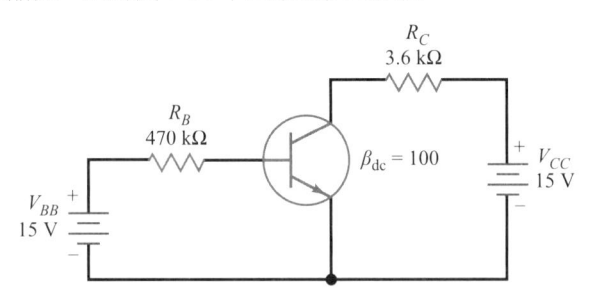

圖 5-14 例子。

解答 理想射極二極體意謂：

$$V_{BE} = 0$$

因此，電阻 R_B 上面的跨壓為 15 V，歐姆定律告訴我們：

$$I_B = \frac{15 \text{ V}}{470 \text{ k}\Omega} = 31.9 \text{ } \mu\text{A}$$

集極電流等於電流增益乘上基極電流：

$$I_C = 100(31.9 \text{ } \mu\text{A}) = 3.19 \text{ mA}$$

接下來，我們計算集射極電壓值。它等於集極電源電壓減去集極電阻上之電壓降：

$$V_{CE} = 15 \text{ V} - (3.19 \text{ mA})(3.6 \text{ k}\Omega) = 3.52 \text{ V}$$

在像圖 5-14 的電路中，知道射極電流值不重要，所以大多數人不會去計算它。但是因為這是例題，所以才去計算射極電流值。它會等於集極電

流與基極電流的總和：

$$I_E = 3.19 \text{ mA} + 31.9 \text{ μA} = 3.22 \text{ mA}$$

這個數值很接近集極電流值，這是我們不須費事去算出射極電流值的另一個原因，大多數人會說射極電流約為 3.19 mA（集極電流值）。

例題 5-8

試以第二種近似法，求圖 5-14 中的集射極電壓值。

解答　在圖 5-14 中，這裡是你如何以第二種近似法來計算電流與電壓值的情形。跨在射極二集體上的電壓值為：

$$V_{BE} = 0.7 \text{ V}$$

因此，跨在電阻 R_B 上的全部電壓為 14.3 V，它是 15 V 與 0.7 V 間的差值。基極電流為：

$$I_B = \frac{14.3 \text{ V}}{470 \text{ kΩ}} = 30.4 \text{ μA}$$

集極電流等於電流增益乘上基極電流：

$$I_C = 100(30.4 \text{ μA}) = 3.04 \text{ mA}$$

集射極電壓等於：

$$V_{CE} = 15 \text{ V} - (3.04 \text{ mA})(3.6 \text{ kΩ}) = 4.06 \text{ V}$$

這個答案比理想答案約改善了 0.5 V（4.06 V 相對於 3.52 V）。這 0.5 V 重要嗎？它端視你是在檢測或是設計電路等。

例題 5-9

假設你量到的 $V_{BE} = 1$ V，試求圖 5-14 的集射極電壓值。

解答　跨在電阻 R_B 上的全部電壓為 14 V，它是 15 V 與 1 V 間的電壓差值，歐姆定律告訴我們基極電流為：

$$I_B = \frac{14 \text{ V}}{470 \text{ kΩ}} = 29.8 \text{ μA}$$

集極電流等於電流增益乘上基極電流：

$$I_C = 100(29.8 \text{ μA}) = 2.98 \text{ mA}$$

集射極電壓等於：

$$V_{CE} = 15 \text{ V} - (2.98 \text{ mA})(3.6 \text{ kΩ}) = 4.27 \text{ V}$$

例題 5-10

若基極供應電壓為 5 V，試求前三個例題中集射極電壓值。

解答 利用理想二極體來看：

$$I_B = \frac{5\ V}{470\ k\Omega} = 10.6\ \mu A$$

$$I_C = 100\ (10.6\ \mu A) = 1.06\ mA$$

$$V_{CE} = 15\ V - (1.06\ mA)(3.6\ k\Omega) = 11.2\ V$$

以第二種近似法來看：

$$I_B = \frac{4.3\ V}{470\ k\Omega} = 9.15\ \mu A$$

$$I_C = 100(9.15\ \mu A) = 0.915\ mA$$

$$V_{CE} = 15\ V - (0.915\ mA)(3.6\ k\Omega) = 11.7\ V$$

以量測的 V_{BE} 來看：

$$I_B = \frac{4\ V}{470\ k\Omega} = 8.51\ \mu A$$

$$I_C = 100(8.51\ \mu A) = 0.851\ mA$$

$$V_{CE} = 15\ V - (0.851\ mA)(3.6\ k\Omega) = 11.9\ V$$

　　這例題允許我們針對低基極供應電壓的情況來比較三種近似法。如我們所見，所有的答案都不會超過 1 V。對於所用的任一個近似法，這是第一個線索，若正在電路檢測，理想的分析將會是適合的。但如果是在設計電路時，可能就會想要電腦來輔助，因為會比較準確。總結表 5-1 繪出理想與第二種電晶體近似法的差異。

練習題 5-10 以 7 V 的基極供應電壓重做例題 5-10。

5-8　閱讀元件資料手冊

　　小信號電晶體（small-signal transistors）功率損耗能低於 1 W，**功率電晶體**（power transistors）功率損耗能超過 1 W。當看任何一種電晶體的元件資料手冊時，應從最大額定值開始讀起，因為它們是電晶體電流、電壓與其他電量的限制值。

總結表 5-1 電晶體電路近似方式

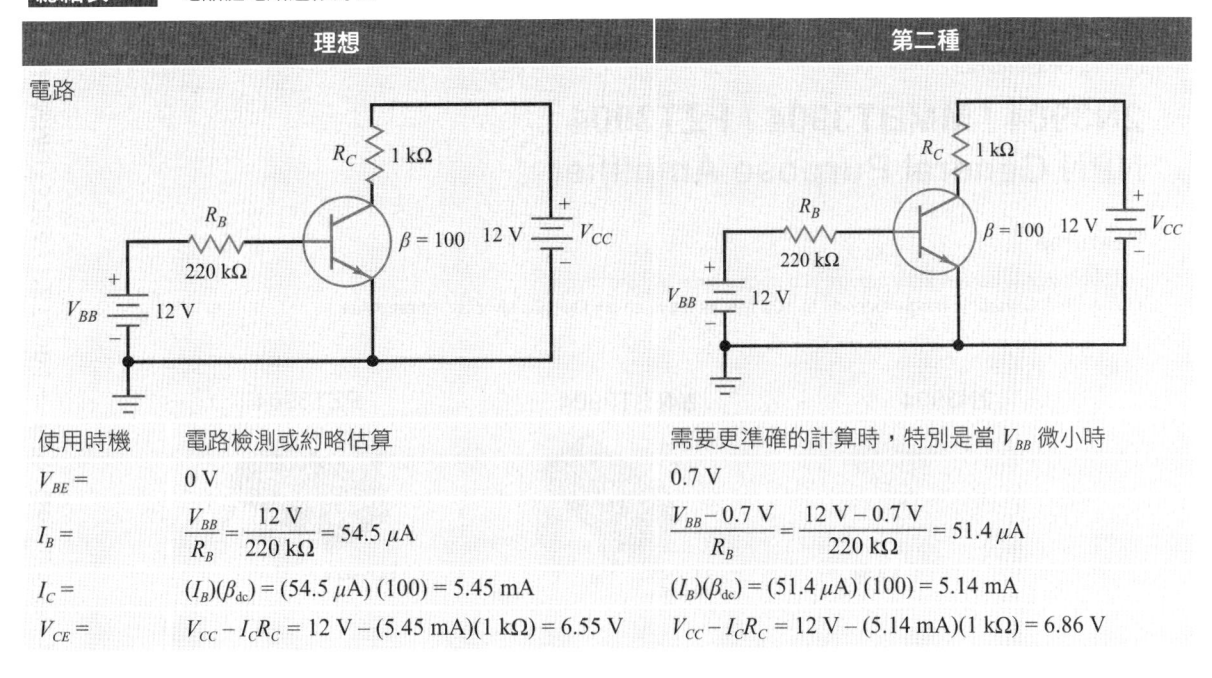

	理想	第二種
電路	R_C = 1 kΩ, R_B = 220 kΩ, β = 100, V_{CC} = 12 V, V_{BB} = 12 V	R_C = 1 kΩ, R_B = 220 kΩ, β = 100, V_{CC} = 12 V, V_{BB} = 12 V
使用時機	電路檢測或約略估算	需要更準確的計算時，特別是當 V_{BB} 微小時
$V_{BE} =$	0 V	0.7 V
$I_B =$	$\dfrac{V_{BB}}{R_B} = \dfrac{12\text{ V}}{220\text{ k}\Omega} = 54.5\ \mu\text{A}$	$\dfrac{V_{BB} - 0.7\text{ V}}{R_B} = \dfrac{12\text{ V} - 0.7\text{ V}}{220\text{ k}\Omega} = 51.4\ \mu\text{A}$
$I_C =$	$(I_B)(\beta_{dc}) = (54.5\ \mu\text{A})(100) = 5.45\text{ mA}$	$(I_B)(\beta_{dc}) = (51.4\ \mu\text{A})(100) = 5.14\text{ mA}$
$V_{CE} =$	$V_{CC} - I_C R_C = 12\text{ V} - (5.45\text{ mA})(1\text{ k}\Omega) = 6.55\text{ V}$	$V_{CC} - I_C R_C = 12\text{ V} - (5.14\text{ mA})(1\text{ k}\Omega) = 6.86\text{ V}$

額定崩潰值

如圖 5-15 的元件資料手冊，2N3904 的最大額定值為：

V_{CEO}　　40 V
V_{CBO}　　60 V
V_{EBO}　　 6 V

這些電壓額定值是逆向崩潰電壓，而 V_{CEO} 是基極開路下集極與射極間的電壓值。第二個額定值 V_{CBO} 是射極開路下集極到基極的電壓值。一般而言，保守的設計不允許電壓接近其最大額定值。當其接近額定值時，一些元件的壽命會縮短。

最大電流與功率

元件資料手冊上所顯示的數值為：

I_C　　200 mA
P_D　　625 mW

I_C 是最大集極直流額定電流值。這代表 2N3904 可以處理高到 200 mA 的直流，沒有超過所提供的額定功率。下一個額定值 P_D 為元件最大額定功率值，額定功率端視有無做任何的手段，以保持電晶體冷卻。若電晶體沒有風扇冷卻，也沒有散熱片，那它的外殼溫度 T_C 將會遠超過環境溫度 T_A。

FAIRCHILD
SEMICONDUCTOR®

October 2011

2N3904 / MMBT3904 / PZT3904
NPN General Purpose Amplifier

Features
- This device is designed as a general purpose amplifier and switch.
- The useful dynamic range extends to 100 mA as a switch and to 100 MHz as an amplifier.

2N3904 — TO-92 — E B C

MMBT3904 — SOT-23 Mark:1A — C, B, E

PZT3904 — SOT-223 — C, B, E, C

Absolute Maximum Ratings* T_a = 25°C unless otherwise noted

Symbol	Parameter	Value	Units
V_{CEO}	Collector-Emitter Voltage	40	V
V_{CBO}	Collector-Base Voltage	60	V
V_{EBO}	Emitter-Base Voltage	6.0	V
I_C	Collector Current - Continuous	200	mA
T_J, T_{stg}	Operating and Storage Junction Temperature Range	-55 to +150	°C

* These ratings are limiting values above which the serviceability of any semiconductor device may be impaired.

NOTES:
1) These ratings are based on a maximum junction temperature of 150 degrees C.
2) These are steady state limits. The factory should be consulted on applications involving pulsed or low duty cycle operations.

Thermal Characteristics T_a = 25°C unless otherwise noted

Symbol	Parameter	Max. 2N3904	Max. *MMBT3904	Max. **PZT3904	Units
P_D	Total Device Dissipation Derate above 25°C	625 5.0	350 2.8	1,000 8.0	mW mW/°C
$R_{\theta JC}$	Thermal Resistance, Junction to Case	83.3			°C/W
$R_{\theta JA}$	Thermal Resistance, Junction to Ambient	200	357	125	°C/W

* Device mounted on FR-4 PCB 1.6" X 1.6" X 0.06".
** Device mounted on FR-4 PCB 36 mm X 18 mm X 1.5 mm; mounting pad for the collector lead min. 6 cm^2.

© 2011 Fairchild Semiconductor Corporation
2N3904 / MMBT3904 / PZT3904 Rev. B0
www.fairchildsemi.com

圖 5-15　(a) 2N3904 的元件資料手冊。

Electrical Characteristics T_a = 25°C unless otherwise noted

Symbol	Parameter	Test Condition	Min.	Max.	Units
OFF CHARACTERISTICS					
$V_{(BR)CEO}$	Collector-Emitter Breakdown Voltage	I_C = 1.0mA, I_B = 0	40		V
$V_{(BR)CBO}$	Collector-Base Breakdown Voltage	I_C = 10μA, I_E = 0	60		V
$V_{(BR)EBO}$	Emitter-Base Breakdown Voltage	I_E = 10μA, I_C = 0	6.0		V
I_{BL}	Base Cutoff Current	V_{CE} = 30V, V_{EB} = 3V		50	nA
I_{CEX}	Collector Cutoff Current	V_{CE} = 30V, V_{EB} = 3V		50	nA
ON CHARACTERISTICS*					
h_{FE}	DC Current Gain	I_C = 0.1mA, V_{CE} = 1.0V	40		
		I_C = 1.0mA, V_{CE} = 1.0V	70		
		I_C = 10mA, V_{CE} = 1.0V	100	300	
		I_C = 50mA, V_{CE} = 1.0V	60		
		I_C = 100mA, V_{CE} = 1.0V	30		
$V_{CE(sat)}$	Collector-Emitter Saturation Voltage	I_C = 10mA, I_B = 1.0mA		0.2	V
		I_C = 50mA, I_B = 5.0mA		0.3	V
$V_{BE(sat)}$	Base-Emitter Saturation Voltage	I_C = 10mA, I_B = 1.0mA	0.65	0.85	V
		I_C = 50mA, I_B = 5.0mA		0.95	V
SMALL SIGNAL CHARACTERISTICS					
f_T	Current Gain - Bandwidth Product	I_C = 10mA, V_{CE} = 20V, f = 100MHz	300		MHz
C_{obo}	Output Capacitance	V_{CB} = 5.0V, I_E = 0, f = 1.0MHz		4.0	pF
C_{ibo}	Input Capacitance	V_{EB} = 0.5V, I_C = 0, f = 1.0MHz		8.0	pF
NF	Noise Figure	I_C = 100μA, V_{CE} = 5.0V, R_S = 1.0kΩ, f = 10Hz to 15.7kHz		5.0	dB
SWITCHING CHARACTERISTICS					
t_d	Delay Time	V_{CC} = 3.0V, V_{BE} = 0.5V		35	ns
t_r	Rise Time	I_C = 10mA, I_{B1} = 1.0mA		35	ns
t_s	Storage Time	V_{CC} = 3.0V, I_C = 10mA,		200	ns
t_f	Fall Time	I_{B1} = I_{B2} = 1.0mA		50	ns

* Pulse Test: Pulse Width ≤ 300μs, Duty Cycle ≤ 2.0%

Ordering Information

Part Number	Marking	Package	Packing Method	Pack Qty
2N3904BU	2N3904	TO-92	BULK	10000
2N3904TA	2N3904	TO-92	AMMO	2000
2N3904TAR	2N3904	TO-92	AMMO	2000
2N3904TF	2N3904	TO-92	TAPE REEL	2000
2N3904TFR	2N3904	TO-92	TAPE REEL	2000
MMBT3904	1A	SOT-23	TAPE REEL	3000
MMBT3904_D87Z	1A	SOT-23	TAPE REEL	10000
PZT3904	3904	SOT-223	TAPE REEL	2500

圖 5-15 (b) 2N3904 的元件資料手冊（續）。

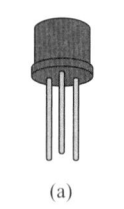

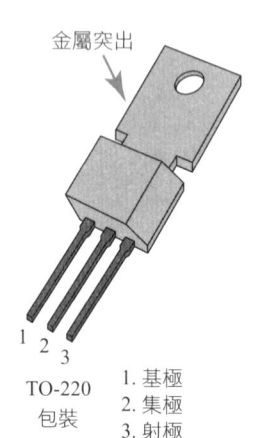

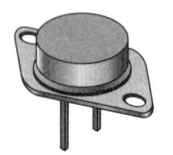

在多數應用中,像 2N3904 小信號電晶體沒有風扇冷卻,且沒有散熱片。在這情況中,當環境溫度 T_A = 25°C 時,2N3904 的額定功率為 625 mW。

外殼溫度 T_C 為電晶體封裝或包裝上的溫度。在多數應用中,由於電晶體內部的熱使得外殼溫度增加,所以外殼溫度將會高於 25°C。

當室溫為 25°C 時,保持外殼溫度在 25°C 的唯一方法,是藉由風扇冷卻或大的散熱片。若使用風扇冷卻或大散熱片,可能降低電晶體外殼的溫度到 25°C。對於這情況,額定功率可以增加到 1.5 W。

降額因數

降額因素的重要性是什麼?降額因數告訴我們必須如何降低元件的額定功率。元件 2N3904 的降額因數已知為 5 mW/°C,這意謂必須藉由超過 25°C,每升高一度降低 5 mW 來降低 625 mW 的額定功率。

散熱片

降低電晶體額定功率的一個方法,是快速地清除內部的熱,這就是**散熱片(heat sink)**(一塊金屬片)的目的。若我們增加電晶體外殼的表面積,可以讓熱更容易地逸散至周圍空氣中。例如,圖 5-16a 為一種散熱片,當它貼附在電晶體外殼上,由於鰭片表面積增加,使得輻射散熱速度可以更快。

圖 5-16b 為另一種方法,這是具有突出金屬散熱功能的功率電晶體外觀。對於熱而言,這個金屬突出物提供電晶體一個外部散熱路徑。這突出金屬被固定在電子設備的機殼上。由於機殼相當於一個大散熱片,所以熱可以輕易地從電晶體上散失到機殼去。

像圖 5-16c 的高功率電晶體集極連到外殼,讓熱盡可能容易地散掉。然後電晶體外殼固定到機殼,為避免集極短路到機殼的地去,會在電晶體外殼及機殼間使用薄薄的絕緣墊圈及導熱化合物。這個重要的概念是讓熱可以更快離開電晶體,意味電晶體在相同室溫下可以有更高的額定功率能力。有時候電晶體是固定在鰭狀的大散熱片上,這讓熱可以更有效率地從電晶體上移走。圖 5-16c 是從電晶體的底部來看,可看到基極與射極的腳位(接腳指向你),請注意基極與射極的接腳是偏離中央位置的。

不管使用何種散熱片,目的都是為了降低外殼溫度。因為這可以降低電晶體內部或接面溫度,元件資料手冊包含其他稱為**熱阻(thermal resistance)**的量。這些讓設計者可以針對不同的散熱片算出外殼溫度。

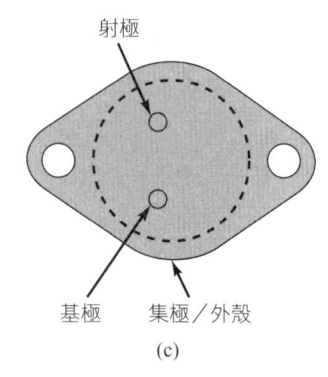

圖 5-16 (a) 推放式散熱片;(b) 具有突出金屬散熱的功率電晶體;(c) 集極連接外殼的功率電晶體。

電流增益

另一種分析系統稱為 **h 參數**（*h* parameters），電流增益符號被定義為 h_{FE} 而不是 β_{dc}。這兩個量是相等的：

$$\beta_{dc} = h_{FE} \tag{5-9}$$

由於元件資料手冊會使用 h_{FE} 這個符號表示電流增益，所以請記得此關係式。

在標示「導通特性」的章節中，2N3904 的元件資料手冊列出的 h_{FE} 值，如下所示：

I_C, mA	Min. h_{FE}	Max. h_{FE}
0.1	40	—
1	70	—
10	100	300
50	60	—
100	30	—

當集極電流約為 10 mA 時，2N3904 的運作會最佳。在這等級的電流下，最小電流增益為 100，而最大電流增益為 300。這代表什麼呢？它意謂若採用 2N3904s 大量生產電路，而集極電流為 10 mA，一些電晶體將會有跟 100 一樣小的電流增益值，而一些則會有跟 300 一樣大的電流增益值。大部分的電晶體將會有這範圍中間的電流增益。

請注意，小於或大於 10 mA 的集極電流，其最小電流增益是如何下降的。在 0.1 mA 下，最小電流增益值為 40；而在 100 mA 下，最小電流增益值為 30。由於最小值代表最壞的情況，元件資料手冊只會顯示那些跟 10 mA 不同的電流，10 mA 代表它們的最小電流增益值。設計者通常會做最壞情況時的設計，即他們會找出在電路特性（如電流增益等）最壞的情況時，電路會是如何運作的。

例題 5-11

電晶體 2N3904 的 V_{CE} 為 10 V，而 I_C 為 20 mA。試求若室溫 25°C 下的功率損耗值，這樣的功率損耗值安全嗎？

解答　將 V_{CE} 乘上 I_C 可得：

$$P_D = (10 \text{ V})(20 \text{ mA}) = 200 \text{ mW}$$

這樣安全嗎？若室溫為 25°C，電晶體的功率損耗為 625 mW，這意謂電晶體在它的額定功率值內。

如你所知，一個好的設計會包含安全因數，以確保電晶體有更長的操

作壽命。安全因數 2 或更大值是常見的。安全因數 2 代表設計者會允許到 625 mW 的一半，即 312 mW。因此在室溫 25°C 下，只有 200 mW 的功率算是非常保守的。

例題 5-12

試求若例題 5-11 中室溫為 100°C 時的安全功率損耗值。

解答 首先，求出超過參考溫度 25°C 的新室溫值，如下所示：

$$100°C - 25°C = 75°C$$

有時會看到寫成：

$$\Delta T = 75°C$$

其中 Δ 表示「差異」，代表溫度差等於 75°C。

現在，溫度降額因數藉由乘上溫度差可得：

$$(5 \text{ mW/°C})(75°C) = 375 \text{ mW}$$

你可以常常看到寫成：

$$\Delta P = 375 \text{ mW}$$

這裡的 ΔP 代表功率差值，最後從 25°C 的額定功率值減去功率差值：

$$P_{D(\max)} = 625 \text{ mW} - 375 \text{ mW} = 250 \text{ mW}$$

這是當室溫為 100°C 時電晶體的額定功率值。

這樣的設計安全嗎？因為它的功率為 200 mW，相較於最大額定功率為 250 mW，所以電晶體仍然安好。但我們不再有 2 的安全因數時，若室溫進一步上升或是如果功率損耗增加，接近燒毀點時電晶體可能就會有危險。因此，設計者可能會重新設計電路，以恢復到 2 的安全因數。這代表會改變電路值，以便獲得 250 mW 的一半功率損耗，即 125 mW。

練習題 5-12 使用安全因數 2，若室溫 75°C 時，你能安全地使用例題 5-12 的 2N3904 電晶體嗎？

5-9 表面黏著式電晶體

表面黏著式電晶體（surface-mount transistors）常被發現是簡單的三端元件及鷗翼式（gull-wing）的包裝方式。SOT-23 的包裝型式是兩個當中較小的，且用於額定功率範圍等級為毫瓦級的電晶體。SOT-223 是較大的包裝型式，且在額定功率值約 1 W 時使用。

圖 5-17 為典型的 SOT-23 包裝型式。從上面來看，端點上的數字是採逆時針方向標示，只有端點 3 在一邊。對雙極性電晶體端點的配

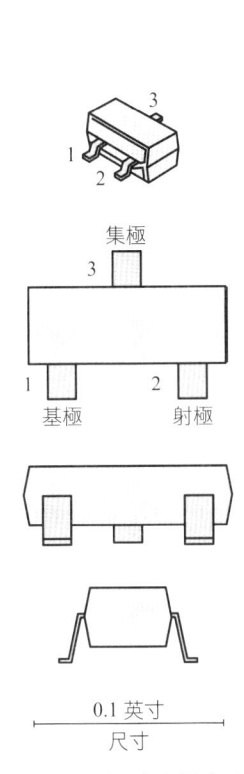

圖 5-17　SOT-23 包裝適合額定功率值小於 1 W 的 SM 電晶體。

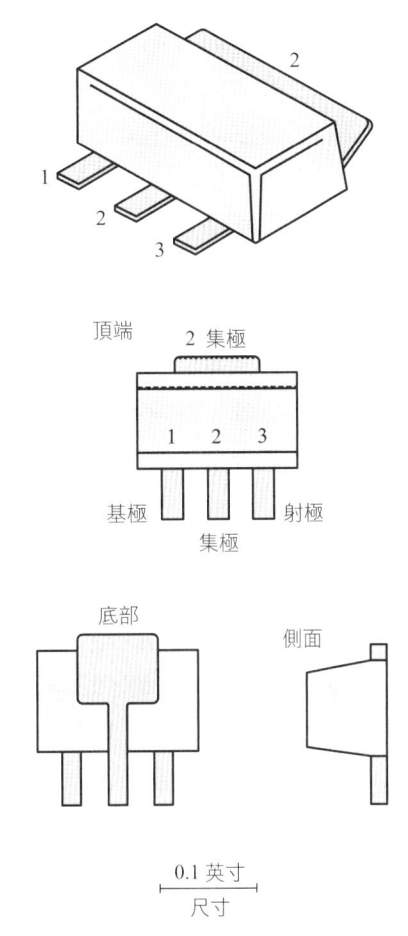

圖 5-18　SOT-223 包裝設計成可消散在 1 W 範圍內操作的電晶體所產生的熱。

置是標準化好的：1 是表示基極、2 是表示射極，而 3 則是表示集極。

　　SOT-223 包裝設計成可消散在 1 W 範圍內操作的電晶體所產生的熱。比起 SOT-23 這個包裝有更大的表面積，以增加散熱的能力。一些熱會從頂端表面消散掉，而更多的熱會藉由元件與元件下面電路板間的接觸部分帶走。然而，SOT-223 外殼的特別處是額外的集極突出金屬，它從主要端點的對邊開始延伸。圖 5-18 中的底面顯示出兩個電氣上相同的集極端。

　　對於 SOT-23 及 SOT-223 包裝，標準的接腳配置是不一樣的。三個位在同一邊的接腳端子是按順序標上數字，從上面由左至右。端點 1 為基極、2 為集極（跟在另一邊大的突出部分電氣相同），而 3 則是射極，這也顯示在圖 5-15 的元件資料手冊中。請注意，2N3904 有兩個表面貼裝封裝。MMBT3904 採用 SOT-23 封裝，最大功耗為 350 mW，而 PZT3904 採用 SOT-223 封裝，功耗額定值為 1000 mW。

由於 SOT-23 包裝太小，以至於沒有任何的標準元件識別碼可以印在上面。通常要找出標準的身分識別，唯一方式是藉由檢查印在電路板上的元件號碼，然後再去檢視電路元件表找出。而 SOT-223 包裝夠大，可以讓身分識別碼印在上面，但這些碼是少見的標準電晶體身分識別碼。要學習更多關於 SOT-223 包裝的電晶體，典型的步驟和較小的 SOT-23 包裝一樣。

偶爾電路會使用 SOIC 的封裝，來構裝多個電晶體。然而，SOIC 封裝像是 IC 及早期貫通（feed-through）電路板技術常用的微小雙排式包裝。然而對於 SM（表面黏著）技術而言，在 SOIC 的接腳會有鷗翼式外形。

5-10　電流增益的差異

電晶體的電流增益 β_{dc} 視三個因素：電晶體、集極電流及溫度而定。例如，當你以另一種相同類型的電晶體取代，電流增益通常會改變。同樣地，若集極電流或溫度改變時，電流增益也將會改變。

最差與最佳情況

> **知識補給站**
> 在共射極架構中 h_{FE} 符號代表順向電流轉換比率。符號 h_{FE} 為混合（h）參數之符號。對於指定電晶體參數，h 參數系統是最常使用的系統。

一個具體的例子是，2N3904 的元件資料手冊列出了在溫度 25 °C 且集極電流 10 mA 時的 h_{FE} 最小值 100 及最大值 300。若我們以 2N3904 建立數千個電路，有些電晶體將會有低到如 100（最差情況）的電流增益值，也會有高到如 300 的電流增益值（最佳情況）。

圖 5-19 為 2N3904 最差情況下的圖形（最小值 h_{FE}）。看看中間的曲線，即室溫 25 °C 的電流增益。當集極電流為 10 mA 時，電流增益為 100，是 2N3904 的最差情況（在最佳情況下，有些 2N3904 在 10 mA 及 25 °C 下會有電流增益值 300）。

電流與溫度的影響

當溫度 25 °C 時，在 0.1 mA 下電流增益為 50。當電流從 0.1 mA 增加到 10 mA 時，h_{FE} 會增加到最大值 100。然後，在 200 mA 下，它會下降到小於 20。

也請注意溫度的影響。當溫度下降時，電流增益會變小。另一方面，當溫度增加時，h_{FE} 在多數的電流範圍中會上升（曲線頂部）。

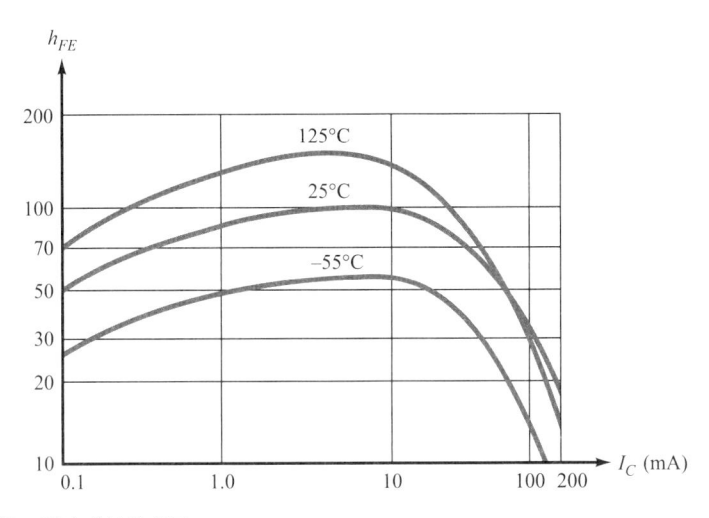

圖 5-19 電流增益的差異。

主要概念

如你所見，電晶體的更換、集極電流的改變或溫度的變化都會在 h_{FE} 或 β_{dc} 中產生大的變化。在已知溫度下，當電晶體被更換時，3:1 的變化是可能的。當溫度變化時，額外的 3:1 之差異是可能的。當電流變化時，超過 3:1 的變異是可能的。總之，2N3904 可能會有小於 10 到大於 300 的電流增益值。因此，任何一個與電流增益精確值有關的設計，在量產時將會失敗。

5-11 負載線

為了使電晶體能夠用作放大器或開關，它必須首先正確設置其直流電路條件。這被稱為適當地偏壓電晶體。各種偏壓方法都是可能的，每種方法都有優點和缺點。在本章中，我們將從基極偏壓開始。

基極偏壓

圖 5-20a 的電路是**基極偏壓（base bias）**的例子，其意謂會建立出一個定值的基極電流。例如，若 $R_B = 1\ M\Omega$，基極電流為 14.3 μA（第二種近似法）。即使更換電晶體及改變溫度，在所有操作情況下，基極電流會維持定值約 14.3 μA。

在圖 5-20a 中，若 $\beta_{dc} = 100$，集極電流約為 1.43 mA，而集射極電壓為：

$$V_{CE} = V_{CC} - I_C R_C = 15\ V - (1.43\ mA)(3\ k\Omega) = 10.7\ V$$

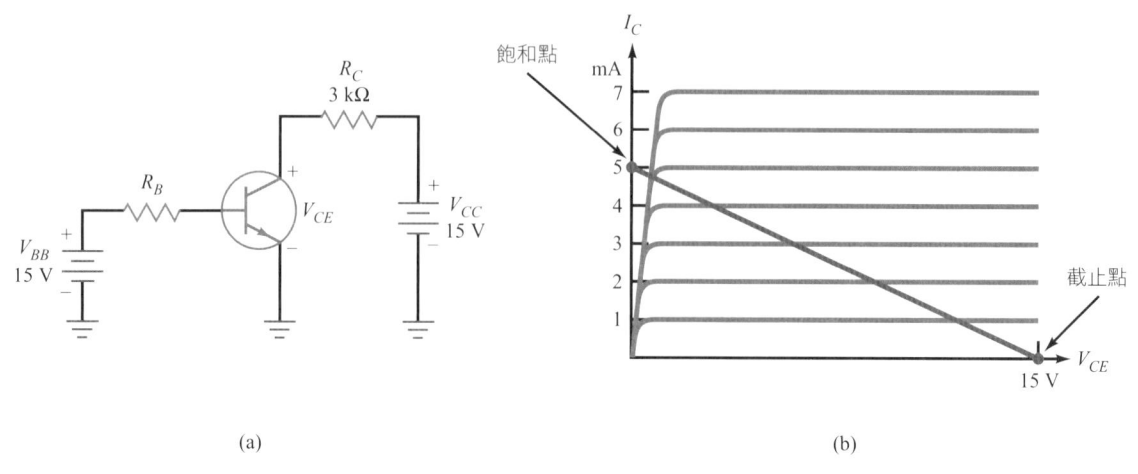

圖 5-20　基極偏壓。(a) 電路；(b) 負載線。

因此，在圖 5-20a 中靜態（quiescent）點或稱作 Q 點為：

$$I_C = 1.43 \text{ mA} \quad 且 \quad V_{CE} = 10.7 \text{ V}$$

圖解方式

我們也可以使用 I_C 對 V_{CE} 之圖形的電晶體**負載線（load line）**圖解方式來找出 Q 點。在圖 5-20a 中，集射極電壓可知為：

$$V_{CE} = V_{CC} - I_C R_C$$

求解 I_C 可得：

$$I_C = \frac{V_{CC} - V_{CE}}{R_C} \tag{5-10}$$

若我們繪出這個方程式（I_C 對 V_{CE}），我們將會得到一條直線。由於它代表負載對於 I_C 及 V_{CE} 的影響，所以此線稱為負載線。

例如，將圖 5-20a 的數值代入式 (5-10) 中可得：

$$I_C = \frac{15 \text{ V} - V_{CE}}{3 \text{ k}\Omega}$$

此方程式為線性方程式，亦即其圖形會是一條直線（請注意：線性方程式都可以化成 $y = mx + b$ 的標準型式）。若我們在集極曲線的頂部畫出前面的方程式，我們可得到圖 5-20b。

負載線的端點最容易找到。在負載線方程式（前面的方程式）中，當 $V_{CE} = 0$ 時：

$$I_C = \frac{15 \text{ V}}{3 \text{ k}\Omega} = 5 \text{ mA}$$

I_C = 5 mA 而 V_{CE} = 0，在圖 5-20b 中畫出負載線的上端。

當 I_C = 0 時，由負載線方程式可得：

$$0 = \frac{15 \text{ V} - V_{CE}}{3 \text{ k}\Omega}$$

或

$$V_{CE} = 15 \text{ V}$$

座標值 I_C = 0 且 V_{CE} = 15 V，可畫出如圖 5-20b 中負載線的下端。

所有工作點的總集合

為什麼負載線是有用的？這是由於負載線會包含電路所有可能的工作點。換句話說，當基極電阻值從零變到無窮大時，它會造成 I_B 的變動，而這會使得 I_C 及 V_{CE} 在它們的整個範圍內產生變動。若你針對所有可能的 I_B 值畫出對應的 I_C 及 V_{CE} 的值，你將會得到負載線。因此，負載線是所有可能的電晶體工作點之總集合。

飽和點

當基極電阻值太小時，集極電流會很大，而集射極電壓會掉至約零伏特。在這情形中，電晶體會進入飽和狀態，這意謂集極電流已經上升到最大的可能值。

在圖 5-20b 中，**飽和點（saturation point）**是負載線與集極曲線飽和區的交點。由於在飽和時，集射極電壓 V_{CE} 會非常小，所以飽和點幾乎會碰觸到負載線的上端。從現在開始，我們將把飽和點近似成負載線的上端，只是心裡要知道這會有一點小誤差存在。

飽和點會告訴你電路的最大可能集極電流值。例如，當集極電流約為 5 mA 時，圖 5-21a 的電晶體會進入飽和狀態。在這電流值之下，V_{CE} 已降到約零伏特了。

有個簡單方法可以找出飽和點的電流值。想像在集極與射極間有短路存在可得到圖 5-21b，則 V_{CE} 會掉到零伏特。集極電源的所有 15 V 電壓將會跨在 3 kΩ 上面。因此，電流為：

$$I_C = \frac{15 \text{ V}}{3 \text{ k}\Omega} = 5 \text{ mA}$$

知識補給站
當電晶體飽和時，基極電流進一步上升，也不會讓集極電流再上升了。

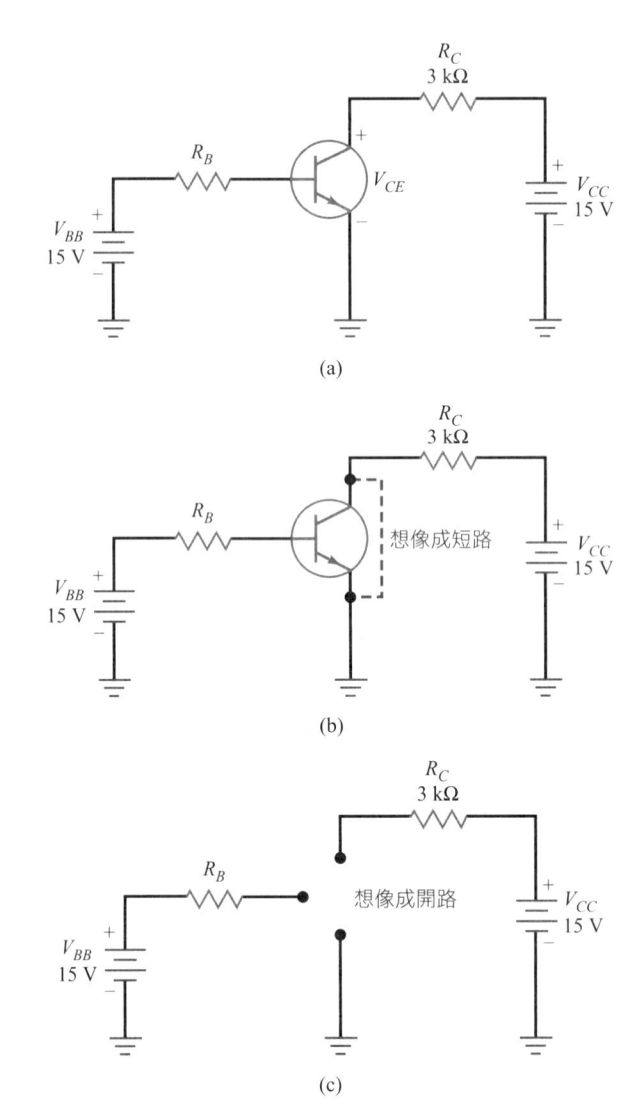

圖 5-21 找出負載線的端點。(a) 電路；(b) 計算集極飽和電流；(c) 計算集射極截止電壓。

對於任何的基極偏壓電路，你可以應用「想像短路」（在心裡想像成短路）的概念來處理。

這裡有求解基極偏壓電路飽和電流的方程式：

$$I_{C(\text{sat})} = \frac{V_{CC}}{R_C} \tag{5-11}$$

這表示集極電流的最大值會等於集極電源電壓除以集極電阻值。沒有比歐姆定律更適合用在集極電阻的上面了。圖 5-21b 就顯示了這個方程式。

截止點

截止點（cutoff point）是負載線跟圖 5-20b 集極曲線截止區的交叉點。在截止情況下，由於集極電流非常小，所以截止點幾乎會碰觸到負載線的下端。從現在開始，我們會將截止點近似為負載線的下端。

> **知識補給站**
> 當電晶體的集極電流為零時其會為截止狀態。

截止點會告訴我們電路最大的可能集射極電壓值。在圖 5-21a 中，最大的可能 V_{CE} 值約為集極電源電壓（即 15 V）。

找出截止電壓有個簡單的程序。想像圖 5-21a 的電晶體在集極與射極間有開路存在（參見圖 5-21c）。在這開路情況下，由於沒有電流會流經集極電阻，所以所有的集極電源電壓（即 15 V）將會出現在集射極端點上。因此，在集極與射極間的電壓將會等於 15 V：

$$V_{CE(\text{cutoff})} = V_{CC} \tag{5-12}$$

例題 5-13

試求圖 5-22a 中的飽和電流及截止電壓值？

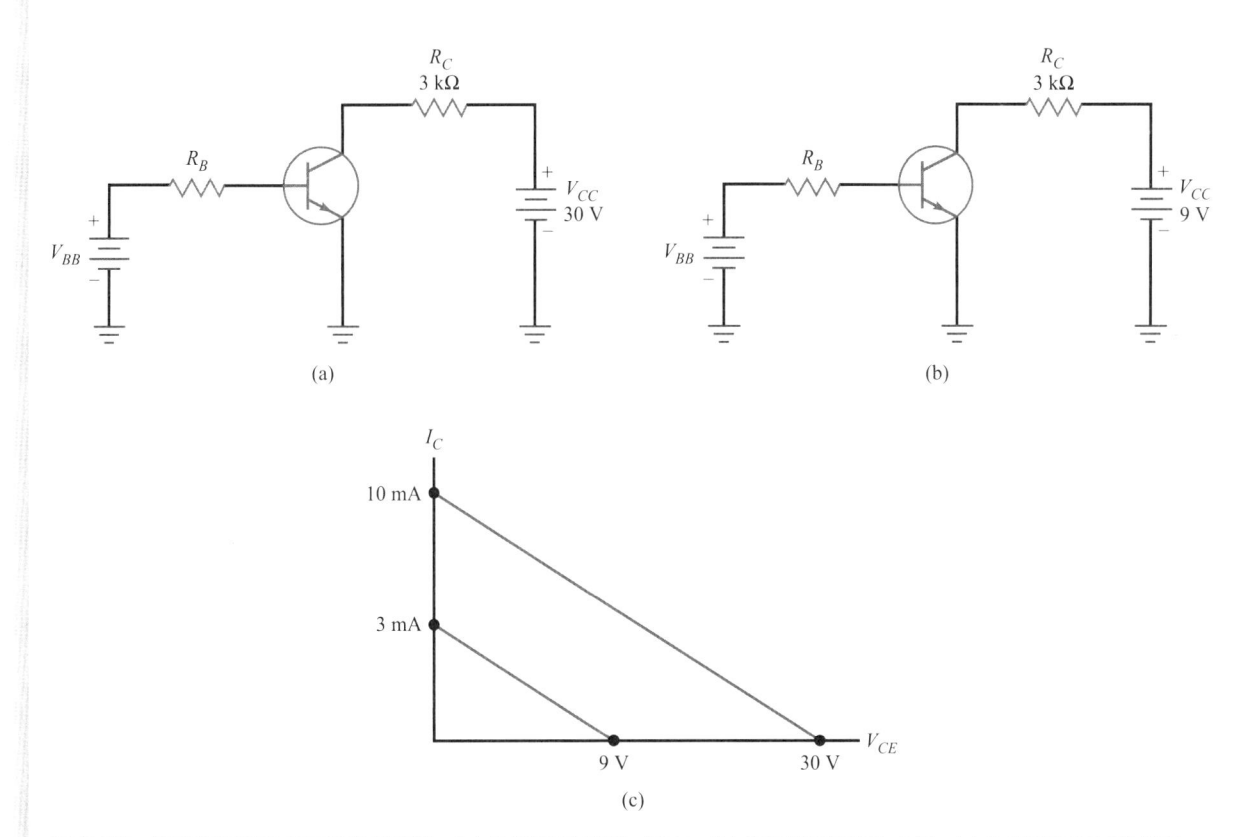

圖 5-22 當集極電阻值相同時的負載線。(a) 集極電源電壓為 30 V；(b) 集極電源電壓為 9 V；(c) 負載線有相同的斜率。

解答 想像在集極與射極間有短路存在，則：

$$I_{C(\text{sat})} = \frac{30 \text{ V}}{3 \text{ k}\Omega} = 10 \text{ mA}$$

接下來，想像集射極端點開路。在這情況下：

$$V_{CE(\text{cutoff})} = 30 \text{ V}$$

例題 5-14

試計算圖 5-22b 的飽和與截止值。畫出此例題這與之前例題的負載線。

解答 想像在集極與射極間有短路存在：

$$I_{C(\text{sat})} = \frac{9 \text{ V}}{3 \text{ k}\Omega} = 3 \text{ mA}$$

想像在集極與射極間有開路存在：

$$V_{CE(\text{cutoff})} = 9 \text{ V}$$

圖 5-22c 為兩條負載線，維持相同的集極電阻值之下，改變集極電源電壓會產生相同斜率的負載線，但會有不同的飽和與截止值。

練習題 5-14 若集極電阻為 2 kΩ 且 V_{CC} 為 12 V，試求出圖 5-22b 的飽和電流與截止電壓值。

例題 5-15   ⅢⅠ MultiSim

試求圖 5-23a 中的飽和電流及截止電壓值？

解答 飽和電流為：

$$I_{C(\text{sat})} = \frac{15 \text{ V}}{1 \text{ k}\Omega} = 15 \text{ mA}$$

截止電壓為：

$$V_{CE(\text{cutoff})} = 15 \text{ V}$$

例題 5-16

試計算圖 5-23b 的飽和及截止值，然後，比較一下這與前面例題的負載線。

解答 算式如下所示：

$$I_{C(\text{sat})} = \frac{15 \text{ V}}{3 \text{ k}\Omega} = 5 \text{ mA}$$

且

$$V_{CE(\text{cutoff})} = 15 \text{ V}$$

圖 5-23c 為兩條負載線，在相同集極電源電壓下改變集極電阻會產生不同的負載線斜率，但是會有

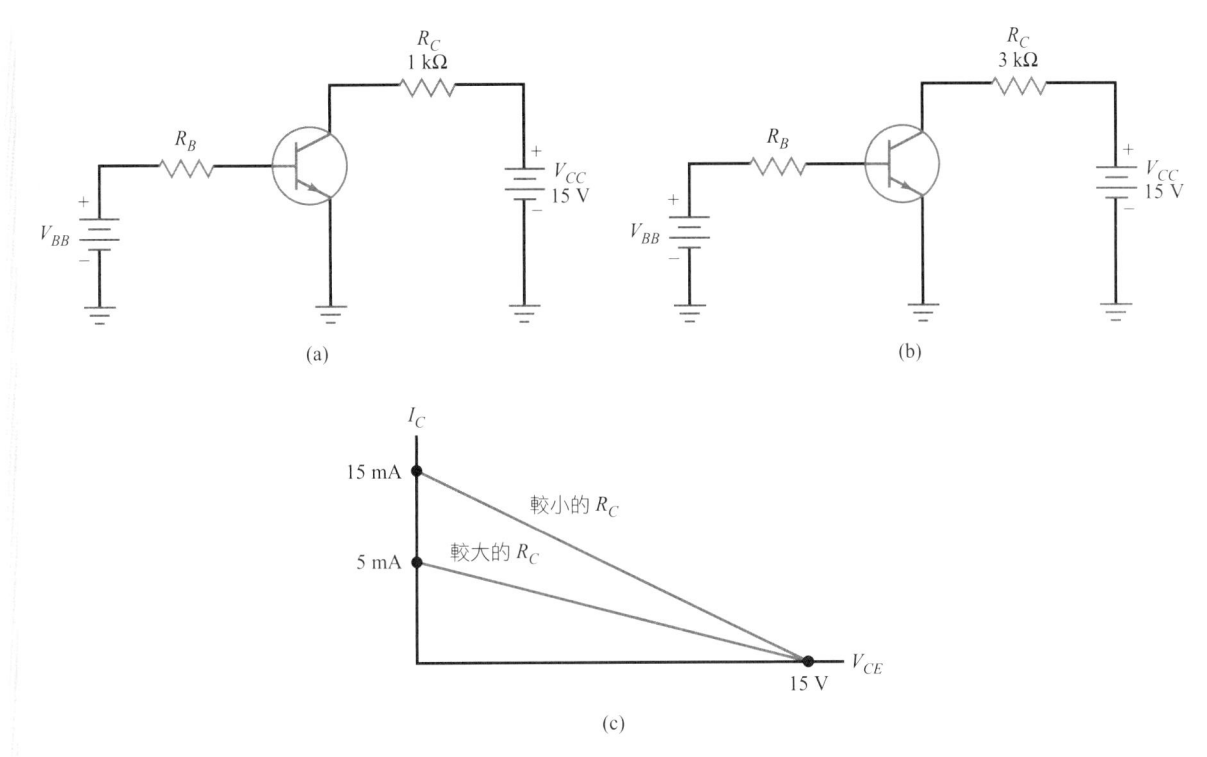

第 5 章　雙極性接面電晶體原理　**219**

圖 5-23　當集極電壓相同時的負載線。(a) 集極電阻值為 1 kΩ；(b) 集極電阻值為 3 kΩ；(c) 越小的 R_C 會產生越陡的斜率值。

相同的截止值。而且，請注意集極電阻值越小，會產生越大的斜率值（越陡就越接近垂直）。由於負載線的斜率跟集極電阻值的倒數相同，所以這情況會發生。

$$斜率 = \frac{1}{R_C}$$

練習題 5-16　使用圖 5-23b，試問若集極電阻改成 5 kΩ，則電路的負載線會怎樣？

5-12　工作點

每個電晶體電路都會有負載線。已知任何一個電路，求出其飽和電流與截止電壓，將這些值畫在垂直軸與水平軸上。然後畫一條經過這兩點的線就可得到負載線。

畫出 Q 點

圖 5-24a 為基極電阻值 500 kΩ 的基極偏壓電路。藉由前面所提供

220 電子學精要

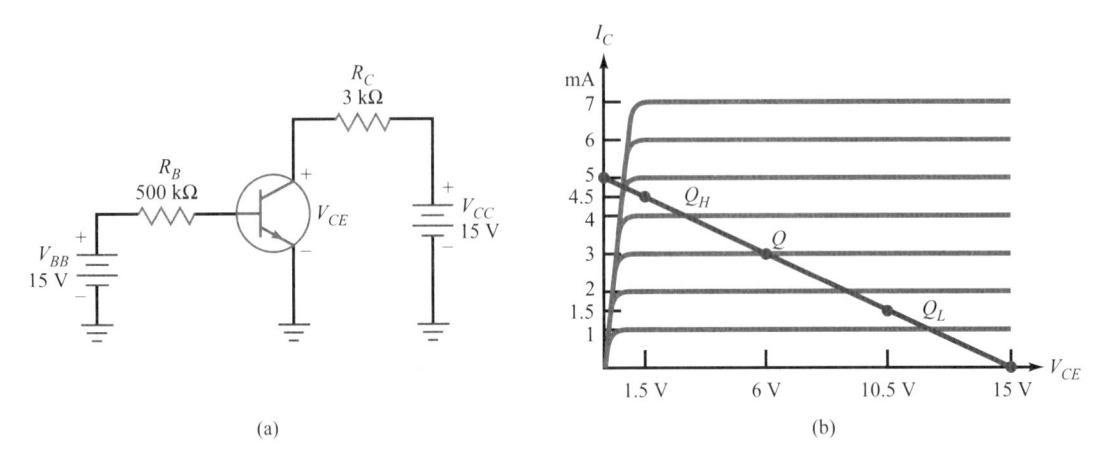

图 **5-24** 計算 Q 點。(a) 電路；(b) 電流增益中的變化會改變 Q 點位置。

的程序，我們可求得飽和電流與截止電壓值。首先，想像跨在集射極端上有短路存在。然後，所有的集極電源電壓就會跨在集極電阻上，其意謂飽和電流等於 5 mA。其次，想像集射極端開路，那麼就不會有電流出現，而且所有電源電壓就會跨在集射極端上，其意謂截止電壓等於 15 V。若我們繪出飽和電流及截止電壓值，則我們可以在圖 5-24b 中畫出負載線。

現在讓我們藉由假設是理想的電晶體，來持續做簡單的討論。這意謂所有基極電源電壓將以跨在基極電阻上的方式出現。因此，基極電流為：

$$I_B = \frac{15 \text{ V}}{500 \text{ k}\Omega} = 30 \text{ }\mu\text{A}$$

除非我們獲得電流增益，否則無法繼續進行下去。假設電晶體的電流增益為 100，則集極電流為：

$$I_C = 100(30 \text{ }\mu\text{A}) = 3 \text{ mA}$$

這個流過 3 kΩ 電阻的電流會產生 9 V 電壓跨在集極電阻上。當我們從集極電源電壓扣掉這個電壓值，我們會得到跨在電晶體上的電壓值。其算式如下所示：

$$V_{CE} = 15 \text{ V} - (3 \text{ mA})(3 \text{ k}\Omega) = 6 \text{ V}$$

藉由畫出 3 mA 及 6 V（集極電流及電壓值），我們會得到如圖 5-24b 負載線上所示的工作點。由於工作點常稱為**靜態點（quiescent point）**，

所以工作點標示為 Q〔靜態（quiescent）是安靜的、靜止不動的或休息中的意思〕。

為什麼 Q 點會變動

前面我們假設電流增益為 100。若電流增益為 50，那會怎樣呢？如果為 150，那又會如何？一開始，由於基極電流不受電流增益影響，所以基極電流維持定值，理想上，基極電流是固定在 30 μA，當電流增益為 50 時：

$$I_C = 50(30\ \mu A) = 1.5\ mA$$

而集射極電壓為：

$$V_{CE} = 15\ V - (1.5\ mA)(3\ k\Omega) = 10.5\ V$$

畫出這值會得到低點 Q_L，如圖 5-24b 所示。

若電流增益為 150，則：

$$I_C = 150(30\ \mu A) = 4.5\ mA$$

而集射極電壓為：

$$V_{CE} = 15\ V - (4.5\ mA)(3\ k\Omega) = 1.5\ V$$

畫出這些值會得到高點 Q_H，如圖 5-24b 所示。

圖 5-24b 的這三個點繪出了基極偏壓電晶體工作點對於 β_{dc} 的改變，是如何的敏感。當電流增益從 50 變化到 150 時，則集極電流會從 1.5 mA 變化到 4.5 mA。如果電流增益的變化更大，則工作點會輕易地被驅動進入飽和或截止狀態。在這情況中，由於主動區外的電流增益損失，所以放大電路會變得沒有用。

知識補給站
由於 I_C 及 V_{CE} 的值與基極偏壓電路中的 β 值有關，所以這電路稱為 β 相依。

公式

計算 Q 點的公式如下所示：

$$I_B = \frac{V_{BB} - V_{BE}}{R_B} \tag{5-13}$$

$$I_C = \beta_{dc} I_B \tag{5-14}$$

$$V_{CE} = V_{CC} - I_C R_C \tag{5-15}$$

例題 5-17

假設圖 5-24a 的基極電阻值增加到 1 MΩ，若 $\beta_{dc} = 100$，試問集射極電壓會怎樣？

解答　理想上，基極電流會降到 15 μA，集極電流會降到 1.5 mA，而集射極電壓值會增加到：

$$V_{CE} = 15 - (1.5 \text{ mA})(3 \text{ k}\Omega) = 10.5 \text{ V}$$

對於第二種近似法，基極電流會降到 14.3 μA，而集極電流會降到 1.43 mA，集射極電壓值會增加到：

$$V_{CE} = 15 - (1.43 \text{ mA})(3 \text{ k}\Omega) = 10.7 \text{ V}$$

練習題 5-17　由於溫度改變，若例題 5-17 的 β_{dc} 改成 150，試求新的 V_{CE} 值。

5-13　認識飽和

有兩個基本種類的電晶體電路：**放大（amplifying）**及**切換（switching）**。以放大電路來說，在所有操作情況下，Q 點必須維持在主動區中。如果沒有，輸出信號在峰值處由於發生飽和或截止現象，將會產生失真。而以切換電路來看，Q 點通常會在飽和與截止狀態間切換。切換電路如何運作，它們所做的事情及為何被使用，稍後將會討論。

不可能的答案

假設圖 5-25a 電晶體的崩潰電壓大於 20 V，那麼我們會知道它不

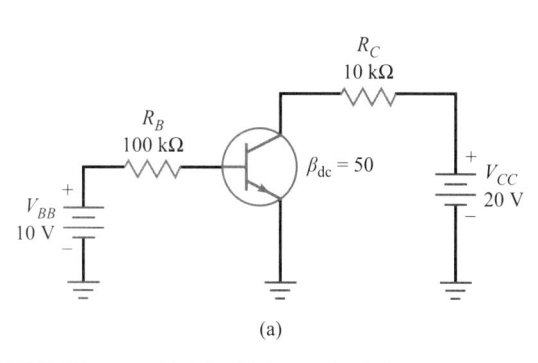

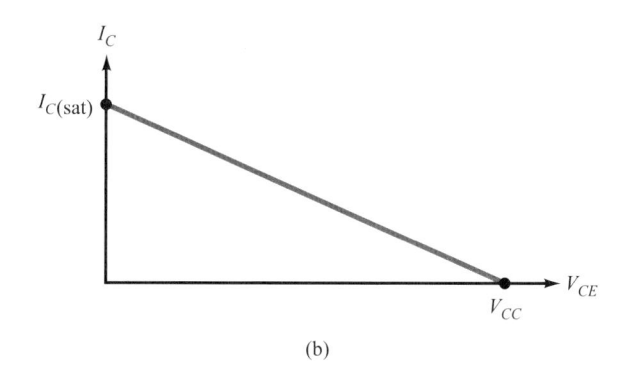

圖 5-25　(a) 基極偏壓電路；(b) 負載線。

是在崩潰區中操作。而且，由於偏壓的電壓值，所以我們一眼就可以分辨出電晶體不是在截止區操作。然而，不是可以馬上清楚知道電晶體是否是在主動區或飽和區操作。它必定是操作在當中的一區，但是在哪一區呢？

電路檢測者與設計者常使用以下方法去找出電晶體是否在主動區或飽和區操作。使用這方法的步驟如下：

1. 假設電晶體在主動區操作。
2. 完成電流與電壓的計算。
3. 若在任何算式中出現不可能的結果，則表示當初所做的假設錯誤了。

出現不可能的答案意謂電晶體飽和了。否則，電晶體是在主動區操作。

飽和電流方法

例如，圖 5-25a 為基極偏壓電路，藉由計算飽和電流開始：

$$I_{C(sat)} = \frac{20\text{ V}}{10\text{ k}\Omega} = 2\text{ mA}$$

基極電流理想上為 0.1 mA，如所示的，假設電流增益為 50，集極電流為：

$$I_C = 50(0.1\text{ mA}) = 5\text{ mA}$$

由於集極電流不會大於飽和電流，所以這答案是不可能的。因此，電晶體不會在主動區操作，它必須在飽和區操作。

集極電壓方法

假設你想要計算圖 5-25a 中的 V_{CE}，那麼你可以像這麼做：基極電流理想上為 0.1 mA。如圖所示，假設電流增益為 50，則集極電流為：

$$I_C = 50(0.1\text{ mA}) = 5\text{ mA}$$

而集射極電壓為：

$$V_{CE} = 20\text{ V} - (5\text{ mA})(10\text{ k}\Omega) = -30\text{ V}$$

這結果是不可能的，由於集射極電壓不會是負的。所以電晶體不會在主動區操作，它一定是在飽和區操作。

在飽和區中電流增益較小

對於主動區來說，通常我們會已知電流增益。例如，圖 5-25a 的電流增益顯示為 50，這意謂如果電晶體是在主動區操作，集極電流將是基極電流的 50 倍。

當電晶體飽和時，電流增益會小於在主動區中的電流增益。你可以計算飽和電流增益值如下：

$$\beta_{dc(sat)} = \frac{I_{C(sat)}}{I_B}$$

在圖 5-25a 中，飽和電流增益為

$$\beta_{dc(sat)} = \frac{2 \text{ mA}}{0.1 \text{ mA}} = 20$$

過飽和（深度飽和）

想要電晶體在所有情況下都在飽和區操作的設計者，常常會選擇會產生電流增益值為 10 的基極電阻值。由於有比足夠的基極電流還要多的電流來飽和電晶體，所以這稱為**過飽和**或**深度飽和（hard saturation）**。例如，在圖 5-25a 中的 50 kΩ 之基極電阻值將產生電流增益為：

$$\beta_{dc} = \frac{2 \text{ mA}}{0.2 \text{ mA}} = 10$$

對於圖 5-25a 的電晶體，它只需要

$$I_B = \frac{2 \text{ mA}}{50} = 0.04 \text{ mA}$$

以飽和該電晶體。因此，0.2 mA 的基極電流將驅使電晶體深深進入飽和狀態。

為什麼設計者會使用過飽和？回想一下電流增益會隨集極電流、溫度差異及電晶體的更換而不同。為確保電晶體在低的集極電流、低的溫度等情況下都不會脫離飽和狀態，設計者會使用過飽和方式，以確保電晶體在所有操作情況下都會維持飽和狀態。

從現在開始，飽和電流增益值大約為 10 的任何一個設計都稱為過飽和。相對地，電晶體剛剛好飽和的任何一個設計則稱為**淺飽和（soft saturation）**。換句話說，其飽和電流增益值只比主動區的電流增益值小一點而已。

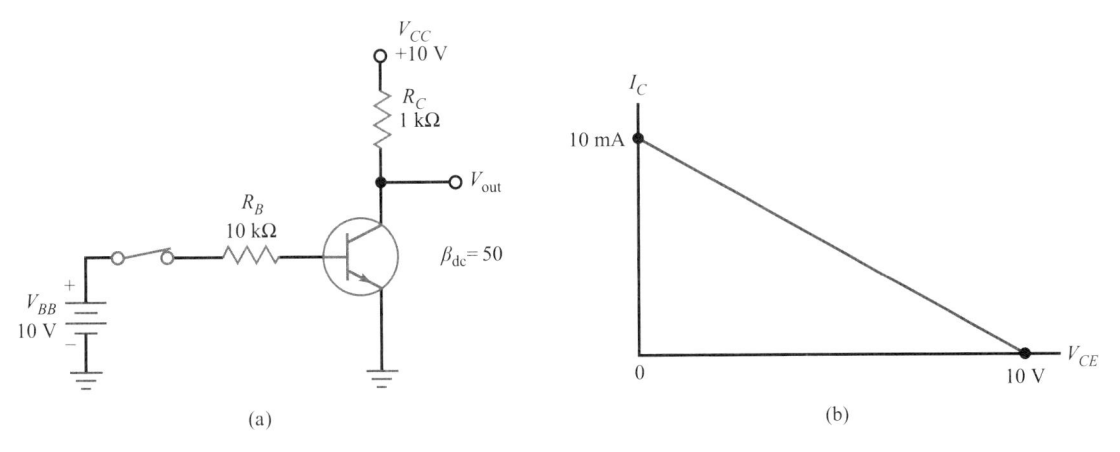

圖 5-26　(a) 過飽和；(b) 負載線。

快速分辨過飽和

這裡有個可以快速分辨電晶體是否過飽和的方法。通常，基極電源電壓及集極電源電壓是相同的，即：$V_{BB} = V_{CC}$。當屬於這種情況時，設計者將會使用 10:1 的法則。其意謂會使基極電阻值約為集極電阻值的 10 倍大。

圖 5-26a 是以 10:1 法則設計。因此，每當你看到帶有 10:1 比率（R_B 比 R_C）的電路時，你可以預期它會飽和。

例題 5-18

假設圖 5-25a 的基極電阻值增加到 1 MΩ，試問電晶體仍然會飽和嗎？

解答　假設電晶體在主動區操作，看看是否會有矛盾情形發生。理想上，基極電流等於 10 V 除以 1 MΩ，即 10 μA。集極電流是 10 μA 的 50 倍，即 0.5 mA，這電流會在集極電阻上產生 5 V 的跨壓。從 20 V 扣掉 5 V 可得到：

$$V_{CE} = 15 \text{ V}$$

這裡沒有矛盾的情況發生。若電晶體飽和，我們會求得負值或至多為 0 V 的電壓。由於我們得到 15 V，所以我們會知道電晶體是在主動區操作。

例題 5-19

假設圖 5-25a 的集極電阻值降為 5 kΩ，那麼電晶體會維持在飽和區嗎？

解答　假設電晶體在主動區操作，看看是否會有矛盾情形發生。我們可以使用例題 5-18 中的相同方法，但是我們稍微變化一下，讓我們嘗試看看第

二種方式。

藉由計算集極電流的飽和值開始，想像在集極與射極間有短路存在。那麼你可以看到 20 V 的電壓跨在 5 kΩ 電阻上，這會提供一個飽和集極電流值為：

$$I_{C(\text{sat})} = 4 \text{ mA}$$

基極電流理想上等於 10 V 除以 100 kΩ，即 0.1 mA。而集極電流為 0.1 mA 的 50 倍，即 5 mA。

有個矛盾情況發生，當 I_C = 4 mA 時，由於電晶體飽和，所以集極電流不會大於 4 mA。在這點上面唯一可以改變的事是電流增益。基極電流仍然為 0.1 mA。但是電流增益會降為：

$$\beta_{\text{dc(sat)}} = \frac{4 \text{ mA}}{0.1 \text{ mA}} = 40$$

這加深了前面所討論的概念，電晶體會有兩個電流增益值，一個在主動區而另一個在飽和區，第二個會等於或小於第一個。

練習題 5-19 若圖 5-25a 的集極電阻值為 4.7 kΩ，請使用 10:1 的設計法則，試求會產生過飽和的基極電阻值。

5-14 電晶體開關

在數位電路中基極偏壓法有其用途，因為這些電路通常是設計操作在飽和與截止狀態。因此，它們的輸出電壓值不是低就是高；換句話說，在飽和與截止狀態間的 Q 點沒有一個是會被一直使用的。因此，當電流增益變化時，由於電晶體會維持在飽和或截止狀態，所以 Q 點中的差異沒什麼要緊。

這裡有個使用基極偏壓電路在飽和與截止狀態間切換的例子。圖 5-26a 為電晶體過飽和的例子，因此，輸出電壓約為 0 V，這意謂 Q 點會在負載線的上端（圖 5-26b）。

當開關打開時，基極電流會掉到零。因此，集極電流會掉到零，沒有電流會流經電阻 1 kΩ，所有集極電源電壓將跨在集射極端上面。因此，輸出電壓會升至 +10 V。現在，Q 點是在負載線的下端（參見圖 6-26b）。

這電路只會有兩種輸出電壓：0 或 + 10 V。這裡有個認識數位電路的概念，它只會有兩種輸出準位，即：低或高。這兩種輸出電壓的正確數值並不重要，重要的是你能區分出電壓的高或低。

由於它們的 Q 點會在負載線上的兩點間切換,所以數位電路常稱為切換電路。在多數設計中,這兩個點是飽和與截止狀態。常用的另一個名稱是**雙態電路（two-state circuits）**,指的是低與高的輸出型態。

例題 5-20

圖 5-26a 的集極電源電壓降到 5 V,試求兩種輸出電壓值。若飽和電壓 $V_{CE(sat)}$ 為 0.15 V,且集極漏電流 I_{CEO} 為 50 nA,試求兩種輸出電壓值。

解答　電晶體在飽和與截止狀態之間切換。理想上,輸出電壓的兩個值為 0 與 5 V。第一個電壓是跨在飽和的電晶體上,而第二個電壓則是在跨在截止的電晶體上。

若你包含飽和電壓及集極漏電流的影響,輸出電壓會為 0.15 V 及 5 V。第一個是跨在電晶體上的電壓,為 0.15 V,第二個是以 50 nA 流經 1 kΩ 的集射極電壓:

$$V_{CE} = 5\text{ V} - (50\text{ nA})(1\text{ k}\Omega) = 4.99995\text{ V}$$

將其四捨五入到 5 V。

除非你是設計者,否則在你的切換電路算式中包含飽和電壓及漏電流只是浪費時間而已。以切換電路來說,你所需要的就是兩個不同的電壓值:一個低而另一個高。低電壓是否為 0 V、0.1 V、0.15 V 等等都不要緊。同樣地,高電壓是否為 5 V、4.9 V 或 4.5 V 也不要緊。切換電路分析中,要緊的是你能區分出低與高電壓。

練習題 5-20　針對集極與基極電源電壓,若圖 5-26a 的電路中使用 12 V 的電壓,試求兩種切換的輸出電壓值（$V_{CE(sat)}$ = 0.15 V 及 I_{CEO} = 50 nA）。

5-15　電路檢測

圖 5-27 為接地的共射極電路。基極電源電壓 15 V 會透過 470 kΩ 電阻將射極二極體順偏。集極供應電壓 15 V 會透過 1 kΩ 電阻將集極二極體逆偏。

以理想近似法求解集射極電壓值,計算如下所示:

$$I_B = \frac{15\text{ V}}{470\text{ k}\Omega} = 31.9\text{ }\mu\text{A}$$

$$I_C = 100(31.9\text{ }\mu\text{A}) = 3.19\text{ mA}$$

$$V_{CE} = 15\text{ V} - (3.19\text{ mA})(1\text{ k}\Omega) = 11.8\text{ V}$$

常見問題

若你正在檢測如圖 5-27 的電路時,首先要量測集射極電壓值。它應該約為 11.8 V。為何我們不用第二種或第三種近似法去求更準確的答案呢?這是因為電阻通常至少有 ±5% 的誤差,所以不論用哪一種近似法,都會有量到的集射極電壓值跟計算的結果不同之情形發生。

事實上,當問題發生時通常會是如短路或開路等大問題。由於元件故障或焊錫噴濺到電阻上,所以短路是有可能會發生的。而當元件燒毀時,開路則有可能會發生。像這些問題會在電流及電壓上產生大變化。例如當電源電壓沒有送到集極時,會是最常見的問題。這會出現在許多方面,諸如電源供應器本身就有問題、電源供應器與集極電阻間有線路發生開路,或集極電阻開路等。在這些情況中,由於沒有集極電源電壓,圖 5-27 的集極電壓將會近似於零。

另一個可能的問題是開路基極電阻,會讓基極電流降為零。這會迫使集極電流降為零,而集射極電壓升至集極電源電壓 15 V。電晶體本身開路也會有相同的結果。

電路檢測者如何思考

這個觀點是:典型的問題會在電晶體電流及電壓上引起大偏差,電路檢測者很少會去在乎那幾十分之一伏特的差異。他們會去找那種跟理想值差很多的電壓值,這就是為何在電路檢測時會以理想電晶體來代入。而且這也說明了為何許多電路檢測者甚至不會使用計算機來算集射極電壓值。

如果他們不使用計算機,那他們會怎麼做呢?他們會靠心算來算集射極電壓值。圖 5-27 則是有經驗的電路檢測者在算集射極電壓時的想法。

基極電阻上跨壓約為 15 V,1 MΩ 的基極電阻會產生約 15 μA 的基極電流。因為電阻 470 kΩ 約為 1 MΩ 的一半,所以基極

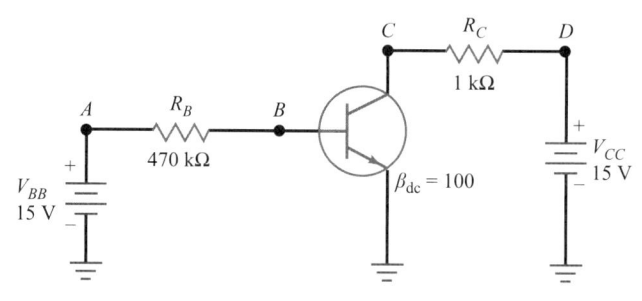

圖 5-27 電路檢測。

電流會是約 30 μA 的 2 倍。電流增益為 100，可得集極電流約為 3 mA。當這電流經過 1 kΩ 電阻時，會產生 3 V 的電壓降。將 15 V 減去 3 V 剩下的 12 V，會跨在集射極端點上。所以 V_{CE} 應會量得約 12 V，否則表示電路中有些問題發生。

問題表

短路的元件相當於零電阻，而開路的元件相當於無限大的電阻。例如基極電阻 R_B 可能是短路或開路，我們分別以 R_{BS} 及 R_{BO} 來表示。相同地，集極電阻可能是短路或開路，以符號 R_{CS} 及 R_{CO} 表示。

表 5-2 為一些可能出現在如圖 5-27 電路中的問題，電壓的計算使用第二種近似法。當電路正常操作時，所量測到的集極電壓應近似於 12 V。若基極電阻短路，則 15 V 電壓會出現在基極。這個高電壓會破壞射極二極體，集極二極體可能會開路，迫使集極電壓來到 15 V。問題電阻 R_{BS} 及其電壓值，如表 5-2 所示。

若基極電阻開路，則會沒有基極電壓或電流，且集極電流會為零，而集極電壓會上升到 15 V。問題電阻 R_{BO} 及其電壓值，如表 5-2 所示。像這樣繼續下去，我們可以得到表中其他剩餘的項目。

電晶體可以發生許多問題。由於它包含兩個二極體，所以超出任何一個二極體的崩潰電壓值、最大電流或功率額定值都可以破壞當中的任何一個或兩個都損壞。問題會包含短路、開路、漏電流高及下降的 β_{dc}。

電路外進行的測試

電晶體常常將數位多功能電表（DMM）設到二極體測試範圍來做測試。圖 5-28 顯示 npn 電晶體像兩個背對背的二極體。每個 pn 接面可以用正常的順向及逆向偏壓方式來做測試。集極到射極也可以測

表 5-2　問題與症狀

問題	V_B, V	V_C, V	評論
沒問題	0.7	12	沒問題
R_{BS}	15	15	電晶體燒壞
R_{BO}	0	15	無基極或集極電流
R_{CS}	0.7	15	
R_{CO}	0.7	0	
無 V_{BB}	0	15	確認供應電壓及接腳
無 V_{CC}	0.7	0	確認供應電壓及接腳

圖 5-28 *NPN* 電晶體。

試，且以數位多功能電表兩種極性接法來說，應該有個極性接法讀值會顯示出超出範圍（overrange）。由於電晶體有三支腳，所以會有六種 DMM 極性接法，如圖 5-29a 所示。請注意只有兩個極性接法會產生約 0.7 V 的讀值，而且這裡需要注意的是，對於這兩個 0.7 V 的讀值，基極接腳都是僅共接到 0.7 V，且它需要接到的是正極性，如圖 5-29b 所示。

pnp 電晶體也可以用相同的方式測試。如圖 5-30 所示，*pnp* 電晶體也像兩個背對背的二極體。再一次，使用設到二極體測試範圍的 DMM 來測試，圖 5-31a 及圖 5-31b 為正常電晶體的結果圖。

許多數位多功能電表具有特殊的 β_{dc} 或 h_{FE} 測試功能，藉由將電晶體的接腳放進適當的插槽，會顯示出順向電流增益值。這個電流增益是針對特定的基極電流或集極電流與 V_{CE}，而針對特定的測試情況，你可以查看一下 DMM 的使用手冊。

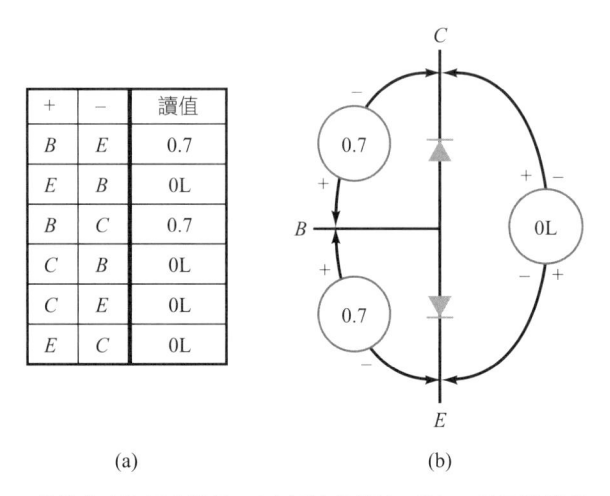

+	−	讀值
B	E	0.7
E	B	0L
B	C	0.7
C	B	0L
C	E	0L
E	C	0L

(a)   (b)

圖 5-29 *NPN* 數位多功能電表讀值。(a) 極性的接法；(b) *pn* 接面的讀值。

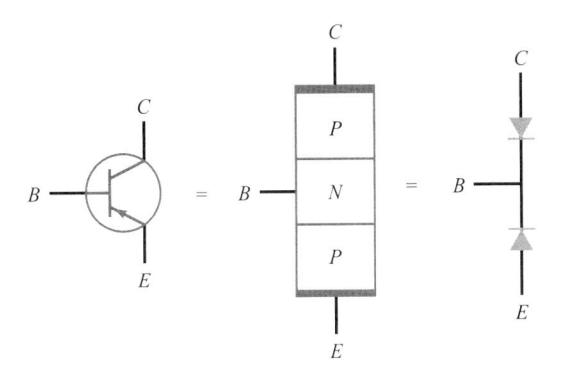

圖 5-30 PNP 電晶體。

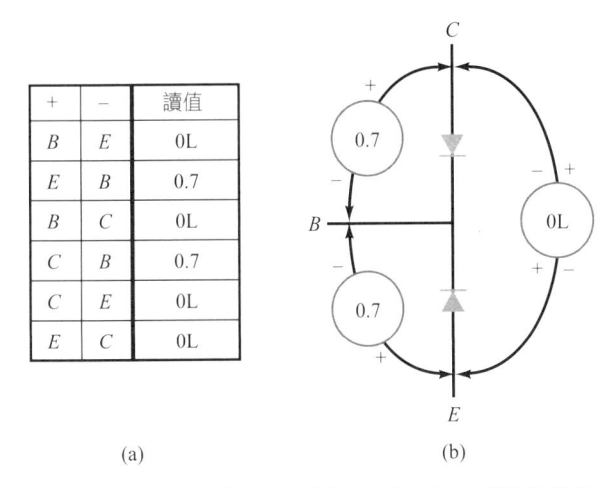

+	−	讀值
B	E	0L
E	B	0.7
B	C	0L
C	B	0.7
C	E	0L
E	C	0L

(a)　　　　　(b)

圖 5-31 PNP 數位多功能電表讀值。(a) 極性的接法；(b) pn 接面的讀值。

　　另一種測試電晶體的方法是用歐姆計，你可以藉由量測集極與射極間的電阻值下手。由於集極與射極二極體為背對背的串聯，所以在兩個方向中電阻值應該會非常高。最常見的問題之一是由於超過功率額定值所產生的集射極短路。若在兩個方向中的任一個你讀到零到幾千歐姆，那表示電晶體短路了且應換掉。

　　假設在兩個方向中的集射極電阻值非常高（百萬歐姆等級），你可以讀取集極二極體（集基極端）及射極二極體（基射極端）的逆向與順向電阻值。對於兩個二極體，你應該會得到高的逆向／順向比率，典型上超過 1000:1（以矽來看）。若你得到的不是這樣，那電晶體就有問題了。

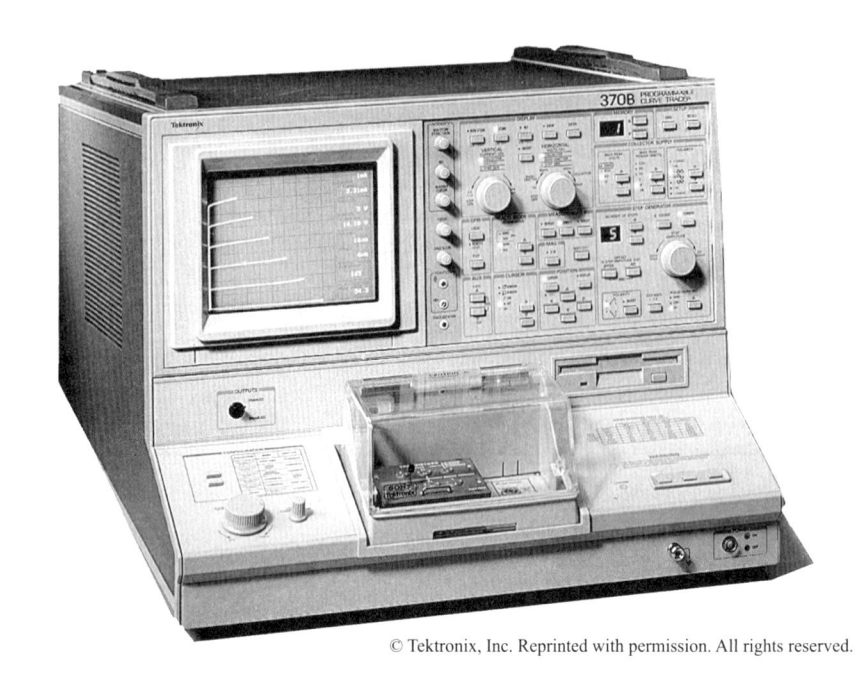

圖 5-32　太克科技公司（Tektronix）提供的電晶體曲線追蹤儀測試結果。

即使電晶體通過歐姆計測試，它仍然可能會有一些問題。畢竟只是在直流情況下以歐姆計測試每個電晶體接面，你可以使用元件特性曲線追蹤儀來找尋更多細微的問題。諸如漏電流太大、β_{dc} 過低或崩潰電壓不足。圖 5-32 所示，為以曲線追蹤儀來測試電晶體。也可以使用商用的電晶體測試儀器，這些會確認漏電流、電流增益 β_{dc} 及其他物理量。

● 總結

5-1　未偏壓電晶體
電晶體有三個摻雜區：射極、基極與集極。一個 pn 接面存在於基極與射極間，這部分稱作射極二極體。另一個 pn 接面存在於基極與集極間，這部分稱作集極二極體。

5-2　偏壓電晶體
正常操作下，會將射極二極體順偏而集極二極體逆偏。在這些情況下，射極會送出自由電子進入基極，大部分這些自由電子會通過基極來到集極。因此集極電流會大約等於射極電流。而基極電流很小，典型上會比射極電流的 5% 還要小。

5-3　電晶體電流
集極電流（分子）對基極電流（分母）的比值稱為電流增益，符號上表示為 β_{dc} 或 h_{FE}。對低功率電晶體而言，典型值為 100 至 300。三種電流當中，以射極電流最大，而集極電流幾乎跟它一樣大，至於基極電流則很小。

5-4　共射極連接
在共射極電路中，射極是接到地或接到共同參考點。電晶體的基射極部分好比是一個普通二極體，而基集部分則像一個等於 β_{dc} 乘上基極電流的電流源。電晶體有主動區、飽和區、截止區及

崩潰區，主動區用於線性放大器，飽和及截止區則用於數位電路中。

5-5 基極特性曲線

基極電流對基射極電壓的圖形看起來就像是一般二極體的圖形。因此可以使用三種二極體近似法中的任何一種，去計算基極電流值。對於多數時候，理想與第二種近似法都是需要的。

5-6 集極特性曲線

電晶體四種不同的操作區分別是主動區、飽和區、截止區與崩潰區。當作放大器時電晶體是在主動區操作，當用於數位電路時通常是在飽和區與截止區操作。由於承受電晶體損毀的風險過高，所以會避免在崩潰區操作。

5-7 電晶體近似法

準確的答案在大多數電子作業上是會耗費時間的。幾乎每個人都使用近似法，因為對於多數的應用而言，所得到的答案就已足夠。對於基本的電路檢測，我們使用理想電晶體就已足夠。如果是要做精確的設計，就需要用到第三種近似法。而對於電路檢測與設計，第二種近似法就是不錯的折衷作法。

5-8 閱讀元件資料手冊

電晶體在它們的電壓、電流及功率上會有最大額定值。小信號電晶體可消耗 1 W 或更少的功率，功率電晶體則可消耗超過 1 W 的功率。溫度會改變電晶體的特性值，如溫度上升，最大功率就會下降，而且電流增益會隨溫度而有較大的變化。

5-9 表面黏著式電晶體

表面黏著電晶體（SMTs）有許多種包裝，常見的是簡單的三端鷗翼式（gull-wing）包裝。一些 SMTs 的包裝方式可消耗超過 1 W 的功率，其他表面黏著元件可能會包含多個電晶體。

5-10 電流增益的差異

電晶體的電流增益是不可預測的物理量。由於製造上的誤差，當你從一個電晶體換成另一個相同類型的，電晶體的電流增益會在 3:1 的範圍變動。溫度與集極電流的改變會在直流增益上產生額外的差異。

5-11 負載線

直流負載線會包含電晶體電路所有可能的直流工作點。負載線的上端稱為飽和點，而下端稱為截止點。求解飽和電流的主要步驟是：想像在集極與射極間有短路存在。求解截止電壓的主要步驟是：想像集極與射極間有開路存在。

5-12 工作點

電晶體的工作點是位在直流負載線上。這個點的正確位置是由集極電流與集射極電壓所決定的。利用基極偏壓法，每當任何一個電路值改變時，Q 點就會跟著移動。

5-13 認識飽和

這概念是假設 *npn* 電晶體在主動區操作。如果這會導致矛盾發生（諸如負的集射極電壓或是集極電流大於飽和電流），那麼你會知道電晶體是在飽和區操作。另一種方法是藉由比較基極電阻與集極電阻來認識飽和，如果比率是在 10:1 附近。那麼電晶體或許是飽和了。

5-14 電晶體開關

基極偏壓法傾向使用電晶體當作開關。在截止與飽和狀態間作開關切換。在數位電路中這類操作是有很有用的。對於切換電路，另一種名稱是雙態（two-state）電路。

5-15 電路檢測

你可以使用數位多功能電表或歐姆計來測試電晶體，最好是將電晶體從電路中拿開。當電晶體是在通電的電路中時，你可以量測其電壓值，它們可能是個線索。

● 定義

(5-2) 直流 α：

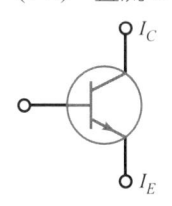

$$\alpha_{dc} = \frac{I_C}{I_E}$$

(5-3) 直流 β（電流增益）：

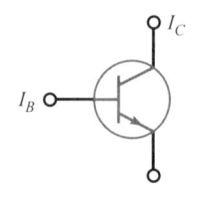

$$\beta_{dc} = \frac{I_C}{I_B}$$

● 推導

(5-1) 射極電流：

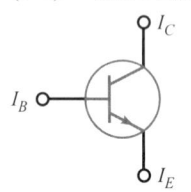

$$I_E = I_C + I_B$$

(5-8) 共射極功率損耗：

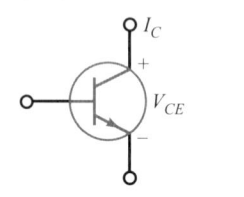

$$P_D = V_{CE} I_C$$

(5-4) 集極電流：

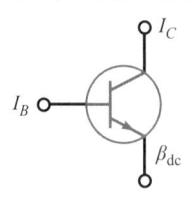

$$I_C = \beta_{dc} I_B$$

(5-9) 電流增益：

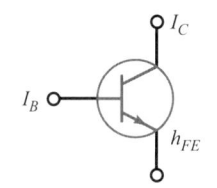

$$\beta_{dc} = h_{FE}$$

(5-5) 基極電流：

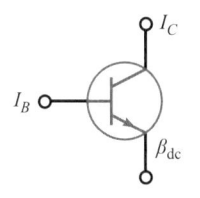

$$I_B = \frac{I_C}{\beta_{dc}}$$

(5-10) 負載線分析：

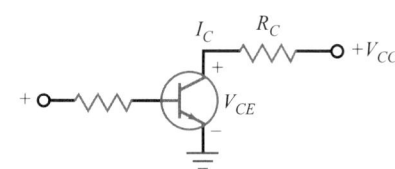

$$I_C = \frac{V_{CC} - V_{CE}}{R_C}$$

(5-6) 基極電流：

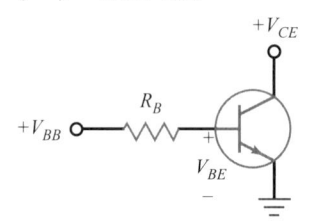

$$I_B = \frac{V_{BB} - V_{BE}}{R_B}$$

(5-11) 飽和電流（基極偏壓）：

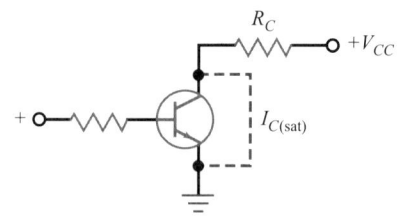

$$I_{C(sat)} = \frac{V_{CC}}{R_C}$$

(5-7) 集射極電壓：

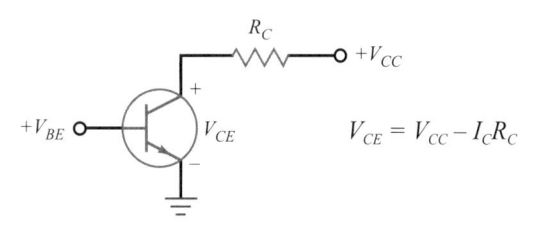

$$V_{CE} = V_{CC} - I_C R_C$$

(5-12) 截止電壓（基極偏壓）

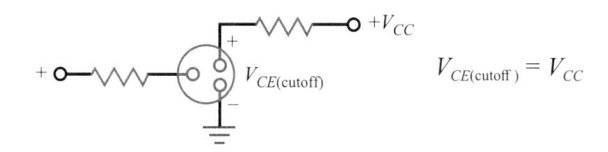

$$V_{CE(cutoff)} = V_{CC}$$

(5-13) 基極電流：

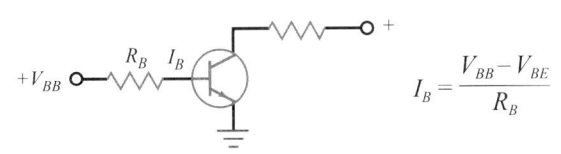

$$I_B = \frac{V_{BB} - V_{BE}}{R_B}$$

(5-14) 電流增益：

$$I_C = \beta_{dc} I_B$$

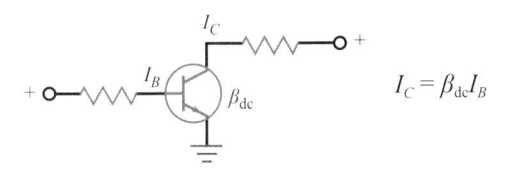

(5-15) 集射極電壓：

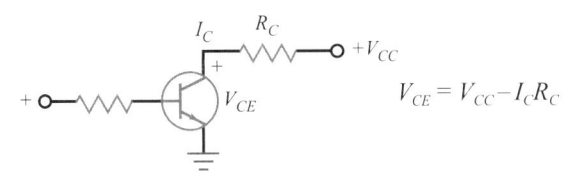

$$V_{CE} = V_{CC} - I_C R_C$$

• **自我測驗**

1. 試問電晶體有多少個 pn 接面？
   a. 1
   b. 2
   c. 3
   d. 4

2. 在 npn 電晶體中，射極中的多數載子是
   a. 自由電子
   b. 電洞
   c. 兩者都不是
   d. 兩者都是

3. 試問跨在矽空乏區上的障壁電位值
   a. 0
   b. 0.3 V
   c. 0.7 V
   d. 1 V

4. 射極二極體通常是
   a. 順向偏壓
   b. 逆向偏壓
   c. 不導通
   d. 在崩潰區操作

5. 於電晶體正常操作，集極二極體必須是
   a. 順向偏壓
   b. 逆向偏壓
   c. 不導通
   d. 在崩潰區操作

6. 電晶體的基極薄而且是
   a. 高度摻雜的
   b. 低度摻雜的
   c. 金屬的
   d. 摻雜五價材料

7. npn 電晶體基極中，大部分電子流是
   a. 離開基極接腳
   b. 進入集極
   c. 進入射極
   d. 進入基極供應電壓中

8. 電晶體的 β 值是怎樣的比率
   a. 集極電流對射極電流
   b. 集極電流對基極電流
   c. 基極電流對集極電流
   d. 射極電流對集極電流

9. 增加集極供應電壓將會增加
   a. 基極電流
   b. 集極電流
   c. 射極電流
   d. 以上皆非

10. 電晶體中有許多自由電子，意謂射極是
    a. 低摻雜
    b. 高摻雜
    c. 無摻雜
    d. 以上皆非

11. 在 pnp 電晶體中，射極的多數載子為
    a. 自由電子
    b. 電洞
    c. 兩者皆非
    d. 兩者皆是

12. 關於集極電流，最重要的事實是？
    a. 量測到的是毫安培
    b. 等於基極電流除以電流增益
    c. 微小的
    d. 近似於射極電流

13. 電流增益為 100 而集極電流為 10 mA，則基極電流為
    a. 10 μA
    b. 100 μA
    c. 1 A
    d. 10 A

14. 集射極電壓通常是
    a. 小於基極供應電壓
    b. 等於基極供應電壓
    c. 大於基極供應電壓
    d. 無法回答

15. 集射極電壓通常是
    a. 小於集極供應電壓
    b. 等於集極供應電壓
    c. 大於集極供應電壓
    d. 無法回答

16. 電晶體功率損耗近似於集極電流乘以
    a. 基射極電壓
    b. 集射極電壓
    c. 基極供應電壓
    d. 0.7 V

17. 電晶體扮演二極體與
    a. 電壓源
    b. 電流源
    c. 電阻
    d. 電源供應器

18. 在主動區中，由於何者使得集極電流不會有明顯改變
    a. 基極供應電壓
    b. 基極電流
    c. 電流增益
    d. 集極電阻

19. 第二種近似法的集射極電壓值為
    a. 0
    b. 0.3 V
    c. 0.7 V
    d. 1 V

20. 若基極電阻開路，試問集極電流值。
    a. 0
    b. 1 mA
    c. 2 mA
    d. 10 mA

21. 將 2N3904 電晶體的功率損耗跟的 PZT3904 表面黏著版相比較，2N3904
    a. 可處理較少的功率
    b. 可處理較多的功率
    c. 可處理一樣的功率
    d. 沒有規定

22. 電晶體的電流增益定義為集極電流對何者之比率
    a. 基極電流
    b. 射極電流
    c. 電源電流
    d. 集極電流

23. 電流增益對集極電流的圖形指出電流增益
    a. 為定值
    b. 稍微變動
    c. 明顯變動
    d. 等於集極電流除以基極電流

24. 當集極電流上升時，電流增益會如何？
    a. 下降
    b. 不變
    c. 增加
    d. 上述任何一個

25. 當溫度上升時，電流增益
    a. 下降

b. 不變
c. 上升
d. 以上皆可能

26. 當基極電阻增加時，集極電壓可能會
    a. 下降
    b. 不變
    c. 上升
    d. 以上皆會

27. 若基極電阻非常小，電晶體將操作在
    a. 截止區
    b. 主動區
    c. 飽和區
    d. 崩潰區

28. 有三個 Q 點在負載線上，最上端的 Q 點代表
    a. 最小電流增益
    b. 中等的電流增益
    c. 最大的電流增益
    d. 截止點

29. 若電晶體操作在負載線中間，基極電阻值下降將會移動 Q 點
    a. 往下
    b. 往上
    c. 不動
    d. 離開負載線

30. 若基極電源電壓被斷開，集射極電壓將會等於
    a. 0 V
    b. 6 V
    c. 10.5 V
    d. 集極電源電壓

31. 若基極電阻值為零，電晶體有可能將
    a. 飽和
    b. 截止
    c. 被弄壞
    d. 以上皆非

32. 集極電流為 1.5 mA，若電流增益為 50，則基極電流為
    a. 3 μA
    b. 30 μA
    c. 150 μA
    d. 3 mA

33. 基極電流為 50 μA，若電流增益為 100，集極電流最接近
    a. 50 μA
    b. 500 μA
    c. 2 mA
    d. 5 mA

34. 當 Q 點沿著負載線移動時，當集極電流如何時 V_{CE} 會下降
    a. 下降
    b. 不變
    c. 上升
    d. 以上皆非

35. 在電晶體開關中沒有基極電流，則電晶體的輸出電壓為
    a. 低
    b. 高
    c. 不變
    d. 不知

• 問題

5-3　電晶體電流

1. 電晶體有 10 mA 的射極電流及 9.95 mA 的集極電流值，試問基極電流值。

2. 集極電流為 10 mA 而基極電流為 0.1 mA，試問電流增益值。

3. 有一個電晶體的電流增益值為 150，而基極電流為 30 μA，試問集極電流值。

4. 若集極電流值為 100 mA，而電流增益值為 65，試問射極電流值。

5-5 基極特性曲線

5. **MultiSim** 試問圖 5-33 中的基極電流值。

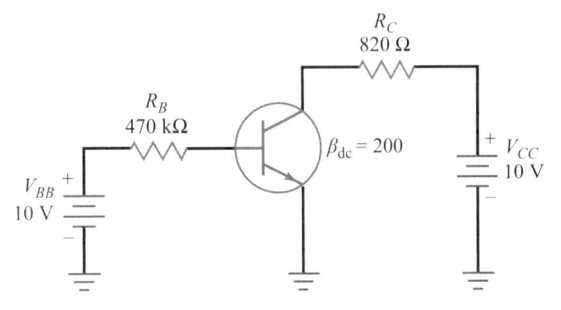

圖 5-33

6. **MultiSim** 在圖 5-33 中，若電流增益從 200 降到 100，試問基極電流值。

7. 若圖 5-33 中的電阻 470 kΩ 有 ±5% 的誤差值，試問最大基極電流值。

5-6 集極特性曲線

8. **MultiSim** 有個如圖 5-33 的電晶體電路其集極供應電壓為 20 V、集極電阻值為 1.5 kΩ，而集極電流為 6 mA。試求集射極電壓值。

9. 若電晶體集極電流為 100 mA，而集射極電壓為 3.5 V，試求其功率損耗值。

5-7 電晶體近似法

10. 試求圖 5-33 中的集射極電壓值及電晶體的功率損耗值（請以理想與第二種近似法作答）。

11. 圖 5-34a 繪出電晶體電路的一個較簡單的作法，它的動作跟先前所討論的相同，試求集射極電壓值、電晶體功率損耗值（請以理想與第二種近似法作答）。

12. 當基極與集極供應電壓相同時，電晶體可以繪成如圖 5-34b 所示，試求電路中的集射極電壓值、電晶體的功率值（請以理想與第二種近似法作答）。

5-8 閱讀元件資料手冊

13. 試問元件 2N3904 的儲存溫度範圍。

14. 試求元件 2N3904 在對於集極電流為 1 mA 且集射極電壓為 1 V 時的最小 h_{FE} 值。

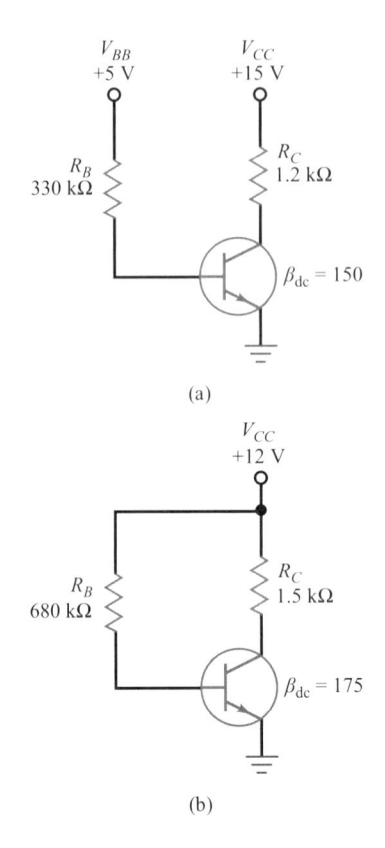

圖 5-34

15. 電晶體額定功率為 1 W，若集射極電壓為 10 V 而集極電流為 120 mA，試問對於電晶體會發生什麼事情？

16. 在沒有散熱片的情況下，元件 2N3904 的功率損耗為 625 mW。若室溫為 65°C，試問對於額定功率會發生什麼事情？

5-10 電流增益的差異

17. 參考圖 5-19，試求當集極電流為 100 mA 且接面溫度為 125°C 時，2N3904 的電流增益值？

18. 參考圖 5-19，接面溫度為 25°C 且集極電流為 1.0 mA，試求電流增益值？

5-11 負載線

19. 試畫出圖 5-35a 的負載線，試求在飽和點的集極電流值，以及截止點的集射極電壓值？

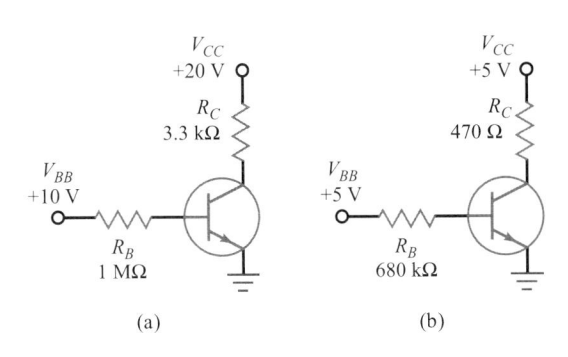

圖 5-35

(a) V_{CC} +20 V, R_C 3.3 kΩ, V_{BB} +10 V, R_B 1 MΩ
(b) V_{CC} +5 V, R_C 470 Ω, V_{BB} +5 V, R_B 680 kΩ

20. 若圖 5-35a 中的集極電源電壓增加到 25 V，試問負載線會如何？
21. 若圖 5-35a 中的集極電阻值增加到 4.7 kΩ，試問負載線會如何？
22. 若圖 5-35a 中的基極電阻值降到 500 kΩ，試問負載線會如何？
23. 試畫出圖 5-35b 中的負載線，試求在飽和點的集極電流值，與截止點的集射極電壓值？
24. 若圖 5-35b 中的集極電源電壓變 2 倍，試問負載線會如何？
25. 若圖 5-35b 中的集極電阻值增加到 1 kΩ，負載線會怎樣？

5-12 工作點

26. 在圖 5-35a 中，如果電流增益為 200，試求集極與地之間的電壓值？
27. 在圖 5-35a 中電流增益的變化從 25 到 300，試求集極對地的最小與最大電壓值？
28. 圖 5-35a 的電阻誤差為 ±5%，電源電壓誤差為 ±10%，若電流增益的變化從 50 到 150，試求集極對地最小及最大的可能電壓值？
29. 在圖 5-35b 中，如果電流增益為 150，試求集極對地之間的電壓值？
30. 在圖 5-35b 中，電流增益的變化從 100 到 300，試求集極對地最小及最大電壓值？
31. 圖 5-35b 的電阻誤差為 ±5%，電源電壓誤差為 ±10%。若電流增益的變化從 50 到 150，試求集極對地最小及最大的可能電壓值？

5-13 認識飽和

32. 在圖 5-35a 中，除非有另外指定，否則請使用所示的電路參數值。試問針對以下各變化情形，電晶體是否會飽和：
    a. R_B = 33 kΩ 及 h_{FE} = 100
    b. V_{BB} = 5 V 及 h_{FE} = 200
    c. R_C = 10 kΩ 及 h_{FE} = 50
    d. V_{CC} = 10 V 及 h_{FE} = 100

33. 在圖 5-35b 中，除非有另外指定，否則請使用所示的電路參數值。試求以下各情況變化時，電晶體是否會飽和：
    a. R_B = 51 kΩ 及 h_{FE} = 100
    b. V_{BB} = 10 V 及 h_{FE} = 500
    c. R_C = 10 kΩ 及 h_{FE} = 100
    d. V_{CC} = 10 V 及 h_{FE} = 100

5-14 電晶體開關

34. 圖 5-35b 中的電阻 680 kΩ 換成 4.7 kΩ 和一個串聯開關。假設為理想二極體，若開關開路下，試求集極電壓值？若開關閉合，試求集極電壓值？

5-15 電路檢測

35. **MultiSim** 對於下面問題，圖 5-33 中的集射極電壓是上升、下降還是維持不變？
    a. 電阻 470 kΩ 短路
    b. 電阻 470 kΩ 開路
    c. 電阻 820 Ω 短路
    d. 電阻 820 Ω 開路
    e. 基極供應電壓為零
    f. 集極供應電壓為零

腦力激盪

36. 試求電流增益為 200 的電晶體 α_{dc} 值。
37. 試求 $\alpha_{dc} = 0.994$ 的電晶體電流增益值。
38. 試設計共射極電路以符合規格：$V_{BB} = 5$ V、$V_{CC} = 15$ V、$h_{FE} = 120$、$I_C = 10$ mA 及 $V_{CE} = 7.5$ V。
39. 圖 5-33 中，試求 $V_{CE} = 6.7$ V 時所需的基極電阻值。
40. 室溫 25°C 下，2N3904 的額定功率值為 350 mW，若集射極電壓為 10 V，試求電晶體在室溫 50°C 下可處理的最大電流值。
41. 圖 5-33 中，假設我們以電阻 820 Ω 串聯 LED，試求 LED 電流值。
42. 利用電晶體 2N3904 的元件資料手冊，試求集極電流為 50 mA 時的集射極飽和電壓值。

運用軟體 Multisim 分析與解決問題

Multisim 分析與解決問題的檔案請至所提供的網址下載。網址內的章節序號為原文書的章節序號，請參照書末所附的「中英章節對照表」下載相關檔案。本章相關的檔案為 MTC06-43 到 MTC06-47。

開啟並分析解決各個檔案。執行量測以確認是否有錯，如果有，請查明錯誤。

43. 開啟並分析及解決檔案 MTC06-43。
44. 開啟並分析及解決檔案 MTC06-44。
45. 開啟並分析及解決檔案 MTC06-45。
46. 開啟並分析及解決檔案 MTC06-46。
47. 開啟並分析及解決檔案 MTC06-47。

問題回顧

1. 試繪出 npn 電晶體的 n 型區與 p 型區，然後適當地偏壓電晶體並說明它是如何運作。
2. 試繪出集極特性曲線，然後以這些特性曲線指出電晶體的四種操作區域各在何處。
3. 試繪出兩種等效電路（以理想與第二種近似法）以表示正在主動區操作的電晶體，然後指出在何時與如何以這些電路去計算電晶體電流與電壓值。
4. 試繪出共射極連接的電晶體電路。這樣的電路會有哪些問題，你可以施作何種量測以隔離每個問題？
5. 當看到有 npn 與 pnp 電晶體的電路圖時，你要如何指出每個類型？又如何分辨電子（或傳統）流方向？
6. 試指出可顯示電晶體集極特性曲線（I_C 對 V_{CE}）的測試儀器名稱。
7. 試寫出電晶體功率損耗方程式，並預期負載線上何處的功率損耗會最大。
8. 試問電晶體有哪三種電流，它們彼此間的關係又是如何。
9. 試繪出 npn 與 pnp 電晶體，並標示出所有的電流與其流向。
10. 電晶體可以接成：共射極、共集極及共基極三種組態。哪一種組態最常見？
11. 試畫出基極偏壓電路。然後，請告訴我們如何計算集射極電壓值，如果需要精確的電流增益值，為何這個電路在量產時有可能會失敗？

12. 試畫出另一種基極偏壓電路及這電路的負載線。並請告訴我們如何計算飽和與截止點，以及討論改變 Q 點位置上的電流增益值所會產生的影響。

13. 請告訴我們，你如何在電路沒有電的情況下測試電晶體。而當電晶體處於送電的電路中，你又會怎樣測試？

14. 溫度對電流增益會有怎樣的影響？

● 自我測驗解答

1.	b	10.	b	19.	c	28.	c
2.	a	11.	b	20.	a	29.	b
3.	c	12.	d	21.	a	30.	d
4.	a	13.	b	22.	a	31.	c
5.	b	14.	a	23.	b	32.	b
6.	b	15.	a	24.	d	33.	d
7.	b	16.	b	25.	d	34.	c
8.	b	17.	b	26.	c	35.	b
9.	d	18.	d	27.	c		

● 練習題解答

5-1 $\beta_{dc} = 200$

5-2 $I_C = 10$ mA

5-3 $I_B = 74.1\ \mu$A

5-4 $V_B = 0.7$ V；
$I_B = 33\ \mu$A；
$I_C = 6.6$ mA

5-5 $I_B = 13.7\ \mu$A；
$I_C = 4.11$ mA；
$V_{CE} = 1.78$ V；
$P_D = 7.32$ mW

5-6 $I_B = 16.6\ \mu$A；
$I_C = 5.89$ mA；
$\beta_{dc} = 355$

5-10 理想：$I_B = 14.9\ \mu$A；
$I_C = 1.49$ mA；
$V_{CE} = 9.6$ V
第二種：$I_B = 13.4\ \mu$A；
$I_C = 1.34$ mA；
$V_{CE} = 10.2$ V

5-12 $P_{D(max)} = 375$ mW。不在安全因數 2 的範圍內。

5-14 $I_{C(sat)} = 6$ mA；$V_{CE(cutoff)} = 12$ V

5-16 $I_{C(sat)} = 3$ mA；斜率會下降。

5-17 $V_{CE} = 8.25$ V

5-19 $R_B = 47$ kΩ

5-20 $V_{CE} = 11.999$ V 及 0.15 V

Chapter 6 雙極性接面電晶體偏壓

- **原型電路（prototype）** 是基本的電路設計，可以被修改成許多的進階電路。基極偏壓電路是用於開關電路設計中的原型電路。而射極偏壓電路則是用於放大電路設計中的原型電路。在本章中，我們會著重在射極偏壓及可以從它推導出來的實際電路。

學習目標

在學習完本章後，你應能夠：
- 畫出射極偏壓電路，並解釋為什麼它在放大電路中會運作良好。
- 繪出分壓器偏壓法電路圖。
- 對於 npn VDB 電路計算分壓電流、基極電壓、射極電壓、射極電流、集極電壓及集射極電壓。
- 決定如何繪出負載線及針對已知 VDB 電路計算其 Q 點。
- 使用設計指南設計 VDB 電路。
- 繪出雙電源射極偏壓電路並計算 V_{RE}、I_E、V_C 及 V_{CE}。
- 比較幾種不同類型的偏壓法並描述各自如何運作良好。
- 計算 pnp VDB 電路的 Q 點。
- 解決電晶體偏壓電路的問題。

章節大綱

6-1　射極偏壓法
6-2　LED 驅動電路
6-3　微小變化的影響
6-4　更多光電子元件
6-5　分壓器偏壓法
6-6　精確的 VDB 分析
6-7　VDB 負載線及 Q 點
6-8　雙電源射極偏壓法
6-9　其他類型的偏壓法
6-10　電路檢測 VDB 元件
6-11　*PNP* 電晶體

詞彙

collector-feedback bias　集極回授偏壓法
correction factor　修正因數
emitter bias　射極偏壓
emitter-feedback bias　射極回授偏壓法
firm voltage divider　穩固式分壓器
phototransistor　光電晶體
prototype　原型電路
self-bias　自偏壓
stage　級
stiff voltage divider　固定分壓器
swamp out　消除
two-supply emitter bias (TSEB)　雙電源射極偏壓法
voltage-divider bias (VDB)　分壓器偏壓法

6-1 射極偏壓法

數位電路是用於電腦中的電路類型。在這領域中,基極偏壓法與從基極偏壓法推演而來的電路是有其用途的。但是當它用於放大器,我們需要的是 Q 點不會受電流增益變化影響的電路。

圖 6-1 為**射極偏壓（emitter bias）**,如你所見,電晶體已從基極電路移動到射極電路。雖然一個變化就足以產生不同的結果,但這新電路的 Q 點就像石頭一樣穩固不受影響。當電流增益從 50 變到 150 時, Q 點幾乎不會沿負載線移動。

基本概念

基極電源電壓現在直接施加到基極。因此,電路檢測者將會在基極與地之間讀到 V_{BB},射極不再是接地。現在,射極是在地之上且電壓值為:

$$V_E = V_{BB} - V_{BE} \tag{6-1}$$

若 V_{BB} 大於 V_{BE} 20 倍,那麼理想的近似法將是準確的方式。如果 V_{BB} 小於 V_{BE} 20 倍,你要使用第二種近似法,否則你的誤差將會大於 5%。

找出 Q 點

讓我們分析圖 6-2 的射極偏壓電路。基極電源電壓只有 5 V,所以我們會使用第二種近似法。在基極與地之間的電壓為 5 V。從現在開始,我們會稱這個基極對地電壓為基極電壓,或是 V_B。跨在基射極端的電壓為 0.7 V,我們稱這電壓為基射極電壓,或 V_{BE}。

在射極與地之間的電壓稱為射極電壓或 V_E。它等於

$$V_E = 5\text{ V} - 0.7\text{ V} = 4.3\text{ V}$$

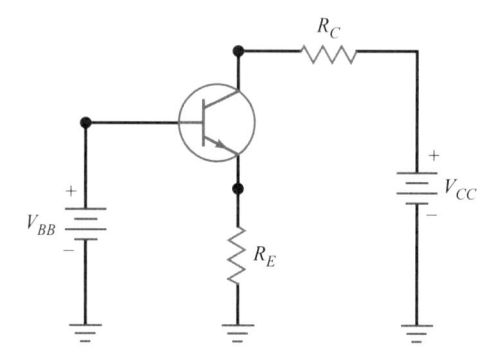

圖 6-1 射極偏壓。

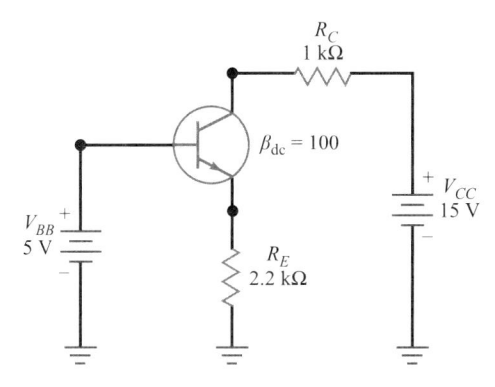

圖 6-2 找出 Q 點。

這電壓是跨在射極電阻上，所以我們可以使用歐姆定律求出射極電流值：

$$I_E = \frac{4.3 \text{ V}}{2.2 \text{ k}\Omega} = 1.95 \text{ mA}$$

這意謂對於接近的近似法，集極電流會為 1.95 mA。當這個集極電流經過集極電阻時，它會產生 1.95 V 的電壓降。由集極電源電壓減掉這個電壓，會在集極與地之間得到電壓值為：

$$V_C = 15 \text{ V} - (1.95 \text{ mA})(1 \text{ k}\Omega) = 13.1 \text{ V}$$

從現在開始，我們將稱這集極到地的電壓為集極電壓或 V_C。

當在測試電晶體電路時，這是電路檢測者會量測到的電壓值。電壓計的一支探棒會被連到集極，而另一支探棒則被連到地。如果你想要集射極電壓，你必須將集極電壓減去射極電壓，如下所示：

$$V_{CE} = 13.1 \text{ V} - 4.3 \text{ V} = 8.8 \text{ V}$$

所以圖 6-2 的射極偏壓電路的 Q 點對應座標為：$I_C = 1.95$ mA 及 $V_{CE} = 8.8$ V。

集射極電壓是用來畫出負載線及閱讀電晶體元件資料手冊用的電壓值。如方程式：

$$V_{CE} = V_C - V_E \tag{6-2}$$

電流不受電流增益變化影響

以下是射極偏壓法勝出的原因，射極偏壓電路的 Q 點不受電流增益變化影響。過程當中的證明會被用來分析電路，以下是我們前面所

用到的步驟：

1. 求得射極電壓值。
2. 計算射極電流值。
3. 找出集極電壓值。
4. 從集極電壓值減去射極電壓值可得 V_{CE}。

> **知識補給站**
> 由於 I_C 及 V_{CE} 的值不受射極偏壓電路中 β 值的影響，這類電路稱為與 β 無關（beta-independent）。

在前述步驟中，我們都不需要用到電流增益值。由於我們沒有使用它來找出射極電流、集極電流等數值，所以電流增益的正確值不再那麼要緊了。

藉由將電阻從基極移動到射極電路，我們使得基極到地之電壓等於基極電源電壓。之前，這個電壓幾乎跨在基極電阻上，並建立一個固定的基極電流值。現在，這個電源電壓減掉 0.7 V 會跨在射極電阻上，並建立一個固定的射極電流值。

電流增益較小的影響

電流增益對於集極電流有較小的影響。在所有操作情況下，三種電流關係為：

$$I_E = I_C + I_B$$

其可以整理成：

$$I_E = I_C + \frac{I_C}{\beta_{dc}}$$

求解集極電流，你會得到：

$$I_C = \frac{\beta_{dc}}{\beta_{dc} + 1} I_E \tag{6-3}$$

乘以 I_E 的這個物理量稱為**修正因素**（correction factor）。它會告訴你 I_C 是怎麼與 I_E 不同。當電流增益為 100，修正因素為：

$$\frac{\beta_{dc}}{\beta_{dc} + 1} = \frac{100}{100 + 1} = 0.99$$

這表示集極電流等於射極電流的 99%。因此，當我們忽略修正因素時，那麼我們只會有 1% 的誤差。意即集極電流會等於射極電流。

例題 6-1

試求圖 6-3 模擬軟體 MultiSim 中集極與地之間的電壓值、集極與射極間的電壓值。

解答 基極電壓為 5 V，而射極電壓比它小 0.7 V，即：

$$V_E = 5 \text{ V} - 0.7 \text{ V} = 4.3 \text{ V}$$

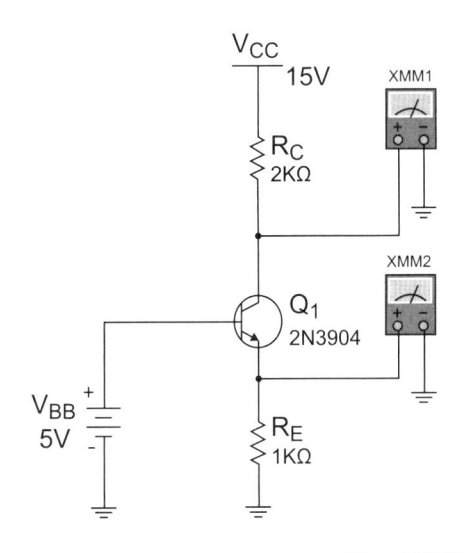

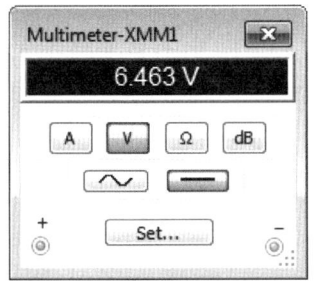

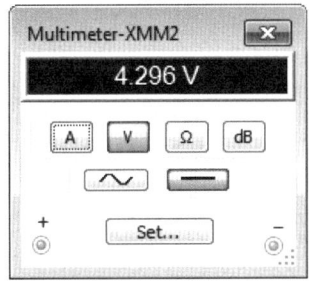

圖 6-3 電壓計的讀值。

這個電壓是跨在射極電阻 1 kΩ 上。因此，射極電流等於 4.3 V 除以 1 kΩ，即：

$$I_E = \frac{4.3 \text{ V}}{1 \text{ k}\Omega} = 4.3 \text{ mA}$$

集極電流約等於 4.3 mA。當這電流經過集極電阻（現在是 2 kΩ）時，它會產生電壓：

$$I_C R_C = (4.3 \text{ mA})(2 \text{ k}\Omega) = 8.6 \text{ V}$$

當集極電源電壓減去這個電壓時，你會得到：

$$V_C = 15\text{ V} - 8.6\text{ V} = 6.4\text{ V}$$

這電壓值非常接近以模擬軟體 MultiSim 中的電壓計所量到的值。請記住，這是集極與地之間的電壓值。當電路檢測時，這是你會量到的數值。

除非你有高輸入阻抗值且接地是浮接的電壓計，否則你不應該企圖在集極與射極之間直接連接電壓計。如果你想要知道 V_{CE}，你應該量集極對地之電壓，然後再量射極對地之電壓，再把兩個電壓相減。在這情形中：

$$V_{CE} = 6.4\text{ V} - 4.3\text{ V} = 2.1\text{ V}$$

練習題 6-1　|||MultiSim 將圖 6-3 的電源電壓降成 3 V，試預測並量測出新的 V_{CE} 值。

6-2　LED 驅動電路

你已學到基極偏壓電路建立定值的基極電流，以及射極偏壓電路建立定值的射極電流。由於電流增益問題，基極偏壓電路正常來說是設計在飽和與截止狀態間切換，而射極偏壓電路通常則是設計在主動區操作。

在本節中，我們會討論兩個可以用來做 LED 驅動器的電路。第一個電路使用基極偏壓法，而第二個電路則是使用射極偏壓法。這將提供你一個機會，看看每個電路在相同的應用中如何運作。

基極偏壓 LED 驅動器

在圖 6-4a 中的基極電流為零，其意謂電晶體在截止狀態。當圖 6-4a 的開關閉合時，電晶體會進入過飽和狀態。想像在集射極端點間有短路存在，則集極電源電壓（15 V）會跨在串聯的 1.5 kΩ 與 LED 上面。若我們忽略 LED 上的電壓降，則集極電流理想上會為 10 mA。但若我們允許 2 V 電壓跨在 LED 上，則會有 13 V 電壓會跨在 1.5 kΩ 上，而集極電流會等於 13 V 除以 1.5 kΩ，即 8.67 mA。

這電路沒有任何問題。由於它針對過飽和設計，所以它成為一個不錯的 LED 驅動電路。在該電路中電流增益的大小是不要緊的，若你想要改變這個電路中的 LED 電流值，你可以改掉集極電阻值，也可以改集極電源電壓值。當開關閉合時，由於我們想要過飽和，所以基極電阻值會比集極電阻值大上 10 倍。

射極偏壓 LED 驅動器

在圖 6-4b 中的射極電流為零，其意謂電晶體在截止狀態。當圖 6-4b 中的開關閉合時，電晶體會進入主動區。理想上，射極電壓會為 15 V，這意謂我們會得到 10 mA 的射極電流值。這次，LED 的電壓降不會有任何影響。不管 LED 上面的正確電壓值是 1.8 V、2 V 或 2.5 V 都有沒關係。這是射極偏壓設計勝過基極偏壓設計的一個優點，流過 LED 的電流跟 LED 上面的電壓無關。另一個優點是電路不需要集極電阻。

當圖 6-4b 射極偏壓電路的開關閉合時，操作在主動區中。為了改變 LED 電流，你可以改變基極電源電壓或射極電阻值。例如，若你變動基極電源電壓，則 LED 電流會成正比變化。

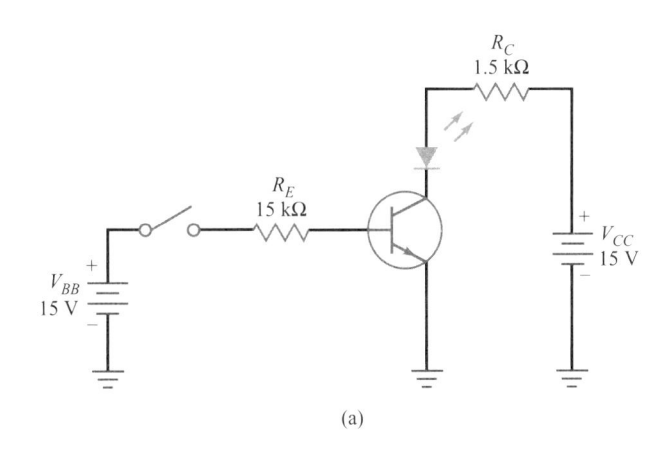

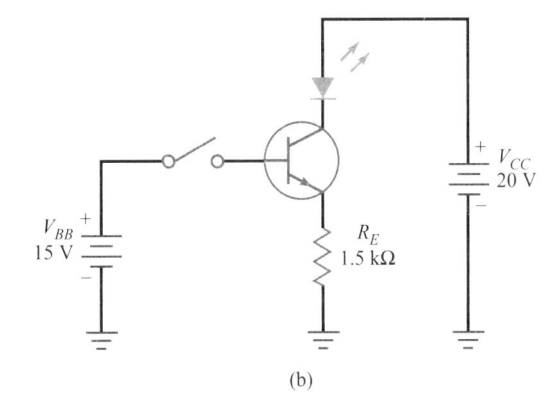

圖 6-4 (a) 基極偏壓；(b) 射極偏壓。

應用題 6-2

當圖 6-4b 中的開關閉合時,我們想要 25 mA 的 LED 電流,我們可以如何做呢?

解答 一個解法是增加基極電源電壓。我們想要 25 mA 流過 1.5 kΩ 的射極電阻,歐姆定律告訴我們射極電壓必須為:

$$V_E = (25 \text{ mA})(1.5 \text{ k}\Omega) = 37.5 \text{ V}$$

理想上,V_{BB} = 37.5 V。而對於第二種近似法,V_{BB} = 38.2V。對於典型的電壓值來說,這有點高。但若是允許高電源電壓的特別應用,則這解答是可行的。

15 V 的電源電壓在電子學中是常見的。因此,在多數應用中更好的解答是降低射極電阻值。理想上,射極電壓將會是 15 V,而我們想要 25 mA 流過射極電阻。由歐姆定律會得到:

$$R_E = \frac{15 \text{ V}}{25 \text{ mA}} = 600 \text{ }\Omega$$

以誤差值 5% 來看,最接近的標準值為 620 Ω。若我們使用第二種近似法,則電阻值為:

$$R_E = \frac{14.3 \text{ V}}{25 \text{ mA}} = 572 \text{ }\Omega$$

最接近的標準值為 560 Ω。

練習題 6-2 在圖 6-4b 中,R_E 需要多少歐姆以產生 21 mA 的 LED 電流?

應用題 6-3

圖 6-5 的電路是做什麼用途?

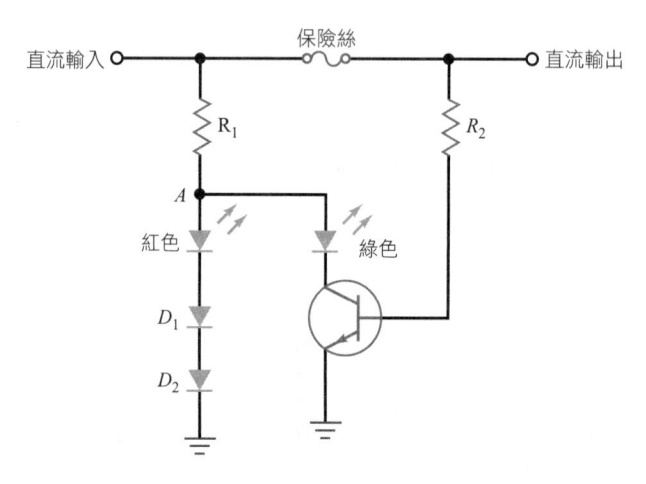

圖 6-5 基極偏壓的 LED 驅動器。

解答 這是個用於指示直流電源供應器之保險絲是否燒壞掉的指示器。當保險絲沒有損傷時,電晶體以基極偏壓方式進入飽和狀態。這會導通綠色的 LED,指示一切狀態正常。在 A 點與地之間的電壓約為 2 V。這個電壓不夠讓紅色的 LED 發亮。由於 D_1 及 D_2 需要 1.4 V(因 0.7V + 0.7V = 1.4 V)的電壓

降來導通，所以這兩個串聯的二極體（D_1 及 D_2）阻止了紅色的 LED 導通。

當保險絲燒壞時，電晶體會進入截止狀態。使綠色的 LED 不亮，然後，A 點的電壓會被朝電源電壓的方向拉升。現在，有足夠的電壓來導通兩個串聯的二極體及紅色的 LED 以指示保險絲燒壞了。總結表 6-1 繪出了基極偏壓與射極偏壓彼此間的差異。

總結表 6-1 基極偏壓 vs. 射極偏壓

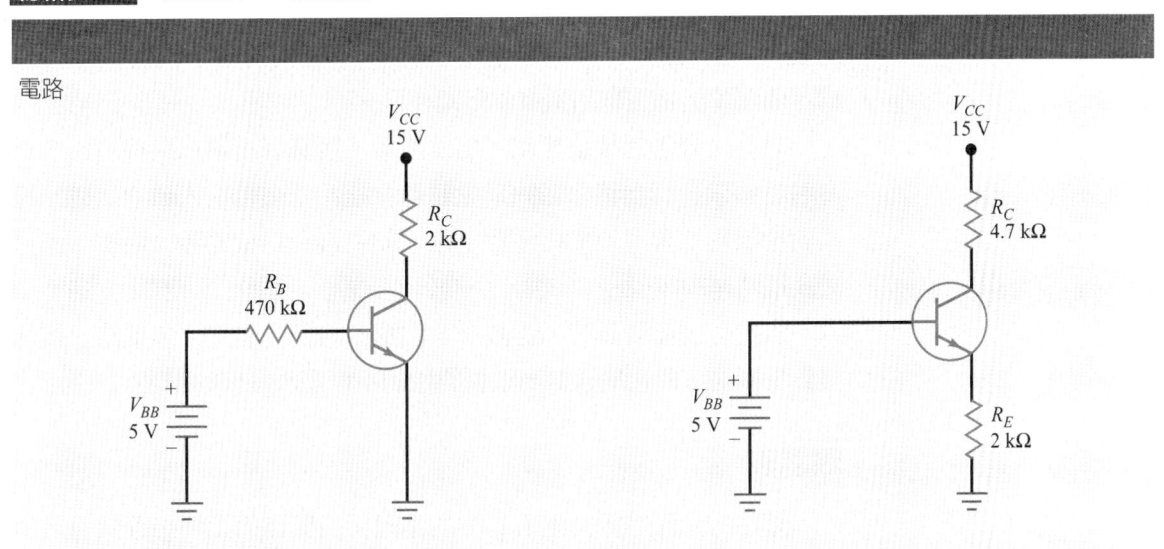

特性	固定的基極電流	固定的射極電流
$\beta_{dc} = 100$	$I_B = 9.5\ \mu A$ $I_C = 915\ \mu A$	$I_B = 21.5\ \mu A$ $I_E = 2.15\ mA$
$\beta_{dc} = 300$	$I_B = 9.15\ \mu A$ $I_C = 2.74\ mA$	$I_B = 7.17\ \mu A$ $I_E = 2.15\ mA$
使用的模式	截止及飽和	主動或線性
應用	開關／數位電路	受控的 I_C 驅動器及放大器

6-3 電路檢測射極偏壓元件

當電晶體與電路斷開時，您可以使用 DMM 或歐姆表來測試電晶體。當電晶體處於通電狀態時，您可以測量其電壓，這是可能出現故障的線索。

電路中進行的測試

最簡單的電路測試是量測對地的電晶體電壓值。例如，量測集

極電壓 V_C 及射極電壓 V_E 是不錯的開始，$V_C - V_E$ 的差值應該是大於 1 V 但小於 V_{CC}。在放大電路中，如果讀值小於 1 V，那麼電晶體就可能是短路。若讀值等於 V_{CC}，則電晶體可能是開路。

前面的測試通常會確定直流問題，如果它們存在的話。許多人會包含測試 V_{BE}，如下所做：量測基極電壓 V_B 及射極電壓 V_E，這些讀值的差值為 V_{BE}，對於在主動區操作的小信號電晶體其值應為 0.6 V 到 0.7 V。對於功率電晶體，由於射極二極體的本體電阻值，所以 V_{BE} 可能是 1 V 或更高。若 V_{BE} 讀值略小於 0.6 V，則射極二極體非順向偏壓，問題可能是在電晶體或偏壓元件上。

有些人會包括截止測試，如下所示：將基射極端以跳線短路。這會在射極二極體上移除順向偏壓且應會迫使電晶體進入截止狀態，集極對地電壓應會等於集極電源電壓。如果沒有這樣的話，則表示電晶體或電路有問題。

當進行這項測試時，應該多多注意。若另一個元件或電路直接連接到集極端，確定集極對地電壓的增加不會造成任何的損害。

問題表

短路的元件等效為阻值為零的電阻，而開路的元件可等效為阻值為無窮大的電阻。例如，射極電阻可能短路或開路，讓我們分別以符號 R_{ES} 及 R_{EO} 來表示這些問題。同樣地，集極電阻可能短路或開路，分別以符號 R_{CS} 及 R_{CO} 來表示。

當電晶體有問題時，任何事情都可能會發生。例如，可能一個或兩個二極體內部短路或開路。我們將對於以下最有可能發生的問題限制其可能性的發生數目：集射極短路（CES）表示三端（基極端、集極端與射極端）短路在一起，而集射極開路（CEO）代表三端都開路，基射極開路（BEO）意謂基射極二極體開路，而集基極開路（CBO）則意謂集基極二極體開路。

表 6-2 為一些可能出現在如圖 6-6 電路中的問題，電壓以第二種近似法來計算。當電路正常操作時，你應該會量測到基極電壓 2 V、射極電壓 1.3 V，而集極電壓約 10.3 V。若射極電阻短路，+2 V 電壓會跨在射極二極體上面，這個較大的電壓會弄壞電晶體，可能產生集射極開路，這個問題 R_{ES} 及其電壓值如表 6-2 所示。

若射極電阻開路，會沒有射極電流。而且，集極電流也會為零，而集極電壓會增加到 15 V，這個問題 R_{EO} 及其電壓值如表 6-2 所示。繼續這樣做下去，我們可以得到表中剩下的項目。

表 6-2 問題與症狀

問題	V_B, V	V_E, V	V_C, V	評論
完全沒有	2	1.3	10.3	沒有問題
R_{ES}	2	0	15	電晶體毀損（CEO）
R_{EO}	2	1.3	15	無基極或集極電流
R_{CS}	2	1.3	15	
R_{CO}	2	1.3	1.3	
無 V_{BB}	0	0	15	請確認電源與接腳
無 V_{CC}	2	1.3	1.3	請確認電源與接腳
CES	2	2	2	所有的電晶體端短路
CEO	2	0	15	所有的電晶體端開路
BEO	2	0	15	基射二極體開路
CBO	2	1.3	15	集基二極體開路

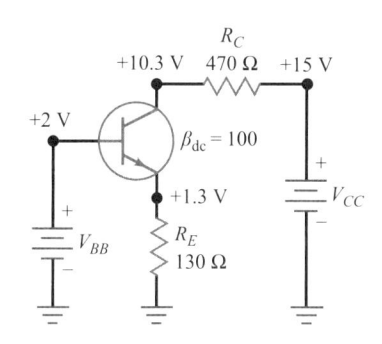

圖 6-6 電路中進行的測試。

請注意，當中沒有 V_{CC} 這個項目，這值得我們評論一下。由於集極沒有電源電壓，所以你一開始的直覺可能會覺得集極電壓為零。但這不是你用電壓計會量到的，當你在集極與地之間連接電壓計時，基極電源電壓將建立一個微小的順向電流經過跟電壓計串聯的集極二極體。由於基極電壓固定在 2 V，所以集極電壓會比它小 0.7 V（小信號二極體本身的壓降），因此，電壓計將會在集極與地之間讀到 1.3 V。換句話說，由於電壓計看起來就像是個跟集極二極體串聯且阻值非常大的電阻，所以電壓計的連接使電路接地了。

6-4 更多光電子元件

如前面所提到的，基極開路的電晶體會有由熱所產生的少數載子與表面漏電流所組成的微小集極電流。藉由將集極接面暴露於光線

光電晶體的基本概念

下，製造商可以製造出**光電晶體（phototransistor）**，這個元件比起光二極體對於光線更為敏感。

光電晶體的基本概念

圖 6-7a 為基極開路的電晶體。如前面所提到的，微小的集極電流會存在這電路中。忽略表面漏電流成分，關注因熱在集極二極體中所產生的載子，將這些載子所產生的逆向電流想像成是跟理想電晶體集基接面並聯在一起的理想電流源（圖 6-7b）。

由於基極端開路，所有逆向電流會被強迫進入電晶體的基極，而產生的集極電流為：

$$I_{CEO} = \beta_{dc}I_R$$

這裡的 I_R 為逆向少數載子的電流，意思是集極電流比原本的逆向電流會高出 β_{dc} 倍。

集極二極體對於光線與熱是很敏感的。在光電晶體中，光線會通過窗口打在集基接面上，當光線增加時，I_R 會上升，I_{CEO} 也會跟著上升。

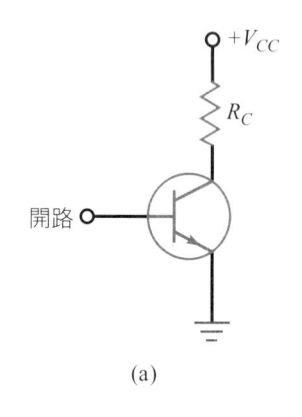

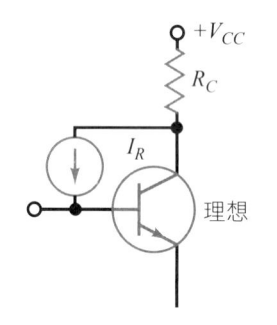

圖 6-7 (a) 基極開路的電晶體；(b) 等效電路。

光電晶體 vs. 光二極體

在光電晶體與光二極體間的主要差異是電流增益 β_{dc}。在相同的光衝量下，光電晶體比起光二極體會產生多 β_{dc} 倍的電流出來。比起光二極體，光電晶體增加的靈敏度是個很大的優點。

圖 6-8a 為光電晶體的電路符號，請注意開路的基極，這是操作光電晶體常見的方式。你可以利用可變的基極迴路電阻來控制靈敏度（如圖 6-8b），但基極通常被開路，以得到對於光最大的靈敏度。

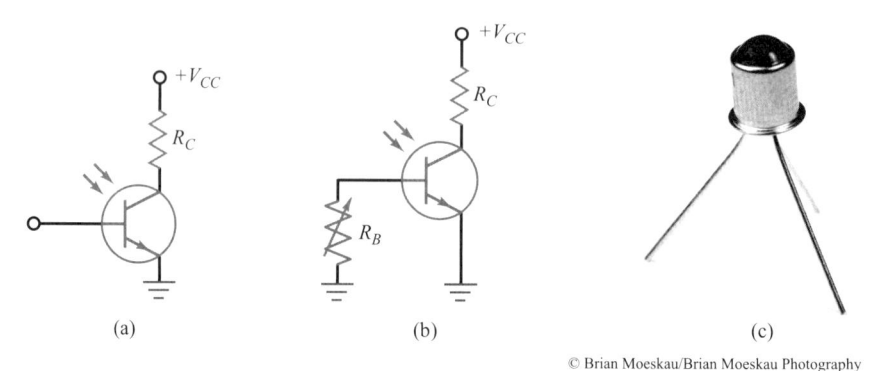

圖 6-8 光電晶體。(a) 基極開路會提供最大的靈敏度；(b) 變動基極電阻會改變靈敏度；(c) 典型的光電晶體。

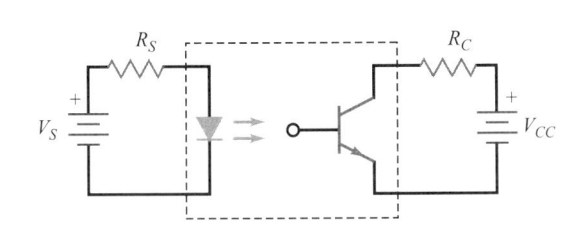

第 6 章　雙極性接面電晶體偏壓　**255**

(a)　　　　　　　　　　　(b)

© Brian Moeskau/Brian Moeskau Photography

圖 6-9　(a) 帶有 LED 及光電晶體的光耦合器；(b) 光耦合器 *IC*。

對於增加的靈敏度，所付出的代價是速度的下降。光電晶體比起光二極體更為敏感，但它不能快速導通與截止，光二極體的輸出電流典型值為幾微安培，且可以在幾奈秒內作開關切換。光電晶體的典型輸出電流值為幾毫安培，但是開關切換則在幾微秒內。典型的光電晶體如圖 6-8c 所示。

光耦合器

圖 6-9a 為 LED 驅動光電晶體。比起之前所討論的 LED －光二極體，這是更敏感的光耦合器。概念是很直接的，V_S 中任何的變化會對 LED 電流產生改變，其會影響流過光電晶體的電流。接著，這會產生一個變動的電壓跨在集射極端上。因此，信號電壓會由輸入電路耦合到輸出電路。

再者，光耦合器的一大優點是在輸入與輸出間的電氣隔離作用。以另一種方式來說，對於輸入電路的參考點而言，它跟輸出電路的參考點不同。因此，沒有傳導路徑會在這兩個電路間存在。這意謂你可以將電路中的一個參考點接地而讓另一個浮接。例如，當輸出側的參考點沒有接地時，輸入電路可以接到設備機殼的地。圖 6-9b 為典型的光耦合器 *IC*。

> **知識補給站**
> 光耦合器實際上被設計成固態元件，用於取代傳統的機械式繼電器。功能上來看，由於光耦合器會在輸入與輸出間提供高等級的隔離效果，所以光耦合器類似於其早期機械式的同類元件。比起機械式繼電器，使用耦合器的一些優點是會有更快的操作速度、無接點彈跳、體積較小、沒有會動的部分需要黏接，且跟微處理器電路相容。

應用題 6-4

圖 6-10a 的光耦合器 4N24 提供電源隔離及偵測電源電壓零交越點的功能。圖 6-10b 的圖形為集極電流如何與 LED 電流有關之情形。這裡提供你如何計算光耦合器峰值輸出電壓：

橋式整流器會產生全波電流經過 LED。忽略二極體上的電壓降，流經 LED 的峰值電流為：

256 電子學精要

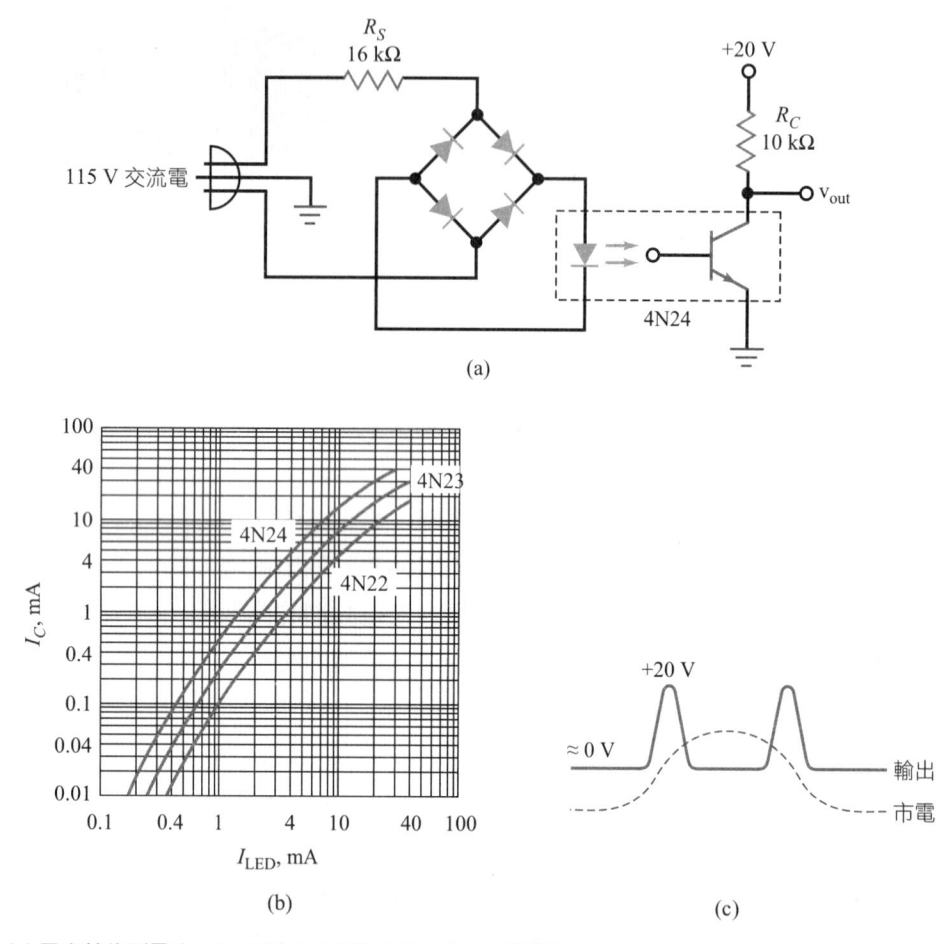

圖 6-10 (a) 零交越偵測電路；(b) 光耦合器特性曲線；(c) 偵測器輸出。

$$I_{\text{LED}} = \frac{1.414(115 \text{ V})}{16 \text{ k}\Omega} = 10.2 \text{ mA}$$

光電晶體的飽和值為：

$$I_{C(\text{sat})} = \frac{20 \text{ V}}{10 \text{ k}\Omega} = 2 \text{ mA}$$

　　圖 6-10b 為三個不同的光耦合器之光電晶體電流對 LED 電流的靜態特性曲線。以 4N24（曲線上部）來看，當負載電阻值為零時，10.2 mA 的 LED 電流會產生約 15 mA 的集極電流。在圖 6-10a 中，由於光電晶體在 2 mA 下會飽和，所以光電晶體電流絕不會到達 15 mA。換句話說，會有超過足夠的 LED 電流來產生飽和。由於峰值 LED 電流為 10.2 mA，在週期的多數期間內，電晶體會飽和。此時，如圖 6-10c 所示，輸出電壓約為 0 V。

　　當市電從正半週變到負半週改變極性時，零交越點會出現；反之亦然。在零交越點，LED 電流會掉到零。在此刻，光電晶體會變成開路，而如圖 6-10c 所示，輸出電壓會上升到約 20 V。如你所見，

週期的多數期間內輸出電壓會接近零。在零交越點，它會快速上升到 20 V，然後下降到基底線。

由於不需要使用變壓器來提供對於市電的電氣隔離，所以如圖 6-10a 的電路是很有用的，光耦合器會負責電氣隔離。而且，這電路會偵測零交越點，在一些需要與市電頻率做同步處理的電路應用中效果不錯。

6-5 分壓器偏壓法

圖 6-11a 為最廣泛使用的偏壓電路。注意基極電路包含分壓器（R_1 及 R_2），因此，這電路稱為**分壓器偏壓法 (voltage-divider bias, VDB)**。

簡化分析

為了解決問題與進行初步分析，會採用下列方式。在任何設計良好的 VDB 電路中，基極電流遠小於流經分壓器的電流。由於基極電流對於分壓器的影響可忽略，所以我們可在心中將分壓器及基極間的連接視為開路，以獲得如圖 6-11b 之等效電路。在這電路中，分壓器的輸出為：

$$V_{BB} = \frac{R_2}{R_1 + R_2} V_{CC}$$

理想上，這是基極電源電壓，如圖 6-11c 所示。

如你所見，分壓器偏壓法實際上是偽裝成射極偏壓法。換句話說，對於圖 6-11a 來說，圖 6-11c 是等效電路，這是為何 VDB 會建立一個定值的射極電流，而產生一個與電流增益無關的固定 Q 點。

在這簡化方法中有個誤差，而我們將會在下節中討論。重點是：在任何設計良好的電路中，圖 6-11c 中的誤差是非常小的。換句話說，設計者會謹慎地選擇電路參數值，以便讓圖 6-11a 像圖 6-11c 那樣。

結論

在計算完 V_{BB} 後，分析的其餘部分和射極偏壓一樣。以下為用來分析 VDB 之方程式總結：

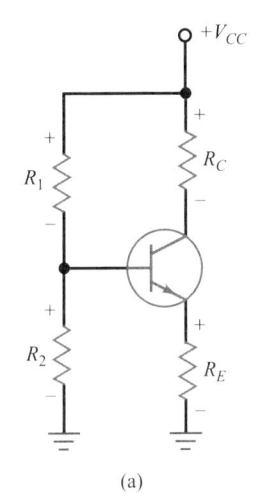

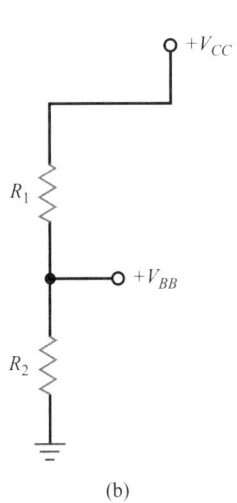

圖 6-11 分壓器偏壓法。(a) 電路；(b) 分壓器；(c) 簡化電路。

$$V_{BB} = \frac{R_2}{R_1 + R_2} V_{CC} \qquad (6\text{-}1)$$

$$V_E = V_{BB} - V_{BE} \qquad (6\text{-}2)$$

$$I_E = \frac{V_E}{R_E} \qquad (6\text{-}3)$$

$$I_C \approx I_E \qquad (6\text{-}4)$$

$$V_C = V_{CC} - I_C R_C \qquad (6\text{-}5)$$

$$V_{CE} = V_C - V_E \qquad (6\text{-}6)$$

(c)

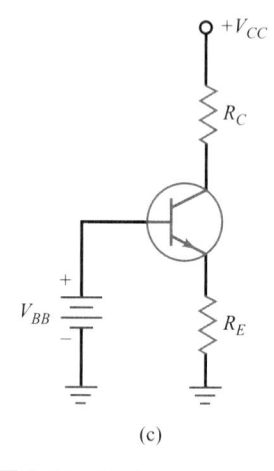

圖 6-11 （續）

知識補給站

由於 $V_E \cong I_C R_E$，所以式 (6-6) 也可以表示成：

$$V_{CE} = V_{CC} - I_C R_C - I_C R_E$$

或

$$V_{CE} = V_{CC} - I_C(R_C + R_E)$$

這些是以歐姆定理與克希赫夫定理為基礎之方程式，以下是分析步驟：

1. 計算來自分壓器的基極電壓 V_{BB}。
2. 減去 0.7 V 以得到射極電壓（矽是減去 0.7 V，鍺則是減去 0.3 V）。
3. 除以射極電阻以得到射極電流。
4. 假設集極電流大約等於射極電流。
5. 藉由從集極電源電壓減去跨在集極電阻上的電壓，計算集極對地之電壓值。
6. 藉由從集極電壓減去射極電壓，計算集射極電壓值。

由於這六個步驟是屬於邏輯性的，所以它們應該很容易記住。在你分析完一些 VDB 電路後，這些過程就會變成習慣了。

例題 6-5

試求圖 6-12 中的集射極電壓。

解答 分壓器產生的無載輸出電壓為：

$$V_{BB} = \frac{2.2\ \text{k}\Omega}{10\ \text{k}\Omega + 2.2\ \text{k}\Omega} 10\ \text{V} = 1.8\ \text{V}$$

從這減去 0.7 V 會得到：

$$V_E = 1.8\ \text{V} - 0.7\ \text{V} = 1.1\ \text{V}$$

射極電流為：

$$I_E = \frac{1.1\ \text{V}}{1\ \text{k}\Omega} = 1.1\ \text{mA}$$

由於集極電流幾乎會等於射極電流，所以我們可以計算集極對地電壓如下：

$$V_C = 10\ \text{V} - (1.1\ \text{mA})(3.6\ \text{k}\Omega) = 6.04\ \text{V}$$

圖 6-12 例子。

集射極電壓為：
$$V_{CE} = 6.04 - 1.1 \text{ V} = 4.94 \text{ V}$$

　　重點：在這初步分析中的計算不會與電晶體、集極電流或是溫度的改變有關，這是為何這電路的 Q 點會這麼穩定的原因所在。

練習題 6-5　將圖 6-12 的電源電壓從 10 V 改成 15 V，試求 V_{CE}。

例題 6-6
|||| MultiSim

討論圖 6-13 的重要性，在這我們會看到前面例題中相同的電路，其係以模擬軟體 MultiSim 分析後之結果。

解答　我們使用電腦去分析這電路，會得到幾乎相同的答案。如你所見，電壓計讀到 6.03 V（四捨五入至小數點第二位）。跟前面例題的 6.04 V 相比較，你可以看見這點。簡化分析本質上已產生跟電腦分析相同的結果。

　　每當 VDB 電路被良好設計時，你可期望有一致的結果。畢竟，VDB 整體是扮演射極偏壓，實際上去消除電晶體、集極電流或溫度的變化。

練習題 6-6　使用模擬軟體 MultiSim，試將圖 6-13 的電源電壓改成 15 V，並量測 V_{CE}。將量測到的值跟練習題 6-5 的答案做一比較。

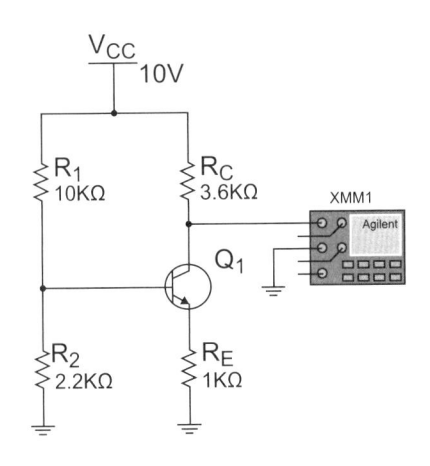

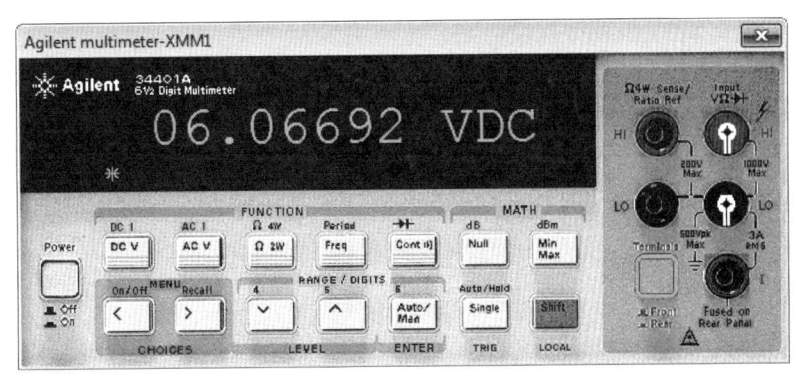

|||| MultiSim **圖 6-13**　模擬軟體 MultiSim 的例子。

6-6 精確的 VDB 分析

什麼是設計良好的 VDB（分壓器偏壓）電路呢？它是對於基極輸入阻抗而言，分壓器會呈現定值的一種電路。

電源電阻

固定電壓源（stiff voltage source）的概念是：

$$\text{固定電壓源：} R_S < 0.01\ R_L$$

當條件滿足時，負載電壓會在理想電壓的 1% 範圍內。現在，讓我們將此觀念延伸到分壓器上。

圖 6-14a 中的分壓器之戴維寧等效電阻為何？把 V_{CC} 接地，看回去分壓器，我們會看見 R_1 跟 R_2 並聯，如方程式：

$$R_{TH} = R_1 \| R_2$$

由於這個電阻，分壓器的輸出電壓不會是理想值。更精準的分析包括戴維寧電阻，如圖 6-14b 所示。流過這個戴維寧等效電阻的電流所產生的壓降，會讓基極電壓比理想的 V_{BB} 值還小。

負載電阻

基極電壓會比理想值小多少呢？在圖 6-14b 中的分壓器必須供應基極電流。換另一角度來看，如圖 6-14c 所示，分壓器會看到負載電阻 R_{IN}。對於基極來說，100:1 的規則使得分壓器呈現固定的（stiff）情況：

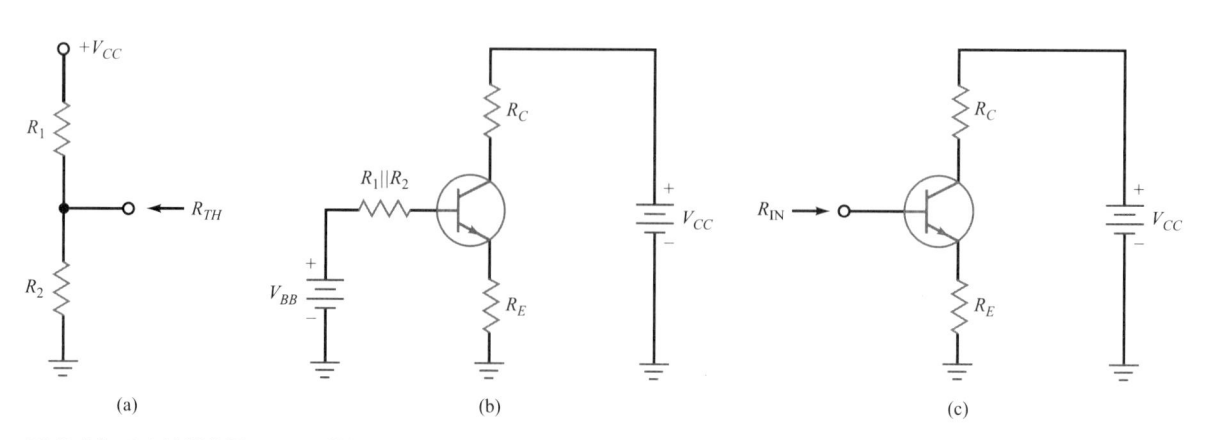

圖 6-14 (a) 戴維寧電阻；(b) 等效電路；(c) 基極輸入電阻。

$$R_S < 0.01R_L$$

轉移到：

$$R_1 \| R_2 < 0.01R_{IN} \tag{6-10}$$

一個設計良好的 VDB 電路將會滿足此條件。

固定分壓器 (stiff voltage divider)

若圖 6-14c 的電晶體電流增益值為 100，其集極電流為基極電流的 100 倍。這意謂射極電流也會是基極電流的 100 倍。從電晶體的基極側來看時，射極電阻 R_E 會放大 100 倍，如推導所示：

$$R_{IN} = \beta_{dc} R_E \tag{6-11}$$

因此，式 (6-10) 可以寫成：

$$\textbf{固定分壓器：} \boldsymbol{R_1 \| R_2 < 0.01 \beta_{dc} R_E} \tag{6-12}$$

每當可能時，由於 100:1 的規則會產生很穩定的 Q 點，所以設計者會選擇電路參數值以滿足 100:1 的規則。

穩固式分壓器

有時候一個固定的設計會產生很小的電阻值 R_1 及 R_2，以至於會有其他問題出現。在這情形中，許多設計者會使用以下規則折衷處理：

$$\textbf{穩固式分壓器：} \boldsymbol{R_1 \| R_2 < 0.1 \beta_{dc} R_E} \tag{6-13}$$

我們稱任何滿足這 10:1 規則的分壓器為**穩固式分壓器**（**firm voltage divider**）。在最壞情況下，使用一個穩固式分壓器意謂集極電流將會比固定值（stiff value）小約 10%。由於 VDB 電路仍然會有合理而穩定的 Q 點，所以在許多應用中，這是可以接受的處理方式。

更為接近的近似方式

對於射極電流，如果你想要更準確的值，可以使用以下的推導：

$$I_E = \frac{V_{BB} - V_{BE}}{R_E + (R_1 \| R_2)/\beta_{dc}} \tag{6-14}$$

由於 $(R_1\|R_2)/\beta_{dc}$ 是在分母中，所以這會不同於固定值，而當這項趨近於零時，此方程式會簡化成固定值。

式 (6-14) 將會改善這分析，但它卻是頗為複雜的公式。若你有一台電腦且需要得到更準確的固定分析時，你應該使用模擬軟體 MultiSim 或其他等效的電路模擬器。

例題 6-7

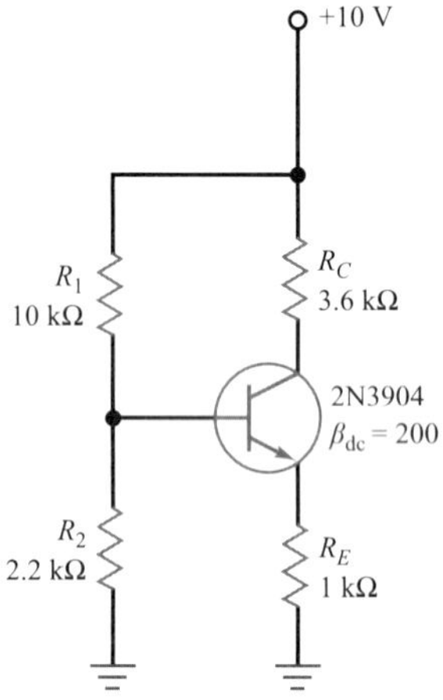

圖 6-15 的分壓器是固定的（stiff）嗎？試以式 (6-14) 計算更準確的射極電流值。

解答　確認看看是否使用 100:1 的規則：

$$固定分壓器：R_1 \| R_2 < 0.01\beta_{dc}R_E$$

分壓器的戴維寧電阻為：

$$R_1 \| R_2 = 10\ k\Omega \| 2.2\ k\Omega = \frac{(10\ k\Omega)(2.2\ k\Omega)}{10\ k\Omega + 2.2\ k\Omega} = 1.8\ k\Omega$$

基極的輸入電阻為：

$$\beta_{dc}R_E = (200)(1\ k\Omega) = 200\ k\Omega$$

其百分之一為：

$$0.01\beta_{dc}R_E = 2\ k\Omega$$

由於 1.8 kΩ 小於 2 kΩ，所以分壓器為固定的。

利用式 (6-14)，射極電流為：

$$I_E = \frac{1.8\ V - 0.7\ V}{1\ k\Omega + (1.8\ k\Omega)/200} = \frac{1.1\ V}{1\ k\Omega + 9\ \Omega} = 1.09\ mA$$

這很接近我們以簡化分析所得到的 1.1 mA。

重點：當分壓器為固定（stiff）時，你不必使用式 (6-14) 去計算射極電流。甚至當分壓器為穩固的（firm），針對射極電流的計算使用式 (6-14) 也只幾乎改善 10% 而已。除非有指定，不然從現在起所有的 VDB 電路分析將一律使用簡化方式來做。

圖 6-15　例子。

6-7　VDB 負載線及 Q 點

由於圖 6-16 中的固定分壓器，所以射極電壓在以下討論中會被固定在 1.1 V。

Q 點

在 6-5 節中算出的 Q 點，其集極電流為 1.1 mA，而集射極電壓為

圖 6-16 計算 Q 點。

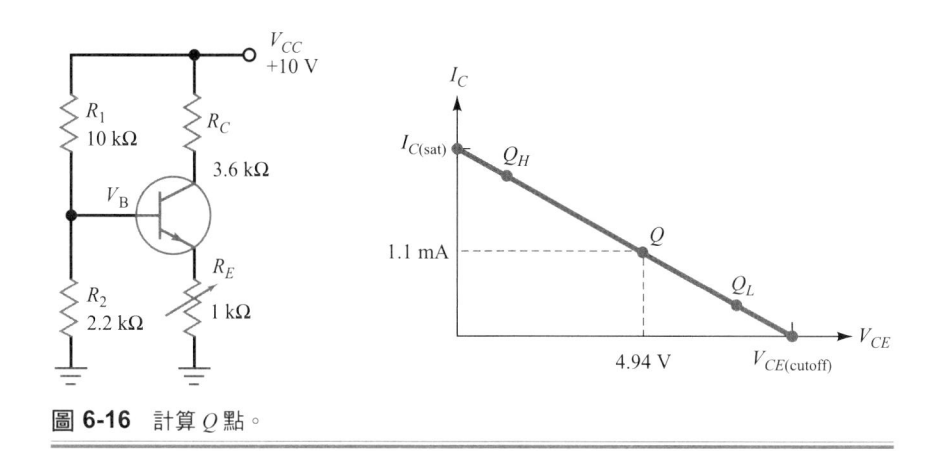

4.94 V。這些值被畫出以得到圖 6-16 所示之 Q 點。由於分壓器偏壓法是從射極偏壓法所推導出，所以 Q 點實際上不會受電流增益改變所影響。而改變射極電阻是移動圖 6-16 中 Q 點的一個方法。

例如，若射極電阻改成 2.2 kΩ，則集極電流會降為：

$$I_E = \frac{1.1\text{ V}}{2.2\text{ k}\Omega} = 0.5\text{ mA}$$

電壓改變如下：

$$V_C = 10\text{ V} - (0.5\text{ mA})(3.6\text{ k}\Omega) = 8.2\text{ V}$$

且

$$V_{CE} = 8.2\text{ V} - 1.1\text{ V} = 7.1\text{ V}$$

因此，新的 Q 點將會是 Q_L，而其對應值將為 0.5 mA 及 7.1 V。

另一方面，若我們將射極電阻降成 510 Ω，射極電流會增加為：

$$I_E = \frac{1.1\text{ V}}{510\text{ }\Omega} = 2.15\text{ mA}$$

而電壓變成：

$$V_C = 10\text{ V} - (2.15\text{ mA})(3.6\text{ k}\Omega) = 2.26\text{ V}$$

且

$$V_{CE} = 2.26\text{ V} - 1.1\text{ V} = 1.16\text{ V}$$

在這情形中，Q 點會移動到新的對應值位置 Q_H：2.15 mA 及 1.16 V。

> **知識補給站**
> 由於 Q 點在電晶體負載線的中間會允許放大器輸出最大的交流電壓，所以將 Q 點置於電晶體負載線的中間位置是件重要的事。而將 Q 點置於直流負載線的中間點，有時稱為中間點偏壓法（midpoint bias）。

在負載線中間的 Q 點

V_{CC}、R_1、R_2 及 R_C 會控制飽和電流與截止電壓。這些物理量（變數）中的任何變化將會影響到 $I_{C(sat)}$ 及/或 $V_{CE(cutoff)}$。一旦設計者設好這些變數值，則射極電阻的變化將會影響 Q 點在負載線上的位置。若 R_E 太大，Q 點會移入截止區。若 R_E 太小，Q 點則會移入飽和區。有些設計者會將 Q 點設在負載線中間。

VDB 設計指南

圖 6-17 為 VDB 電路，這電路將用於驗證簡化後的設計指南，以建立一個穩定的 Q 點。而這設計技術適用於大部分的電路，但它畢竟只是個指南。其他的設計技術還是可以被使用。

在開始設計前，決定電路需求或規格是件重要的事。對於 V_{CE}，通常電路是以特定的集極電流值，偏壓在中點值位置。你也需要知道所用的電晶體 V_{CC} 值與 β_{dc} 的範圍。而且，還要確認電路不會造成電晶體超出它的功率消耗限制值。

一開始讓射極電壓約為電源電壓的十分之一：

$$V_E = 0.1\ V_{CC}$$

接下來，計算 R_E 值，以建立特定的集極電流值：

$$R_E = \frac{V_E}{I_E}$$

由於 Q 點需要約在直流負載線的中點處，約 0.5 V_{CC} 會跨於集射極端點上。剩餘的 0.4 V_{CC} 會跨於集極電阻上，因此：

$$R_C = 4\ R_E$$

接下來，使用 100:1 的規則來設計固定分壓器：

$$R_{TH} \leq 0.01\ \beta_{dc}\ R_E$$

通常，R_2 小於 R_1。因此分壓器方程式可以簡化為：

$$R_2 \leq 0.01\ \beta_{dc}\ R_E$$

你也可以選擇使用 10:1 的規則，去設計穩固式分壓器：

$$R_2 \leq 0.1\ \beta_{dc}\ R_E$$

在任一種情形中，特定的集極電流會使用最小的 β_{dc} 額定值。

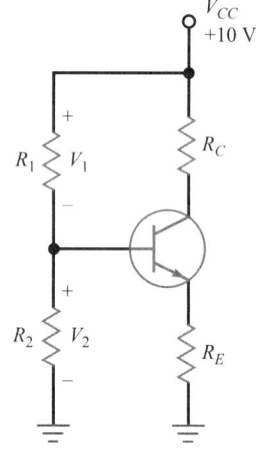

圖 6-17 VDB 設計。

最後，藉由使用正比關係計算 R_1：

$$R_1 = \frac{V_1}{V_2} R_2$$

應用題 6-8

對於圖 6-17 所示之電路，試設計電阻值以符合以下規格：

$$V_{CC} = 10 \text{ V} \qquad V_{CE} \text{ 在中間點}$$
$$I_C = 10 \text{ mA} \qquad 2\text{N}3904 \text{ 的 } \beta_{dc} = 100 - 300$$

解答 首先，建立射極電壓：

$$V_E = 0.1 \, V_{CC}$$
$$V_E = (0.1)(10 \text{ V}) = 1 \text{ V}$$

射極電阻為：

$$R_E = \frac{V_E}{I_E}$$
$$R_E = \frac{1 \text{ V}}{10 \text{ mA}} = 100 \, \Omega$$

集極電阻為：

$$R_C = 4 \, R_E$$
$$R_C = (4)(100 \, \Omega) = 400 \, \Omega \text{ (使用 390 } \Omega\text{)}$$

接下來，選擇任一個固定分壓器或穩固式分壓器，R_2 的固定值為：

$$R_2 \leq 0.01 \, \beta_{dc} \, R_E$$
$$R_2 \leq (0.01)(100)(100 \, \Omega) = 100 \, \Omega$$

現在，R_1 的值為：

$$R_1 = \frac{V_1}{V_2} R_2$$
$$V_2 = V_E + 0.7 \text{ V} = 1 \text{ V} + 0.7 \text{ V} = 1.7 \text{ V}$$
$$V_1 = V_{CC} - V_2 = 10 \text{ V} - 1.7 \text{ V} = 8.3 \text{ V}$$
$$R_1 = \left(\frac{8.3 \text{ V}}{1.7 \text{ V}}\right)(100 \, \Omega) = 488 \, \Omega \text{ (使用 490 } \Omega\text{)}$$

練習題 6-8 使用已知的 VDB 設計指南，設計圖 6-17 的 VDB 電路以符合以下規格：

$$V_{CC} = 10 \text{ V} \qquad V_{CE} \text{ 在中間點} \qquad \text{固定分壓器}$$
$$I_C = 1 \text{ mA} \qquad \beta_{dc} = 100 - 200$$

6-8 雙電源射極偏壓法

有些電子設備的電源供應器會產生正與負的電源電壓。例如，圖 6-18 為雙電源電晶體電路：+10 V 和 –2 V。負電壓將射極二極體順向偏壓，正電壓則將集極二極體逆偏。這電路係導源於射極偏壓法。因此，我們稱它為**雙電源射極偏壓法**（two-supply emitter bias, TSEB）。

分析

由於它通常會出現在電路圖上，所以第一件事是要重畫電路圖。如圖 6-19 所示，這意謂會拿掉圖上的電池符號。由於在複雜的電路圖上通常沒有多餘的空間，所以在電路圖上拿掉電池符號是需要的。除了電路圖會變得簡潔外，所有的資訊依然會在圖上呈現出來，即 –2 V 的負電源電壓會施加在 1 kΩ 的下面，而 +10 V 的正電源電壓則是施加在 3.6 kΩ 電阻的頂端。

當這類電路被正確設計時，基極電流將會小到可以忽略的程度。如圖 6-20 所示，這等於說，基極電壓大約為 0 V。

跨於射極二極體的電壓為 0.7 V，它是為何在射極節點會有 –0.7 V 的原因。由於從基極端到射極端會有個正到負的 0.7 伏特電壓降存在，若基極電壓為 0 V，那麼射極電壓就必為 –0.7 V 了。

在圖 6-20 中，射極電阻在設定射極電流上再次扮演關鍵的角色。為了找出這電流，我們應用歐姆定理到射極電阻上：射極電阻的頂端電壓為 –0.7 V，而底部的電壓值為 –2 V。因此，跨於射極電阻的電壓會等於兩個電壓間的差值。為了得到正確的答案，從較正的值減去較

> **知識補給站**
> 當電晶體使用設計良好的分壓器或射極偏壓架構來偏壓時，由於 I_C 及 V_{CE} 值不受電晶體 β 值的變化影響，所以它們被歸類為 β 值獨立的電路（beta-independent circuits）。

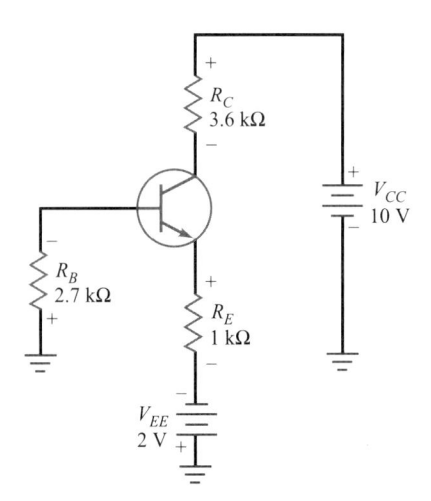

圖 6-18 雙電源射極偏壓法。

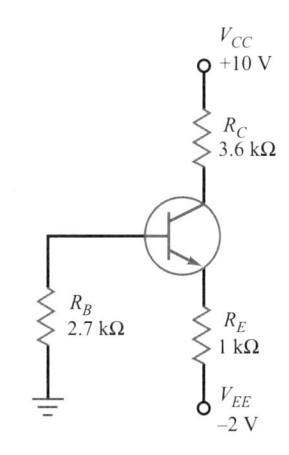

圖 6-19 重畫的 TSEB 電路。

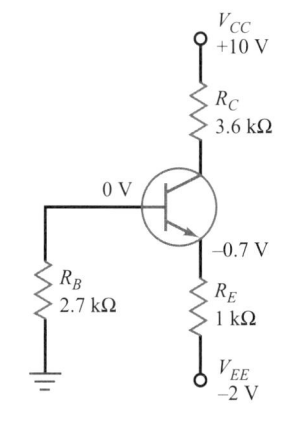

圖 6-20 基極電壓理想上為零。

負的值,在這情形中,較負的值為 –2 V,所以:

$$V_{RE} = -0.7 \text{ V} - (-2 \text{ V}) = 1.3 \text{ V}$$

一旦你已求出跨在射極電阻上的電壓,以歐姆定理計算射極電流:

$$I_E = \frac{1.3 \text{ V}}{1 \text{ k}\Omega} = 1.3 \text{ mA}$$

這電流會經過 3.6 kΩ 並產生一個電壓降,我們從 +10 V 扣掉它,會變成:

$$V_C = 10 \text{ V} - (1.3 \text{ mA})(3.6 \text{ k}\Omega) = 5.32 \text{ V}$$

集射極電壓指的是集極電壓與射極電壓間的差值:

$$V_{CE} = 5.32 \text{ V} - (-0.7 \text{ V}) = 6.02 \text{ V}$$

當雙電源射極偏壓法設計良好時,其會類似於分壓器偏壓法,且會滿足這個 100:1 的規則:

$$R_B < 0.01\beta_{dc}R_E \quad (6\text{-}15)$$

在這情況中,針對分析,簡化的方程式為:

$$V_B \approx 0 \quad (6\text{-}16)$$

$$I_E = \frac{V_{EE} - 0.7 \text{ V}}{R_E} \quad (6\text{-}17)$$

$$V_C = V_{CC} - I_C R_C \quad (6\text{-}18)$$

$$V_{CE} = V_C + 0.7 \text{ V} \quad (6\text{-}19)$$

基極電壓

在簡化的方式中,有個誤差來源是跨於圖 6-20 中基極電阻上的小電壓。由於會有一個小的基極電流經過這電阻,所以會有一個負電壓存在於基極與地之間。在設計良好的電路中,基極電壓會小於 –0.1 V。若設計者必須藉由使用更大的基極電阻來作折衷處理,則電壓可能會比 –0.1 V 更負。若你正在解這樣的電路問題,在基極與地之間的電壓應會產生一個低的讀值,否則就是電路中有什麼地方發生問題了。

例題 6-9

若射極電阻增加成 1.8 kΩ，試求圖 6-20 中的集極電壓值？

解答 跨於射極電阻的電壓仍為 1.3 V，射極電流為：

$$I_E = \frac{1.3 \text{ V}}{1.8 \text{ k}\Omega} = 0.722 \text{ mA}$$

集極電壓為：

$$V_C = 10 \text{ V} - (0.722 \text{ mA})(3.6 \text{ k}\Omega) = 7.4 \text{ V}$$

練習題 6-10 將圖 6-20 中的射極電阻改成 2 kΩ，試求 V_{CE}。

例題 6-10

每一級（stage）電路係由一個電晶體與連接它的被動元件所組成。圖 6-21 為一個使用雙電源射極偏壓法的三級電路。試求圖 6-21 中各級電路集極對地之電壓值？

解答 由於它們對直流電壓及電流呈現開路，所以先忽略電容。那麼，我們會剩下三個隔離的電晶體，各使用雙電源射極偏壓。

第一級電路的射極電流為：

$$I_E = \frac{15 \text{ V} - 0.7 \text{ V}}{20 \text{ k}\Omega} = \frac{14.3 \text{ V}}{20 \text{ k}\Omega} = 0.715 \text{ mA}$$

而集極電壓為：

$$V_C = 15 \text{ V} - (0.715 \text{ mA})(10 \text{ k}\Omega) = 7.85 \text{ V}$$

由於其他電路級有相同的電路值，所以各自的集極對地電壓約為 7.85 V。

總結表 6-3 繪出了四種主要類型的偏壓電路。

練習題 6-10 試將圖 6-21 的電源電壓改成 +12 V 與 –12 V，然後計算各電晶體的 V_{CE}。

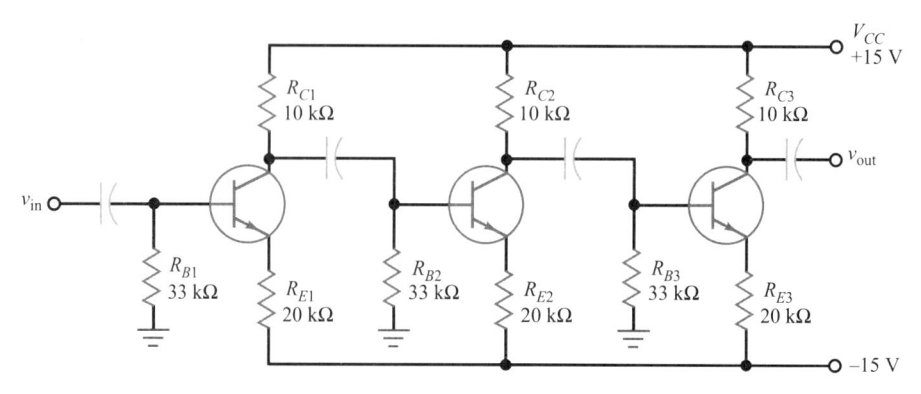

圖 6-21 三級電路。

總結表 6-3 主要的偏壓電路

類型	電路	算式	特性	用處
基極偏壓		$I_B = \dfrac{V_{BB} - 0.7 \text{ V}}{R_B}$ $I_C = \beta I_B$ $V_{CE} = V_{CC} - I_C R_C$	很少的部分； β 相依； 固定的基極電流	開關；數位的
射極偏壓		$V_E = V_{BB} - 0.7 \text{ V}$ $I_E = \dfrac{V_E}{R_E}$ $V_C = V_C - I_C R_C$ $V_{CE} = V_C - V_E$	固定的射極電流； β 獨立	I_C 驅動； 放大器
分壓器偏壓		$V_B = \dfrac{R_2}{R_1 + R_2} V_{CC}$ $V_E = V_B - 0.7 \text{ V}$ $I_E = \dfrac{V_E}{R_E}$ $V_C = V_{CC} - I_C R_C$ $V_{CE} = V_C - V_E$	需要較多電阻； β 獨立； 只需要一個電源	放大器
雙電源射極偏壓		$V_B \approx 0 \text{ V}$ $V_E = V_B - 0.7 \text{ V}$ $V_{RE} = V_{EE} - 0.7 \text{ V}$ $I_E = \dfrac{V_{RE}}{R_E}$ $V_C = V_{CC} - I_C R_C$ $V_{CE} = V_C - V_E$	需要正與負的電源； β 獨立	放大器

6-9 其他類型的偏壓法

在本節中,我們將討論一些其他偏壓類型。由於它們很少用在設計上,所以不需要詳細的分析。但是如果在電路圖中看到它們,至少應該注意有它們的存在。

射極回授偏壓法

回想一下我們對基極偏壓法的討論(圖 6-22a)。當電路來到所建立的固定 Q 點時,電路會是最差的情況。這是為什麼呢?由於基極電流固定,所以當電流增益變化時,集極電流也會變化。在像這樣的電路中,隨著電晶體的更換與溫度變化,Q 點會在負載線上面移動。

從過去來看,要穩定 Q 點首先會嘗試**射極回授偏壓法**(emitter-feedback bias),如圖 6-22b 所示。注意射極電阻已被加到電路上,基本概念是:如果 I_C 增加,V_E 會增加,造成 V_B 增加。更多的 V_B 意謂跨在 R_B 上的電壓會變少,這會導致 I_B 變少,而會阻礙了原本 I_C 的增加。由於射極電壓的變化被回授至基極電路,所以稱這情形為回授(feedback)。而由於它阻礙了集極電流中原本的變化情況,所以稱這種回授為**負回授**(negative feedback)。

對於多數需要量產的應用來說,由於射極回授偏壓法的 Q 點移動依然過大,所以射極回授偏壓法並未受到歡迎。分析射極回授偏壓的方程式如下:

$$I_E = \frac{V_{CC} - V_{BE}}{R_E + R_B/\beta_{dc}} \quad (6\text{-}20)$$

$$V_E = I_E R_E \quad (6\text{-}21)$$

$$V_B = V_E + 0.7 \text{ V} \quad (6\text{-}22)$$

$$V_C = V_{CC} - I_C R_C \quad (6\text{-}23)$$

射極偏壓法的意圖是要**消除**(swamp out)β_{dc} 中的差異;即,R_E 應遠大於 R_B/β_{dc}。若這條件滿足,式(6-20)將不會對 β_{dc} 的變化敏感,然而,在實際電路中,設計者不會在沒有截止電晶體的情況下去選擇足夠大的 R_E 來消除 β_{dc} 的影響。

圖 6-23a 為射極回授偏壓電路的例子。圖 6-23b 為兩個不同電流增益值的負載線及 Q 點。如你所見,電流增益中的 3:1 的變化會在集極電流中產生大的變化,這電路不會比基極偏壓更好。

集極回授偏壓法

圖 6-24a 為**集極回授偏壓法**(collector-feedback bias),也稱為

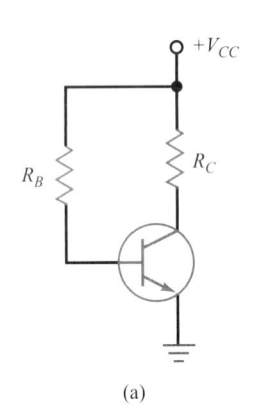

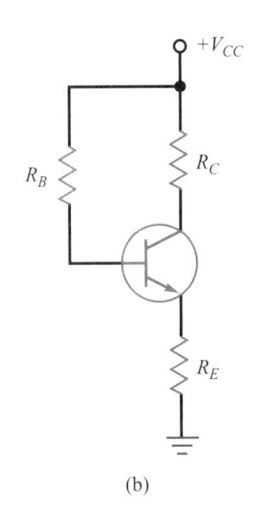

圖 6-22 (a) 基極偏壓法;(b) 射極回授偏壓法。

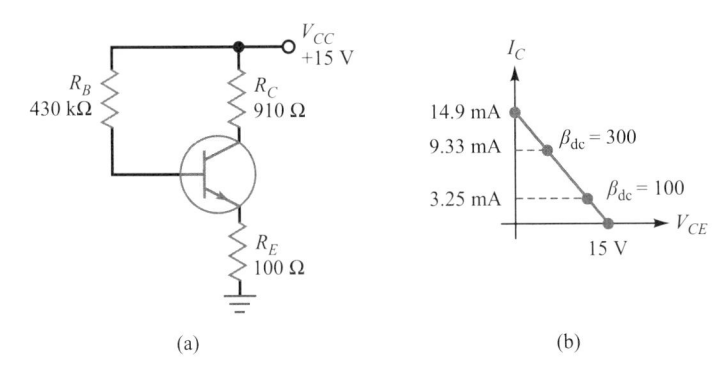

圖 6-23　(a) 射極回授偏壓法的例子；(b) Q 點對於電流增益的變化敏感。

自偏壓（self-bias）。從過去來看，這是另一種穩定 Q 點的嘗試。而這基本概念是將一個電壓回授至基極，以嘗試去抵銷集極電流中的任何變化。例如，假設集極電流增加，這會讓集極電壓下降，而其會讓跨在基極電阻上的電壓下降。然後，這又會讓基極電流下降而反抗原本集極電流上的增加。

像射極回授偏壓法，集極回授偏壓法在嘗試減少集極電流中原本的變化時，都會使用到負回授。針對分析集極回授偏壓法，其方程式為：

$$I_E = \frac{V_{CC} - V_{BE}}{R_C + R_B/\beta_{dc}} \tag{6-24}$$

$$V_B = 0.7 \text{ V} \tag{6-25}$$

$$V_C = V_{CC} - I_C R_C \tag{6-26}$$

藉由使用基極電阻，Q 點通常會設得靠近負載線：

$$R_B = \beta_{dc} R_C \tag{6-24}$$

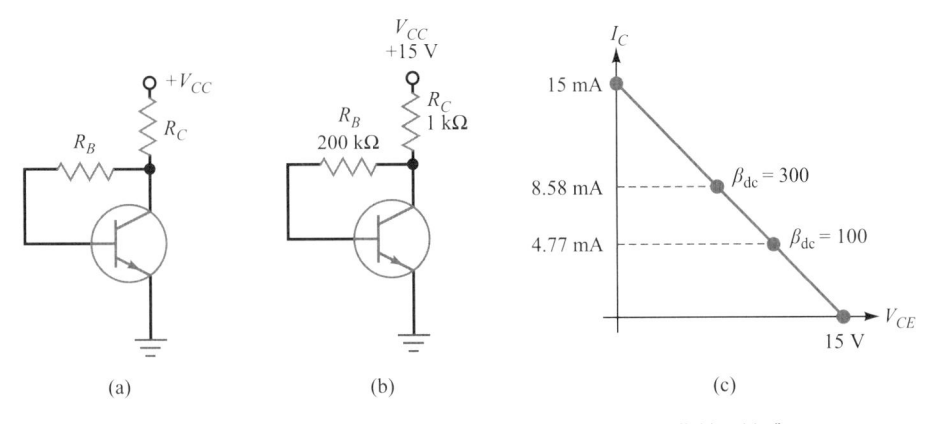

圖 6-24　(a) 集極回授偏壓法；(b) 例子；(c) Q 點對於電流增益的變化較不敏感。

圖 6-24b 所示為集極回授偏壓法的例子。圖 6-24c 為兩個不同電流增益之負載線及 Q 點。如你所見,電流增益中的 3:1 變化比起射極回授法,其在集極電流中所產生的變化較少(圖 6-23b)。

在穩定 Q 點上,集極回授偏壓法比起射極回授偏壓法更為有效。雖然這電路對於電流增益的變化依然敏感,但由於它的簡單性,它實際上仍被採用。

集極與射極回授偏壓法

對於電晶體電路要更穩定的偏壓時,射極回授偏壓法與集極回授偏壓法過去會是首先採取的手段。即使有負回授的想法,由於沒有足夠的負回授來進行,所以這些電路無法合乎要求。這是為什麼接下來的偏壓方法會是如圖 6-25 所示之電路。這個基本概念是使用射極與集極回授這兩種方法,來嘗試改善操作條件。

結果證明,更多不見得更好。雖然在同一個電路中結合這兩種回授會有幫助,但依然不符合量產上對於性能的要求。若你偶然碰上這種電路,以下是分析它的方程式:

$$I_E = \frac{V_{CC} - V_{BE}}{R_C + R_E + R_B/\beta_{dc}} \tag{6-28}$$

$$V_E = I_E R_E \tag{6-29}$$

$$V_B = V_E + 0.7 \text{ V} \tag{6-30}$$

$$V_C = V_{CC} - I_C R_C \tag{6-31}$$

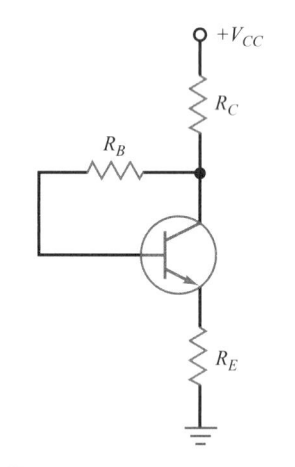

圖 6-25 集射極回授偏壓法。

6-10 電路檢測 VDB 元件

由於分壓器偏壓法廣泛被使用,讓我們來討論一下解決分壓器偏壓法的問題。圖 6-26 為 VDB 電路,表 6-4 列出了以 MultiSim 來模擬這電路時的電壓值。量測上則是使用輸入阻抗為 10 MΩ 的電壓計來進行。

特定的問題

常常一個開路或短路的元件會產生特殊的電壓值。例如,圖 6-26 中在電晶體基極端獲得 10 V 的唯一方法是 R_1 短路,沒有其他短路或開路的元件可以產生同樣的結果。表 6-4 中多數的情況會產生特定的電壓值,所以你可以分辨出它們,而無須對電路做更進一步的測試。

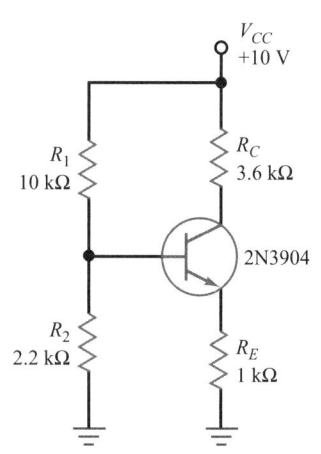

圖 6-26 電路檢測。

有疑慮的問題

表 6-4 中有兩個問題不會產生特殊的電壓值：R_{1O} 及 R_{2S}，它們兩個都有 0、0 及 10 V 的量測值。像這有疑慮的問題，電路檢測者必須斷開一個可疑的元件，並使用歐姆計或其他儀器來測試。例如，我們可斷開 R_1 並且以歐姆計量測其電阻值。如果它是開路的，我們就發現到問題所在。如果它是正常的，那麼 R_2 就是短路。

電壓計的負載效應

每當你使用電壓計時，你正連接一個新的電阻到一個電路，這電阻將會從電路汲取電流。若電路有大的電阻，量到的電壓值將會比正常值更低。

例如，假設圖 6-26 中的射極電阻開路，基極電壓為 1.8 V。由於射極電阻開路，所以不會有射極電流，在射極與地之間未被量測到的電壓也必須是 1.8 V。當你以 10 MΩ 電壓計量測 V_E 時，你正在射極與地之間連接 10 MΩ，這會允許一個微小電流流動，其會在射極二極體上產生跨壓。所以這就是為什麼在表 6-4 中，對於 R_{EO} 來說，V_E 會等於 1.37 V，而非 1.8 V 了。

6-11 PNP 電晶體

我們已經集中精神在使用 npn 電晶體的偏壓電路身上。許多電路也會使用 pnp 電晶體。當電子設備有負電源時，這種電晶體是常被使

表 6-4 問題與症狀

問題	V_B	V_E	V_C	意見
無	1.79	1.12	6	沒問題
R_{1S}	10	9.17	9.2	電晶體飽和
R_{1O}	0	0	10	電晶體截止
R_{2S}	0	0	10	電晶體截止
R_{2O}	3.38	2.68	2.73	化成射極回授偏壓法
R_{ES}	0.71	0	0.06	電晶體飽和
R_{EO}	1.8	1.37	10	10 MΩ 的電壓計會降低 V_E
R_{CS}	1.79	1.12	10	集極電阻短路
R_{CO}	1.07	0.4	0.43	大的基極電流
CES	2.06	2.06	2.06	所有電晶體端點短路
CEO	1.8	0	10	所有電晶體端點開路
無 V_{CC}	0	0	0	確認電源與導線

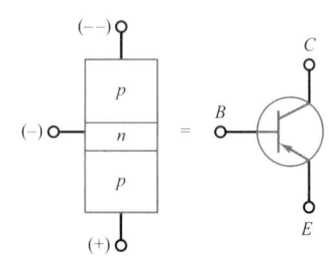

圖 6-27 pnp 電晶體。

用的。而且當雙電源（正電源與負電源）是可用時，pnp 電晶體是作為 npn 電晶體的互補式電晶體。

圖 6-27 為 pnp 電晶體的結構及其圖形符號。由於摻雜的區域是相反類型，我們必須轉換一下想法。特別是在射極處，電洞取代了自由電子成為主要的載子。與 npn 電晶體一樣，為了正確偏置 pnp 電晶體，基極 - 發射極二極管必須正向偏置，基極 - 集電極二極管必須反向偏置。如圖 6-27 所示。

基本觀念

簡單來說，這裡是原子層級所會發生的情況：射極將電洞注入基極，這些電洞的大多數會流往集極。因此，集極電流幾乎會等於射極電流。

圖 6-28 所示為三種電晶體電流。實線箭頭代表傳統電流，而虛線箭頭代表的是電子流。

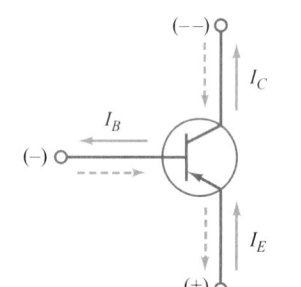

圖 6-28 pnp 電流。

負電源

圖 6-29a 為 pnp 電晶體及 –10 V 的負電源之分壓器偏壓電路。2N3906 為 2N3904 的互補；換句話說，其特性跟 2N3904 有著相同的絕對值，但是所有電流及電壓的極性則是相反的。將這個 pnp 電路跟圖 6-26 的 npn 電路相比，唯一的差別是電源電壓及電晶體。

重點是每當你的電路有 npn 電晶體時，你可以常常使用有負電源及 pnp 電晶體的相同電路。

由於使用負電源電壓，會產生負的電路值，所以當計算電路時需要注意。決定圖 6-29a 中 Q 點的步驟如下所示：

$$V_B = \frac{R_2}{R_1 + R_2} V_{CC} = \frac{2.2 \text{ k}\Omega}{10 \text{ k}\Omega + 2.2 \text{ k}\Omega}(-10 \text{ V}) = -1.8 \text{ V}$$

以 pnp 電晶體來看，當 V_E 超過 V_B 0.7 V 時，基射接面將會順偏。因此，

$$V_E = V_B + 0.7 \text{ V}$$
$$V_E = -1.8 \text{ V} + 0.7 \text{ V}$$
$$V_E = -1.1 \text{ V}$$

接下來，決定射極與集極電流：

$$I_E = \frac{V_E}{R_E} = \frac{-1.1 \text{ V}}{1 \text{ k}\Omega} = 1.1 \text{ mA}$$

$$I_C \approx I_E = 1.1 \text{ mA}$$

現在,解集極與集射極電壓值:

$$V_C = -V_{CC} + I_C R_C$$
$$V_C = -10 \text{ V} + (1.1 \text{ mA})(3.6 \text{ k}\Omega)$$
$$V_C = -6.04 \text{ V}$$

$$V_{CE} = V_C - V_E$$
$$V_{CE} = -6.04 \text{ V} - (-1.1 \text{ V}) = -4.94 \text{ V}$$

正電源

　　比起負電源,正電源更常用於電晶體電路,因此,你常會看見 *pnp* 電晶體上下顛倒,如圖 6-29b 所示。電路運作情形為:跨於 R_2 上的電壓是施加到跟射極電阻串聯的射極二極體上,這會建立起射極電流。集極電流會流經 R_C,產生集極對地之電壓。為了電路檢測,你可以計算 V_C、V_B 及 V_E,如下所示:

1. 求出 R_2 上之跨壓。
2. 減去 0.7 V 以得到射極電阻上之跨壓。
3. 求出射極電流。
4. 計算集極對地的電壓。
5. 計算基極對地的電壓。
6. 計算射極對地的電壓。

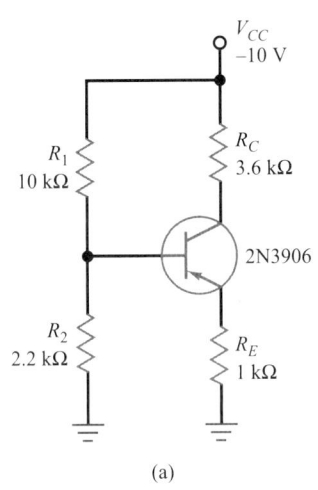

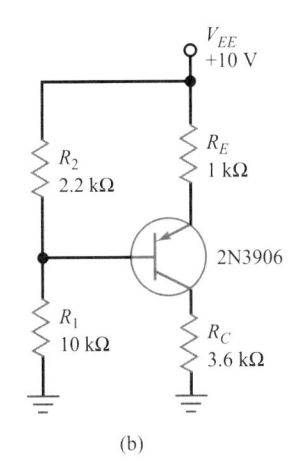

圖 6-29 *pnp* 電路。(a) 負電源;(b) 正電源。

例題 6-11　　　　　　　　　　　　　　■■■ MultiSim

針對圖 6-29b 的 *pnp* 電路,試計算三種電晶體。

解答　從 R_2 上的跨壓著手,要計算這電壓可使用如下分壓方程式:

$$V_2 = \frac{R_2}{R_1 + R_2} V_{EE}$$

換個方式,我們可以不同方式來計算電壓:求出流經分壓器上的電流值,然後乘上 R_2。算式為:

$$I = \frac{10 \text{ V}}{12.2 \text{ k}\Omega} = 0.82 \text{ mA}$$

且

$$V_2 = (0.82 \text{ mA})(2.2 \text{ k}\Omega) = 1.8 \text{ V}$$

接下來,從前面的電壓減去 0.7 V,求出射極電阻上的跨壓:

$$1.8\text{ V} - 0.7\text{ V} = 1.1\text{ V}$$

然後,計算射極電流:

$$I_E = \frac{1.1\text{ V}}{1\text{ k}\Omega} = 1.1\text{ mA}$$

當集極電流經過集極電阻時,會產生集極對地的電壓為:

$$V_C = (1.1\text{ mA})(3.6\text{ k}\Omega) = 3.96\text{ V}$$

在基極與地之間的電壓為:

$$V_B = 10\text{ V} - 1.8\text{ V} = 8.2\text{ V}$$

在射極與地之間的電壓為:

$$V_E = 10\text{ V} - 1.1\text{ V} = 8.9\text{ V}$$

練習題 6-11 對於這兩個電路(圖 6-29a 及圖 6-29b),將電源電壓從 10 V 改成 12 V,試計算 V_B、V_E、V_C 及 V_{CE}。

● 總結

6-1 射極偏壓法
射極偏壓法實際上不受電流增益變化影響。分析射極偏壓的過程是求出射極電壓、射極電流、集極電壓及集射極電壓。這過程中,所有你需要的分析工具是歐姆定律。

6-2 LED 驅動電路
基極偏壓 LED 驅動器使用飽和或截止狀態的電晶體,去控制流經 LED 的電流。而射極偏壓 LED 驅動器則使用主動區與截止狀態去控制流過 LED 的電流。

6-3 電路檢測射極偏壓元件
你可以使用數位多功能電表或歐姆計來測試電晶體,最好是將電晶體從電路中拿開。當電晶體是在通電的電路中時,你可以量測其電壓值,它們可能是個線索。

6-4 更多光電子元件
由於其 β_{dc},光電晶體比起光二極體對於光更為敏感。結合 LED,光電晶體提供了我們更敏感的光耦合器。光電晶體的缺點是它比起光二極體對於光的強度變化響應較慢。

6-5 分壓器偏壓法
以射極偏壓原型電路為基礎最著名的電路稱為分壓器偏壓法。你可藉由基極電路中的分壓器來認識它。

6-6 精確的 VDB 分析
對於基極電流,主要的概念是它會遠小於流過分壓器的電流。當這條件滿足時,分壓器幾乎會維持基極電壓固定,且會等於分壓器無載下的電壓值。在所有操作條件下,這會產生一個固定的 Q 點。

6-7 VDB 負載線及 Q 點
負載線會畫過飽和區與截止區,Q 點會位在負載線上由偏壓決定出來的正確位置上。由於這類偏壓會建立起一定值的射極電流,所以電流增益中的大變化,對於 Q 點幾乎沒有任何影響。

6-8 雙電源射極偏壓法
此設計使用雙電源:一個正電源與一個負電源。概念是要建立起一個定值的射極電流,此電路是

稍早討論的射極偏壓法之變化型。

6-9 其他類型的偏壓法

這節所介紹的負回授，是當輸出量增加時會產生輸入量減少的一種現象。分壓器偏壓法是個很好的想法，其他種類的偏壓無法使用足夠的負回授，所以它們無法達到跟分壓器偏壓法一樣的表現。

6-10 電路檢測 VDB 元件

電路檢測是一門藝術。因此，它不是一堆規則，你主要會從經驗中學習如何檢測電路。

6-11 PNP 電晶體

這些 *pnp* 元件的電流與電壓跟 *npn* 的相反，它們可以跟負電源一起使用。更常見的是，它們以上下顛倒之架構跟正電源一起使用。

● 推導

(6-1) 射極電壓：

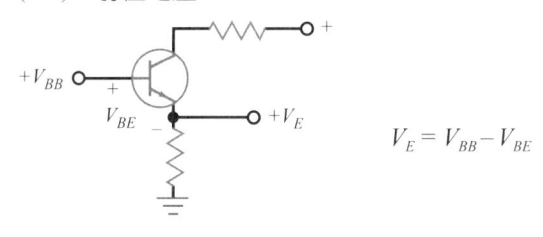

$$V_E = V_{BB} - V_{BE}$$

(6-2) 集射極電壓：

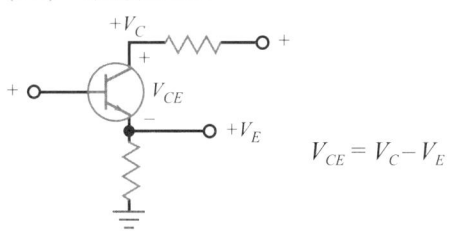

$$V_{CE} = V_C - V_E$$

(6-3) I_C 對 β_{dc} 的不靈敏度：

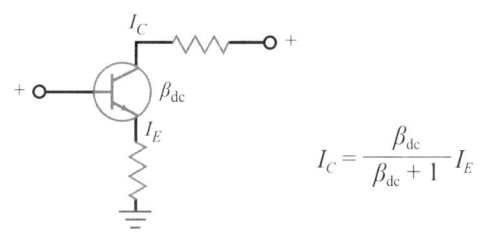

$$I_C = \frac{\beta_{dc}}{\beta_{dc} + 1} I_E$$

● VDB 推導

(6-4) 基極電壓：

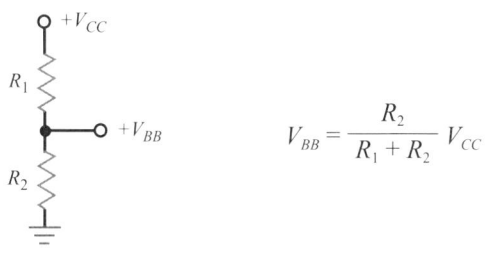

$$V_{BB} = \frac{R_2}{R_1 + R_2} V_{CC}$$

(6-5) 射極電壓：

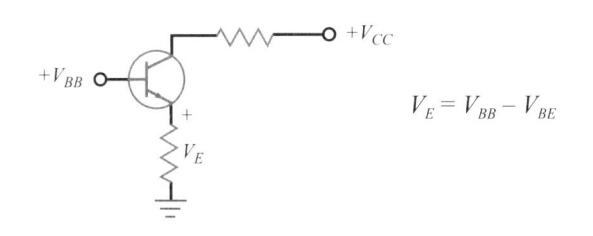

$$V_E = V_{BB} - V_{BE}$$

(6-6) 射極電流：

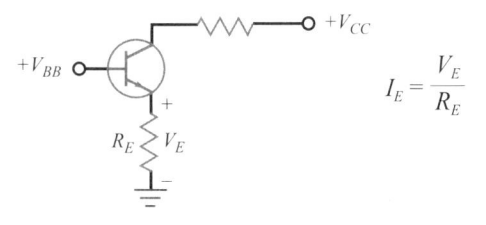

$$I_E = \frac{V_E}{R_E}$$

(6-7) 集極電流：

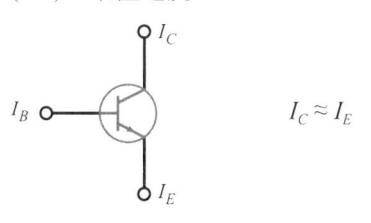

$$I_C \approx I_E$$

(6-8) 集極電壓：

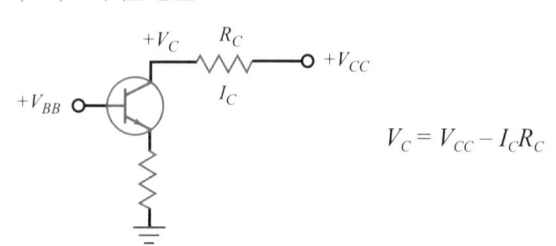

$$V_C = V_{CC} - I_C R_C$$

(6-9) 集射極電壓：

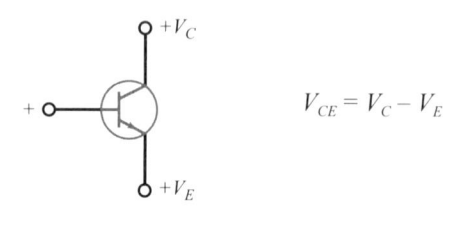

$$V_{CE} = V_C - V_E$$

• TSEB 推導

(6-10) 基極電壓：

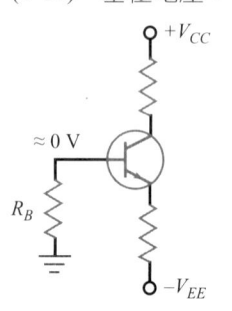

$$V_B \approx 0$$

(6-12) 集極電壓 (TSEB)

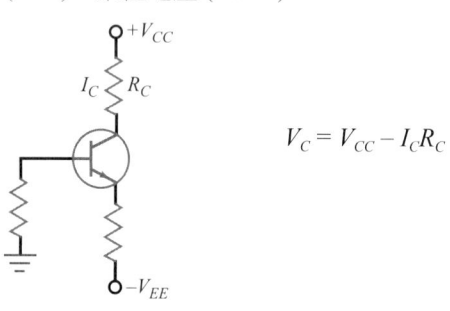

$$V_C = V_{CC} - I_C R_C$$

(6-11) 射極電流：

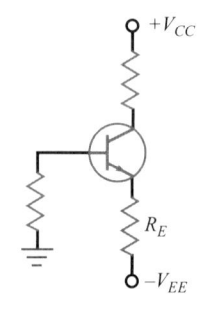

$$I_E = \frac{V_{EE} - 0.7 \text{ V}}{R_E}$$

(6-13) 集射極電壓 (TSEB)

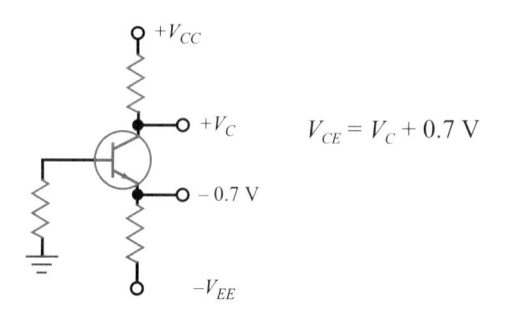

$$V_{CE} = V_C + 0.7 \text{ V}$$

• 自我測驗

1. 有固定的射極電流之電路稱為
   a. 基極偏壓
   b. 射極偏壓
   c. 電晶體偏壓
   d. 雙電源偏壓

2. 分析射極偏壓電路的第一步是找出
   a. 基極電流
   b. 射極電壓
   c. 射極電流
   d. 集極電流

3. 在射極偏壓電路中，若不知電流增益，你會無法計算
   a. 射極電壓
   b. 射極電流
   c. 集極電流
   d. 基極電流

4. 若射極電阻開路，則集極電壓為
   a. 低
   b. 高
   c. 不變
   d. 不知

5. 若集極電阻開路,則集極電壓為
   a. 低
   b. 高
   c. 不變
   d. 不知

6. 在射極偏壓電路中,當電流增益從 50 增加到 300,集極電流會
   a. 幾乎不變
   b. 下降 6 倍
   c. 增加 6 倍
   d. 為零

7. 若射極電阻值增加,則集極電壓會
   a. 下降
   b. 不變
   c. 上升
   d. 損壞電晶體

8. 若射極電阻值下降,則
   a. Q 點會上移
   b. 集極電流會下降
   c. Q 點位置不變
   d. 電流增益會上升

9. 跟光二極體相比,光電晶體的主要優點是其
   a. 較高頻的響應
   b. 交流操作
   c. 增加的靈敏度
   d. 耐用性

10. 對於射極偏壓法,射極電阻上的跨壓會跟在射極與何者間的電壓值一樣?
    a. 基極
    b. 集極
    c. 射極
    d. 地

11. 對於射極偏壓法,在射極的電壓會比何者小 0.7 V?
    a. 基極電壓
    b. 射極電壓
    c. 集極電壓
    d. 地電壓

12. 以分壓器偏壓法,基極電壓為
    a. 小於基極電源電壓
    b. 等於基極電源電壓
    c. 大於基極電源電壓
    d. 大於集極電源電壓

13. VDB 因何而有名?
    a. 不穩定的集極電壓
    b. 變動的射極電流
    c. 大的基極電流
    d. 穩定的 Q 點

14. 以 VDB 來看,集極電阻值增加將會使
    a. 射極電壓下降
    b. 集極電壓下降
    c. 射極電壓增加
    d. 射極電流下降

15. VDB 有穩定的 Q 點就像
    a. 基極偏壓
    b. 射極偏壓
    c. 集極回授偏壓
    d. 射極回授偏壓

16. VDB 需要
    a. 只有三個電阻
    b. 只有一個電源
    c. 精密電阻
    d. 更多電阻運作更好

17. VDB 正常操作在
    a. 主動區
    b. 截止區
    c. 飽和區
    d. 崩潰區

18. VDB 電路的集極電壓對於何者的變化不敏感?
    a. 電源電壓
    b. 射極電阻
    c. 電流增益
    d. 集極電阻

19. 若 VDB 電路射極電阻值下降,集極電壓會
    a. 下降

b. 不變
c. 增加
d. 加倍

20. 基極偏壓法與何者有關？
    a. 放大器
    b. 開關電路
    c. 穩定的 Q 點
    d. 固定的射極電流

21. 若 VDB 電路射極電阻值下降二分之一，集極電流將會
    a. 加倍
    b. 掉一半
    c. 不變
    d. 增加

22. 若 VDB 電路的集極電阻值下降，集極電壓將會
    a. 下降
    b. 不變
    c. 增加
    d. 加倍

23. VDB 電路的 Q 點為
    a. 對於電流增益的變化相當敏感
    b. 對於電流增益的變化有點敏感
    c. 對於電流增益的變化幾乎完全不敏感
    d. 非常容易受溫度變化影響

24. 雙電源射極偏壓法 (TSEB) 的基極電壓為
    a. 0.7 V
    b. 非常大
    c. 接近 0 V
    d. 1.3 V

25. 若 TSEB 射極電阻值加倍，集極電流將會
    a. 掉一半
    b. 不變
    c. 加倍
    d. 增加

26. 若銲錫噴濺造成 TSEB 集極電阻短路，集極電壓將會
    a. 掉到零
    b. 等於集極電源電壓
    c. 不變
    d. 加倍

27. 若 TSEB 射極電阻值下降，集極電壓將會
    a. 下降
    b. 不變
    c. 增加
    d. 等於集極電源電壓

28. 若 TSEB 基極電阻開路，集極電壓將會
    a. 下降
    b. 不變
    c. 稍微增加
    d. 等於集極電源電壓

29. 在 TSEB 中，基極電流必是非常
    a. 小
    b. 大
    c. 不穩定
    d. 穩定

30. TSEB 的 Q 點與何者無關？
    a. 射極電阻
    b. 集極電阻
    c. 電流增益
    d. 射極電壓

31. 在 pnp 電晶體射極處的多數載子為
    a. 電洞
    b. 自由電子
    c. 三價原子
    d. 五價原子

32. pnp 電晶體的電流增益為
    a. npn 電流增益的負值
    b. 集極電流除以射極電流
    c. 接近零
    d. 集極電流對基極電流的比值

33. 在 pnp 電晶體中何者是最大的電流？
    a. 基極電流
    b. 射極電流
    c. 集極電流
    d. 以上皆非

34. pnp 電晶體的電流為
    a. 通常小於 npn 電流
    b. 相反的 npn 電流
    c. 通常大於 npn 電流
    d. 負的

35. 利用 pnp 分壓器偏壓法，你必須使用
    a. 負電源電壓
    b. 正電源電壓
    c. 電阻
    d. 地

36. 使用負 V_{CC} 電源的 TSEB pnp 電路，射極電壓
    a. 等於基極電壓
    b. 比基極電壓高 0.7 V
    c. 比基極電壓低 0.7 V
    d. 等於集極電壓

37. 在設計良好的 VDB 電路中，基極電流會
    a. 遠大於分壓器上的電流
    b. 等於射極電流
    c. 遠小於分壓器上的電流
    d. 等於集極電流

38. 在 VDB 電路中，基極輸入電阻 R_{IN}
    a. 等於 $\beta_{dc} R_E$
    b. 正常來說小於 R_{TH}
    c. 等於 $\beta_{dc} R_C$
    d. 與 β_{dc} 無關

39. 在 TSEB 電路中，基極電壓在何時約為零？
    a. 基極電阻非常大
    b. 電晶體飽和
    c. β_{dc} 非常小
    d. $R_B < 0.01 \beta_{dc} R_E$

• 問題

6-1 射極偏壓法

1. **MultiSim** 試求圖 6-30a 中的集極電壓與射極電壓值？

2. **MultiSim** 若圖 6-30a 中的射極電阻加倍，試求集射極電壓值為何？

3. **MultiSim** 若圖 6-30a 中的集極電源電壓下降到 15 V，試求集極電壓值？

4. **MultiSim** 若 V_{BB} = 2V，試求圖 6-30b 中的集極電壓值為何？

5. **MultiSim** 若圖 6-30b 中的射極電阻加倍，在基極電源電壓為 2.3 V 下，試求集射極電壓值為何？

6. **MultiSim** 若圖 6-30b 中的集極電源電壓增加到 15 V，試求 V_{BB} = 1.8 V 下的集射極電壓值？

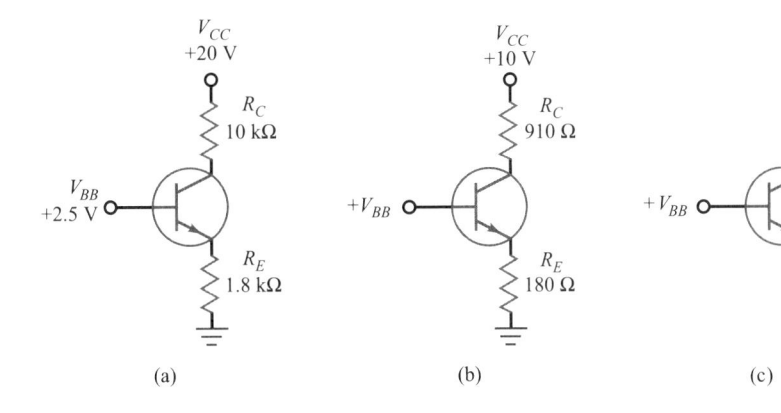

圖 6-30

6-2 LED 驅動電路

7. **MultiSim** 圖 6-26c 中,若基極電源電壓為 2 V,試求流經 LED 之電流值?

8. **MultiSim** 圖 6-26c 中,若 V_{BB} = 1.8 V,試求 LED 電流值及近似的 V_C 值?

6-3 電路檢測射極偏壓元件

9. 有個電壓表在圖 6-31a 的集極讀到 10 V,試問有哪些問題會造成這個高讀值?

10. 若圖 6-31a 中射極的地開路,電壓表讀到的基極與集極電壓值為多少?

11. 有個直流電壓計在圖 6-31a 的集極量到非常低的電壓,試問一些可能的問題是什麼?

12. 有個電壓計在圖 6-31b 的集極讀到 10 V,試問有哪些問題會造成這個高讀值?

13. 如果圖 6-31b 中的射極電阻開路,試問電壓計讀到的基極與集極電壓值為多少?

14. 有個直流電壓計在圖 6-31b 的集極量到 1.1 V,試問一些可能的問題是什麼?

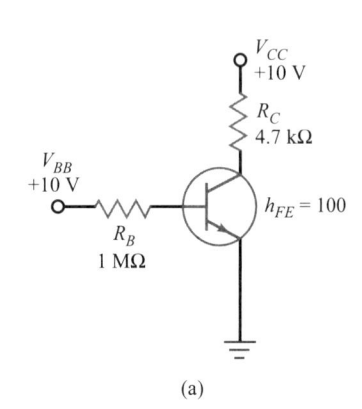

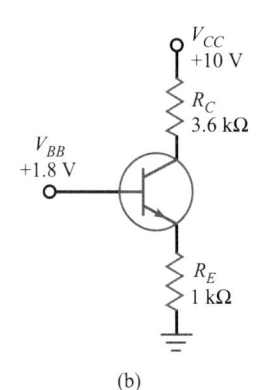

6-5 分壓器偏壓法

15. **MultiSim** 試求圖 6-32 中的射極與集極電壓值。

16. **MultiSim** 試求圖 6-33 中的射極與集極電壓值。

17. **MultiSim** 試求圖 6-34 中的射極與集極電壓值。

18. **MultiSim** 試求圖 6-35 中的射極與集極電壓值。

19. 圖 6-34 中所有電阻有 ±5% 的誤差值,試求集極最低與最高的可能電壓值。

20. 圖 6-35 中所有電阻有 ±10% 的誤差值,試求集極最低與最高的可能電壓值。

6-7 VDB 負載線與 Q 點

21. 試求圖 6-32 之 Q 點。

22. 試求圖 6-33 之 Q 點。

23. 試求圖 6-34 之 Q 點。

24. 試求圖 6-35 之 Q 點。

25. 圖 6-34 中所有電阻有 ±5% 的誤差值,試求集極最低與最高的電流值。

26. 圖 6-35 中的電源有 ±10% 的誤差值,試求集極最低與最高的可能電流值。

6-8 雙電源射極偏壓法

27. 試求圖 6-36 中射極電流值與集極電壓值。

28. 若圖 6-36 中所有電阻加倍,試求射極電流值與集極電壓值。

29. 圖 6-36 中所有電阻有 ±5% 的誤差值,試求集極最低與最高的可能電壓值。

6-9 其他類型的偏壓法

30. 對於以下各情況之微小變化,圖 6-35 中集極電壓會增加、下降或不變?
    a. R_1 增加
    b. R_2 下降
    c. R_E 增加
    d. R_C 下降
    e. V_{CC} 增加
    f. β_{dc} 下降

圖 6-31

圖 6-32

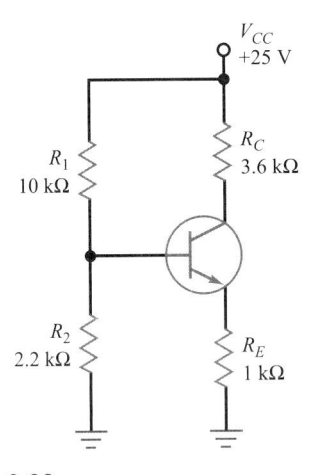

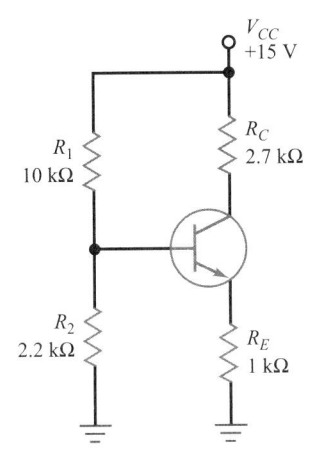

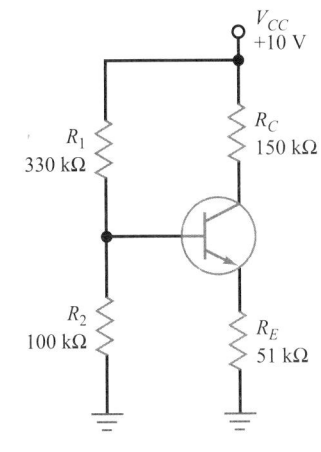

V_{CC} +25 V
R_1 10 kΩ
R_C 3.6 kΩ
R_2 2.2 kΩ
R_E 1 kΩ

圖 6-33

V_{CC} +15 V
R_1 10 kΩ
R_C 2.7 kΩ
R_2 2.2 kΩ
R_E 1 kΩ

圖 6-34

V_{CC} +10 V
R_1 330 kΩ
R_C 150 kΩ
R_2 100 kΩ
R_E 51 kΩ

31. 對於以下各情況之微小增加，圖 6-37 中集極電壓會增加、下降或不變？
    a. R_1
    b. R_2
    c. R_E
    d. R_C
    e. V_{EE}
    f. β_{dc}

6-10 電路檢測 VDB 元件

32. 針對以下情況，試求圖 6-35 中集極電壓近似值。
    a. R_1 開路
    b. R_2 開路
    c. R_E 開路
    d. R_C 開路
    e. 集射極開路

33. 針對以下情況，試求圖 6-37 中的集極電壓近似值。
    a. R_1 開路
    b. R_2 開路
    c. R_E 開路
    d. R_C 開路
    e. 集射極開路

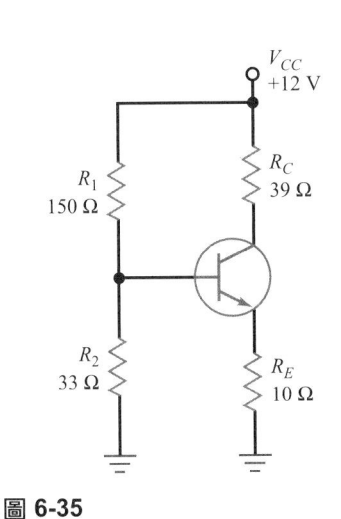

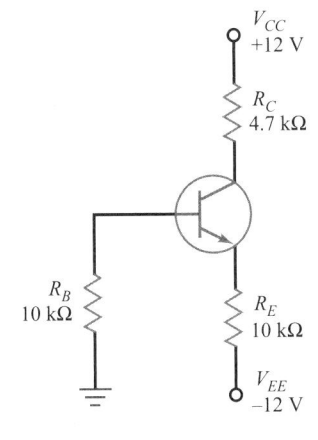

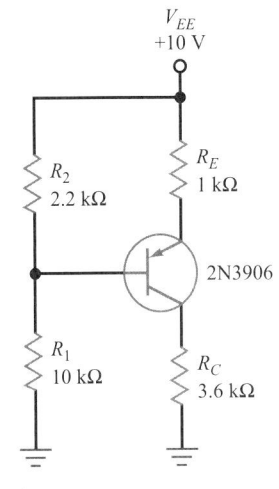

圖 6-35

V_{CC} +12 V
R_1 150 Ω
R_C 39 Ω
R_2 33 Ω
R_E 10 Ω

圖 6-36

V_{CC} +12 V
R_C 4.7 kΩ
R_B 10 kΩ
R_E 10 kΩ
V_{EE} −12 V

圖 6-37

V_{EE} +10 V
R_2 2.2 kΩ
R_E 1 kΩ
2N3906
R_1 10 kΩ
R_C 3.6 kΩ

6-11 *pnp* 電晶體

34. 試求圖 6-37 中的集極電壓值。

35. 試求圖 6-37 中的集射極電壓值。

36. 試求圖 6-37 中的集極飽和電流值與集射極截止電壓值。

37. 試求圖 6-38 中的射極電壓值與集極電壓值。

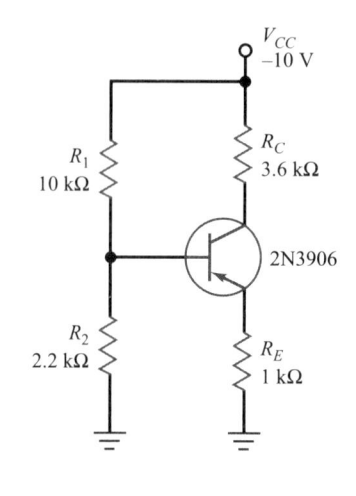

圖 6-38

● 腦力激盪

38. 某人建立了如圖 6-35 的電路，圖中分壓器改成 $R_1 = 150\ k\Omega$ 及 $R_2 = 33\ k\Omega$。建立電路的人無法了解為何基極電壓只有 0.8 V 而不是 2.16 V（分壓器的理想輸出值）。你能解釋發生了什麼事嗎？

39. 某人以元件 2N3904 建立如圖 6-35 的電路，關於這電路你會說什麼？

40. 有個學生想量測圖 6-35 中的集射極電壓，所以在集極與射極間連接了一個電壓計，試問讀值為何？

41. 你可以改變圖 6-35 中的任何電路參數值，說出你所有可以想到破壞電晶體的方法。

42. 圖 6-35 的電源必須提供電流到電晶體電路，說出你所有可以想到找出這電流的方法。

43. 試計算圖 6-39 中各電晶體的集極電壓值（提示：直流下電容為開路）。

44. 圖 6-40a 的電路使用矽二極體，射極電流與集極電壓為何？

45. 試求圖 6-40b 中的輸出電壓值。

46. 流經圖 6-41a 中 LED 的電流為多少？

47. 試求圖 6-41b 中的 LED 電流值？

48. 我們想要圖 6-34 中的分壓器是固定的（stiff），試在不改變 Q 點位置下，改變 R_1 與 R_2 以符合此需求。

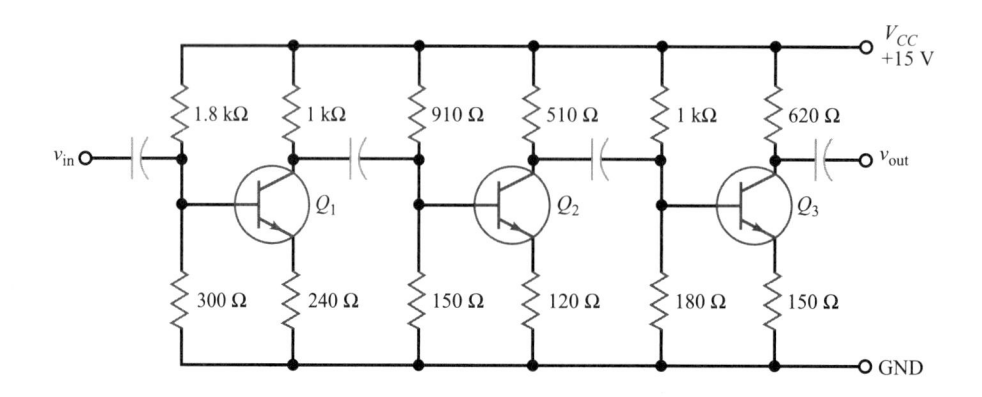

圖 6-39

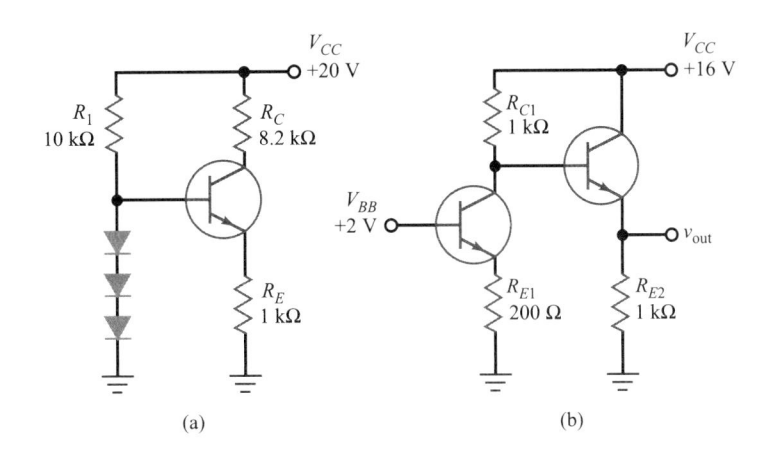

圖 6-40

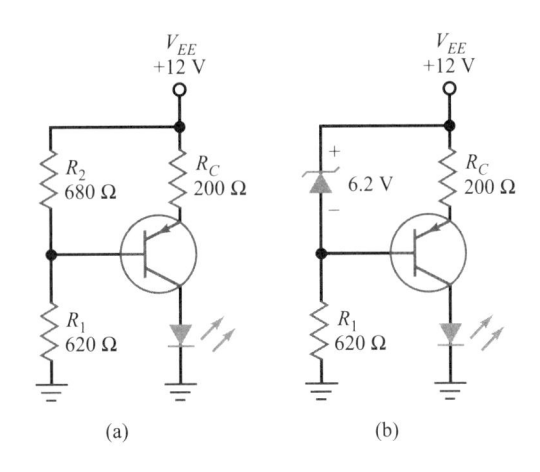

圖 6-41

● 電路檢測

MultiSim 針對以下問題使用圖 6-42。

49. 找出問題 1。
50. 找出問題 2。
51. 找出問題 3 及 4。
52. 找出問題 5 及 6。
53. 找出問題 7 及 8。
54. 找出問題 9 及 10。
55. 找出問題 11 及 12。

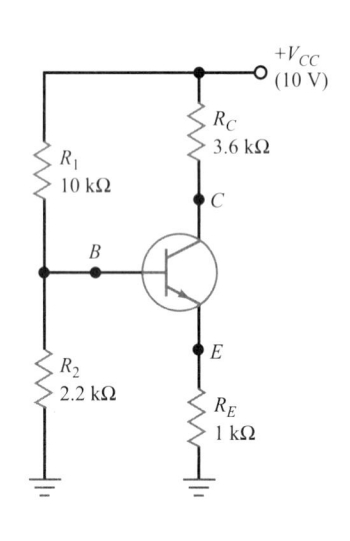

問題	V_B(V)	V_E(V)	V_C(V)	R_2(Ω)
OK	1.8	1.1	6	OK
T1	10	9.3	9.4	OK
T2	0.7	0	0.1	OK
T3	1.8	1.1	10	OK
T4	2.1	2.1	2.1	OK
T5	0	0	10	OK
T6	3.4	2.7	2.8	∞
T7	1.83	1.212	10	OK
T8	0	0	10	0
T9	1.1	0.4	0.5	OK
T10	1.1	0.4	10	OK
T11	0	0	0	OK
T12	1.83	0	10	OK

量測

圖 6-42

● 運用軟體 Multisim 分析與解決問題

Multisim 分析與解決問題的檔案請至所提供的網址下載。網址內的章節序號為原文書的章節序號，請參照書末所附的「中英章節對照表」下載相關檔案。本章相關的檔案為 MTC07-60 到 MTC07-56。

開啟並分析解決各個檔案。執行量測以確認是否有錯，如果有，請查明錯誤。

56. 開啟並分析及解決檔案 MTC07-56。
57. 開啟並分析及解決檔案 MTC07-57。
58. 開啟並分析及解決檔案 MTC07-58。
59. 開啟並分析及解決檔案 MTC07-59。
60. 開啟並分析及解決檔案 MTC07-60。

● 問題回顧

1. 試繪出一個 VDB 電路，然後說出所有計算集射極電壓的步驟。為何這電路會有非常穩定的 Q 點？
2. 試繪出一個 TSEB 電路並說出其如何運作。當更換電晶體或溫度改變時，集極電流會發生什麼事？
3. 試描述一些其他偏壓法類型，並說出它們的 Q 點。
4. 試問兩種回授偏壓法及為何發展出它們。
5. 與分立式雙極性電晶體電路一起使用的主要偏壓類型為何？

6. 做開關電路使用的電晶體應被偏壓在主動區嗎?若否,試問與開關電路負載線有關的兩個重點為何?
7. 在 VDB 電路中,基極電流跟流過分壓器的電流相比不小,試問這電路的缺點及應該如何修正它?
8. 試問最常使用的電晶體偏壓架構及原因為何?
9. 試繪一個使用 npn 電晶體的 VDB 電路,並標示分壓器、基極、射極及集極電流方向。
10. 試問一個內部電阻 R_1 與 R_2 比 R_E 大 100 倍的 VDB 電路有何錯誤之處?

• 自我測驗解答

1.	b	11	a	21	a	31	a
2.	b	12	a	22	c	32	d
3.	d	13	d	23	c	33	b
4.	b	14	b	24	c	34	b
5.	a	15	b	25	a	35	c
6.	a	16	b	26	b	36	b
7.	c	17	a	27	a	37	c
8.	a	18	c	28	d	38	a
9.	c	19	a	29	a	39	d
10.	d	20	b	30	c		

• 練習題解答

6-1　V_{CE} = 8.1 V

6-2　R_E = 680 Ω

6-5　V_B = 2.7 V;
　　　V_E = 2 mA;
　　　V_C = 7.78 V;
　　　V_{CE} = 5.78 V

6-6　V_{CE} = 5.85 V;
　　　非常接近預測值

6-8　R_E = 1 kΩ;
　　　R_C = 4 kΩ;
　　　R_2 = 700 Ω (680);
　　　R_1 = 3.4 kΩ (3.3k)

6-9　V_{CE} = 6.96 V

6-10　V_{CE} = 7.05 V

6-11　圖 6-29a:
　　　V_B = 2.16 V;
　　　V_E = –1.46 V;
　　　V_C = –6.73 V;
　　　V_{CE} = –5.27 V
　　　圖 6-29b:
　　　V_B = 9.84 V;
　　　V_E = 10.54 V;
　　　V_C = 5.27 V;
　　　V_{CE} = –5.27 V

Chapter 7 交流模型

在電晶體 Q 點已偏壓在接近負載線的中間處之後，我們可以將一個微小的交流電壓耦合到基極。這將會產生一個交流集極電壓，除了會更大許多之外，交流集極電壓看起來就像交流基極電壓。換句話說，交流集極電壓為交流基極電壓的放大版。

放大元件的發明，即第一個真空管的出現及稍後發明的電晶體，對於電子學的發展是關鍵性的。沒有放大元件的發明，就沒有後來的無線電、電視及電腦。

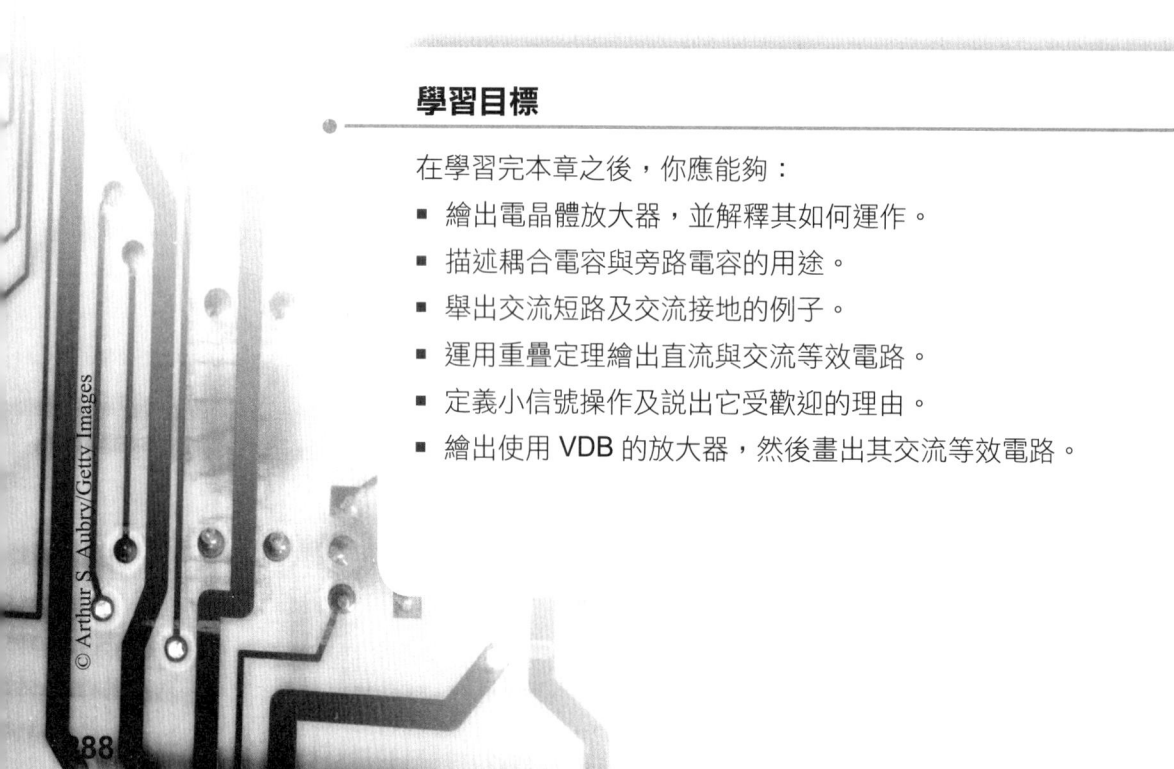

學習目標

在學習完本章之後，你應能夠：
- 繪出電晶體放大器，並解釋其如何運作。
- 描述耦合電容與旁路電容的用途。
- 舉出交流短路及交流接地的例子。
- 運用重疊定理繪出直流與交流等效電路。
- 定義小信號操作及說出它受歡迎的理由。
- 繪出使用 VDB 的放大器，然後畫出其交流等效電路。

章節大綱

7-1　基極偏壓放大器
7-2　射極偏壓放大器
7-3　小信號操作
7-4　交流 β 值
7-5　射極二極體的交流電阻
7-6　兩種電晶體模型
7-7　分析放大器
7-8　元件資料手冊上的交流物理量

詞彙

ac current gain　交流電流增益
ac emitter resistance　交流射極電阻
ac equivalent circuit　交流等效電路
ac ground　交流接地
ac short　交流短路
bypass capacitor　旁路電容
common-base (CB) amplifier　共基極（CB）放大器
common-collector (CC) amplifier　共集極（CC）放大器
common-emitter (CE) amplifier　共射極（CE）放大器
coupling capacitor　耦合電容
dc equivalent circuit　直流等效電路
distortion　失真
Ebers-Moll model　Ebers-Moll 模型
π model　π 模型
small-signal amplifiers　小信號放大器
superposition theorem　重疊定理
T model　T 模型
voltage gain　電壓增益

7-1 基極偏壓放大器

在本節中，我們將討論基極偏壓放大器。雖然基極偏壓放大器在大量生產中並不有用，但是由於其基本觀念可以用來幫助我們建立更複雜的放大器，所以具有學習上的價值。

耦合電容

圖 7-1a 為一個連接到一個電容與一個電阻的交流電壓源。由於電容的阻抗與頻率成反比，所以電容可以有效阻隔直流電壓，而讓交流電壓通過。當頻率夠高時，電容抗會遠小於電阻值。在這情形中，幾乎所有的交流電壓會跨在電阻上面。當這樣使用時，由於它將交流信號耦合或是傳遞到電阻上去，所以這電容稱為**耦合電容（coupling capacitor）**。由於它們允許我們將交流信號耦合到放大器，又不會擾動其 Q 點，所以耦合電容是很重要的。

對於耦合電容要正常運作，其電容抗值必須遠小於交流電源最低頻率時的電阻值。例如，如果交流電源的頻率從 20 Hz 變化到 20 kHz，最壞情況會出現在 20 Hz。電路設計者將會選擇在 20 Hz 時的電容抗值遠小於電阻值的電容元件來使用。

那到底要多小呢？如下定義所示：

$$\text{耦合良好的情況是：} X_C < 0.1R \tag{7-1}$$

換句話說，電容抗應該至少要比操作時的最低頻率之電阻值小上 10 倍才行。

當 10:1 的法則滿足時，圖 7-1a 可用圖 7-1b 的等效電路來取代。而這是為什麼呢？在圖 7-1a 中阻抗值的大小如下所示：

$$Z = \sqrt{R^2 + X_C^2}$$

當你將最壞的情況代進去時，你會得到：

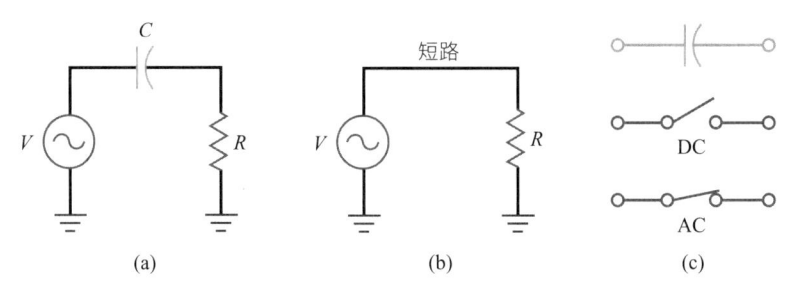

圖 7-1 (a) 耦合電容；(b) 電容為交流短路；(c) 直流開路與交流短路。

$$Z = \sqrt{R^2 + (0.1R)^2} = \sqrt{R^2 + 0.01R^2} = \sqrt{1.01R^2} = 1.005R$$

由於阻抗不會超過最低頻率時的 R 之 0.5%，所以圖 7-1a 中的電流只會比圖 7-1b 中的電流小 0.5%。由於任何一個設計良好的電路都會滿足這 10:1 的法則，所以我們可以將所有耦合電容近似為**交流短路（ac short）**（圖 7-1b）。

有關耦合電容的最後一點是：由於直流電壓頻率為零，所以當頻率為零時，耦合電容的電容抗值為無窮大。因此，對於電容我們將使用以下兩種近似法：

1. 對於直流分析，電容為開路。
2. 對於交流分析，電容為短路。

圖 7-1c 總結了這兩個重要的概念。除非別的地方有指明，否則從現在開始我們所分析的所有電路將會滿足 10:1 的法則，因此我們可以將耦合電容想像成如圖 7-1c 所示的那樣。

例題 7-1

使用圖 7-1a，若 $R = 2\ \text{k}\Omega$ 而頻率範圍從 20 Hz 到 20 kHz。試求在耦合良好的情況下對於 C 所需要的電容值。

解答　依循 10:1 的法則，X_C 應該比最低頻率時的 R 小上 10 倍。因此，

$$X_C < 0.1\ R \text{在 20 Hz}$$
$$X_C < 200\ \Omega \text{在 20 Hz}$$

由於 $X_C = \dfrac{1}{2\pi f C}$

藉由重新整理，式 $C = \dfrac{1}{2\pi f X_C} = \dfrac{1}{(2\pi)(20\ \text{Hz})(200\ \Omega)}$

$$C = 39.8\ \mu\text{F}$$

練習題 7-1　使用例題 7-1，試求在最低頻率 1 kHz 且 R 為 1.6 kΩ 時，C 的電容值。

直流電路

圖 7-2a 為基極偏壓電路，直流基極電壓為 0.7 V。由於 30 V 遠大於 0.7 V，所以基極電流約等於 30 V 除以 1 MΩ，即：

$$I_B = 30\ \mu\text{A}$$

對於電流增益值 100，集極電流為：

$$I_C = 3\ \text{mA}$$

而集極電壓為：

$$V_C = 30\ \text{V} - (3\ \text{mA})(5\ \text{k}\Omega) = 15\ \text{V}$$

所以，Q 點的座標為 (3 mA, 15 V)。

放大電路

圖 7-2b 顯示如何增加元件來建構放大器。首先，在交流訊號源與基極間使用耦合電容。由於對於直流，耦合電容為開路，所以不論在有無電容與交流訊號源的情況下，都會存在相同的直流基極電流。同

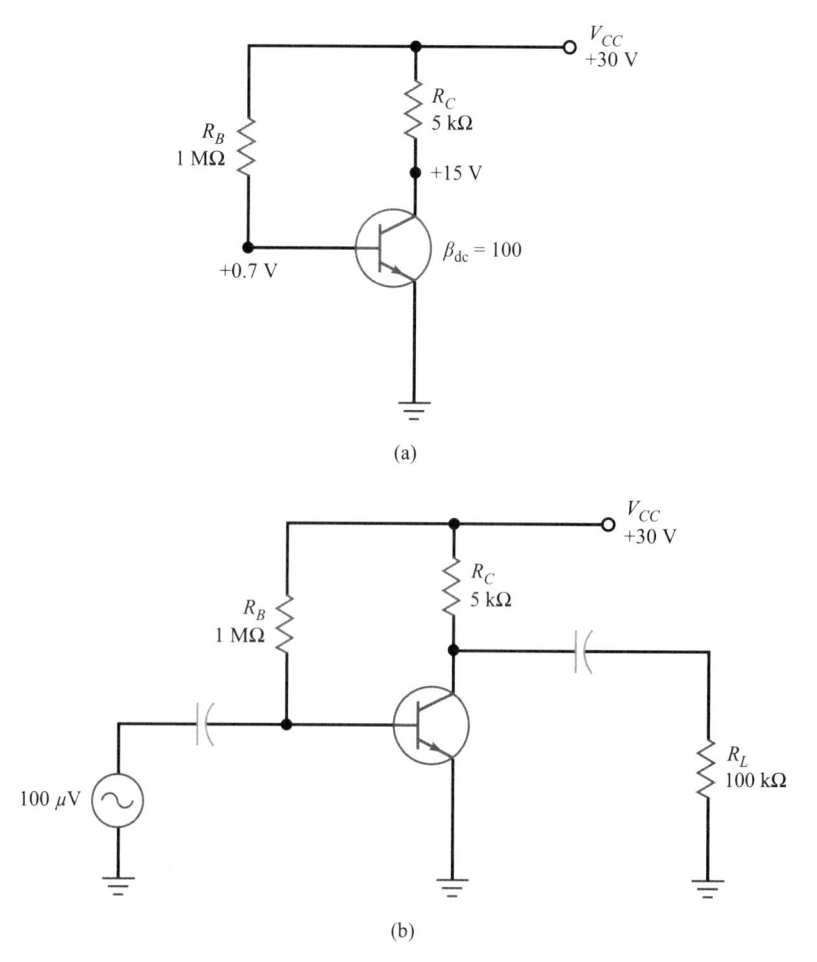

圖 7-2 (a) 基極偏壓；(b) 基極偏壓放大器。

樣地，耦合電容用在集極與 100 kΩ 的負載電阻之間。由於直流下電容開路，無論在有無電容與負載電阻的情況下，直流集極電壓都會相同。這裡主要的概念，是耦合電容會避免交流訊號源與負載電阻值影響 Q 點。

在圖 7-2b 中，交流電源電壓為 100 μV。由於耦合電容為交流短路，所有的交流電壓會出現在基極與地之間。這個交流電壓會產生交流基極電流，其係加到已存在的直流基極電流上。換句話說，整個基極電流將會有直流成分與交流成分。

圖 7-3a 以圖示繪出了這個概念，交流成分是疊加在直流成分上。在正半週，交流基極電流的成分會加在 30 μA 的直流基極電流上，而

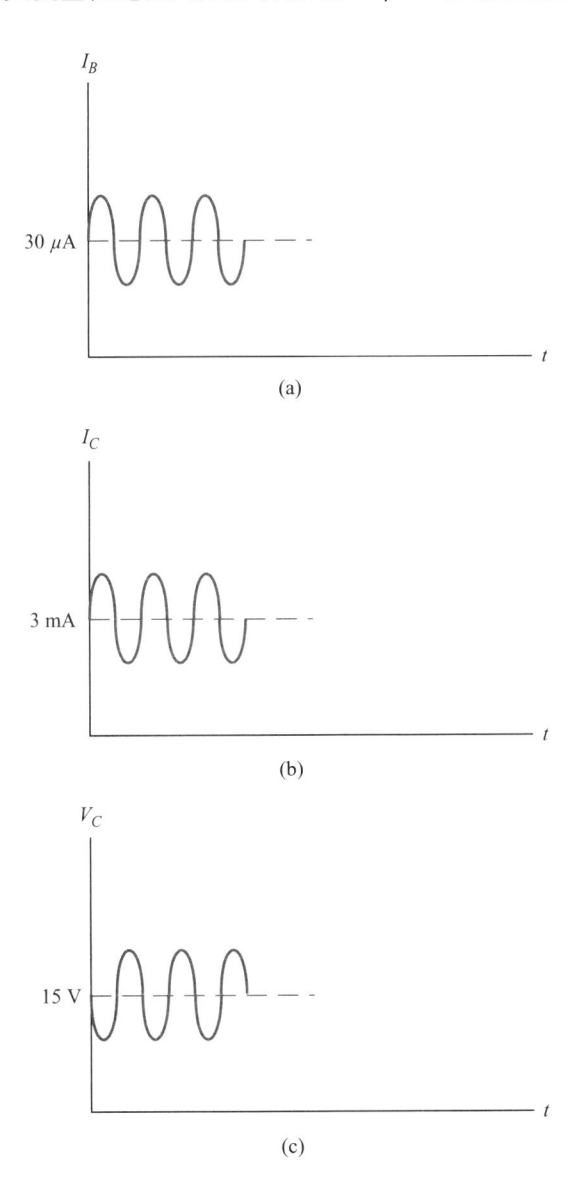

圖 7-3　直流與交流成分。(a) 基極電流；(b) 集極電流；(c) 集極電壓。

在負半週，則會從直流基極電流減去交流基極電流的成分。

由於電流增益使然，所以交流基極電流會在集極電流中產生放大的差異。在圖 7-3b 中，集極電流的直流成分為 3 mA，疊加在它之上的是交流集極電流成分。由於這個放大的集極電流會流過集極電阻，所以它會在集極電阻上產生一個變動的跨壓。當從電源電壓扣掉這個跨壓時，如圖 7-3c 所示，我們會得到集極端的電壓值。

再者，交流成分是疊加在直流成分上，集極電壓會在 +15 V 的直流準位上面，以弦波形式上下擺動。而且，交流集極電壓是反相的，即與輸入電壓相差 180 度。這是為什麼呢？在交流基極電流的正半週，集極電流會上升，會在集極電阻上產生更多的跨壓，這意謂在集極端與地之間的電壓會下降。同樣地，在負半週，集極電流會下降，由於集極電阻上的跨壓變少了，所以集極端的電壓會上升。

電壓波形

圖 7-4 為基極偏壓放大器的波形，交流電源電壓是個微小的弦波電壓。它被耦合到基極去，在基極它會被疊加在 +0.7 V 的直流成分上。在基極電壓的變化會在基極電流、集極電流及集極電壓產生弦波變化，整個集極電壓是個疊加在 +15 V 直流集極電壓上的反相弦波。

請注意輸出耦合電容的動作，由於對於直流它是開路，所以它會阻隔集極電壓的直流成分。由於對於交流它是短路，所以它會將交流的集極電壓耦合到負載電阻去，這就是為什麼負載電壓會是平均值等於零的純交流信號。

電壓增益

放大器的**電壓增益（voltage gain）**定義為交流輸出電壓除以交流

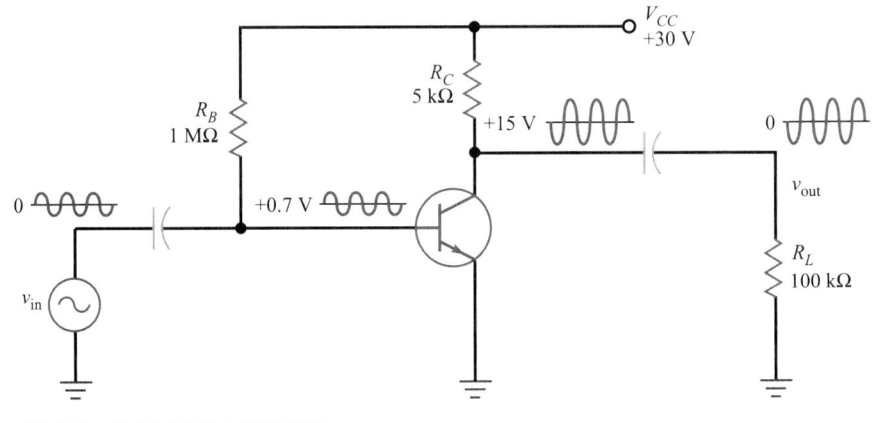

圖 7-4 基極偏壓放大器的波形。

輸入電壓，如下定義：

$$A_V = \frac{v_{\text{out}}}{v_{\text{in}}} \tag{7-2}$$

例如，如果我們量到 100 μV 的交流輸入電壓下的交流負載電壓值為 50 mV，則其電壓增益為：

$$A_V = \frac{50 \text{ mV}}{100 \text{ }\mu\text{V}} = 500$$

意即交流輸出電壓是交流輸入電壓的 500 倍。

計算輸出電壓

我們可以將式 (7-2) 的兩邊都乘上 v_{in} 而得到以下的推導式：

$$v_{\text{out}} = A_V v_{\text{in}} \tag{7-3}$$

當你想要計算 v_{out} 值時，在已知 A_V 與 v_{in} 的情況下，這會是有用的式子。

例如，如圖 7-5a 中的三角形符號是用來指出任何設計中的放大器元件。由於已知輸入電壓為 2 mV，且電壓增益值為 200，所以我們可以計算輸出電壓值為：

$$v_{\text{out}} = (200)(2 \text{ mV}) = 400 \text{ mV}$$

計算輸入電壓

我們可以將式 (7-3) 的兩邊都同除 A_V 的情況下，而得到以下的推導式：

$$v_{\text{in}} = \frac{v_{\text{out}}}{A_V} \tag{7-4}$$

當你想要計算 v_{in} 值時，在已知 v_{out} 與 A_V 的情況下，這會是有用的式子。例如，在圖 7-5b 中的輸出電壓為 2.5 V。對於電壓增益值 350 來說，輸入電壓為：

$$v_{\text{in}} = \frac{2.5 \text{ V}}{350} = 7.14 \text{ mV}$$

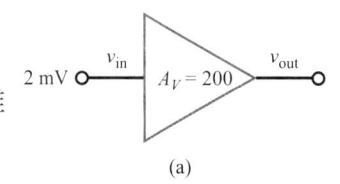

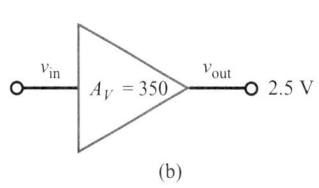

圖 7-5 (a) 計算輸出電壓；(b) 計算輸入電壓。

7-2 射極偏壓放大器

基極偏壓放大器會有不穩定的 Q 點,因此,它不常用作放大器。反而是有穩定 Q 點的射極偏壓放大器(分壓器偏壓法或雙電源射極偏壓法)較受歡迎。

旁路電容

由於對直流時呈開路狀態,而在對交流時則為短路狀態,所以**旁路電容(bypass capacitor)**類似於耦合電容。但是它不是用來耦合兩點之間的信號,反而它是用來產生**交流接地(ac ground)**。

圖 7-6a 為連接電阻與電容的交流電壓源,電阻值 R 代表由電容看到的戴維寧等效電阻值。當頻率夠高時,電容抗值會遠小於電阻值。在這情況中,幾乎所有的交流源電壓會跨在電阻上。換個方式來說,E 點會有效地短路到地。

當這樣使用時,由於會將 E 點旁路或短路到地去,所以這電容稱為旁路電容。由於允許我們在放大器中產生交流接地,又不會擾動其 Q 點,所以旁路電容是重要的。

對於旁路電容要正常運作,其電容抗值必須遠小於交流源最低頻率的電阻值。對於旁路良好的定義,跟耦合良好的定義相同:

$$\text{旁路良好的情況:} X_C < 0.1R \tag{7-5}$$

當這法則滿足時,圖 7-6a 可以用圖 7-6b 的等效電路來取代。

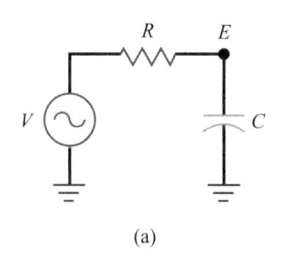

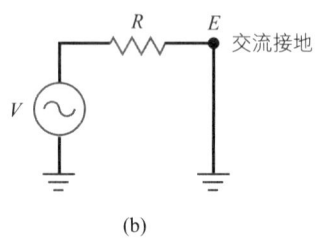

圖 7-6 (a) 旁路電容;(b) E 點為交流的地。

例題 7-2

在圖 7-7 中,V 的輸入頻率為 1 kHz。試問 C 需要多少電容值以讓 E 點會有效短路到地。

解答 首先,找出由電容 C 看到的戴維寧等效電阻值。

$$R_{TH} = R_1 \| R_2$$
$$R_{TH} = 600 \, \Omega \| 1 \, \text{k}\Omega = 375 \, \Omega$$

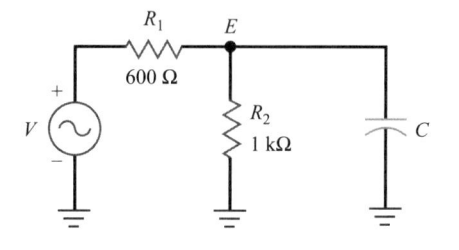

圖 7-7

接下來，X_C 應比 R_{TH} 小 10 倍。因此，在 1 kHz 處 X_C < 37.5 Ω，現在求解 C 如下所示：

$$C = \frac{1}{2\pi f X_C} = \frac{1}{(2\pi)(1\text{ kHz})(37.5\text{ Ω})}$$

$$C = 4.2\ \mu\text{F}$$

練習題 7-2 在圖 7-7 中，若 R 為 50 Ω，試求需要的 C 值。

VDB 放大器

圖 7-8 為分壓器偏壓（voltage-divider-biased, VDB）放大器。為了計算直流電壓及電流，在心裡將所有電容開路。然後，將電晶體電路簡化成分壓器偏壓電路。對於這個電路之靜態或直流參數值為：

$$V_B = 1.8\text{ V}$$
$$V_E = 1.1\text{ V}$$
$$V_C = 6.04\text{ V}$$
$$I_C = 1.1\text{ mA}$$

如前，我們在電源與基極間使用耦合電容，而在集極與負載電阻之間使用另一個耦合電容。我們也需要在射極與地之間使用旁路電容。沒有此電容，交流基極電流會很小。但是有此旁路電容，我們會得到更大的電壓增益值。

在圖 7-8 中，交流源電壓為 100 μV，它會被耦合到基極去。由於旁路電容，所有的交流電壓會跨在基射極二極體上。然後，交流基極

> **知識補給站**
> 在圖 7-8 中，由於射極旁路電容，所以射極電壓為 1.1 V。因此，基極電壓中的任何變化會直接跨在電晶體的 BE 接面上。例如，假設 v_{in} = 10 mV$_{p-p}$，在 v_{in} 的正峰值，交流基極電壓會等於 1.805 V，而 V_{BE} 會等於 1.805 V – 1.1 V = 0.705 V。在 v_{in} 的負峰值，交流基極電壓會下降到 1.795 V，那麼 V_{BE} 會等於 1.795 V – 1.1 V = 0.695 V，在 V_{BE} 中的交流變化（0.705 V 到 0.695 V）會在 I_C 及 V_{CE} 中產生交流變化。

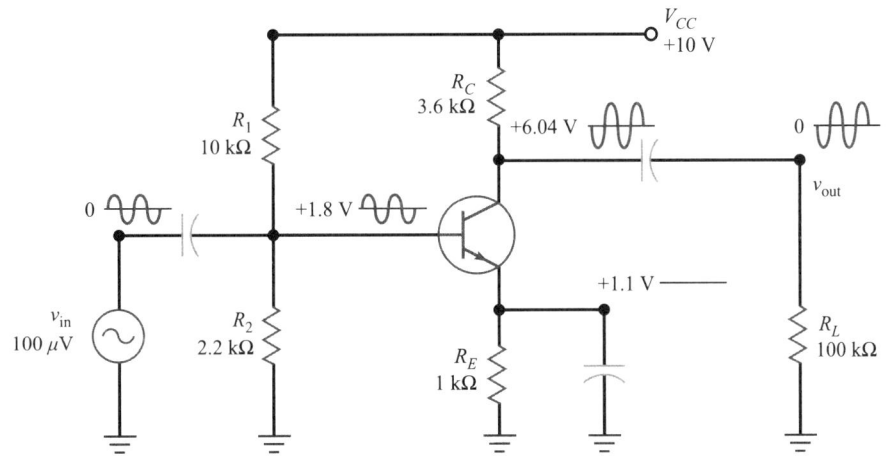

圖 7-8 VDB 放大器的波形。

電流會產生放大的交流集極電壓。

VDB 波形

請注意圖 7-8 中的電壓波形，交流源電壓為一個平均值為零的微小弦波電壓。基極電壓為一個疊加在 +1.8 V 直流電壓上的交流電壓。集極電壓為一個疊加在 +6.04 V 直流集極電壓上放大且反相之交流電壓。負載電壓跟集極電壓相同，除了它的平均值為零。

也請注意射極電壓，它是 +1.1 V 單純直流電壓。使用旁路電容的直接結果是因為射極處於交流接地情況，所以射極電壓為零。因為它在電路檢測中是很有用的，所以記住它是很重要的。如果旁路電容開路，交流電壓會在射極與地之間出現，這個徵狀馬上就點出了開路的旁路電容是唯一的問題所在。

分立電路 vs. 積體電路

圖 7-8 的 VDB 放大器是建立分立式電晶體放大器的標準方式。分立式（discrete）意謂所有元件如電阻、電容及電晶體，是分開地插入及連接以得到最後的電路。分立電路不同於積體電路（integrated circuit, IC），在積體電路中所有元件是同時被生產及連接在一塊由半導體材料所做成的晶片（chip）上面。後面章節中會討論到運算放大器（op amp），它是個會產生電壓增益值超過 10 萬的積體電路放大器。

TSEB 電路

圖 7-9 為雙電源射極偏壓（two-supply emitter bias, TSEB）放大器。我們分析了電晶體偏壓那章中的電路直流部分，並且計算了這些靜態電壓值，如下所示：

$$V_B \approx 0 \text{ V}$$
$$V_E = -0.7 \text{ V}$$
$$V_C = 5.32 \text{ V}$$
$$I_C = 1.3 \text{ mA}$$

圖 7-9 為兩個耦合電容及一個射極旁路電容，電路的交流操作類似於 VDB 放大器。我們將信號耦合到基極去，信號會被放大以得到集極電壓，然後放大的信號會被耦合到負載去。

請注意波形，交流源電壓是微小的弦波電壓。基極電壓有一個搭在約 0 V 直流成分上的微小交流成分。整個集極電壓為一個搭在 +5.32 V 直流集極電壓上的反相弦波，負載電壓為沒有直流成分的相同

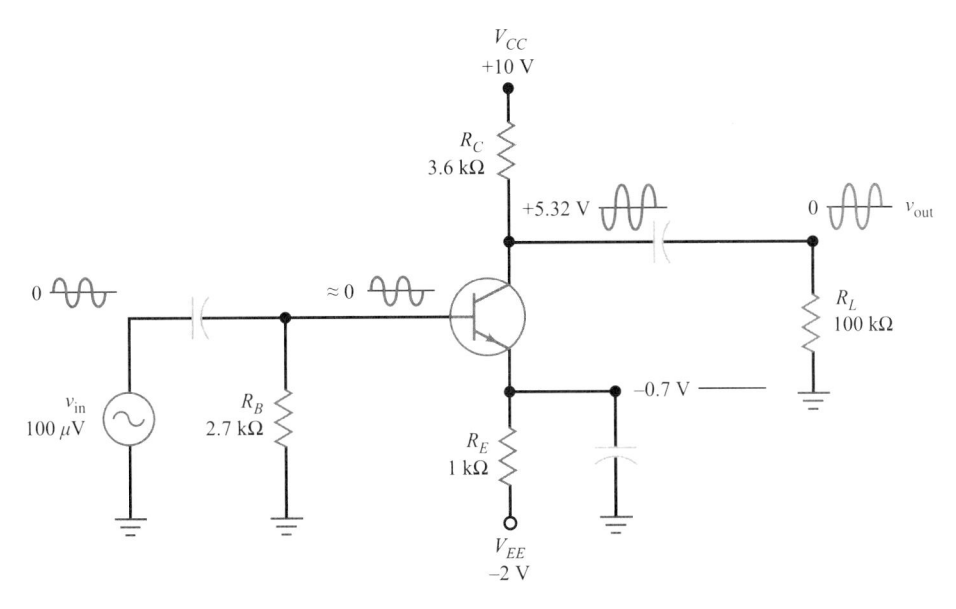

圖 **7-9** TSEB 放大器的波形。

放大信號。

再者，請注意使用旁路電容的直接結果 —— 在射極上的純直流電壓值。若旁路電容開路，交流電壓會在射極出現，這會大大減少電壓增益。因此，當在處理有旁路電容的放大器之問題時，請記住所有的交流接地之交流電壓值應為零。

7-3 小信號操作

圖 7-10 為基射極二極體電流對電壓之圖形。當交流電壓被耦合到電晶體的基極去時，交流電壓會跨在基射極二極體上。如圖 7-10 所示，這會在 V_{BE} 中產生弦波狀的變化情形。

瞬時操作點

當電壓上升到它的正峰值時，如圖 7-10 所示，瞬時操作點會從 Q 移到上面的點去。另一方面，當弦波下降到它的負峰值時，瞬時操作點會從 Q 移到下面的點去。

圖 7-10 的整個基射極電壓是以直流電壓為中心的交流電壓，交流電壓的大小會決定瞬時點離開 Q 點有多遠。大的交流基極電壓會產生大的變化，而小的交流基極電壓會產生小的變化。

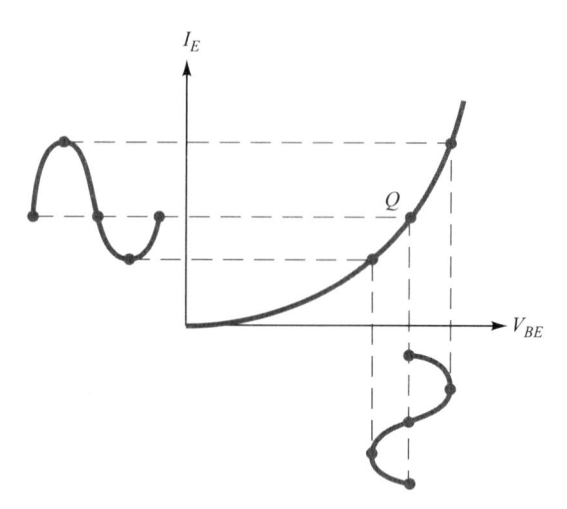

圖 7-10 當信號太大時的失真情形。

失真

基極交流電壓會產生如圖 7-10 所示的交流射極電流。這個交流射極電流會有跟交流基極電壓相同的頻率。例如，若交流電源驅動基極的頻率為 1 kHz，則交流射極電流的頻率亦為 1 kHz。交流射極電流也會有跟交流基極電壓大約相同的樣子，如果交流基極電壓為弦波，則交流射極電流也約為弦波。

因為圖形的彎曲，所以交流射極電流不是跟交流基極電壓一模一樣。由於圖形向上彎曲，所以交流射極電流的正半週是瘦長的（拉長的）而負半週是壓縮的。這交替變化的半週拉長與壓縮的情形，稱為**失真（distortion）**。在高傳真的放大器中，由於這情形會改變聲音與音樂的音質，所以並不想要。

降低失真

降低圖 7-10 中失真的一種方法，是讓交流基極電壓保持微小。當降低基極電壓的峰值時，會降低瞬時操作點的移動，這擺動或變化越小，圖形的彎曲率就越小，如果信號夠小，圖形會呈線性。

為什麼這重要呢？因為對於小信號而言，具有可忽略的失真。當信號很小時，由於圖形幾乎是線性的，所以在交流射極電流的變化幾乎是直接正比於交流基極電壓的變化。換言之，如果交流基極電壓是夠小的弦波，交流射極電流也將會是沒有明顯的半週拉長或壓縮情形的微小弦波。

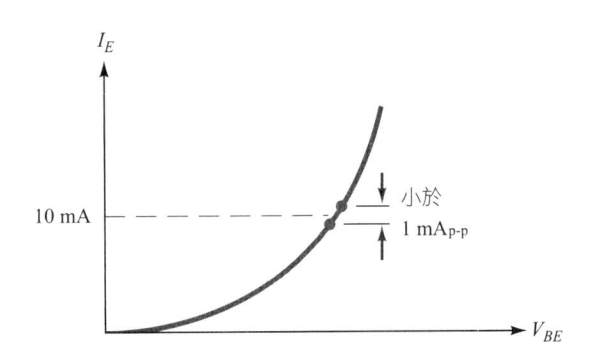

圖 7-11 小信號操作的定義。

10% 法則

圖 7-10 中的整個射極電流包含了一個直流成分與交流成分，可以寫成：

$$I_E = I_{EQ} + i_e$$

其中，I_E = 整個射極電流
I_{EQ} = 直流射極電流
i_e = 交流射極電流

為將失真最小化，i_e 的峰對峰值必須小於 I_{EQ}。我們的小信號操作定義為：

$$\text{小信號：} i_{e(p\text{-}p)} < 0.1 I_{EQ} \tag{7-6}$$

這是指當峰對峰交流射極電流小於直流射極電流的 10% 時，交流信號是夠小的。例如，如果直流射極電流為 10 mA，如圖 7-11 所示，峰對峰射極電流應小於 1 mA，以便有小信號操作。

從現在開始，我們將稱呼滿足 10% 法則的放大器為**小信號放大器**（**small-signal amplifiers**）。由於從天線進來的信號非常微弱，所以這類型的放大器是用在無線電與電視接收機的前端。當被耦合到電晶體放大器去時，微弱的信號會在射極電流中產生非常小的變化，遠小於所要求的 10% 法則。

例題 7-3

使用圖 7-9，試求出最大小信號射極電流值。

解答 首先，找出 Q 點射極電流 I_{EQ}。

$$I_{EQ} = \frac{V_{EE} - V_{BE}}{R_E} \qquad I_{EQ} = \frac{2\text{ V} - 0.7\text{ V}}{1\text{ k}\Omega} \qquad I_{EQ} = 1.3\text{ mA}$$

然後求解小信號射極電流 $i_{e(pp)}$

$$i_{e(p\text{-}p)} < 0.1\, I_{EQ}$$

$$i_{e(p\text{-}p)} = (0.1)(1.3 \text{ mA})$$

$$i_{e(p\text{-}p)} = 130\, \mu A_{p\text{-}p}$$

練習題 7-3 使用圖 7-9，將 R_E 改成 1.5 kΩ，試計算最大的小信號射極電流值。

7-4 交流 β 值

在此之前所有討論中的電流增益一直是直流電流增益（dc current gain），其定義為：

$$\beta_{dc} = \frac{I_C}{I_B} \tag{7-7}$$

在這公式中的電流是圖 7-12 中 Q 點的電流。由於在 I_C 對 I_B 的圖形中之彎曲情形，所以直流電流增益會與 Q 點的位置有關。

定義

交流電流增益（ac current gain）是不同的，其定義為：

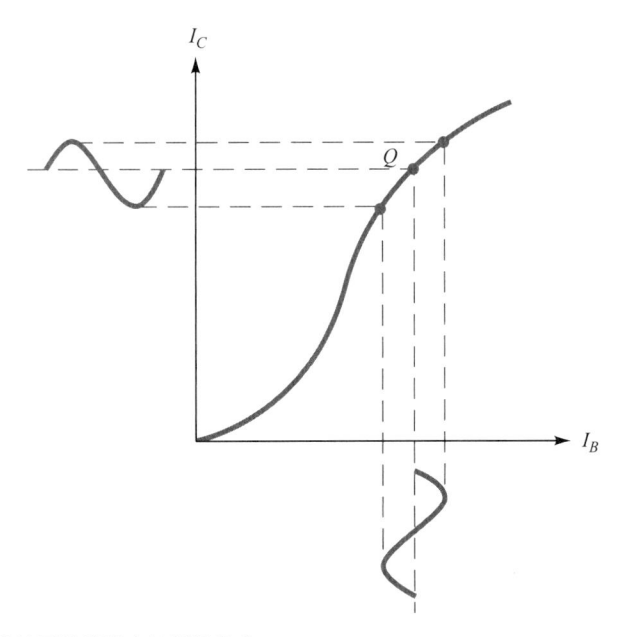

圖 7-12 交流電流增益會等於變化率。

$$\beta = \frac{i_c}{i_b} \tag{7-8}$$

以文字敘述，交流電流增益會等於交流集極電流除以交流基極電流。在圖 7-12 中，交流信號只會使用 Q 點兩邊圖形的一小部分。因此，交流電流增益值跟直流電流增益值不同，而直流電流增益使用的是幾乎圖形的所有部分。

以圖形來說，β 會等於圖 7-12 中在 Q 點的曲線斜率。如果我們將電晶體偏壓到不同的 Q 點，曲線的斜率會改變，其意謂 β 會改變。換句話說，β 的值會與直流集極電流量有關。

在元件資料手冊上，β_{dc} 是標成 h_{FE}，而 β 則為 h_{fe}。請注意，和直流電流增益一起使用的大寫下標及跟交流電流增益一起使用的小寫下標，這兩個電流增益在數值上可相比，相差不大。因此，如果你有當中一個數值，對於在初步分析中的另一個，你可以使用相同的數值。

標記法

為了保持直流量與交流量的不同，針對直流量使用大寫字母與下標是標準的作法，例如，我們已使用：

對直流電流為 I_E、I_C 及 I_B
對於直流電壓為 V_E、V_C 及 V_B
對於兩端點之間的直流電壓則為 V_{BE}、V_{CE} 及 V_{CB}

對於交流量，我們將使用小寫的字母與下標，如下所示：

對於交流電流為 i_e、i_c 及 i_b
對於交流電壓為 v_e、v_c 及 v_b
對於兩端點之間的交流電壓則為 v_{be}、v_{ce} 及 v_{cb}

另一個值得提的是針對直流電阻值使用大寫 R，而對於交流電阻值則是使用小寫 r，下一節將討論交流電阻值。

7-5 射極二極體的交流電阻

圖 7-13 為射極二極體的電流對電壓圖形。當有個微小的交流電壓跨在射極二極體上面時，它會產生所示的交流射極電流，這個交流射極電流的大小會與 Q 點的位置有關。由於曲線有彎曲的關係，當 Q 點落在圖形較高處，我們會得到更多的峰對峰交流射極電流值。

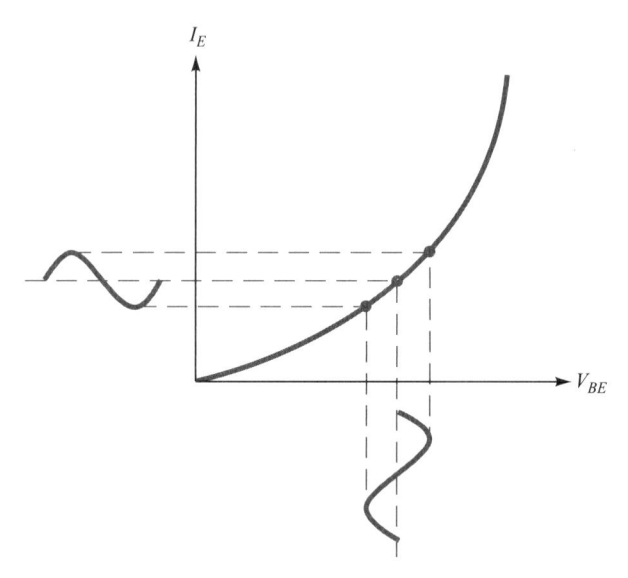

圖 7-13 射極二極體的交流電阻。

定義

如前面所討論的，整個射極電流會有直流成分及交流成分。以符號表示則為：

$$I_E = I_{EQ} + i_e$$

其中，I_{EQ} 為直流射極電流，而 i_e 為交流射極電流。

以類似的方法，圖 7-13 的整個基射極電壓值會有直流成分及交流成分。其方程式可以寫成：

$$V_{BE} = V_{BEQ} + v_{be}$$

其中，V_{BEQ} 為直流基射極電壓，而 v_{be} 則為交流基射極電壓。

在圖 7-13 中，在 V_{BE} 中的弦波變化會在 I_E 中產生弦波變化，i_e 的峰對峰值會與 Q 點位置有關。由於圖形的彎曲情形，當 Q 點偏壓在曲線較上面時，固定的 v_{be} 會產生更多的 i_e。換個方式來說，當直流射極電流上升時，射極二極體的交流電阻值會下降。

射極二極體的**交流射極電阻（ac emitter resistance）**值定義為：

$$r'_e = \frac{v_{be}}{i_e} \tag{7-9}$$

這說明射極二極體的交流電阻值會等於交流基射極電壓值除以交流射極電流值。在 r'_e 上方的 ' 是一個標準的方式，用來指出電阻值是在電

晶體的內部。

例如，圖 7-14 為 5 mV$_{p-p}$ 的交流基射極電壓值。在已知 Q 點的情況下，這會建立 100 μA$_{p-p}$ 的交流射極電流值，射極二極體的交流電阻值為：

$$r'_e = \frac{5 \text{ mV}}{100 \text{ }\mu\text{A}} = 50 \text{ }\Omega$$

另舉一個例子說明，假設圖 7-14 中較高的 Q 點的 v_{be} = 5 mV，而 i_e = 200 μA，則交流電阻值會下降到：

$$r'_e = \frac{5 \text{ mV}}{200 \text{ }\mu\text{A}} = 25 \text{ }\Omega$$

重點是：直流射極電流上升時，由於 v_{be} 本身就是定值，所以交流射極電阻值會下降。

交流射極電阻值的方程式

利用固態物理學與微積分，推導出以下交流射極電阻值方程式是可行的：

$$r'_e = \frac{25 \text{ mV}}{I_E} \quad (7\text{-}10)$$

這說明射極二極體的交流電阻值會等於 25 mV 除以直流射極電流。

由於簡單且可應用到所有的電晶體形式，所以這個公式相當不

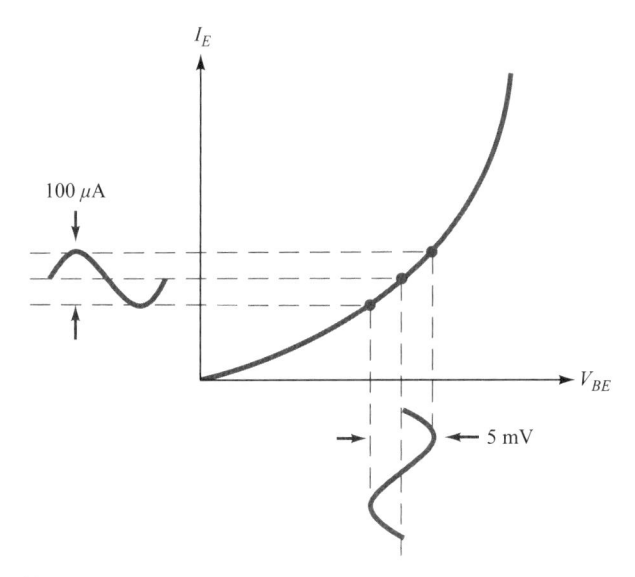

圖 7-14 計算 r'_e。

錯。它廣泛用於工業中，以計算出射極二極體交流電阻值的初步數值。這個推導是在小信號操作、室溫下且基射極接面是陡峭的長方形之假設下所推導出的。由於商用電晶體會有平緩且非長方形的接面，所以式 (7-10) 多少會有些誤差存在。實際上，幾乎所有的商用電晶體都有在 25 mV/I_E 及 50 mV/I_E 之間的交流射極電阻。

合理的 r'_e 值是滿重要的，因為它會決定電壓增益。當 r'_e 越小時，電壓增益會越大。

例題 7-4

試求圖 7-15a 的基極偏壓放大器中的 r'_e 值。

解答 稍早，我們計算此電路的直流射極電流約為 3 mA。利用式 (7-10)，射極二極體的交流電阻為：

$$r'_e = \frac{25 \text{ mV}}{3 \text{ mA}} = 8.33 \; \Omega$$

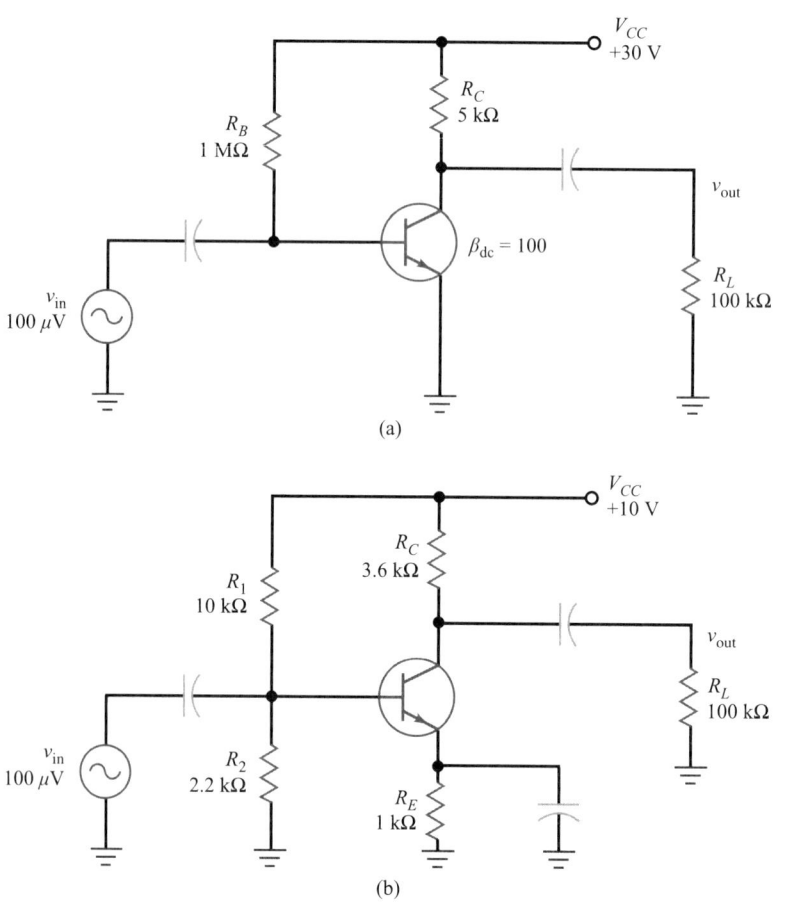

圖 7-15　(a) 基極偏壓放大器；(b) VDB 放大器；(c) TSEB 放大器。

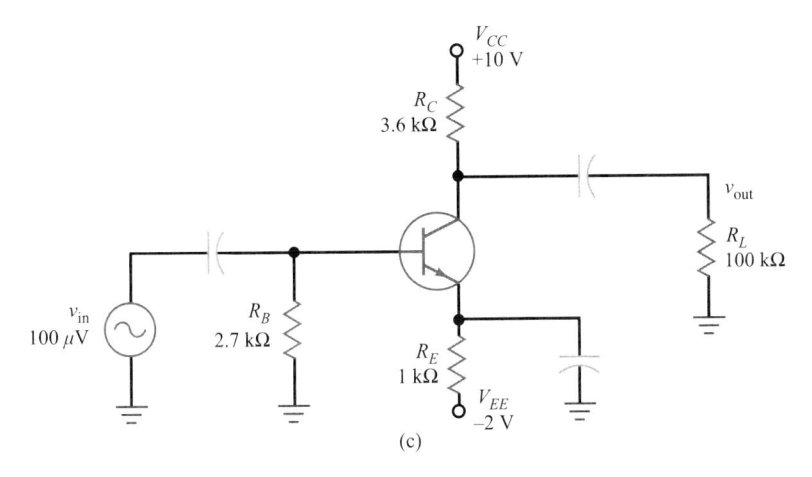

圖 7-15 （續）

例題 7-5

在圖 7-15b 中，試求 r'_e 值。

解答　稍早，我們分析了 VDB 放大器，且計算求得的直流射極電流為 1.1 mA。射極二極體的交流電阻為：

$$r'_e = \frac{25 \text{ mV}}{1.1 \text{ mA}} = 22.7 \text{ }\Omega$$

例題 7-6

針對圖 7-15c 的雙電源射極偏壓放大器，試求射極二極體的交流電阻。

解答　從稍早的計算，我們得到 1.3 mA 的直流射極電流值。現在，我們可以計算射極二極體的交流電阻：

$$r'_e = \frac{25 \text{ mV}}{1.3 \text{ mA}} = 19.2 \text{ }\Omega$$

練習題 7-6　使用圖 7-15c，將電源 V_{EE} 改成 −3 V，試求 r'_e 值。

7-6 兩種電晶體模型

　　為了分析電晶體放大器的交流操作，我們需要電晶體的交流等效電路。換言之，當交流信號出現時，我們需要可以模擬電晶體行為的模型。

T 模型

其中一個最早的交流模型為圖 7-16 所示的 **Ebers-Moll 模型**（Ebers-Moll model）。就微小的交流信號觀點來看，電晶體的射極二極體就像交流電阻 r'_e，而集極二極體就像電流源 i_c。由於 Ebers-Moll 模型看起來像一個 T，所以等效電路也稱為 **T 模型**（T model）。

當分析電晶體放大器時，可以用 T 模型取代每一個電晶體。然後，我們可以計算 r'_e 的值以及像是電壓增益的其他交流物理量，細節將於後面的章節討論。

當交流輸入信號驅動電晶體放大器時，交流基射極電壓 v_{be} 是跨在射極二極體上，如圖 7-17a 所示。這會產生交流基極電流 i_b。交流電壓源必須能供應這個交流基極電流，使得電晶體放大器能正常動作。換個方式來說，基極的輸入阻抗為交流電壓源之負載。

圖 7-17b 繪出了這個概念。看入電晶體的基極端，交流電壓源會看到輸入阻抗 $z_{in(base)}$。在低頻處，這阻抗是純電阻性且定義為：

$$z_{in(base)} = \frac{v_{be}}{i_b} \tag{7-11}$$

對圖 7-17a 的射極二極體應用歐姆定律，可以寫出：

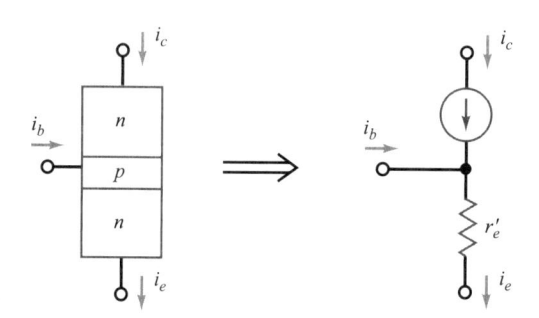

圖 7-16 電晶體的 T 模型。

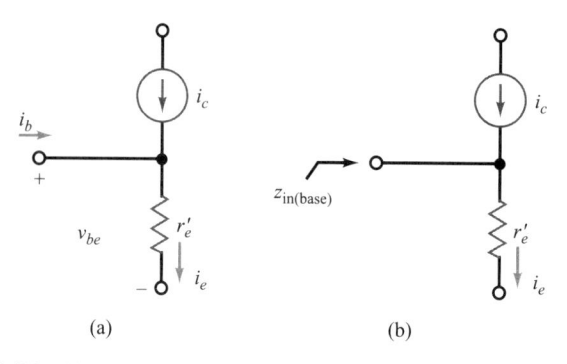

圖 7-17 定義基極的輸入阻抗。

$$v_{be} = i_e r'_e$$

將這個方程式代入前面的方程式可得到：

$$z_{\text{in(base)}} = \frac{v_{be}}{i_b} = \frac{i_e r'_e}{i_b}$$

由於 $i_e \approx i_c$，所以先前的方程式會被簡化成：

$$z_{\text{in(base)}} = \beta r'_e \qquad (7\text{-}12)$$

這個方程式告訴我們基極的輸入阻抗，會等於交流電流增益乘以射極二極體的交流電阻。

π 模型

圖 7-18a 為電晶體 **π 模型**（**π model**）。它是式 (7-12) 的代表，當你看著 T 模型時，由於輸入阻抗不明顯，所以比起 T 模型（圖 7-18b）來說，π 模型更容易使用。另一方面，π 模型清楚地呈現輸入阻抗 $\beta r'_e$ 將載入交流電壓源來驅動基極。

由於 π 模型與 T 模型是電晶體的交流等效電路，所以當分析放大器時，可以使用當中的任何一個。多數時候，我們會使用 π 模型。對於像差動放大器這種電路，T 模型會提供電路動作上較好的觀點。而這兩種模型都廣泛使用於工業之中。

7-7 分析放大器

由於直流源與交流源都在同一個電路中，所以進行放大器分析會滿複雜的。為了分析放大器，我們可以計算直流源的影響，再來是交

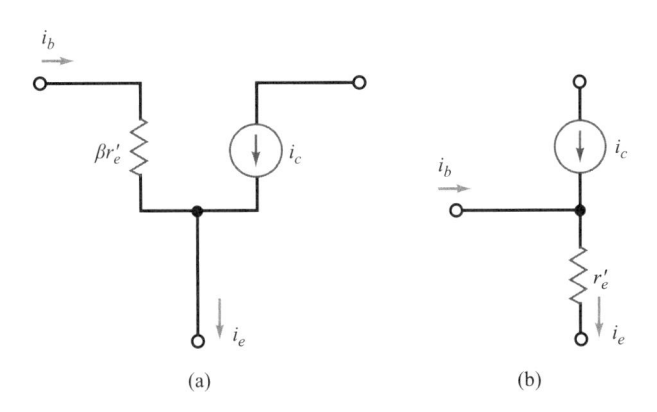

圖 7-18 電晶體的 π 模型。

> **知識補給站**
>
> 除了那些圖 7-16、圖 7-17 及圖 7-18 中所示的，還有其他更準確的電晶體等效電路（模型）。精確的等效電路將包含稱為**基極分布電阻**（base spreading resistance）的 r_b' 及集極電流源的**內電阻**（internal resistance）r_c'。如果想要精確的解答，就使用這個模型。

流源的影響。當在分析中使用重疊定理時，各個電源獨自作用下的影響會被相加在一起，以得到所有電源同時作用時的加總效應。

直流等效電路

分析放大器最簡單的方法是將分析拆成兩個部分：直流分析及交流分析。在直流分析中，我們可以計算直流電壓與電流。計算時，我們心裡會將所有電容當成開路，剩下的就是**直流等效電路**（dc equivalent circuit）。

利用直流等效電路，可以計算所需要的電晶體電流與電壓。如果你正在檢測電路，採用近似的答案是很適合的。在直流分析中最重要的電流是直流射極電流。對於交流分析，這是計算 r_e' 時所需要的。

直流電壓源的交流效應

圖 7-19a 為一個有交流源與直流源的電路。在電路中的交流電流看起來會像什麼呢？以交流電流的觀點來看，直流電壓源就像是交流短路，如圖 7-19b 所示。這是為什麼呢？這是由於直流電壓源會有個定值的電壓跨在它本身。因此，任何流經它的交流電流，並不會在它身上產生交流電壓。如果沒有任何的交流電壓可以存在，那麼直流電壓源就會被視作交流短路。

要了解這個概念的另一個方法，是回想基本電子學課程當中所學到的**重疊定理**（superposition theorem）。在圖 7-19a 中應用重疊定理，當電路中有多個電源時，令其中一個電源存在而其他電源降成零時去求解，然後再換另一個電源存在，其他電源降成零時去求解，依此下去，我們可以計算出每個電源分開作用時的影響情形。把直流電源降成零，好比是把它短路。因此，為了計算圖 7-19a 中交流電源的影響情形，我們可以把直流電壓源短路。

從現在開始，當分析放大器的交流操作時，我們會將所有直流電壓源短路。如圖 7-19b 所示，這意謂每一直流電壓源就像是交流接地。

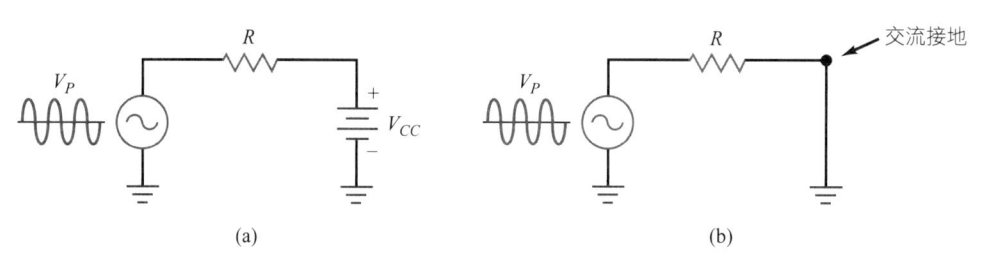

圖 7-19 直流電壓源為交流短路。

交流等效電路

在分析完直流等效電路之後,下一步是分析**交流等效電路(ac equivalent circuit)**。它是在你心裡已把所有電容及直流電壓源短路後所剩下的電路,電晶體可以換成 π 模型或 T 模型。本章主要聚焦於如何得到至目前為止所討論的三種放大器之交流等效電路:基極偏壓法(base-biased)、分壓器偏壓法(VDB)及雙電源射極偏壓法(TSEB)。

基極偏壓放大器

圖 7-20a 為基極偏壓放大器,在想像所有電容都開路且分析完直流等效電路之後,我們準備進行交流分析。為了得到交流等效電路,我們將所有電容及直流電源短路。然後,標示為 $+V_{CC}$ 的點變成交流接地。

圖 7-20b 為交流等效電路圖。如你所見,電晶體已換成 π 模型。在基極電路中,交流輸入電壓會跨在與 $\beta r'_e$ 並聯的 R_B 上面。在集極電路中,電流源會送出交流電流 i_c 流過與 R_L 並聯的 R_C 上面。

VDB 放大器

圖 7-21a 為 VDB 放大器,而圖 7-21b 為其交流等效電路圖。如你

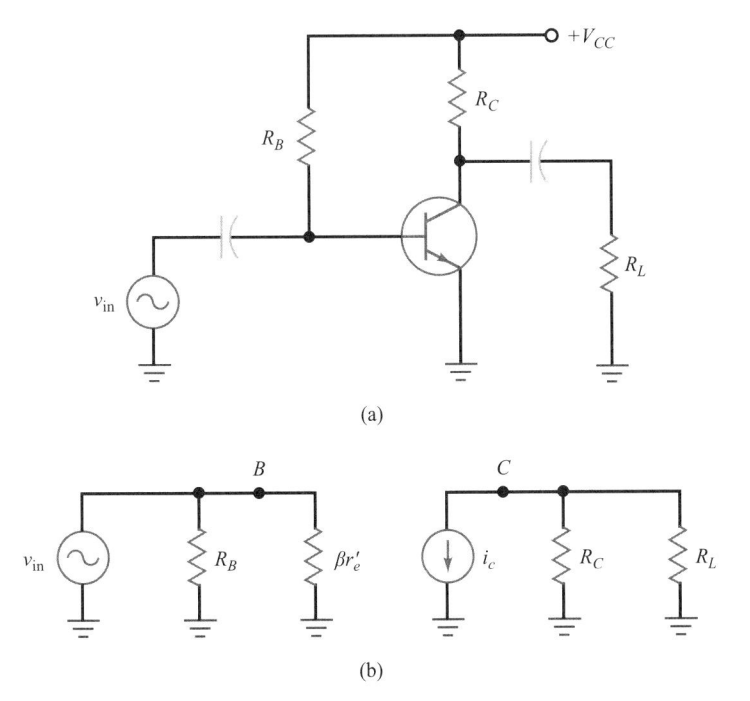

圖 7-20 (a) 基極偏壓放大器;(b) 交流等效電路。

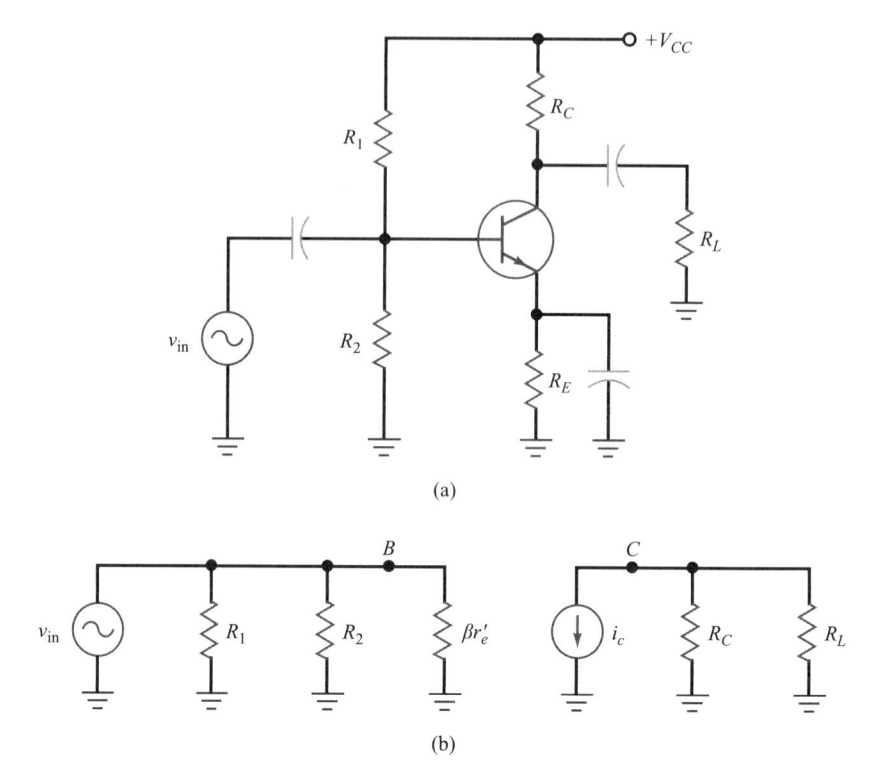

圖 7-21 (a) VDB 放大器；(b) 交流等效電路。

所見，所有電容都已短路，直流電源點全都變成交流短路，且電晶體也都換成了 π 模型。在基極電路中，交流輸入電壓會跨在與 R_2（與 $\beta r'_e$ 並聯）並聯的 R_1 上。在集極電路中，電流源會送出交流電流 i_c 流過與 R_L 並聯的 R_C 上面。

TSEB 放大器

我們最後的例子是圖 7-22a 的雙電源射極偏壓電路。在分析直流等效電路之後，我們可以畫出圖 7-22b 的交流等效電路。再次，所有電容為短路，直流源電壓會變成交流接地，而電晶體會被換成 π 模型。在基極電路中，交流輸入電壓會跨在跟 $\beta r'_e$ 並聯的 R_B 上。在集極電路中，電流源會送出交流電流 ic 流過與 R_L 並聯的 R_C 上面。

共射極（CE）放大器

圖 7-20、圖 7-21 及圖 7-22 的三個不同放大器為**共射極放大器**（**common-emitter (CE) amplifier**，或簡稱 **CE 放大器**）的例子。由於其射極是在交流接地狀態，所以可以立即認出共射極放大器。以共射極放大器來說，交流信號被耦合到基極，而被放大的信號會在集極端

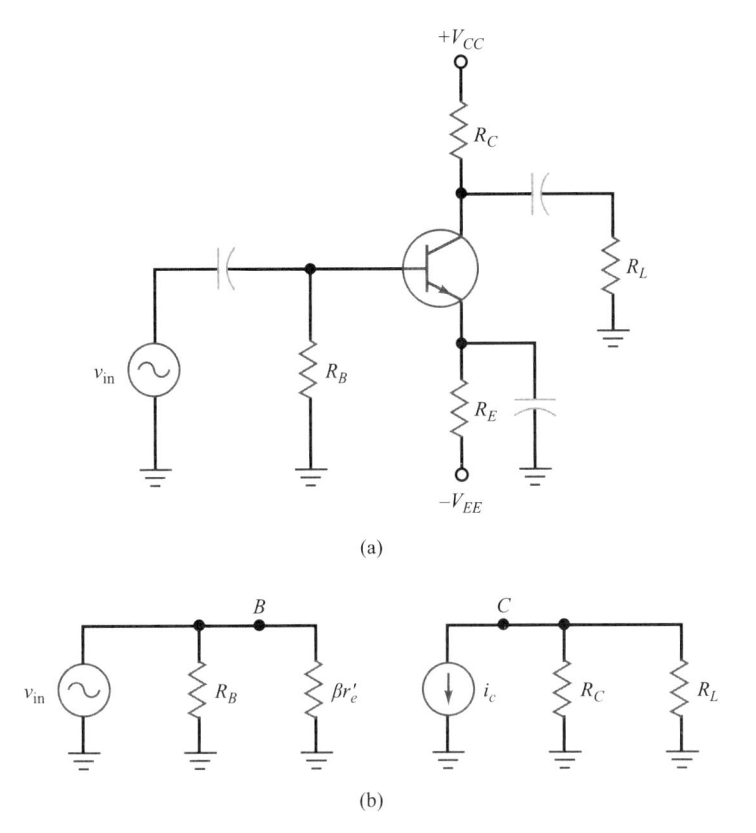

圖 7-22 (a) TSEB 放大器;(b) 交流等效電路。

出現。

兩種其他的基本電晶體放大器是可能的,**共基極放大器(common-base (CB) amplifier**,或簡稱 **CB 放大器**)與**共集極放大器(common-collector (CC) amplifier**,或簡稱 **CC 放大器**)。共基極放大器具有基極交流接地狀態,而共集極放大器具有集極交流接地狀態。在一些應用中它們是有用的,但不如共射極放大器那樣受歡迎。

主要概念

之前對於放大器分析工作的方法,是以直流等效電路開始。在計算直流電壓與電流之後,你可以分析交流等效電路。而獲得交流等效電路的重要概念如下:

1. 將所有耦合電容與旁路電容短路。
2. 將所有直流供應電壓想成是交流接地。
3. 將電晶體換成是其 π 模型或 T 模型。
4. 畫出交流等效電路。

上述這些步驟可以用來計算電壓增益、輸入阻抗及放大器的其他特性值。

使用重疊定理來分析 VDB 電路的過程，如總結表 7-1 所示。

7-8　元件資料手冊上的交流物理量

以下討論參考了圖 7-23 中元件 2N3904 的部分元件資料手冊，交流物理量會出現在「小信號特性」(Small-Signal Characteristics) 中。在本節中，你將會發現四個標示為 h_{fe}、h_{ie}、h_{re} 及 h_{oe} 的新物理量，這些稱為 h 參數，而它們又是什麼呢？

H 參數

當電晶體首次被發明時，使用已知的 h 參數來分析與設計電晶體電路。這數學方法將電晶體端點上所發生的情況以模型化方式來表示，而這與電晶體內部所發生的物理過程無關。

更實際的方法是我們正在使用的，稱為 r′ 參數的方法，而它使用了像 β 及 r'_e 的物理量。利用這方法，在電晶體電路的分析與設計中，你可以使用歐姆定律及其他基本概念。這就是為什麼 r′ 參數會更適合多數人使用的原因。

這並不意謂 h 參數沒有用。由於比起 r′ 參數，它們更容易量測，所以它們一直以來都存在於元件資料手冊上。因此，當閱讀元件資料手冊時，你不會尋找 β、r'_e 及其他 r′ 參數，反而你會去找尋 h_{fe}、h_{ie}、h_{re} 及 h_{oe}。當要轉換成 r′ 參數時，這四個 h 參數會提供有用的資訊。

R 參數與 H 參數之間的關係

舉例來說，在元件資料手冊上的「小信號特性」(Small-Signal Characteristics) 中，給定的 h_{fe} 跟交流電流增益是一樣的。以符號來表示時則為：

$$\beta = h_{fe}$$

元件資料手冊列出最小的 h_{fe} 值為 100，而最大值則為 400。因此，β 值最低會是 100，最高則為 400。這些是集極電流為 1 mA，而集射極電壓為 10 V 情況下之數值。

另一個 h 參數是跟輸入阻抗等效的 h_{ie}，元件資料手冊上提供 h_{ie} 最小值為 1 kΩ，而最大值則為 10 kΩ。h_{ie} 跟 r′ 參數有關，就像：

總結表 7-1 VDB 直流和交流等效電路

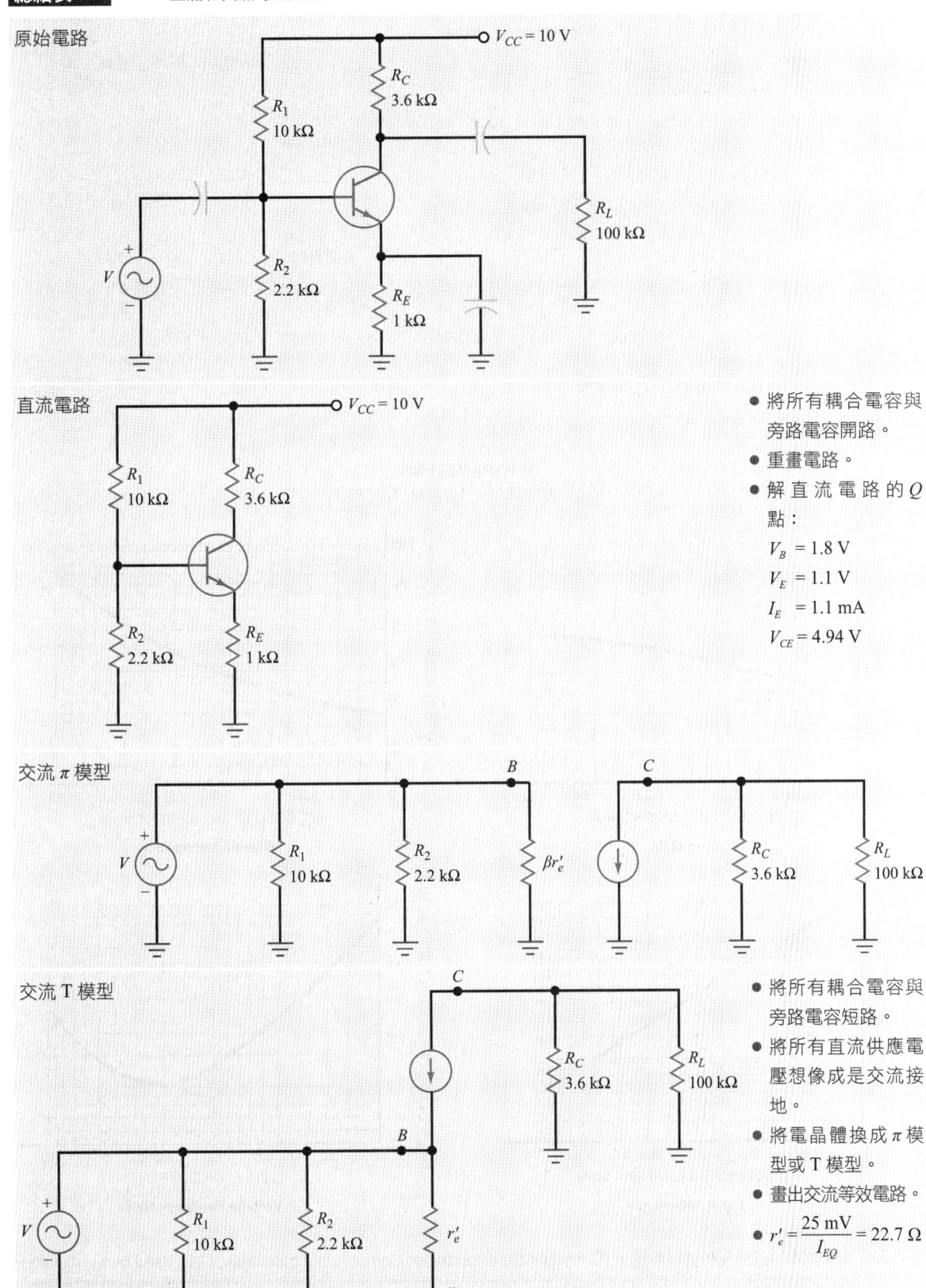

原始電路

直流電路

- 將所有耦合電容與旁路電容開路。
- 重畫電路。
- 解直流電路的 Q 點：
  $V_B = 1.8$ V
  $V_E = 1.1$ V
  $I_E = 1.1$ mA
  $V_{CE} = 4.94$ V

交流 π 模型

交流 T 模型

- 將所有耦合電容與旁路電容短路。
- 將所有直流供應電壓想像成是交流接地。
- 將電晶體換成 π 模型或 T 模型。
- 畫出交流等效電路。
- $r'_e = \dfrac{25 \text{ mV}}{I_{EQ}} = 22.7 \ \Omega$

2N3903, 2N3904

ELECTRICAL CHARACTERISTICS ($T_A = 25°C$ unless otherwise noted)

Characteristic		Symbol	Min	Max	Unit
SMALL-SIGNAL CHARACTERISTICS					
Current-Gain-Bandwidth Product ($I_C = 10$ mAdc, $V_{CE} = 20$ Vdc, $f = 100$ MHz)	2N3903 2N3904	f_T	250 300	– –	MHz
Output Capacitance ($V_{CB} = 0.5$ Vdc, $I_E = 0$, $f = 1.0$ MHz)		C_{obo}	–	4.0	pF
Input Capacitance ($V_{EB} = 0.5$ Vdc, $I_C = 0$, $f = 1.0$ MHz)		C_{ibo}	–	8.0	pF
Input Impedance ($I_C = 1.0$ mAdc, $V_{CE} = 10$ Vdc, $f = 1.0$ kHz)	2N3903 2N3904	h_{ie}	1.0 1.0	8.0 10	kΩ
Voltage Feedback Ratio ($I_C = 1.0$ mAdc, $V_{CE} = 10$ Vdc, $f = 1.0$ kHz)	2N3903 2N3904	h_{re}	0.1 0.5	5.0 8.0	$\times 10^{-4}$
Small-Signal Current Gain ($I_C = 1.0$ mAdc, $V_{CE} = 10$ Vdc, $f = 1.0$ kHz)	2N3903 2N3904	h_{fe}	50 100	200 400	–
Output Admittance ($I_C = 1.0$ mAdc, $V_{CE} = 10$ Vdc, $f = 1.0$ kHz)		h_{oe}	1.0	40	μmhos
Noise Figure ($I_C = 100$ μAdc, $V_{CE} = 5.0$ Vdc, $R_S = 1.0$ kΩ, $f = 1.0$ kHz)	2N3903 2N3904	NF	– –	6.0 5.0	dB

H PARAMETERS
$V_{CE} = 10$ Vdc, $f = 1.0$ kHz, $T_A = 25°C$

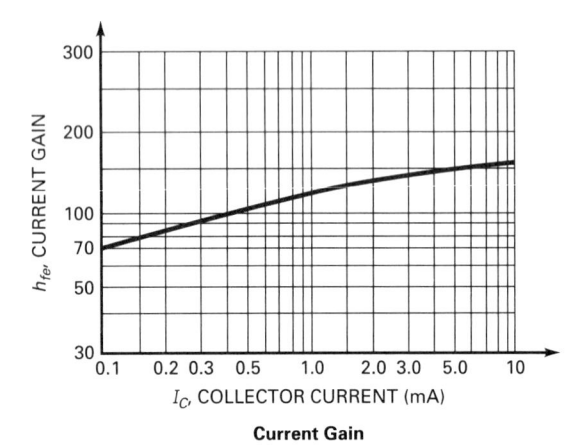

Current Gain

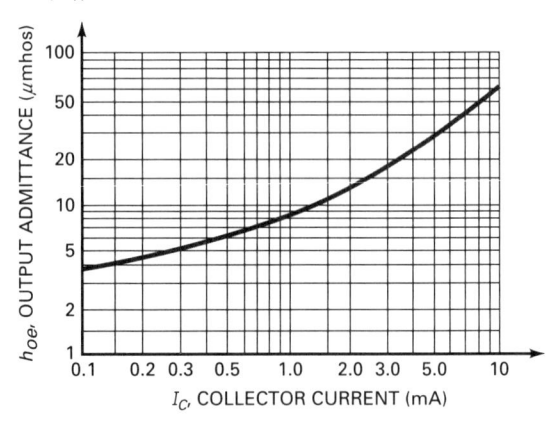

Output Admittance

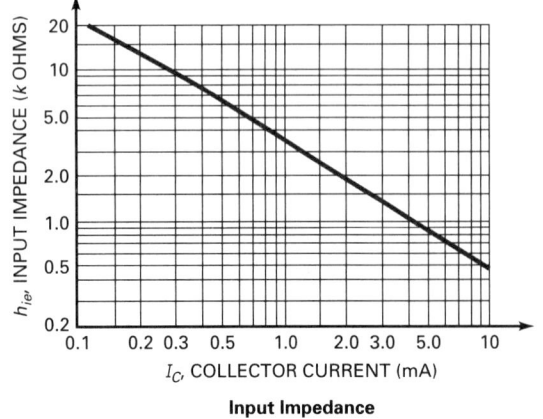

Input Impedance

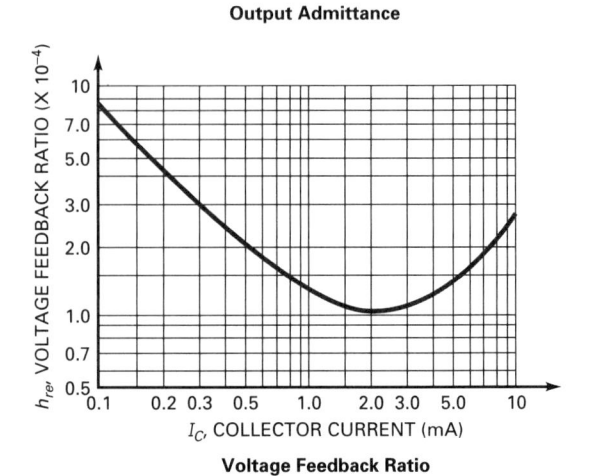

Voltage Feedback Ratio

圖 7-23 2N3904 的部分元件資料手冊。(Copyright Semiconductor Components Industries, LLC; used by permission)

$$r'_e = \frac{h_{ie}}{h_{fe}} \qquad (7\text{-}13)$$

例如，h_{ie} 與 h_{fe} 的最大值分別是 10 kΩ 及 400。因此：

$$r'_e = \frac{10\ \text{k}\Omega}{400} = 25\ \Omega$$

最後兩個 h 參數是 h_{re} 及 h_{oe}，對於電路檢測與基本設計而言，是不需要用到它們的。

其他物理量

其他列在「小信號特性」（Small-Signal Characteristics）下的物理量包括 f_T、C_{ibo}、C_{obo} 及 N_F。首先，f_T 會提供有關元件 2N3904 的高頻限制資訊，第二及第三個物理量（即 C_{ibo} 及 C_{obo}）為元件的輸入與輸出電容值。最後是雜訊量 N_F，其指出元件 2N3904 會產生多少的雜訊。

元件 2N3904 的資料手冊包括許多值得一看的圖形。例如，元件資料手冊上標示為電流增益（Current Gain）的圖形，其顯示出當集極電流從 0.1 mA 上升到 10 mA 時，h_{fe} 會從 70 約增加到 160。請注意當集極電流為 1 mA 時，h_{fe} 約為 125，而這是在室溫下典型的 2N3904 的圖形。如果你回想一下，先前 h_{fe} 的最小值與最大值分別為 100 及 400，那麼在量產時你將會看到 h_{fe} 很大範圍的變化。另外值得注意的是 h_{fe} 會隨溫度而變化。

看一看元件 2N3904 的資料手冊上標示為「輸入阻抗」（Input Impedance）的圖形。請注意，當集極電流從 0.1 mA 上升到 10 mA 時，h_{ie} 是如何從 20 kΩ 約下降到 500 Ω 的情形。式 (7-13) 告訴我們如何計算 r'_e，將 h_{ie} 除以 h_{fe} 可得到 r'_e。讓我們來試試看，從元件資料手冊上的圖形，可以在 1 mA 的集極電流情況下讀到 h_{fe} 及 h_{ie} 的數值，你會得到這些近似值：h_{fe} = 125 及 h_{ie} = 3.6 kΩ。利用式 (7-13)：

$$r'_e = \frac{3.6\ \text{k}\Omega}{125} = 28.8\ \Omega$$

r'_e 的理想值為：

$$r'_e = \frac{25\ \text{mV}}{1\ \text{mA}} = 25\ \Omega$$

總結

7-1 基極偏壓放大器
當耦合電容的電容抗值遠小於交流源在最低頻率時的電阻值，耦合良好的情況就會出現。在基極偏壓放大器中，輸入信號是耦合到基極去，這會產生交流集極電壓。而後，被放大且反相的交流集極電壓就被耦合到負載電阻上去。

7-2 射極偏壓放大器
當耦合電容的電容抗值遠小於交流源在最低頻率時的電阻值，旁路良好的情況就會出現。在射極偏壓放大器中，旁路點為交流接地，利用 VDB 或 TSEB 放大器，交流信號會被耦合到基極去。而後，被放大的交流信號就被耦合到負載電阻上去。

7-3 小信號操作
交流基極電壓會有直流成分與交流成分，這些會建立起射極電流的直流成分與交流成分。避免過度失真的一個方法是進行小信號操作。這意謂要保持峰對峰交流射極電流值小於十分之一的直流射極電流值。

7-4 交流 β 值
電晶體的交流 β 值定義為：交流集極電流除以交流基極電流。交流 β 值通常只跟直流 β 值稍微有些不同而已。當檢測電路問題時，對於這兩個 β 值可以使用相同的數值。在元件資料手冊上，h_{FE} 等效於 β_{dc}，而 h_{fe} 則等效於 β。

7-5 射極二極體的交流電阻
電晶體的基射極電壓有直流成分 V_{BEQ} 與交流成分 v_{be}。交流基射極電壓會建立交流射極電流 i_e，射極二極體的交流電阻定義為 v_{be} 除以 i_e。利用數學，我們可以證明射極二極體的交流電阻會等於 25 mV 除以直流射極電流。

7-6 兩種電晶體模型
就交流信號觀點來看，電晶體可以更換成兩種等效電路，即 π 模型與 T 模型。π 模型指出基極的輸入阻抗為 $\beta r'_e$。

7-7 分析放大器
分析放大器最簡單的方法是將分析分成兩部分：直流分析及交流分析。在直流分析中，電容為開路的，而在交流分析中，電容則是短路的，且直流電源點為交流接地。

7-8 元件資料手冊上的交流物理量
比起 r' 參數而言，由於 h 參數更容易量測，所以 h 參數會用在元件資料手冊上。由於我們可以使用歐姆定律及其他基本觀念，所以 r' 參數更容易在分析中使用。最重要的物理量是元件資料手冊上的 h_{fe} 與 h_{ie}，它們可以輕易地被轉換成 β 與 r'_e。

定義

(7-1) 耦合良好： $X_C < 0.1R$

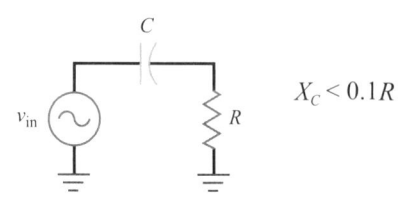

(7-2) 電壓增益： $A_V = \dfrac{V_{\text{out}}}{V_{\text{in}}}$

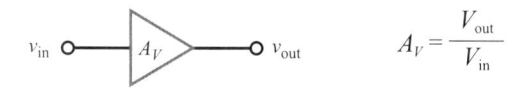

(7-5) 旁路良好： $X_C < 0.1R$

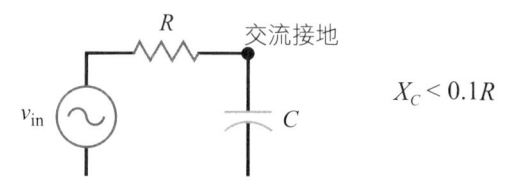

(7-6) 小信號：

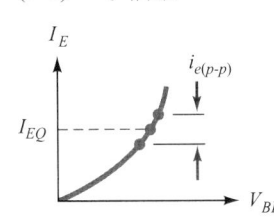

$i_{e(p-p)} < 0.1 I_{EQ}$

(7-7) 直流電流增益：

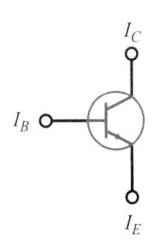

$$\beta_{dc} = \frac{I_C}{I_B}$$

(7-8) 交流電流增益：

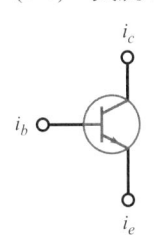

$$\beta = \frac{i_c}{i_b}$$

(7-9) 交流電阻：

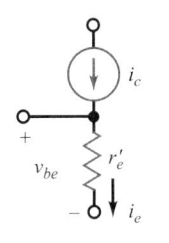

$$r'_e = \frac{V_{be}}{i_b}$$

(7-11) 輸入阻抗：

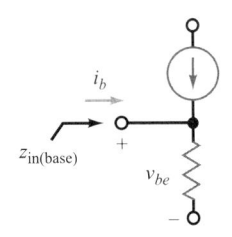

$$z_{in(base)} = \frac{V_{be}}{i_b}$$

● 推導

(7-3) 交流輸出電壓：

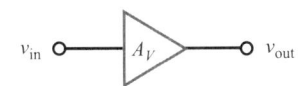

$$v_{out} = A_v v_{in}$$

(7-4) 交流輸入電壓：

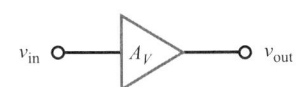

$$v_{in} = \frac{v_{out}}{A_v}$$

(7-10) 交流電阻：

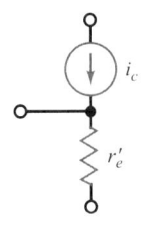

$$r'_e = \frac{25 \text{ mV}}{I_E}$$

(7-12) 輸入阻抗：

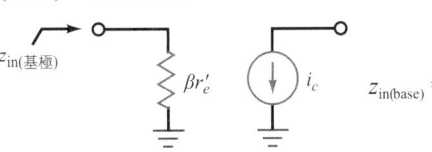

$$z_{in(base)} = \beta r'_e$$

自我測驗

1. 對於直流,在耦合電路中的電流為
   a. 零
   b. 最大的
   c. 最小的
   d. 平均的

2. 對於高頻情況,在耦合電路中的電流為
   a. 零
   b. 最大的
   c. 最小的
   d. 平均的

3. 耦合電容為
   a. 直流短路
   b. 交流開路
   c. 直流開路及交流短路
   d. 直流短路及交流開路

4. 在旁路電路中,電容的頂部為
   a. 開路
   b. 短路
   c. 交流接地
   d. 實體接地

5. 會產生交流接地的電容稱為
   a. 旁路電容
   b. 耦合電容
   c. 直流開路
   d. 交流開路

6. 共射極放大器的電容會呈現
   a. 對交流開路
   b. 對直流短路
   c. 對供應電壓開路
   d. 對交流短路

7. 將所有直流電源降成零,是獲得何種電路中的一個步驟
   a. 直流等效電路
   b. 交流等效電路
   c. 完整的放大器電路
   d. 分壓式偏壓電路

8. 交流等效電路是由原始電路由短路所有的何種元件來推導?
   a. 電阻
   b. 電容
   c. 電感
   d. 電晶體

9. 當交流基極電壓太大時,交流射極電流為
   a. 正弦的
   b. 固定的
   c. 失真的
   d. 交變的

10. 在有大輸入信號的共射極放大器中,交流射極電流的正半週為
    a. 等於負半週
    b. 小於負半週
    c. 大於負半週
    d. 等於負半週

11. 交流射極電阻值等於 25 mV 除以
    a. 靜態基極電流
    b. 直流射極電流
    c. 交流射極電流
    d. 集極電流中的變化

12. 為減少共射極放大器中的失真,減少
    a. 直流射極電流
    b. 基射極電壓
    c. 集極電流
    d. 交流基極電壓

13. 若跨在射極二極體上的交流電壓為 1 mV,而交流射極電流為 100 μA,則射極二極體的交流電阻值為
    a. 1 Ω
    b. 10 Ω
    c. 100 Ω
    d. 1 kΩ

14. 交流射極電流對交流基射極電壓的圖會應用到
    a. 電阻
    b. 射極二極體
    c. 集極二極體
    d. 電源供應器

15. 共射極放大器的輸出電壓為
    a. 放大的
    b. 反相的
    c. 跟輸入反相
    d 以上皆是
16. 共射極放大器的射極沒有交流電壓是由於
    a. 在它上面的直流電壓
    b. 旁路電容
    c. 耦合電容
    d. 負載電阻
17. 跨在電容耦合的共射極放大器負載電阻上的電壓為
    a. 直流與交流
    b. 只有直流
    c. 只有交流
    d. 既非直流也非交流
18. 交流集極電流約等於
    a. 交流基極電流
    b. 交流射極電流
    c. 交流源電流
    d. 交流旁路電流
19. 交流射極電流乘以交流射極電阻值會等於
    a. 直流射極電壓
    b. 交流基極電壓
    c. 交流集極電壓
    d. 電源電壓
20. 交流集極電流會等於交流基極電流乘以
    a. 交流集極電阻值
    b. 直流電流增益
    c. 交流電流增益
    d. 信號產生器電壓
21. 當射極電阻 R_E 加倍時，交流射極電阻會
    a. 上升
    b 下降
    c. 不變
    d. 無法決定

● 問題

7-1　基極偏壓放大器

1. **MultiSim** 在圖 7-24 中，試求在耦合良好的情況下之最低頻率值。

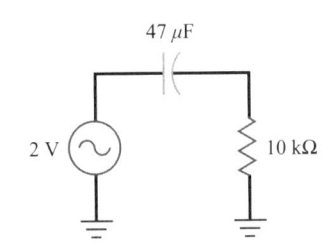

圖 7-24

2. **MultiSim** 在圖 7-24 中，若將負載電阻改成 1 kΩ，試求在耦合良好的情況下之最低頻率值。

3. **MultiSim** 在圖 7-24 中，若電容改成 100 μF，試求在耦合良好的情況下之最低頻率值。

4. 若圖 7-24 的最低頻率為 100 Hz，試求在耦合良好的情況下所需要的 C 值。

7-2　射極偏壓放大器

5. 在圖 7-25 中，試求在旁路良好的情況下之最低頻率值。

6. 在圖 7-25 中，若串聯電阻值改成 10 kΩ，試求在良好旁路的情況下之最低頻率值。

7. 如果圖 7-25 中的電容改成 47 μF，試求在良好耦合的情況下之最低頻率值。

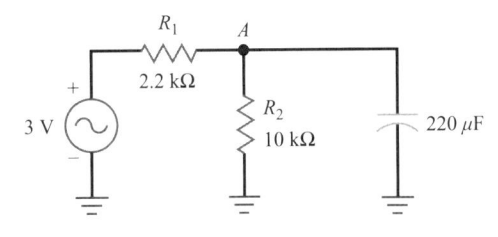

圖 7-25

8. 如果圖 7-25 的最低輸入頻率為 1 kHz，試求在有效的旁路情況下所需要的電容值 C。

7-3 小信號操作

9. 圖 7-26 中，若我們想要進行小信號操作，試求允許的最大交流射極電流。

10. 圖 7-26 的射極電阻加倍。在圖 7-26 中，若我們想要進行小信號操作，試求允許的最大交流射極電流。

7-4 交流 β 值

11. 如果 100 μA 的交流基極電流會產生 15 mA 的交流集極電流，試求交流 β 值。

12. 如果交流 β 值為 200，而交流基極電流為 12.5 μA，試求交流集極電流。

13. 若交流集極電流為 4 mA，而交流 β 值為 100，試求交流基極電流。

7-5 射極二極體的交流電阻

14. **MultiSim** 試求圖 7-26 中的射極二極體交流電阻。

15. **MultiSim** 如果圖 7-26 的射極電阻值加倍，試求射極二極體的交流電阻。

7-6 兩種電晶體模型

16. 如果 β 值為 200，試求圖 7-26 中的基極輸入阻抗。

17. 若圖 7-26 中的射極電阻值加倍，試求 β 值 = 200 時的基極輸入阻抗。

18. 若圖 7-26 中的 1.2 kΩ 電阻值改成 680 Ω，試求 β 值 = 200 時的基極輸入阻抗。

7-7 分析放大器

19. **MultiSim** 試繪出 β 值 = 150 時，圖 7-26 的交流等效電路。

20. 將圖 7-26 中的所有電阻加倍，然後畫出交流電流增益值為 300 時的交流等效電路。

7-8 元件資料手冊上的交流物理量

21. 對於元件 2N3903 的 h_{fe}，試求圖 7-23「小信號特性」（Small-Signal Characteristics）下所列出的最小值與最大值，而此時的集極電流與溫度為何？

22. 以下參考了元件 2N3904 的資料手冊。若電晶體在 5 mA 的集極電流情況下操作，試求可以從 h 參數計算出的 r'_e 典型值。是比以 25 mV/I_E 計算的 r'_e 理想值更小或是更大呢？

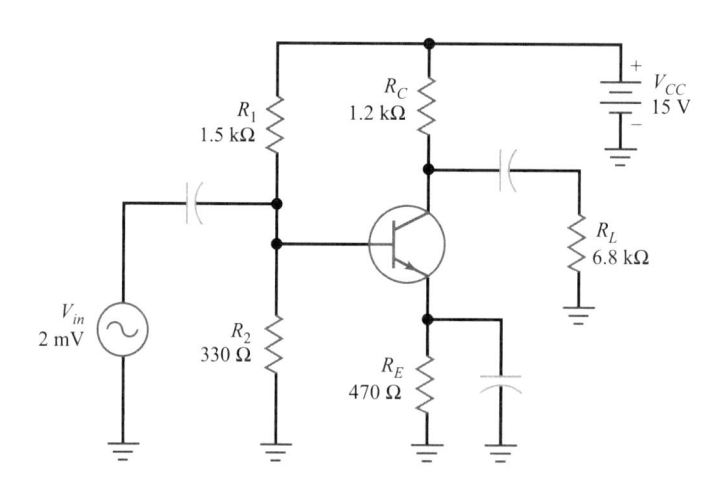

圖 7-26

● 腦力激盪

23. 有個人建立了如圖 7-24 的電路，做出這電路的人無法了解為什麼在頻率為零、電壓源為 2 V 的情況下，在電阻 10 kΩ 上會量到非常小的直流電壓，你能解釋為什麼會這樣嗎？

24. 假設你在實驗室測試如圖 7-25 的電路。當你增加電源頻率時，節點 A 的電壓會一直下降到量不到為止，如果你繼續增加頻率到超過 10 MHz，在節點 A 的電壓會開始上升，你能解釋為什麼會這樣嗎？

25. 在圖 7-26 中，由旁路電容看到的戴維寧等效電阻值為 30 Ω。若射極在 20 Hz 到 20 kHz 的頻率範圍內假設是交流接地狀態。旁路電容的大小應為多少？

● 運用軟體 Multisim 分析與解決問題

Multisim 分析與解決問題的檔案請至所提供的網址下載。網址內的章節序號為原文書的章節序號，請參照書末所附的「中英章節對照表」下載相關檔案。本章相關的檔案為 MTC08-42 到 MTC08-46。

開啟並分析解決各個檔案。執行量測以確認是否有錯，如果有，請查明錯誤。

42. 開啟並分析及解決檔案 MTC08-42。
43. 開啟並分析及解決檔案 MTC08-43。
44. 開啟並分析及解決檔案 MTC08-44。
45. 開啟並分析及解決檔案 MTC08-45。
46. 開啟並分析及解決檔案 MTC08-46。

● 問題回顧

1. 為什麼使用耦合電容與旁路電容？
2. 請畫出 VDB 放大器及其波形，然後對不同的波形做解釋。
3. 試解釋小信號操作的含意，在你的討論中請包含圖示說明。
4. 為什麼將電晶體偏壓在靠近交流負載線的中間位置是很重要的一件事？
5. 試比較與對照一下耦合電容與旁路電容這兩者。

● 自我測驗解答

1. a
2. b
3. c
4. c
5. a
6. d
7. b
8. b
9. c
10. c
11. b
12. d
13. b
14. b
15. d
16. b
17. c
18. b
19. b
20. c
21. a

● 練習題解答

7-1 $C = 1\ \mu\text{F}$

7-2 $C = 33\ \mu\text{F}$

7-3 $i_{e(pp)} = 86.7\ \mu\text{A}_{\text{p-p}}$

7-6 $r'_e = 28.8\ \Omega$

Chapter 8 接面場效應電晶體

- 雙極性接面電晶體（bipolar junction transistor, BJT）依靠兩種電荷：自由電子與電洞。這是為何稱作雙極性的原因：英文字首 bi 字義上代表「雙」的意思。本章討論另一種稱作**場效應電晶體（field-effect transistor, FET）**的電晶體。這種元件是單極性（unipolar），因為它的操作只跟一種電荷有關，而這電荷不是電子就是電洞。換句話說，場效應電晶體擁有的是多數載子，而不是少數載子。

對於大部分線性應用，BJT 是較受歡迎的元件。但在一些線性應用中，由於其具有高輸入阻抗及其他特性，所以場效應電晶體是較適合的元件。再者，對於大多數開關應用而言，場效應電晶體是較受歡迎的元件。這是為什麼呢？因為場效應電晶體沒有多數載子，故接面區中沒有需要被移除的電荷存在，所以它可以更快速地截止。

有兩種單極性電晶體：接面場效應電晶體與金氧半場效應電晶體。本章將討論接面場效應電晶體（junction field-effect transistor, JFET）及其應用，而在下一章中將會討論金氧半場效應電晶體（metal-oxide semiconductor FET, MOSFET）及其應用。

學習目標

在學習完本章後,你應能夠:

- 描述接面場效應電晶體的基本結構。
- 繪出常用之偏壓架構圖。
- 指出及描述接面場效應電晶體汲極特性曲線與轉導特性曲線的明顯區域。
- 計算出成正比關係的夾止電壓及決定接面場效應電晶體操作於何區。
- 使用理想及圖解方式求出直流操作點。
- 試求轉導值,並用它計算接面場效應電晶體放大器的增益。
- 描述數種包含開關、可變電阻及截波器的接面場效應電晶體應用。
- 適當操作條件下,測試接面場效應電晶體。

章節大綱

8-1　基本概念
8-2　汲極特性曲線
8-3　轉導特性曲線
8-4　偏壓於歐姆區
8-5　偏壓於主動區
8-6　轉導值
8-7　接面場效應電晶體放大器
8-8　接面場效應電晶體類比開關
8-9　其他接面場效應電晶體的應用
8-10　閱讀元件資料手冊
8-11　接面場效應電晶體的測試

詞彙

automatic gain control (AGC)　自動增益控制
channel　通道
chopper　截波器
common-source (CS) amplifier　共源極（CS）放大器
current source bias　電流源偏壓
drain　汲極
field effect　場效應
field-effect transistor (FET)　場效應電晶體
gate　閘極
gate bias　閘極偏壓
gate-source cutoff voltage　閘源極截止電壓
ohmic region　歐姆區
pinchoff voltage　夾止電壓
self-bias　自偏壓
series switch　串聯開關
shunt switch　並聯開關
source　源極
source follower　源極隨耦器
transconductance　轉導值
transconductance curve　轉導特性曲線
voltage-controlled device　電壓控制元件
voltage-divider bias　分壓器偏壓法

325

8-1 基本概念

> **知識補充站**
> 一般來說，比起雙極性電晶體，接面場效應電晶體對於溫度更穩定。而且典型上，接面場效應電晶體比起雙極性電晶體更小。也由於積體電路對於每顆元件的體積大小都很要求，所以兩者體積上的差異，使得接面場效應電晶體特別適合用於積體電路中。

圖 8-1a 所示為一件 n 型半導體。底端為**源極**（source），而頂端為**汲極**（drain）。電源電壓 V_{DD} 驅使自由電子由源極流向汲極。為了製造接面場效應電晶體，如圖 8-1b 所示，製造商會將 p 型半導體的兩個區擴散進 n 型半導體內。為獲得一個外部**閘極**（gate）接腳，會將這些 p 型區在內部作連接。

場效應

圖 8-2 所示為接面場效應電晶體正常的偏壓情形。汲極電源電壓為正的，而閘極所供應的電壓則為負的。**場效應**（field effect）一詞與每個 p 型區四周的空乏層有關，這些空乏層之所以存在是由於自由電子由 n 型區擴散進 p 型區。著色區域顯示了自由電子與電洞的復合所產生出的空乏層。

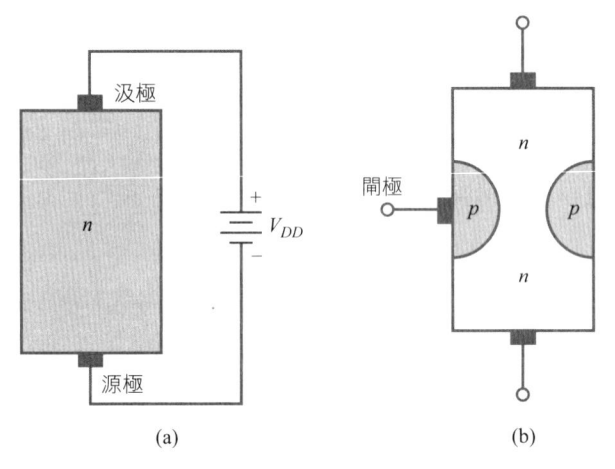

圖 8-1 (a) 接面場效應電晶體的部分；(b) 單閘極的接面場效應電晶體。

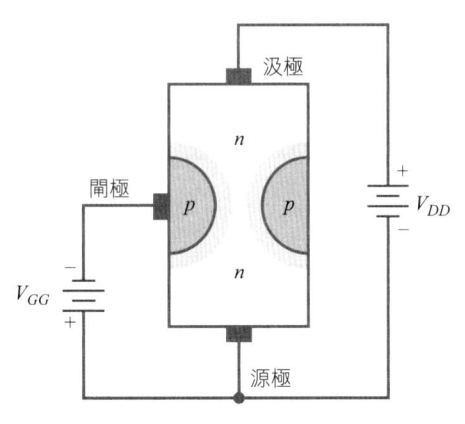

圖 8-2 接面場效應電晶體的正常偏壓情形。

閘極的逆向偏壓

在圖 8-2 中，p 型閘極及 n 型源極會形成閘源極二極體。以接面場效應電晶體來說，我們總是將其閘源極二極體作逆向偏壓。由於逆向偏壓所以閘極電流 I_G 近似於零，等於是說接面場效應電晶體輸入阻抗近似於開路。

典型接面場效應電晶體的輸入阻抗，是數以百計的百萬歐姆（MΩ）等級。比起雙極性電晶體，這是接面場效應電晶體很大的優勢。這是接面場效應電晶體在需要高輸入阻抗的應用中較具優勢的原因。接面場效應電晶體最重要的應用之一是源極隨耦器（source follower），它就像射極隨耦器，除了在低頻時輸入阻抗是數以百計的百萬歐姆外。

閘極電壓控制汲極電流

在圖 8-2 中，電子由源極流向汲極必須通過空乏層間狹窄的**通道**（**channel**）。當閘極電壓變得更負時，空乏層會擴張而導通的通道會變得更窄。閘極電壓越負，則源極與汲極間的電流會更小。

由於輸入電壓控制著輸出電流，所以接面場效應電晶體為**電壓控制元件**（**voltage-controlled device**）。在接面場效應電晶體中，閘源極電壓 V_{GS} 決定源極與汲極間流過多少電流。當 V_{GS} 為零時，會有最大的汲極電流流過接面場效應電晶體。這是為什麼接面場效應電晶體為一平時是導通的元件。另一方面，若 V_{GS} 夠負，則兩邊空乏層會碰觸在一起，而汲極電流會截止。

電路符號

由於介於源極與汲極間的通道是 n 型半導體，所以圖 8-2 的接面場效應電晶體為 n 型通道接面場效應電晶體（n-channel JFET）。圖 8-3a 為 n 型通道接面場效應電晶體的電路符號。由於我們可以將兩端中的任何一端當成源極，則另一端為汲極，所以在許多低頻應用中，源極與汲極是可以互換的。

在高頻時，源極與汲極端是不能互換的。製造商幾乎總把接面場效應電晶體靠汲極邊的內部電容值做得很小。換句話說，閘極與汲極間的電容值會小於閘極與源極間的電容值。在往後的章節中，我們將會學到更多關於內部電容值與它們在電路動作上的作用。

圖 8-3b 為 n 型通道接面場效應電晶體的另一種符號，這具有偏移閘極的符號受到許多工程師與技師的喜歡。偏移閘極指出元件的源極端，對於複雜的多級電路是個明顯的優點。

知識補充站

實際上，空乏層在靠近 p 型材料頂部會較寬，而在底部則會較窄些。寬度改變的原因可以藉由體認汲極電流 I_D 沿著通道流過產生電壓降來了解。當通道朝汲極端移動時，在源極會有更正的電壓出現。由於空乏層的寬度與逆向偏壓的電壓量成正比，pn 接面的空乏層在頂端必定比較寬，而這裡逆向偏壓的電壓量也會比較大。

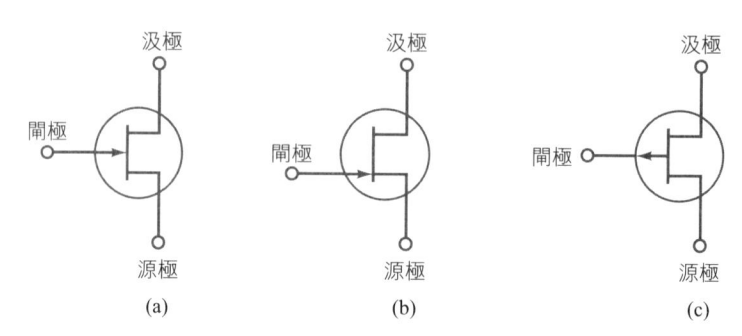

圖 8-3 (a) 電路符號；(b) 偏移閘極的符號；(c) p 型通道的符號。

也有 p 型通道的接面場效應電晶體，圖 8-3c 即 p 型通道接面場效應電晶體的元件符號。除了閘極箭頭指在相反方向外，其他跟 n 型通道接面場效應電晶體的類似。p 型通道接面場效應電晶體的動作是互補的，即所有電壓與電流是反過來的。為將 p 型通道接面場效應電晶體逆向偏壓，閘極相對於源極是正的。因此，V_{GS} 是為正。

例題 8-1

當逆向閘極電壓為 20 V 時，接面場效應電晶體 2N5486 的閘極電流為 1 nA，試求接面場效應電晶體的輸入阻抗。

解答　使用歐姆定律計算：

$$R_{in} = \frac{20\text{ V}}{1\text{ nA}} = 20{,}000\text{ M}\Omega$$

練習題 8-1　在例題 8-1 中，若接面場效應電晶體閘極電流為 2 nA，試計算輸入阻抗。

8-2　汲極特性曲線

圖 8-4a 為正常偏壓下的接面場效應電晶體。在此電路中，閘源極電壓 V_{GS} 等於閘極所供應的電壓 V_{GG}，而汲源極電壓 V_{DS} 等於汲極所供應的電壓 V_{DD}。

> **知識補給站**
> 夾止電壓 V_P 是一個點，在這個點之上，V_{DS} 進一步的增加會被成正比增加的通道電阻給抵銷。這意謂在 V_P 以上，如果通道電阻的增加係直接正比於 V_{DS}，那麼在 V_P 之上，I_D 必定保持不變。

最大汲極電流

如圖 8-4b 所示，若將閘極短路到源極，由於 $V_{GS} = 0$，所以將會得到最大的汲極電流。圖 8-4c 所示為此閘極短路情況下的汲極電流 I_D 對汲源極電壓 V_{DS} 之圖形。注意當 V_{DS} 大於 V_P 時，汲極電流是如何快速地增加，然後變得幾乎水平。

(a)

(b)

(c)

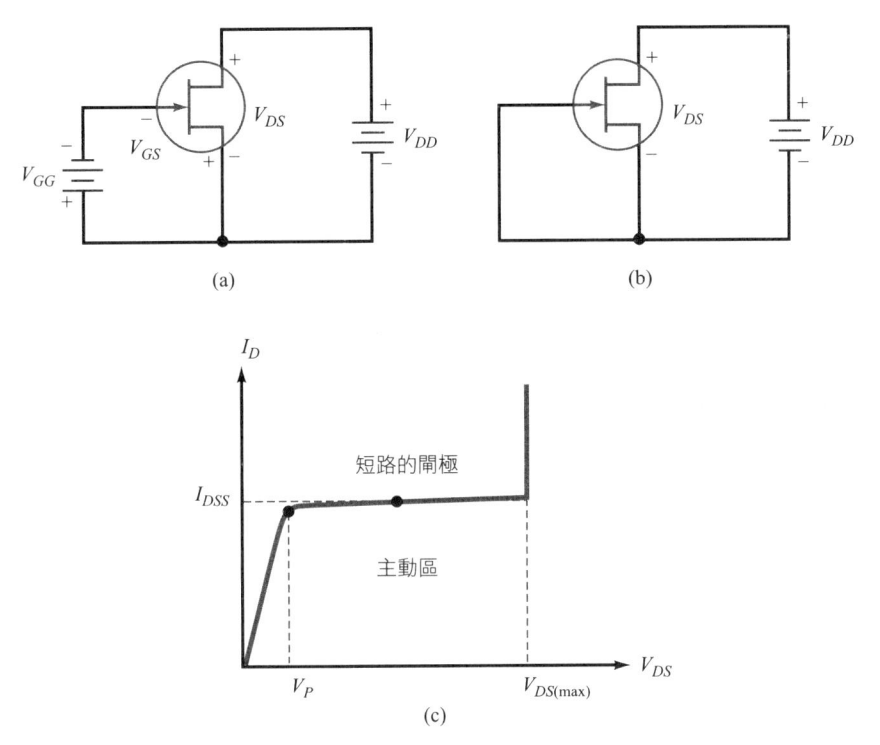

圖 8-4 (a) 正常偏壓情形；(b) 零閘極電壓；(c) 閘極短路之汲極電流。

為何汲極電流變得幾乎是常數值？當 V_{DS} 增加時，空乏層會擴大。當 $V_{DS} = V_P$ 時，空乏層間幾乎會碰觸在一起。狹窄的導通通道因此會夾止或是阻止電流進一步地增加，這是為何電流會有個 I_{DSS} 的上限值。

接面場效應電晶體的主動區位於 V_P 與 $V_{DS(max)}$ 之間，最小的 V_P 值稱為**夾止電壓**（pinchoff voltage），而最大的電壓 $V_{DS(max)}$ 則為崩潰電壓。在夾止與崩潰間，當 $V_{GS} = 0$ 時，接面場效應電晶體就像個近似於 I_{DSS} 的電流源。

I_{DSS} 代表閘極短路時汲極流到源極的電流，它是接面場效應電晶體可以產生的最大汲極電流。任何的接面場效應電晶體元件資料手冊都列出 I_{DSS} 的值，這是接面場效應電晶體最重要的參數之一。由於它是接面場效應電晶體電流的上限值，所以我們都應先找尋它。

歐姆區

在圖 8-5 中，夾止電壓將接面場效應電晶體分成兩個主要的操作區。幾乎水平的區域為主動區，汲極特性曲線低於夾止而幾乎垂直的部分則為**歐姆區**（ohmic region）。

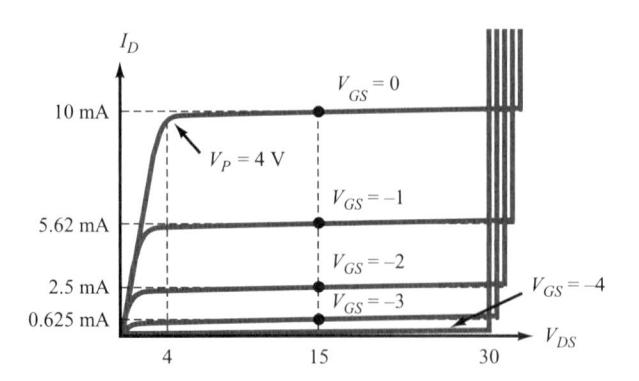

圖 8-5 汲極特性曲線。

當在歐姆區操作時，接面場效應電晶體等效為電阻，而其值近似於：

$$R_{DS} = \frac{V_P}{I_{DSS}} \tag{8-1}$$

R_{DS} 稱為接面場效應電晶體歐姆電阻。圖 8-5 中，$V_P = 4V$、$I_{DSS} = 10\,mA$，因此歐姆電阻為：

$$R_{DS} = \frac{4\,V}{10\,mA} = 400\,\Omega$$

若接面場效應電晶體在歐姆區中的任何地方操作，其歐姆電阻為 $400\,\Omega$。

閘極截止電壓

圖 8-5 為接面場效應電晶體 I_{DSS} 為 10 mA 的汲極特性曲線，頂端曲線總是 $V_{GS} = 0$，為短路閘極情況。在這例子中，夾止電壓為 4 V，而崩潰電壓為 30 V。下一條曲線為 $V_{GS} = -1\,V$，再下一條則為 $V_{GS} = -2\,V$，以此類推。可以發現，閘源極電壓值越負時，則汲極電流就會越小。

底部的曲線很重要，注意 $V_{GS} = -4\,V$ 把汲極電流值降到幾乎為零。此電壓稱為**閘源極截止電壓**（gate-source cutoff voltage），且在元件資料手冊上以 $V_{GS(off)}$ 符號表示。在此截止電壓值之下，空乏層彼此會碰觸在一起，實際上導通的通道會消失，這是為何汲極電流會近似於零了。

在圖 8-5 中，請注意

$$V_{GS(off)} = -4\,V \quad 且 \quad V_P = 4\,V$$

這不是恰巧發生的。因為它們的值是空乏層碰觸或幾乎碰觸在一起的電壓值，所以這兩個電壓總有相同的振幅值。元件資料手冊可能只列出其中一個量，而我們自己心裡要知道另一個是有相同的振幅值。如方程式：

$$V_{GS(off)} = -V_P \tag{8-2}$$

知識補給站

在教科書與製造商的元件資料手冊中，關於截止與夾止這兩個名詞常給人許多困惑。$V_{GS(off)}$ 指的是可以完全夾止通道的 V_{GS} 電壓值，而汲極電流則會降成零。另一方面，夾止電壓指的是 V_{GS} = 0 V，而電流 I_D 會拉平的 V_{DS} 電壓值。

例題 8-2

MPF4857 的 V_P = 6 V、I_{DSS} = 100 mA，試求其歐姆電阻與閘源極截止電壓。

解答 歐姆電阻為：

$$R_{DS} = \frac{6\text{ V}}{100\text{ mA}} = 60\ \Omega$$

由於夾止電壓為 6 V，閘源極截止電壓則為：

$$V_{GS(off)} = -6\text{ V}$$

練習題 8-2 接面場效應電晶體 2N5484 的 $V_{GS(off)}$ = −3.0 V，而 I_{DSS} = 5 mA，試求其歐姆電阻值與 V_p 值。

8-3 轉導特性曲線

接面場效應電晶體的**轉導特性曲線（transconductance curve）**為 I_D 對 V_{GS} 圖形。藉由讀取圖 8-5 中每個汲極特性曲線的 I_D 與 V_{GS} 值，能夠畫出圖 8-6a 的曲線。當 V_{GS} 趨近於零時，電流值增加較快，可以發現曲線是呈現非線性的。

任何接面場效應電晶體皆有如圖 8-6b 的轉導特性曲線。曲線上的兩個端點為 $V_{GS(off)}$ 及 I_{DSS}。此圖形的方程式是：

$$I_D = I_{DSS}\left(1 - \frac{V_{GS}}{V_{GS(off)}}\right)^2 \tag{8-3}$$

知識補給站

接面場效應電晶體的轉導特性曲線是不受使用接面場效應電晶體的電路或架構所影響。

由於在這方程式中平方倍的關係，接面場效應電晶體常稱為平方法則元件（square-law devices）。而這個量的平方倍產生了圖 8-6b 的非線性曲線。

圖 8-6c 為正規化的轉導特性曲線，正規化意謂我們繪出的圖形比率就像是以 I_D/I_{DSS} 及 $V_{GS}/V_{GS(off)}$ 這樣的關係來表示。

在圖 8-6c 中截止點的一半位置處

332 電子學精要

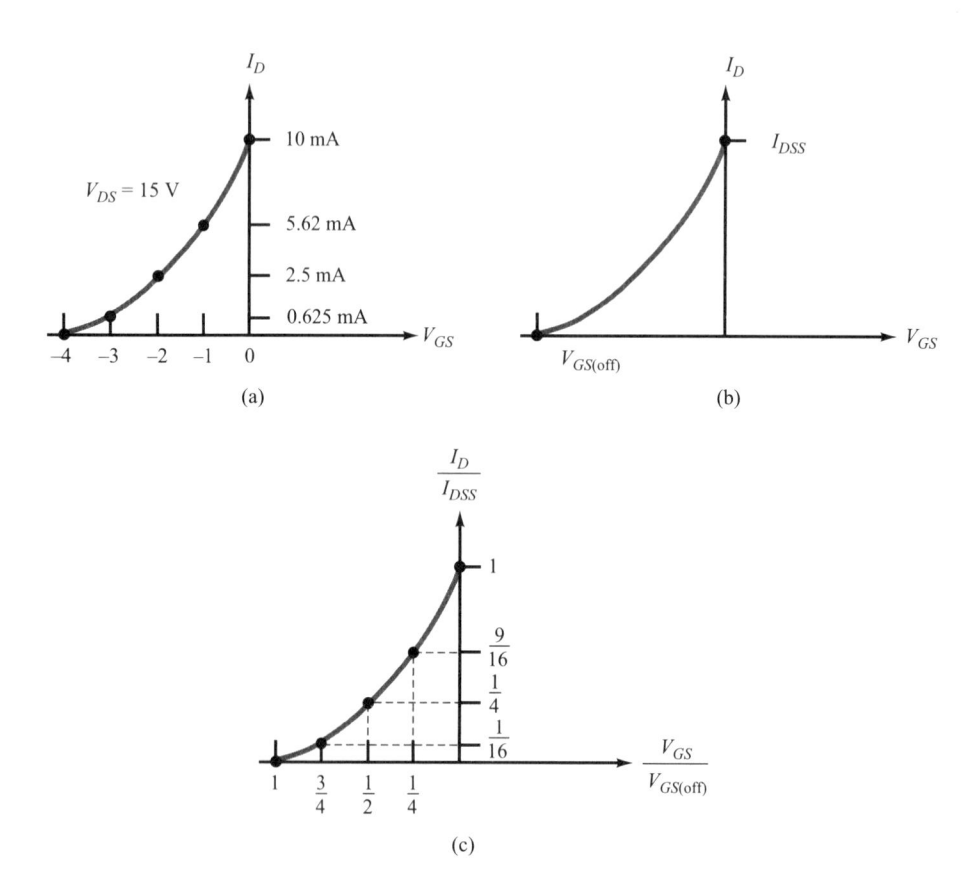

圖 8-6 轉導特性曲線。

$$\frac{V_{GS}}{V_{GS(\text{off})}} = \frac{1}{2}$$

產生正規化電流：

$$\frac{I_D}{I_{DSS}} = \frac{1}{4}$$

即當閘極電壓為截止電壓的一半，汲極電流會是最大值的四分之一。

例題 8-3

2N5668 的 $V_{GS(\text{off})} = -4\ \text{V}$、$I_{DSS} = 5\ \text{mA}$，試求在截止點的一半位置處之閘極電壓與汲極電流值。

解答 在截止點的一半位置處：

$$V_{GS} = \frac{-4\ \text{V}}{2} = -2\ \text{V}$$

汲極電流為：

$$I_D = \frac{5 \text{ mA}}{4} = 1.25 \text{ mA}$$

例題 8-4

2N5459 的 $V_{GS(\text{off})} = -8\text{V}$、$I_{DSS} = 16 \text{ mA}$，試求在截止點的一半處之汲極電流值。

解答　汲極電流為最大值的四分之一，即：

$$I_D = 4 \text{ mA}$$

產生電流的閘源極電壓為 -4 V，其為截止電壓值的一半。

練習題 8-4　以 $V_{GS(\text{off})} = -6 \text{ V}$、$I_{DSS} = 12 \text{ mA}$ 的接面場效應電晶體重做例題 8-4。

8-4　偏壓於歐姆區

接面場效應電晶體可以偏壓在歐姆區或是主動區。當偏壓在歐姆區時，接面場效應電晶體等效為電阻；當偏壓在主動區時，則接面場效應電晶體等效為電流源。在本節中將討論閘極偏壓法，其係將接面場效應電晶體偏壓在歐姆區中。

閘極偏壓

圖 8-7a 所示為**閘極偏壓法（gate bias）**。負的閘極電壓 $-V_{GG}$ 透過偏壓電阻 R_G 加在閘極上，而這建立了小於 I_{DSS} 的汲極電流。當汲極電流流過電阻 R_D 時建立了汲極電壓：

$$V_D = V_{DD} - I_D R_D \qquad (8\text{-}4)$$

以閘極偏壓將接面場效應電晶體偏壓在主動區是最差的方式，因為 Q 點會很不穩定。

例如，2N5459 在最小與最大值間的範圍如下：I_{DSS} 的變化從 4 mA 到 16 mA，而 $V_{GS(\text{off})}$ 的變化從 -2 V 到 -8 V。圖 8-7b 為最小與最大值的轉導特性曲線。若 -1 V 的閘極偏壓用於接面場效應電晶體上，可得最小與最大的 Q 點：Q_1 的汲極電流為 12.3 mA，而 Q_2 的汲極電流則只有 1 mA。

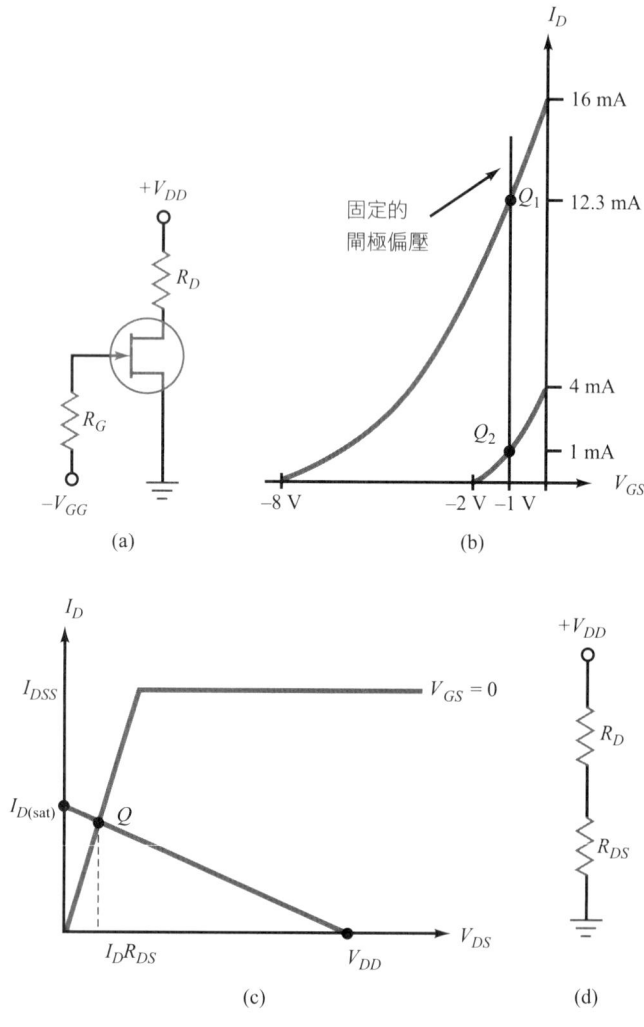

圖 8-7 (a) 閘極偏壓；(b) 在主動區中 Q 點不穩定；(c) 偏壓於歐姆區中；(d) 接面場效應電晶體等效為電阻。

深度飽和

　　閘極偏壓法雖然對於主動區偏壓不適合，但對於歐姆區偏壓則極佳，因 Q 點的穩定度不是問題。圖 8-7c 所示為如何在歐姆區中偏壓接面場效應電晶體：

$$I_{D(\text{sat})} = \frac{V_{DD}}{R_D}$$

為確保接面場效應電晶體偏壓於歐姆區，我們所需做的是用 $V_{GS} = 0$ 及：

$$I_{D(\text{sat})} \ll I_{DSS} \tag{8-5}$$

符號 << 意謂「遠小於」。這方程式說出汲極飽和電流必須遠小於最大的汲極電流。例如，若接面場效應電晶體的 I_{DSS} = 10 mA，如果 V_{GS} = 0、$I_{D(sat)}$ = 1 mA，則將出現深度飽和現象。

當接面場效應電晶體偏壓於歐姆區時，可以計算出汲極電壓值，當 R_{DS} 遠小於 R_D 時，汲極電壓接近於零。

例題 8-5

試求圖 8-8a 中的汲極電壓值。

解答 因 V_P = 4 V，$V_{GS(off)}$ = −4 V，在時間點 A 之前，輸入電壓為 −10 V，而接面場效應電晶體為截止狀態。在此情況下，汲極電壓為：

$$V_D = 10 \text{ V}$$

在 A 點與 B 點之間輸入電壓為 0 V，直流負載線上端的飽和電流為：

$$I_{D(sat)} = \frac{10 \text{ V}}{10 \text{ k}\Omega} = 1 \text{ mA}$$

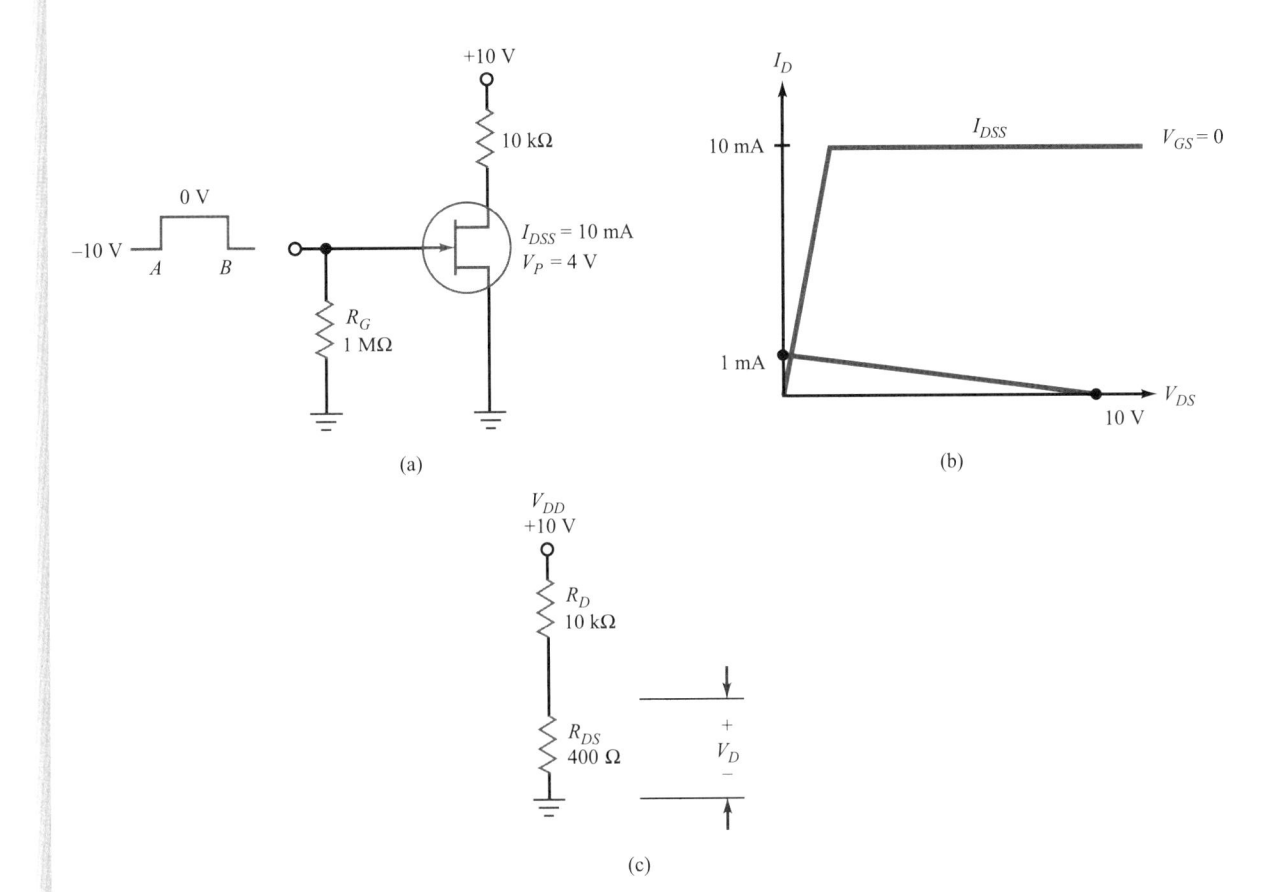

圖 8-8 例子。

圖 8-8b 為直流負載線，由於 $I_{D(sat)}$ 遠小於 I_{DSS}，接面場效應電晶體為深度飽和。

歐姆電阻為：

$$R_{DS} = \frac{4 \text{ V}}{10 \text{ mA}} = 400 \text{ Ω}$$

在圖 8-8c 的等效電路中，汲極電壓為：

$$V_D = \frac{400 \text{ Ω}}{10 \text{ kΩ} + 400 \text{ Ω}} 10 \text{ V} = 0.385 \text{ V}$$

練習題 8-5 使用圖 8-8a，若 $V_p = 3$ V，試求 R_{DS} 及 V_D 值。

8-5 偏壓於主動區

接面場效應電晶體放大器需要有 Q 點在主動區。由於接面場效應電晶體的參數值範圍大，所以無法使用閘極偏壓方式，取而代之的是，需要改用其他偏壓方式，其中一些方式是類似於雙極性電晶體所用的方式。

分析技術的選擇，端視所需要的準確程度而定。例如當初步分析及偏壓電路檢測時，常常會想用理想值及電路近似作法。在接面場效應電晶體電路中，這意謂我們將常忽略 V_{GS} 值。通常，理想的解答將會有少於 10% 的誤差量。要求越接近的分析時，我們可以使用圖解去求解電路的 Q 點。若設計接面場效應電晶體電路或甚至需要更高的準確度時，則應使用電路模擬軟體如 MultiSim。

自偏壓

圖 8-9a 為**自偏壓（self-bias）**方式，由於汲極電流流過源極電阻 R_S，在源極與地之間存在電壓為：

$$V_S = I_D R_S \tag{8-6}$$

由於 V_G 為零，

$$V_{GS} = -I_D R_S \tag{8-7}$$

這意思是閘源極電壓會等於跨於源極電阻上的電壓值，再加上負號。基本上，電路藉由使用跨於電阻上的電壓去逆偏自己的閘極，可產生自己所需的偏壓。

圖 8-9b 所示為不同源極電阻的影響。有一個中等阻值的電阻 R_S，而在該阻值下閘源極電壓為截止電壓值的一半。此中等阻值之電阻近

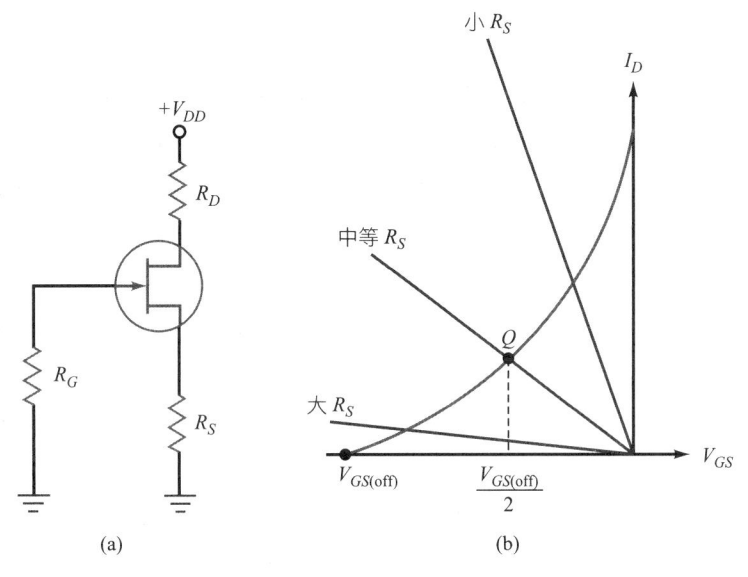

圖 8-9 自偏壓。

似於：

$$R_S \approx R_{DS} \tag{8-8}$$

此方程式的意思是源極電阻應等於接面場效應電晶體的歐姆電阻。當滿足這情形時，V_{GS} 約為截止電壓的一半，而汲極電流約為 I_{DSS} 的四分之一。

當已知接面場效應電晶體的轉導特性曲線時，我們可以圖解方式來分析自偏壓電路。假設有一個自偏壓接面場效應電晶體其轉導特性曲線如圖 8-10 所示，其最大汲極電流值為 4 mA，而閘極電壓須介於 0 和 –2 V 之間。藉由繪出式 (8-7) 的關係，可發現到它會跟轉導特性曲線交叉，而可求出 V_{GS} 與 I_D 的值。由於式 (8-7) 為線性方程式，我們所須做的是畫出兩點及拉出一條直線通過它們。

假設源極電阻為 500 Ω，則式 (8-7) 變成：

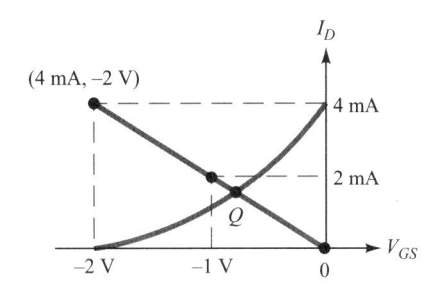

圖 8-10 自偏壓的 Q 點。

$$V_{GS} = -I_D (500 \text{ }\Omega)$$

由於可以使用任意兩點,所以我們選擇兩個方便的點對應於 $I_D = 0$,$V_{GS} = -(0)(500 \text{ }\Omega) = 0$,因此第一點座標為原點 (0,0),為獲得第二個點,找出 $I_D = I_{DSS}$ 的 V_{GS}。在這情況中,$I_D = 4$ mA 及 $V_{GS} = -(4 \text{ mA})(500 \text{ }\Omega) = -2$ V,因此第二點的座標為 (4 mA, −2 V)。

現在我們在式 (8-7) 的圖上有兩個點,這兩個點是原點 (0,0) 及 (4 mA, −2 V)。如圖 8-10 所示,藉由畫出這兩點我們可以拉出通過這兩點的一直線。當然這條直線將會跟轉導特性曲線相交,這相交的點是自偏壓的接面場效應電晶體的操作點。可以發現,汲極電流會稍小於 2 mA,而閘源極電壓會稍小於 –1 V。

總結來看,如果我們有轉導特性曲線,這是找出任何自偏壓接面場效應電晶體 Q 點的過程。若沒有特性曲線,我們可用 $V_{GS(\text{off})}$ 及 I_{DSS} 額定值,連同平方關係式 (8-3) 來發展出過程:

1. 將 I_{DSS} 乘以 R_S 得出第二個點的 V_{GS}。
2. 繪出第二個點 (I_{DSS}, V_{GS})。
3. 畫一直線通過原點及第二個點。
4. 讀出交叉點所對應的座標值。

自偏壓的 Q 點不是很穩定,因此自偏壓只用於小信號放大器。這是為何我們會在靠近通信接收器的前級電路中,看到自偏壓的接面場效應電晶體電路,而那裡正是信號很小的地方。

例題 8-6

在圖 8-11a 中,使用先前所討論的規則,試求中等的源極電阻值及有此源極電阻值的汲極電壓。

解答 如先前所討論的,若使用等於接面場效應電晶體歐姆電阻之源極電阻的自偏壓方法會運作良好:

$$R_{DS} = \frac{4 \text{ V}}{10 \text{ mA}} = 400 \text{ }\Omega$$

圖 8-11b 為 400 Ω 之源極電阻,在這情況中汲極電流約是 10 mA 的四分之一,即 2.5 mA。而汲極電壓大致上為:

$$V_D = 30 \text{ V} - (2.5 \text{ mA})(2 \text{ k}\Omega) = 25 \text{ V}$$

練習題 8-6 請以 $I_{DSS} = 8$ mA 的接面場效應電晶體重做例題 8-6,試求 R_S 及 V_D 值。

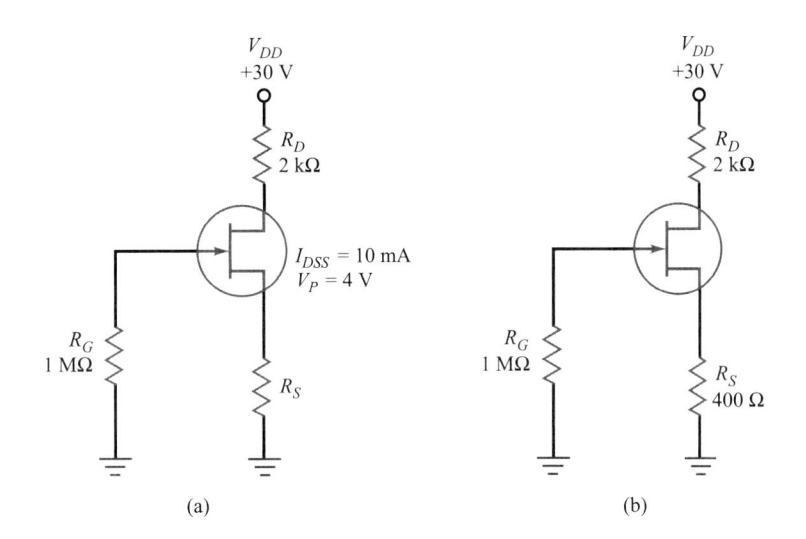

圖 8-11 例子。

應用題 8-7　　　　　　　　　　　　　　　　　　　　　　　　　　　　　　　　 ||| MultiSim

使用圖 8-12a 中的 MultiSim 電路，還有圖 8-12b 中的接面場效應電晶體 2N5486 的最小及最大轉導特性曲線，求出 V_{GS} 的範圍及 $I_D Q$ 點之值。而且，試求出此接面場效應電晶體最佳的源極電阻值。

解答　首先將 I_{DSS} 乘以 R_S 求出 V_{GS}：

$$V_{GS} = -(20 \text{ mA})(270 \ \Omega) = -5.4 \text{ V}$$

第二，畫出第二個點 (I_{DSS}, V_{GS})：

$$(20 \text{ mA}, -5.4 \text{ V})$$

現在繪出通過原點 (0,0) 及第二個點的一直線。針對最小及最大的 Q 點值，讀出交叉點所對應的座標值。

$$Q \text{ 點（最小）} \quad V_{GS} = -0.8 \text{ V} \quad I_D = 2.8 \text{ mA}$$
$$Q \text{ 點（最大）} \quad V_{GS} = -2.1 \text{ V} \quad V_{ID} = 8.0 \text{ mA}$$

請注意，圖 8-12a 的 MultiSim 所量測到的值是在最小值與最大值間，最佳源極電阻值為：

$$R_S = \frac{V_{GS(\text{off})}}{I_{DSS}} \quad \text{或} \quad R_S = \frac{V_P}{I_{DSS}}$$

使用最小值：

$$R_S = \frac{2 \text{ V}}{8 \text{ mA}} = 250 \ \Omega$$

使用最大值：

$$R_S = \frac{6 \text{ V}}{20 \text{ mA}} = 300 \ \Omega$$

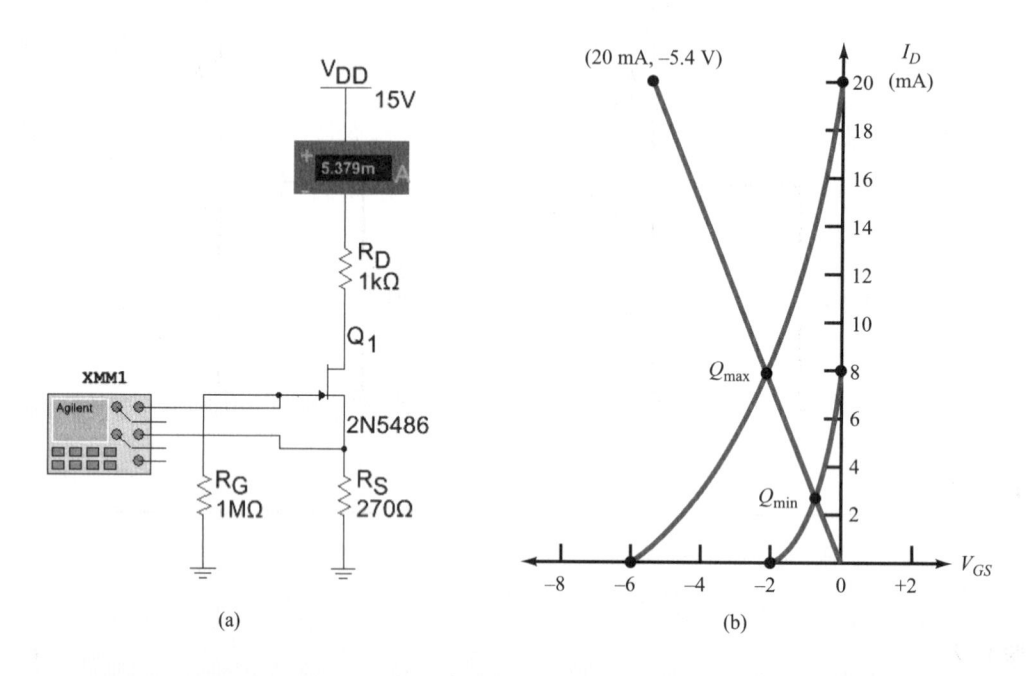

圖 8-12 (a) 自偏壓的例子；(b) 轉導特性曲線。

請注意，圖 8-12a 中的電阻值 R_S，其為在 $R_{S(min)}$ 與 $R_{S(max)}$ 間的近似中點值。

練習題 8-7 在圖 8-12a 中，將 R_S 改成 390 Ω，試求 Q 點的值。

分壓器偏壓

圖 8-13a 為**分壓器偏壓法（voltage-divider bias）**。分壓會產生閘極電壓，而它是外部所供應的電壓的一部分。藉由扣掉閘源極電壓，可以得到跨於源極電阻上的電壓值：

$$V_S = V_G - V_{GS} \tag{8-9}$$

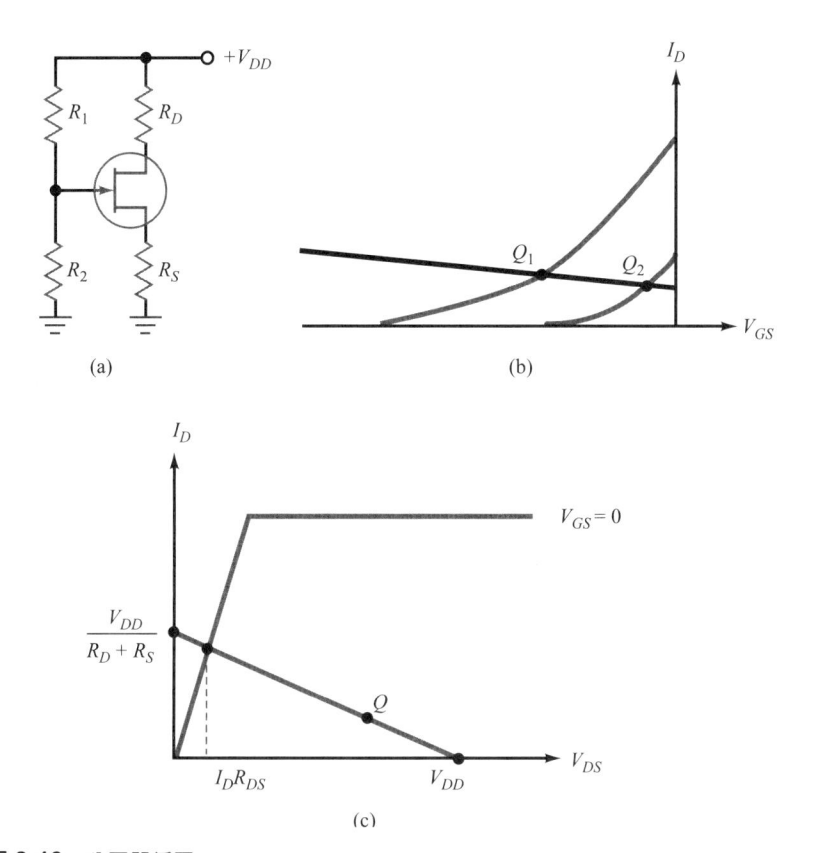

圖 8-13 分壓器偏壓。

由於 V_{GS} 為負，源極電壓將會稍微大於閘極電壓。當將源極電壓除以源極電阻時，可得出汲極電流值：

$$I_D = \frac{V_G - V_{GS}}{R_S} \approx \frac{V_G}{R_S} \quad (8\text{-}10)$$

當閘極電壓大時，它可以掃除接面場效應電晶體之間的 V_{GS} 差異，理想上，汲極電流值等於閘極電壓值除以源極電阻值。結果，對於任何接面場效應電晶體汲極電流幾乎是定值，如圖 8-13b 所示。

圖 8-13c 為直流負載線。對於放大器而言，Q 點必須在主動區中，這意謂 V_{DS} 必須大於 $I_D R_{DS}$（歐姆區），而小於 V_{DD}（截止）。當大的供應電壓可用時，分壓器偏壓法可以建立穩定的 Q 點。

當決定分壓偏壓電路的 Q 點需要更準確時，可以使用圖解方式。對於接面場效應電晶體，當最小與最大的 V_{GS} 值彼此間變動幾伏特時，這會特別準。在圖 8-13a 中，外加至閘極的電壓為：

$$V_G = \frac{R_2}{R_1 + R_2}(V_{DD}) \quad (8\text{-}11)$$

使用轉導特性曲線，如圖 8-14，在圖形的水平或 x 軸上繪出 V_G

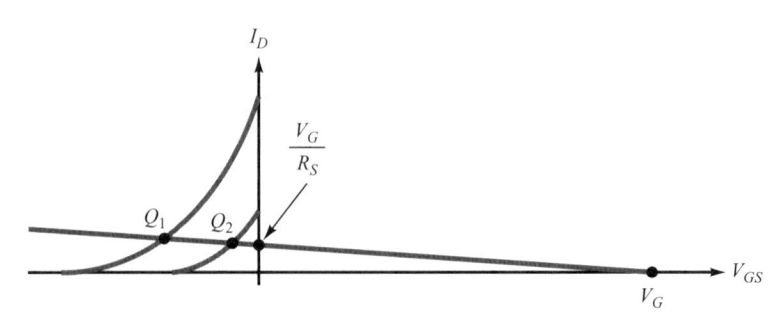

圖 8-14 Q 點。

值，在我們的偏壓線上這變成了一個點。為了獲得第二個點，使用式 (8-10) 及 $V_{GS} = 0$ V 以決定 I_D 值。這第二個點 $I_D = V_G/R_S$ 是畫在轉導特性曲線的垂直或是 y 軸上。接下來在兩個點間畫出一條直線，並且延伸此線與轉導特性曲線相交，最後讀取交叉點的座標。

例題 8-8

使用理想的方法繪出直流負載線及圖 8-15a 的 Q 點。

解答 3:1 的分壓產生 10 V 的閘極電壓，理想上跨於源極電阻的電壓為：

$$V_S = 10 \text{ V}$$

汲極電流為：

$$I_D = \frac{10 \text{ V}}{2 \text{ k}\Omega} = 5 \text{ mA}$$

而汲極電壓為：

$$V_D = 30 \text{ V} - (5 \text{ mA})(1 \text{ k}\Omega) = 25 \text{ V}$$

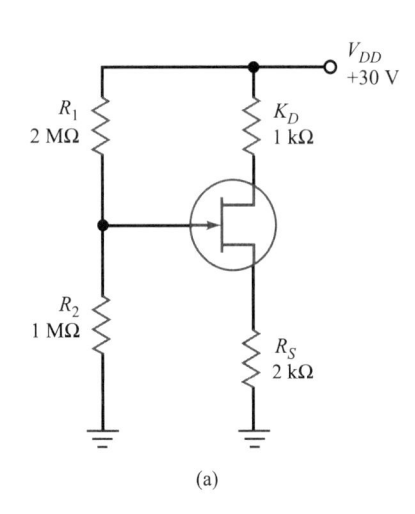

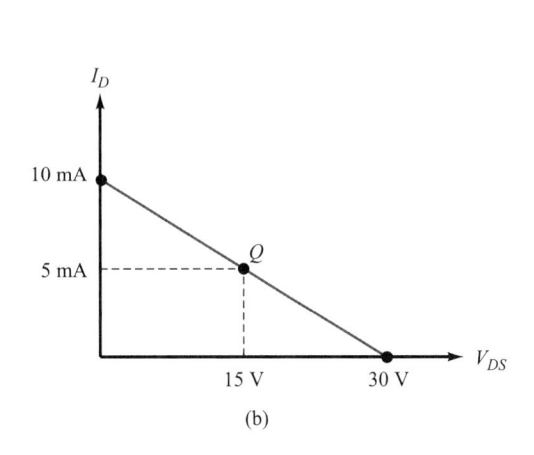

圖 8-15 例子。

汲源極電壓為：

$$V_{DS} = 25 \text{ V} - 10 \text{ V} = 15 \text{ V}$$

直流飽和電流為：

$$I_{D(\text{sat})} = \frac{30 \text{ V}}{3 \text{ k}\Omega} = 10 \text{ mA}$$

而截止電壓為：

$$V_{DS(\text{cutoff})} = 30 \text{ V}$$

圖 8-15b 為直流負載線及 Q 點。

練習題 8-8 在圖 8-15 中將 V_{DD} 改成 24 V，使用理想方法求解 I_D 與 V_{DS}。

應用題 8-9　　　　　　　　　　　　　　　　　　　　　　　　　　　　　　　　　　　　　　　|||| MultiSim

再次使用圖 8-15a，以圖解方式及圖 8-16a 中的接面場效應電晶體 2N5486 的轉導特性曲線求解最小與最大的 Q 點。如何使用 MultiSim 與量測值做比較呢？

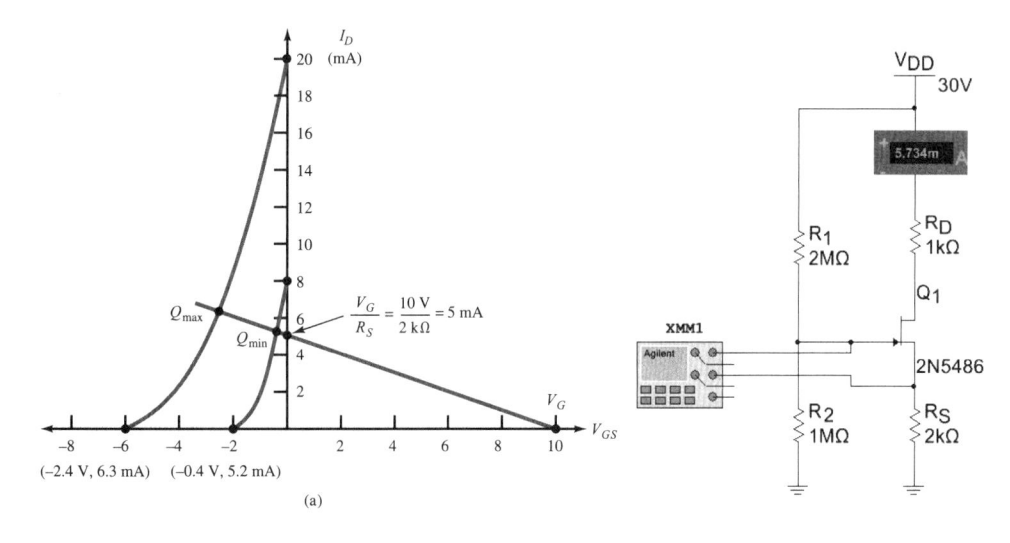

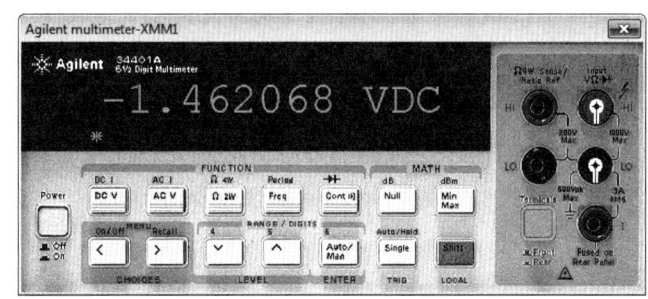

圖 8-16　(a) 轉導；(b) MultiSim 的量測。

解答 首先，V_G 的值可由下式求得：

$$V_G = \frac{1 \text{ M}\Omega}{2 \text{ M}\Omega + 1 \text{ M}\Omega}(30 \text{ V}) = 10 \text{ V}$$

將這值畫在 x 軸上。

接下來，找出第二個點：

$$I_D = \frac{V_G}{R_S} = \frac{10 \text{ V}}{2 \text{ K}} = 5 \text{ mA}$$

將這值畫在 y 軸上。

藉由在兩點間畫出直線延伸經過最小與最大的轉導特性曲線，可以求得：

$$V_{GS(\text{min})} = -0.4 \text{ V} \qquad I_{D(\text{min})} = 5.2 \text{ mA}$$

且

$$V_{GS(\text{max})} = -2.4 \text{ V} \qquad I_{D(\text{max})} = 6.3 \text{ mA}$$

圖 8-16b 顯示量測到的 MultiSim 值會落在所計算出的最小值與最大值之間。

練習題 8-9 使用圖 8-15a，試以圖形方式求出當 $V_{DD} = 24$ V 時 I_D 的最大值。

雙電源源極偏壓

圖 8-17 為雙電源源極偏壓方式，汲極電流可由下式求得：

$$I_D = \frac{V_{SS} - V_{GS}}{R_S} \approx \frac{V_{SS}}{R_S} \tag{8-12}$$

再次，此概念是藉由讓 V_{SS} 遠大於 V_{GS} 來去除 V_{GS} 的變化。理想上，汲極電流等於源極供應的電壓除以源極電阻。在這情形中，不管接面場效應電晶體的更換及溫度的變化，汲極電流幾乎是定值的。

電流源偏壓

當汲極電源電壓不大，可能沒有足夠的閘極電壓去除 V_{GS} 的變化。在這情形中，設計者可能較喜歡使用圖 8-18a 的**電流源偏壓**（**current-source bias**）方式。在這電路中，雙極性接面電晶體汲取固定的電流流經接面場效應電晶體，汲極電流由下式可得：

$$I_D = \frac{V_{EE} - V_{BE}}{R_E} \tag{8-13}$$

圖 8-18b 描述電流源偏壓是如何的有效。兩個 Q 點有相同的電流值，雖然每個 Q 點有不同的 V_{GS} 值，但 V_{GS} 不再對汲極電流值有作用。

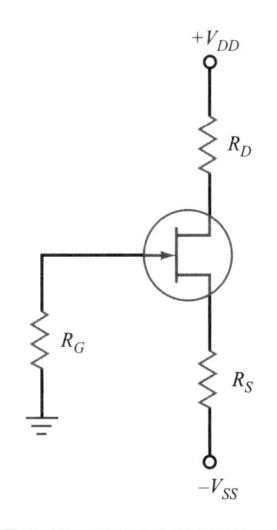

圖 8-17 雙電源源極偏壓。

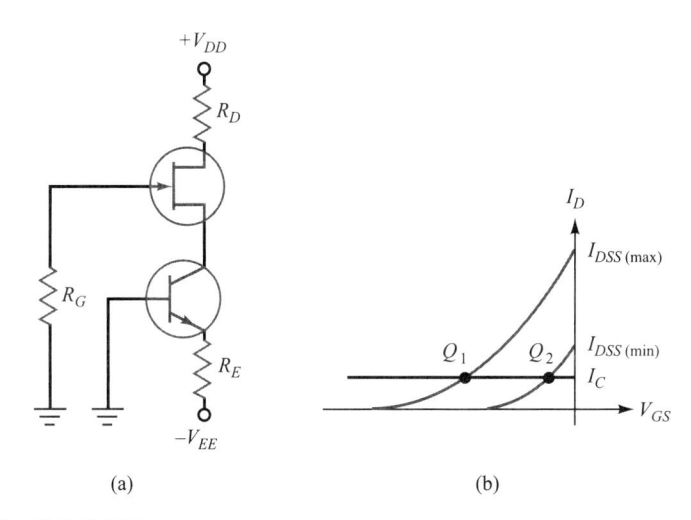

圖 8-18　電流源偏壓。

例題 8-10

試求圖 8-19a 中的汲極電流值、汲極與地間的電壓值。

解答　理想上，15 V 跨在源極電阻上會產生的汲極電流為：

$$I_D = \frac{15 \text{ V}}{3 \text{ k}\Omega} = 5 \text{ mA}$$

汲極電壓為：

$$V_D = 15 \text{ V} - (5 \text{ mA})(1 \text{ k}\Omega) = 10 \text{ V}$$

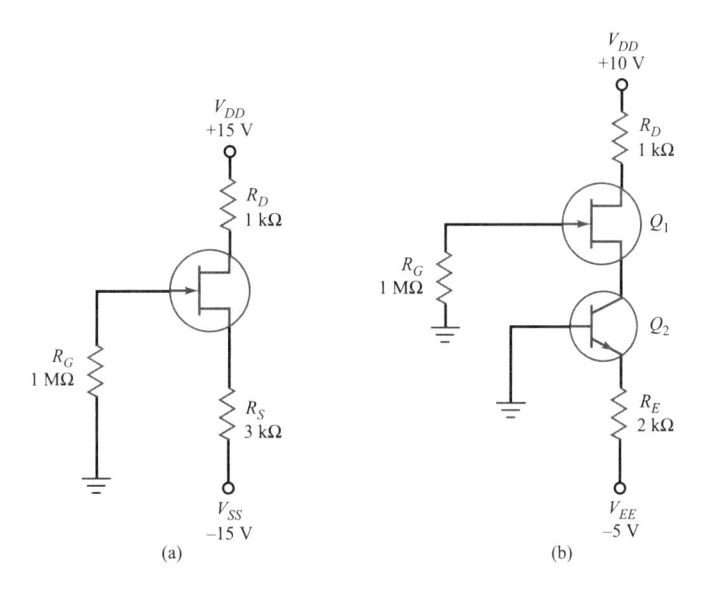

圖 8-19　例子。

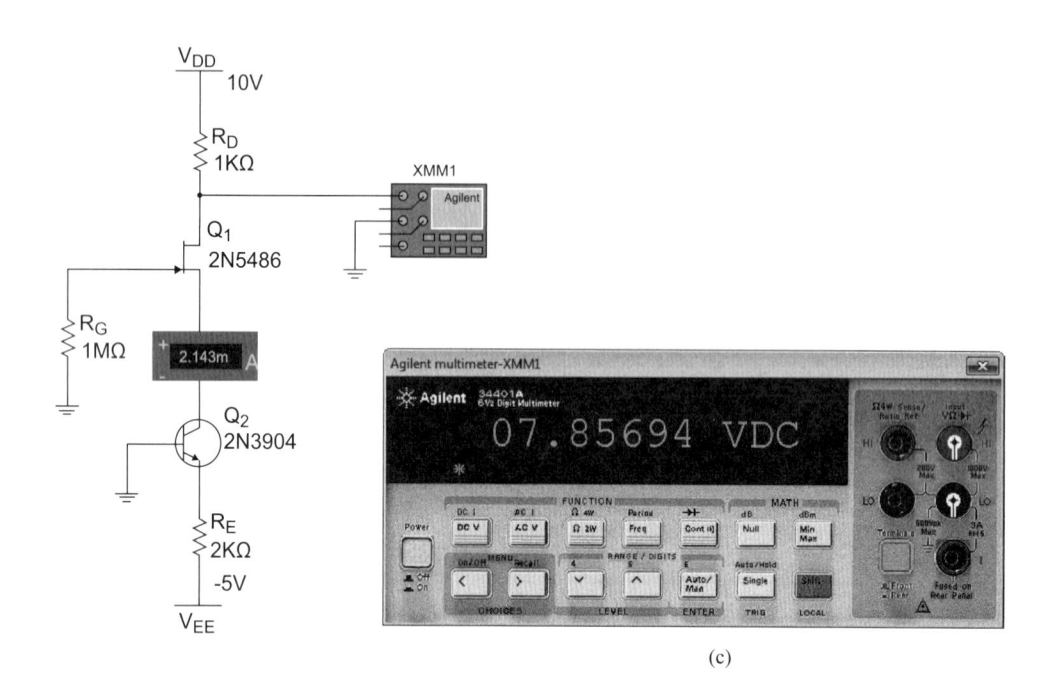

圖 8-19 例子。(續)

應用題 8-11　　　　　　　　　　　　　　　　　　　　　　　　　　　　　　||||MultiSim

在圖 8-19b 中，試求汲極電流與汲極電壓值。

解答　雙極性接面電晶體建立的汲極電流為：

$$I_D = \frac{5\text{ V} - 0.7\text{ V}}{2\text{ k}\Omega} = 2.15\text{ mA}$$

汲極電壓為：

$$V_D = 10\text{ V} - (2.15\text{ mA})(1\text{ k}\Omega) = 7.85\text{ V}$$

圖 8-19c 顯示 MultiSim 量測到的值有多接近計算的值。

練習題 8-11　$R_E = 1\text{ k}\Omega$，試重做例題 8-11。

總結表 8-1 為最常見的接面場效應電晶體偏壓電路型式，轉導特性曲線圖上的操作點應清楚地證明一個偏壓技術比另一個更好。

總結表 8-1 接面場效應電晶體的偏壓

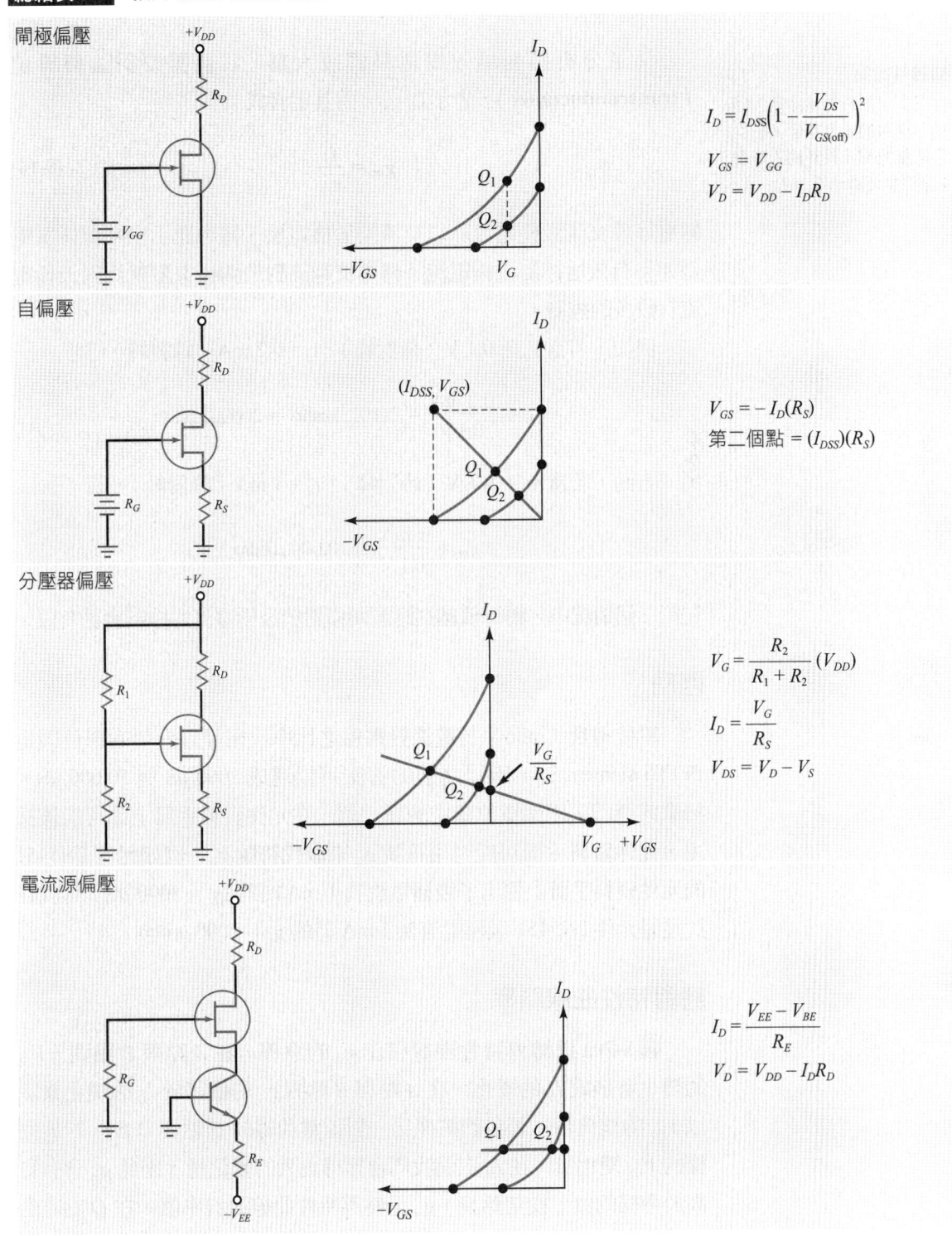

閘極偏壓

$$I_D = I_{DSS}\left(1 - \frac{V_{DS}}{V_{GS(off)}}\right)^2$$
$$V_{GS} = V_{GG}$$
$$V_D = V_{DD} - I_D R_D$$

自偏壓

$$V_{GS} = -I_D(R_S)$$
第二個點 $= (I_{DSS})(R_S)$

分壓器偏壓

$$V_G = \frac{R_2}{R_1 + R_2}(V_{DD})$$
$$I_D = \frac{V_G}{R_S}$$
$$V_{DS} = V_D - V_S$$

電流源偏壓

$$I_D = \frac{V_{EE} - V_{BE}}{R_E}$$
$$V_D = V_{DD} - I_D R_D$$

8-6 轉導值

> **知識補給站**
> 在很久以前沒有電晶體的時代，使用的是真空管，它也是電壓控制元件其輸入電壓 V_{GK} 控制著輸出電流 I_P。

為了分析接面場效應電晶體放大器，我們需要討論**轉導值**（transconductance），表示為 g_m，而其定義成：

$$g_m = \frac{i_d}{v_{gs}} \tag{8-14}$$

轉導等於交流汲極電流除以交流閘源極電壓。轉導顯示出閘源極電壓是如何有效地控制汲極電流。轉導值越高對於閘極電壓就比對汲極電流有較多的控制。

例如，若當 v_{gs} = 0.1 V（峰對峰），i_d = 0.2 mA（峰對峰），則

$$g_m = \frac{0.2 \text{ mA}}{0.1 \text{ V}} = 2(10^{-3}) \text{ mho} = 2000 \text{ μmho}$$

另一方面，若當 v_{gs} = 0.1 V（峰對峰），i_d = 1 mA（峰對峰），則

$$g_m = \frac{1 \text{ mA}}{0.1 \text{ V}} = 10{,}000 \text{ μmho}$$

在第二個情況中，轉導值越高意謂閘極對於汲極電流的控制會更有效。

西門

單位姆歐（mho）為電流對電壓之比率。相等且近代的單位則是西門（siemen, S），所以之前的答案可以寫成 2000 μS 與 10,000 μS。姆歐或西門這兩個單位量中的任一個，在元件資料手冊上都可能被採用，元件資料手冊可能也用符號 g_{fs} 來取代符號 g_m。例如元件 2N5451 的元件資料手冊上列出了汲極電流為 1 mA 時的 g_{fs} = 2000 μS，這就好比是說元件 2N5451 汲極電流為 1 mA 時的 g_m = 2000 μmho。

轉導特性曲線斜率

圖 8-20a 以轉導特性曲線帶出 g_m 的意義，在 A 點與 B 點間，V_{GS} 的變化會造成 I_D 的變化。在 A 點與 B 點間 g_m 的值等於 I_D 的變化量除以 V_{GS} 的變化量。若我們選擇另一對遠離曲線的 C 點與 D 點，對於同樣的 V_{GS} 變化量，在 I_D 上面我們會獲得更大的變化量，因此 g_m 會有更高於曲線的值。換句話說，g_m 是轉導特性曲線的斜率值，在 Q 點處的曲線越陡峭，其轉導值越高。

圖 8-20b 為接面場效應電晶體的等效電路圖。在閘極與源極間有非常高的電阻值 R_{GS}，而接面場效應電晶體汲極扮演著電流源的角色，

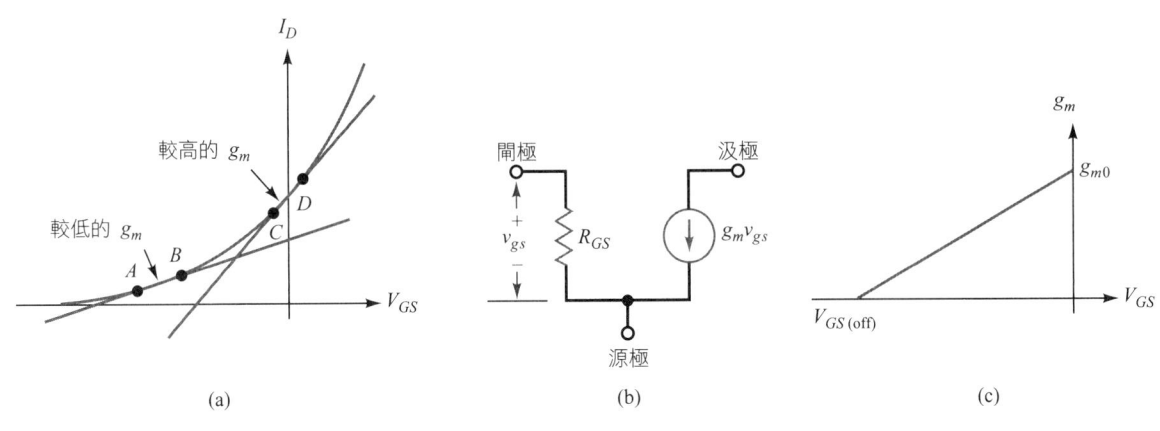

圖 8-20 (a) 轉導；(b) 交流等效電路；(c) g_m 的變動。

其值為 $g_m v_{gs}$。已知 g_m 及 v_{gs} 的值，我們可以算出交流汲極電流值。

轉導值與閘源極截止電壓

$V_{GS(\text{off})}$ 這個電量很難準確量測。另一方面，I_{DSS} 及 g_{m0} 則容易準確量測。針對這原因，$V_{GS(\text{off})}$ 常以下面方程式來計算：

$$V_{GS(\text{off})} = \frac{-2I_{DSS}}{g_{m0}} \tag{8-15}$$

在這方程式中，g_{m0} 為 $V_{GS}=0$ 時的轉導值。典型上，製造商將會使用前述方程式去計算元件資料手冊上所用到的 $V_{GS(\text{off})}$ 值。

g_{m0} 這個量是接面場效應電晶體在 $V_{GS}=0$ 時會出現的 g_m 最大值，當 V_{GS} 變成負的，g_m 會下降。針對任何一個 V_{GS} 值計算 g_m 的方程式如下：

$$g_m = g_{m0}\left(1 - \frac{V_{GS}}{V_{GS(\text{off})}}\right) \tag{8-16}$$

請注意，當 V_{GS} 變得更負時，g_m 會線性下降，如圖 8-20c 所示。稍後將會討論到在自動增益控制中改變 g_m 值是有用的。

> **知識補給站**
> 對於每一個接面場效應電晶體，會有一個靠近 $V_{GS(\text{off})}$ 的 V_{GS} 值，而其會產生零溫度係數。這意謂對於一些靠近 $V_{GS(\text{off})}$ 的 V_{GS} 值，隨著溫度增加，I_D 不會增加，也不會減少。

例題 8-12

2N5457 的 $I_{DSS}=5$ mA 而 $g_{m0}=5000$ μS，試求 $V_{GS(\text{off})}$ 值，及當 $V_{GS}=-1$ V 時的 g_m 值。

解答　以式 (8-15)：

$$V_{GS(\text{off})} = \frac{-2(5 \text{ mA})}{5000 \mu\text{S}} = -2 \text{ V}$$

接著，使用式 (8-16) 以得到：

$$g_m = (5000~\mu S)\left(1 - \frac{1~V}{2~V}\right) = 2500~\mu S$$

練習題 8-12 以 $I_{DSS} = 8$ mA 及 $V_{GS} = -2V$ 重做例題 8-12。

8-7 接面場效應電晶體放大器

圖 8-21a 所示為**共源極放大器（common-source (CS) amplifier，簡稱 CS 放大器）**。耦合及旁路電容為交流短路，因此信號會被直接耦合到閘極。由於源極被旁路到地，所以所有交流輸入電壓會出現在閘極與源極間，這會產生交流汲極電流。由於交流汲極電流流經汲極電阻，我們會得到放大且相反的交流輸出電壓，而這個輸出信號會被耦合到負載電阻。

知識補給站
由於接面場效應電晶體極高的輸入阻抗，所以輸入電流通常被假設為 $0~\mu A$，且接面場效應電晶體放大器的電流增益是一個沒有被定義的電量。

共源極放大器的電壓增益

圖 8-21b 為交流等效電路，交流汲極電阻 r_d 被定義為：

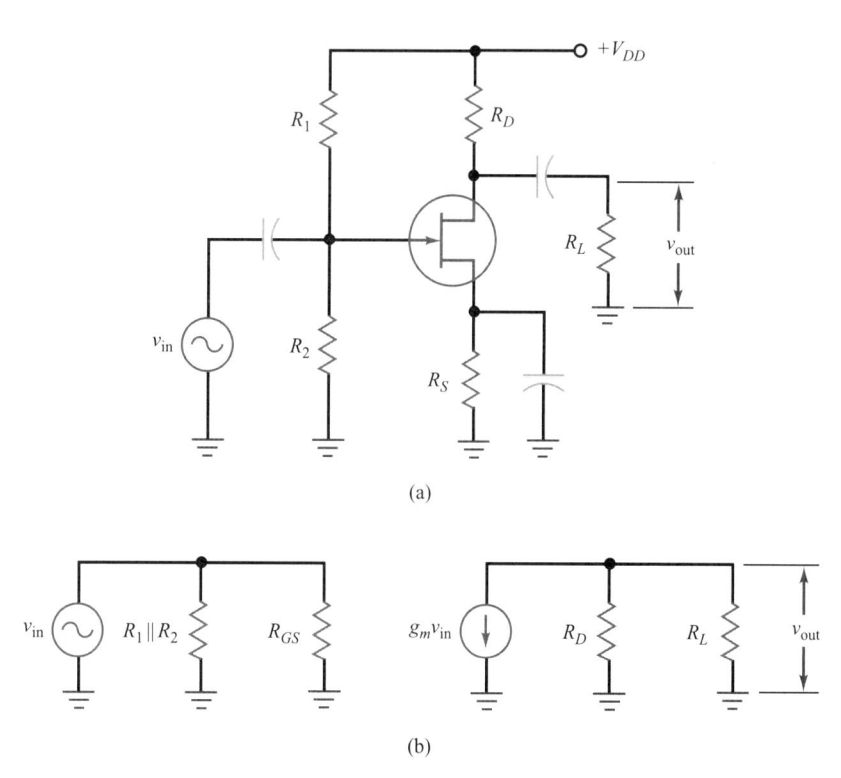

圖 8-21 (a) 共源極放大器；(b) 交流等效電路。

$$r_d = R_D \parallel R_L$$

電壓增益為：

$$A_v = \frac{v_{out}}{v_{in}} = \frac{g_m v_{in} r_d}{v_{in}}$$

其簡化為：

$$A_v = g_m r_d \tag{8-17}$$

這意謂共源極放大器的電壓增益等於轉導值乘上交流汲極電阻。

CS 放大器的輸入和輸出

JFET 通常具有反向偏置閘極 - 源極接面，其在閘極 RGS 處的輸入電阻非常大。RGS 可以使用 JFET 數據表中的值 也可以通過以下方式找到：

$$R_{GS} = \frac{V_{GS}}{I_{GSS}} \tag{8-18}$$

例如，如果當 V_{GS} 為 –15 V 時 I_{GSS} 為 –2.0 nA，則 R_{GS} 等於 7500 MΩ。

如圖 8-21b 所示，該級的輸入阻抗為：

$$z_{in(stage)} = R_1 \parallel R_2 \parallel R_{GS}$$

由於 RGS 通常非常大，與輸入偏置電阻相比，該級的輸入阻抗可以降低到：

$$z_{in(stage)} = R_1 \parallel R_2 \tag{8-19}$$

在 CS 放大器中，$z_{out(stage)}$ 從負載電阻器 R_L 回溯到電路。在圖 8-21b 中，負載電阻看到 R_D 與恆流源並聯，理想情況下是恆流源。因此：

$$z_{out(stage)} = R_D \tag{8-20}$$

源極隨耦器

圖 8-22a 為一**源極隨耦器**（source follower）。輸入信號驅動著閘極，而輸出信號從源極耦合到負載電阻，像射極隨耦器，源極隨耦器的電壓增益小於 1。源極隨耦器的主要優點是有非常高的輸入電阻值。我們將會常看見源極隨耦器被使用在系統前端中，而其後是電壓增益的雙極性電路級。

> **知識補給站**
> 對於任何接面場效應電晶體小信號放大器，驅動閘極的輸入信號應到達不了閘源極接面順偏的那一點。

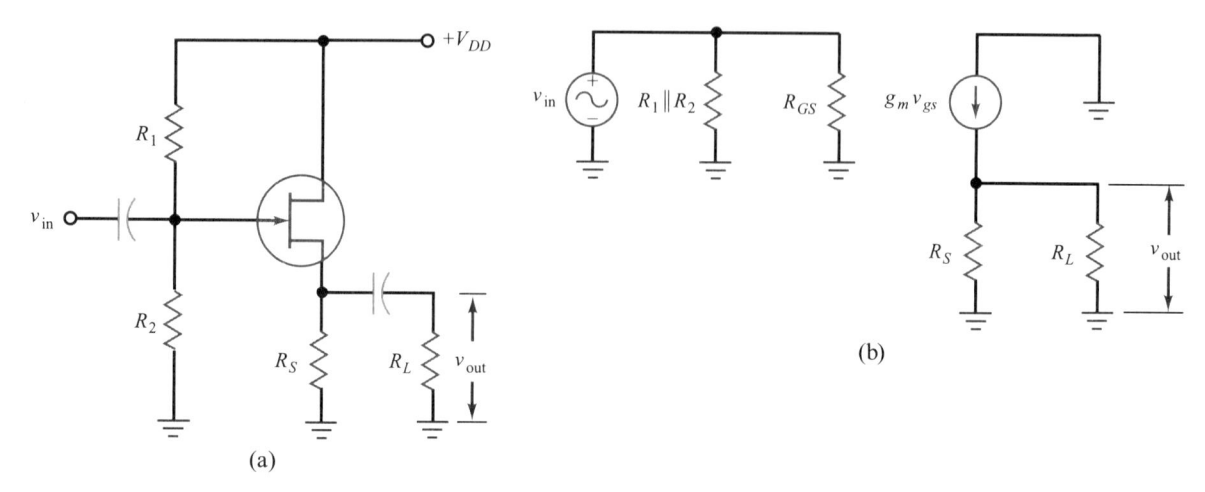

圖 8-22 (a) 源極隨耦器；(b) 交流等效電路。

在圖 8-22b 中，交流源電阻值定義為：

$$r_s = R_S \| R_L$$

推導源極隨耦器電壓增益方程式是可能的：

$$A_v = \frac{v_{out}}{v_{in}} = \frac{i_d r_s}{v_{gs} + i_d r_s} = \frac{g_m v_{gs} r_s}{v_{gs} + g_m v_{gs} r_s} \text{ where } i_d = g_m v_{gs}$$

減少至

$$A_v = \frac{g_m r_s}{1 + g_m r_s} \tag{8-21}$$

由於分母總是大於分子，所以電壓增益總是小於 1。

圖 8-22b 顯示源極隨耦器的輸入阻抗與 CS 放大器相同：

$$z_{in(stage)} = R_1 \| R_2 \| R_{GS}$$

簡化為：

$$z_{in(stage)} = R_1 \| R_2$$

輸出阻抗 $z_{out(stage)}$ 通過負載回溯到電路找到：

$$z_{out(stage)} = R_S \| R_{in(source)}$$

從 JFET 來看電阻是

$$R_{in(source)} = \frac{v_{source}}{i_{source}} = \frac{v_{gs}}{i_s}$$

因此，源極隨耦器的輸出阻抗為：

$$\text{Since } v_{gs} = \frac{i_d}{g_m} \text{ and } i_d = i_s, R_{in(source)} = \frac{\frac{i_d}{g_m}}{i_d} = \frac{1}{g_m}$$

因此，源極隨耦器的輸出阻抗為：

$$z_{out(stage)} = R_S \parallel \frac{1}{g_m} \tag{8-22}$$

例題 8-13

圖 8-23 中，若 $g_m = 5000\ \mu S$，試求輸出電壓值。

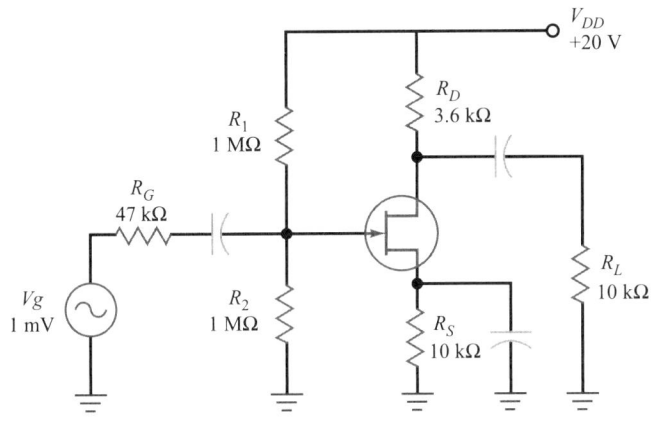

圖 8-23 共源極放大器的例子。

解答 交流汲極電阻為：

$$r_d = 3.6\ \text{k}\Omega \parallel 10\ \text{k}\Omega = 2.65\ \text{k}\Omega$$

電壓增益為：

$$A_v = (5000\ \mu S)(2.65\ \text{k}\Omega) = 13.3$$

使用 8-19 的方程式，該級的輸入阻抗為 500 kΩ，閘極的輸入信號約為 1mV。因此，輸出電壓為：

$$v_{out} = 13.3(1\ \text{mV}) = 13.3\ \text{mV}$$

練習題 8-13 以圖 8-23 來看，若 $g_m = 2000\ \mu S$，試求輸出電壓值。

例題 8-14

圖 8-24 中，若 $g_m = 2500\ \mu S$，試求輸入阻抗、輸出阻抗及源極隨耦器的輸出電壓。

解答 使用 (8-19) 的方程式，該級的輸入阻抗為

$$z_{in(stage)} = R_1 \parallel R_2 = 10\ \text{M}\Omega \parallel 10\ \text{M}\Omega$$

$$z_{in(stage)} = 5\ \text{M}\Omega$$

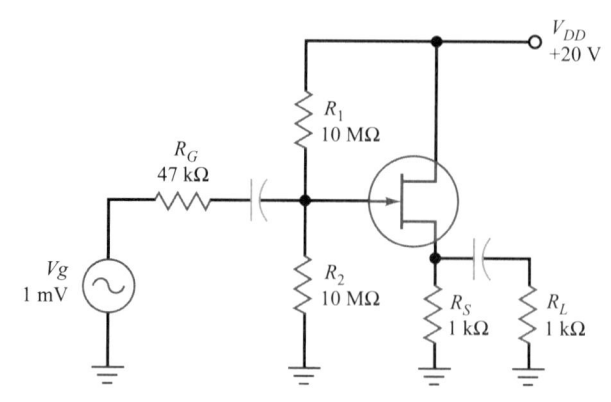

圖 8-24 源極隨耦器的例子。

使用 (8-22) 的方程式，該級的輸出阻抗為

$$z_{out(stage)} = R_S \parallel \frac{1}{g_m} = 1\ \text{k}\Omega \parallel \frac{1}{2500\ \mu\text{S}} = 1\ \text{k}\Omega \parallel 400\ \Omega$$

$$z_{out(stage)} = 286\ \Omega$$

交流源極電阻為：

$$r_s = 1\ \text{k}\Omega \parallel 1\ \text{k}\Omega = 500\ \Omega$$

利用式 (8-21)，電壓增益為：

$$A_v = \frac{(2500\ \mu\text{S})(500\ \Omega)}{1 + (2500\ \mu\text{S})(500\ \Omega)} = 0.556$$

由於電路級的輸入阻抗為 5 MΩ，閘極的輸入信號近似於 1 mV，因此輸出電壓為：

$$v_{out} = 0.556(1\ \text{mV}) = 0.556\ \text{mV}$$

練習題 8-14 若 $g_m = 5000\ \mu\text{S}$，試求圖 8-24 中的輸出電壓。

例題 8-15   ▌▌▌ MultiSim

圖 8-25 包含一個 1 kΩ 的可變電阻，若將其調為 780 Ω，試求電壓增益值。

解答 全部的直流源極電阻為：

$$R_S = 780\ \Omega + 220\ \Omega = 1\ \text{k}\Omega$$

交流源極電阻值為：

$$r_s = 1\ \text{k}\Omega \parallel 3\ \text{k}\Omega = 750\ \Omega$$

電壓增益為：

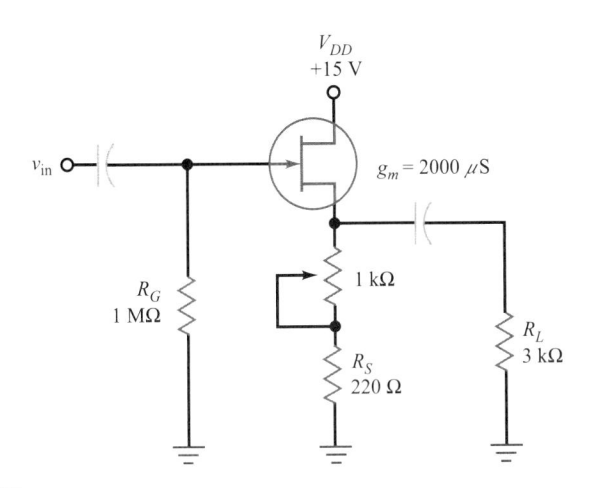

圖 8-25 例子。

$$A_v = \frac{(2000\ \mu S)(750\ \Omega)}{1 + (2000\ \mu S)(750\ \Omega)} = 0.6$$

練習題 8-15 利用圖 8-25，試求當調整可變電阻時，最大可能的電壓增益值。

例題 8-16　　　　　　　　　　　　　　　　||| MultiSim

在圖 8-26 中，試求汲極電流及電壓增益值。

解答　3:1 的分壓會產生 10 V 的直流閘極電壓。理想上，汲極電流為：

$$I_D = \frac{10\ V}{2.2\ k\Omega} = 4.55\ mA$$

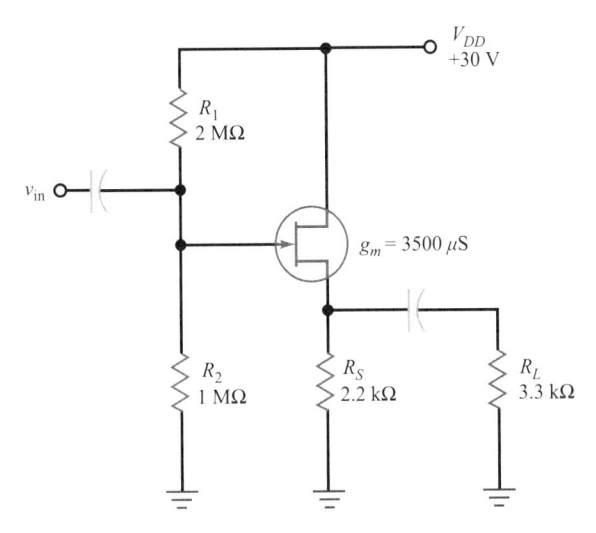

圖 8-26 例子。

交流源極電阻為：

$$r_s = 2.2 \text{ k}\Omega \parallel 3.3 \text{ k}\Omega = 1.32 \text{ k}\Omega$$

電壓增益為：

$$A_v = \frac{(3500 \text{ }\mu\text{S})(1.32 \text{ k}\Omega)}{1 + (3500 \text{ }\mu\text{S})(1.32 \text{ k}\Omega)} = 0.822$$

練習題 8-16 在圖 8-26 中，若 3.3 kΩ 電阻開路，則電壓增益會變為多少？

總結表 8-2 顯示共源極及源極隨耦放大器的架構與方程式。

總結表 8-2 接面場效應電晶體放大器

電路	特性
共源極	$V_G = \dfrac{R_1}{R_1 + R_2}(V_{DD})$ $V_S \approx V_G$ 或使用圖解法 $I_D = \dfrac{V_S}{R_S}$　　$V_D = V_{DD} - I_D R_D$ $V_{GS(\text{off})} = \dfrac{-2I_{DSS}}{g_{m0}}$ $g_m = g_{m0}\left(1 - \dfrac{V_{GS}}{V_{GS(\text{off})}}\right)$ $r_D = R_D \parallel R_L$ $A_v = g_m r_d$ $z_{in(\text{stage})} = R_1 \parallel R_2$ $z_{out(\text{stage})} = R_D$ 相位移 = 180°
源極隨耦器	$V_G = \dfrac{R_1}{R_1 + R_2}(V_{DD})$ $V_S \approx V_G$ 或使用圖解法 $I_D = \dfrac{V_S}{R_S}$　　$V_{DS} = V_{DD} - V_S$ $V_{GS(\text{off})} = \dfrac{-2I_{DSS}}{g_{m0}}$ $g_m = g_{m0}\left(1 - \dfrac{V_{GS}}{V_{GS(\text{off})}}\right)$ $z_{in(\text{stage})} = R_1 \parallel R_2$ $A_v = \dfrac{g_m r_s}{1 + g_m r_s}$ $z_{out(\text{stage})} = R_S \dfrac{1}{g_m}$ 相位移 = 0°

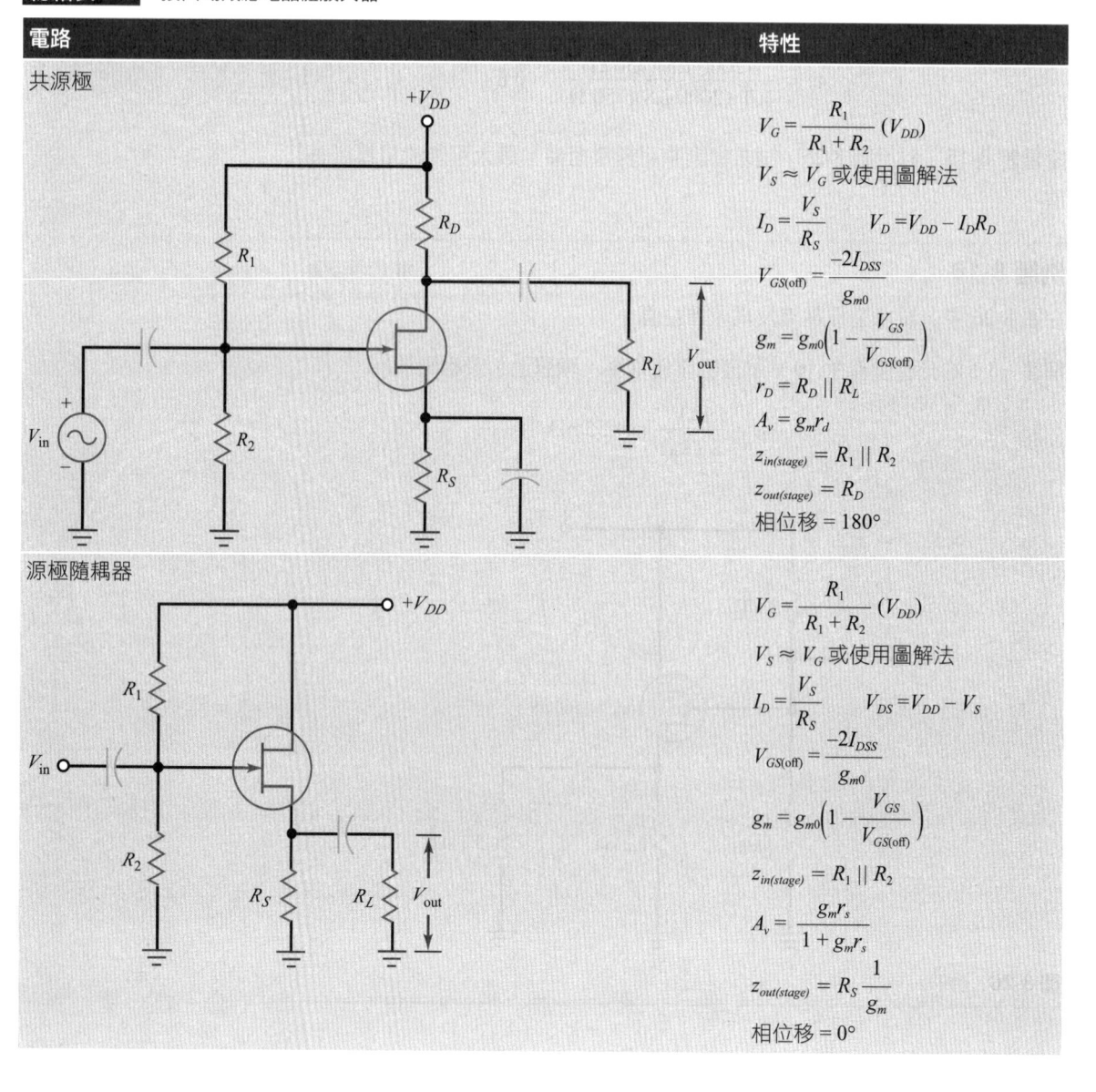

8-8 接面場效應電晶體類比開關

除了源極隨耦器以外,接面場效應電晶體另外主要的應用是當類比式開關。在這個應用中,接面場效應電晶體扮演開關,其不是傳遞就是阻斷小的交流信號。為了獲得這類的動作,閘源極電壓 V_{GS} 只有兩種數值:不是零就是大於 $V_{GS(off)}$。在這情形中,接面場效應電晶體不是在歐姆區就是在截止區中操作。

並聯開關

圖 8-27a 為接面場效應電晶體**並聯開關**(shunt switch)。接面場效應電晶體不是導通就是截止,這端視 V_{GS} 的值是高或低。當 V_{GS} 高(0 V)時,接面場效應電晶體會在歐姆區操作;當 V_{GS} 低時,則接面場效應電晶體會截止。因此我們可以圖 8-27b 當作其等效電路圖。

對於正常操作情況,交流輸入電壓必須是小的信號,其典型值是小於 100 mV。當此交流信號到達其正峰值時,一個小的信號會保證接面場效應電晶體維持在歐姆區中。而且,R_D 值遠大於 R_{DS} 值以保證進入深度飽和:

$$R_D \gg R_{DS}$$

當 V_{GS} 高準位時,接面場效應電晶體會在歐姆區操作,而圖 8-27b

> **知識補給站**
> 對於任一個 V_{GS} 值,藉由以下的方程式可以求出接面場效應電晶體的歐姆電阻:
> $$R_{DS} = \frac{R_{DS(on)}}{1 - V_{DS(off)}}$$
> 其中,$R_{DS(on)}$ 是當 V_{DS} 不大且 $V_{GS}=0\,V$ 時的歐姆電阻。

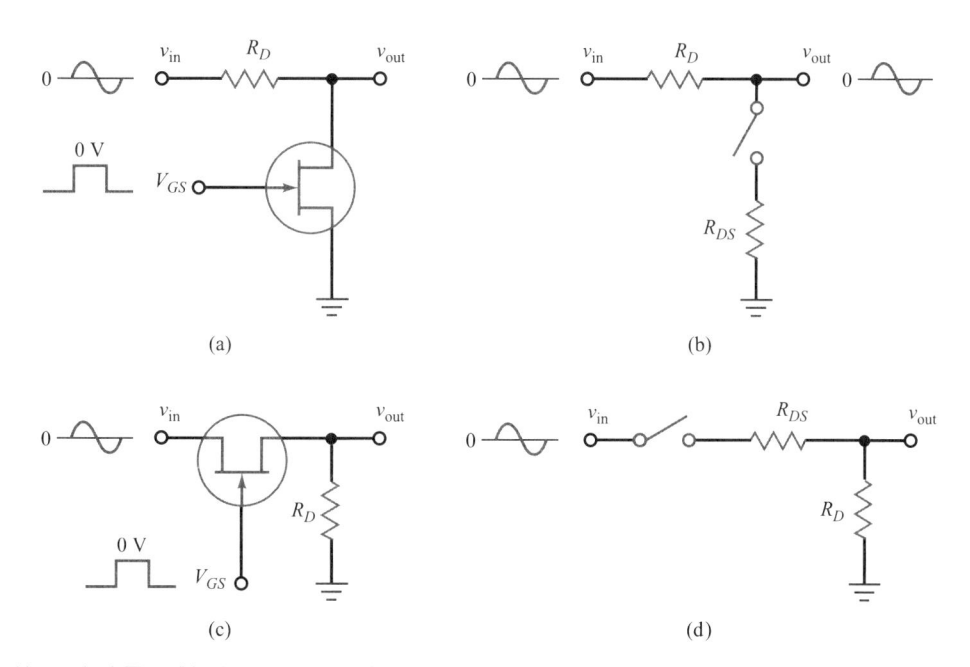

圖 8-27 接面場效應電晶體類比開關。(a) 並聯型式;(b) 並聯等效電路;(c) 串聯型式;(d) 串聯等效電路。

的開關會閉合。由於 R_{DS} 遠小於 R_D，所以 v_{out} 會遠小於 v_{in}。當 V_{GS} 低準位時，接面場效應電晶體會截止，而圖 8-27b 中的開關會開路。在這情形中，$v_{out} = v_{in}$，因此接面場效應電晶體並聯開關不是傳遞交流信號，就是阻斷它。

串聯開關

圖 8-27c 為接面場效應電晶體**串聯開關**（series switch），而圖 8-27d 是其等效電路圖。當 V_{GS} 高準位時，開關會閉合而接面場效應電晶體等效為電阻 R_{DS}。在這情況中，輸出近似於輸入。當 V_{GS} 低準位時，則接面場效應電晶體會開路，而 v_{out} 則近似於零。

一個開關的導通 - 截止比率（on-off ratio）定義為輸出電壓最大值除以輸出電壓的最小值：

$$\text{導通 - 截止比率} = \frac{v_{out(max)}}{v_{out(min)}} \tag{8-23}$$

當一個高導通 - 截止比率是很重要的時候，接面場效應電晶體串聯開關是較好的選擇，因為其導通 - 截止比率高於接面場效應電晶體並聯開關的導通 - 截止比率。

截波器

圖 8-28 所示為接面場效應電晶體**截波器**（chopper）。閘極電壓為連續性方波，其將接面場效應電晶體於導通與截止間連續切換。輸入電壓為長方形脈波而其值為 V_{DC}，由於閘極上為方波，輸出為截波（在導通與截止間切換），如圖所示。

接面場效應電晶體截波器可並聯或串聯開關使用。基本上，此電路將直流輸入電壓轉換成方波輸出。被截波的輸出，其峰值為 V_{DC}。如稍後所描述的，接面場效應電晶體截波器可以用來建立直流放大器，其可以放大低到頻率為零的所有頻段信號。

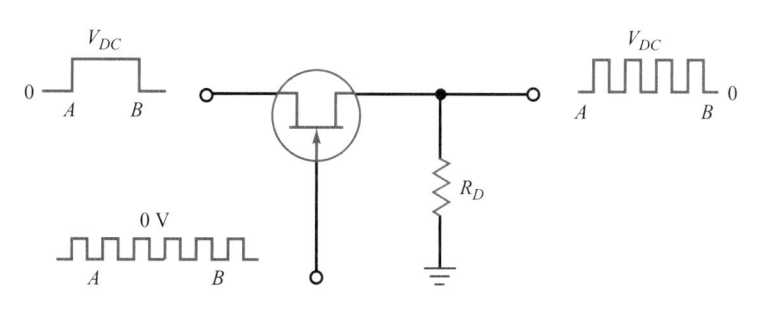

圖 8-28 截波器。

例題 8-17

接面場效應電晶體並聯開關的 $R_D = 10\ \text{k}\Omega$、$I_{DSS} = 10\ \text{mA}$，而 $V_{GS(\text{off})} = -2\ \text{V}$，若輸入電壓峰對峰值為 $v_{\text{in}} = 10\ \text{mV}_{\text{p-p}}$，試求輸出電壓及導通 - 截止比率。

解答 歐姆電阻值為：

$$R_{DS} = \frac{2\ \text{V}}{10\ \text{mA}} = 200\ \Omega$$

圖 8-29a 為接面場效應電晶體導通時的等效電路。而輸出電壓為：

$$v_{\text{out}} = \frac{200\ \Omega}{10.2\ \text{k}\Omega}(10\ \text{mV}_{\text{p-p}}) = 0.196\ \text{mV}_{\text{p-p}}$$

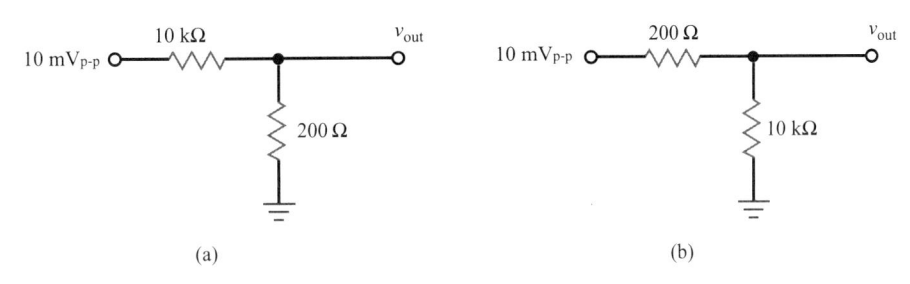

圖 8-29　例子。

(a)　(b)

當接面場效應電晶體截止時：

$$v_{\text{out}} = 10\ \text{mV}_{\text{p-p}}$$

導通 - 截止比率為：

$$導通 - 截止比率 = \frac{10\ \text{mV}_{\text{p-p}}}{0.196\ \text{mV}_{\text{p-p}}} = 51$$

練習題 8-17　試以 $V_{GS(\text{off})} = -4\ \text{V}$ 重做例題 8-17。

例題 8-18

接面場效應電晶體串聯開關跟之前例題有相同的資料。試求輸出電壓值。若接面場效應電晶體截止時的電阻為 $10\ \text{M}\Omega$，試求導通 - 截止比率。

解答　圖 8-29b 為接面場效應電晶體導通時的等效電路，而輸出電壓為：

$$v_{\text{out}} = \frac{10\ \text{k}\Omega}{10.2\ \text{k}\Omega}(10\ \text{mV}_{\text{p-p}}) = 9.8\ \text{mV}_{\text{p-p}}$$

當接面場效應電晶體截止時：

$$v_{\text{out}} = \frac{10\ \text{k}\Omega}{10\ \text{M}\Omega}(10\ \text{mV}_{\text{p-p}}) = 10\ \mu\text{V}_{\text{p-p}}$$

開關的導通 - 截止比率為：

$$導通 - 截止比率 = \frac{9.8 \text{ mV}_{\text{p-p}}}{10 \text{ μV}_{\text{p-p}}} = 980$$

比較這題與前面的例題，可以發現串聯開關會有較好的導通 - 截止比率。

練習題 8-18 試以 $V_{GS(\text{off})} = -4$ V 重做例題 8-18。

應用題 8-19　　　　　　　　　　　　　　　　　　　　　　|||| MultiSim

圖 8-30 的閘極方波頻率為 20 kHz，試求截波輸出的頻率。若 MPF4858 的 $R_{DS} = 50$ Ω，試求截波輸出的峰值。

解答　輸出頻率跟截波或閘極頻率相同：

$$f_{\text{out}} = 20 \text{ kHz}$$

由於 50 Ω 遠小於 10 kΩ，所以幾乎所有的輸入電壓會到達輸出端：

$$V_{\text{peak}} = \frac{10 \text{ kΩ}}{10 \text{ kΩ} + 50 \text{ Ω}} (100 \text{ mV}) = 99.5 \text{ mV}$$

練習題 8-19 以圖 8-30 且 $R_{DS} = 100$ Ω，試求截波輸出的峰值。

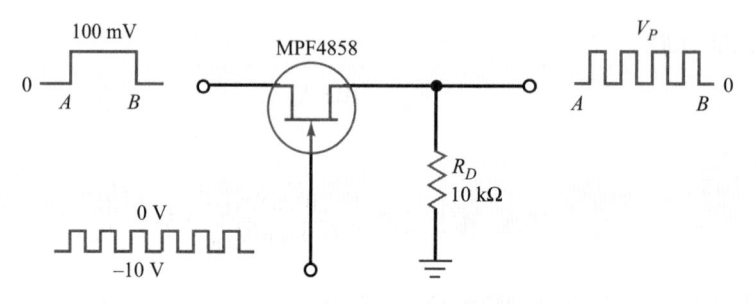

圖 8-30 截波器的例子。

8-9　其他接面場效應電晶體的應用

對於大部分的放大器應用，接面場效應電晶體無法與雙極性電晶體競爭。但是它獨特的特性，使得它在特殊的應用中成為更好的選擇。在本節中，我們將討論在哪些應用中，接面場效應電晶體有著勝過雙極性電晶體的明顯好處。

多工

多工（multiplex）意謂「多對一」。圖 8-31 為一類比式多工器，它是一種可以藉由操作而把一個或多個輸入信號連往輸出線的電路。每一個接面場效應電晶體扮演一個串聯開關的角色，控制信號（V_1、V_2 及 V_3）將接面場效應電晶體導通與截止。當控制信號為高電位時，它的輸入信號會被傳到輸出。

例如，若 V_1 為高電位，而其他的為低電位，則輸出將為弦波。若 V_2 為高電位，而其他的為低電位，則輸出將為三角波。當 V_3 為高電位輸入，則輸出將為方波。正常來說，控制信號中只有一個會是高電位，這確保輸入信號中只有一個會被傳到輸出。

截波放大器

藉由省掉耦合與旁路電容及將每一級的輸出直接連接到下一級的輸入，我們可以建立直接耦合放大器。在這樣情形下，如交流電壓般，直流電壓是耦合的。可以放大直流信號的電路，稱之為直流放大器（dc amplifier）。直接耦合的主要缺點是漂移（drift）問題，它是由於電源電壓、電晶體參數及溫度變化的小變化，在最後的直流輸出電壓中產生的緩慢變動。

圖 8-32a 為解決直接耦合所引發漂移問題的一個方法。我們不使用直接耦合，改而使用接面場效應電晶體截波器，將輸入直流電壓轉換成方波，這方波峰值等於 V_{DC}。由於方波是個交流信號，我們可以使用具有耦合與旁路電容的傳統交流放大器。然後被放大的輸出信號可

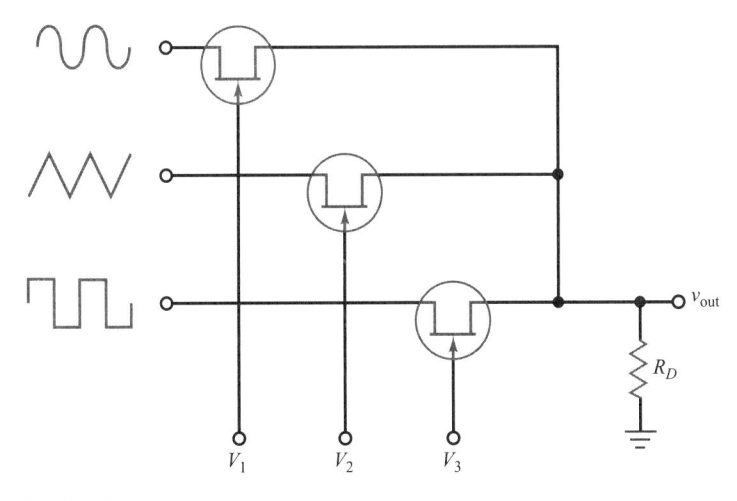

圖 8-31 多工器。

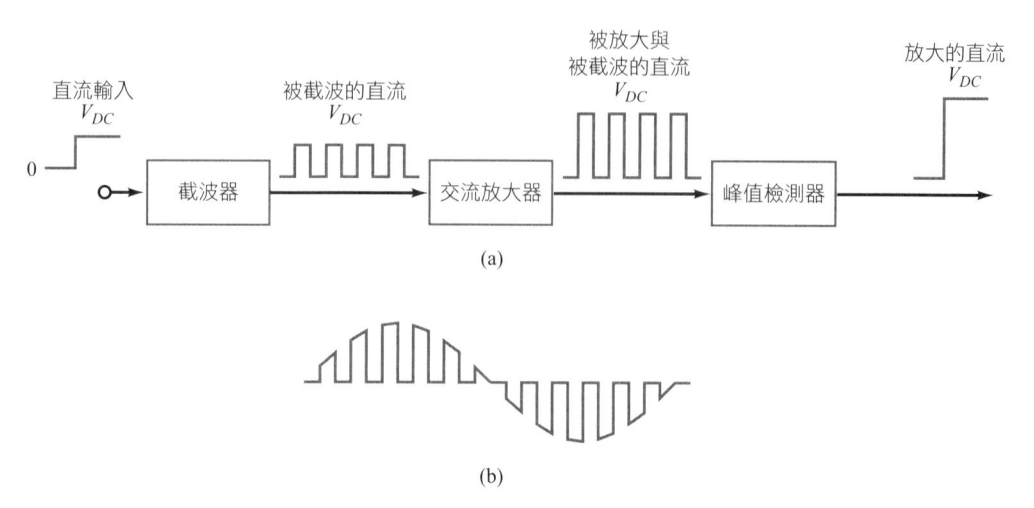

圖 8-32 截波放大器。

以被峰值檢測，恢復成放大的直流信號。

截波器放大器可以放大低頻信號與直流信號。若輸入為低頻信號，它會被截波成如圖 8-32b 的交流波形。這被截波的信號可以藉由交流放大器放大，然後被放大的信號可以峰值檢測，恢復成原本的輸入信號。

緩衝放大器

圖 8-33 所示的緩衝（buffer）放大器，其隔開前後級電路。理想上，緩衝器應有高的輸入阻抗。若有，則幾乎所有的戴維寧等效電壓會出現在緩衝器的輸入端。緩衝器也應有低的輸出阻抗，這樣會確保它所有的輸出電壓都會到達 B 級的輸入端。

由於其高輸入阻抗（在低頻段為數百萬歐姆）及低輸出阻抗（典型值為幾百歐姆）特性，故源極隨耦器是很好的緩衝放大器。高輸入阻抗對於電路 A 級意謂其負載輕（這裡的「載」是指電流），低輸出阻抗意謂緩衝器可以驅動重載（小負載電阻；反之，即電流會大）。

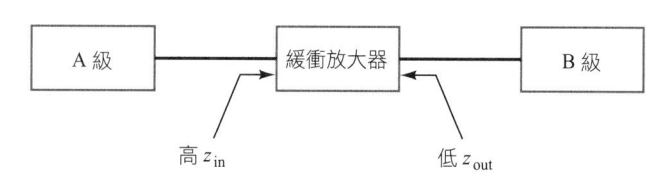

圖 8-33 緩衝放大器隔開 A 級與 B 級。

低雜訊放大器

雜訊（noise）是種加在有用的信號上，但卻是我們不想要的擾動。雜訊干擾與訊息一起被包含在信號中。例如在電視接收器中的雜訊會在畫面中產生小白點或是小黑點，而嚴重的雜訊會完全去除畫面。同樣地，無線電接收器中的雜訊會產生細碎的爆裂聲與嘶嘶聲，有時候還會完全蓋住信號。雜訊與信號是各自獨立的，因為即使當信號關閉，雜訊還是會存在。

接面場效應電晶體是優異的低雜訊元件，因為它比雙極性接面電晶體產生較少的雜訊。對於接收器的前端而言，低雜訊是非常重要的，因為後級會放大前級信號中的雜訊。若在前級中使用接面場效應電晶體放大器，可在最後的輸出中獲得被放大程度較少的雜訊。

靠近接收器前端的其他電路，包含混頻器及振盪器。混頻器是一個可將高頻轉換成低頻的電路，振盪器是一個可產生交流信號的電路，接面場效電路常用於 VHF/UHF 放大器、混合器及振盪器，*VHF*（超高頻）表示「非常高的頻率」（30 至 300 MHz），而 *UHF*（極高頻）表示「極高的頻率」（300 至 3000 MHz）。

壓控電阻

當接面場效應電晶體在歐姆區操作，通常 $V_{GS} = 0$ 以保證進入深度飽和。但有一個例外，以在 0 與 $V_{GS(off)}$ 間的 V_{GS} 值將接面場效應電晶體操作在歐姆區是可能的。在這情形中，接面場效應電晶體就像壓控電阻一樣。

圖 8-34 為元件 2N5951 的汲極曲線，其靠近原點，V_{DS} 小於 100 mV。在這區域中，小信號電阻 r_{ds} 定義為汲極電壓除以汲極電流：

$$r_{ds} = \frac{V_{DS}}{I_D} \qquad (8\text{-}24)$$

在圖 8-34 中，可以看見 r_{ds} 依所使用的 V_{GS} 特性曲線而定。對於 $V_{GS} = 0$，r_{ds} 為最小值且等於 R_{DS}。當 V_{GS} 變得更負時，r_{ds} 會增加且變得比 R_{DS} 更大。

例如當圖 8-34 中的 $V_{GS} = 0$，可以算出：

$$r_{ds} = \frac{100 \text{ mV}}{0.8 \text{ mA}} = 125 \text{ }\Omega$$

當 $V_{GS} = -2$ V 時：

$$r_{ds} = \frac{100 \text{ mV}}{0.4 \text{ mA}} = 250 \text{ }\Omega$$

當 $V_{GS} = -4$ V 時：

$$r_{ds} = \frac{100 \text{ mV}}{0.1 \text{ mA}} = 1 \text{ k}\Omega$$

這意謂接面場效應電晶體在歐姆區中如同壓控電阻般操作。

　　回想一下，由於兩端中的任何一端可以當作源極或汲極，所以接面場效應電晶體在低頻時為對稱元件。這是為什麼圖 8-34 的汲極特性曲線會從原點的兩邊延伸。這意謂對於交流小信號，接面場效應電晶體可以作壓控電阻使用，典型的交流小信號峰對峰值小於 200 mV。當它作此用途時，由於交流小信號供應汲極電壓，所以接面場效應電晶體不需從電源獲得直流汲極電壓。

　　圖 8-35a 為一並聯電路，在此電路中接面場效應電晶體用作壓控電阻。這電路跟之前討論的接面場效應電晶體並聯開關一樣，不同的是控制電壓 V_{GS} 不會在 0 與一個大的負值間擺動，而 V_{GS} 可以連續地變化，即它在 0 與 $V_{GS(\text{off})}$ 間可以為任何值。在這情形中，V_{GS} 會控制接面場效應電晶體的電阻值，然後其會改變輸出電壓峰值。

　　圖 8-35b 為將接面場效應電晶體當作壓控電阻使用的一個串聯電路。此基本概念是相同的。當我們改變 V_{GS} 時，會改變接面場效應電

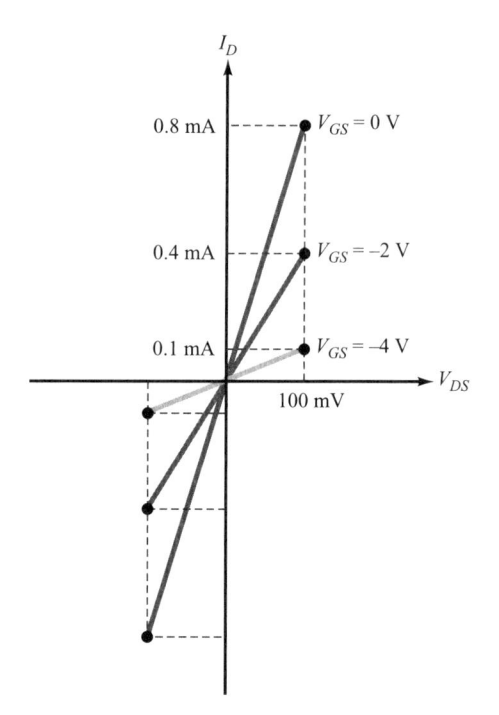

圖 8-34 小信號 r_{ds} 受電壓控制。

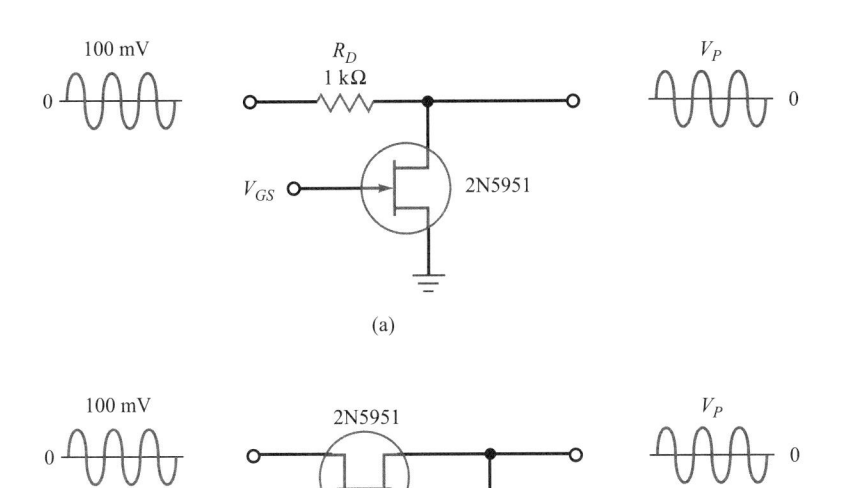

圖 8-35 壓控電阻的例子。

晶體的交流電阻值，而其會改變峰值輸出電壓。

如之前所計算的，當 $V_{GS} = 0$ V 時，2N5951 的小信號電阻值為：

$$r_{ds} = 125 \ \Omega$$

在圖 8-35a 中，這意謂分壓器產生的峰值輸出電壓：

$$V_p = \frac{125 \ \Omega}{1.125 \ \text{k}\Omega} (100 \ \text{mV}) = 11.1 \ \text{mV}$$

若 V_{GS} 改為 -2 V，則 r_{ds} 會增加到 $250 \ \Omega$，而峰值輸出會增加到：

$$V_p = \frac{250 \ \Omega}{1.25 \ \text{k}\Omega} (100 \ \text{mV}) = 20 \ \text{mV}$$

當 V_{GS} 改為 -4 V 時，r_{ds} 會增加到 $1 \ \text{k}\Omega$，而峰值輸出會增加到：

$$V_p = \frac{1 \ \text{k}\Omega}{2 \ \text{k}\Omega} (100 \ \text{mV}) = 50 \ \text{mV}$$

自動增益控制

當接收器從信號弱的電台調到信號強的電台時，除非馬上調低音量，不然喇叭會嘟嘟作響（變得大聲起來）。由於變弱（傳輸器與

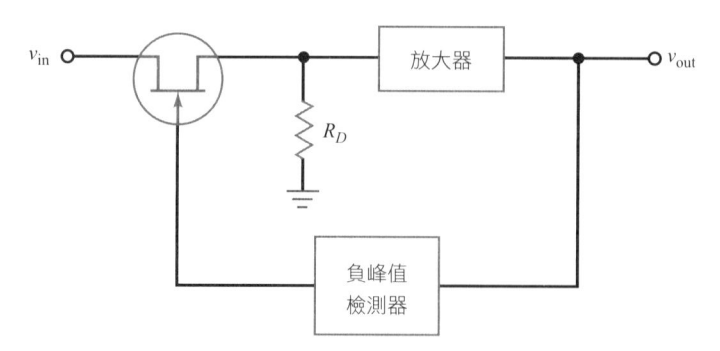

圖 8-36 自動增益控制。

接收器間的路徑改變所引起的信號變低)，音量也可能會改變。為避免音量出現不想要的變化，所以現在的接收器會使用**自動增益控制**（automatic gain control, AGC）。

圖 8-36 描繪出自動增益控制的基本概念。輸入信號 v_{in} 通過被當作壓控電阻使用的接面場效應電晶體，信號被放大以獲得輸出電壓 v_{out}，而輸出信號再被回授至負峰值檢測器，然後該峰值檢測器的輸出則提供作接面場效應電晶體的 V_{GS}。

若輸入信號突然大量增加，則輸出電壓將會增加，這意謂較大的負電壓會從峰值檢測器輸出。由於 V_{GS} 更負，所以接面場效應電晶體會有更高的歐姆電阻值，其會降低送往放大器的信號，而讓輸出信號減小。

另一方面，若輸入信號變弱則輸出電壓會減小，而負峰值檢測器會產生更小的輸出信號。由於 V_{GS} 負的程度較少，所以接面場效應電晶體會傳送較多的電壓信號給放大器，而其會提高最後的輸出。因此，藉由自動增益控制的作用，輸入信號任何突然的改變，結果是會被抵銷掉或是至少下降。

應用題 8-20

圖 8-37b 的電路如何控制接收器？

解答 如之前所示，當 V_{GS} 變得更負時，接面場效應電晶體的 g_m 值會下降，方程式為：

$$g_m = g_{m0}\left(1 - \frac{V_{GS}}{V_{GS(\text{off})}}\right)$$

(a)

(b)

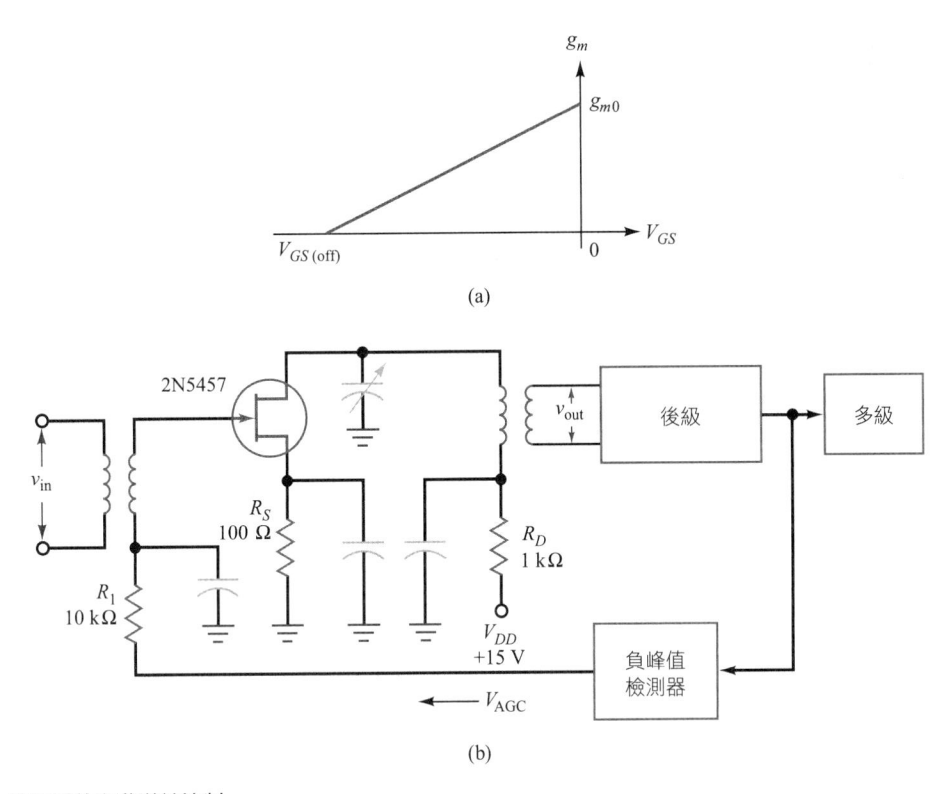

圖 8-37 接收器的自動增益控制。

這是一個線性方程式，當它以圖形表示時，其結果在圖 8-37a 中。對於接面場效應電晶體而言，當 $V_{GS} = 0$ 時，g_m 值會來到最大；當 V_{GS} 變得更負時，g_m 的值則會下降。由於共源極放大器具有電壓增益：

$$A_v = g_m r_d$$

我們可以藉由控制 g_m 值來控制電壓增益。

圖 8-37b 顯示出其是如何做到的。接面場效應電晶體放大器靠近接收器的前端，其電壓增益為 $g_m r_d$。後級則放大接面場效應電晶體的輸出，而被放大的電壓再被用於共源極放大器的閘極端。

當接收器從弱轉到強的頻道時，更大的信號的峰值會被檢測到而 V_{AGC} 會變得更負，這會降低接面場效應電晶體的增益值。相反地，若信號變弱時，施加在閘極的自動增益控制電壓會較少，而接面場效應電晶體會產生更大的輸出信號。

自動增益控制的整體影響：最後的輸出信號的改變不會如沒有自動增益控制下變化得多。例如，在一些自動增益控制系統，輸入信號增加 100%，輸出信號的增加低於 1%。

疊接放大器

圖 8-38 為疊接放大器的一個例子，這兩個場效應電晶體的連接之整體電壓增益，可以表示為：

$$A_v = g_m r_d$$

這電壓增益跟共源極放大器的一樣。

這電路的好處是其輸入電容值低，以 VHF 及 UHF 信號來說，這是重要的。在這些較高的頻率，輸入電容值在電壓增益上會變成一個限制因素。比起只有一級的共源極放大器來說，疊接放大器輸入容值低，其允許電路放大較高的頻率。而高頻操作下，電容的影響是可以數學方式來分析的。

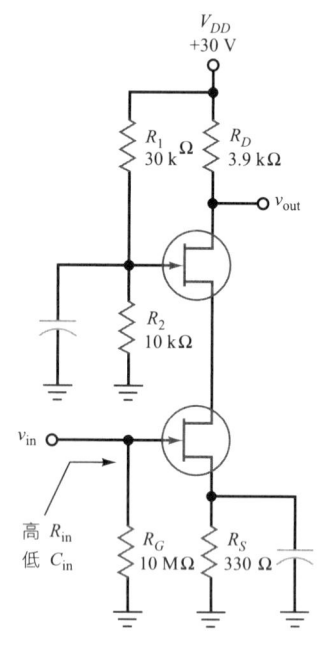

圖 8-38 疊接放大器。

電流輸出

假設有個負載需要定電流，一個解決的辦法是使用閘極短路的接面場效應電晶體來提供定電流，圖 8-39a 為基本的概念。如圖 8-39b 所示，若 Q 點在主動區，則負載電流會等於 I_{DSS}。當接面場效應電晶體被換掉時，如果負載可以忍受 I_{DSS} 的變化，則這電路會是個很好的解決方式。

另一方面，若固定的負載電流必須要有特定的值，如圖 8-39c 所示，我們可以使用可調式源極電阻。自偏壓將產生負的 V_{GS} 值，藉由調整電阻，我們可以建立不同的 Q 點，如圖 8-39d 所示。

即便負載電阻改變，要產生固定的負載電流，使用接面場效應電晶體就是一種簡單的方式。我們將討論使用運算放大器以產生固定負載電流的其他方式。

限流

不同於供應電流，圖 8-40a 展示了接面場效應電晶體可以用來限制電流的應用。在這應用中，接面場效應電晶體會在歐姆區中操作，而不是在主動區中。為確保在歐姆區中操作，設計者會選擇可以得到如圖 8-40b 所示直流負載線的值。正常的 Q 點會在歐姆區中，而正常的負載電流則是近似於 V_{DD}/R_D。

若負載短路，則直流負載線會變得垂直。在這情形中，Q 點會改變到如圖 8-40b 所示的新位置。以這 Q 點來看，電流會被限制到 I_{DSS}，要記住的一點是短路的負載通常會產生過多的電流。但是跟負載串聯在一起的接面場效應電晶體電流，則是會被限制在一個安全值。

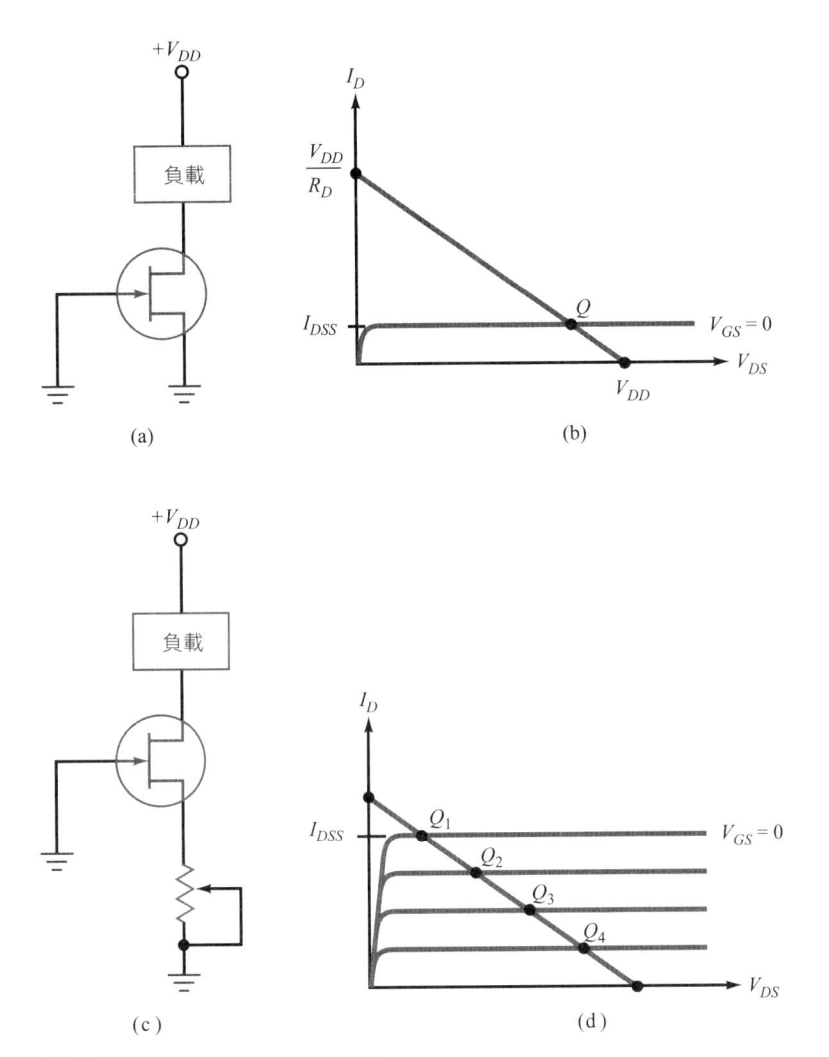

圖 8-39 接面場效應電晶體當作電流源。

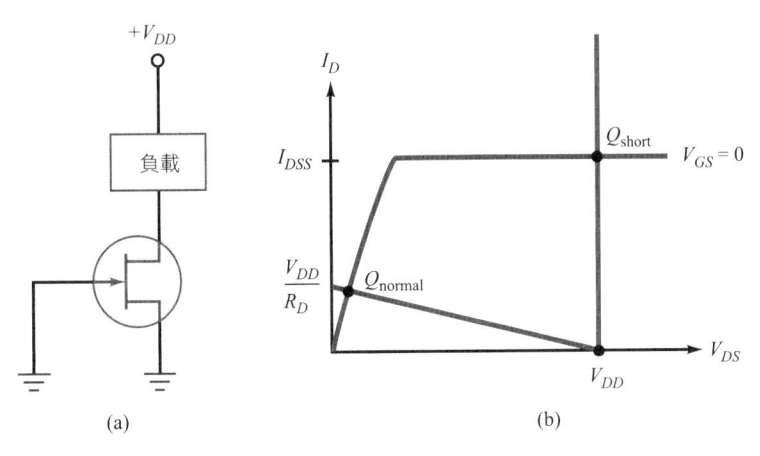

圖 8-40 若負載短路時，接面場效應電晶體會限制電流。

結論

總結表 8-3 的一些名詞是新的,而且之後將會被討論到。接面場效應電晶體緩衝器有高輸入阻抗與低輸出阻抗的優點,這是為何像在電壓量測計、示波器與其他一樣需要高輸入電阻值(10 MΩ 或是更高)的類似設備之前級中,接面場效應電晶體會是不二的選擇。如手冊所示,接面場效應電晶體的閘極輸入電阻值是超過 100 MΩ 的。

當接面場效應電晶體用做小信號放大器使用時,由於只有使用到轉導特性曲線的一小部分,所以其輸出電壓與輸入電壓呈線性關係。由於靠近電視與無線電接收器的前端處信號是微弱的,因此接面場效應電晶體常用做射頻放大器使用。

但是以較大的信號來說,轉導特性曲線會有較多的部分被用到,導致產生平方關係的失真。在放大器中非線性失真是不受歡迎的,但是對混頻器而言平方關係的失真大有好處。這是為何對於頻率調變與電視混波器的應用而言,接面場效應電晶體會較雙極性接面電晶體來得受歡迎。

如總結表 8-3 所示,接面場效應電晶體在自動增益控制放大器、串接放大器、截波器、壓控電阻器、音訊放大器及振盪器也是有用的。

8-10 閱讀元件資料手冊

接面場效應電晶體的元件資料手冊跟雙極性接面電晶體相似,我們可以發現最大額定值、直流特性、交流特性及數學資料等。由於最大額定值會限制接面場效應電晶體的電流、電壓及其他參數量,所以通常是從最大額定值開始讀起。

總結表 8-3 場效應電晶體的應用

應用	主要優點	用途
緩衝器	高輸入阻抗 z_{in},低輸出阻抗 z_{out}	一般用途量測設備、接收器
射頻放大器	低雜訊	頻率調變調諧器、通信設備
射頻混波器	低失真	頻率調變及電視接收器、通信設備
自動增益控制放大器	增益控制容易	接收器、信號產生器
疊接放大器	低輸入電容值	量測工具、測試設備
截波放大器	無漂移	直流放大器、引導控制系統
可變電阻器	壓控	運算放大器、(管)風琴的音調控制
音響放大器	小型耦合電容	助聽器、電感式轉換器
射頻振盪器	最小漂移頻率	頻率標準、接收器

崩潰額定

如圖 8-41 所示，由 MPF102 的元件資料手冊已知最大額定值為：

V_{DS}　　　25 V
V_{GS}　　-25 V
P_D　　　350 mW

照例，保守的設計對於所有的最大額定值會包含安全因素。

如之前所討論的，降額因素告訴我們元件該降多少的額定功率，MPF102 的降額因素已知為 2.8 mW/°C。這意謂超過 25°C 時，每上升 1°C 我們就必須降低 2.8 mW 的額定功率。

I_{DSS} 與 $V_{GS(off)}$

空乏型元件資料手冊上最重要的兩件事，是最大汲極電流及閘源極截止電壓，在 MPF102 的元件資料手冊上可知這些值。

符號	最小	最大
$V_{GS(off)}$	–	-8 V
I_{DSS}	2 mA	20 mA

注意在 I_{DSS} 中 10:1 的分布。更大的分布則是以接面場效應電晶體電路的初步分析來使用理想近似法的理由之一，使用理想近似法的另一個理由是：元件資料手冊常常會刪掉數值，所以我們真的不知道可能會是哪些值，在 MPF102 的例子中，$V_{GS(off)}$ 的最小值沒有列在元件資料手冊上。

接面場效應電晶體的另一個重要靜態特性是 I_{GSS}，其是當閘源極接面被逆向偏壓時的閘極電流值。這個電流值允許我們去求出接面場效應電晶體的直流輸入電阻值。如元件資料手冊所示，當 $V_{GS} = -15$ V 時，I_{GSS} 為 2 nAdc。在這些情況下，閘源極電阻值為 $R = 15$ V/2 nA = 7500 MΩ。

接面場效應電晶體的列表

表 8-4 為不同接面場效應電晶體的樣品，資料按照 g_{m0} 的降序排列。這些接面場效應電晶體的元件資料手冊顯示出一些被最佳化用於音頻與其他射頻的接面場效應電晶體。最後三個接面場效應電晶體被最佳化用於開關應用中。

由於功率損耗通常是 1 瓦特或更少，所以接面場效應電晶體是小信號元件。在音響應用中，接面場效應電晶體常用作源極隨耦器。在

MPF102

Preferred Devices

JFET VHF Amplifier
N−Channel − Depletion

Features
- Pb−Free Package is Available*

ON Semiconductor®

http://onsemi.com

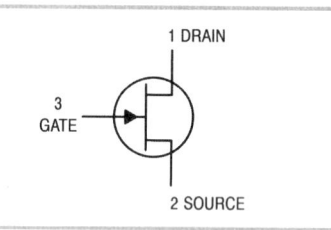

TO−92 (TO−226AA)
CASE 29−11
STYLE 5

MAXIMUM RATINGS

Rating	Symbol	Value	Unit
Drain−Source Voltage	V_{DS}	25	Vdc
Drain−Gate Voltage	V_{DG}	25	Vdc
Gate−Source Voltage	V_{GS}	−25	Vdc
Gate Current	I_G	10	mAdc
Total Device Dissipation @ T_A = 25°C Derate above 25°C	P_D	350 2.8	mW mW/°C
Junction Temperature Range	T_J	125	°C
Storage Temperature Range	T_{stg}	−65 to +150	°C

Maximum ratings are those values beyond which device damage can occur. Maximum ratings applied to the device are individual stress limit values (not normal operating conditions) and are not valid simultaneously. If these limits are exceeded, device functional operation is not implied, damage may occur and reliability may be affected.

ELECTRICAL CHARACTERISTICS (T_A = 25°C unless otherwise noted)

Characteristic	Symbol	Min	Max	Unit
OFF CHARACTERISTICS				
Gate−Source Breakdown Voltage (I_G = −10 μAdc, V_{DS} = 0)	$V_{(BR)GSS}$	−25	−	Vdc
Gate Reverse Current (V_{GS} = −15 Vdc, V_{DS} = 0) (V_{GS} = −15 Vdc, V_{DS} = 0, T_A = 100°C)	I_{GSS}	− −	−2.0 −2.0	nAdc μAdc
Gate−Source Cutoff Voltage (V_{DS} = 15 Vdc, I_D = 2.0 nAdc)	$V_{GS(off)}$	−	−8.0	Vdc
Gate−Source Voltage (V_{DS} = 15 Vdc, I_D = 0.2 mAdc)	V_{GS}	−0.5	−7.5	Vdc
ON CHARACTERISTICS				
Zero−Gate−Voltage Drain Current (Note 1) (V_{DS} = 15 Vdc, V_{GS} = 0 Vdc)	I_{DSS}	2.0	20	mAdc
SMALL−SIGNAL CHARACTERISTICS				
Forward Transfer Admittance (Note 1) (V_{DS} = 15 Vdc, V_{GS} = 0, f = 1.0 kHz) (V_{DS} = 15 Vdc, V_{GS} = 0, f = 100 MHz)	$\|y_{fs}\|$	2000 1600	7500 −	μmhos
Input Admittance (V_{DS} = 15 Vdc, V_{GS} = 0, f = 100 MHz)	$Re(y_{is})$	−	800	μmhos
Output Conductance (V_{DS} = 15 Vdc, V_{GS} = 0, f = 100 MHz)	$Re(y_{os})$	−	200	μmhos
Input Capacitance (V_{DS} = 15 Vdc, V_{GS} = 0, f = 1.0 MHz)	C_{iss}	−	7.0	pF
Reverse Transfer Capacitance (V_{DS} = 15 Vdc, V_{GS} = 0, f = 1.0 MHz)	C_{rss}	−	3.0	pF

1. Pulse Test; Pulse Width ≤ 630 ms, Duty Cycle ≤ 10%.

*For additional information on our Pb−Free strategy and soldering details, please download the ON Semiconductor Soldering and Mounting Techniques Reference Manual, SOLDERRM/D.

MARKING DIAGRAM

MPF
102
AYWW

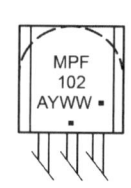

MPF102 = Device Code
A = Assembly Location
Y = Year
WW = Work Week
• = Pb−Free Package
(Note: Microdot may be in either location)

ORDERING INFORMATION

Device	Package	Shipping
MPF102	TO−92	1000 Units/Bulk
MPF102G	TO−92 (Pb−Free)	1000 Units/Bulk

Preferred devices are recommended choices for future use and best overall value.

© Semiconductor Components Industries, LLC, 2006
January, 2006 − Rev. 3

Publication Order Number:
MPF102/D

圖 8-41　MPF102 的元件資料手冊（經 SCILLC dba ON Semiconductor 許可使用）。

表 8-4　接面場效應電晶體的樣品

元件	$V_{GS(off)}$, V	I_{DSS}, mA	g_{m0}, μS	R_{DS}, Ω	應用
J202	−4	4.5	2,250	888	音響
2N5668	−4	5	2,500	800	射頻
MPF3822	−6	10	3,333	600	音響
2N5459	−8	16	4,000	500	音響
MPF102	−8	20	5,000	400	射頻
J309	−4	30	15,000	133	射頻
BF246B	−14	140	20,000	100	開關
MPF4857	−6	100	33,000	60	開關
MPF4858	−4	80	40,000	50	開關

射頻應用中，則用作 VHF/UHF 放大器、混合器及振盪器，而在開關應用中，典型是當作類比開關使用。

8-11　接面場效應電晶體的測試

MPF102 的元件資料手冊顯示其最大閘極電流 I_G 為 10 mA，這是接面場效應電晶體可以處理的最大順向閘源極或閘汲極電流。若閘極到通道的 pn 接面變成順向偏壓時，這就有可能發生。若使用歐姆計或數位電錶，以二極體測試範圍測試接面場效應電晶體，要確定儀器不會引起過多的閘極電流。許多類比的電壓歐姆量測計將會在 R×1 的範圍，提供大約 100 mA 的電流。R×100 的範圍，通常會產生 1–2 mA 的電流，當在二極體測試範圍時，大部分的數位量測計會輸出 1–2 mA 的固定電流。這應可允許接面場效應電晶體閘源極與閘汲極 pn 接面的安全測試。要確認接面場效應電晶體汲源極的通道電阻，可將閘極腳位與源極腳位相連接。否則，由於通道中所產生的電場影響，我們將會讀到跳動不穩定的量測值。

如果你的手邊有半導體曲線追蹤儀，則可以測試接面場效應電晶體，並顯示出其汲極特性曲線。如圖 8-42a 使用 Multisim 的簡單測試電路，也可以被用來一次就顯示出汲極特性曲線。藉由使用大部分示波器的 xy 顯示能力，則可顯示出類似於圖 8-42b 的汲極特性曲線。藉由改變 V_1 的逆向偏壓，我們可以求出 I_{DSS} 及 $V_{GS(off)}$ 值。

舉例來說，如圖 8-42a 所示的示波器輸入 y 透過 10 Ω 的訊號源電阻連接，示波器的垂直軸輸入設為每格 50 mV/division，產生垂直的汲極電流量測值為

$$I_D = \frac{50 \text{ mV/div.}}{10 \text{ }\Omega} = 5 \text{ mA}/div$$

將 V_1 調為 0 V，產生的 I_D 值（I_{DSS}）近似為 12 mA。藉由增加 V_1 值，直到讓 I_D 為 0，則可以求得 $V_{GS(\text{off})}$ 值。

(a)

(b)

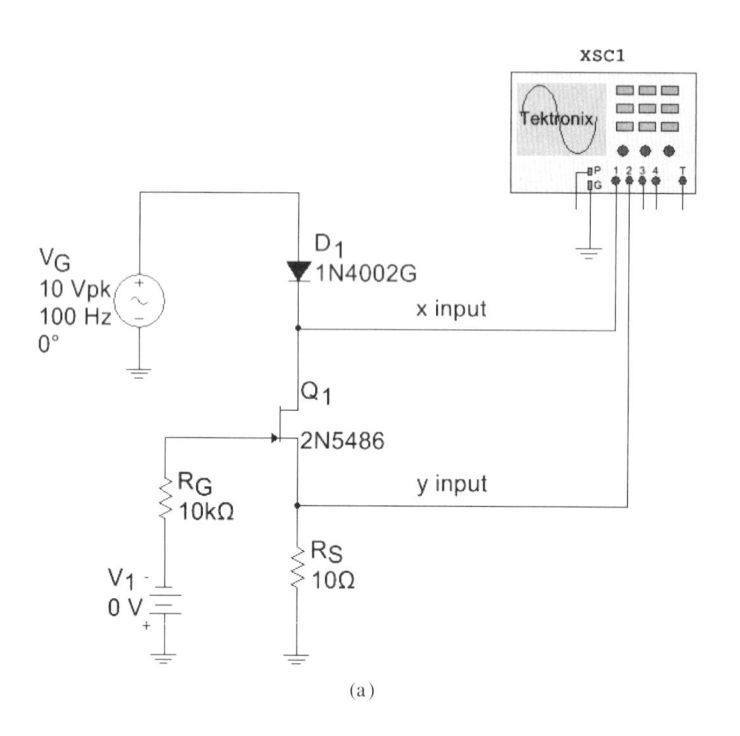

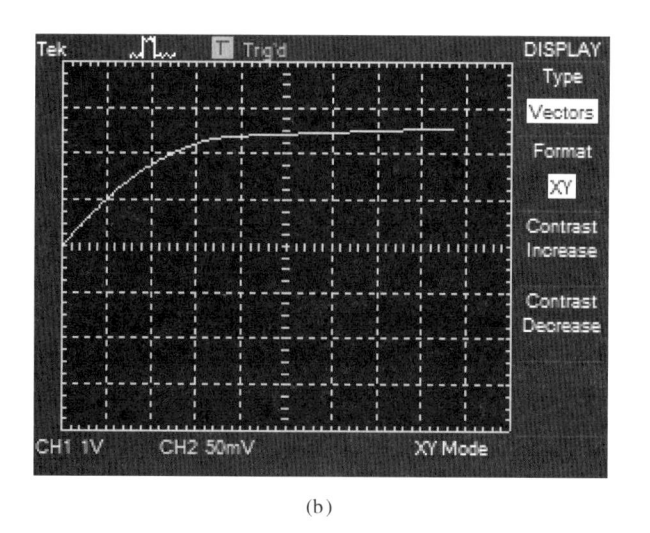

圖 8-42　(a) 接面場效應電晶體測試電路；(b) 汲極特性曲線。

● 總結

8-1 基本概念
接面場效應電晶體縮寫成 JFET，其有源極、閘極與汲極。接面場效應電晶體有兩個二極體，分別為閘源極二極體與閘汲極二極體。正常操作下，閘源極二極體為逆向偏壓而閘極電壓會控制汲極電流。

8-2 汲極特性曲線
當閘源極電壓為零時，會出現最大汲極電流。夾止電壓會將 $V_{GS} = 0$ 的歐姆區與主動區分開。閘源極截止電壓與夾止電壓有相同的振幅值，$V_{GS(off)}$ 會將接面場效應電晶體截止。

8-3 轉導特性曲線
這是汲極電流對閘源極電壓之曲線圖。當 V_{GS} 趨近於零時，汲極電流會更快速地增加。由於汲極電流的方程式包含平方量，接面場效應電晶體被指為是平方法則元件。當 V_{GS} 等於截止的一半位置處時，正規化後的轉導特性曲線顯示出 I_D 等於最大值的四分之一。

8-4 偏壓於歐姆區
閘極偏壓用於將接面場效應電晶體偏壓於歐姆區中，當其操作於歐姆區時，接面場效應電晶體等效為一個 R_{DS} 的小電阻。為確保操作在歐姆區中，藉由使用 $V_{GS} = 0$ 與 $I_{D(sat)} \ll I_{DSS}$ 接面場效應電晶體會被驅動進入深度飽和狀態。

8-5 偏壓於主動區
當閘極電壓遠大於 V_{GS} 時，分壓器偏壓法可以在主動區中建立穩定的 Q 點。當手邊有正與負的外部供應電壓時，雙電源偏壓法可以用來去掉 V_{GS} 的變動，且建立穩定的 Q 點。而當電源電壓不大時，電流源偏壓可以用來獲得穩定的 Q 點。比起其他的偏壓方式，採用自偏壓法的 Q 點會較不穩定，所以自偏壓法只會與小信號放大器一起使用。

8-6 轉導值
轉導值 g_m 顯示閘極電壓是如何有效地控制汲極電流，g_m 值是轉導特性曲線的斜率，而當 V_{GS} 趨近於 0 時，其會增加。元件資料手冊可能列出 g_{fs} 與西門，它們等於 g_m 與姆歐。

8-7 接面場效應電晶體放大器
共源極放大器的電壓增益為 $g_m r_d$，且會產生一個反相的輸出信號。接面場效應電晶體最重要的用途之一是源極隨耦器，由於其高輸入電阻值，所以常用於系統前端。

8-8 接面場效應電晶體類比開關
在這應用中，接面場效應電晶體如開關般操作，所以不是傳遞，就是阻斷交流小信號。為獲得這類動作，接面場效應電晶體會被偏壓成深度飽和或是截止狀態，端視 V_{GS} 是高或低電壓。接面場效應電晶體並聯與串聯開關，被人們使用著，串聯型式會有較高的導通-截止比率。

8-9 其他接面場效應電晶體的應用
接面場效應電晶體用於多工器（歐姆區）、截波放大器（歐姆區）、緩衝放大器（主動區）、壓控電阻器（歐姆區）、自動增益控制電路（歐姆區）、疊接放大器（主動區）、電流源（主動區）及電流限制器（歐姆區及主動區）

8-10 閱讀元件資料手冊
由於大部分接面場效應電晶體的額定功率小於 1 W，所以接面場效應電晶體主要是小信號元件。在閱讀元件資料手冊時由最大額定值開始，有時元件資料手冊會刪掉最小的 $V_{GS(off)}$ 或是其他參數。接面場效應電晶體參數值的範圍大，這證明針對初步分析與電路檢測，使用理想的近似方式是可行的。

8-11 接面場效應電晶體的測試
接面場效應電晶體可以歐姆表或數位多功能電錶在二極體測試範圍做測試。必須注意到不能超過接面場效應電晶體的電流限制，可以曲線追蹤儀與電路來顯示接面場效應電晶體的動態特性。

● 定義

(8-1) 夾止區的歐姆電阻值：

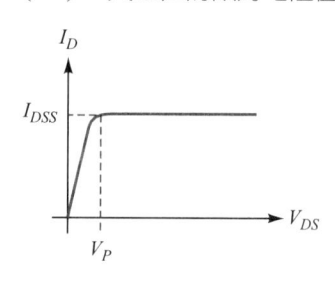

$$R_{DS} = \frac{V_P}{I_{DSS}}$$

(8-13) 轉導值：

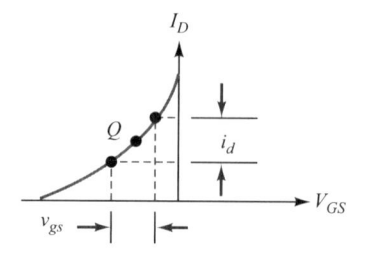

$$g_m = \frac{i_d}{V_{gs}}$$

(8-5) 深度飽和：

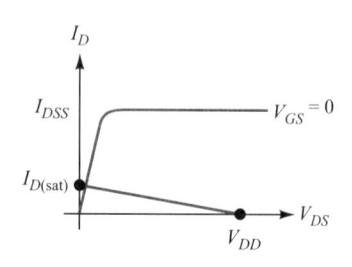

$$I_{D(sat)} \ll I_{DSS}$$

(8-19) 靠近原點的歐姆電阻值：

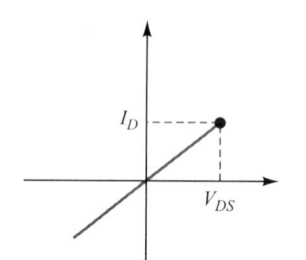

$$r_{ds} = \frac{V_{DS}}{I_D}$$

● 推導

(8-2) 閘源極截止電壓：

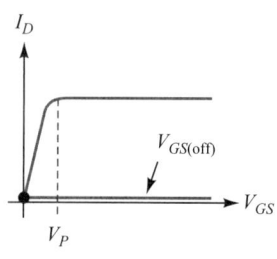

$$V_{GS(off)} = -V_P$$

(8-3) 汲極電流：

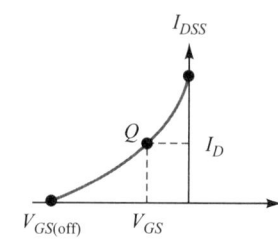

$$I_D = I_{DSS}\left(1 - \frac{V_{GS}}{V_{GS(off)}}\right)^2$$

(8-7) 自偏壓：

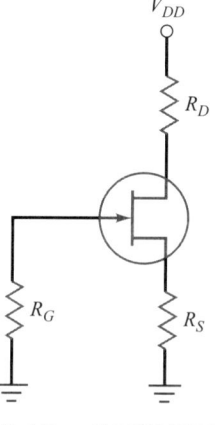

$$V_{GS} = -I_D R_S$$

(8-10) 分壓器偏壓：

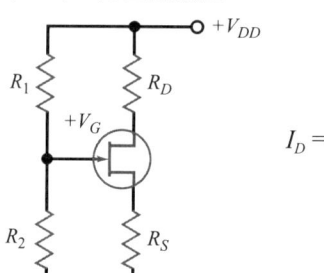

$$I_D = \frac{V_G - V_{GS}}{R_S} \approx \frac{V_G}{R_S}$$

(8-12) 源極偏壓：

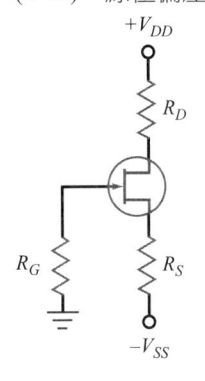

$$I_D = \frac{V_{SS} - V_{GS}}{R_S} \approx \frac{V_{SS}}{R_S}$$

(8-13) 電流源偏壓：

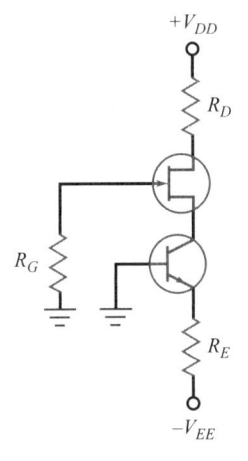

$$I_D = \frac{V_{EE} - V_{BE}}{R_E}$$

(8-15) 閘極截止電壓：

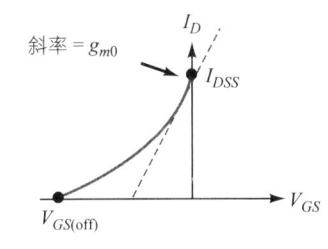

$$V_{GS(off)} = \frac{-2I_{DSS}}{g_{m0}}$$

(8-16) 轉導值：

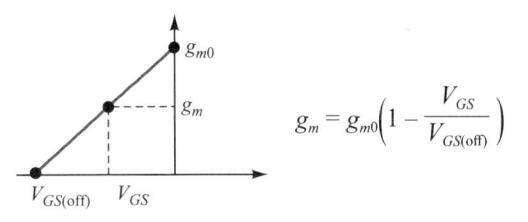

$$g_m = g_{m0}\left(1 - \frac{V_{GS}}{V_{GS(off)}}\right)$$

(8-17) 共源極電壓增益：

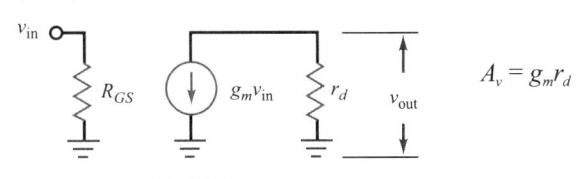

$$A_v = g_m r_d$$

(8-21) 源極隨耦器：

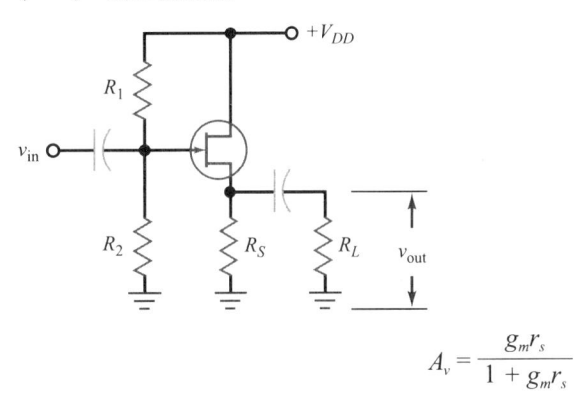

$$A_v = \frac{g_m r_s}{1 + g_m r_s}$$

● 自我測驗

1. 接面場效應電晶體
   a. 為電壓控制元件
   b. 為電流控制元件
   c. 有低輸入阻抗
   d. 有非常高的電壓增益

2. 單極性電晶體使用
   a. 自由電子與電洞兩者
   b. 只有自由電子
   c. 只有電洞
   d. 兩者擇一，但不同時

3. 接面場效應電晶體的輸入阻抗
   a. 趨近於 0
   b. 趨近於 1
   c. 趨近於無限大
   d. 不可能被預知

4. 閘極控制
   a. 通道的寬度
   b. 汲極電流
   c. 閘極電壓
   d 以上皆是

5. 接面場效應電晶體的閘源極二極體應是
   a. 順向偏壓
   b. 逆向偏壓
   c. 不是順偏就是逆偏
   d. 以上皆非

6. 比起雙極性接面電晶體，接面場效應電晶體有更高的
   a. 電壓增益
   b. 輸入阻抗
   c. 外部供應的電壓
   d. 電流

7. 夾止電壓跟何者有相同的振幅值
   a. 閘極電壓
   b. 汲源極電壓
   c. 閘源極電壓
   d. 閘源極截止電壓

8. 當汲極飽和電流小於 I_{DSS} 時，則接面場效應電晶體就像是
   a. 雙極性接面電晶體
   b. 電流源
   c. 電阻
   d. 電池

9. R_{DS} 等於夾止電壓除以
   a. 汲極電流
   b. 閘極電流
   c. 理想的汲極電流
   d. 閘極電壓為零的汲極電流

10. 轉導特性曲線為
    a. 線性的
    b. 跟電阻的曲線類似
    c. 非線性的
    d. 像單一的汲極特性曲線

11. 當汲極電流趨近於何者時，轉導值會增加？
    a. 0
    b. $I_{D(sat)}$
    c. I_{DSS}
    d. I_S

12. 共源極放大器的電壓增益為
    a. $g_m r_d$
    b. $g_m r_s$
    c. $g_m r_s/(1 + g_m r_s)$
    d. $g_m r_d/(1 + g_m r_d)$

13. 源極隨耦器的電壓增益為
    a. $g_m r_d$
    b. $g_m r_s$
    c. $g_m r_s/(1 + g_m r_s)$
    d. $g_m r_d/(1 + g_m r_d)$

14. 當輸入是大信號時，源極隨耦器有
    a. 小於 1 的電壓增益
    b. 有些失真
    c. 高輸入阻抗
    d. 以上皆是

15. 接面場效應電晶體類比開關使用的輸入信號應是
    a. 小的
    b. 大的
    c. 方波
    d. 被截波的

16. 疊接放大器有何優點？
    a. 大的電壓增益
    b. 低的輸入電容值
    c. 低的輸入阻抗
    d. 更高的 g_m

17. VHF 涵蓋的頻率從
    a. 300 kHz 到 3 MHz
    b. 3 MHz 到 30 MHz
    c. 30 MHz 到 300 MHz
    d. 300 MHz 到 3 GHz

18. 當接面場效應電晶體截止時，空乏層是
    a. 彼此分開的

b. 靠在一起的
c. 碰觸的
d. 導通的

19. 當 n 通道接面場效應電晶體的閘極電壓變得更負時，空乏層間的通道會
    a. 縮小
    b. 擴大
    c. 導通
    d. 停止導通

20. 若接面場效應電晶體 I_{DSS} = 8 mA 而 V_P = 4 V，R_{DS} 等於
    a. 200 Ω
    b. 320 Ω
    c. 500 Ω
    d. 5 kΩ

21. 將接面場效應電晶體偏壓在歐姆區最容易的方式是以
    a. 分壓器偏壓
    b. 自偏壓
    c. 閘極偏壓
    d. 源極偏壓

22. 自偏壓會產生
    a. 正回授
    b. 負回授
    c. 順回授
    d. 逆回授

23. 在自偏壓接面場效應電晶體電路中為獲得負的閘源極電壓，我們必須有
    a. 分壓器
    b. 源極電阻
    c. 地
    d. 負的外部閘極供應電壓

24. 轉導值是以何者來量測的
    a. 歐姆
    b. 安培
    c. 伏特
    d. 姆歐或西門

25. 轉導指的是輸入電壓如何有效地控制
    a. 電壓增益
    b. 輸入電阻值
    c. 外部供應電壓
    d. 輸出電流

● 問題

8-1 基本概念

1. 當逆向電壓為 –15 V 時，2N5458 的閘極電流為 1 nA，試求閘極輸入電阻值。

2. 當逆向電壓為 –20 V 且室溫為 100°C 時，2N5640 的閘極電流為 1 μA，試求閘極輸入電阻值。

8-2 汲極特性曲線

3. 接面場效應電晶體的 I_{DSS} = 20 mA 而 V_P = 4 V，試求最大的汲極電流值、閘源極截止電壓及 R_{DS} 值。

4. 2N5555 的 I_{DSS} = 16 mA 而 $V_{GS(off)}$ = –2 V，試求此接面場效應電晶體夾止電壓及汲源極阻 R_{DS}。

5. 2N5457 的 I_{DSS} = 1 到 5 mA 而 $V_{GS(off)}$ = –0.5 到 –6 V，試求 R_{DS} 的最小與最大值。

8-3 轉導特性曲線

6. 2N5462 的 I_{DSS} = 16 mA 而 $V_{GS(off)}$ = –6 V，試求在截止的一半位置處之閘極電壓及汲極電流值。

7. 2N5670 的 I_{DSS} = 10 mA 而 $V_{GS(off)}$ = –4 V，試求在截止的一半位置處之閘極電壓及汲極電流值。

8. 若 2N5486 的 I_{DSS} = 14 mA 而 $V_{GS(off)}$ = –4 V，試求當 V_{GS} = –1 V 及 V_{GS} = –3 V 時的汲極電流值。

8-4 偏壓於歐姆區

9. 試求圖 8-43a 中的汲極飽和電流值及汲極壓值。

10. 若圖 8-43a 中的電阻值由 10 kΩ 增加到 20 kΩ，試求汲極電壓值。

11. 試求圖 8-43b 中的汲極電壓值。

12. 若圖 8-43b 中的電阻值由 20 kΩ 降到 10 kΩ，試求汲極飽和電流值及汲極電壓值。

8-5 偏壓於主動區

試以初步分析，求解問題 13 至 20。

13. 試求圖 8-44a 中的理想汲極電壓值。

14. 試繪出圖 8-44a 的直流負載線及 Q 點。

15. 試求圖 8-44b 的理想值汲極電壓值。

16. 若圖 8-44b 中的電阻由 18 kΩ 改成 30 kΩ，試求汲極電壓值。

17. 試求圖 8-45a 中的汲極電流值及汲極電壓值？

18. 將圖 8-45a 中的 7.5 kΩ 改成 4.7 kΩ，試求汲極電流值及汲極電壓值。

19. 圖 8-45b 中汲極電流為 1.5 mA，試求 V_{GS} 及 V_{DS} 值。

20. 圖 8-45b 中電阻 1 KΩ 上之跨壓為 1.5 V，試求汲極與地之間的電壓值。

試以圖 8-45c 及圖解方式求出問題 21 至 24 之答案。

21. 試以圖 8-45c 之轉導特性曲線求出圖 8-44a 中

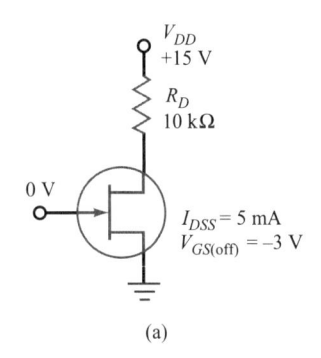

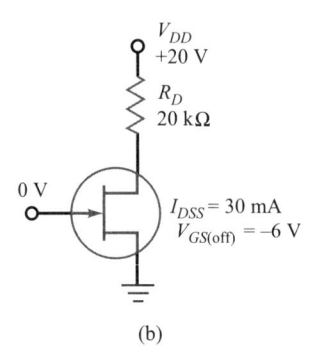

圖 8-43

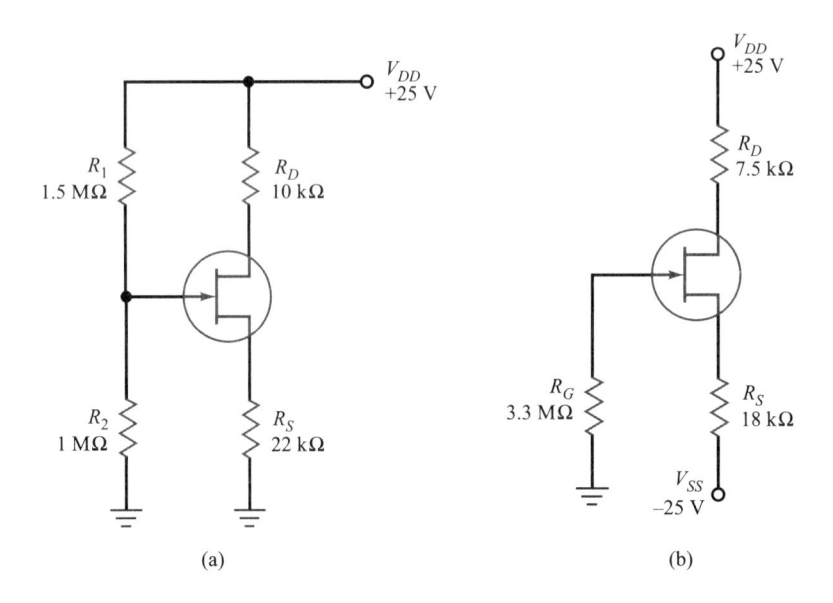

圖 8-44

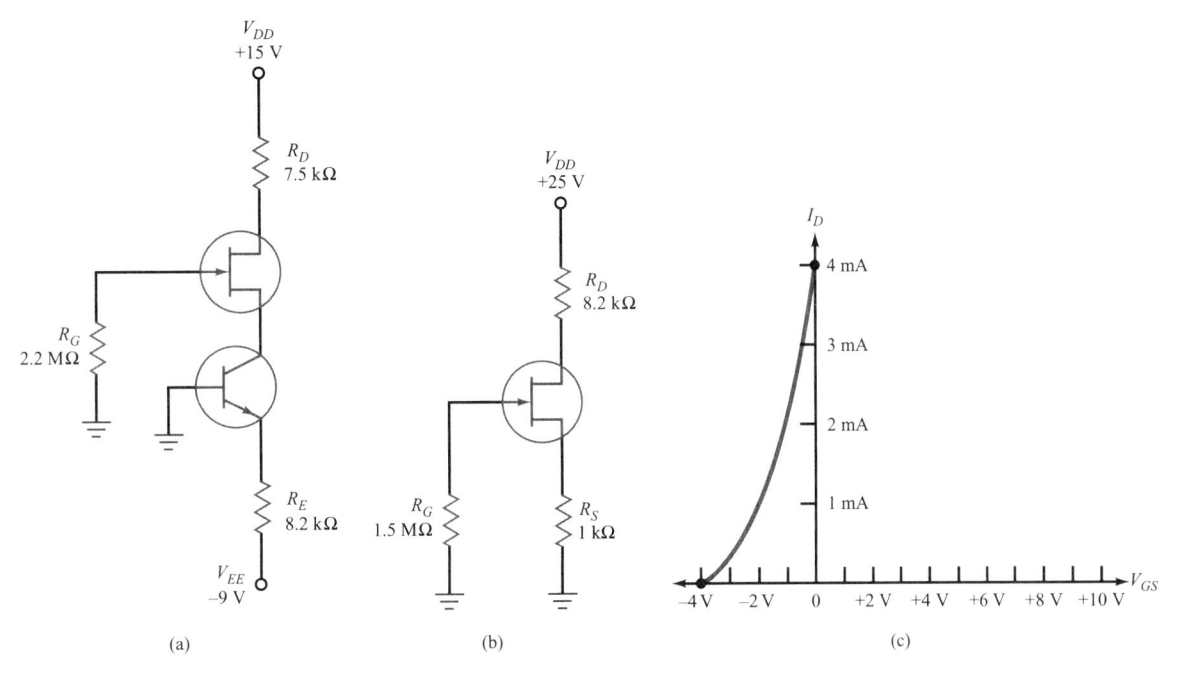

圖 8-45

22. 試以圖 8-45c 之轉導特性曲線求出圖 8-45a 中之 V_{GS} 及 V_D 值。
23. 試以圖 8-45c 之轉導特性曲線求出圖 8-45b 中之 V_{GS} 及 I_D 值。
24. 將圖 8-45b 中的 R_S 由 1 kΩ 改為 2 kΩ，試以圖 8-45c 之曲線求出 V_{GS}、I_D 及 V_{DS} 值。

8-6 轉導值

25. 接面場效應電晶體 2N4416 之 I_{DSS} = 10 mA 而 g_{m0} = 4000 μS。試求其閘源極截止電壓值及 V_{GS} = –1 V 時的 g_m 值。
26. 接面場效應電晶體 2N3370 之 I_{DSS} = 2.5 mA 而 g_{m0} = 1500 μS，試求 V_{GS} = –1 V 時的 g_m 值。
27. 圖 8-46a 的接面場效應電晶體其 g_{m0} =

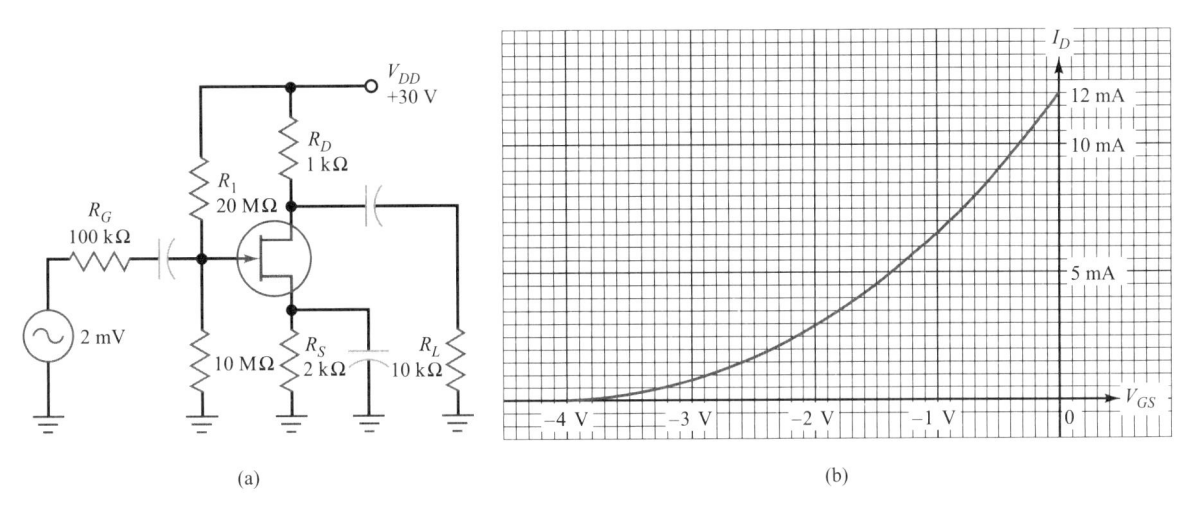

圖 8-46

6000 μS，若 I_{DSS} = 12 mA，試求 V_{GS} = –2 V 時的 I_D 值及對應之 g_m 值。

8-7 接面場效應電晶體放大器

28. 圖 8-46a 中若 g_m = 3000 μS，試求交流輸出電壓值。

29. 圖 8-46a 中的接面場效應電晶體放大器其轉導特性曲線如圖 8-46b 所示，試求交流輸出電壓近似值。

30. 若圖 8-47a 中的源極隨耦器其 g_m = 2000 μS，試求交流輸出電壓值及輸出阻抗級。

31. 圖 8-47a 的源極隨耦器其轉導特性曲線如圖 8-47b，試求交流輸出電壓值。

8-8 接面場效應電晶體類比開關

32. 圖 8-48a 的輸入電壓為峰對峰值 50 mV$_{p-p}$。試求當 V_{GS} = 0 V 及 V_{GS} = –10 V 時的輸出電壓值與導通 - 截止比率。

33. 圖 8-48b 的輸入電壓為峰對峰值 25 mV$_{p-p}$。試求當 V_{GS} = 0 V 及 V_{GS} = –10V 時的輸出電壓值與導通 - 截止比率。

• 腦力激盪

34. 若接面場效應電晶體的汲極特性曲線如圖 8-49a，試求 I_{DSS} 值及在歐姆區時的最大 V_{DS} 值。試問超過多少範圍的 V_{DS} 值，接面場效應電晶體會為電流源。

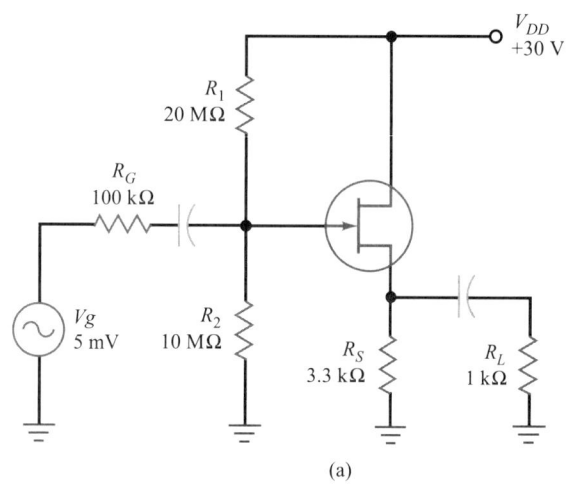

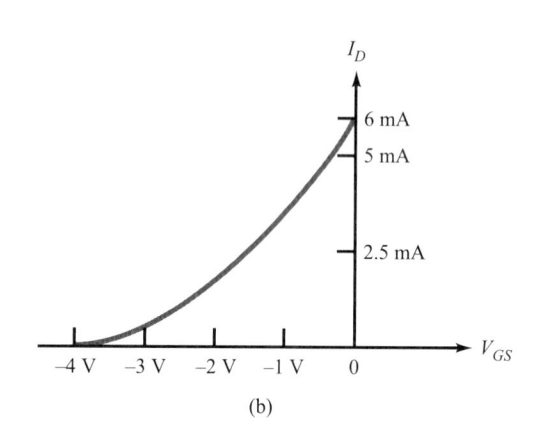

圖 8-47

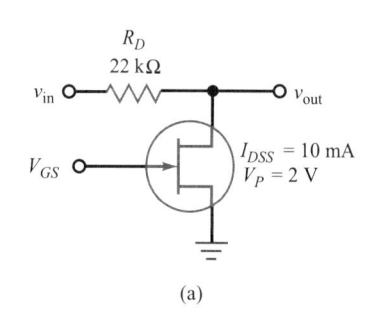

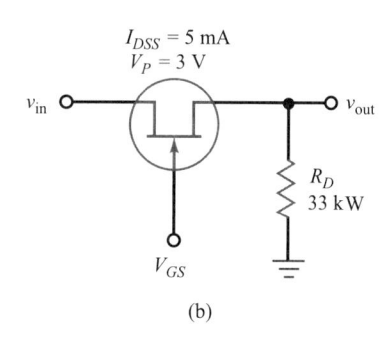

圖 8-48

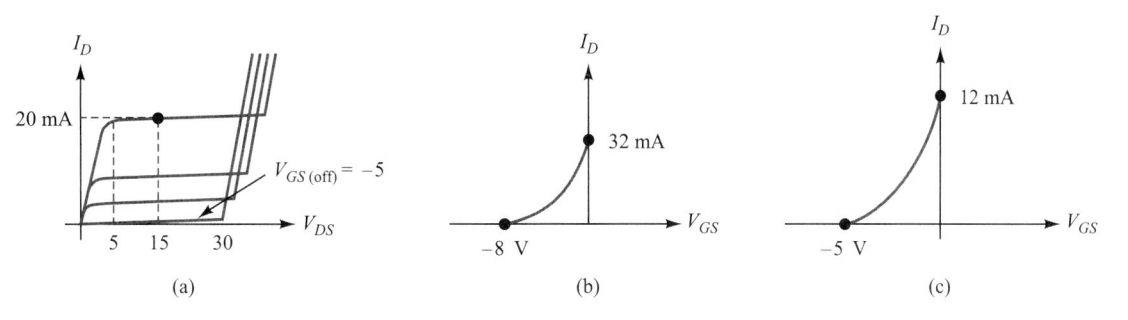

圖 8-49

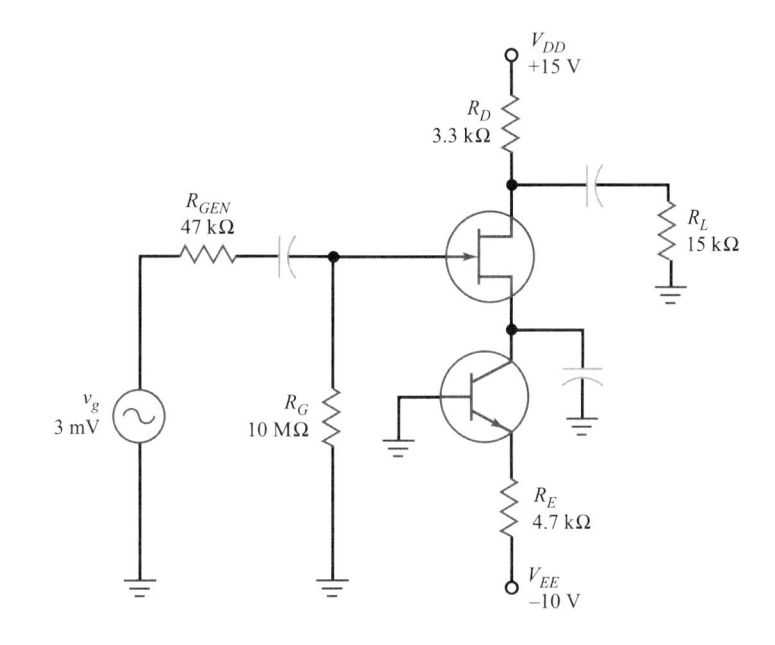

圖 8-50

35. 請寫出有如圖 8-49b 所示曲線的接面場效應電晶體其轉導方程式，試求當 $V_{GS} = -4V$ 及 $V_{GS} = -2V$ 時的汲極電流值。

36. 若接面場效應電晶體有如圖 8-49c 的平方關係曲線，試求當 $V_{GS} = -1V$ 時的汲極電流值。

37. 試求在圖 8-50 中的直流汲極電壓值。若 $g_m = 2000\ \mu S$ 時，試求交流輸出電壓值。

38. 圖 8-51 為接面場效應電晶體直流伏特計。在讀值前先設定調整歸零，定期校正調整使 $v_{in} = -2.5\ V$ 時指針為全刻度偏移。像這樣的校正調整係考慮場效電晶體間老化效應導致的變化。

   a. 流經 510 Ω 的電流為 4 mA，試求源極到地的直流電壓值。

   b. 若沒有電流流經安培計，要進行指針的零調整需要何電壓值？

   c. 若輸入電壓為 2.5 V，會產生 1 mA 的偏移。試問 1.25 V 的輸入電壓，則會產生多少的偏移。

39. 在圖 8-52a 中，接面場效應電晶體的 $I_{DSS} = 16\ mA$，而 $R_{DS} = 200\ \Omega$。若負載電阻值為 10 kΩ，試求負載電流值及跨於接面場效應電晶體上之電壓值。若負載不小心發生短路，試問此時負載電流及跨於接面場效應電晶體上之電壓值。

40. 圖 8-52b 為自動增益控制放大器的一部分。

384 電子學精要

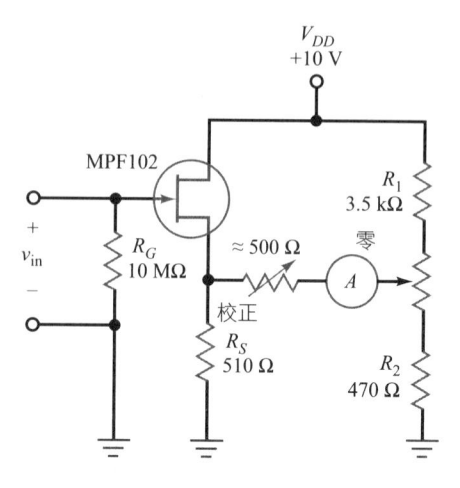

圖 8-51

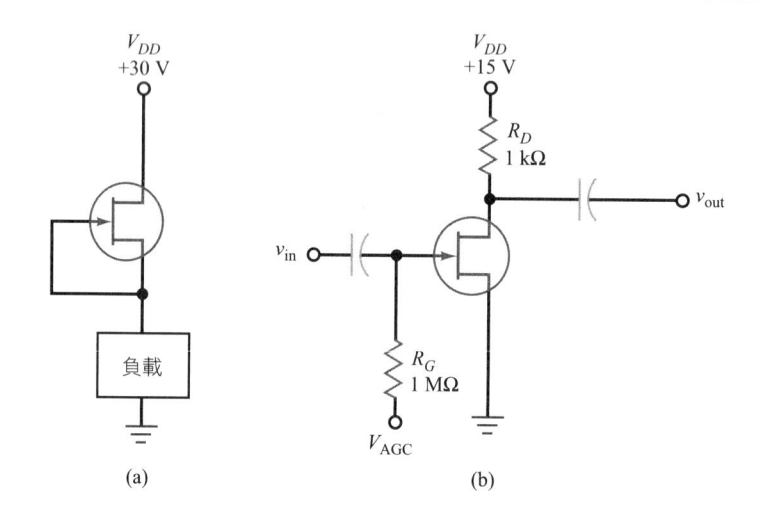

(a)   (b)

圖 8-52

有一直流電壓如這裡所示，從輸出級回授到前級電路。圖 8-46b 為轉導特性曲線，試求以下每一個的電壓增益值。

a. $V_{AGC} = 0$
b. $V_{AGC} = -1$ V
c. $V_{AGC} = -2$ V
d. $V_{AGC} = -3$ V
e. $V_{AGC} = -3.5$ V

● 電路檢測

MultiSim 使用圖 8-53 與電路檢測表解決所剩問題。

41. 試求問題 $T1$。
42. 試求問題 $T2$。
43. 試求問題 $T3$。
44. 試求問題 $T4$。
45. 試求問題 $T5$。
46. 試求問題 $T6$。
47. 試求問題 $T7$。
48. 試求問題 $T8$。

圖 8-53 電路檢測。

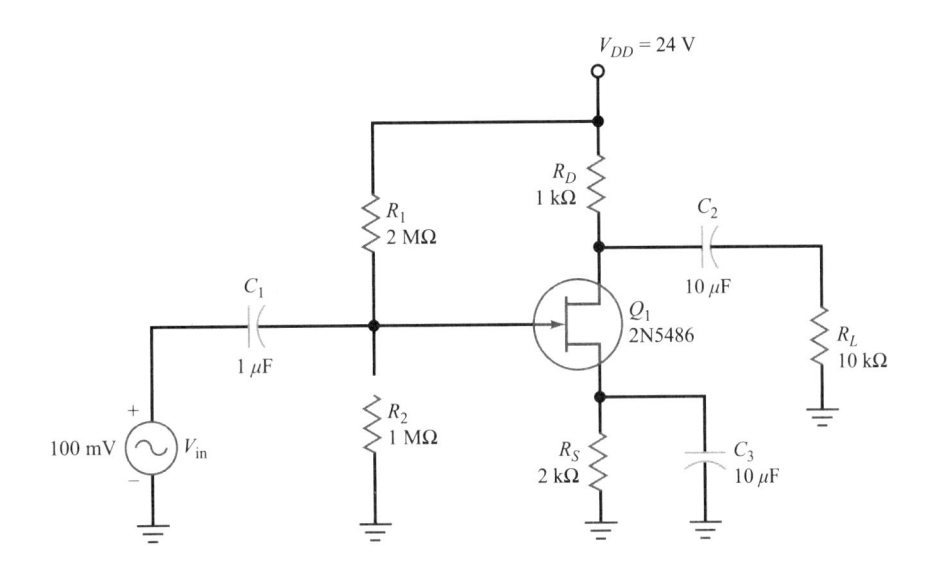

問題	V_{GS}	I_D	V_{DS}	V_g	V_s	V_d	V_{out}
OK	−1.6 V	4.8 mA	9.6 V	100 mV	0	357 mV	357 mV
T1	−2.75 V	1.38 mA	19.9 V	100 mV	0	200 mV	200 mV
T2	0.6 V	7.58 mA	1.25 V	100 mV	0	29 mV	29 mV
T3	0.56 V	0	0	100 mV	0	0	0
T4	−8 V	0	8 V	100 mV	0	0	0
T5	8 V	0	24 V	100 mV	0	0	0
T6	−1.6 V	4.8 mA	9.6 V	100 mV	87 mV	40 mV	40 mV
T7	−1.6 V	4.8 mA	9.6 V	100 mV	0	397 mV	0
T8	0	7.5 mA	1.5 V	1 mV	0	0	0

● 運用軟體 Multisim 分析與解決問題

Multisim 分析與解決問題的檔案請至所提供的網址下載。網址內的章節序號為原文書的章節序號，請參照書末所附的「中英章節對照表」下載相關檔案。本章相關的檔案為 MTC11-49 到 MTC11-53。

開啟並分析解決各個檔案。執行量測以確認是否有錯，如果有，請查明錯誤。

49. 開啟並分析及解決檔案 MTC11-49。
50. 開啟並分析及解決檔案 MTC11-50。
51. 開啟並分析及解決檔案 MTC11-51。
52. 開啟並分析及解決檔案 MTC11-52。
53. 開啟並分析及解決檔案 MTC11-53。

● 問題回顧

1. 試說明接面場效應電晶體如何動作,請在説明中包括夾止及閘源極截止電壓。
2. 試繪出接面場效應電晶體的汲極特性曲線與轉導特性曲線。
3. 試比較接面場效應電晶體及雙極性接面電晶體,你所做的比較必須包含每一個的優缺點。
4. 試問如何分辨場效應電晶體是否操作在歐姆區或是主動區。
5. 試繪出接面場效應電晶體源極隨耦器及解釋其如何運作。
6. 試繪出接面場效應電晶體並聯開關及串聯開關,並解釋其各自如何動作。
7. 試問接面場效應電晶體如何可以作為靜態電力開關使用。
8. 雙極性接面電晶體及接面場效應電晶體的輸出電流是由什麼輸入量控制?若兩者的輸入量不同,試解釋之。
9. 藉由施加電壓於接面場效應電晶體的閘極端可以控制電流的流動,試解釋之。
10. 試問疊接放大器之優點為何。
11. 試説明為何在無線電接收器前級電路中,常可以發現到以接面場效應電晶體作為第一級放大元件。

● 自我測驗解答

1. a
2. d
3. c
4. d
5. b
6. b
7. d
8. c
9. d
10. c
11. c
12. a
13. c
14. d
15. a
16. b
17. c
18. c
19. a
20. c
21. c
22. b
23. b
24. d
25. d

● 練習題解答

8-1 R_{in} = 10,000 MΩ

8-2 R_{DS} = 600 Ω ;
V_p = 3.0 V

8-4 I_D = 3 mA ;
V_{GS} = –3 V

8-5 R_{DS} = 300 Ω ;
V_D = 0.291 V

8-6 R_S = 500 Ω ;
V_D = 26 V

8-7 $V_{GS(min)}$ = –0.85 ;
$I_{D(min)}$ = 2.2 mA ;
$V_{GS(max)}$ = –2.5 V ;
$I_{D(max)}$ = 6.4 mA

8-8 I_D = 4 mA ;
V_{DS} = 12 V

8-9 $I_{D(max)}$ = 5.6 mA

8-11 $I_D = 4.3$ mA；

$V_D = 5.7$ V

8-12 $V_{GS(\text{off})} = -3.2$ V；

$g_m = 1,875\ \mu\text{S}$

8-13 $v_{\text{out}} = 5.3$ mV

8-14 $v_{\text{out}} = 0.714$ mV

8-15 $A_v = 0.634$

8-16 $A_v = 0.885$

8-17 $R_{DS} = 400\ \Omega$；

導通 - 截止比率 = 26

8-18 $v_{\text{out(on)}} = 9.6$ mV；

$v_{\text{out(off)}} = 10\ \mu\text{V}$；

導通 - 截止比率 = 960

8-19 $V_{\text{peak}} = 99.0$ mV

Chapter 9 金氧半場效應電晶體

● **金氧半場效應電晶體**（metal-oxide semiconductor FET, MOSFET）是三端元件，分別是源極、閘極與汲極。而 MOSFET 不同於接面場效應電晶體（JFET），MOSFET 的閘極與其內部藉感應形成的通道彼此是絕緣的。因此，MOSFET 的閘極電流會小於 JFET 的閘極電流。而 MOSFET 有時又稱為絕緣閘場效應電晶體（insulated-gate FET, IGFET）。

MOSFET 有空乏型和增強型兩類。增強型 MOSFET 廣泛應用於分立式電路與積體電路中。在分立式（discrete）電路中主要是當作功率開關使用，以導通及截止大電流。在積體電路中主要則是當作數位開關之用，為現代電腦的基礎。空乏型 MOSFET 雖然在使用上已經減少，但仍可在如射頻放大器電路之高頻前級通信電路中看到。

學習目標

在學習完本章之後，你應能夠：
- 解釋空乏型與增強型 MOSFET 兩者的特性與操作。
- 繪出空乏型與增強型 MOSFET 的特性曲線。
- 描述增強型 MOSFET 如何當作數位開關。
- 繪出典型的 CMOS 數位開關電路圖及解釋它的操作。
- 對功率場效應電晶體（FET）與功率雙極性接面電晶體（BJT）做出比較。
- 說出與描述出幾種功率場效應電晶體之應用。
- 分析空乏型與增強型 MOSFET 放大器電路的直流及交流操作。

章節大綱

9-1　空乏型 MOSFET
9-2　空乏型 MOSFET 特性曲線
9-3　空乏型 MOSFET 放大器
9-4　增強型 MOSFET
9-5　歐姆區
9-6　數位開關
9-7　互補式金氧半導體
9-8　功率場效應電晶體
9-9　增強型 MOSFET 放大器
9-10　MOSFET 的測試

詞彙

active-load resistors　主動式負載電阻
analog　類比
complementary MOS (CMOS)　互補式金氧半導體
dc-to-ac converter　直流轉交流轉換器
dc-to-dc converter　直流轉直流轉換器
depletion-mode MOSFET　空乏型 MOSFET
digital　數位
drain-feedback bias　汲極回授偏壓
enhancement-mode MOSFET　增強型 MOSFET
interface　介面
metal-oxide semiconductor FET (MOSFET)　金氧半導體場效應電晶體
power FET　功率場效應電晶體
substrate　基板
threshold voltage　門檻電壓
uninterruptible power supply (UPS)　不斷電電源供應器
vertical MOS (VMOS)　垂直型金氧半導體

389

9-1 空乏型 MOSFET

圖 9-1 為**空乏型 MOSFET**（depletion-mode MOSFET），左側為帶有絕緣閘極之 n 型材料而右側為 p 型區，此 p 型區稱為**基板**（substrate）。電子從源極流往汲極，必須經過位於閘極與 p 型基板間狹窄之通道。

通道左邊沉積一層薄薄的二氧化矽（SiO_2），其如同玻璃是絕緣物質。雖然 MOSFET 閘極是金屬製，但由於閘極與通道間是絕緣，所以即使當閘極電壓為正，閘極電流小到可以忽略不計。

圖 9-2a 是閘極電壓為負電壓時的空乏型 MOSFET，電壓 V_{DD} 驅使自由電子從源極流往汲極，這些電子流過 p 型基板左側狹窄的通道。JFET 閘極電壓控制通道的寬度，而閘極電壓值越負會讓汲極電流越小。當閘極電壓的值夠負時，汲極電流便會截止不再流動。因此當 V_{GS} 電壓值為負時，空乏型 MOSFET 的操作類似於 JFET。

由於閘極是絕緣，如圖 9-2b 所示，也可將閘極加上正的輸入電壓。正的閘極電壓會使得流過通道的自由電子數量增加。閘極電壓越正，則源極流往汲極的自由電子數量就會越多。

9-2 空乏型 MOSFET 特性曲線

圖 9-3a 為一典型的 n 通道空乏型 MOSFET 汲極特性曲線。注意特性曲線在 $V_{GS} = 0$ 上面為正，而在 $V_{GS} = 0$ 下面則為負。如以 JFET 來看，最底下的曲線為 $V_{GS} = V_{GS(off)}$，而汲極電流近似於 0。如圖所示，當 $V_{GS} = 0$ V 時，汲極電流將等於 I_{DSS}。這表明空乏型 MOSFET（或簡寫成 D-MOSFET）平時即為導通元件，當 V_{GS} 為負電壓時汲極電流將下降，相較於 n 通道 JFET，n 通道空乏型 MOSFET 其 V_{GS} 可以為正電壓，而仍然可以正常操作。這是因為沒有順偏的 pn 接面產生，當 V_{GS}

圖 9-1 空乏型 MOSFET。

知識補給站

就像 JFET 一樣，空乏型 MOSFET 平時為導通元件。這是由於兩者在 $V_{GS} = 0$ V 時，就可以讓汲極有電流流過。回想一下 JFET，I_{DSS} 是最大可流過的汲極電流。以空乏型 MOSFET 而言，如果閘極電壓的極性正確，讓通道中的電荷載子增加，則汲極電流會超過 I_{DSS}。對於 n 通道空乏型 MOSFET，當 V_{GS} 為正電壓時，I_D 會大於 I_{DSS}。

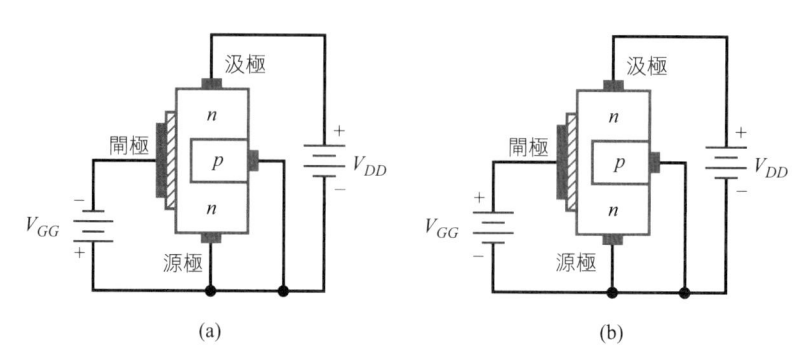

圖 9-2 (a) 閘極電壓為負的空乏型 MOSFET；(b) 閘極電壓為正的空乏型 MOSFET。

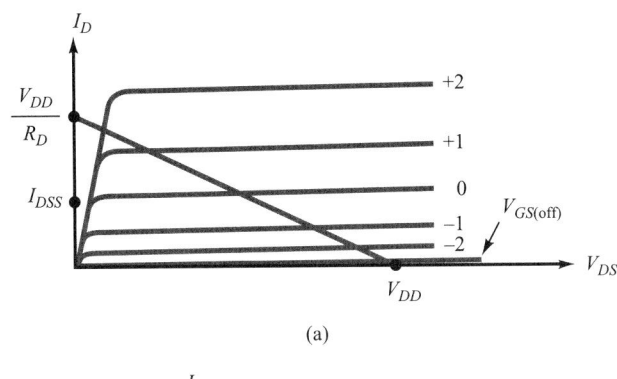

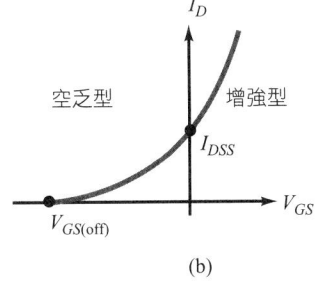

圖 9-3　n 通道空乏型 MOSFET。(a) 汲極特性曲線；(b) 轉導特性曲線。

變正電壓時，I_D 將依平方倍關係之方程式增加：

$$I_D = I_{DSS}\left(1 - \frac{V_{GS}}{V_{GS(\text{off})}}\right)^2 \tag{9-1}$$

當 V_{GS} 為負電壓時，空乏型 MOSFET 操作在空乏型模式。當 V_{GS} 為正時，空乏型 MOSFET 操作在增強型模式。就像 JFET，空乏型 MOSFET 曲線分成歐姆區、電流源區及截止區。

圖 9-3b 為空乏型 MOSFET 的轉導特性曲線。再者，I_{DSS} 是閘源極短路下的汲極電流。I_{DSS} 不再是最大可能的汲極電流。拋物線形的轉導特性曲線，與 JFET 一樣依循同樣的平方法則關係。空乏型 MOSFET 的分析跟 JFET 電路幾乎相同，主要的差異是讓 V_{GS} 不是正就是負的電壓。

p 通道空乏型 MOSFET 是由汲極與源極相連之 p 通道及 n 型基板所組成。而閘極跟通道是絕緣的，p 通道 MOSFET 的動作與 n 型通道 MOSFET 是互補的。n 通道與 p 通道空乏型 MOSFET 的電路符號，如圖 9-4 所示。

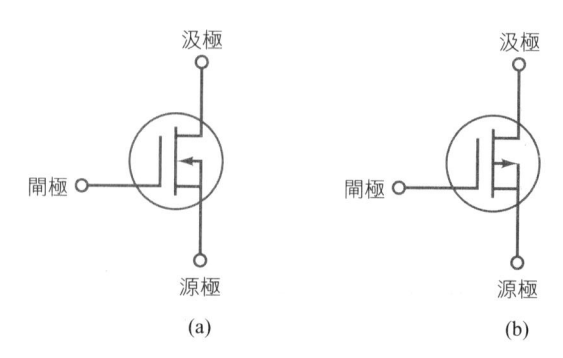

圖 9-4 空乏型 MOSFET 電路符號。(a) n 通道；(b) p 通道。

例題 9-1

MOSFET 的 $V_{GS(off)} = -3$ V、$I_{DSS} = 6$ mA，當 $V_{GS} = -1$ V、-2 V、0 V、$+1$ V 與 $+2$ V 時，試求汲極電流值。

解答 依平方法則之式 (9-1)，當

$$V_{GS} = -1 \text{ V} \qquad I_D = 2.67 \text{ mA}$$

$$V_{GS} = -2 \text{ V} \qquad I_D = 0.667 \text{ mA}$$

$$V_{GS} = 0 \text{ V} \qquad I_D = 6 \text{ mA}$$

$$V_{GS} = +1 \text{ V} \qquad I_D = 10.7 \text{ mA}$$

$$V_{GS} = +2 \text{ V} \qquad I_D = 16.7 \text{ mA}$$

練習題 9-1 若 $V_{GS(off)} = -4$ V 而 $I_{DSS} = 4$ mA，重做例題 9-1。

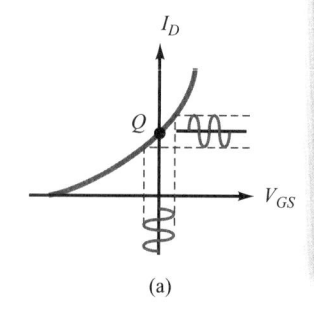

圖 9-5 零偏壓。

9-3 空乏型 MOSFET 放大器

空乏型 MOSFET 很特別，因為它可以正或負的閘極電壓來操作。因為這樣，我們可以設定它的 Q 點在 $V_{GS} = 0$ V，如圖 9-5a 所示。當輸入訊號為正時，I_D 會增加超過 I_{DSS}。當輸入訊號為負時，I_D 會減少小於 I_{DSS}。因為沒有順偏的 pn 接面，MOSFET 的輸入阻抗維持很高。可以用 $V_{GS} = 0$ V 建立如圖 9-5b 非常簡單的偏壓電路，因為 $I_G = 0$，$V_{GS} = 0$ V 與 $I_D = I_{DSS}$，汲極電壓為：

$$V_{DS} = V_{DD} - I_{DSS} R_D \tag{9-2}$$

由於空乏型 MOSFET 平時為導通元件，藉由增加一源極電阻而使用自偏壓也是可以的。操作上就跟自偏壓的 JFET 電路一樣。

例題 9-2

圖 9-6 空乏型 MOSFET 放大器之 $V_{GS(\text{off})} = -2$ V、$I_{DSS} = 4$ mA、$g_{mo} = 2000$ μS，試求電路的輸出電壓。

解答 源極接地下，$V_{GS} = 0$ V，$I_D = 4$ mA。

$$V_{DS} = 15 \text{ V} - (4 \text{ mA})(2 \text{ k}\Omega) = 7 \text{ V}$$

由於 $V_{GS} = 0$ V、$g_m = g_{mo} = 2000$ μS，放大器電壓增益可由下列關係式求出：

$$A_V = g_m r_d$$

交流汲極阻抗等於：

$$r_d = R_D \parallel R_L = 2 \text{ K} \parallel 10 \text{ K} = 1.76 \text{ k}\Omega$$

電壓增益 A_V 等於：

$$A_V = (2000 \, \mu\text{S})(1.67 \text{ k}\Omega) = 3.34$$

因此，

$$V_{\text{out}} = (V_{\text{in}})(A_V) = (20 \text{ mV})(3.34) = 66.8 \text{ mV}$$

練習題 9-2 在圖 9-6 中，如果 MOSFET 的 $g_{mo} = 3000$ μS，試求 V_{out} 的值。

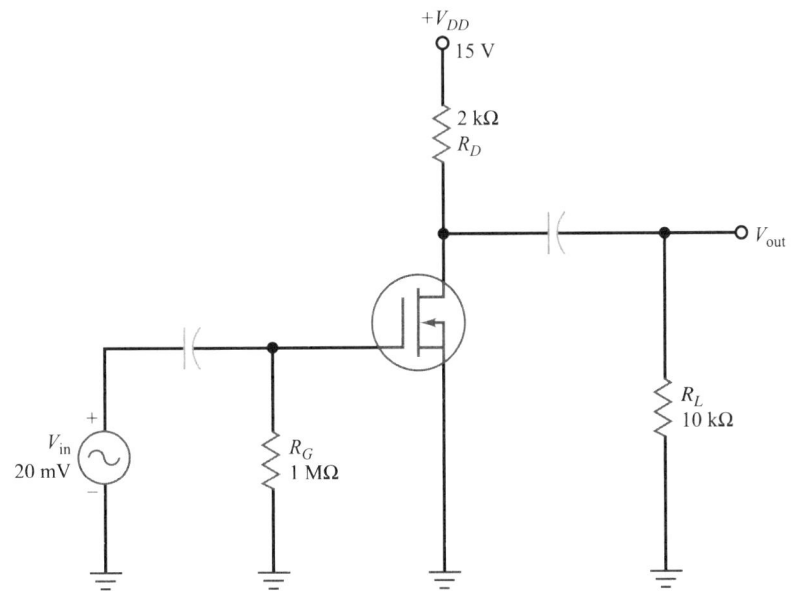

圖 9-6 空乏型 MOSFET 放大器。

如例題 9-2 所示，空乏型 MOSFET 有著相對低的電壓增益。這元件主要的優點之一是有著極高的輸入阻抗。當 V_{GS} 為正或負值時，輸入阻抗會維持高阻抗值；當電路的負載可能是個問題時，這允許我們可以使用此元件。而且由於在 BJTs 中不需要電子電洞對的結合所以 MOSFETs 有很好的低雜訊特性，對於靠近系統前端的任何一級電路其訊號是微弱的而且易受雜訊干擾。以 MOSFETs 具有低雜訊特性來看，這就是一個明顯的使用上的優勢。對於許多類型的電子通信電路，這是很常見的做法。

　　如圖 9-7 所示，一些空乏型 MOSFETs 是雙閘極元件。其中一個閘極可以當作信號輸入端，而另一個閘極可以連接到自動增益控制（automatic gain control, AGC）直流電壓。這使得 MOSFET 的電壓增益受控制，而且依輸入信號的強度而變化。

9-4　增強型 MOSFET

　　空乏型 MOSFET 是**增強型 MOSFET**（enhancement-mode MOSFET）發展過程當中的一環，增強型 MOSFET 縮寫成 E-MOSFET。沒有增強型 MOSFET，就不會有現在普及的個人電腦存在。

基本觀念

　　圖 9-8a 為增強型 MOSFET，p 型基板向二氧化矽延伸，如我們所

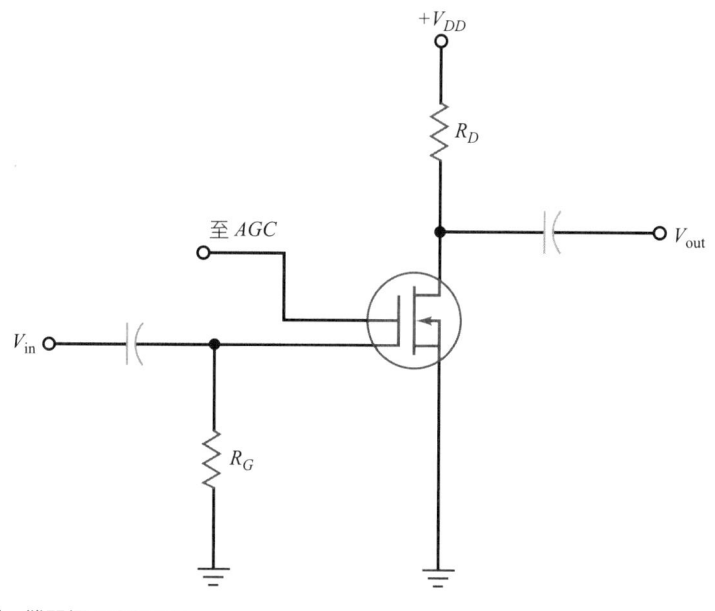

圖 9-7　雙閘極 MOSFET。

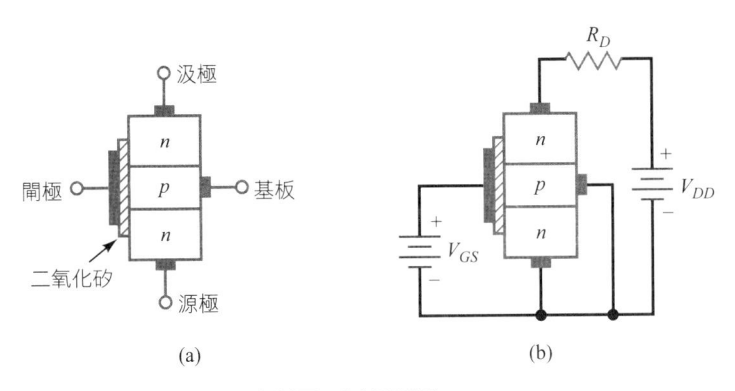

圖 9-8 增強型 MOSFET。(a) 未偏壓；(b) 已偏壓。

見位於源極與汲極間不再是 n 通道。而增強型 MOSFET 是如何動作的呢？圖 9-8b 顯示正常的偏壓極性。當閘極電壓為零時，在源極與汲極間的電流為零。由於這個原因，當閘極電壓為零時，增強型 MOSFET 平時就是個開路不通的元件。

唯一可以得到電流的作法是讓閘極電壓為正值。當閘極電壓為正，就會吸引自由電子往 p 型區，自由電子會和二氧化矽旁的電洞復合。當閘極電壓夠正時，所有觸及二氧化矽之電洞將被填滿，而自由電子開始從源極流往汲極。這作用如同在二氧化矽旁產生薄薄的 n 型材料層，這薄導通層稱為 n 型反轉層（n-type inversion layer）。當它存在時，自由電子可以輕易地從源極流往汲極。

產生 n 型反轉層之最小 V_{GS} 值稱作**門檻電壓**（threshold voltage），符號寫成 $V_{GS(th)}$。當 V_{GS} 小於 $V_{GS(th)}$ 時，汲極電流為零。當 V_{GS} 大於 $V_{GS(th)}$ 時，將出現 n 型反轉層連接源極與汲極，讓汲極電流可以流動。對小信號元件而言，典型的 $V_{GS(th)}$ 為 1 V 至 3 V。

JFET 被指為是空乏型元件（depletion-mode device），係因為它的傳導性與空乏層的動作有關。由於閘極電壓大於門檻電壓，增強了它的傳導性，讓增強型 MOSFET 被歸類為增強型元件。在閘極電壓為零下，JFET 會導通；而增強型 MOSFET 則不會導通。因此，增強型 MOSFET 平時為開路不通的元件。

汲極特性曲線

小信號增強型 MOSFET 的額定功率為 1 W 或者更低。圖 9-9a 為典型小信號增強型 MOSFET 的汲極特性曲線，最下面的曲線為 $V_{GS(th)}$ 曲線。當 V_{GS} 小於 $V_{GS(th)}$ 時，汲極電流近似於零。當 V_{GS} 大於 $V_{GS(th)}$ 時，元件會導通而汲極電流則受閘極電壓控制。

知識補給站

以增強型 MOSFET 而言，其 V_{GS} 必須大於 $V_{GS(th)}$ 以得到汲極電流。因此當增強型 MOSFET 偏壓時，自偏壓、電流源偏壓與零偏壓是不能被採用的，因為這些偏壓的類型是與空乏型的操作有關。使得閘極偏壓、分壓器偏壓與源極偏壓，可作為偏壓增強型 MOSFETs 的方法。

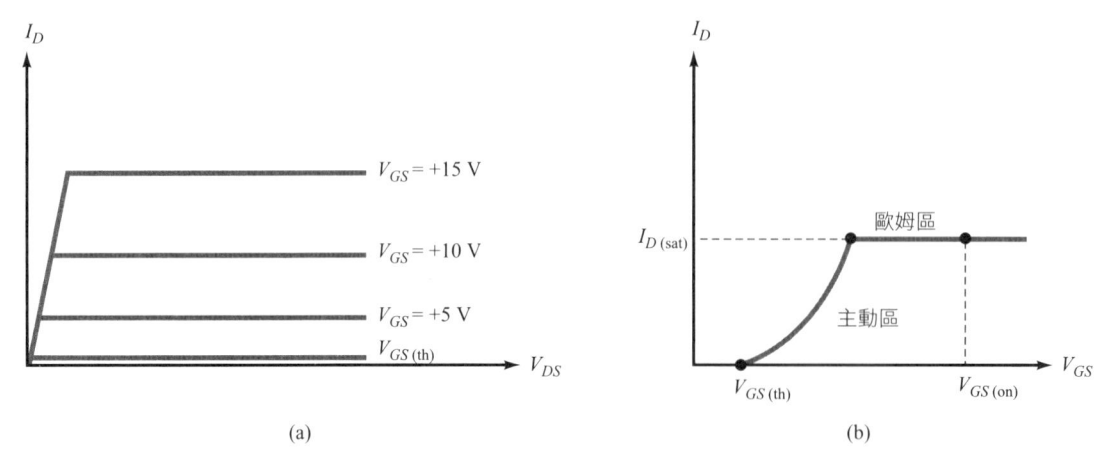

圖 9-9 增強型 MOS 圖形。(a) 汲極特性曲線；(b) 轉導特性曲線。

圖中幾乎垂直的部分是歐姆區，而幾乎水平的部分則是主動區。當偏壓在歐姆區時，增強型 MOSFET 等效為電阻。當偏壓在主動區時，則等效成電流源。雖然增強型 MOSFET 可以在主動區操作，但主要是在歐姆區操作。

圖 9-9b 為典型的轉導特性曲線，直到 $V_{GS} = V_{GS(th)}$ 才會有汲極電流。然後汲極電流會快速增加直到飽和電流 $I_{D(sat)}$ 為止。超過這點，元件則會偏壓在歐姆區。因此，即使 V_{GS} 再增加，I_D 也不會增加了。為了確保深度飽和，在使用上會讓 $V_{GS(on)}$ 的閘極電壓超過 $V_{GS(th)}$，如圖 9-9b 所示。

電路符號

當 $V_{GS} = 0$ 時，由於源極與汲極間沒有導通之通道存在，所以增強型 MOSFET 不會導通。圖 9-10a 的圖形符號有一條虛線的通道線，指出平常開路時的情況。如我們所知，閘極電壓大於門檻電壓時會產生 n 型反轉層，連接源極與汲極。箭頭指向這個反轉層，其動作就像當元件導通時的 n 通道。

對於 p 通道增強型 MOSFET，其電路符號是類似的，除了箭頭向外指以外，如圖 9-10b 所示。

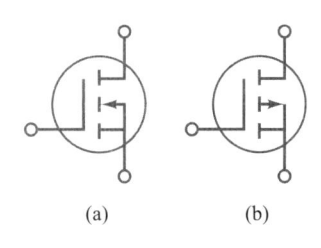

圖 9-10 增強型 MOS 圖形符號 (a) n 通道元件；(b) p 通道元件。

最大的閘源極電壓

MOSFETs 有一層薄薄的二氧化矽層，對於正與負的閘極電壓而言，它是一層絕緣物質，可防止閘極電流。而這層絕緣層會儘可能的薄，也由於絕緣層很薄，所以太高的閘源極電壓（即 V_{GS}）是會很容易破壞掉這層絕緣物質。

舉例來說，2N7000 的 $V_{GS(max)}$ 額定值為 ±20 V。如果閘源極電壓變得更正而超過 +20 V，或更負而超過 –20 V，則這層薄薄的絕緣層將被破壞。

除了直接施加太高的 V_{GS} 外，這層薄薄的絕緣層也會因為其他方式而破壞。諸如送電中從電路中拔除或插入 MOSFET，或是由於電路中的電感性反衝所引發的暫態電壓超過 $V_{GS(max)}$ 額定值。甚至是拿起 MOSFET，都可能因為累積足夠的靜態電荷超過 $V_{GS(max)}$ 額定值，而弄壞 MOSFET 元件。所以這是為什麼 MOSFET 運送時，接腳常圍繞著線圈，或是以錫箔包裹著，抑或插入導電性泡棉中的原因了。

一些 MOSFETs 會由內建且與閘極及源極並聯之稽納二極體所保護。而稽納電壓小於 $V_{GS(max)}$ 額定電壓。因此，稽納二極體可在絕緣層被破壞前搶先一步崩潰，提供 MOSFETs 絕緣層保護。這些內部的稽納二極體的缺點，是會降低 MOSFET 高輸入阻抗，但是在一些應用中這樣做是值得的。因為在沒有稽納二極體的保護下，昂貴的 MOSFET 是容易被破壞的。

總之，MOSFET 是精細的元件，容易被破壞，所以必須小心地對待它們。而且在送電的情況下，切勿插入或是拔除它們。最後，在拿取 MOSFET 前應先觸碰設備的機殼，把自己接地。

> **知識補給站**
> 增強型 MOSFET 常用在 AB 類放大器，而增強型 MOSFET 會以 V_{GS} 稍微超過 $V_{GS(th)}$ 的方式來偏壓。這多出一點的偏壓避免了交越失真。空乏型 MOSFETs 不適合用在 B 類或 AB 類放大器中，因為對於 V_{GS} = 0 V 時，會有很大的汲極電流。

9-5 歐姆區

雖然增強型 MOSFET 可以在主動區偏壓，但很少會這麼操作。因為它主要是當作開關元件使用，典型的輸入電壓值不是低就是高。低是指 0 V，而高則是指 $V_{GS(on)}$。

汲源極導通電阻

當增強型 MOSFET 偏壓在歐姆區時，可等效為電阻值 $R_{DS(on)}$。幾乎所有元件資料手冊都會列出特定汲極電流與閘源極電壓下的這個阻抗值。

圖 9-11 繪出在 $V_{GS} = V_{GS(on)}$ 曲線上有一點 Q_{test} 在歐姆區。製造商會量測這點 Q_{test} 的 $I_{D(on)}$ 與 $V_{DS(on)}$。由此，製造商就可使用這定義來計算出 $R_{DS(on)}$ 值：

$$R_{DS(on)} = \frac{V_{DS(on)}}{I_{D(on)}} \tag{9-3}$$

舉例來說，在測試點，VN2406L 的 $V_{DS(on)}$ = 1 V 而 $I_{D(on)}$ = 100 mA，以式 (9-3)：

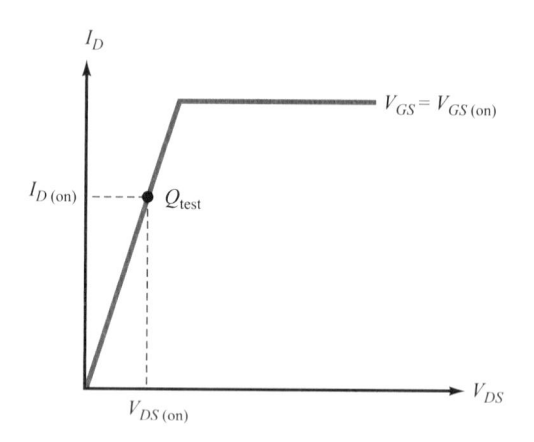

圖 9-11 量測 $R_{DS(on)}$。

$$R_{DS(on)} = \frac{1\text{ V}}{100\text{ mA}} = 10\text{ }\Omega$$

圖 9-12 所示為 2N7000 n 通道增強型 MOSFET 的元件資料手冊。注意增強型 MOSFET 也可以是表面黏著型的元件包裝，也請注意到汲極接腳與源極接腳間內建的二極體。元件的最小、典型及最大值也都被列出來。而這些元件的規格常會有較寬廣的數值範圍。

增強型 MOSFETs 的參數表

表 9-1 是一小信號增強型 MOSFETs 的例子。典型的 $V_{GS(th)}$ 值是 1.5 V 到 3 V，而 $R_{DS(on)}$ 值則是 0.3 Ω 到 28 Ω，這意謂當增強型 MOSFET 偏壓在歐姆區時會有低的阻抗值。而當偏壓在截止區時，則會有非常高的阻抗值近似於開路。因此增強型 MOSFETs 有很好的導通 - 截止比率。

表 9-1 小信號增強型 MOSFETs 的例子

元件	$V_{GS(th)}$, V	$V_{GS(on)}$, V	$I_{D(on)}$	$R_{DS(on)}$, Ω	$I_{D(max)}$	$P_{D(max)}$
VN2406L	1.5	2.5	100 mA	10	200 mA	350 mW
BS107	1.75	2.6	20 mA	28	250 mA	350 mW
2N7000	2	4.5	75 mA	6	200 mA	350 mW
VN10LM	2.5	5	200 mA	7.5	300 mA	1 W
MPF930	2.5	10	1 A	0.9	2 A	1 W
IRFD120	3	10	600 mA	0.3	1.3 A	1 W

FAIRCHILD
SEMICONDUCTOR ™

2N7000 / 2N7002 / NDS7002A
N-Channel Enhancement Mode Field Effect Transistor

General Description

These N-Channel enhancement mode field effect transistors are produced using Fairchild's proprietary, high cell density, DMOS technology. These products have been designed to minimize on-state resistance while provide rugged, reliable, and fast switching performance. They can be used in most applications requiring up to 400mA DC and can deliver pulsed currents up to 2A. These products are particularly suited for low voltage, low current applications such as small servo motor control, power MOSFET gate drivers, and other switching applications.

Features

- High density cell design for low $R_{DS(ON)}$.
- Voltage controlled small signal switch.
- Rugged and reliable.
- High saturation current capability.

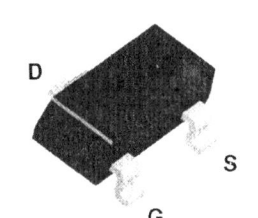

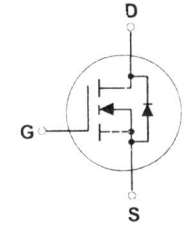

TO-92
2N7000

SOT-23
(TO-236AB)
2N7002/NDS7002A

Absolute Maximum Ratings T_A = 25°C unless otherwise noted

Symbol	Parameter	2N7000	2N7002	NDS7002A	Units
V_{DSS}	Drain-Source Voltage	60			V
V_{DGR}	Drain-Gate Voltage ($R_{GS} \leq 1\ M\Omega$)	60			V
V_{GSS}	Gate-Source Voltage - Continuous	±20			V
	- Non Repetitive (tp < 50μs)	±40			
I_D	Maximum Drain Current - Continuous	200	115	280	mA
	- Pulsed	500	800	1500	
P_D	Maximum Power Dissipation	400	200	300	mW
	Derated above 25°C	3.2	1.6	2.4	mW/°C
T_J, T_{STG}	Operating and Storage Temperature Range	-55 to 150		-65 to 150	°C
T_L	Maximum Lead Temperature for Soldering Purposes, 1/16" from Case for 10 Seconds	300			°C
THERMAL CHARACTERISTICS					
$R_{\theta JA}$	Thermal Resistance, Junction-to-Ambient	312.5	625	417	°C/W

© 1997 Fairchild Semiconductor Corporation   2N7000.SAM Rev. A1

圖 9-12　2N7000 元件資料手冊。

Electrical Characteristics T_A = 25°C unless otherwise noted

Symbol	Parameter	Conditions		Type	Min	Typ	Max	Units
OFF CHARACTERISTICS								
BV_{DSS}	Drain-Source Breakdown Voltage	V_{GS} = 0 V, I_D = 10 μA		All	60			V
I_{DSS}	Zero Gate Voltage Drain Current	V_{DS} = 48 V, V_{GS} = 0 V		2N7000			1	μA
			T_J=125°C				1	mA
		V_{DS} = 60 V, V_{GS} = 0 V		2N7002 NDS7002A			1	μA
			T_J=125°C				0.5	mA
I_{GSSF}	Gate - Body Leakage, Forward	V_{GS} = 15 V, V_{DS} = 0 V		2N7000			10	nA
		V_{GS} = 20 V, V_{DS} = 0 V		2N7002 NDS7002A			100	nA
I_{GSSR}	Gate - Body Leakage, Reverse	V_{GS} = -15 V, V_{DS} = 0 V		2N7000			-10	nA
		V_{GS} = -20 V, V_{DS} = 0 V		2N7002 NDS7002A			-100	nA
ON CHARACTERISTICS (Note 1)								
$V_{GS(th)}$	Gate Threshold Voltage	V_{DS} = V_{GS}, I_D = 1 mA		2N7000	0.8	2.1	3	V
		V_{DS} = V_{GS}, I_D = 250 μA		2N7002 NDS7002A	1	2.1	2.5	
$R_{DS(ON)}$	Static Drain-Source On-Resistance	V_{GS} = 10 V, I_D = 500 mA		2N7000		1.2	5	Ω
			T_J=125°C			1.9	9	
		V_{GS} = 4.5 V, I_D = 75 mA				1.8	5.3	
		V_{GS} = 10 V, I_D = 500 mA		2N7002		1.2	7.5	
			T_J=100°C			1.7	13.5	
		V_{GS} = 5.0 V, I_D = 50 mA				1.7	7.5	
			T_J=100C			2.4	13.5	
		V_{GS} = 10 V, I_D = 500 mA		NDS7002A		1.2	2	
			T_J=125°C			2	3.5	
		V_{GS} = 5.0 V, I_D = 50 mA				1.7	3	
			T_J=125°C			2.8	5	
$V_{DS(ON)}$	Drain-Source On-Voltage	V_{GS} = 10 V, I_D = 500 mA		2N7000		0.6	2.5	V
		V_{GS} = 4.5 V, I_D = 75 mA				0.14	0.4	
		V_{GS} = 10 V, I_D = 500mA		2N7002		0.6	3.75	
		V_{GS} = 5.0 V, I_D = 50 mA				0.09	1.5	
		V_{GS} = 10 V, I_D = 500mA		NDS7002A		0.6	1	
		V_{GS} = 5.0 V, I_D = 50 mA				0.09	0.15	

Electrical Characteristics T_A = 25°C unless otherwise noted

Symbol	Parameter	Conditions	Type	Min	Typ	Max	Units
ON CHARACTERISTICS Continued (Note 1)							
$I_{D(ON)}$	On-State Drain Current	V_{GS} = 4.5 V, V_{DS} = 10 V	2N7000	75	600		mA
		V_{GS} = 10 V, $V_{DS} \geq 2 V_{DS(on)}$	2N7002	500	2700		
		V_{GS} = 10 V, $V_{DS} \geq 2 V_{DS(on)}$	NDS7002A	500	2700		
g_{FS}	Forward Transconductance	V_{DS} = 10 V, I_D = 200 mA	2N7000	100	320		mS
		$V_{DS} \geq 2 V_{DS(on)}$, I_D = 200 mA	2N7002	80	320		
		$V_{DS} \geq 2 V_{DS(on)}$, I_D = 200 mA	NDS7002A	80	320		

圖 9-12 （續）

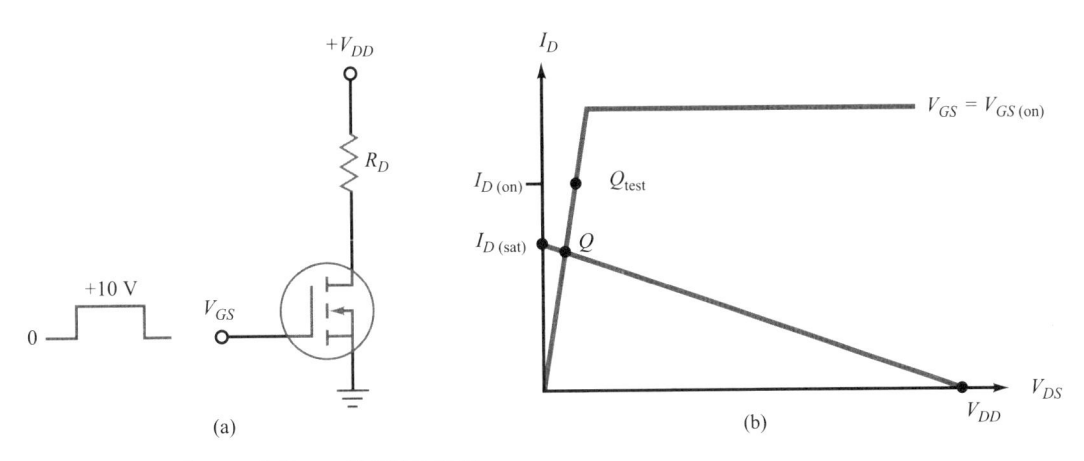

圖 9-13 $V_{GS} = V_{GS(on)}$ 與 $I_{D(sat)}$ 小於 $I_{D(on)}$ 確保進入飽和。

偏壓於歐姆區

圖 9-13a 電路中的汲極飽和電流為：

$$I_{D(sat)} = \frac{V_{DD}}{R_D} \tag{9-4}$$

汲極截止電壓為 V_{DD}，圖 9-13b 為位於飽和電流 $I_{D(sat)}$ 與截止電壓 V_{DD} 之直流負載線。

當 $V_{GS} = 0$ 時，Q 點在直流負載線的底下。而當 $V_{GS} = V_{GS(on)}$ 時，Q 點在直流負載線的上面。如圖 9-13b 所示，當 Q 點低於 Q_{test} 點時，元件是偏壓在歐姆區。另一種說法，當這情況滿足時，增強型 MOSFET 是偏壓在歐姆區：

$$I_{D(sat)} < I_{D(on)} \quad 當 \quad V_{GS} = V_{GS(on)} \tag{9-5}$$

式 (9-5) 是重要的，它告訴我們增強型 MOSFET 是在主動區或歐姆區操作。已知一增強型 MOSFET 電路，我們可以計算 $I_{D(sat)}$ 值。當 $V_{GS} = V_{GS(on)}$ 時，如果 $I_{D(sat)}$ 小於 $I_{D(on)}$，則元件將偏壓在歐姆區，且等效為一小電阻。

例題 9-3

試求圖 9-14a 中的輸出電壓。

解答 對於 2N7000，表 9-1 中最重要的值是：

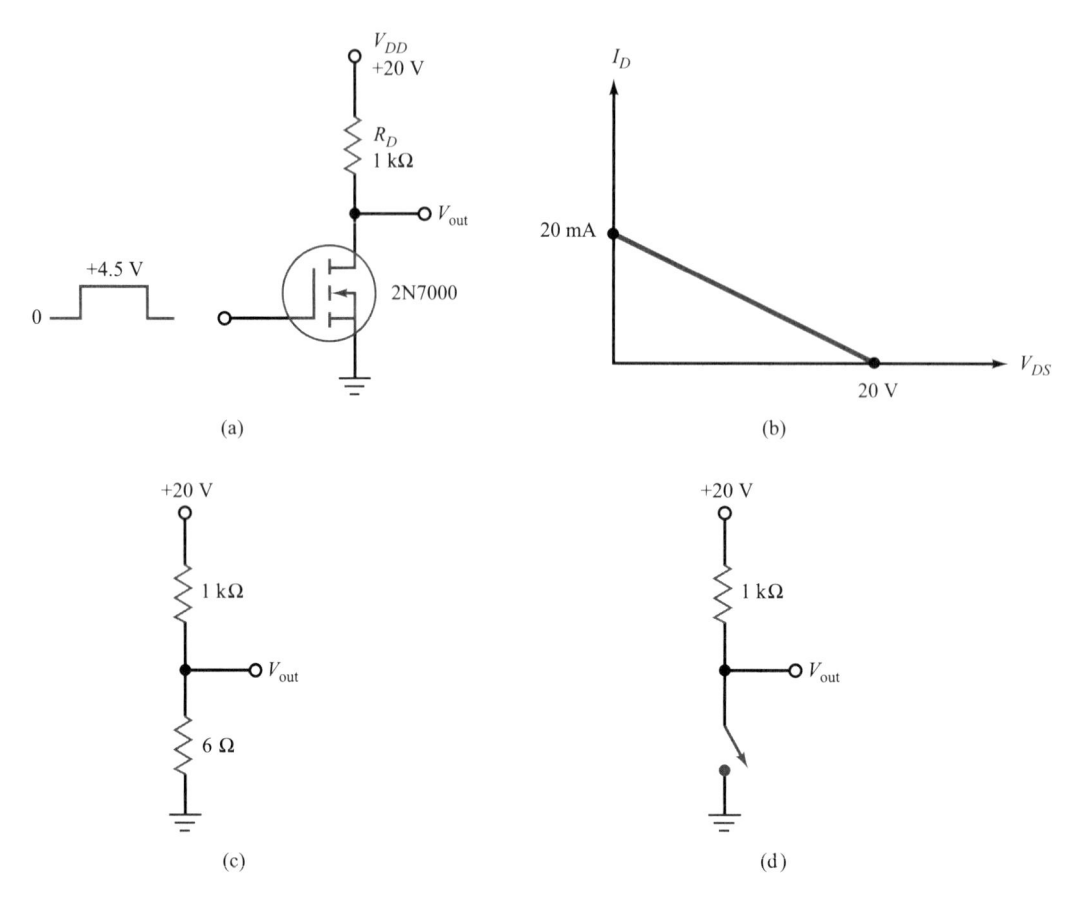

圖 9-14 在截止區與飽和區之間切換。

$$V_{GS(on)} = 4.5 \text{ V}$$

$$I_{D(on)} = 75 \text{ mA}$$

$$R_{DS(on)} = 6 \text{ }\Omega$$

由於輸入電壓在 0 到 4.5 V 間變動，2N7000 在導通截止間切換。圖 9-14a 汲極飽和電流為：

$$I_{D(sat)} = \frac{20 \text{ V}}{1 \text{ k}\Omega} = 20 \text{ mA}$$

圖 9-14b 是直流負載線。由於 20 mA 小於 $I_{D(on)}$ 的值 75 mA，當閘極電壓為高電壓時，2N7000 會偏壓在歐姆區。

圖 9-14c 是閘極電壓為高壓時的等效電路，由於增強型 MOSFET 的電阻為 6 Ω，輸出電壓為：

$$V_{out} = \frac{6 \text{ }\Omega}{1 \text{ k}\Omega + 6 \text{ }\Omega} (20 \text{ V}) = 0.12 \text{ V}$$

另一方面，當 V_{GS} 為低壓時，增強型 MOSFET 為開路狀態（圖 9-14d），而輸出電壓會被拉到等於外部所供應的電壓即：

$$V_{out} = 20 \text{ V}$$

練習題 9-3 圖 9-14a 中以 VN2406L 增強型 MOSFET 取代 2N7000，試求其輸出電壓值。

應用題 9-4　　　　　　　　　　　　　　　　　　　　　　　　　　MultiSim

試求圖 9-15 中的 LED 電流。

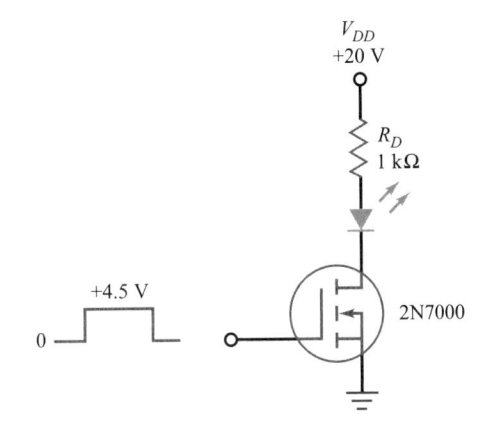

圖 9-15 開啟與關閉 LED。

解答　當 V_{GS} 為低電壓時，LED 截止。當 V_{GS} 為高電壓時，動作類似於前面的例子，因為 2N7000 已進入深度飽和狀態了。如果忽略 LED 的壓降，則 LED 的電流為

$$I_D \approx 20 \text{ mA}$$

如果 LED 壓降為 2 V：

$$I_D = \frac{20 \text{ V} - 2 \text{ V}}{1 \text{ k}\Omega} = 18 \text{ mA}$$

練習題 9-4 使用 VN2406L 增強型 MOSFET 而汲極電阻 560 Ω，試重做例題 9-4。

應用題 9-5

圖 9-16a 中，如果線圈電流為 30 mA 或更大的值而閉合繼電器接點，試問電路會如何？

解答　增強型 MOSFET 一直被使用於開關繼電器，由於繼電器線圈電阻為 500 Ω，飽和電流等於

$$I_{D(\text{sat})} = \frac{24 \text{ V}}{500 \text{ }\Omega} = 48 \text{ mA}$$

由於電流小於 VN2406L 的 $I_{D(\text{on})}$，元件電阻只有 10 Ω（參見表 9-1）。

圖 9-16b 是 V_{GS} 為高壓下的等效電路。流過繼電器線圈之電流近似為 48 mA，已經足夠閉合繼電器。當繼電器閉合時，接合的電路看起來就像圖 9-16c。因此，最後的負載電流為 8 A（120 V 除以 15 Ω）。

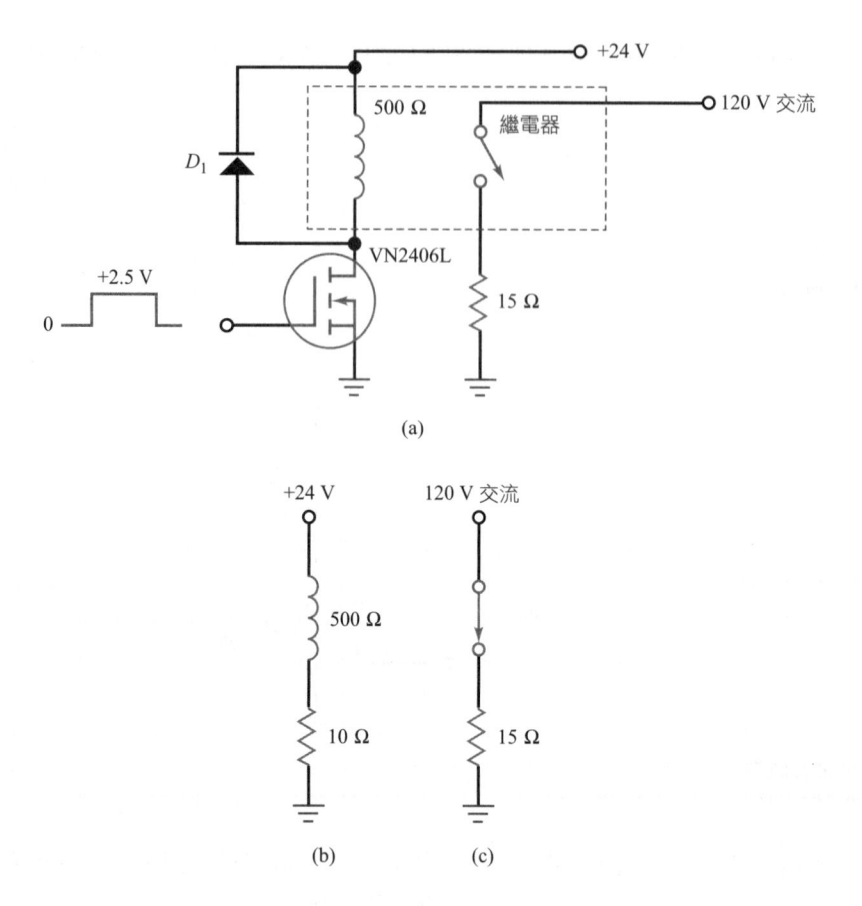

圖 9-16 低壓輸入電流信號控制大輸出電流。

圖 9-16a 輸入電壓只有 +2.5 V 與幾乎為 0 的輸入電流，控制著一 120 V 交流負載電壓與 8 A 負載電流。對於遠端控制，這樣的電路是有用的。輸入電壓可以是透過銅線、光纖或外太空遠距離傳輸之信號。

9-6 數位開關

為何增強型 MOSFET 對電腦工業產生巨大的改變？因為它的門檻電壓用作開關元件是理想的。當閘極電壓超過門檻電壓時，元件將由截止狀態（不通）變成飽和狀態（導通）。這導通 - 截止的動作是建立電腦的關鍵。當學習到電腦電路時，將了解到典型的電腦是如何利用數百萬的增強型 MOSFETs 當開關來處理資料。而這資料包含了數字、文字、圖形與所有其他可以被轉換成二進制的資料。

類比、數位與開關電路

類比（analog） 意謂如弦波般「連續」。當我們說到類比訊號時，

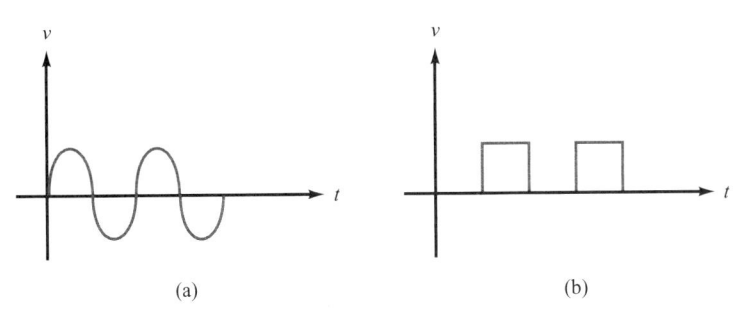

圖 9-17 (a) 類比信號；(b) 數位信號。

談論的信號是如圖 9-17a 所示連續的電壓變化。這信號不需要是弦波，只要在 2 個不同的電位間不會有突然的電位跳動存在，則此信號為類比信號。

數位（digital）這字指的是不連續的信號，意謂信號會在 2 個不同的電位間跳動，如圖 9-17b 所示。數位信號就像那些在電腦裡的信號，這些信號是電腦碼，代表著數字、文字與其他符號。

相較於數位而言，開關（switching）是個包含較廣的字詞。開關電路包含數位電路當成電路中的子電路。換句話說，開關電路也可以指啟動馬達、電燈、加熱器與其他大電流裝置的電路。

> **知識補給站**
> 自然界大部分的物理量是類比型式的，而這些物理量最常是被系統監控的輸入與輸出。一些類比輸入與輸出的例子如溫度、壓力、速度、位置、液面高低與流體速率。當處理類比輸入時，為利用到數位技術的好處，物理量會被轉換成數位型式。而這樣的電路，稱為類比-數位轉換器。

被動式負載開關

圖 9-18 為一具有被動式負載的增強型 MOSFET。被動這字指的是如 R_D 這樣尋常的電阻，在這電路中 v_{in} 不是低電壓就是高電壓。當 v_{in} 為低壓時，MOSFET 會截止，而 v_{out} 則等於外部所供應的電壓 V_{DD}。當 v_{in} 為高壓時，MOSFET 則飽和而 v_{out} 降到低壓值。對於正常操作的電路，當輸入電壓等於或大於 $V_{GS(on)}$ 時，汲極飽和電流 $I_{D(sat)}$ 必須小於 $I_{D(on)}$。等於說在歐姆區的電阻必須遠小於被動式汲極電阻，符號上是：

$$R_{DS(on)} \ll R_D$$

如圖 9-18 所示的電路，是可以被建立最簡單之電腦電路。因為輸出電壓跟輸入電壓是相反的，故稱為反相器。當輸入電壓為低時輸出電壓變高，而當輸入電壓是高時則輸出電壓變低。在分析開關電路時，不要求很高的準確度，最重要的是輸入與輸出電壓可以容易地被判斷出是低壓或高壓。

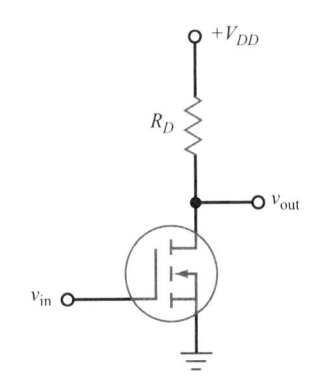

圖 9-18 被動式負載。

主動式負載開關

積體電路包含數千個微小電晶體，它們不是雙極性電晶體就是

金氧半電晶體。最早期的積體電路使用如圖 9-18 中的被動式負載電阻。但是被動式負載電阻會有一個主要的問題，是它的體積遠大於 MOSFET。因此過去使用被動式電阻之積體電路都太大，直到有人發明了**主動式負載電阻**（active-load resistors），這大大降低了積體電路的大小，並且導入現今的個人電腦中。

關鍵的想法是要解決被動式負載電阻。圖 9-19a 展示了這個發想：**主動式負載開關**。下面的 MOSFET 動作就像一個開關，但是上面的 MOSFET 動作則像大電阻。注意上面的 MOSFET 其閘極連接到汲極去，因此變成一具有主動式電阻的雙端元件：

$$R_D = \frac{V_{DS(active)}}{I_{D(active)}} \tag{9-6}$$

其中，$V_{DS(active)}$ 與 $I_{D(active)}$ 是主動區中的電壓與電流。

對於電路要適當地工作，上方 MOSFET 的 R_D 必須大於下方 MOSFET 的 $R_{DS(on)}$。例如，如果上方的 MOSFET 像 5 kΩ 的 R_D，而下方的 MOSFET 像 667 Ω 的 $R_{DS(on)}$，如圖 9-19b 所示，則輸出電壓將變低。

圖 9-19c 顯示如何計算上方 MOSFET 的 R_D 值。如圖 9-19c，由於 $V_{GS} = V_{DS}$，這個 MOSFET 的每一個操作點必須沿著雙端特性曲線下降。如果確定了在這雙端特性曲線上所畫的每個點，我們將會看到 $V_{GS} = V_{DS}$。

圖 9-19c 的雙端特性曲線，意謂上方的 MOSFET 動作像一電阻 R_D，對於不同的點 R_D 的值將會稍微地改變。例如在圖 9-19c 中最高的點，雙端特性曲線的 $I_D = 3$ mA 而 $V_{DS} = 15$ V，以式 (9-6) 可以計算出：

$$R_D = \frac{15 \text{ V}}{3 \text{ mA}} = 5 \text{ k}\Omega$$

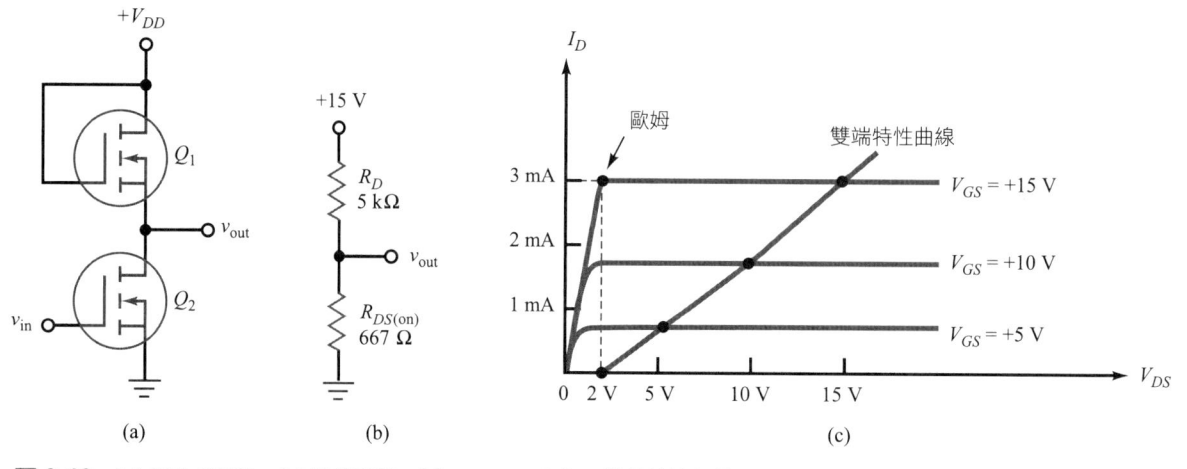

圖 9-19 (a) 主動式負載；(b) 等效電路；(c) $V_{GS} = V_{DS}$ 產生一雙端特性曲線。

下一個點有這些近似值：$I_D = 1.6$ mA、$V_{DS} = 10$ V。因此，

$$R_D = \frac{10 \text{ V}}{1.6 \text{ mA}} = 6.25 \text{ k}\Omega$$

藉由類似的計算，最低點的 $V_{DS} = 5$ V、$I_D = 0.7$ mA，而 $R_D = 7.2$ kΩ。

如果下方的 MOSFET 跟上方的 MOSFET 有相同的汲極特性曲線，那麼下方的 MOSFET 有 $R_{DS(on)}$ 為：

$$R_{DS(on)} = \frac{2 \text{ V}}{3 \text{ mA}} = 667 \text{ }\Omega$$

這就是如圖 9-19b 所示的值。

如前所指，正確的數值對於數位開關電路而言不重要，只要電壓能被容易地判斷出是低或高即可。因此正確的 R_D 值並不重要，它可以是 5 kΩ、6.25 kΩ 或 7.2 kΩ。在圖 9-19b 中這些值中的任何一個，都足以產生低電壓輸出。

結論

數位積體電路使用主動式負載電阻是必要的，因為對於數位積體電路而言，所用的元件體積要小才行。設計者要確定上方 MOSFET 的 R_D 比下方 MOSFET 的 $R_{D(on)}$ 大。面對如圖 9-19a 的電路，所需要記得的是基本的觀念：這電路動作上就像一電阻 R_D 串聯一開關，而輸出電壓不是高就是低。

例題 9-6　　　　　　　　　　　　　　　　　　　　　　|||| MultiSim

當輸入電壓為低電壓及高電壓時，試求圖 9-20a 中的兩種情況下之輸出電壓。

解答　當輸入電壓變低時，下方的 MOSFET 開路，而輸出電壓將被拉升至電源電壓：

$$v_{out} = 20 \text{ V}$$

當輸入電壓變高時，下方的 MOSFET 會有電阻 50 Ω。這樣的情況下，輸出電壓將被拉低到地電位：

$$v_{out} = \frac{50 \text{ }\Omega}{10 \text{ k}\Omega + 50 \text{ }\Omega} (20 \text{ V}) = 100 \text{ mV}$$

練習題 9-6　若 $R_{D(on)}$ 的值為 100 Ω，重做例題 9-6。

例題 9-7

試求圖 9-20b 中的輸出電壓。

解答　當輸入電壓變低時：

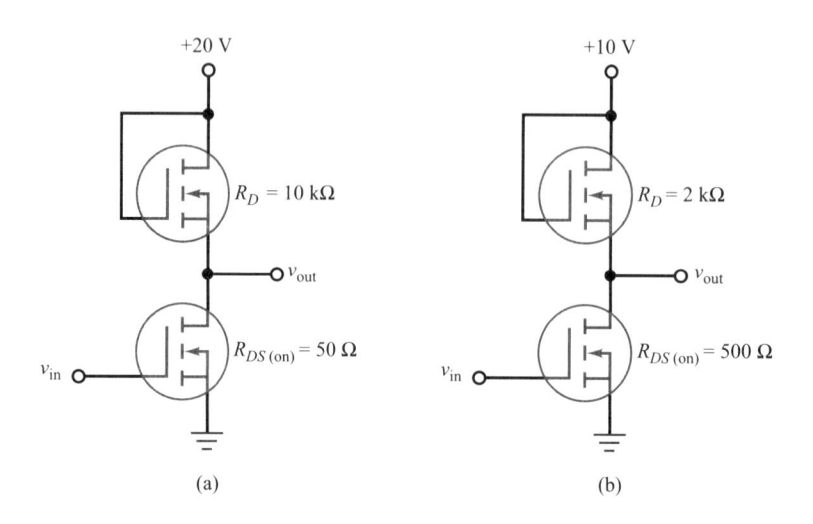

圖 9-20 例子。

$$v_{\text{out}} = 10\ \text{V}$$

當輸入電壓為高電壓時：

$$v_{\text{out}} = \frac{500\ \Omega}{2.5\ \text{k}\Omega}(10\ \text{V}) = 2\ \text{V}$$

如果跟前面的例子相比，可以發現導通 - 截止比率並不是一樣的好。但是以數位電路來說，高的導通 - 截止比率並不重要。在這例子中，輸出電壓不是 2 V 就是 10 V，這些電壓是容易區別出低或高的。

練習題 8-7 使用圖 9-20b，當 V_{in} 為高電壓且 V_{out} 值低於 1 V 時，$R_{DS(\text{on})}$ 可以多高？

9-7 互補式金氧半導體

以主動負載開關來看，低準位輸出汲取之電流大約等於 $I_{D(\text{sat})}$。電池運作設備，可能產生問題。降低數位電路汲取電流的方法之一，是採用**互補式金氧半導體**（**complementary MOS, CMOS**）。在這方法中，積體電路設計者結合了 n 通道與 p 通道 MOSFETs。

圖 9-21a 所示即為這個概念。Q_1 是一 p 通道 MOSFET，而 Q_2 是 n 通道 MOSFET。這兩個元件是互補的；即它們具有等值但相反的 $V_{GS(\text{th})}$、$V_{GS(\text{on})}$、$I_{D(\text{on})}$，這電路與 B 類放大器相似。因為當一個 MOSFET 開路，另一個就導通。

基本動作

如圖 9-21a 的 CMOS 電路用於一切換應用中，輸入電壓不是高（$+V_{DD}$）就是低（0 V）。當輸入電壓高時，Q_1 會開路而 Q_2 會導通。

在這情況中，短路的 Q_2 會將輸出拉到地電位。另一方面，當輸入電壓低時，Q_1 會導通而 Q_2 會開路不通。現在，短路的 Q_1 將輸出電壓拉高到 $+V_{DD}$，由於輸出電壓是反相的，所以電路稱為 CMOS 反相器。

圖 9-21b 所示為輸出電壓如何隨著輸入電壓而變化。當輸入電壓為零時，輸出電壓為高電位。當輸入電壓變高時，則輸出電壓會變低電位。而在這兩種極端的情況間，則有一交越點係輸入電壓等於 $V_{DD}/2$ 的地方。在這一點上，兩個 MOSFETs 有相同的電阻，而輸出電壓等於 $V_{DD}/2$。

功率損耗

CMOS 的主要優點是功率損耗極少。因為在圖 9-21a 中，兩個 MOSFETs 是串聯的，靜態電流的汲取由不導通的元件所決定。由於它的電阻是百萬歐姆，靜態（穩態）功率損耗趨近於零。

當輸入信號由低電位切換到高電位時，功率損耗會增加；反之亦然。原因是：在由低電位轉高電位的過程中之中途點或於相反情況時，兩個 MOSFETs 會導通。這意謂汲極電流會暫時地增加，由於轉換過程非常快速，所以只會有短暫的電流脈波出現。汲極端外部所供應的電壓乘上短暫的電流脈波，意謂平均動態功率損耗會大於靜態功率損耗。換句話說，CMOS 元件當它有轉換情況發生時，比起靜態會消耗更多的平均功率。

由於電流脈波非常短暫，即使當 CMOS 元件是切換狀態，其平均損耗非常低。事實上，平均功率損耗是很少的，以致 CMOS 電路常用於諸如計算機、數位式手錶及助聽器之電池供電應用中。

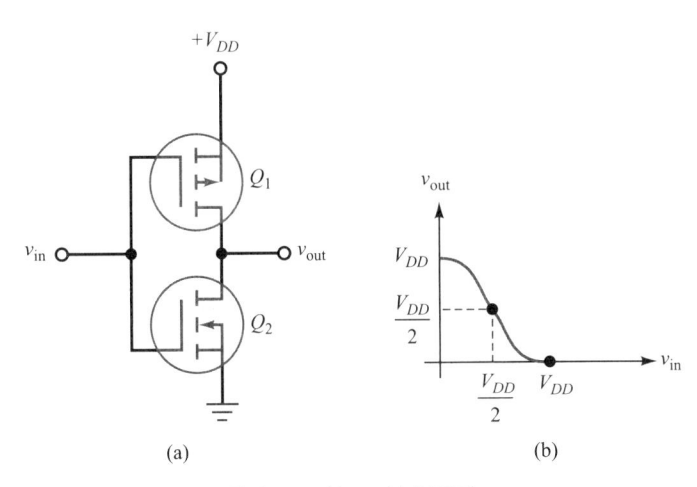

圖 9-21 CMOS 反相器。(a) 電路；(b) 輸入-輸出圖形。

例題 9-8

圖 9-22a 的 $R_{DS(on)} = 100\ \Omega$，而 $R_{DS(off)} = 1\ M\Omega$，輸出波形看起來如何？

解答 輸入信號為一長方形脈波，在 A 點由 0 V 切到 +15 V，而在 B 點則是由 +15 V 切到 0 V。時間上在 A 點之前，Q_1 是導通的，而 Q_2 是開路的。由於相對 Q_1 有 100 Ω 的電阻，而 Q_2 有 1 MΩ 的電阻，輸出電壓會被拉升到 +15 V。

在 A 點與 B 點間，輸入電壓是 +15 V，使得 Q_1 截止而 Q_2 導通。在這個情況下，Q_2 的低電阻將拉低輸出電壓到近似為零，圖 9-22b 為輸出波形。

練習題 9-8 當 V_{DD} = +10V 時，在 A 與 B 之間，以 V_{in} = +10 V 重做例題 9-8。

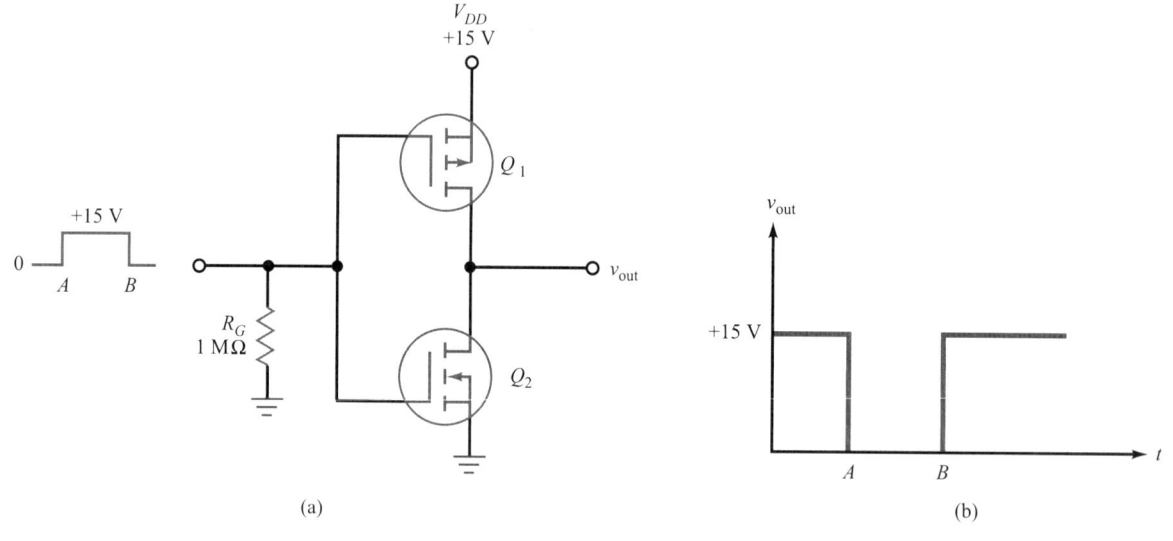

圖 9-22 例子。

9-8 功率場效應電晶體

在稍早討論中，我們強調小信號增強型 MOSFETs 屬於低功率 MOSFETs。雖然一些分立式低功率增強型 MOSFETs 在商業上亦可取得（見表 9-1），低功率增強型 MOS 的主要用途仍是數位積體電路。

高功率增強型 MOS 則不同，以高功率增強型 MOS，增強型 MOSFET 廣泛使用在控制馬達、電燈、光碟驅動、印表機、電源供應器等。在這些應用中，增強型 MOSFET 稱為**功率場效應電晶體**（power FET）。

分立式元件

製造商正生產不同的元件，如 VMOS、TMOS、hexFET、trench

MOSFET 與 waveFET。這些所有功率場效應電晶體使用不同的幾何形狀通道,以增加最大的額定值。這些元件的電流額定值從 1 A 到超過 200 A,而功率額定值從 1 W 到超過 500 W。

圖 9-23a 所示為積體電路中的增強型 MOSFET 結構。左側是源極,閘極在中間而汲極在右邊。當 V_{GS} 大於 $V_{GS(th)}$ 時,自由電子由源極往汲極方向水平地流動。由於自由電子必須沿著如圖中虛線所標示狹窄的反轉層流動,所以結構上限制了最大的電流量。由於通道如此狹窄,所以傳統 MOS 元件的汲極電流量小且額定功率低。

圖 9-23b 為**垂直型金氧半導體(VMOS)** 元件的結構。在頂端有 2 個源極,通常是被連著而基板動作就像汲極。當 V_{GS} 大於 $V_{GS(th)}$ 時,自由電子將從 2 個源極往汲極方向垂直地往下流動。因為導通的通道係沿著 V 形溝槽兩邊而寬許多,所以電流量可以大很多。這使得 VMOS 元件可當成功率場效應電晶體。

表 9-2 為一商用上可獲得之功率場效應電晶體,注意所有元件 $V_{GS(on)}$ 為 10 V。由於它們是大元件,要求更高的 $V_{GS(on)}$ 以確保操作在歐姆區。如我們所見,這些元件的額定功率大,可以處理如車輛控制、照明與加熱等大功率的應用。

功率場效應電晶體電路的分析,如同小信號元件。當被 $V_{GS(on)}$ =

(a)

(b)

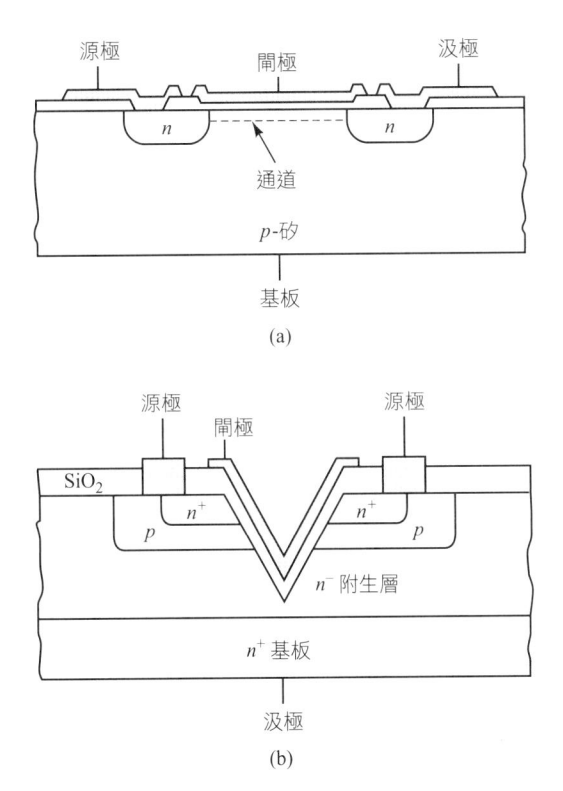

圖 9-23 金氧半導體結構。(a) 傳統 MOSFET 的結構;(b) VMOS 的結構。

表 9-2　功率場效應電晶體實例

元件	$V_{GS(on)}$, V	$I_{D(on)}$, A	$R_{DS(on)}$, Ω	$I_{D(max)}$, A	$P_{D(max)}$, W
MTP4N80E	10	2	1.95	4	125
MTV10N100E	10	5	1.07	10	250
MTW24N40E	10	12	0.13	24	250
MTW45N10E	10	22.5	0.035	45	180
MTE125N20E	10	62.5	0.012	125	460

10 V 所驅動時，功率場效應電晶體在歐姆區有一小的 $R_{DS(on)}$ 電阻。如同前面所述，當 $V_{GS} = V_{GS(on)}$ 時，$I_{D(sat)}$ 小於 $I_{D(on)}$ 確保元件偏壓在歐姆區，而如同一小電阻。

無熱跑脫現象

雙極性接面電晶體可能被熱跑脫給打壞。雙極性電晶體的問題是 V_{BE} 的負溫度係數。當內部溫度上升時，V_{BE} 會下降，這讓集極電流增加，迫使溫度更高。但是更高的溫度會讓 V_{BE} 降更多，若沒有適當地散熱，則雙極性電晶體將進入熱跑脫而損壞。

功率場效應電晶體比起雙極性電晶體的一個主要優點，是不會有熱跑脫現象，MOSFET 的 $R_{DS(on)}$ 為正溫度係數。當內部溫度上升時，$R_{DS(on)}$ 會增加而降低了汲極電流，從而降低了溫度。結果是功率場效應電晶體天生溫度穩定，不會有熱跑脫現象。

知識補給站

在許多例子中，雙極性元件與金氧半導體元件使用在相同的電子電路中。一個電路的輸出經由介面電路連接到下一個電路的輸入，它的作用就是傳遞驅動器輸出信號與條件，使能夠與負載需求相容。

功率場效應電晶體的並聯

雙極性接面電晶體不能並聯，是因為它們彼此的 V_{BE} 壓降不夠接近。如果試著將它們並聯，會造成不均流的現象發生。意即有較低 V_{BE} 的電晶體將比其他的電晶體擷取較多的集極電流。

相較於雙極性接面電晶體的並聯，並聯功率場效應電晶體不會遭遇到搶電流的問題。這是因為若並聯的功率場效應電晶體當中的一個試著多擷取電流，則它的內部溫度將會上升。這將讓它的 $R_{DS(on)}$ 增加，而造成它的汲極電流下降。最終結果是所有的並聯功率場效應電晶體都會有相同的汲極電流即均流了。

更快速的截止

如前面所提，順偏時雙極性電晶體的少數載子是儲存在接面區。當試著去截止雙極性電晶體時，儲存的電荷還會流動一陣子，這阻礙了雙極性電晶體快速截止。相對來說，由於功率場效應電晶體沒有少

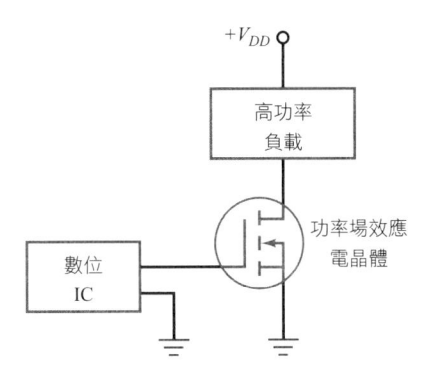

圖 9-24 功率場效應電晶體是低功率數位 IC 與高功率負載間之介面。

數載子,所以比起雙極性電晶體則可以截止大電流。典型地來說,功率場效應電晶體可以在幾十奈秒內截止安培級的電流,這是雙極性電晶體截止速度的 10 到 100 倍。

以功率場效應電晶體當作介面

數位 IC 是低功率元件,因為它們只能供應小的負載電流。如果想使用數位 IC 的輸出驅動大電流負載,可以使用功率場效應電晶體作為**介面**(interface)(允許元件 A 去溝通或控制元件 C 的元件 B)。

圖 9-24 所示為數位 IC 如何控制高功率負載。數位 IC 的輸出驅動著功率場效應電晶體的閘極端。當數位輸出高電位時,功率場效應電晶體就像一閉合的開關。當數位輸出低電位時,功率場效應電晶體則像一開路的開關。數位 ICs(小信號增強型 MOS 及 CMOS)與高功率負載間的介面是功率場效應電晶體重要的應用之一。

圖 9-25 是一數位 IC 控制高功率負載之例子。當 CMOS 的輸出為

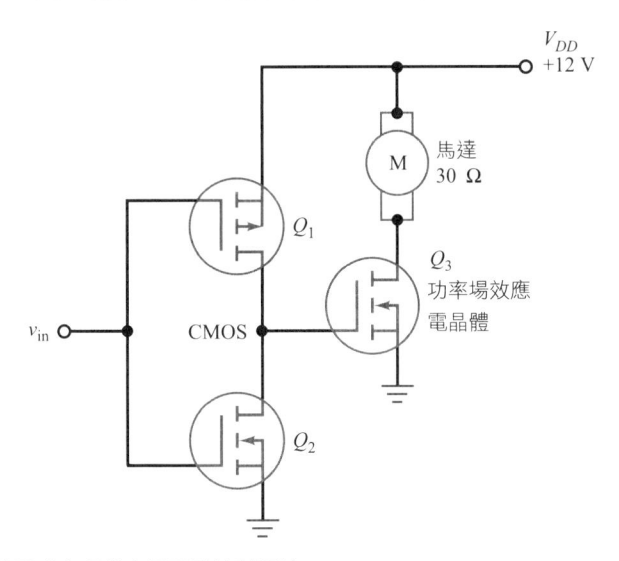

圖 9-25 使用功率場效應電晶體控制馬達。

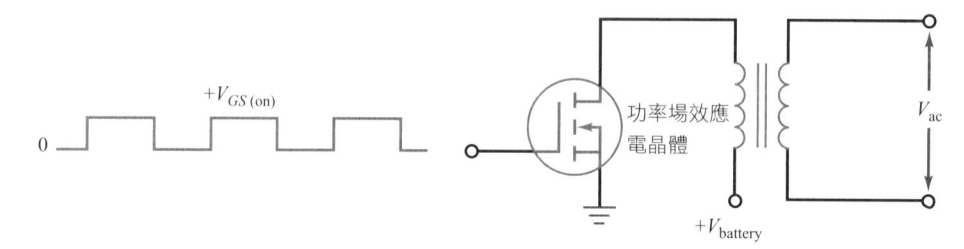

圖 9-26 一基本直流轉交流轉換器。

高電位時,功率場效應電晶體動作如一閉合之開關。馬達繞阻上有將近 12 V 的電壓,而馬達運轉起來。當 CMOS 輸出變低電位時,功率場效應電晶體會開路,而馬達停止運轉。

直流轉交流轉換器

當突然停電時,電腦將停止運作,而有價值的資料可能會因此遺失。一個解決方法是採用**不斷電電源供應器(uninterruptible power supply, UPS)**,其包含電池與直流轉交流轉換器。基本的概念是:當停電時,電池的直流電壓被轉換成交流電壓供應電腦所需。

圖 9-26 為一**直流轉交流轉換器(dc-to-ac converter)**,即不斷電系統的基本概念。當停電時,其他電路(稍後討論的運算放大器)動作,並產生一方波以驅動閘極。該方波輸入使功率場效應電晶體做導通及截止的切換,因為方波跨在變壓器繞組上,二次側繞組可以提供交流電壓讓電腦運作。商用不斷電系統比它更複雜,但是直流轉交流的想法是一樣的。

直流轉交流轉換器

圖 9-27 為**直流轉直流轉換器(dc-to-dc converter)**,可將直流輸入電壓轉換成較高或較低之直流輸出電壓。功率場效應電晶體的導通與

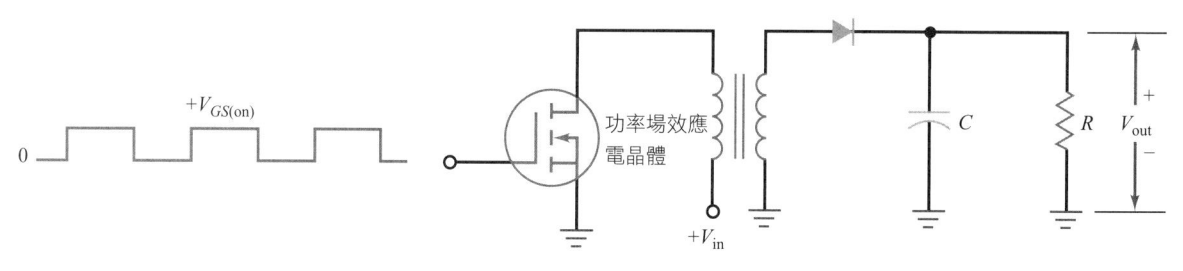

圖 9-27 一基本直流轉直流轉換器

截止，會產生一方波在二次繞組上。然後半波整流器與輸入電容濾波器產生直流輸出電壓 V_{out}。藉由使用不同的匝數比，我們可以得到比輸入電壓 V_{in} 更高或更低的直流輸出電壓。使用全波或橋式整流器，可以得到更低的漣波。直流轉直流轉換器是切換式電源供應器中重要的一部分。

應用題 9-9

試求圖 9-28 中流過馬達繞組的電流。

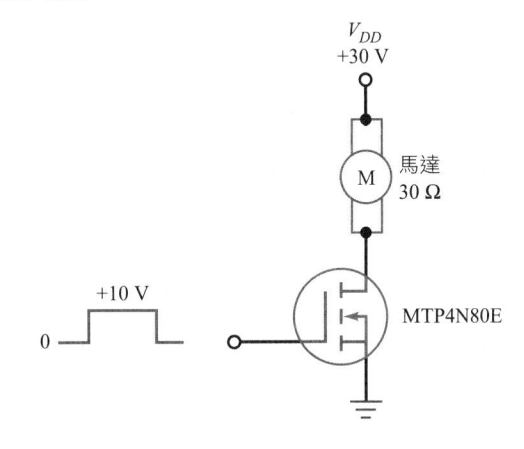

圖 9-28 控制馬達的例子。

解答 對於 MTP4N80E，從表 9-2 中已知 $V_{GS(on)} = 10$ V、$I_{D(on)} = 2$ A 而 $R_{DS(on)} = 1.95\ \Omega$。圖 9-28 中飽和電流為：

$$I_{D(sat)} = \frac{30\ \text{V}}{30\ \Omega} = 1\ \text{A}$$

因為小於 2 A，功率場效應電晶體等效為 1.95 Ω 之電阻。理想上，流過馬達繞組之電流是 1 A。如果我們在計算中計入這 1.95 Ω，則電流為：

$$I_D = \frac{30\ \text{V}}{30\ \Omega + 1.95\ \Omega} = 0.939\ \text{A}$$

練習題 9-9 使用表 9-2 中的 MTW24N40E，重做例題 9-9。

應用題 9-10

白天時，圖 9-29 中的光二極體導通、閘極電壓變低。晚上時，光二極體則開路、閘極電壓上升到 10 V，因此晚上電路會將電燈自動打開。流過電燈的電流為多少？

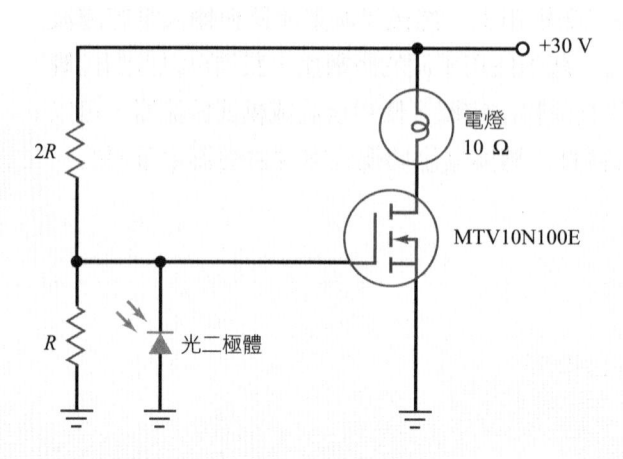

圖 9-29 自動照明控制。

解答 由表 9-2 中,已知 MTV10N100E 的 $V_{GS(on)} = 10V$、$I_{D(on)} = 5A$,而 $R_{DS(on)} = 1.07\,\Omega$,圖 9-29 中飽和電流為:

$$I_{D(sat)} = \frac{30\text{ V}}{10\,\Omega} = 3\text{ A}$$

由於小於 5 A,功率場效應電晶體等效為 1.07 Ω 之電阻,而電燈電流為:

$$I_D = \frac{30\text{ V}}{10\,\Omega + 1.07\,\Omega} = 2.71\text{ A}$$

練習題 9-10 使用表 9-2 中的 MTP4N80E,試求圖 9-29 的電燈電流。

應用題 9-11

圖 9-30 的電路在泳池水位低時,會自動地注滿泳池。當水位低於兩根金屬探棒時,閘極電壓會被拉高

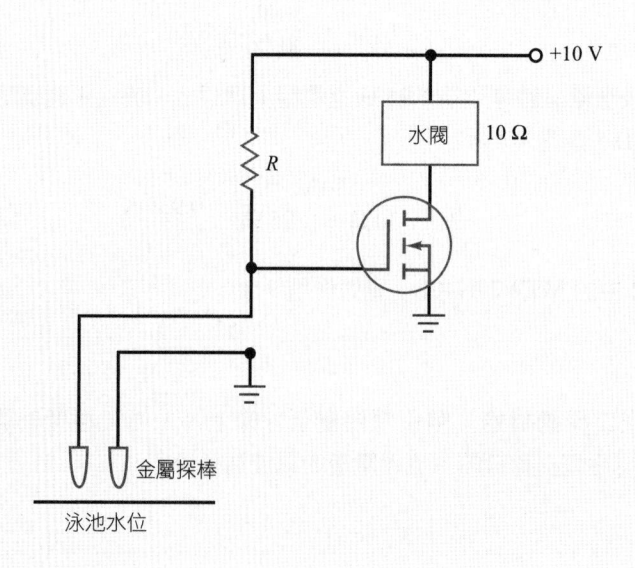

圖 9-30 自動池水注入器。

到 +10 V，功率場效應電晶體會導通，而水閥會打開放水進入水池中。

當水面最後上升超過金屬探棒的時候，由於水是良導體，所以探棒間的電阻值會變得非常低。在這情況中，閘極電壓就會變低，功率場效應電晶體則會開路，由彈簧所承載的水閥即會閉合。

若功率場效應電晶體的 $R_{DS(on)} = 0.5\ \Omega$，且操作在歐姆區，試問流過圖 9-30 中水閥的電流。

解答 水閥的電流為：

$$I_D = \frac{10\ \text{V}}{10\ \Omega + 0.5\ \Omega} = 0.952\ \text{A}$$

應用題 9-12

圖 9-31a 的電路有何作用？ RC 時間常數為何？電燈全亮時的功率為何？

解答 當手動開關閉合時，大電容緩慢地往 10 V 充電。當閘極電壓上升超過 $V_{GS(th)}$ 時，功率場效應電晶體開始導通。由於閘極電壓緩慢地變動，功率場效應電晶體的操作點必須緩慢地通過圖 9-31b 中的主動區，因此電燈開始逐漸越來越亮。當功率場效應電晶體的操作點最後到達歐姆區時，電燈會最亮。總效應是電燈的*緩啟動*。

面對電容戴維寧等效電阻是：

$$R_{TH} = R_1 \| R_2 = 2\ \text{M}\Omega \| 1\ \text{M}\Omega = 667\ \text{k}\Omega$$

RC 時間常數是：

$$RC = (667\ \text{k}\Omega)(10\ \mu\text{F}) = 6.67\ \text{s}$$

以表 9-2 來看 MTV10N100E 的 $R_{DS(on)}$ 是 $1.07\ \Omega$，而電燈電流是：

$$I_D = \frac{30\ \text{V}}{10\ \Omega + 1.07\ \Omega} = 2.71\ \text{A}$$

電燈功率是：

$$P = (2.71\ \text{A})^2 (10\ \Omega) = 73.4\ \text{W}$$

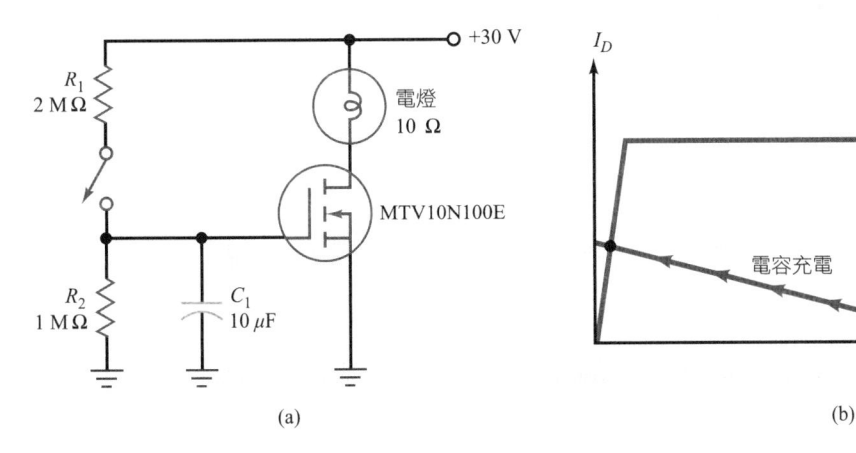

圖 9-31 電燈緩啟動。

9-9 增強型 MOSFET 放大器

如前所提，增強型 MOSFET 主要當作開關使用。然而在應用上也有當作放大器使用，這些應用包含用於通訊設備中的前級高射頻放大器及用於 AB 類功率放大器中的功率增強型 MOSFETs。

以增強型 MOSFETs 來說，為了汲極電流的流動，則 V_{GS} 必須大於 $V_{GS(th)}$。這剔除了自偏壓法、電流源偏壓法及零偏壓法，因為這些將會有空乏型的操作。所以剩下閘極偏壓及分壓器偏壓這兩種偏壓方式，而這兩種偏壓方式的安排，將可用於增強型 MOSFETs，因為它們可以達成增強型的操作。

圖 9-32 為 n 通道增強型 MOSFET 的汲極特性曲線及轉導特性曲線。拋物線形的轉換曲線類似於空乏型 MOSFET，但有些重要的差異。增強型 MOSFET 只操作在增強型模式，而且除非 $V_{GS} = V_{GS(th)}$，否則不會開始有汲極電流。再者，這驗證了增強型 MOSFET 為一電壓控制常開（路）元件。由於當 $V_{GS} = 0$ 時，汲極電流為零，標準的轉導方程式不適用於增強型 MOSFET。汲極電流可以藉由下式求得：

$$I_D = k[V_{GS} - V_{GS(th)}]^2 \qquad (9\text{-}7)$$

其中，k 是增強型 MOSFET 的常數值，由下式得出：

$$k = \frac{I_{D(on)}}{[V_{GS(on)} - V_{GS(th)}]^2} \qquad (9\text{-}8)$$

2N7000 n 通道增強型場效應電晶體的元件資料手冊，如圖 9-12 所示。所需要的重要值為 $I_{D(on)}$、$V_{GS(on)}$ 及 $V_{GS(th)}$，2N7000 的規格顯示出數值上的大變化。典型的值將被用於以下的計算中，當 $V_{GS} = 4.5$ V 時 $I_{D(on)}$ 是 600 mA，因此 $V_{GS(on)}$ 的值會用 4.5 V。而當 $V_{DS} = V_{GS}$ 及 $I_D = 1$ mA 時，$V_{GS(th)}$ 典型的值為 2.1 V。

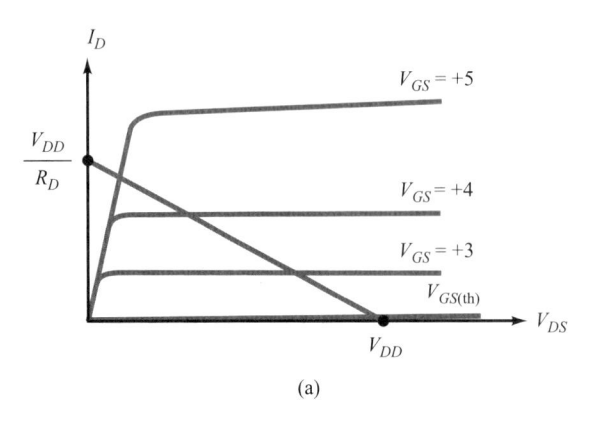

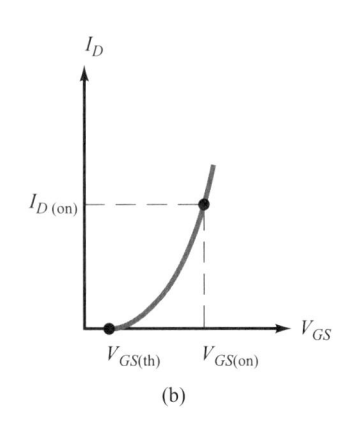

圖 9-32 n 通道增強型 MOSFET。(a) 汲極特性曲線；(b) 轉導特性曲線。

例題 9-13

請使用 2N7000 的元件資料手冊及典型值，求 V_{GS} 為 3 V 及 4.5 V 時的常數 k 及 I_D 值。

解答 使用這些特定的值及式 (9-8)，可求得 k：

$$k = \frac{600 \text{ mA}}{[4.5 \text{ V} - 2.1 \text{ V}]^2}$$

$$k = 104 \times 10^{-3} \text{ A/V}^2$$

以已知之常數 k，可以求解不同 V_{GS} 下所對應之 I_D。例如，若 $V_{GS} = 3$ V，則 I_D 為：

$$I_D = (104 \times 10^{-3} \text{ A/V}^2)[3 \text{ V} - 2.1 \text{ V}]^2$$

$$I_D = 84.4 \text{ mA}$$

且當 $V_{GS} = 4.5$ V，I_D 為：

$$I_D = (104 \times 10^{-3} \text{ A/V}^2)[4.5 \text{ V} - 2.1 \text{ V}]^2$$

$$I_D = 600 \text{ mA}$$

練習題 9-13 請使用 2N7000 的元件資料手冊及所列出的 $I_{D(\text{on})}$ 與 $V_{GS(\text{th})}$ 之最小值，求出在 $V_{GS} = 3$ V 時的常數 k 及 I_D 值。

圖 9-33a 為增強型 MOSFETs 的另一種偏壓方式，稱作**汲極回授偏壓（drain-feedback bias）**，這偏壓方式跟雙極性接面電晶體所用的集極回授偏壓相似。當 MOSFET 導通時，它有汲極電流 $I_{D(\text{on})}$ 與汲極電壓 $V_{DS(\text{on})}$。因為在 $V_{GS} = V_{DS(\text{on})}$ 時，閘極電流實際上為零。如同集極回授，汲極回授偏壓傾向補償場效應電晶體在特性上的變化。例如，如 $I_{D(\text{on})}$ 因為一些原因試著上升，$V_{DS(\text{on})}$ 下降。這會讓 V_{GS} 下降，並且抵銷 $I_{D(\text{on})}$

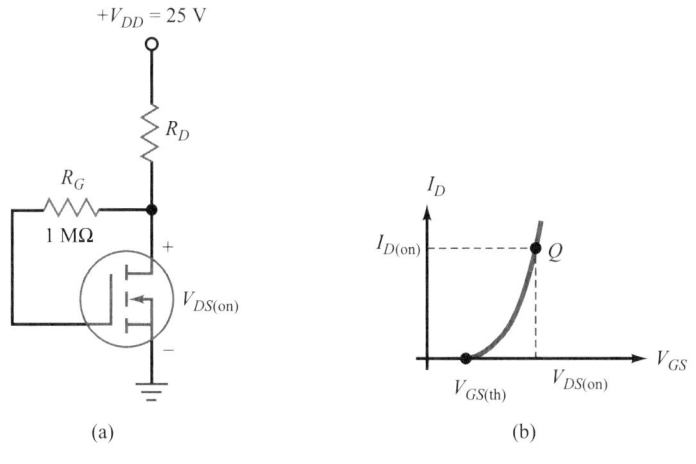

圖 9-33 汲極回授偏壓。(a) 偏壓方式；(b) Q 點。

原本一部分的增加量。

圖 9-33b 為轉導曲線上之 Q 點。Q 點座標為 $I_{D(on)}$ 及 $V_{DS(con)}$。增強型 MOSFETs 元件資料手冊上常有 $V_{GS} = V_{DS(on)}$ 時之 $I_{D(on)}$ 值。當設計電路時,試選擇一 R_D 值,以得到所要的 V_{DS} 值。這可以藉由下面式子得出:

$$R_D = \frac{V_{DD} - V_{DS(on)}}{I_{D(on)}} \tag{9-9}$$

例題 9-14

圖 9-33a 為 $I_{D(on)} = 3$ mA,而 $V_{DS(on)} = 10$ V 的增強型 MOSFET 元件資料手冊。如果 $V_{DD} = 25$ V,試選擇一 R_D 值可以讓 MOSFET 操作在所指定之 Q 點上。

解答 使用式 (9-9),求出 R_D 值:

$$R_D = \frac{25 \text{ V} - 10 \text{ V}}{3 \text{ mA}}$$

$$R_D = 5 \text{ k}\Omega$$

練習題 9-14 使用圖 9-33a,V_{DD} 改為 +22 V,求解 R_D。

大部分 MOSFET 的元件資料手冊上,都會列出其最小與典型的順向轉導值 g_{FS},對於 2N7000 這顆 MOS,當 $I_D = 200$ mA 時,其最小值是 100 mS,而典型的值則是 320 mS。轉導值是會隨電路的 Q 點而變化的,依照 $I_D = [V_{GS} - V_{GS(th)}]^2$ 及 $g_m = \frac{\Delta I_D}{\Delta V_{GS}}$ 的關係式。從這些方程式可以求出:

$$g_m = 2k[V_{GS} - V_{GS(th)}] \tag{9-10}$$

例題 9-15

試由圖 9-34 的電路,求出 V_{GS}、I_D、g_m 與 V_{out}。MOSFET 之規格為 $k = 104 \times 10^{-3}$ A/V^2、$I_{D(on)} = 600$ mA 而 $V_{GS(th)} = 2.1$ V。

解答 首先求出 V_{GS} 值:

$$V_{GS} = V_G$$

$$V_{GS} = \frac{350 \text{ k}\Omega}{350 \text{ k}\Omega + 1 \text{ M}\Omega}(12 \text{ V}) = 3.11 \text{ V}$$

接下來,求解 I_D:

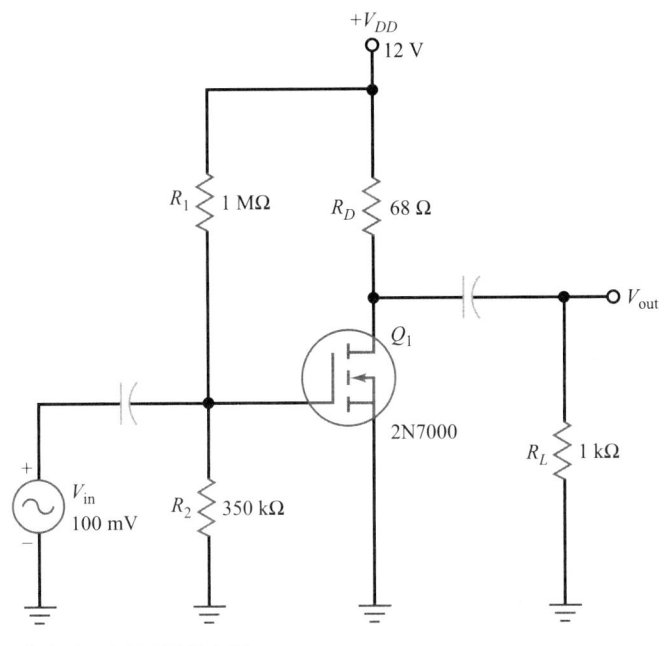

圖 9-34　增強型 MOSFET 放大器。

$$I_D = (104 \times 10^{-3} \text{ A/V}^2)\,[3.11 \text{ V} - 2.1 \text{ V}]^2 = 106 \text{ mA}$$

轉導值 g_m 可藉由下式求得：

$$g_m = 2\,k\,[3.11 \text{ V} - 2.1 \text{ V}] = 210 \text{ mS}$$

共源極放大器電壓增益跟其他場效應電晶體相同：

$$A_V = g_m r_d$$

其中，$r_d = R_D \parallel R_L = 68 \text{ Ω} \parallel 1 \text{ kΩ} = 63.7 \text{ Ω}$。

因此，

$$A_V = (210 \text{ mS})(63.7 \text{ Ω}) = 13.4$$

且

$$V_{\text{out}} = (A_V)(V_{\text{in}}) = (13.4)(100 \text{ mV}) = 1.34 \text{ mV}$$

練習題 9-15　以 $R_2 = 330$ kΩ，重做例題 9-15。

總結表 9-3 為一空乏型與增強型 MOSFET 放大器及其基本特性與方程式。

總結表 9-3 MOSFET 放大器

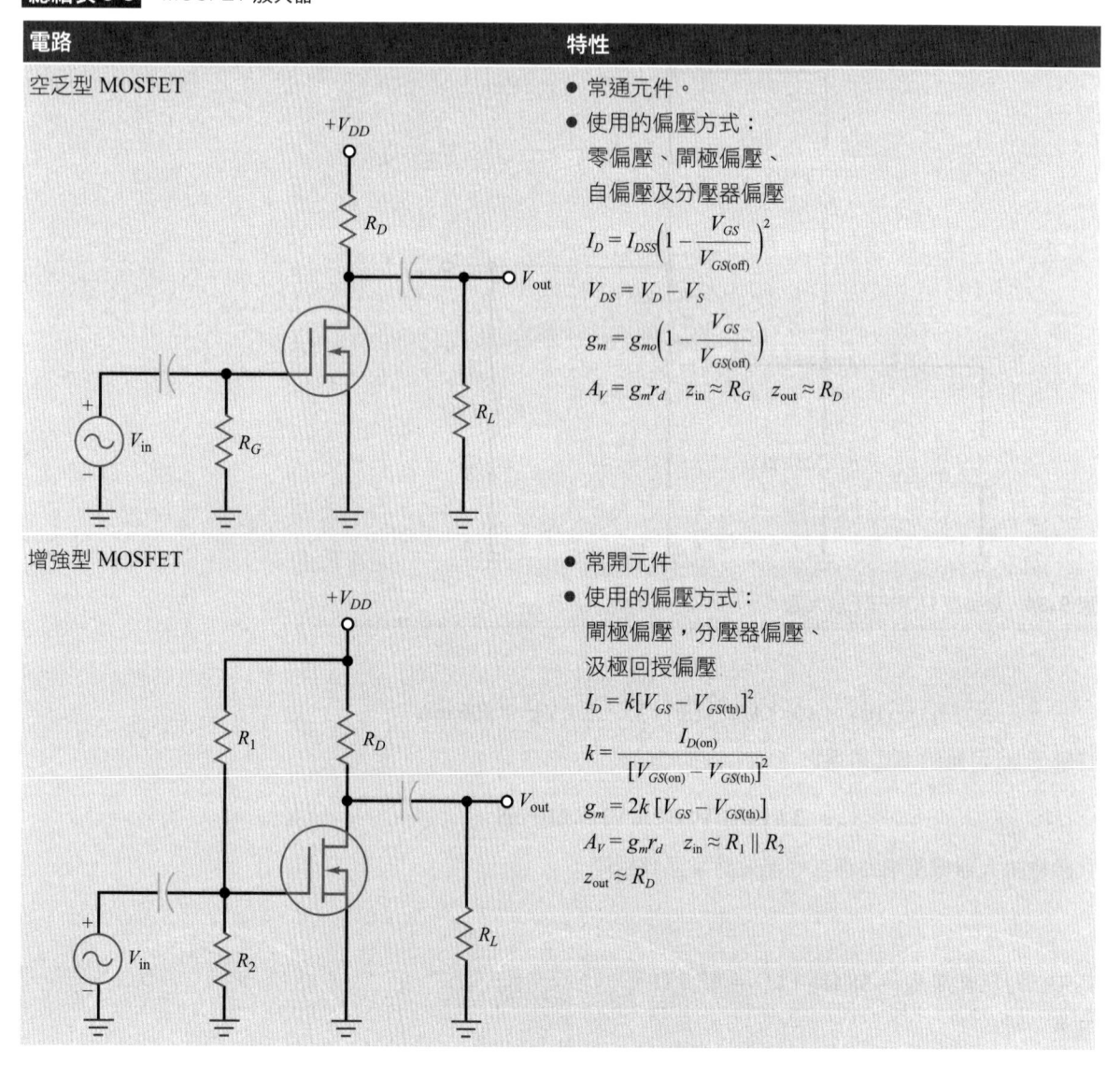

電路	特性
空乏型 MOSFET	• 常通元件。 • 使用的偏壓方式： 零偏壓、閘極偏壓、 自偏壓及分壓器偏壓 $I_D = I_{DSS}\left(1 - \dfrac{V_{GS}}{V_{GS(\text{off})}}\right)^2$ $V_{DS} = V_D - V_S$ $g_m = g_{mo}\left(1 - \dfrac{V_{GS}}{V_{GS(\text{off})}}\right)$ $A_V = g_m r_d \quad z_{\text{in}} \approx R_G \quad z_{\text{out}} \approx R_D$
增強型 MOSFET	• 常開元件 • 使用的偏壓方式： 閘極偏壓，分壓器偏壓、 汲極回授偏壓 $I_D = k[V_{GS} - V_{GS(\text{th})}]^2$ $k = \dfrac{I_{D(\text{on})}}{[V_{GS(\text{on})} - V_{GS(\text{th})}]^2}$ $g_m = 2k[V_{GS} - V_{GS(\text{th})}]$ $A_V = g_m r_d \quad z_{\text{in}} \approx R_1 \| R_2$ $z_{\text{out}} \approx R_D$

9-10 MOSFET 的測試

對於適當的操作情況，測試 MOSFET 元件需要特別注意。如先前所說的，位於閘極與通道間薄薄的一層二氧化矽，在 V_{GS} 超過 $V_{GS(\text{max})}$ 時是極易被打壞的。由於跟通道結構在一起的絕緣閘極，以歐姆計或是數位電錶來測試 MOSFET 元件是沒用的。好的作法是以半導體曲線追蹤儀來測試這些元件。如果手邊沒有曲線追蹤儀，可以特殊的測試電路來量測。圖 9-35a 為可以測試空乏型與增強型兩種 MOSFETs 的電路，藉由改變 V_1 的電壓準位與極性，讓這元件可以在空乏型或增強型的操作情況下進行測試。圖 9-35b 的汲極特性

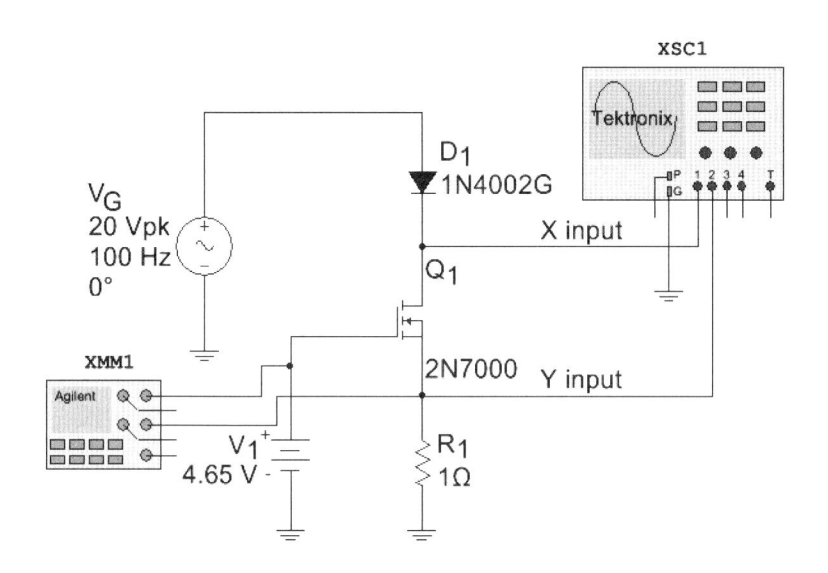

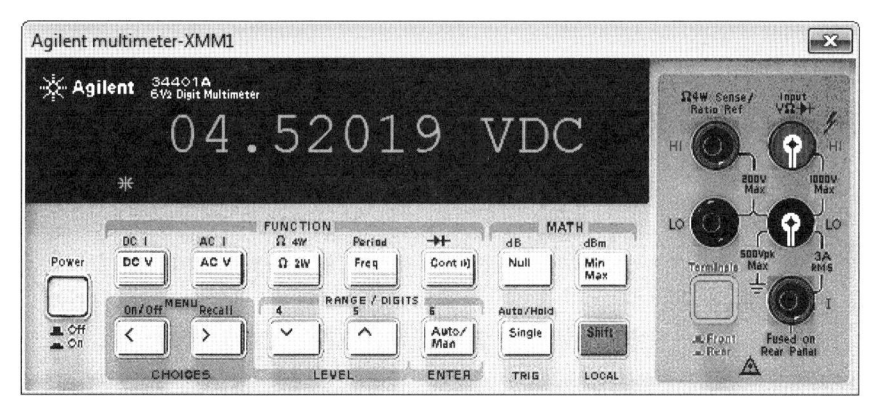

第 9 章　金氧半場效應電晶體　**423**

(a)

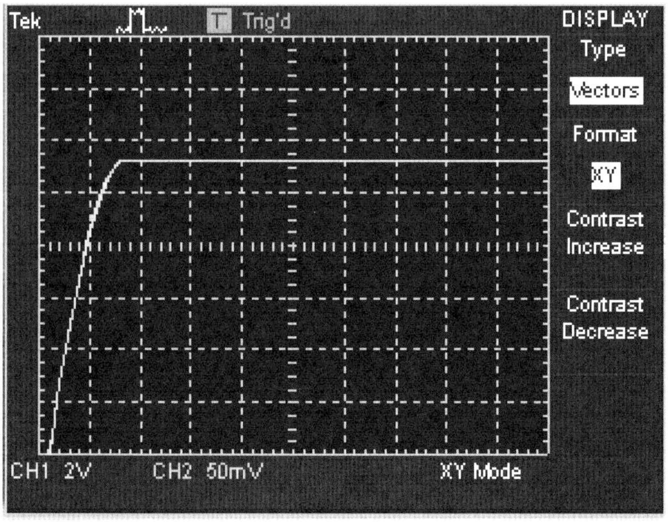

(b)

圖 9-35　MOSFET 測試電路。

曲線為 V_{GS} 等於 4.25 V 時，近似於 275 mA 的汲極電流，y 軸刻度為 50 mA/div（每格 50 mA）。

對於上述測試方法，另一個作法是簡單地替換元件。藉由量測電路內的電壓值，常常可以剔除掉有問題的 MOSFET。以一已知良好元件來置換它，應可以讓我們得到最終的結果。

● 總結

9-1 空乏型 MOSFET
空乏型 MOSFET 縮寫成 D-MOSFET，其有源極、閘極和汲極且其閘極與通道間是絕緣的。正因如此，所以其輸入阻抗很大。D-MOSFET 用途有限，主要用於射頻電路中。

9-2 空乏型 MOSFET 特性曲線
當 MOS 操作在空乏型模式下，D-MOSFET 的汲極曲線跟 JFET 的曲線很像。不似 JFETs，D-MOSFETs 也可操作在增強型模式，當操作在增強型模式時，其汲極電流遠大於 I_{DSS}。

9-3 空乏型 MOSFET 放大器
空乏型 MOSFETs 主要用作射頻放大器，空乏型 MOSFETs 有好的高頻響應，其產生的電子雜訊準位也低，當 V_{GS} 是正或負值時，亦可維持高的輸入阻抗值。而雙閘極空乏型 MOSFETs 可以與自動增益控制（AGC）電路搭配使用。

9-4 增強型 MOSFET
增強型 MOSFET 平常為一截止元件。當閘極電壓等於門檻電壓，一 n 型反轉層會將源極與汲極連接起來。當閘極電壓遠大於門檻電壓時，元件會大幅導通。由於薄薄的絕緣層，除非使用上先採取預防措施，否則 MOSFETs 很容易被電壓損毀。

9-5 歐姆區
由於增強型 MOSFET 主要是一開關元件，它通常操作在截止區與飽和區間。當它偏壓在歐姆區時，動作上就像一個小電阻。當 $V_{GS} = V_{GS(on)}$ 時，如果 $I_{D(sat)}$ 小於 $I_{D(on)}$，則增強型 MOSFET 會操作在歐姆區。

9-6 數位開關
類比意謂信號的改變是連續性地，換句話說，不會有突然的改變。而數位意謂信號會在兩個不同的電壓準位跳動。開關包含高功率電路及小信號數位電路。主動式負載開關意謂 MOSFETs 中的一個如大電阻般操作，而另一個則像開關。

9-7 互補式金氧半導體
CMOS 使用兩個互補式的 MOSFETs。其中一個導通時，另一個就不通。CMOS 反相器是一個基本的數位電路，CMOS 元件的優點是具有低功耗之特性。

9-8 功率場效應電晶體
分立式增強型 MOSFETs 可被製造成切換非常大的電流。如功率場效應電晶體，這些元件在車輛控制、碟片驅動、轉換器、印表機、加熱器、照明、馬達及其他大功率應用中是有用的。

9-9 增強型 MOSFET 放大器
除了主要當功率開關使用外，增強型 MOSFETs 可應用如放大器。增強型 MOSFETs 平時不通的特性指出，當作放大器使用時，V_{GS} 會大於 $V_{GS(th)}$，汲極回授偏壓類似於集極回授偏壓。

9-10 MOSFET 的測試
要以歐姆計安全地測試 MOSFET 元件是件困難的事。若手邊沒有半導體曲線追蹤儀，MOSFETs 可以測試電路或其他簡單的替換來測試。

● 定義

(9-1) 空乏型 MOSFET 汲極電流：

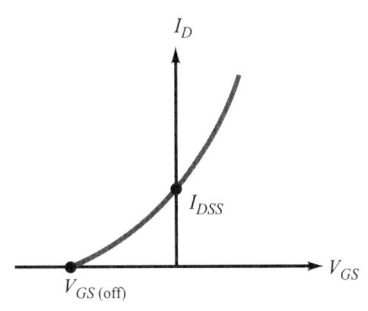

$$I_D = I_{DSS}\left(1 - \frac{V_{GS}}{V_{GS(off)}}\right)^2$$

(9-3) 導通電阻：

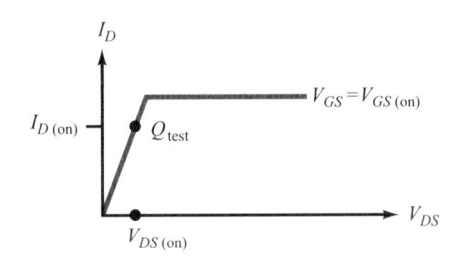

$$R_{DS(on)} = \frac{V_{GS(on)}}{I_{D(on)}}$$

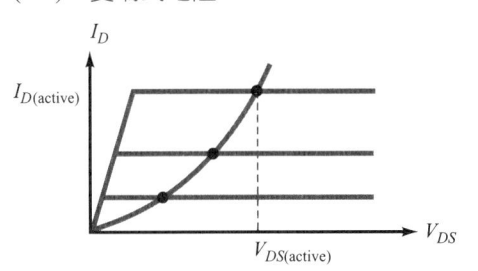

(9-6) 雙端式電阻：

$$R_D = \frac{V_{DS(active)}}{I_{D(active)}}$$

(9-8) 增強型 MOSFET 係數 k：

$$k = \frac{I_{D(on)}}{[V_{GS(on)} - V_{GS(th)}]^2}$$

(9-10) 增強型 MOSFET g_m：

$$g_m = 2k\,[V_{GS} - V_{GS(th)}]$$

● 推導

(9-2) 空乏型 MOSFET 零偏壓：

$$V_{DS} = V_{DD} - I_{DSS}R_D$$

(9-4) 飽和電流：

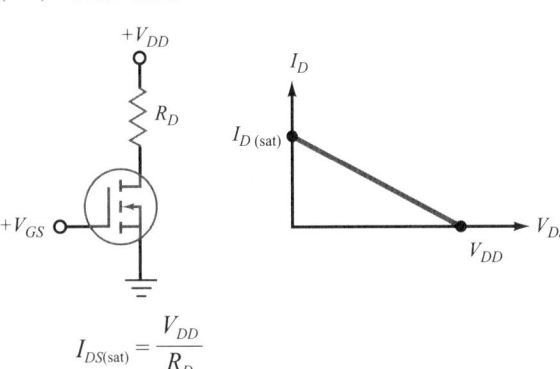

$$I_{DS(sat)} = \frac{V_{DD}}{R_D}$$

(9-5) 歐姆區：

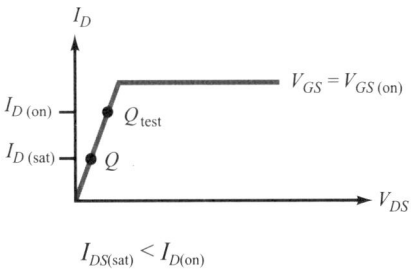

$$I_{DS(sat)} < I_{D(on)}$$

(9-7) 增強型 MOSFET 汲極電流：

$$I_D = k[V_{GS} - V_{GS(th)}]^2$$

(9-9) 對於汲極回授偏壓，R_D 為：

$$R_D = \frac{V_{DD} - V_{DS(on)}}{I_{D(on)}}$$

自我測驗

1. 空乏型 MOSFET 可以操作在
   a. 只有空乏型模式
   b. 只有增強型模式
   c. 空乏型或增強型模式
   d. 低阻抗模式

2. 當一 n 通道空乏型 MOSFET 的 $I_D > I_{DSS}$，它
   a. 將被破壞
   b. 操作在空乏型模式
   c. 會順偏
   d. 操作在增強型模式

3. 空乏型放大器的電壓增益與何者有關？
   a. R_D
   b. R_L
   c. g_m
   d. 以上皆是

4. 下列哪一個元件對電腦工業產生巨大影響？
   a. 接面場效應電晶體
   b. 空乏型金氧半場效應電晶體
   c. 增強型金氧半場效應電晶體
   d. 功率場效應電晶體

5. 導通增強型 MOS 元件的電壓是
   a. 閘源極截止電壓
   b. 夾止電壓
   c. 門檻電壓
   d. 膝點電壓

6. 哪些會出現在增強型 MOSFET 的元件資料手冊中？
   a. $V_{GS(th)}$
   b. $I_{D(on)}$
   c. $V_{GS(on)}$
   d. 以上皆是

7. n 通道增強型 MOSFET 的 $V_{GS(on)}$ 是
   a. 小於門檻電壓
   b. 等於閘源極截止電壓
   c. 大於 $V_{DS(on)}$
   d. 大於 $V_{GS(th)}$

8. 何者是一個尋常的電阻？
   a. 三端元件
   b. 主動負載
   c. 被動負載
   d. 開關元件

9. 將閘極與汲極連接的增強型 MOSFET 是何種例子？
   a. 三端元件
   b. 主動負載
   c. 被動負載
   d. 開關元件

10. 在截止區或歐姆區之增強型 MOSFET 是何種例子？
    a. 電流源
    b. 主動負載
    c. 被動負載
    d. 開關元件

11. 垂直型 MOS 元件通常
    a. 比 BJTs 關得更快
    b. 較低耐流
    c. 有負溫度係數
    d. 當 CMOS 反相器使用

12. 空乏型 MOSFET 被認為是
    a. 常關元件
    b. 常通元件
    c. 電流受控元件
    d. 高功率開關

13. CMOS 代表
    a. 常見的 MOS
    b. 主動負載開關
    c. p 通道與 n 通道元件
    d. 互補式 MOS

14. $V_{GS(on)}$ 總是
    a. 小於 $V_{GS(th)}$
    b. 等於 $V_{GS(th)}$
    c. 大於 $V_{GS(th)}$
    d. 負的

15. 以主動式負載開關來說，上方的增強型 MOSFET 是一個
    a. 雙端元件
    b. 三端元件
    c. 開關
    d. 小電阻

16. 互補式金氧半導體元件使用
    a. 雙極性電晶體
    b. 互補式增強型 MOSFETs
    c. A 類操作
    d. 空乏型 MOS 元件

17. CMOS 的主要優點是
    a. 高功率額定
    b. 小信號操作
    c. 開關容量
    d. 低功率損耗

18. 功率場效應電晶體是
    a. 積體電路
    b. 小信號元件
    c. 大部分用於類比電路
    d. 用於開關大電流

19. 當功率場效應電晶體內部溫度增加時
    a. 門檻電壓上升
    b. 閘極電流下降
    c. 汲極電流下降
    d. 飽和電流上升

20. 大部分的小信號增強型 MOSFETs 用於
    a. 大電流應用
    b. 分立式電路
    c. 碟片驅動
    d. 積體電路

21. 大部分的功率場效應電晶體是
    a. 用於大電流的應用
    b. 數位電腦
    c. 射頻級
    d. 積體電路

22. n 通道增強型 MOSFET 導通，是當它
    a. $V_{GS} > V_P$
    b. n 型反轉層
    c. $V_{DS} > 0$
    d. 空乏層

23. 以 CMOS 來說，上方的 MOSFET 是
    a. 被動式負載
    b. 主動式負載
    c. 不導通的
    d. 互補式的

24. CMOS 反相器的高輸出電位是
    a. $V_{DD}/2$
    b. V_{GS}
    c. V_{DS}
    d. V_{DD}

25. 功率場效應電晶體的 $R_{DS(on)}$
    a. 總是大的
    b. 有負的溫度係數
    c. 有正的溫度係數
    d. 是一主動式負載

● 問題

9-2 空乏型 MOSFET 特性曲線

1. n 通道空乏型 MOSFET 的規格為 $V_{GS(off)} = -2$ V、$I_{DSS} = 4$ mA，已知 V_{GS} 的值為 -0.5 V、-1.0 V、-1.5 V、$+0.5$ V、$+1.0$ V 及 $+1.5$ V，試求空乏型的 I_D 值。

2. 如前題相同的數值，試計算增強型的 I_D 值。

3. 有一個 p 通道空乏型 MOSFET 的 $V_{GS(off)} = +3$ V、$I_{DSS} = 12$ mA，已知 $V_{GS} = -1.0$ V、-2.0 V、0 V、$+1.5$ V 及 $+2.5$ V，試求空乏型的 I_D 值。

9-3 空乏型 MOSFET 放大器

4. 圖 9-36 中空乏型 MOSFET 的 $V_{GS(off)} = -3$ V、$I_{DSS} = 12$ mA，試求電路中的汲極電流與 V_{DS} 電壓。

5. 在圖 9-36 中，使用 4000 μS 的 g_{mo}，試求 r_d、A_v 及 V_{out} 的值。

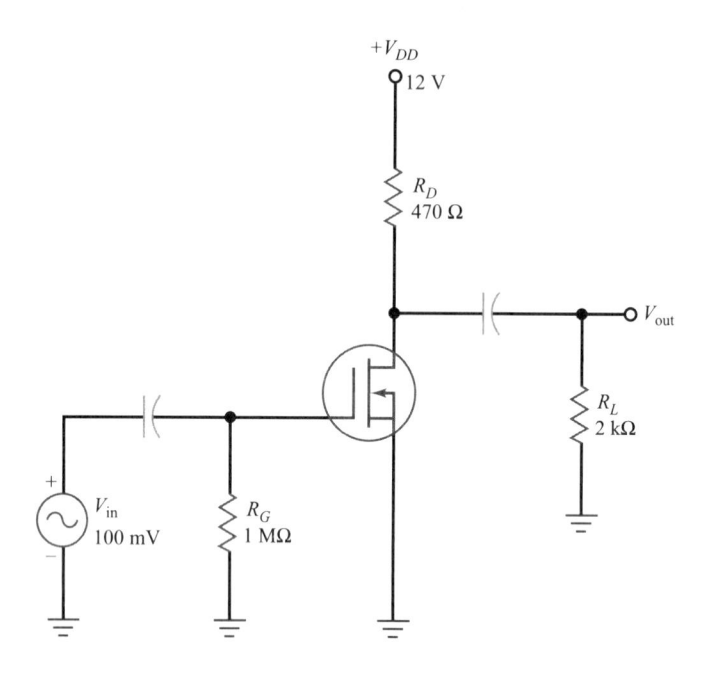

圖 9-36

6. $R_D = 680\ \Omega$、$R_L = 10\ \text{k}\Omega$，試求圖 9-36 的 r_d、A_v 及 V_{out} 的值。

7. 試求圖 9-36 的輸入阻抗近似值。

9-5 歐姆區

8. 請計算下列各條件的增強型 MOSFET 的 $R_{DS(on)}$。
   a. $V_{DS(on)} = 0.1\ \text{V}$ 及 $I_{D(on)} = 10\ \text{mA}$
   b. $V_{DS(on)} = 0.25\ \text{V}$ 及 $I_{D(on)} = 45\ \text{mA}$
   c. $V_{DS(on)} = 0.75\ \text{V}$ 及 $I_{D(on)} = 100\ \text{mA}$
   d. $V_{DS(on)} = 0.15\ \text{V}$ 及 $I_{D(on)} = 200\ \text{mA}$

9. 當 $V_{GS(on)} = 3\ \text{V}$、$I_{D(on)} = 500\ \text{mA}$ 時，增強型 MOSFET 的 $R_{DS(on)} = 2\ \Omega$。試求若偏壓在歐姆區，而汲極電流等於下面各電流值時，增強型 MOSFET 上的跨壓值。
   a. $I_{D(sat)} = 25\ \text{mA}$
   b. $I_{D(sat)} = 50\ \text{mA}$
   c. $I_{D(sat)} = 100\ \text{mA}$
   d. $I_{D(sat)} = 200\ \text{mA}$

10. **MultiSim** 圖 9-37a 中，若 $V_{GS} = 2.5\ \text{V}$，試求跨於增強型 MOSFET 上之電壓值（利用表 9-1）。

11. **MultiSim** 假設 $R_{DS(on)}$ 近似於表 9-1 中已知之電阻值，試求當閘極電壓為 +3 V 時，圖 9-37b 中的汲極電壓。

12. 圖 9-37c 中若 V_{GS} 為高電壓，試求跨於負載電阻上之電壓。

13. 試求高電壓輸入下，圖 9-37d 中跨於增強型 MOSFET 上的電壓值。

14. 試求 $V_{GS} = 5\ \text{V}$ 時，圖 9-38a 中 LED 的電流。

15. 圖 9-38b 中 $V_{GS} = 2.6\ \text{V}$ 時繼電器閉合，試求閘極電壓高時 MOSFET 的電流值及流過最後的負載電阻的電流值。

9-6 數位開關

16. 增強型 MOSFET 的 $I_{D(active)} = 1\ \text{mA}$、$V_{DS(active)} = 10\ \text{V}$，試求主動區中其汲極電阻值。

17. 試求圖 9-39a 中輸入電壓變低時之輸出電壓值。何時輸出電壓會變高？

18. 圖 9-39b 中輸入是低電壓，試求輸出電壓值。若輸入電壓變高則輸出電壓為何？

19. 有一方波驅動圖 9-39a 的閘極，若方波的峰對峰值夠推動下方的 MOSFET 進入歐姆區，試問輸出波形。

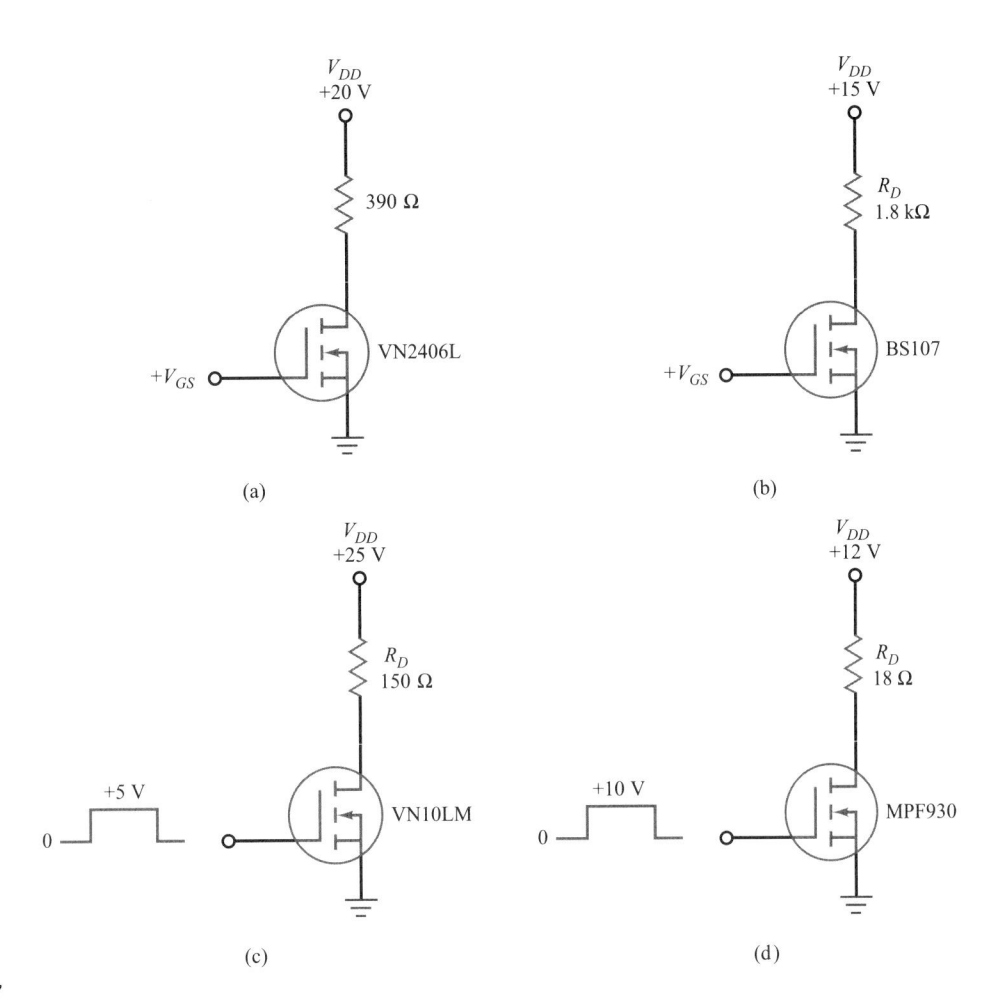

圖 9-37

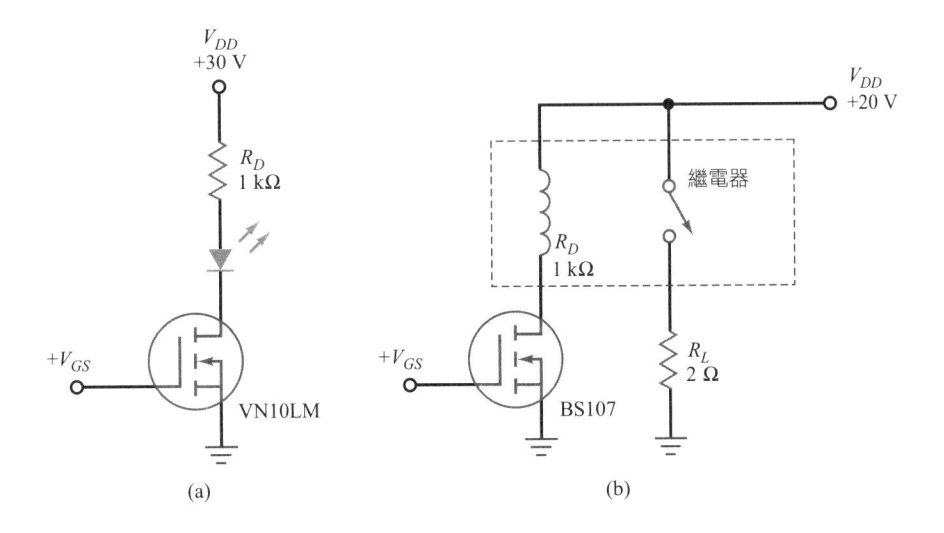

圖 9-38

430 電子學精要

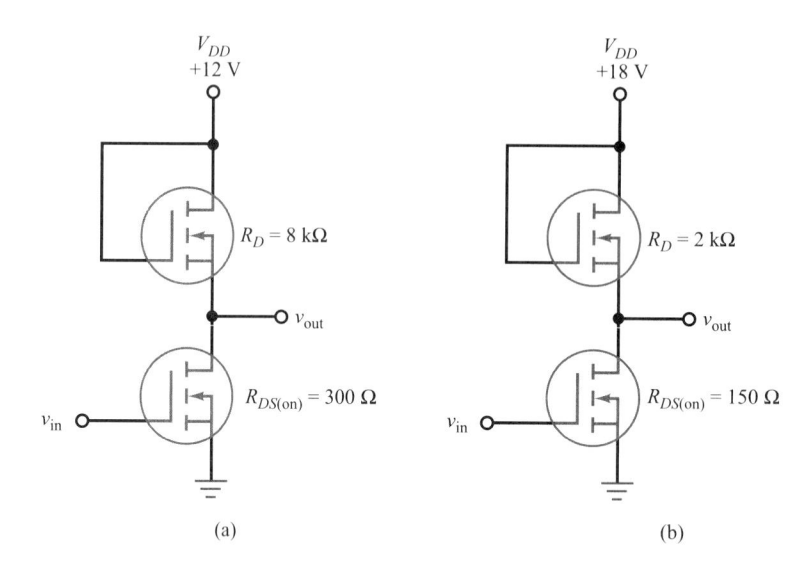

圖 9-39

9-7 互補式金氧半導體

20. 圖 9-40 中 MOSFETs 的 $R_{DS(on)} = 250\ \Omega$、$R_{DS(off)} = 5\ M\Omega$，試問輸出波形。

21. 圖 9-40 中上方的增強型 MOSFET 其值為：$I_{D(on)} = 1\ mA$、$V_{DS(on)} = 1\ V$、$I_{D(off)} = 1\ \mu A$ 及 $V_{DS(off)} = 10\ V$，試求當輸入電壓變低時的輸出電壓。何時輸出電壓會變高？

22. 圖 9-40 中，輸入為峰值 12 V、頻率 1 kHz 之方波，試描述輸出波形。

23. 圖 9-40 中，由低電位變高電位的轉換過程中輸入電壓瞬間為 6 V。在這時間，2 個 MOSFETs 的主動式電阻 R_D 為 5 kΩ，試問在這瞬間電流的汲取量。

9-8 功率場效應電晶體

24. 試求當閘極電壓為低電壓時，流經圖 9-41 馬達線圈的電流。何時閘極電壓會變高電壓？

25. 圖 9-41 的馬達繞阻換成另一個阻值為 6 Ω 的繞組，試求當閘極電壓變高時，流經繞組的電流值。

26. 試求閘極電壓變低時，流經圖 9-42 中電燈的電流值。何時閘極電壓會為 +10 V？

圖 9-40

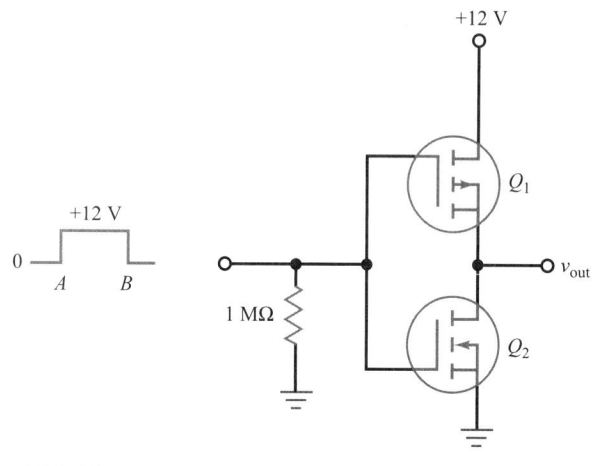

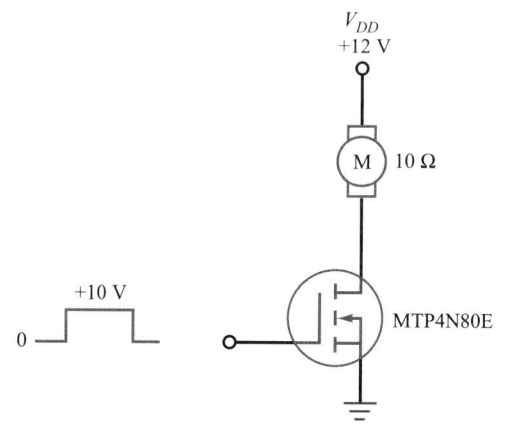

圖 9-41

圖 9-42

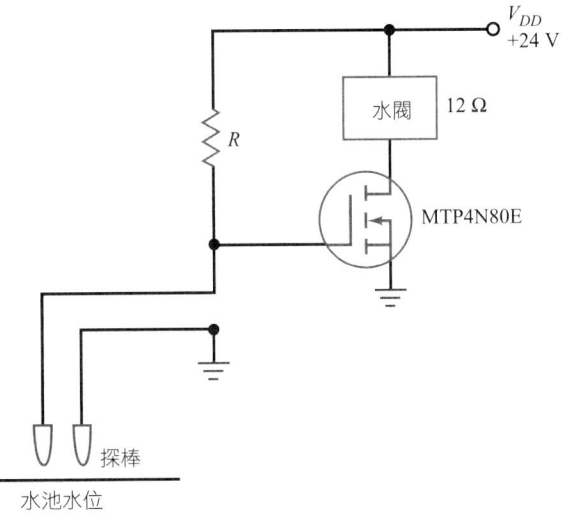

圖 9-43

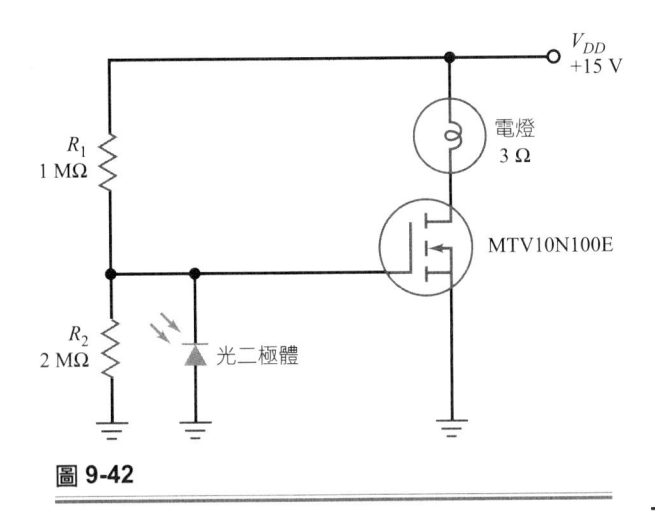

27. 將圖 9-42 中的電燈換成另一個阻值為 5 Ω 的電燈，試求當電燈變暗時之電燈功率。

28. 試求當閘極電壓變高時，圖 9-43 中流經水閥的電流。何時閘極電壓會變低？

29. 圖 9-43 中外部供應的電壓改成 12 V，而水閥換成阻值為 18 Ω，試問當探棒低於水面時流經水閥的電流值。何時探棒會在水面上？

30. 試求圖 9-44 中的 RC 時間常數及電燈全亮時的功率。

31. 圖 9-44 中閘極電路的兩個電阻變成 2 倍，試求 RC 時間常數。若電燈電阻變成 6 Ω，試求電燈全亮時的電燈電流。

9-9 增強型 MOSFET 放大器

32. 使用 2N7000 的 $I_{D(on)}$、$V_{GS(on)}$ 及 $V_{GS(th)}$ 的最小值，求圖 9-45 中的常數 k 與 I_D 值。

33. 試以最小額定規格值，求圖 9-45 中的 g_m、A_V 及 V_{out}。

34. 請將圖 9-45 中的 R_D 改為 50 Ω，對於 2N7000 則使用典型的 $I_{D(on)}$、$V_{GS(on)}$ 及 $V_{GS(th)}$ 值求常數 k 及 I_D。

35. 請使用典型的額定規格值，求圖 9-45 中的 g_m、A_V 及 V_{out}，而 V_{DD} = 12 V、R_D = 15 Ω。

圖 9-44

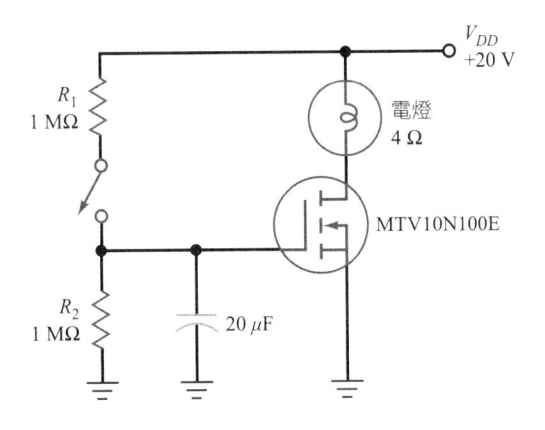

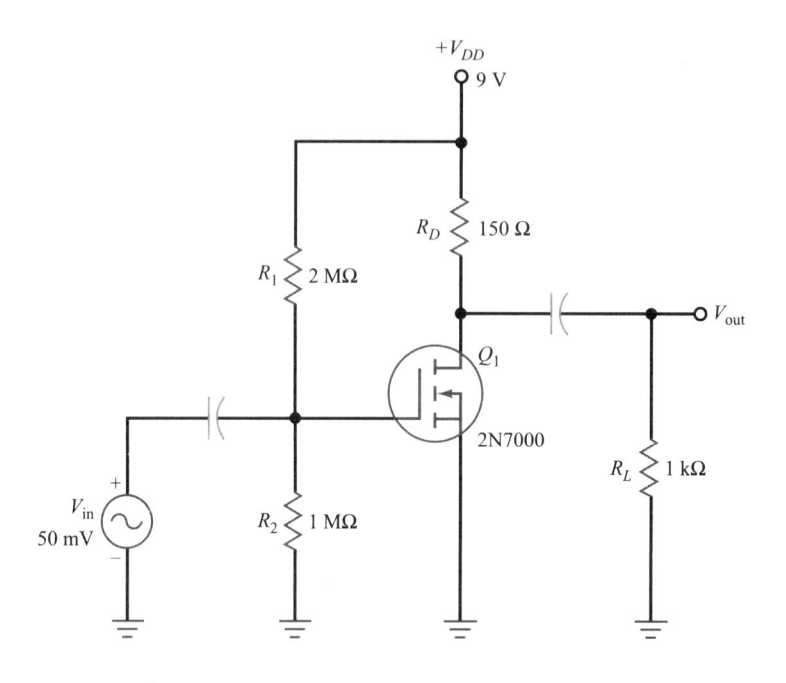

圖 9-45

● 腦力激盪

36. 圖 9-37c 中閘極電壓為頻率 1 kHz、峰值 +5 V 之方波，試問負載電阻上之平均功率損耗。

37. 圖 9-37d 是一串責任週期為 25% 的長方形閘極電壓脈波，這意謂閘極電壓在週期的 25% 期間內為高電壓，其餘期間則為低電壓，試求負載電阻上的平均功率損耗。

38. 圖 9-40 的 CMOS 反相器使用 $R_{DS(on)}$ = 100 Ω、$R_{DS(off)}$ = 10 MΩ 之 MOSFETs。試求電路的靜態功率損耗。當輸入為方波，流經 Q_1 的平均電流為 50 μA，試求功率損耗值。

39. 圖 9-42 中若閘極電壓為 3 V，試求光二極體的電流。

40. MTP16N25E 的元件資料手冊顯示，正規化後 $R_{DS(off)}$ 對溫度之圖形。當接面溫度從 25°C 上升到 125°C 時，正規值從 1 線性增加到 2.25。若 25°C 時 $R_{DS(on)}$ = 0.17 Ω，試求 100°C 時 $R_{DS(on)}$ 值。

41. 在圖 9-27 中，V_{in} = 12 V，若變壓器匝數比為 4:1 且輸出漣波非常小，試求直流輸出電壓 V_{out}。

● 運用軟體 Multisim 分析與解決問題

Multisim 分析與解決問題的檔案請至所提供的網址下載。網址內的章節序號為原文書的章節序號，請參照書末所附的「中英章節對照表」下載相關檔案。本章相關的檔案為 MTC12-45 到 MTC12-49。

開啟並分析解決各個檔案。執行量測以確認是否有錯，如果有，請查明錯誤。

45. 開啟並分析及解決檔案 MTC12-45。
46. 開啟並分析及解決檔案 MTC12-46。
47. 開啟並分析及解決檔案 MTC12-47。
48. 開啟並分析及解決檔案 MTC12-48。
49. 開啟並分析及解決檔案 MTC12-49。

● 問題回顧

1. 試繪出增強型 MOSFET 並顯示出 p 型區與 n 型區。然後請解釋截止 - 導通之動作情形。
2. 請描述主動式負載開關如何動作，在你的解釋中請利用到電路圖。
3. 請繪出 CMOS 反相器並解釋電路的動作。
4. 請繪出任何一個以功率場效應電晶體控制大負載電流的電路，並解釋截止與導通之動作情形，請在討論中加入 $R_{DS(on)}$。
5. 有些人說 MOS 的出現大大地改變了電子世界。為什麼？
6. 請列出並比較雙極性接面電晶體放大器與場效應電晶體放大器的優缺點。
7. 請解釋當流經功率電晶體的汲極電流開始增加時會發生什麼事情。
8. 為何增強型 MOSFET 需要小心地對待？
9. 為何在裝運時需要以一薄金屬線接在 MOSFET 所有接腳四周？
10. 當以 MOS 元件工作時，要採取哪些預防措施？
11. 為何設計者在電源供應器中，通常會選擇 MOSFET 而非 BJT 作為功率開關元件？

● 自我測驗解答

1. c
2. d
3. d
4. c
5. c
6. d
7. d
8. c
9. b
10. d
11. a
12. b
13. d
14. c
15. a
16. b
17. d
18. d
19. c
20. d
21. a
22. b
23. d
24. d
25. c

● 練習題解答

9-1　　　V_{GS}　　　I_D
　　　　–1 V　　　2.25 mA
　　　　–2 V　　　1 mA
　　　　0 V　　　4 mA
　　　　+1 V　　　6.25 mA
　　　　+2 V　　　9 mA

9-2　V_{out} = 105.6 mV

9-3　$V_{out(off)}$ = 20 V；
　　 $V_{out(on)}$ = 0.198 V

9-4　I_{LED} = 32 mA

9-6　V_{out} = 20 V 及 198 mV

9-7　$R_{DS(on)} \cong 222\ \Omega$

9-8　若 $V_{in} > V_{GS(th)}$；
　　 V_{out} = +15 V 脈波

9-9　I_D = 0.996 A

9-10　I_L = 2.5 A

9-13　$k = 5.48 \times 10^{-3}$ A/V^2；
　　　I_D = 26 mA

9-14　R_D = 4 kΩ

9-15　V_{GS} = 2.98 V；
　　　I_D = 80 mA；
　　　g_m = 183 mS；
　　　A_V = 11.7；
　　　V_{out} = 1.17 V

Chapter 10 頻率響應

前面我們討論了放大器在正常頻率範圍內操作的情形。現在，我們欲討論的是當輸入頻率在正常範圍以外時，放大器會如何響應。以交流放大器來看，當輸入頻率太低或太高時，電壓增益會下降。另一方面，直流放大器一直到零頻率都有電壓增益。直流放大器的電壓增益只在較高頻率處會掉下去，我們可使用分貝值去描述電壓增益的下降情形，以及使用波德圖畫出放大器的響應情況。

學習目標

在學習完本章之後，你應能夠：

- 計算分貝功率增益及分貝電壓增益值，及敘述阻抗匹配條件的涵義。
- 繪出振幅及相位兩者之波德圖。
- 使用米勒定理計算所給定的電路中之等效輸入及輸出電容。
- 描述上升時間與頻寬之關係。
- 解釋耦合電容及射極旁路電容會在 BJT 電路級中產生低截止頻率。
- 解釋集極或汲極旁路電容及輸入米勒電容如何在 BJT 及 FET 電路級中產生高截止頻率。

章節大綱

- 10-1 放大器的頻率響應
- 10-2 分貝功率增益
- 10-3 分貝電壓增益
- 10-4 阻抗匹配
- 10-5 在參考值之上的分貝值
- 10-6 波德圖
- 10-7 更多的波德圖
- 10-8 米勒效應
- 10-9 上升時間與頻寬的關係
- 10-10 BJT 電路級的頻率分析
- 10-11 FET 電路級的頻率分析
- 10-12 表面黏著電路的頻率效應

詞彙

Bode plot　波德圖
cutoff frequencies　截止頻率
dc amplifier　直流放大器
decibel power gain　分貝功率增益
decibels　分貝值
decibel voltage gain　分貝電壓增益
dominant capacitor　主電容
feedback capacitor　回授電容
frequency response　頻率響應
half-power frequencies　半功率頻率

internal capacitances　內部電容
inverting amplifier　反相放大器
lag circuit　落後電路
logarithmic scale　對數刻度
midband of an amplifier　放大器的中頻帶
Miller effect　米勒效應
risetime T_R　上升時間 T_R
stray-wiring capacitance　線路雜散電容
unity-gain frequency　單位增益頻率

10-1 放大器的頻率響應

放大器的**頻率響應（frequency response）**是放大器增益對頻率之圖形。在本節中，我們將探討交流及直流放大器的頻率響應。稍早，我們討論了有耦合電容及旁路電容之共射極放大器，其係交流放大器的例子，設計用來放大交流信號。其亦可用來設計直流放大器，能夠放大交流與直流信號。

交流放大器的響應

圖 10-1a 為交流放大器的頻率響應圖。在頻率的中間範圍，電壓增益為最大，在頻率的中間範圍放大器是正常操作的。在低頻處由於耦合電容及旁路電容不再是短路的，所以電壓增益會下降。反而它們的電容性阻抗夠大，足以產生一些交流訊號壓降，結果是在接近零頻率處（0 Hz）時，電壓增益會有損失存在。

在高頻處，在其他因素影響下電壓增益會下降。首先，如圖 10-1b 所示，電晶體有**內部電容（internal capacitances）**跨於接面上。對於交流訊號，這些電容值提供了旁路路徑，當頻率增加時，電容性阻抗會變得夠低而阻止了正常的電晶體動作，結果是電壓增益會有損失存在。

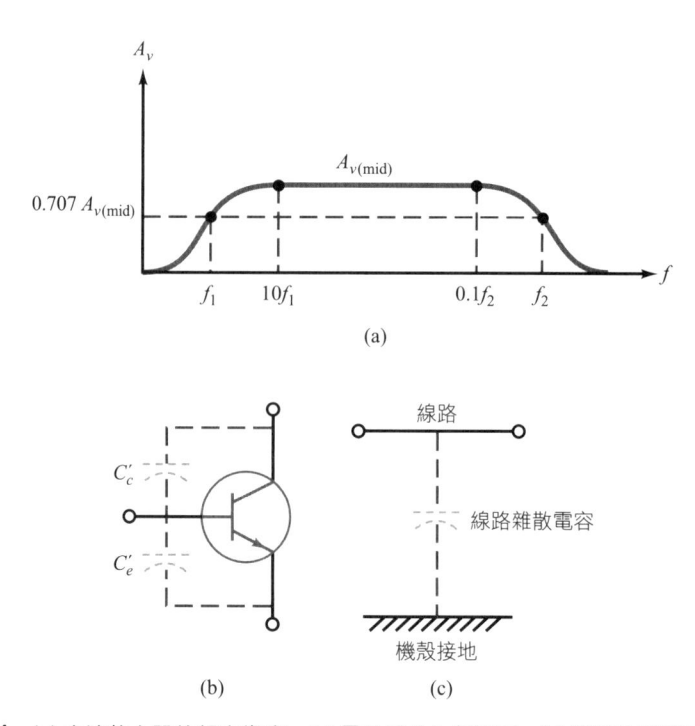

> **知識補給站**
> 放大器的頻率響應可藉由施加方波訊號到放大器的輸入端，並注意其輸出響應而求得。回想先前所學，方波包含基本頻率及無限多的奇次諧波。輸出方波的形狀將透露出低頻及高頻是否都會被正確地放大，方波的頻率應約為放大器上截止頻率的十分之一。若輸出方波跟輸入方波一樣，意謂放大器的頻率響應對於所施加的頻率是明顯足夠的。

圖 10-1 (a) 交流放大器的頻率響應；(b) 電晶體的內部電容；(c) 連接的線路跟機殼形成了電容。

在高頻處電壓增益會有損失的另一個原因，是**線路雜散電容**（**stray-wiring capacitance**）造成。在電晶體電路中任何連接的線路就像電容的一個極板，而接地的機殼就像另一個極板，這存在於線路與地之間的線路雜散電容是不受歡迎的。在更高頻處，其低電容性阻抗會阻礙交流電流到達負載電阻，意即電壓增益會下降。

截止頻率

電壓增益等於最大值的 0.707 倍之頻率稱為**截止頻率**（**cutoff frequencies**），在圖 10-1a 中，f_1 為下截止頻率而 f_2 為上截止頻率，由於在這些截止頻率處負載功率為其最大值的一半，所以這些截止頻率也被稱為**半功率頻率**（**half-power frequencies**）。

為何在截止頻率處輸出功率會是最大值的一半？當電壓增益為最大值的 0.707 倍時，輸出電壓會為最大值的 0.707 倍。回想功率等於電壓值的平方倍再除以電阻值，當將 0.707 平方時，可得 0.5，這是在截止頻率處負載功率會為其最大值的一半的原因。

中頻帶

我們將**放大器中頻帶**（**midband of an amplifier**）定義為 $10 f_1$ 與 $0.1 f_2$ 間的頻率帶。在中頻帶，放大器的電壓增益約為最大，以 $A_{v(mid)}$ 表示。任何交流放大器的三個重要特性為 $A_{v(mid)}$、f_1 及 f_2。在已知這些值之下，我們會知道在中頻帶電壓增益為多少及在何處電壓增益會下降到 $0.707 A_{v(mid)}$。

中頻帶之外

雖然放大器在中頻帶會正常操作，有時候我們也會想知道中頻帶以外的電壓增益，這裡有計算交流放大器電壓增益的近似法：

$$A_v = \frac{A_{v(mid)}}{\sqrt{1 + (f_1/f)^2} \sqrt{1 + (f/f_2)^2}} \tag{10-1}$$

已知 $A_{v(mid)}$、f_1 及 f_2，則我們可計算任何頻率 f 下的電壓增益值。此方程式假設有個主電容會產生下截止頻率，且有個主電容會產生上截止頻率。在求解截止頻率時，**主電容**（**dominant capacitor**）比所有其他電容更為重要。

式 (10-1) 不像它第一次出現那樣的可怕，只有三個頻率範圍要分析：中頻帶、中頻帶之下及中頻帶之上，在中頻帶，$f_1/f ≈ 0$ 及 $f/f_2 ≈ 0$，因此，在式 (10-1) 中的兩個根約為 1，而式 (10-1) 可簡化成：

$$\text{中頻帶}：A_v = A_{v(\text{mid})} \tag{10-2}$$

在中頻帶之下，$f/f_2 \approx 0$，結果，第二個根會等於 1，而式 (10-1) 可簡化為：

$$\text{中頻帶之下}：A_v = \frac{A_{v(\text{mid})}}{\sqrt{1 + (f_1/f)^2}} \tag{10-3}$$

在中頻帶之上，$f_1/f \approx 0$，結果，第一個根會等於 1，而式 (10-1) 可簡化成：

$$\text{中頻帶之上}：A_v = \frac{A_{v(\text{mid})}}{\sqrt{1 + (f/f_2)^2}} \tag{10-4}$$

直流放大器的響應

設計者可在放大級之間使用直接耦合，這允許電路來到頻率 0 Hz 之處都可以放大。這類的放大器稱為**直流放大器（dc amplifier）**（直流是沒有頻率的，即直流的頻率為零）。

> **知識補給站**
> 在圖 10-2 中，頻寬包含從 0 Hz 到 f_2 的頻率，以另一種方式來說，在圖 10-2 中的頻寬等於 f_2。

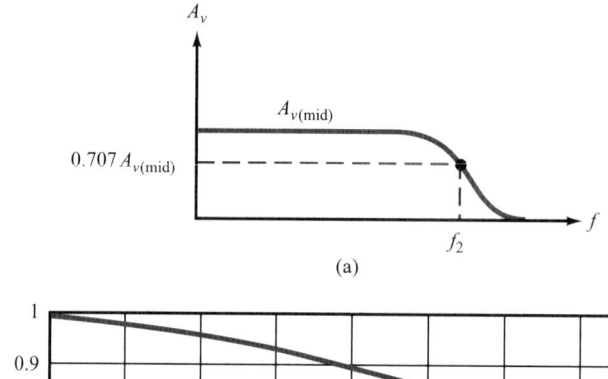

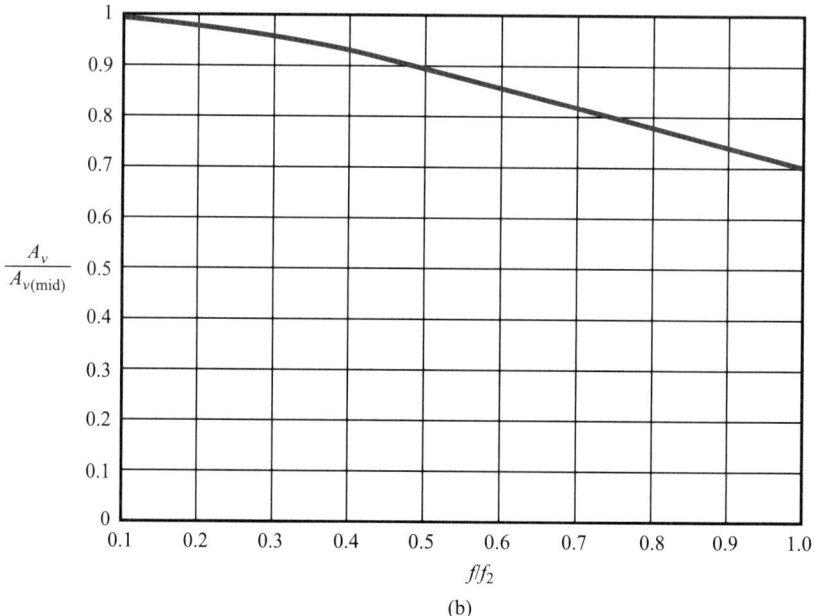

圖 10-2 直流放大器的頻率響應。

圖 10-2a 為直流放大器的頻率響應情形，由於沒有下截止頻率，所以直流放大器的兩個重要特性為 $A_{v(mid)}$ 及 f_2。已知元件資料手冊上的兩個值 $A_{v(mid)}$ 及 f_2，我們會有放大器中頻帶及其上截止頻率之電壓增益值。

直流放大器比交流放大器更廣泛被使用，因為現在多數放大器會以運算放大器來設計，而不是使用分立式電晶體。運算放大器為直流放大器，有著高電壓增益、高輸入阻抗及低輸出阻抗。有許多種運算放大器，如積體電路（ICs），是商用上可取得的。

多數直流放大器設計，有個會產生截止頻率 f_2 的主電容。因此，可使用下列方程式來計算典型直流放大器的電壓增益值：

$$A_v = \frac{A_{v(mid)}}{\sqrt{1 + (f/f_2)^2}} \tag{10-5}$$

例如，當 $f = 0.1 f_2$ 時：

$$A_v = \frac{A_{v(mid)}}{\sqrt{1 + (0.1)^2}} = 0.995\, A_{v(mid)}$$

這意謂當輸入頻率為上截止頻率的十分之一時，電壓增益會在最大值的 0.5% 內。換句話說，電壓增益約為最大值的 100%。

在中頻帶與截止頻率間

利用式 (10-5)，我們可計算在中頻帶與截止頻率間的電壓增益值。表 10-1 為經正規化後的頻率及電壓增益值。當 $f/f_2 = 0.1$ 時，$A_v/A_{v(mid)} = 0.995$，當 f/f_2 增加時，正規化後的電壓增益會一直下降到截止頻率的 0.707 倍。如以近似值來說，我們可說當 $f/f_2 = 0.1$ 時，電壓增益為最大值的 100%，然後它會下降到 98%、96% 等等，直到它在截止頻率處約為 70%。圖 10-2b 為 $A_v/A_{v(mid)}$ 對 f/f_2 的圖形。

表 10-1 在中頻帶與截止頻率間

f/f_2	$A_v/A_{v(mid)}$	百分比（近似值）
0.1	0.995	100
0.2	0.981	98
0.3	0.958	96
0.4	0.928	93
0.5	0.894	89
0.6	0.857	86
0.7	0.819	82
0.8	0.781	78
0.9	0.743	74
1	0.707	70

例題 10-1

圖 10-3a 為中頻帶電壓增益 200 的交流放大器，若截止頻率是 $f_1 = 20$ Hz 及 $f_2 = 20$ kHz，試問頻率響應的情形。若輸入頻率分別為 5 Hz、200 kHz 時，試求其電壓增益值。

解答　在中頻帶，電壓增益為 200。在兩個截止頻率中的任一個，其會等於：

$$A_v = 0.707(200) = 141$$

圖 10-3b 為頻率響應。

利用式 (10-3)，我們可計算輸入頻率為 5 Hz 的電壓增益：

$$A_v = \frac{200}{\sqrt{1 + (20/5)^2}} = \frac{200}{\sqrt{1 + (4)^2}} = \frac{200}{\sqrt{17}} = 48.5$$

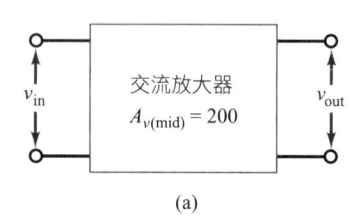

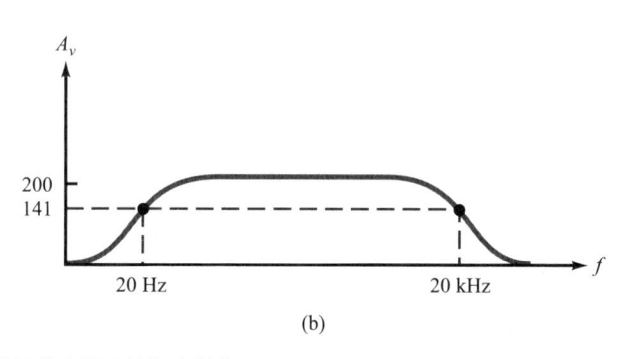

圖 10-3　交流放大器及其頻率響應。

以類似的方法，我們可使用式 (10-4) 來計算輸入頻率 200 kHz 的電壓增益值：

$$A_v = \frac{200}{\sqrt{1 + (200/20)^2}} = 19.9$$

練習題 10-1　以中頻帶電壓增益 100 的交流放大器重做例題 10-1。

例題 10-2

圖 10-4a 為中頻帶電壓增益 100,000 之運算放大器 741C，若 $f_2 = 10$ Hz，試求頻率響應情形。

第 10 章　頻率響應　**441**

(a)　741C　$A_{v(\text{mid})} = 100{,}000$

(b) 頻率響應圖，A_v 在 10 Hz 處為 70,700，中頻帶為 100,000

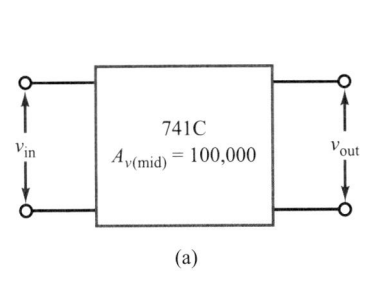

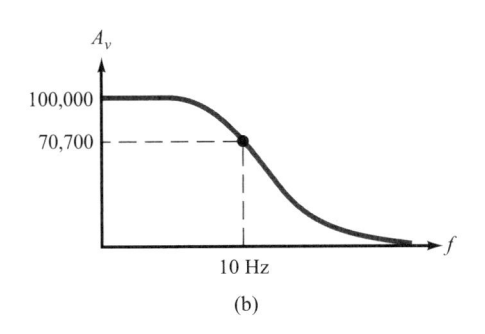

圖 10-4　741C 及其頻率響應。

解答　在截止頻率 10 Hz 處，電壓增益為其中頻帶增益值之 0.707 倍：

$$A_v = 0.707(100{,}000) = 70{,}700$$

圖 10-4b 為頻率響應圖，注意電壓增益在頻率零處（0 Hz）等於 100,000，當輸入頻率趨近 10 Hz 時，電壓增益會下降到約最大值的 70%。

練習題 10-2　試以 $A_{v(\text{mid})} = 200{,}000$，重做例題 10-2。

例題 10-3

在前面例題中，試求下列各輸入頻率的電壓增益值：100 Hz、1 kHz、10 kHz、100 kHz 及 1 MHz。

解答　由於截止頻率為 10 Hz，輸入頻率為：

$$f = 100 \text{ Hz}, 1 \text{ kHz}, 10 \text{ kHz}, \ldots$$

可得 f/f_2 的比率為：

$$f/f_2 = 10, 100, 1000, \ldots$$

因此，我們可使用式 (10-5) 計算電壓增益值：

$$f = 100 \text{ Hz}: A_v = \frac{100{,}000}{\sqrt{1 + (10)^2}} \approx 10{,}000$$

$$f = 1 \text{ kHz}: A_v = \frac{100{,}000}{\sqrt{1 + (100)^2}} = 1000$$

$$f = 10 \text{ kHz}: A_v = \frac{100{,}000}{\sqrt{1 + (1000)^2}} = 100$$

$$f = 100 \text{ kHz}: A_v = \frac{100{,}000}{\sqrt{1 + (10{,}000)^2}} = 10$$

$$f = 1 \text{ MHz}: A_v = \frac{100{,}000}{\sqrt{1 + (100{,}000)^2}} = 1$$

每次頻率增加十倍時，電壓增益會下降 10 倍。

練習題 10-3　試以 $A_{v(\text{mid})} = 200{,}000$，重做例題 10-3。

10-2　分貝功率增益

我們所要討論的**分貝值**（decibels）是描述頻率響應的有效方法。但在進行前，我們需要從基本數學回顧一些觀念。

演算法回顧

假設已知方程式為：

$$x = 10^y \tag{10-6}$$

可以底下方程式求得 y 為：

$$y = \log_{10} x$$

這意思為：y 是將 x 取 10 的對數（或指數），通常，10 是被刪掉不寫的，而方程式可寫成：

$$y = \log x \tag{10-7}$$

利用有一般對數功能的計算機，你可以快速找出任何 x 值所對應之 y 值。例如，這裡有針對 $x = 10$、100 及 1000 時如何去計算 y 值的情形：

$$y = \log 10 = 1 \quad (\log 10^1 = 1)$$
$$y = \log 100 = 2 \quad (\log 10^2 = 2)$$
$$y = \log 1000 = 3 \quad (\log 10^3 = 3)$$

如你所見，每次 x 增加 10 倍，y 會增加 1。

也可由已知 x 的分貝值來計算 y 值。例如，這裡有針對 $x = 0.1$、0.01 及 0.001 時對應的 y 值：

$$y = \log 0.1 = -1 \quad (\log 10^{-1} = -1)$$
$$y = \log 0.01 = -2 \quad (\log 10^{-2} = -2)$$
$$y = \log 0.001 = -3 \quad (\log 10^{-3} = -3)$$

每次 x 下降 10 倍時，y 會下降 1。

$A_{p(\text{dB})}$ 的定義

功率增益 A_p 定義為輸出功率除以輸入功率：

$$A_p = \frac{p_{\text{out}}}{p_{\text{in}}}$$

分貝功率增益（decibel power gain） 定義為：

$$A_{p(\text{dB})} = 10 \log A_p \tag{10-8}$$

由於 A_p 為輸出功率對輸入功率之比值，所以 A_p 沒有單位也沒有維度。而當你將 A_p 化成對數時，會得到一個沒有單位與維度的物理量。但為確保 $A_{p(\text{dB})}$ 絕不會跟 A_p 搞混，我們會針對 $A_{p(\text{dB})}$ 在所有答案上附上單位分貝（縮寫成 dB）。

例如，若放大器的功率增益為 100，它的分貝功率增益值為：

$$A_{p(\text{dB})} = 10 \log 100 = 20 \text{ dB } (10 \log 100 = 10 \log 10^2 = 20 \text{ dB})$$

如另一個例子，若 $A_p = 100{,}000{,}000$，則：

$$A_{p(\text{dB})} = 10 \log 100{,}000{,}000 = 80 \text{ dB}$$
$$(10 \log 100{,}000{,}000 = 10 \log 10^8 = 80 \text{ dB})$$

在這兩個例子中，對數會等於零的個數：100 的零有 2 個，而 100,000,000 的零有 8 個。每當數字是 10 的倍數時，你可用零的個數來找出對數，然後可乘以 10 得到分貝值。例如，功率增益 1000 有 3 個零，將 3 乘以 10 可得 30 dB，而功率增益 100,000 則有 5 個零，將 5 乘以 10 可得 50 dB。這個速解法對於找出分貝值及確認答案是有幫助的。

分貝功率增益常用於元件資料手冊上，以標註元件的功率增益值。使用分貝功率增益的理由是對數會讓數字精簡。例如，若放大器的功率增益從 100 變化到 100,000,000，分貝功率增益才從 20 dB 變化到 80 dB。如你所見，使用分貝值來表示功率增益，比起使用一般方式來表示功率增益更為簡潔。

兩個有用的特性

分貝功率增益有兩個有用的特性：

1. 每次一般功率增益上升（下降）2 倍時，分貝功率增益會增加（下降）3 dB。
2. 每次一般功率增益上升（下降）10 倍時，分貝功率增益會增加（下降）10 dB。

表 10-2 以簡潔的形式呈現這些特性，以下例題將會驗證這些特性。

表 10-2　功率增益的特性

因子	分貝, dB
×2	+3
×0.5	−3
×10	+10
×0.1	−10

例題 10-4

試計算當 $A_p = 1、2、4$ 及 8 時的分貝功率增益值。

解答　利用計算機，我們可得下列答案：

$$A_{p(\text{dB})} = 10 \log 1 = 0 \text{ dB}$$
$$A_{p(\text{dB})} = 10 \log 2 = 3 \text{ dB}$$
$$A_{p(\text{dB})} = 10 \log 4 = 6 \text{ dB}$$
$$A_{p(\text{dB})} = 10 \log 8 = 9 \text{ dB}$$

每次 A_p 增加 2 倍，分貝功率增益會增加 3 dB，這個特性永遠為真。每當功率增益加倍，分貝功率增益就會增加 3 dB。

練習題 10-4　試求功率增益為 10、20 及 40 的分貝功率增益值 $A_{p(\text{dB})}$。

例題 10-5

試計算當 $A_p = 1、0.5、0.25$ 及 0.125 時的分貝功率增益值。

解答

$$A_{p(\text{dB})} = 10 \log 1 = 0 \text{ dB}$$
$$A_{p(\text{dB})} = 10 \log 0.5 = -3 \text{ dB}$$
$$A_{p(\text{dB})} = 10 \log 0.25 = -6 \text{ dB}$$
$$A_{p(\text{dB})} = 10 \log 0.125 = -9 \text{ dB}$$

每次 A_p 下降 2 倍時，分貝功率增益會下降 3 dB。

練習題 10-5　以功率增益為 4、2、1 及 0.5，重做例題 10-5。

例題 10-6

試計算當 $A_p = 1、10、100$ 及 1000 時的分貝功率增益值。

解答

$$A_{p(\text{dB})} = 10 \log 1 = 0 \text{ dB}$$
$$A_{p(\text{dB})} = 10 \log 10 = 10 \text{ dB}$$
$$A_{p(\text{dB})} = 10 \log 100 = 20 \text{ dB}$$

$$A_{p(\text{dB})} = 10 \log 1000 = 30 \text{ dB}$$

每次 A_p 增加 10 倍時，分貝功率增益會增加 10 dB。

練習題 10-6 試計算當 $A_p = 5$、50、500 及 5000 時的分貝功率增益值。

例題 10-7

試計算 $A_p = 1$、0.1、0.01 及 0.001 時的分貝功率增益值。

解答

$$A_{p(\text{dB})} = 10 \log 1 = 0 \text{ dB}$$
$$A_{p(\text{dB})} = 10 \log 0.1 = -10 \text{ dB}$$
$$A_{p(\text{dB})} = 10 \log 0.01 = -20 \text{ dB}$$
$$A_{p(\text{dB})} = 10 \log 0.001 = -30 \text{ dB}$$

每次 A_p 降低 10 倍時，分貝功率增益值會下降 10 dB。

練習題 10-7 試計算 $A_p = 20$、2、0.2 及 0.02 時的分貝功率增益值。

10-3 分貝電壓增益

電壓量測比起功率量測更為常見，基於這理由，分貝值對於電壓增益甚至更有用。

定義

電壓增益等於輸出電壓除以輸入電壓：

$$A_v = \frac{v_{\text{out}}}{v_{\text{in}}}$$

分貝電壓增益（decibel voltage gain）定義為：

$$A_{v(\text{dB})} = 20 \log A_v \tag{10-9}$$

在這定義中使用 20 取代 10 的理由，是因為功率正比於電壓平方。在下節中將會討論到，這個定義對於阻抗匹配系統會產生重要的推導作用。

若放大器的電壓增益為 100,000，其分貝電壓增益為：

$$A_{v(\text{dB})} = 20 \log 100{,}000 = 100 \text{ dB}$$

每當數字是 10 的倍數時我們將會使用速解法，數一數零的個數然後乘

以 20 以得到分貝等效值。在前面計算中，數一數有 5 個零而乘以 20 會得到分貝電壓增益值 100 dB。

如另一個例子，若放大器電壓增益從 100 變化到 100,000,000，則其分貝電壓增益會從 40 dB 變化到 160 dB。

電壓增益的基本法則

以下是分貝電壓增益的一些有用特性：

1. 每次電壓增益增加（下降）2 倍，分貝電壓增益會增加（下降）6 dB。
2. 每次電壓增益增加（下降）10 倍，分貝電壓增益會增加（下降）20 dB。

表 10-3 總結這些特性。

表 10-3 電壓增益的特性

因子	分貝, dB
×2	+6
×0.5	−6
×10	+20
×0.1	−20

串級

在圖 10-5 中，兩級放大器的整個電壓增益值等於個別電壓增益之乘積：

$$A_v = (A_{v_1})(A_{v_2}) \qquad (10\text{-}10)$$

例如，若第一級的電壓增益為 100，而第二級電壓增益為 50，則整個電壓增益為：

$$A_v = (100)(50) = 5000$$

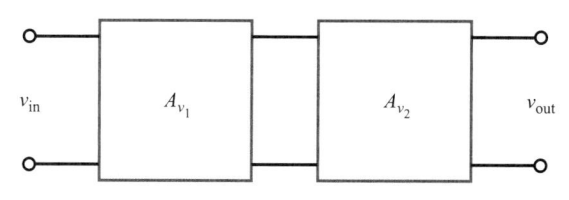

圖 10-5 兩級的電壓增益。

當我們使用分貝電壓增益值取代一般電壓增益值時，在式 (10-10) 中發生了不尋常的事情：

$$A_{v(dB)} = 20 \log A_v = 20 \log (A_{v_1})(A_{v_2}) = 20 \, \log A_{v_1} + 20 \log A_{v_2}$$

這可以寫成：

$$A_{v(dB)} = A_{v_1(dB)} + A_{v_2(dB)} \tag{10-11}$$

這方程式說明整個兩級電路的分貝電壓增益值等於個別分貝電壓增益之和，這個想法可用在任何數量的電路級上面。這個分貝增益的相加特性，是它受到歡迎的原因之一。

例題 10-8

請以分貝值表示，圖 10-6a 中整個電壓增益值為何？接下來，計算各級電路的分貝電壓增益值，且試以式 (10-11) 求整個分貝電壓增益值。

解答　利用式 (10-10)，整個電壓增益為：

$$A_v = (100)(200) = 20{,}000$$

化成分貝值為：

$$A_{v(dB)} = 20 \log 20{,}000 = 86 \text{ dB}$$

你可使用計算機得到 86 dB，或者可使用以下速解法：數字 20,000 等於 2 乘以 10,000，數字 10,000 有 4 個零，其意謂分貝等效值為 80 dB，由於 2 倍，所以最後答案是再高 6 dB 即 86 dB。

(a)

(b)

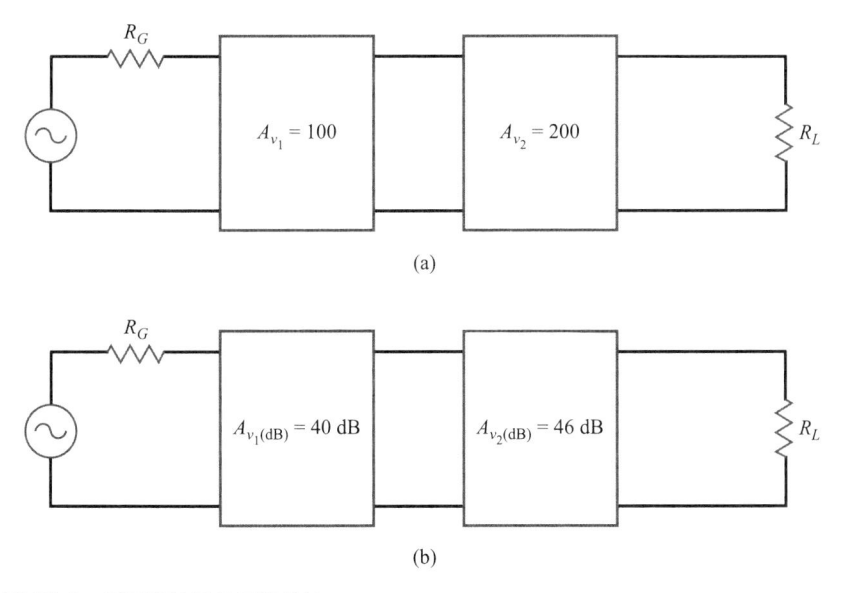

圖 10-6　電壓增益及分貝等效值。

接下來，我們可計算每一級電路的分貝電壓增益值如下：

$$A_{v_1(\text{dB})} = 20 \log 100 = 40 \text{ dB}$$

$$A_{v_2(\text{dB})} = 20 \log 200 = 46 \text{ dB}$$

圖 10-6b 顯示這些分貝電壓增益值。利用式 (10-11)，整個分貝電壓增益值為：

$$A_{v(\text{dB})} = 40 \text{ dB} + 46 \text{ dB} = 86 \text{ dB}$$

如你所見，將各級電路的分貝電壓增益值相加，會得到跟前面計算結果相同的答案。

練習題 10-8 以兩個電路級電壓增益值 50 及 200，重做例題 10-8。

10-4 阻抗匹配

> **知識補給站**
> 當放大器中阻抗不匹配時，無法以下列方程式算出分貝功率增益值：
>
> $A_{p(\text{dB})} = 20 \log A_v$
> $\quad + 10 \log R_{\text{in}}/R_{\text{out}}$
>
> 其中，A_v 代表放大器的電壓增益值，而 R_{in} 及 R_{out} 分別表示輸入阻抗及輸出阻抗。

圖 10-7a 為電源阻抗 R_G、輸入阻抗 R_{in}、輸出阻抗 R_{out} 及負載阻抗 R_L 的放大級電路。到目前為止，我們多數的討論已使用了不同的阻抗值。

在許多通信系統（微波、電視及電話）中，所有阻抗都是匹配的，即 $R_G = R_{\text{in}} = R_{\text{out}} = R_L$。圖 10-7b 繪出了這概念，如所指的，所有阻抗都會等於 R，而其阻抗值 R 在微波系統中為 50 Ω，在電視系統中則為 75 Ω（同軸電纜）或 300 Ω（雙接頭線），在電話系統中則是 600 Ω。由於阻抗匹配可產生最大功率傳輸效果，所以這些系統中都會採取阻抗匹配。

在圖 10-7b 中輸入功率為：

$$p_{\text{in}} = \frac{V_{\text{in}}^2}{R}$$

而輸出功率為：

$$p_{\text{out}} = \frac{V_{\text{out}}^2}{R}$$

功率增益為：

$$A_p = \frac{p_{\text{out}}}{p_{\text{in}}} = \frac{V_{\text{out}}^2/R}{V_{\text{in}}^2/R} = \frac{V_{\text{out}}^2}{V_{\text{in}}^2} = \left(\frac{V_{\text{out}}}{V_{\text{in}}}\right)^2$$

或

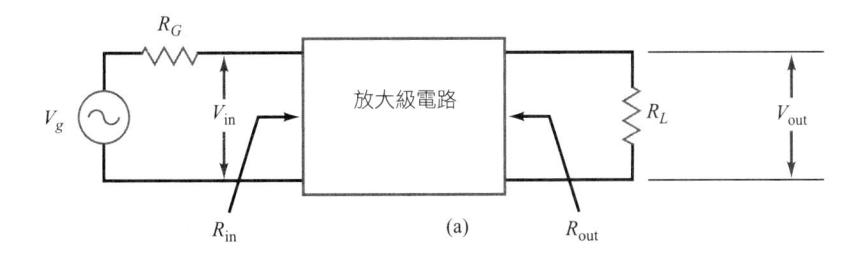

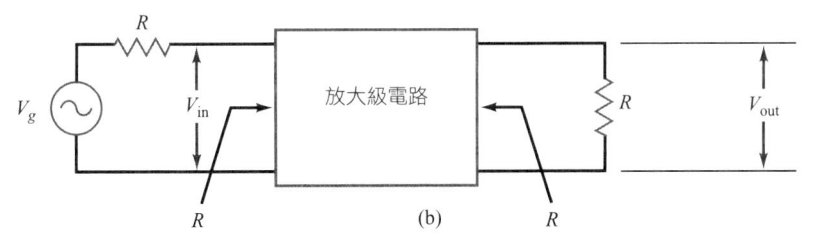

圖 10-7 阻抗匹配。

$$A_p = A_v^2 \tag{10-12}$$

這指出在任何阻抗匹配系統中，功率增益會等於電壓增益的平方倍。

化成分貝值則為：

$$A_{p(dB)} = 10 \log A_p = 10 \log A_v^2 = 20 \log A_v$$

或

$$A_{p(dB)} = A_{v(dB)} \tag{10-13}$$

這指出分貝功率增益值會等於分貝電壓增益值，式 (10-13) 對於任何阻抗匹配系統都成立。若元件資料手冊上描述系統增益為 40 dB，則分貝功率增益及電壓增益值都會等於 40 dB。

將分貝值轉換成一般增益值

當元件資料手冊指定分貝功率增益或電壓增益時，我們可以下列方程式將分貝增益值轉換成一般增益值：

$$A_p = \text{antilog}\, \frac{A_{p(dB)}}{10} \tag{10-14}$$

及

$$A_p = \text{antilog}\, \frac{A_{v(dB)}}{20} \tag{10-15}$$

反對數（antilog）是對數的反函數，這些轉換可以靠具有對數功能及反函數功能鍵的科學計算機做到。

應用題 10-9

圖 10-8 為阻抗匹配的電路級，其 R 為 50 Ω，試求整個分貝增益值、整個功率增益值及整個電壓增益值。

解答 整個分貝電壓增益值為：

$$A_{v(dB)} = 23 \text{ dB} + 36 \text{ dB} + 31 \text{ dB} = 90 \text{ dB}$$

由於電路級阻抗匹配，所以整個分貝功率增益也會等於 90 dB。

利用式 (10-14)，整個功率增益值為：

$$A_p = \text{antilog} \frac{90 \text{ dB}}{10} = 1,000,000,000$$

而整個電壓增益值為：

$$A_p = \text{antilog} \frac{90 \text{ dB}}{20} = 31,623$$

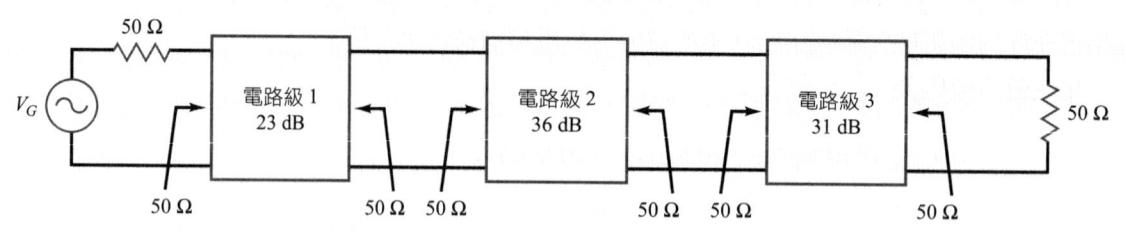

圖 10-8 在 50 Ω 系統中的阻抗匹配情形。

練習題 10-9 以電路級增益值分別等於 10 dB、−6 dB 及 26 dB，重做例題 10-9。

應用題 10-10

在前面例題中，試求各級電路的一般電壓增益值。

解答 第一級電路的電壓增益為：

$$A_{v1} = \text{antilog} \frac{23 \text{ dB}}{20} = 14.1$$

第二級電路的電壓增益為：

$$A_{v2} = \text{antilog} \frac{36 \text{ dB}}{20} = 63.1$$

第三級電路的電壓增益為：

$$A_{v3} = \text{antilog} \frac{31 \text{ dB}}{20} = 35.5$$

練習題 10-10 以電路級增益分別等於 10 dB、−6 dB 及 26 dB，重做例題 10-10。

10-5 在參考值之上的分貝值

在本節中,我們將再多討論兩種使用分貝值的方法。除了在功率及電壓增益上應用分貝值外,我們可在一個參考值的基礎上使用分貝值。在本節中所用之參考準位為毫瓦(mW)及伏特(V)。

毫瓦的參考值

分貝值有時候用於指出在 1 mW 上的功率準位。在這情形中,以符號 dBm 取代 dB。符號 dBm 中的 m 提醒我們參考值是毫瓦,dBm 方程式為:

$$P_{\text{dBm}} = 10 \log \frac{P}{1 \text{ mW}} \tag{10-16}$$

其中,P_{dBm} 指的是以 dBm 表示的功率值。例如,若功率為 2 W,則:

$$P_{\text{dBm}} = 10 \log \frac{2 \text{ W}}{1 \text{ mW}} = 10 \log 2000 = 33 \text{ dBm}$$

使用 dBm 是一種跟 1 mW 相比的作法。若元件資料手冊上說功率放大器的輸出為 33 dBm,其意思是說輸出功率為 2 W。表 10-4 顯示了一些 dBm 的數值。

你可以藉由此方程式,將任何 dBm 值轉換成等效的功率值:

$$P = \text{antilog} \frac{P_{\text{dBm}}}{10} \tag{10-17}$$

其中,P 是以毫瓦表示之功率值。

> **知識補給站**
> 音頻通信系統的輸入及輸出參考電阻值為 600 Ω,使用單位 dBm 指出放大器、衰減器或整個系統的實際功率輸出值。

電壓參考值

分貝值也可用於指出在 1 V 之上的電壓準位。在這情況中,使用

表 10-4 以 dBm 表示的功率值

功率	P_{dBm}
1 μW	−30
10 μW	−20
100 μW	−10
1 mW	0
10 mW	10
100 mW	20
1 W	30

> **知識補給站**
> 量測訊號強度的單位毫伏特（dBmV）常用於有線電視系統。在這系統中，跨於 75 Ω 上的 1 mV 訊號為參考準位，其對應為 0 dB，單位 dBmV 用於指出放大器、衰減器或整個系統的實際輸出電壓值。

符號 dBV。dBV 方程式為：

$$V_{dBV} = 20 \log \frac{V}{1\,V}$$

由於分母等於 1，我們可簡化方程式為：

$$V_{dBV} = 20 \log V \tag{10-18}$$

這裡的 V 沒有維度。例如，若電壓為 25 V，則：

$$V_{dBV} = 20 \log 25 = 28\text{ dBV}$$

使用 dBV 是把電壓跟 1 V 相比的一種表示方式。若元件資料手冊上說電壓放大器的輸出為 28 dBV，其是說輸出電壓為 25 V。若輸出準位或麥克風的靈敏度指定為 –40 dBV，則其輸出電壓為 10 mV。表 10-5 顯示了一些 dBV 之數值。

你可以使用此方程式來轉換任何 dBV 值成為其等效電壓值：

$$V = \text{antilog}\,\frac{V_{dBV}}{20} \tag{10-19}$$

其中，V 為以伏特表示之電壓值。

例題 10-11

元件資料手冊上說放大器的輸出為 24 dBm，試求其輸出功率值。

解答 利用計算機及式 (10-17)：

$$P = \text{antilog}\,\frac{24\text{ dBm}}{10} = 251\text{ mW}$$

練習題 10-11 試求放大器在額定值 50 dBm 的功率輸出。

表 10-5 以 dBV 表示的電壓值

電壓	V_{dBV}
10 μV	–100
100 μV	–80
1 mV	–60
10 mV	–40
100 mV	–20
1 V	0
10 V	+20
100 V	+40

例題 10-12

若元件資料手冊上說放大器的輸出為 –34 dBV，試求其輸出電壓值。

解答 利用式 (10-18)：

$$V = \text{antilog}\frac{-34 \text{ dBV}}{20} = 20 \text{ mV}$$

練習題 10-12 已知麥克風的額定值為 –54.5 dBV，試求輸出電壓值。

10-6 波德圖

圖 10-9 為交流放大器的頻率響應圖。雖然它包含一些關於如中頻帶電壓增益、截止頻率的訊息，但此放大器行為圖形所能提供的訊息仍嫌不夠完整，所以才會有**波德圖（Bode plot）**的出現。由於這類圖形使用分貝值，所以它可提供我們更多關於放大器中頻帶以外的響應訊息。

八度

鋼琴的中音 C 這個聲調頻率為 256 Hz，而高音 C 則高八度，它的頻率為 512 Hz，再上去的頻率則是 1024 Hz，以此類推。在音樂中，八度（octave）這個字指的是頻率加倍，每上去一個八度，頻率會變 2 倍。

在電子學中，對於如 f_1/f 及 f/f_2 的比值，「八度」有著類似的意義。例如，若 $f_1 = 100$ Hz 而 $f = 50$ Hz，則 f_1/f 的比值為：

$$\frac{f_1}{f} = \frac{100 \text{ Hz}}{50 \text{ Hz}} = 2$$

我們可藉由說 f 是在 f_1 上方八度處來描述這情形。如另一個例子，假

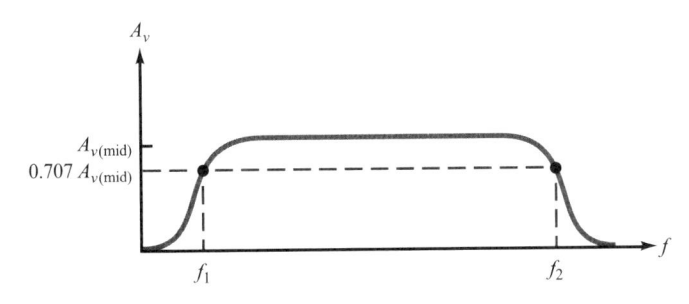

圖 10-9 交流放大器的頻率響應。

設 f = 400 kHz 及 f_2 = 200 kHz，則：

$$\frac{f}{f_2} = \frac{400 \text{ kHz}}{200 \text{ kHz}} = 2$$

這意謂 f 是在 f_2 上方八度處。

十倍頻

除了以數字 10 取代數字 2 外，對於像 f_1/f 及 f/f_2 之比值，十倍頻（decade）有著類似的意義。例如，若 f_1 = 500 Hz 及 f = 50 Hz，f_1/f 比值為：

$$\frac{f_1}{f} = \frac{500 \text{ Hz}}{50 \text{ Hz}} = 10$$

我們可藉由說 f 是在 f_1 下方十倍頻處來描述。另一個例子，假設 f = 2 MHz 及 f_2 = 200 kHz，則：

$$\frac{f}{f_2} = \frac{2 \text{ MHz}}{200 \text{ kHz}} = 10$$

這意謂 f 在 f_2 上方十倍頻之處。

線性及對數刻度

一般圖紙在兩軸上有線性刻度。如圖 10-10a 所示，這意謂所有數字間的間隔都是相同的。利用線性刻度，你可以從 0 開始，然後以一致的步伐朝向更高的數字去。目前為止，我們討論的圖形都是使用線性刻度。

有時候我們可能較喜歡使用**對數刻度（logarithmic scale）**，因為使用對數可精簡非常大的數值及允許我們觀看在數個十倍頻中之情形。圖 10-10b 為對數刻度，注意編號以 1 開始，在 1 與 2 間之間隔遠大於在 9 與 10 間的間隔。如圖所示，藉由對數來精簡刻度，我們可利用對數及分貝之某些特性。

> **知識補給站**
> 使用對數間隔主要的好處是較大範圍的數值都可以繪在同一張圖紙上，不必為了硬要畫在同一張圖紙上而失去圖形的解析度。

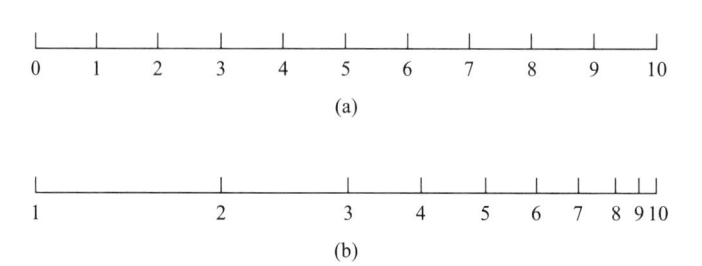

圖 10-10 線性及對數刻度。

一般的圖紙及半對數的圖紙兩者都是可用的，半對數圖紙在垂直軸為線性刻度而水平軸則為對數刻度，當我們想要繪出在多個十倍頻範圍內的電壓增益量時可使用半對數紙。

電壓增益分貝圖

圖 10-11a 為典型交流放大器頻率響應圖。這圖形與圖 10-9 類似，但是這次我們所看的是半對數紙上的分貝電壓增益值對頻率之圖形。像這樣的圖形稱為波德圖，垂直軸使用線性刻度而水平軸使用對數刻度。

如圖所示，分貝電壓增益值在中頻帶會最大，在各個截止頻率分貝電壓增益值會稍低於最大值。在 f_1 之下，分貝電壓增益值會以每十倍頻 20 dB 斜率下降，在 f_2 之上，分貝電壓增益值會以每十倍頻 20 dB 斜率下降，每十倍頻 20 dB 斜率的下降會出現在放大器中，如 10-1 節中所討論的，放大器中有一個會產生下截止頻率的主電容及一個會產生上截止頻率的主旁路電容。

在截止頻率 f_1 及 f_2，電壓增益為中頻帶值的 0.707 倍，以分貝表示為：

$$A_{v(dB)} = 20 \log 0.707 = -3 \text{ dB}$$

我們可以下列方式描述圖 10-11a 中的頻率響應：在中頻帶，電壓增益為最大。在中頻帶及各截止頻率間，電壓增益會逐漸下降到截止頻率

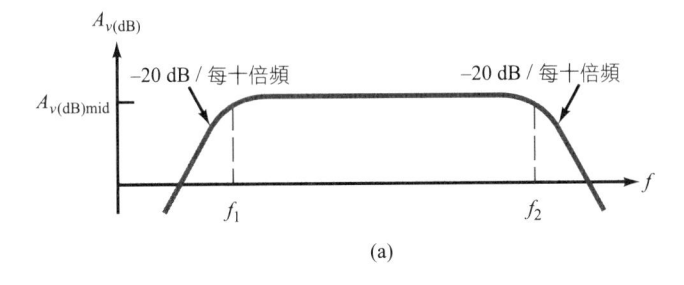

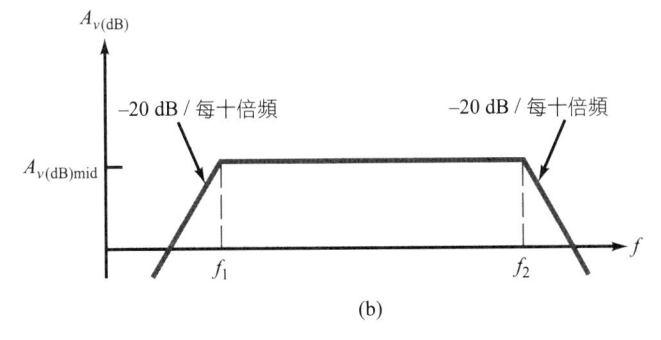

圖 10-11　(a) 波德圖；(b) 理想波德圖。

下面的 3 dB 處,然後,電壓增益會以每十倍頻 20 dB 斜率下降。

理想波德圖

圖 10-11b 為理想型式之頻率響應圖,由於容易繪出及得到近似的相同訊息,許多人喜歡使用理想波德圖。任何人看到這理想圖形會知道分貝電壓增益值在截止頻率的下面 3 dB 處。當你心中知道會有個 3 dB 修正量存在時,理想波德圖即會包含你所需要的所有原始訊息。

理想波德圖是近似的結果,其允許我們快速且容易地繪出放大器的頻率響應情形。理想波德圖讓我們專注在主要議題上,而不是花時間在獲得正確計算結果的細節上面。例如,如圖 10-12 之理想波德圖可讓我們快速看到關於放大器頻率響應的總整理。我們可看見中頻帶電壓增益(40 dB)、截止頻率(1 kHz 及 100 kHz)及下降斜率(20 dB/decade),而且注意電壓增益在 f = 10 Hz 及 f = 10 MHz 處會等於 0 dB(即 unity,或說是 1,因 0 dB = 1)。像這樣的理想圖形在工業上是非常受歡迎的。

順帶一提,由於理想波德圖在各個截止頻率處會有滿陡的轉折角,所以許多技術人員及工程師會使用角頻率這個名詞來取代截止頻率。另一個常用名詞則是轉折頻率,這是由於圖形會在各個截止頻率處轉折,然後再以每十倍頻 20 dB 斜率下降。

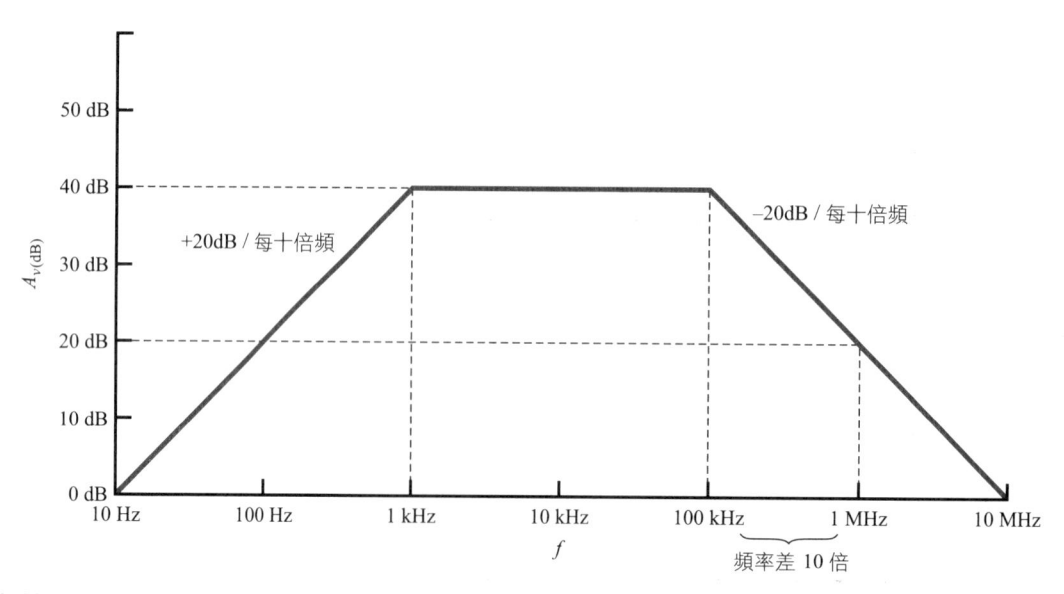

圖 10-12 交流放大器的理想波德圖。

應用題 10-13

741C 運算放大器元件資料手冊所給的中頻帶電壓增益為 100,000、截止頻率為 10 Hz，而下降斜率則為 20 dB/decade。繪出理想波德圖，試求在 1 MHz 處的一般電壓增益值。

解答 如 10-1 節所提的，運算放大器是直流放大器，所以只會有上截止頻率。對於 741C，其 f_2 = 10 Hz，中頻帶分貝電壓增益值為：

$$A_{v(\text{dB})} = 20 \log 100{,}000 = 100 \text{ dB}$$

理想波德圖來到 10 Hz 處，會有中頻帶電壓增益 100 dB。而後，它以每十倍頻 20 dB 之斜率下降。

圖 10-13 為理想波德圖，在頻率 10 Hz 處轉折之後，響應會以每十倍頻 20 dB 之斜率一直下降到等於 0 dB 的 1 MHz 處。在這頻率一般的電壓值為 1（因 0 dB = 1）。由於元件資料手冊上立即會告訴你運算放大器的頻率限制，所以元件資料手冊上面常會列出**單位增益頻率**（unity-gain frequency）（符號記作 f_{unity}）。這元件可提供高至單位增益頻率的電壓增益值，但是不會超出它。

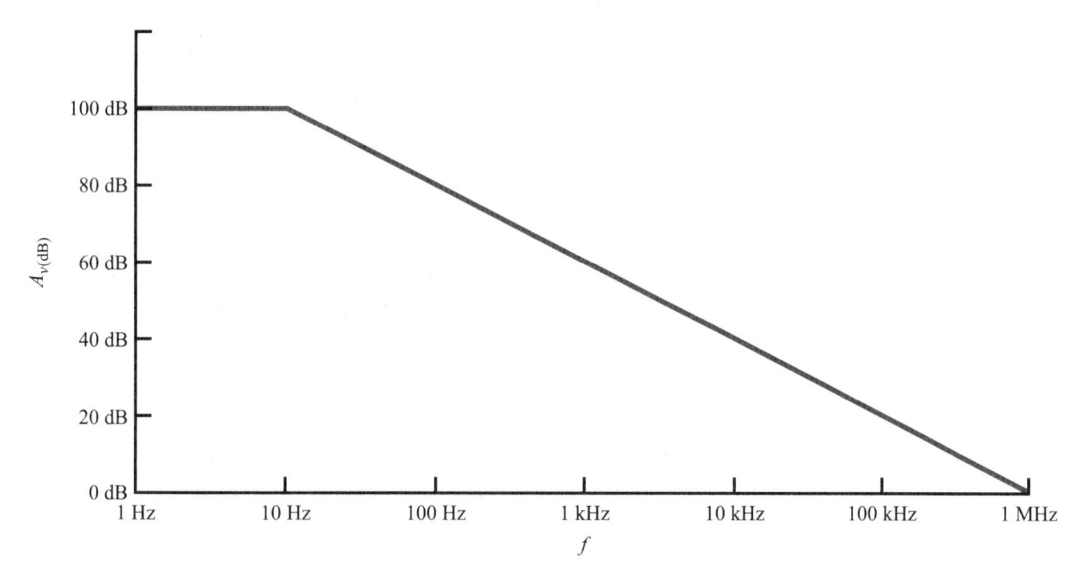

圖 10-13 直流放大器的理想波德圖。

10-7 更多的波德圖

理想波德圖對於初步分析是有用的近似方式。但有時候，我們需要更精確的答案。例如，運算放大器的電壓增益在中頻帶與截止頻率之間會慢慢地增加，讓我們來更靠近地看看這轉換區。

在中頻帶與截止頻率間

在 10-1 節中，我們介紹了下面在中頻帶之上的放大器電壓增益方

程式：

$$A_v = \frac{A_{v(\text{mid})}}{\sqrt{1 + (f/f_2)^2}} \qquad (10\text{-}20)$$

利用此方程式，我們可計算在中頻帶與截止頻率之間的轉換區電壓增益值。例如，這裡是 $f/f_2 = 0.1$、0.2 及 0.3 的計算情形：

$$A_v = \frac{A_{v(\text{mid})}}{\sqrt{1 + (0.1)^2}} = 0.995\, A_{v(\text{mid})}$$

$$A_v = \frac{A_{v(\text{mid})}}{\sqrt{1 + (0.2)^2}} = 0.981\, A_{v(\text{mid})}$$

$$A_v = \frac{A_{v(\text{mid})}}{\sqrt{1 + (0.3)^2}} = 0.958\, A_{v(\text{mid})}$$

繼續這樣下去，我們可計算表 10-6 中剩下的數值。

表 10-6 包含 $A_v/A_{v(\text{mid})}$ 的 dB 值，分貝值計算情形如下：

$$(A_v/A_{v(\text{mid})})_{\text{dB}} = 20 \log 0.995 = -0.04 \text{ dB}$$

$$(A_v/A_{v(\text{mid})})_{\text{dB}} = 20 \log 0.981 = -0.17 \text{ dB}$$

$$(A_v/A_{v(\text{mid})})_{\text{dB}} = 20 \log 0.958 = -0.37 \text{ dB}$$

等等。我們鮮少需要表 10-6 中的數值。但是偶爾為求中頻帶與截止頻率間電壓增益的準確性，我們可能會想要參考這個表。

落後電路

大部分的運算放大器包含 RC 落後電路，而其會使電壓增益以每十倍頻 20 dB 斜率下降。這防止了在某些情況下會發生令人不喜歡的

表 10-6 在中頻帶與截止頻率間

f/f_2	$A_v/A_{v(\text{mid})}$	$A_v/A_{v(\text{mid})\text{dB}}$, dB
0.1	0.995	−0.04
0.2	0.981	−0.17
0.3	0.958	−0.37
0.4	0.928	−0.65
0.5	0.894	−0.97
0.6	0.857	−1.3
0.7	0.819	−1.7
0.8	0.781	−2.2
0.9	0.743	−2.6
1	0.707	−3

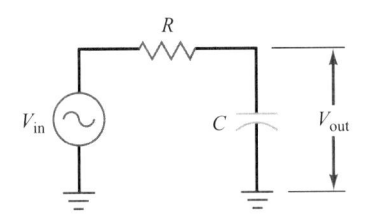

圖 10-14 RC 旁路電路。

振盪（oscillations）。在後面內容將會解釋振盪及運算放大器內部的落後電路，是如何防止這些不受歡迎的訊號產生。

圖 10-14 為帶有旁路電容之電路，如前面所討論的，R 代表看入電容的戴維寧等效電阻。由於在較高頻時輸出電壓會落後於輸入電壓，所以這電路常稱作**落後電路（lag circuit）**。以另一種方式來描述則是：若輸入電壓的相位角為 0°，則輸出電壓相位角會在 0° 及 −90° 間。

在低頻時，電容性阻抗會趨近於無窮大。而當頻率增加時，電容性阻抗會下降，其會使輸出電壓下降。從電的基本過程來回想此電路的輸出電壓為：

$$V_{out} = \frac{X_C}{\sqrt{R^2 + X_C^2}} V_{in}$$

若我們重新整理之前的方程式，圖 (10-14) 的電壓增益為：

$$A_v = \frac{X_C}{\sqrt{R^2 + X_C^2}} \quad (10\text{-}21)$$

由於電路只有被動元件，所以電壓增益總是會小於或等於 1。

在落後電路的截止頻率處，電壓增益為 0.707 倍，截止頻率的方程式為：

$$f_2 = \frac{1}{2\pi RC} \quad (10\text{-}22)$$

在此頻率，$X_C = R$ 且電壓增益為 0.707 倍。

電壓增益的波德圖

藉由 $X_C = 1/2\pi fC$ 代入式 (10-21) 及重新整理，可推得方程式：

$$A_v = \frac{1}{\sqrt{1 + (f/f_2)^2}} \quad (10\text{-}23)$$

此方程式跟式 (10-20) 相似，這裡的 $A_{v(mid)}$ 等於 1，例如，當 $f/f_2 = 0.1$、0.2 及 0.3 時，我們可得到：

$$A_v = \frac{1}{\sqrt{1+(0.1)^2}} = 0.995$$

$$A_v = \frac{1}{\sqrt{1+(0.2)^2}} = 0.981$$

$$A_v = \frac{1}{\sqrt{1+(0.3)^2}} = 0.958$$

繼續這樣下去且轉換成分貝值,可得到如表 10-7 所示之數值。

圖 10-15 為落後電路的理想波德圖,在中頻帶分貝電壓增益為 0 dB。響應圖會在 f_2 處轉折,而後以每十倍頻 20 dB 斜率下降。

每八度 6 dB

在截止頻率之上,落後電路的分貝電壓增益值會以每十倍頻 20 dB 斜率下降。這等同是以每八度 6 dB(6 dB/octave)之斜率方式下降,其可以輕易地證明:當 f/f_2 = 10、20 及 40 時,電壓增益為:

$$A_v = \frac{1}{\sqrt{1+(10)^2}} = 0.1$$

$$A_v = \frac{1}{\sqrt{1+(20)^2}} = 0.05$$

$$A_v = \frac{1}{\sqrt{1+(40)^2}} = 0.025$$

表 10-7 落後電路的響應情形

f/f_2	A_v	$A_{v(dB)}$, dB
0.1	0.995	−0.04
1	0.707	−3
10	0.1	−20
100	0.01	−40
1000	0.001	−60

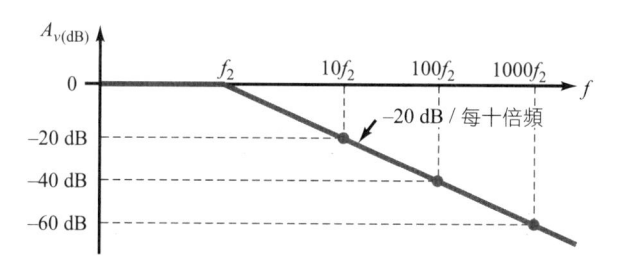

圖 10-15 落後電路的理想波德圖。

對應的分貝電壓增益值為：

$$A_{v(dB)} = 20 \log 0.1 = -20 \text{ dB}$$
$$A_{v(dB)} = 20 \log 0.05 = -26 \text{ dB}$$
$$A_{v(dB)} = 20 \log 0.025 = -32 \text{ dB}$$

換句話說，我們可以兩種方式中的任一種來描述落後電路在截止頻率之上的頻率響應情況。我們可以說，分貝電壓增益以每十倍頻 20 dB 斜率下降，或者可以說，以每八度 6 dB 斜率下降。

相位角（phase angle）

電容充電及放電會在 RC 旁路電路的輸出電壓中產生落後。換句話說，輸出電壓將會落後輸入電壓一個相位角 φ。圖 10-16 為 φ 如何隨頻率變化之情形。在頻率為零處（0 Hz），相位角為 0°，當頻率增加時，輸出電壓相位角會慢慢地從 0 變化到 –90°，在非常高頻處，φ = –90°。

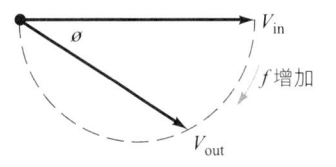

圖 10-16 落後電路的相角圖。

當需要時，從基本過程我們可以此方程式計算出相位角：

$$\phi = -\arctan \frac{R}{X_C} \tag{10-24}$$

藉由將 $X_C = 1/2\pi f C$ 代入式 (10-24) 及重新整理，可推得方程式：

$$\phi = -\arctan \frac{f}{f_2} \tag{10-25}$$

利用具有三角函數功能及反函數鍵之計算機，可輕易地計算出 f/f_2 的任何值之相位角，表 10-8 為 φ 的一些數值。例如，當 f/f_2 = 0.1、1 及 10，相位角為：

$$\phi = -\arctan 0.1 = -5.71°$$
$$\phi = -\arctan 1 = -45°$$
$$\phi = -\arctan 10 = -84.3°$$

表 10-8 落後電路的響應情形

f/f_2	φ
0.1	– 5.17°
1	–45 °
10	–84.3 °
100	–89.4 °
1000	–89.9 °

相位角的波德圖

圖 10-17 為一個落後電路相位角如何隨頻率變動之圖形。在非常低頻處，相位角會為零，當 $f = 0.1 f_2$ 時，相位角約為 $-6°$，當 $f = f_2$ 時，相位角會等於 $-45°$，而當 $f = 10 f_2$ 時，相位角約為 $-84°$。由於限制值為 $-90°$，所以當頻率進一步增加時只會產生很少的變化。如你所見，落後電路的相位角是在 0 到 $-90°$ 之間。

如圖 10-17a 之圖形為相位角波德圖。除了指出相位角如何接近其限制值之外，知道相位角在 $0.1 f_2$ 為 $-6°$ 而在 $10 f_2$ 為 $-84°$ 並沒有多大用處。圖 10-17b 的理想波德圖對於初步分析是更有用的。為了加強觀念，有幾點需要記住：

1. 當 $f = 0.1 f_2$ 時，相位角約為零。
2. 當 $f = f_2$，相位角為 $-45°$。
3. 當 $f = 10 f_2$，相位角約為 $-90°$。

另一個總結相位角波德圖的方法為：在截止頻率處，相位角等於 $-45°$；在截止頻率下面十倍頻處，相位角約為 $0°$；在截止頻率上面十倍頻處，相位角則約為 $-90°$。

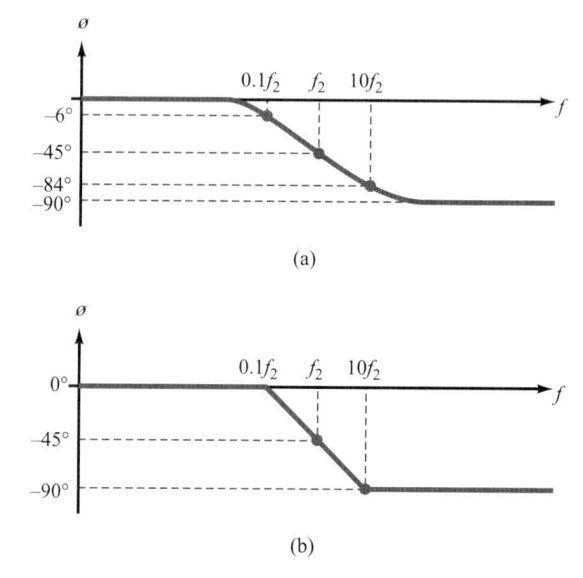

圖 10-17 相位角之波德圖。

例題 10-14

試繪出圖 10-18a 的落後電路之理想波德圖。

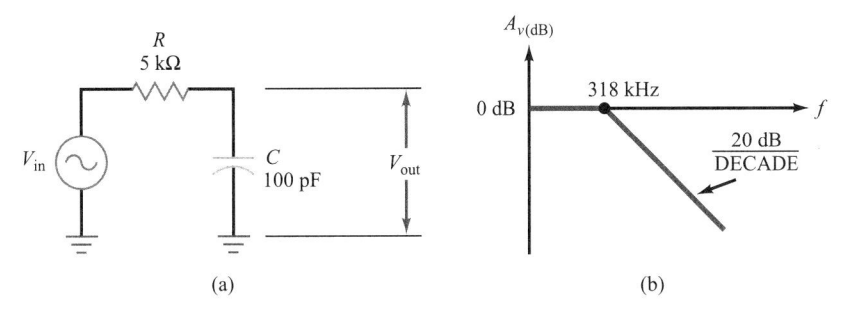

圖 10-18 落後電路及其波德圖。

解答 利用式 (10-22)，我們可計算出截止頻率值：

$$f_2 = \frac{1}{2\pi(5 \text{ k}\Omega)(100 \text{ pF})} = 318 \text{ kHz}$$

圖 10-18b 為理想波德圖，在低頻處電壓增益為 0 dB，頻率響應在 318 kHz 處轉折且以每十倍頻 20 dB（即 20 dB/decade）斜率下降。

練習題 10-14 使用圖 10-18，試將 R 改為 10 kΩ 且計算截止頻率值。

例題 10-15

在圖 10-19a 直流放大級的中頻帶電壓增益為 100。若看入旁路電容的戴維寧阻抗為 2 kΩ，則其理想波德圖為何？忽略放大級內所有電容值。

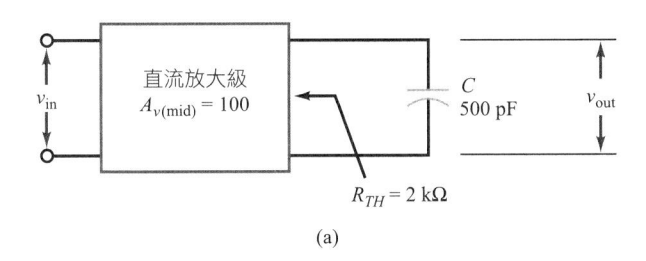

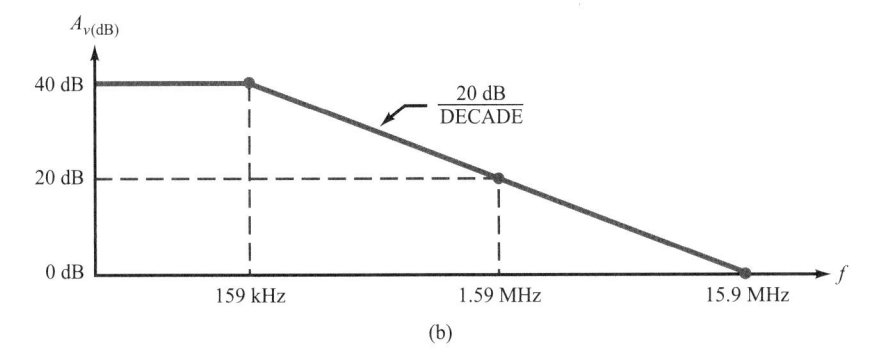

圖 10-19 (a) 直流放大器及旁路電容；(b) 理想波德圖；(c) 頻率第二次轉折的波德圖。

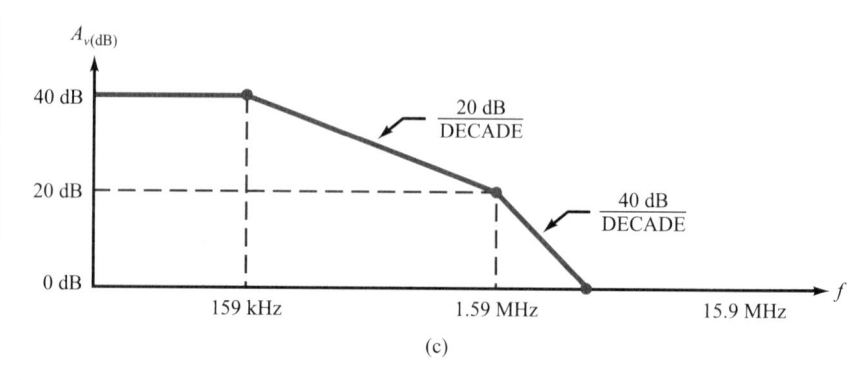

圖 10-19 （續）

解答 戴維寧阻抗及旁路電容為落後電路，其截止頻率為：

$$f_2 = \frac{1}{2\pi(2\text{ k}\Omega)(500\text{ pF})} = 159\text{ kHz}$$

放大器的中頻帶電壓增益為 100，其等於分貝值 40 dB。

圖 10-19b 為理想波德圖，從零到截止頻率 159 kHz 之分貝電壓增益值為 40 dB。然後響應會以每十倍頻 20 dB 斜率一直下降到 15.9 MHz 的單位增益頻率（f_{unity}）。

練習題 10-15 試以 1 kΩ 的戴維寧阻抗重做例題 10-15。

例題 10-16

假設圖 10-19a 的放大級電路有截止頻率為 1.59 MHz 的內部落後電路，在理想波德圖上將會有什麼效應？

解答 圖 10-19c 為頻率響應圖，響應會在由外部的 500 pF 電容所產生的截止頻率 159 kHz 處轉折，電壓增益會以每十倍頻 20 dB 斜率下降直到頻率 1.59 MHz。在這點，由於內部落後電路的截止頻率，所以響應會再次轉折，而後增益會以每十倍頻 40 dB 斜率下降。

10-8　米勒效應

圖 10-20a 是電壓增益為 A_v 的**反相放大器**（inverting amplifier）。反相放大器會產生跟輸入電壓反相 180° 的輸出電壓。

回授電容

在圖 10-20a 中，由於被放大的輸出訊號被回授至輸入，所以在輸入與輸出端間的電容稱為**回授電容**（feedback capacitor）。由於回授電

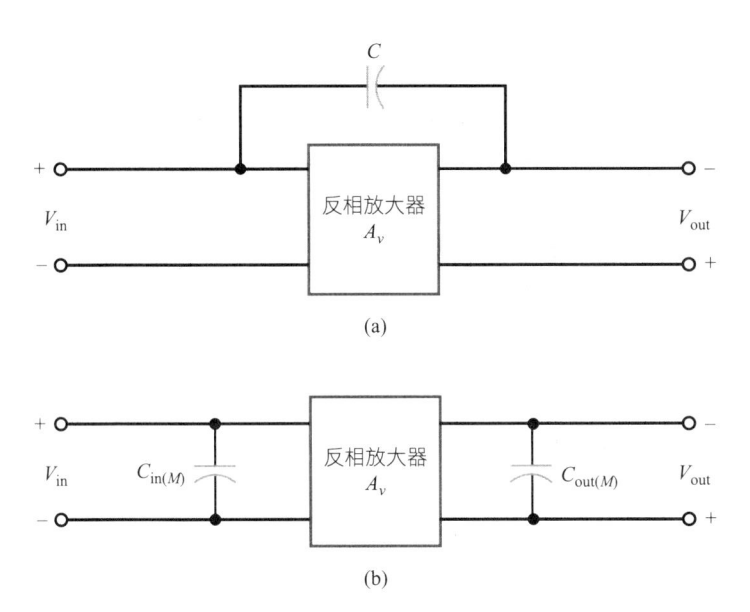

圖 10-20 (a) 反相放大器；(b) 米勒效應會產生大的輸入電容。

容會同時影響輸入及輸出電路，所以像這樣的電路會難以分析。

轉換回授電容

幸運地，如圖 10-20b 所示，有個稱為米勒定理的快速方法可將電容轉換成兩個分開的電容成分。由於回授電容已被分成兩個新電容值 $C_{in(M)}$ 及 $C_{out(M)}$，所以這個等效電路會更容易運用。利用複變代數，可推出以下方程式：

$$C_{in(M)} = C(A_v + 1) \tag{10-26}$$

$$C_{out(M)} = C\left(\frac{A_v + 1}{A_v}\right) \tag{10-27}$$

米勒定理會將回授電容轉換成兩個等效電容值成分，一個落在輸入端而另一個在輸出端，這使得一個大問題變成兩個簡單問題。式 (10-26) 及式 (10-27) 對於任何反相放大器諸如共射極放大器、具射級電阻共射極放大器或反相運算放大器都是有效的。在這些方程式中，A_v 為中頻帶電壓增益。

通常，A_v 會遠大於 1，而 $C_{out(M)}$ 約等於回授電容值。關於米勒定理會受人關注的原因，是在於輸入電容值 $C_{in(M)}$ 上的效應，它像是回授電容被放大得到新的電容值，即 $A_v + 1$ 倍大。這現象稱為**米勒效應**（**Miller effect**），由於可產生遠大於回授電容值的人造或者稱之為虛擬的電容出來，所以米勒效應有著有用的應用。

補償運算放大器

多數運算放大器為內部補償（internally compensated），其意謂它們會包含一個讓電壓增益以每十倍頻 20 dB 斜率下降之主旁路電容。而米勒效應則是用來產生這個主旁路電容。

這裡有個基本觀念：在運算放大器中一個放大級電路的回授電容如圖 10-21a 所示。用米勒定理，我們可將此回授電容轉換成兩個等效電容值成分，如圖 10-21b 所示。現在有兩個落後電路，一個是在輸入端而另一個在輸出端。由於米勒效應，所以在輸入端的旁路電容會遠大於輸出端的旁路電容，這會造成以輸入落後電路為主，即它會決定這一級電路的截止頻率。一直到輸入頻率等於數十倍高頻之前，輸出旁路電容通常都不會有任何的影響。

在典型運算放大器中，圖 10-21b 的輸入落後電路會產生主截止頻率。電壓增益會在這截止頻率處轉折，而後以每十倍頻 20 dB 斜率下降，直到輸入頻率到達單位增益頻率處。

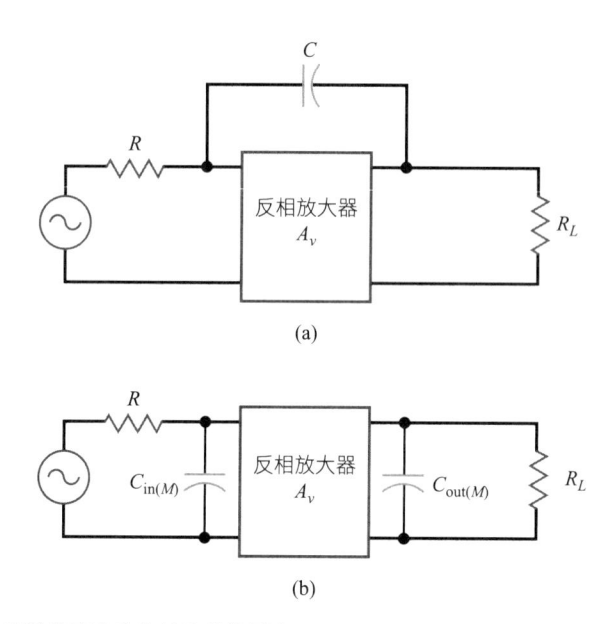

圖 10-21 米勒效應會產生輸入落後電路。

例題 10-17

圖 10-22a 的放大器的電壓增益為 100,000，試繪出理想波德圖。

解答 藉由將回授電容轉換成其米勒成分開始。由於電壓增益遠大於 1：

$$C_{in(M)} = 100{,}000(30 \text{ pF}) = 3 \ \mu\text{F}$$

$$C_{out(M)} = 30 \text{ pF}$$

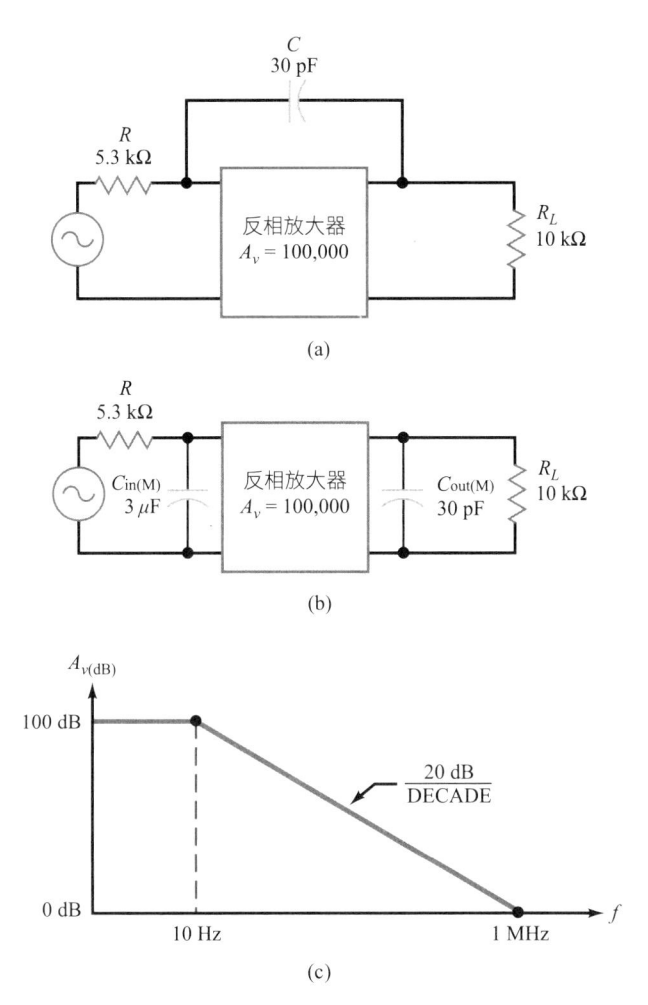

圖 10-22　具回授電容之放大器及其波德圖。

圖 10-22b 為輸入及輸出米勒電容值，在輸入端的主落後電路之截止頻率為：

$$f_2 = \frac{1}{2\pi RC} = \frac{1}{2\pi(5.3\text{ k}\Omega)(3\text{ }\mu\text{F})} = 10\text{ Hz}$$

由於電壓增益 100,000 等於 100 dB，我們可畫出在圖 10-22c 中的理想波德圖。

練習題 10-17　以圖 10-22a，若電壓增益為 10,000，試求 $C_{\text{in(M)}}$ 及 $C_{\text{out(M)}}$。

10-9　上升時間與頻寬的關係

　　放大器的弦波測試意謂我們使用弦波輸入電壓，並量測弦波輸出電壓。為找出上截止頻率，必須變化輸入頻率，直到電壓增益從中頻帶值下降 3 dB（分貝）。弦波測試是一個方法，但是測試放大器有個更

快且更簡單的方法，那就是改用方波測試。

上升時間

在圖 10-23a 中，電容一開始沒有被充電。若我們閉合上開關，電容上的電壓將會朝電源電壓值 V 的方向指數上升。**上升時間 T_R**（**risetime T_R**）為電容電壓從 $0.1V$（10% 處）上升到 $0.9V$（90% 處）所花之時間。若指數波形從 10% 上升到 90% 所花時間為 10 μs，波形的上升時間則為：

$$T_R = 10 \ \mu s$$

我們可使用方波產生器，來代替開關以外加步級電壓訊號。例如，圖 10-23b 為以方波前緣驅動前面相同的 RC 電路之情形，上升時間仍然是電壓從 10% 上升到 90% 所花之時間。

圖 10-23c 所示為數個週期的情況。雖然輸入電壓幾乎是立即從一個準位變化到另一個準位，但是由於有旁路電容，所以輸出電壓會花更長時間來轉態。由於電容必須透過電阻充放電，所以輸出電壓無法馬上改變。

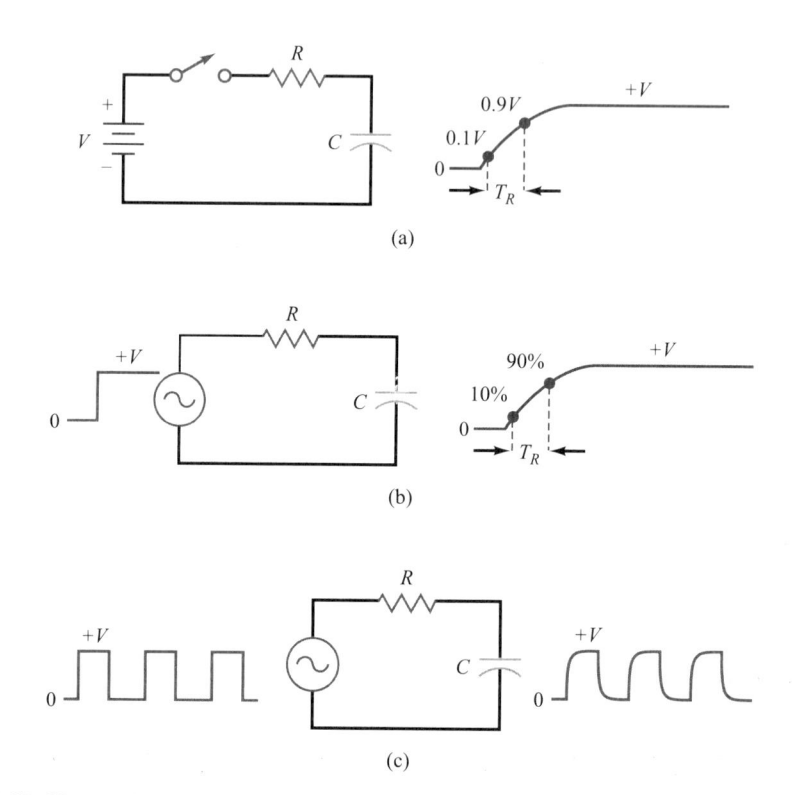

圖 10-23 (a) 上升時間；(b) 電壓步級會產生指數輸出；(c) 方波測試。

T_R 與 RC 間的關係

藉由分析電容指數充電行為，推導出上升時間方程式是有可能的：

$$T_R = 2.2RC \qquad (10\text{-}28)$$

這是說上升時間稍大於兩個 RC 時間常數。例如，若 R 等於 $10\ \text{k}\Omega$，而 C 為 $50\ \text{pF}$，則：

$$RC = (10\ \text{k}\Omega)(50\ \text{pF}) = 0.5\ \mu\text{s}$$

輸出波形的上升時間等於：

$$T_R = 2.2RC = 2.2(0.5\ \mu\text{s}) = 1.1\ \mu\text{s}$$

由於當分析切換電路時，知道電壓步級的響應情形是有用的。所以元件資料手冊常常會標註上升時間。

重要關係

直流放大器典型上有個會使電壓增益以每十倍頻 20 dB 斜率下降到單位增益頻率（f_unity）之主落後電路，這個落後電路的截止頻率已知為：

$$f_2 = \frac{1}{2\pi RC}$$

對於 RC 可求得：

$$RC = \frac{1}{2\pi f_2}$$

當以此代入式 (10-28) 中並化簡，可得到廣泛使用之方程式：

$$f_2 = \frac{0.35}{T_R} \qquad (10\text{-}29)$$

由於它將上升時間轉換成截止頻率，所以這是蠻重要的結果。其意謂我們可以方波來測試放大器以求得截止頻率。由於方波測試遠快於弦波測試，許多工程師及技術人員會使用式 (10-29) 來求出放大器的上截止頻率。

式 (10-29) 稱為上升時間 - 頻寬關係式。在直流放大器中，頻寬這個詞指的是從零到截止頻率之所有頻率範圍。往往，頻寬這個名詞會

用作代表截止頻率的同義字。若直流放大器的元件資料手冊上頻寬為 100 kHz，其意謂上截止頻率等於 100 kHz。

例題 10-18

試求圖 10-24a 電路的上截止頻率。

解答 在圖 10-24a 中，上升時間為 1 μs，利用式 (10-29)：

$$f_2 = \frac{0.35}{1\ \mu s} = 350\ \text{kHz}$$

因此，圖 10-24a 電路的上截止頻率為 350 kHz。另一種相同的說法是電路有 350 kHz 的頻寬值。

圖 10-24b 繪出弦波測試的意義。若我們將輸入電壓從方波改成弦波，將會得到弦波輸出。藉由增加輸入頻率，最後可求到 350 kHz 的截止頻率。換句話說，利用弦波測試會得到相同結果，只是比方波測試慢而已。

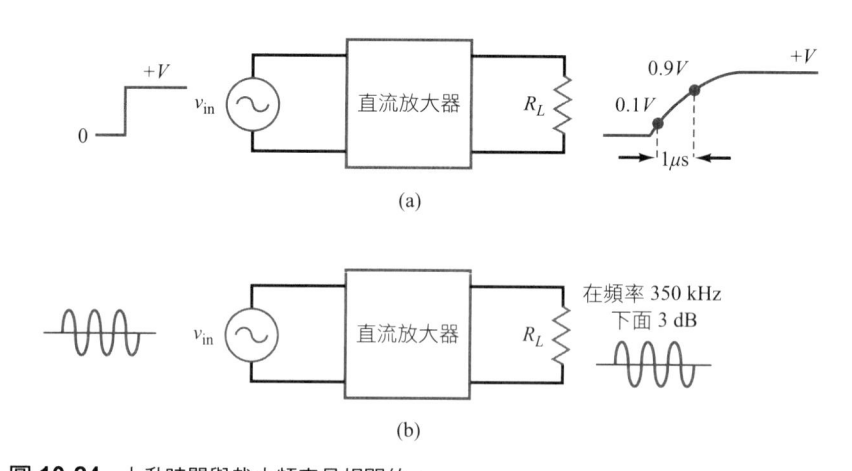

圖 10-24 上升時間與截止頻率是相關的。

練習題 10-18 如圖 10-23 所示 RC 電路的 R = 2 kΩ，而 C = 100 pF。試求輸出波形的上升時間及其上截止頻率。

10-10 BJT 電路級的頻率分析

市面上有許多種由 1 到 200 MHz 以上單位增益頻率之運算放大器。因此，多數放大器是以運算放大器來建立。由於運算放大器是類比系統的心臟，所以現在分立式放大級電路的分析比起過去來看就顯得較不重要了。下一節會簡單地討論分壓器偏壓共射級電路的低截止頻率及高截止頻率，我們將會看到個別元件對於電路頻率響應的影響，首先以低頻截止點開始看起。

輸入耦合電容

當交流訊號被耦合進放大級電路,等效上看起來就像圖 10-25a。面對此電容的是電源阻抗及該電路級之輸入阻抗,這個耦合電路的截止頻率為:

$$f_1 = \frac{1}{2\pi RC} \quad (10\text{-}30)$$

其中,R 等於 R_G 與 R_{in} 之和,圖 10-25b 為頻率響應情形。

輸出耦合電容

圖 10-26a 為 BJT 電路級之輸出側。在應用戴維寧定理之後,可得到圖 10-26b 的等效電路。式 (10-30) 可用於計算截止頻率,這裡的 R 等於 R_C 及 R_L 之和。

射極旁路電容

圖 10-27a 為共射極放大器,圖 10-27b 為射極旁路電容在輸出電壓上之影響,面向射極旁路電容是圖 10-27c 的戴維寧等效電路。運用戴維寧等效定理可得截止頻率為:

$$f_1 = \frac{1}{2\pi z_{out} C_E} \quad (10\text{-}31)$$

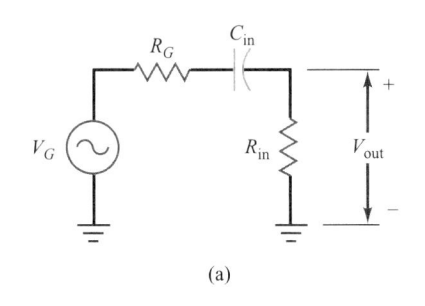

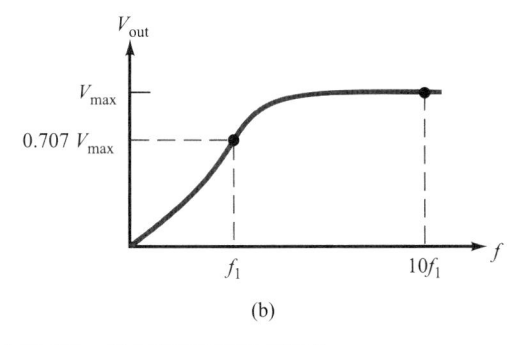

圖 10-25 耦合電路及其頻率響應。

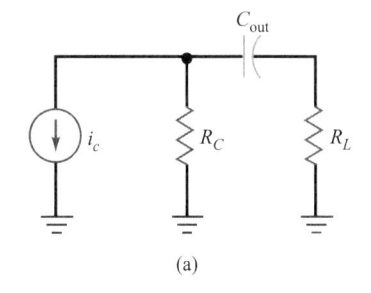

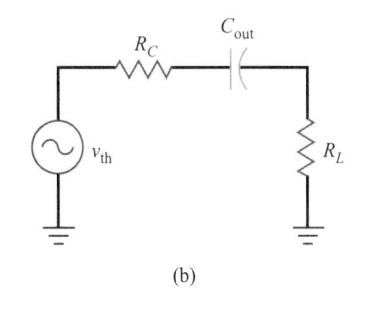

圖 10-26 輸出耦合電容。

472 電子學精要

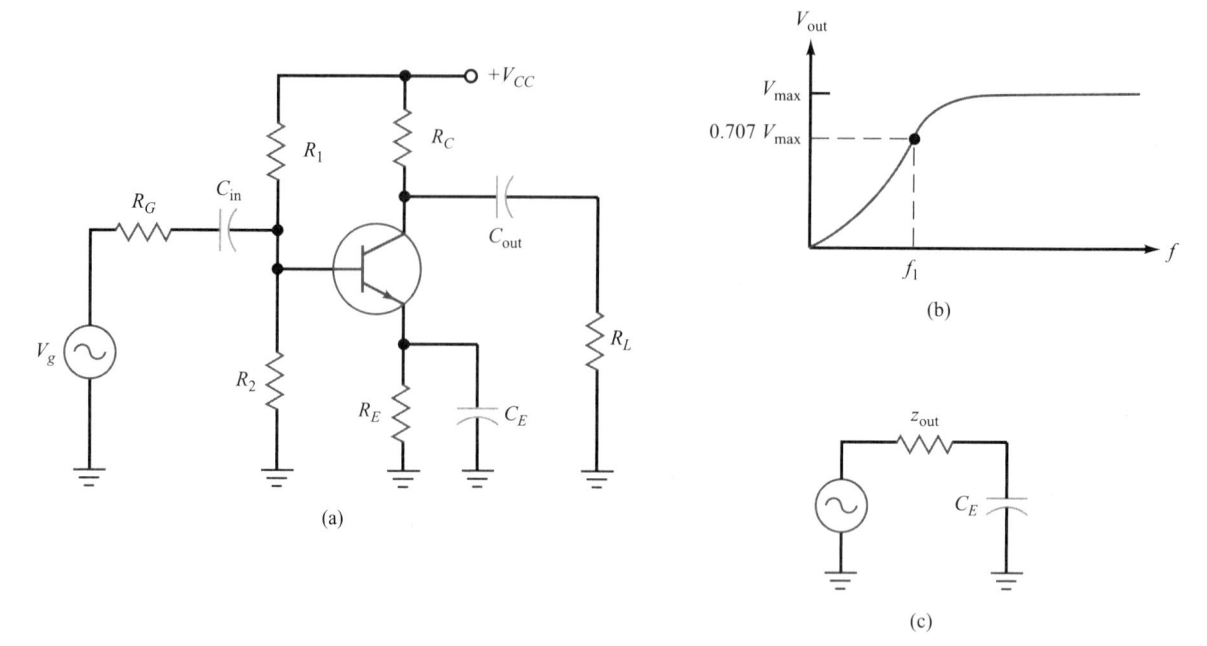

圖 10-27　射極旁路電容的效應。

這裡的輸出阻抗 $z_{out} = R_E \| \dfrac{r'_e + R_G\|R_1\|R_2}{\beta}$ ，在一些設計中偏壓電阻與射極二極體的交流電阻可以忽略，則可近似成 $z_{out} = \dfrac{R_G}{\beta}$。

　　　輸入耦合電容、輸出耦合電容及射極旁路電容均會產生截止頻率。通常，當中會有個是主截止頻率。當頻率下降時，增益會在主截止頻率處轉折，而後以每十倍頻 20 dB 斜率一直下降到下一個截止頻率處再轉折。而後以每十倍頻 40 dB 斜率下降一直到第三次轉折。隨著頻率上的進一步下降，電壓增益會以每十倍頻 60 dB 斜率下降。

應用題 10-19

以圖 10-28a 中的電路值，計算各個耦合及旁路電容之低截止頻率，利用波德圖把計算結果與量測結果相比較（直流及交流 β 值以 150 代入）。

解答　在圖 10-28a 中，我們將分開分析各個耦合電容及旁路電容。當分析各個電容時，其他兩個電容就交流短路掉。

　　從這個電路的過去直流計算結果 $r'_e = 22.7\ \Omega$，看入輸入耦合電容的戴維寧阻抗為：

$$R = R_G + R_1\|R_2\|R_{in(base)}$$

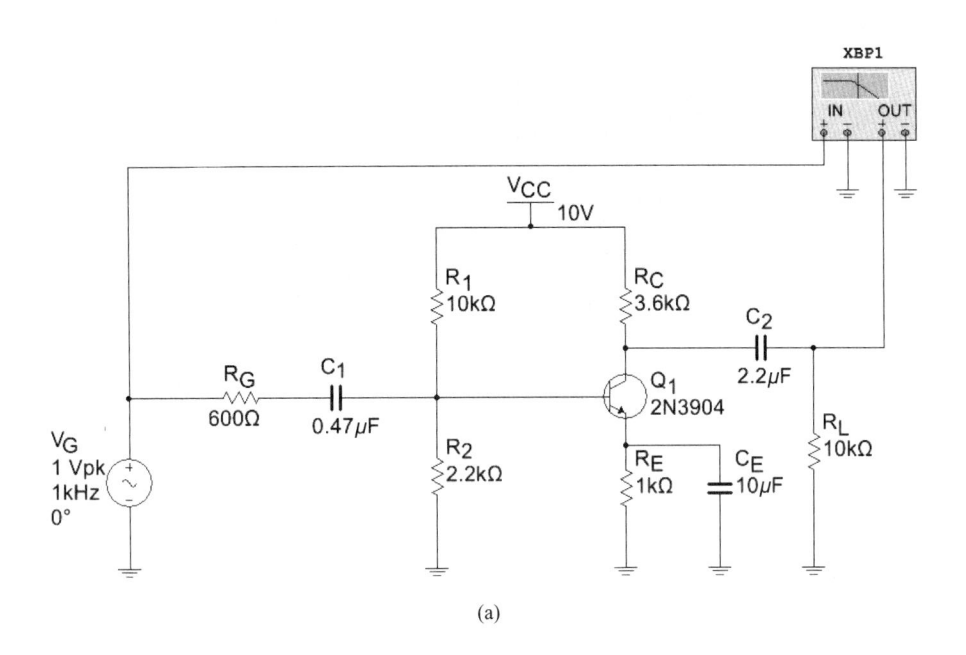

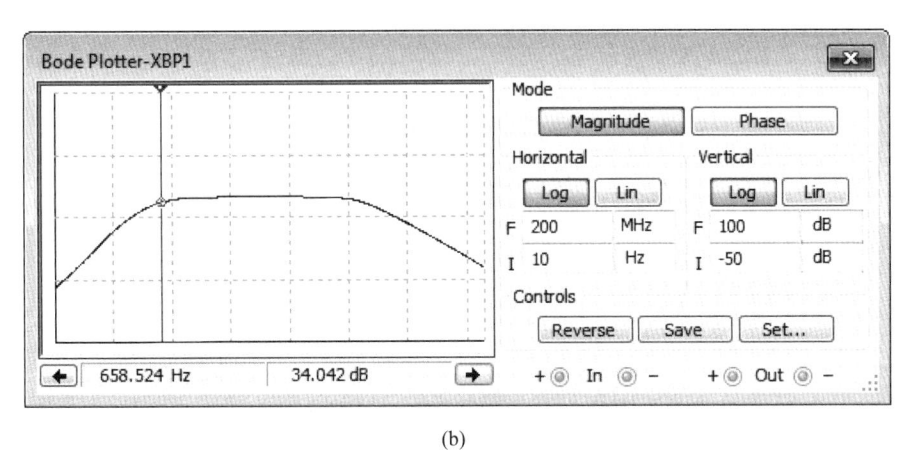

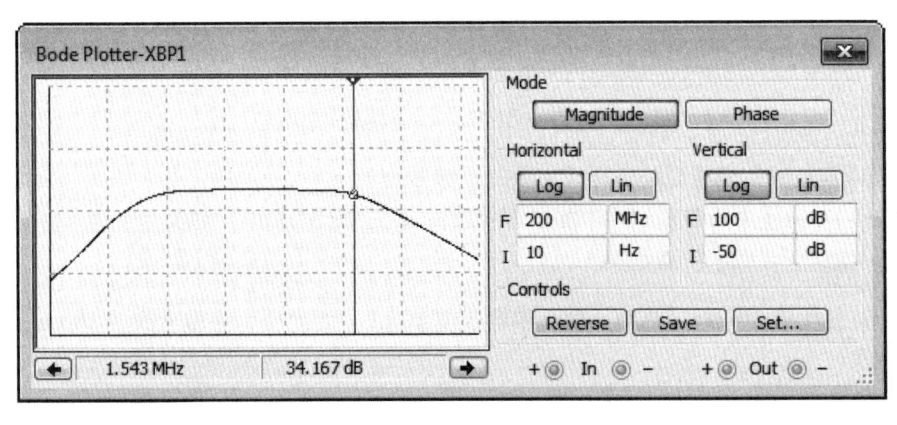

圖 10-28 (a) 以模擬軟體 MultiSim 建立共射極放大器；(b) 低頻響應；(c) 高頻響應。

其中，

$$R_{\text{in(base)}} = (\beta)(r'_e) = (150)(22.7\ \Omega) = 3.41\ \text{k}\Omega$$

因此，

$$R = 600\ \Omega + (10\ \text{k}\Omega \parallel 2.2\ \text{k}\Omega \parallel 3.41\ \text{k}\Omega)$$
$$R = 600\ \Omega + 1.18\ \text{k}\Omega = 1.78\ \text{k}\Omega$$

使用式 (10-30)，輸入耦合電路的截止頻率為：

$$f_1 = \frac{1}{2\pi RC} = \frac{1}{(2\pi)(1.78\ \text{k}\Omega)(0.47\ \mu\text{F})} = 190\ \text{Hz}$$

接下來，面對輸出耦合電容的戴維寧等效阻抗為：

$$R = R_C + R_L = 3.6\ \text{k}\Omega + 10\ \text{k}\Omega = 13.6\ \text{k}\Omega$$

輸出耦合電路的截止頻率為：

$$f_1 = \frac{1}{2\pi RC} = \frac{1}{(2\pi)(13.6\ \text{k}\Omega)(2.2\ \mu\text{F})} = 5.32\ \text{Hz}$$

現在，面對射極旁路電容的戴維寧等效阻抗為：

$$Z_{\text{out}} = 1\ \text{k}\Omega \parallel 22.7\ \Omega + \frac{10\ \text{k}\Omega \parallel 2.2\ \text{k}\Omega \parallel 600\ \Omega}{150}$$

$$Z_{\text{out}} = 1\ \text{k}\Omega \parallel (22.7\ \Omega + 3.0\ \Omega)$$

$$Z_{\text{out}} = 1\ \text{k}\Omega \parallel 25.7\ \Omega = 25.1\ \Omega$$

因此，對於旁路電路，截止頻率為：

$$f_1 = \frac{1}{2\pi Z_{\text{out}} C_E} = \frac{1}{(2\pi)(25.1\ \Omega)(10\ \mu\text{F})} = 635\ \text{Hz}$$

結果顯示：

$$f_1 = 190\ \text{Hz} \quad \text{輸入耦合電容}$$
$$f_1 = 5.32\ \text{Hz} \quad \text{輸出耦合電容}$$
$$f_1 = 635\ \text{Hz} \quad \text{射極旁路電容}$$

由此結果，你可看見射極旁路電路會變成主要的低頻截止值。

　　圖 10-28b 的波德圖中所量測到的中間點電壓增益 $A_{v(\text{mid})}$ 為 37.1 dB。波德圖上顯示在頻率 673 Hz 下方約 3 dB 處，這接近我們的計算結果。

練習題 10-19 使用圖 10-28a，將輸入耦合電容改成 10 μF，而射極旁路電容改成 100 μF，試求新的主要截止頻率值。

集極旁路電路

放大器高頻響應包含許多細節,且需要準確的參數值以獲得良好結果。在討論中,我們將會用到一些細節,但是利用電路模擬軟體可以獲得更多準確的答案。

圖 10-29a 為具線路雜散電容 C_{stray} 的共射極電路。在左邊的是 C'_c,這個物理量通常會指示在電晶體元件資料手冊上,C'_c 是在集極與基極間的內部電容值,雖然 C'_c 及 C_{stray} 非常小,但是當輸入頻率夠高時,它們的影響就會顯現出來。

圖 10-29b 為交流等效電路,而圖 10-29c 為戴維寧等效電路,這個落後電路的截止頻率為:

$$f_2 = \frac{1}{2\pi RC} \qquad (10\text{-}32)$$

這裡的 $R = R_C \parallel R_L$ 而 $C = C'_c + C_{stray}$,由於線路雜散電容會讓截止頻率下降,而使頻寬連帶下降。所以在高頻操作下會盡可能保持線路越短越好,以減少線路雜散電容。

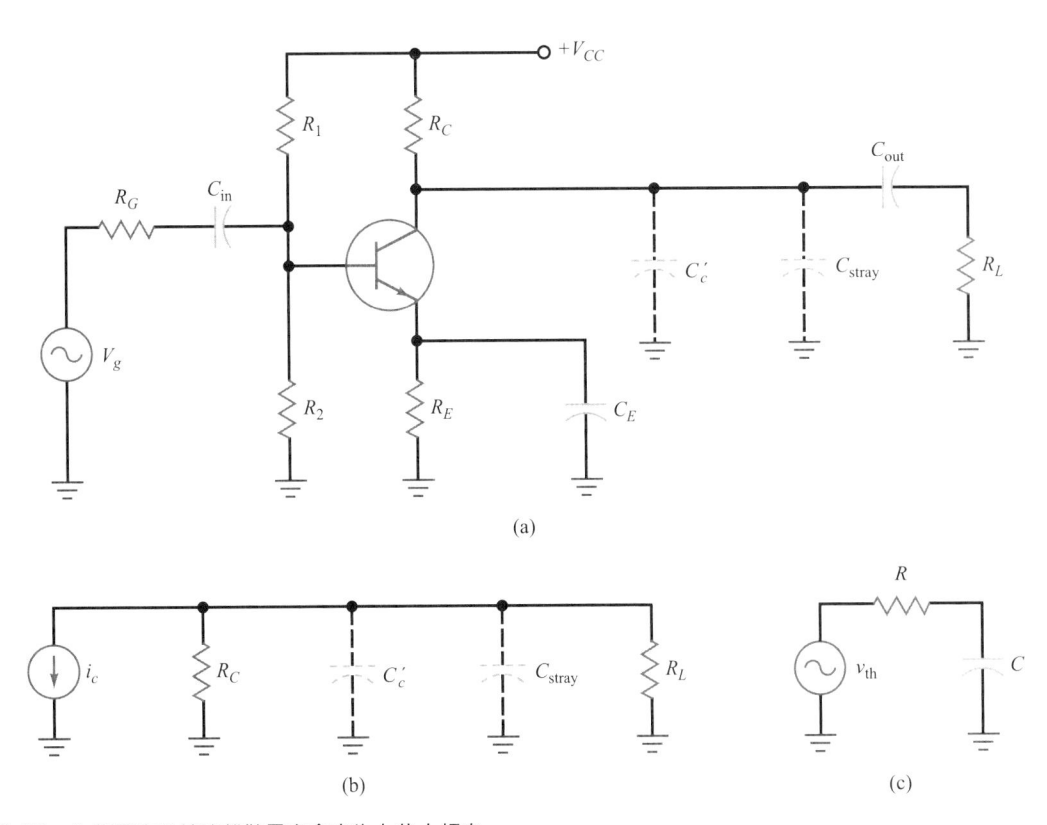

圖 10-29 內部電容及線路雜散電容會產生上截止頻率。

基極旁路電路

如圖 10-30 所示，電晶體有兩個內部電容分別是 C'_c 及 C'_e。由於 C'_c 為回授電容，所以其可被轉換成兩個電容成分。輸入米勒成分會跟 C'_e 並聯在一起出現，基極旁路電路的截止頻率可由式 (10-32) 得出。當中的 R 是面對由電容 C'_e 與輸入米勒電容成分相加的電容值之戴維寧等效電阻值。

集極旁路電容及米勒輸入電容各會產生截止頻率。正常來說，當中會有一個是主要的截止頻率，當頻率增加時，增益會在這主要的截止頻率處發生轉折，而後以每十倍頻 20 dB 斜率一直下降到第二個截止頻率處再轉折，而頻率會進一步下降且電壓增益會以每十倍頻 40 dB 斜率下降。

在元件資料手冊上，C'_C 可能列成 C_{bc}、C_{ob} 或 C_{obo}。在特定的電晶體操作情況中，這個值會被指定。例如，當 $V_{CB} = 5.0$ V、$I_E = 0$ 及頻率為 1 MHz 時，2N3904 的 C_{obo} 為 4.0 pF，這些值顯示在圖 10-31a 的「小信號特性」下。

這些內部電容值的每一個都會視電路情況而變化，圖 10-31b 顯示出當逆偏壓 V_{CB} 改變時，C_{obo} 如何改變。而且，C_{be} 與電晶體操作點有關，當元件資料手冊上沒有提供時，C_{be} 可以近似為：

$$C_{be} \cong \frac{1}{2\pi f_T r'_e} \tag{10-33}$$

其中，f_T 為電流增益頻寬乘積，正常會列在元件資料手冊上。圖 10-30 中 r_g 值等於：

$$r_g = R_G \| R_1 \| R_2 \tag{10-34}$$

而 r_c 為：

$$r_c = R_C \| R_L \tag{10-35}$$

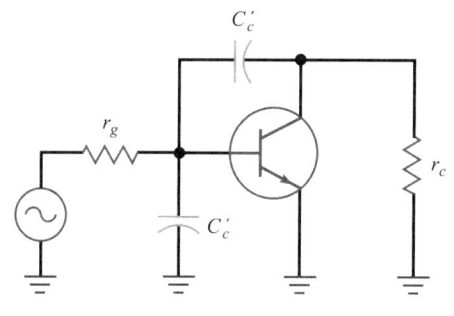

圖 10-30　高頻分析包含內部電晶體電容。

小信號特性				
f_T	電流增益頻寬乘積	$I_C = 10$ mA, $V_{CE} = 20$ V, $f = 100$ MHz	300	MHz
C_{obo}	輸出電容值	$V_{CB} = 5.0$ V, $I_E = 0$, $f = 1.0$ MHz	4.0	pF
C_{ibo}	輸入電容值	$V_{EB} = 0.5$ V, $I_C = 0$, $f = 1.0$ MHz	8.0	pF
NF	雜訊指數	$I_C = 100$ μA, $V_{CE} = 5.0$ V, $R_S = 1.0$ kΩ, $f = 10$ Hz 至 15.7 kHz	5.0	dB

(a)

(b)

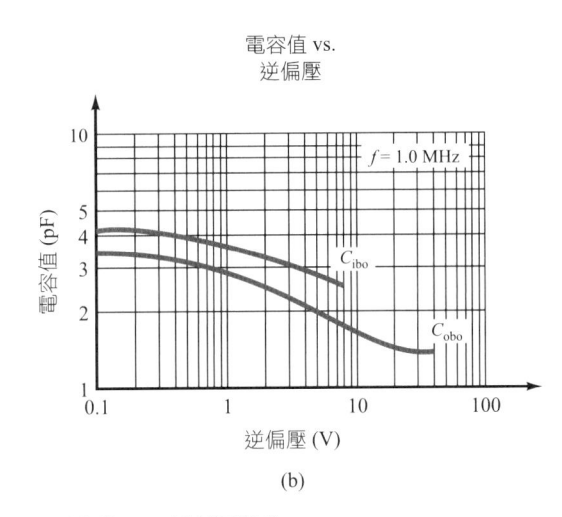

圖 10-31 2N3904 資料：(a) 內部電容值；(b) 逆偏壓變化。

應用題 10-20

使用如圖 10-28a 所示之電路值，計算基極旁路電路及集極旁路電路的高頻截止值。β 代入 150，而雜散輸出電容值代入 10 pF，將計算結果與模擬軟體所得之波德圖相互比較。

解答 首先求電晶體輸入及輸出電容值。

這個電路在我們之前的直流計算中，求出 $V_B = 1.8$ V 而 $V_C = 6.04$ V，這會產生集極至基極逆偏壓約 4.2 V。使用圖 10-31b 的圖形，在這逆偏壓時，C_{obo} 或 C'_e 的值為 2.1 pF，C'_e 的值可以式 (10-33) 求得為：

$$C'_e = \frac{1}{(2\pi)(300 \text{ MHz})(22.7 \text{ }\Omega)} = 23.4 \text{ pF}$$

對於此放大電路，由於電壓增益為：

$$A_v = \frac{r_c}{r'_e} = \frac{2.65 \text{ k}\Omega}{22.7 \text{ }\Omega} = 117$$

輸入米勒電容為：

$$C_{in(M)} = C'_C(A_v + 1) = 2.1 \text{ pF}(117 + 1) = 248 \text{ pF}$$

因此，基極旁路電容等於：

$$C = C'_e + C_{in(M)} = 23.4 \text{ pF} + 248 \text{ pF} = 271 \text{ pF}$$

面對此電容的電阻值為：

$$R = r_g \| R_{in(base)} = 450 \text{ }\Omega \| (150)(22.7 \text{ }\Omega) = 397 \text{ }\Omega$$

現在，使用式 (10-32)，基極旁路電路截止頻率為：

$$f_2 = \frac{1}{(2\pi)(397 \text{ }\Omega)(271 \text{ pF})} = 1.48 \text{ MHz}$$

集極旁路電路截止頻率由首先決定總輸出旁路電容來求得：

$$C = C'_C + C_{stray}$$

使用式 (10-27)，輸出米勒電容可由下式求得：

$$C_{out(M)} = C_C\left(\frac{A_v + 1}{A_v}\right) = 2.1 \text{ pF}\left(\frac{117 + 1}{117}\right) \cong 2.1 \text{ pF}$$

總輸出旁路電容為：

$$C = 2.1 \text{ pF} + 10 \text{ pF} = 12.1 \text{ pF}$$

面對電容的電阻為：

$$R = R_C \| R_L = 3.6 \text{ k}\Omega \| 10 \text{ k}\Omega = 2.65 \text{ k}\Omega$$

因此，集極旁路電路截止頻率為：

$$f_2 = \frac{1}{(2\pi)(2.65 \text{ k}\Omega)(12.1 \text{ pF})} = 4.96 \text{ MHz}$$

主要截止頻率可藉由兩個截止頻率當中較低者來決定。在圖 10-28a 中，波德圖使用模擬軟體 MultiSim 顯示高頻截止處約在 1.5 MHz。

練習題 10-20 例題 10-20 中的雜散電容值為 40 pF，試求集極旁路截止頻率值。

10-11　FET 電路級的頻率分析

　　FET 電路的頻率響應分析很類似於 BJT 電路。在大部分情況中，FET 將會有輸入耦合電路及輸出耦合電路。其中一個會決定低頻截止點，像 FET 的內部電容值結果一樣，閘極與汲極將會有我們所不想要的旁路電路存在，伴隨線路雜散電容，這將會決定高頻截止點。

低頻分析

　　圖 10-32 為使用分壓器偏壓法之增強型 MOSFET 共源極放大器電路，由於 MOSFET 非常高的輸入阻抗，面向輸入耦合電容的阻抗 R 為：

$$R = R_G + R_1 \| R_2 \qquad (10\text{-}36)$$

而輸入耦合截止頻率為：

$$f_1 = \frac{1}{2\pi RC}$$

面向輸出耦合電容的輸出阻抗為：

$$R = R_D + R_L$$

而輸出耦合截止頻率為：

$$f_1 = \frac{1}{2\pi RC}$$

　　如你所見，FET 電路的低頻分析非常類似 BJT 電路。由於 FET 有非常高的輸入阻抗，可以使用較大的分壓器電阻值，因此能使用更小的輸入耦合電容。

應用題 10-21　　　　　　　　　　　　　　　　　　　　||| MultiSim

使用圖 10-32 中的電路，決定輸入耦合電路及輸出耦合電路的低頻截止點。比較計算值與模擬軟體 MultiSim 所繪出之波德圖。

解答　　面向輸入耦合電容的戴維寧等效阻抗為：

$$R = 600 \ \Omega + 2 \ \text{M}\Omega \| 1 \ \text{M}\Omega = 667 \ \text{k}\Omega$$

而輸入耦合截止頻率為：

$$f_1 = \frac{1}{(2\pi)(667 \ \text{k}\Omega)(0.1 \ \mu\text{F})} = 2.39 \ \text{Hz}$$

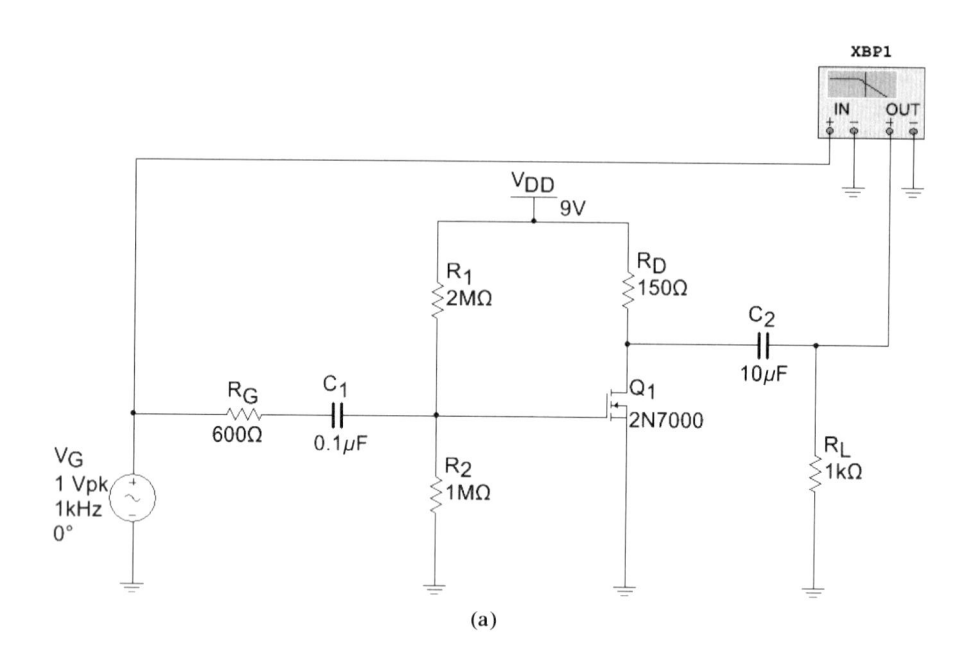

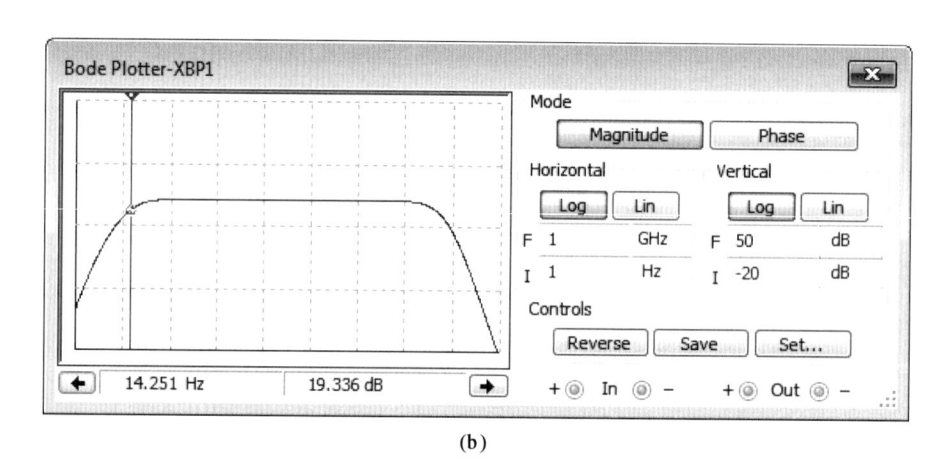

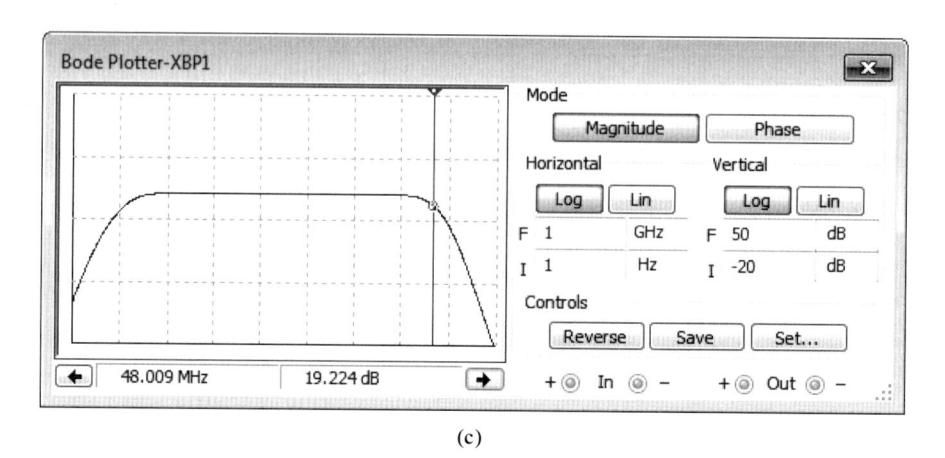

圖 10-32　FET 頻率分析：(a) 增強型 MOSFET 放大器；(b) 低頻響應；(c) 高頻響應。

接下來,面對輸出耦合電容的戴維寧等效阻抗可得到為:

$$R = 150\,\Omega + 1\,\text{k}\Omega = 1.15\,\text{k}\Omega$$

而輸出耦合截止頻率為:

$$f_1 = \frac{1}{(2\pi)(130\,\Omega)(10\,\mu\text{F})} = 13.8\,\text{Hz}$$

因此,主要的低頻截止值為 13.8 Hz,此電路的中間點電壓增益為 22.2 dB。圖 10-32b 中的波德圖顯示了 3 dB 的損失約在 14 Hz 處,這非常接近計算值。

高頻分析

像 BJT 電路的高頻分析,決定 FET 高頻截止點會包含許多細節且需要用到準確的數值。如以 BJT 來看,如圖 10-33a 所示,FETs 有內部電容值 C_{gs}、C_{gd} 及 C_{ds},這些電容值在低頻處並不重要,但是在高頻處就會變得明顯。

由於這些電容值量測困難,所以製造商會量測及列出短路情況下的 FET 電容值。例如,利用在輸出端進行交流短路可得 C_{iss} 輸入電容,當這麼做時,C_{gd} 會變成跟 C_{gs} 並聯在一起(圖 10-33b),所以 C_{iss} 可藉由下式得到:

$$C_{iss} = C_{ds} + C_{gd}$$

元件資料手冊上常會列出 C_{oss},往回看入輸入端短路之 FET 的電容值為(圖 10-33c):

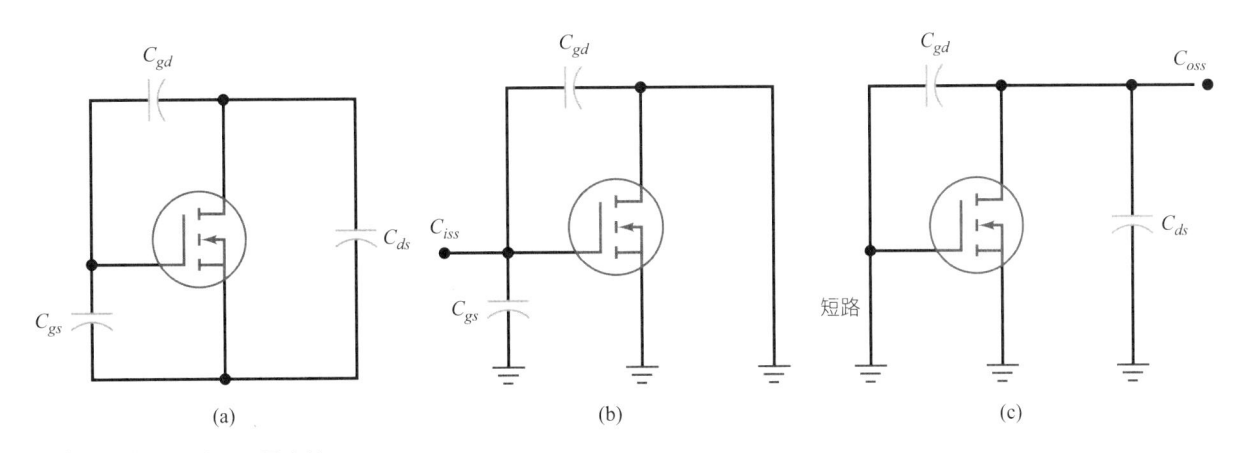

圖 10-33 量測 FET 電容值。

$$C_{oss} = C_{ds} + C_{gd}$$

元件資料手冊也常列出回授電容值 C_{rss},回授電容值等於:

$$C_{rss} = C_{gd}$$

藉由使用這些方程式可求得:

$$C_{gd} = C_{rss} \tag{10-37}$$
$$C_{gs} = C_{iss} - C_{rss} \tag{10-38}$$
$$C_{ds} = C_{oss} - C_{rss} \tag{10-39}$$

閘極至汲極電容值 C_{gd} 用於求得輸入米勒電容值 $C_{in(M)}$ 及輸出米勒電容值 $C_{out(M)}$,這些值為:

$$C_{in(M)} = C_{gd}(A_v + 1) \tag{10-40}$$

及

$$C_{out(M)} = C_{gd}\left(\frac{A_v + 1}{A_v}\right) \tag{10-41}$$

針對共源極放大器,$A_v = g_m r_d$。

應用題 10-22　　　　　　　　　　　　　　　　　MultiSim

在圖 10-32 的 MOSFET 放大電路中,在元件資料手冊上 2N7000 的電容值為:

$$C_{iss} = 60 \text{ pF}$$
$$C_{oss} = 25 \text{ pF}$$
$$C_{rss} = 5.0 \text{ pF}$$

若 $g_m = 97$ mS,試求閘極及汲極電路之高頻截止值。試將計算結果與波德圖相比較。

解答　使用元件資料手冊上已知的電容值,可求出 FET 內部電容值為:

$$C_{gd} = C_{rss} = 5.0 \text{ pF}$$
$$C_{gs} = C_{iss} - C_{rss} = 60 \text{ pF} - 5 \text{ pF} = 55 \text{ pF}$$
$$C_{ds} = C_{oss} - C_{rss} = 25 \text{ pF} - 5 \text{ pF} = 20 \text{ pF}$$

為求米勒輸入電容值,首先必須找出放大器電壓增益值為:

$$A_v = g_m r_d = (93 \text{ mS})(150 \text{ }\Omega \parallel 1 \text{ k}\Omega) = 12.1$$

因此,$C_{in(M)}$ 是:

$$C_{\text{in}(M)} = C_{gd}(A_v + 1) = 5.0 \text{ pF}(12.1 + 1) = 65.5 \text{ pF}$$

閘極旁路電容值為：

$$C = C_{gs} + C_{\text{in}(M)} = 55 \text{ pF} + 65.5 \text{ pF} = 120.5 \text{ pF}$$

面對 C 的阻抗為：

$$R = R_G \| R_1 \| R_2 = 600 \text{ }\Omega \| 2 \text{ M}\Omega \| 1 \text{ M}\Omega \cong 600 \text{ }\Omega$$

閘極旁路截止頻率為：

$$f_2 = \frac{1}{(2\pi)(600 \text{ }\Omega)(120.5 \text{ pF})} = 2.2 \text{ MHz}$$

接下來，汲極旁路電容為：

$$C = C_{ds} + C_{\text{out}(M)}$$

$$C = 20 \text{ pF} + 5.0 \text{ pF}\left(\frac{12.1 + 1}{12.1}\right) = 25.4 \text{ pF}$$

面對這電容的阻抗 r_d 為：

$$r_d = R_D \| R_L = 150 \text{ }\Omega \| 1 \text{ k}\Omega = 130 \text{ }\Omega$$

因此，汲極旁路截止頻率為：

$$f_2 = \frac{1}{(2\pi)(130 \text{ }\Omega)(25.4 \text{ pF})} = 48 \text{ MHz}$$

如圖 10-32c 所示，上截止頻率使用模擬軟體 MultiSim 量測約為 638 kHz。如你所見，這量測結果明顯跟計算的不同，這有點不正確的結果證明要選擇正確的元件內部電容值有困難，其對於計算是個關鍵。

練習題 10-22 已知 C_{iss} = 25 pF、C_{oss} = 10 pF 及 C_{rss} = 5 pF，試求 C_{gd}、C_{gs} 及 C_{ds} 值。

總結表 10-9 為一些用於共射極 BJT 放大級電路及共源極 FET 放大級電路之頻率分析的方程式。

結論

我們已檢視分立式 BJT 及 FET 放大級電路頻率分析中的一些議題。若靠手算來分析，只會冗長且費時。由於現在分立式放大器頻率分析主要都已倚靠電腦，所以我們所做的討論略顯簡單。只希望藉此讓讀者了如何繪出一些個別元件的頻率響應圖。

若需要分析分立式放大級電路，使用 MultiSim 或等效的電路模擬軟體。MultiSim 會載入所有 BJT 或 FET 的參數如 C'_c、C'_e、C_{rss} 及

總結表 10-9 放大器頻率分析

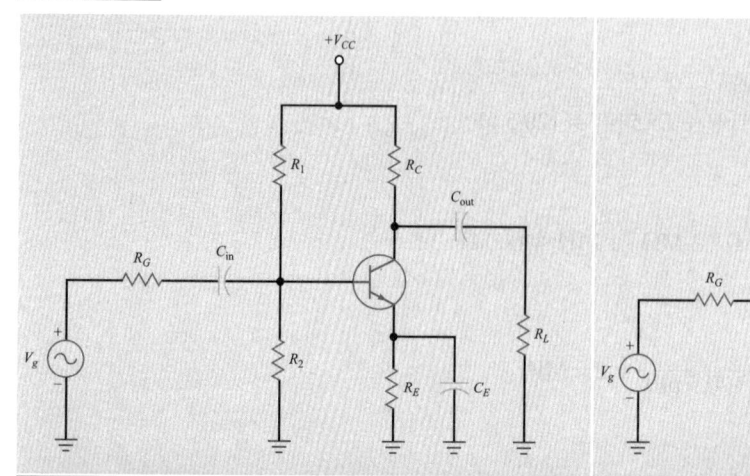

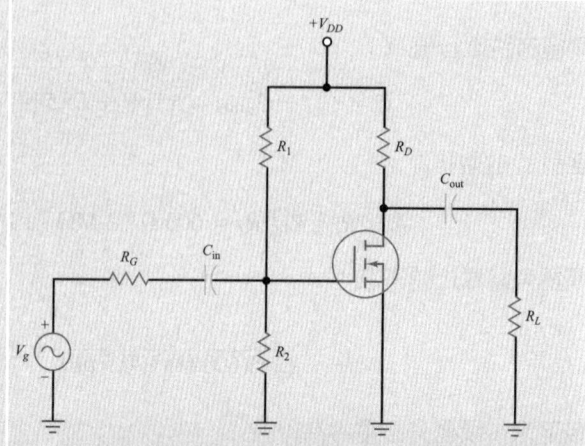

低頻分析

基極輸入：
$R = R_G + R_1 \| R_2 \| R_{in(base)}$
$f_1 = \dfrac{1}{2\pi(R)(C_{in})}$

集極輸出：
$R = R_C + R_L$
$f_2 = \dfrac{1}{2\pi(R)(C_{out})}$

射極旁路：
$Z_{out} = R_E \| r'_e + \dfrac{R_1 \| R_2 \| R_G}{\beta}$
$f_1 = \dfrac{1}{2\pi(R)(C_E)}$

高頻分析

基極旁路：
$R = R_G \| R_1 \| R_2 \| R_{in(base)}$
$C_{in(M)} = C'_C(A_v + 1)$
$C = C'_e + C_{in(M)}$
$f_2 = \dfrac{1}{2\pi(R)(C)}$

集極旁路：
$R = R_C \| R_L$
$C_{out(M)} = C'_C\left(\dfrac{A_v + 1}{A_v}\right)$
$C = C_{out(M)} + C_{stray}$
$f_2 = \dfrac{1}{2\pi(R)(C)}$

低頻分析

閘極輸入：
$R = R_G + R_1 \| R_2$
$f_1 = \dfrac{1}{2\pi(R)(C_{in})}$

汲極輸出：
$R = R_D + R_L$
$f_1 = \dfrac{1}{2\pi(R)(C_{out})}$

高頻分析

閘極旁路：
$R = R_G \| R_1 \| R_2$
$C_{in(M)} = C_{gd}(A_v + 1)$
$C = C_{gs} + C_{in(M)}$
$f_2 = \dfrac{1}{2\pi(R)(C)}$

汲極旁路：
$R = R_D \| R_L$
$C_{out(M)} = C_{gd}\left(\dfrac{A_v + 1}{A_v}\right)$
$C = C_{ds} + C_{out(M)} + C_{stray}$
$f_2 = \dfrac{1}{2\pi(R)(C)}$

C_{oss}，及中頻帶的參數如 β、r'_e 及 g_m。換句話說，MultiSim 包含內建的元件資料手冊。例如，當選擇 2N3904 時 MultiSim 將會載入所有 2N3904 的參數值（包含在高頻處的），這節省了很多分析時間。

而且，你可以使用 MultiSim 的波德圖繪圖功能去觀看頻率響應情形。用波德圖繪圖功能，你可以量測中頻帶電壓增益及截止頻率，使用 MultiSim 或其他電路模擬軟體是分析分立式 BJT 或 FET 放大器頻率響應最快且最準確的方式。

10-12 表面黏著電路的頻率效應

對於操作頻率超過 100 kHz 之分立式元件及積體電路元件，雜散電容及雜散電感會變成極重要的考量。以傳統的導線穿透式（feed-through）元件，有三種雜散效應源頭：

1. 元件的幾何構造及內部結構。
2. 印刷電路板上面的布局，包含元件的方位及傳導路線。
3. 元件接腳。

使用表面黏著元件，實際上會幫助消除上面這三項因素，從而減少處理電路板元件雜散效應上所投入的心力。

● 總結

10-1 放大器的頻率響應
頻率響應為電壓增益 vs. 輸入頻率之圖形，交流放大器會有下與上截止頻率。而直流放大器則只有上截止頻率。耦合電容及旁路電容會產生下截止頻率。內部電晶體電容及線路雜散電容則會產生上截止頻率。

10-2 分貝功率增益
分貝功率增益的定義為 10 乘以功率增益的一般對數值。當功率增益增加 2 倍時分貝功率增益值會增加 3 dB，而當功率增益增加 10 倍時，分貝功率增益則會增加 10 dB。

10-3 分貝電壓增益
分貝電壓增益的定義為 20 乘以電壓增益的一般對數值。當電壓增益增加 2 倍時，分貝電壓增益會增加 6 dB。而當電壓增益增加 10 倍時，分貝電壓增益則會增加 20 dB。整個串級電路分貝電壓增益值等於個別分貝電壓增益值之和。

10-4 阻抗匹配
在許多系統中，由於要產生最大功率傳輸效果，故所有阻抗都會是匹配的。在阻抗匹配系統中，分貝功率增益值及分貝電壓增益值是相同的。

10-5 在參考值之上的分貝值
除了功率及電壓增益使用分貝值外，我們可在參考值上使用分貝值。受歡迎的兩種參考值分別是毫瓦及伏特。以 1 mW 為參考值的分貝標示值是 dBm，而以 1 V 為參考值的分貝標示值為 dBV。

10-6 波德圖
八度（octave）指的是頻率變化 2 倍，而十倍頻

（decade）指的則是頻率變化 10 倍。分貝電壓增益值對頻率之圖形稱為波德圖，理想波德圖是近似的圖形，其允許我們快速且容易地繪出頻率響應結果。

10-7 更多的波德圖
在落後電路中，電壓增益在上截止頻率處轉折後以每十倍頻 20 dB 斜率下降，這等效於每八度降 6 dB。我們也可繪出相位角對頻率的波德圖，有落後電路時相位角是在 0 和 –90° 間。

10-8 米勒效應
由反相放大器輸出端到輸入端之回授電容是等效成兩個電容。一個電容是跨於輸入端，而另一個則是跨於輸出端，米勒效應是指輸入電容值等於（$A_v + 1$）乘上回授電容值。

10-9 上升時間與頻寬的關係
當步級電壓當作直流放大器的輸入訊號時，輸出的上升時間是在 10% 至 90% 之間的時間值。上截止頻率等於 0.35 除以上升時間，這提供我們快速且容易的方式去量測直流放大器的頻寬。

10-10 BJT 電路級的頻率分析
輸入耦合電容、輸出耦合電容及射極旁路電容會產生低截止頻率。集極旁路電容及輸入米勒電容值則會產生高截止頻率。雙極性（BJT）及場效電晶體（FET）電路級的頻率分析，典型上會以 MultiSim 或等效的電路模擬軟體來模擬。

10-11 FET 電路級的頻率分析
FET 電路級的輸入及輸出耦合電容會產生低截止頻率（如 BJT 電路級），而與閘極電容及輸入米勒電容在一起的汲極旁路電容會產生高截止頻率。BJT 及 FET 電路級的頻率分析典型上會以 MultiSim 或等效的電路模擬軟體來模擬。

● 定義

(10-8) 分貝功率增益值：

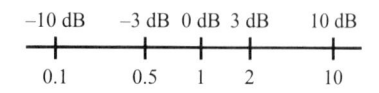

–10 dB　–3 dB　0 dB　3 dB　10 dB
　0.1　　0.5　　1　　2　　10

$$A_{p(dB)} = 10 \log A_p$$

(10-9) 分貝電壓增益值：

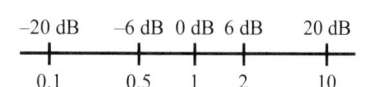

–20 dB　–6 dB　0 dB　6 dB　20 dB
　0.1　　0.5　　1　　2　　10

$$A_{v(dB)} = 20 \log A_v$$

(10-16) 以 1 mW 為參考值之分貝值：

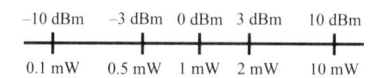

–10 dBm　–3 dBm　0 dBm　3 dBm　10 dBm
　0.1 mW　0.5 mW　1 mW　2 mW　10 mW

$$P_{dBm} = 10 \log \frac{P}{1 \text{ mW}}$$

(10-18) 以 1 V 為參考值之分貝值：

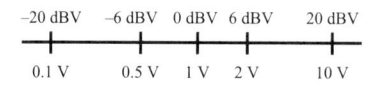

–20 dBV　–6 dBV　0 dBV　6 dBV　20 dBV
　0.1 V　0.5 V　1 V　2 V　10 V

$$V_{dBV} = 20 \log V$$

第 10 章 頻率響應

• **推導**

(10-3) 在中頻帶之下：

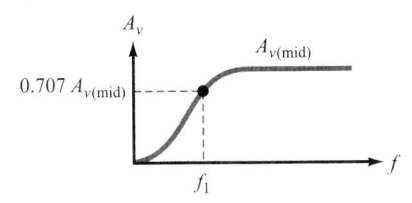

$$A_v = \frac{A_{v(mid)}}{\sqrt{1+(f_1/f)^2}}$$

(10-4) 在中頻帶之上：

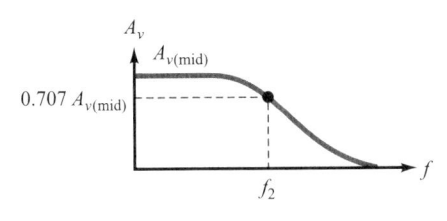

$$A_v = \frac{A_{v(mid)}}{\sqrt{1+(f/f_2)^2}}$$

(10-10) 整個電壓增益值：

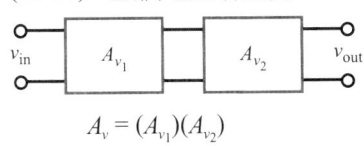

$$A_v = (A_{v_1})(A_{v_2})$$

(10-11) 整個分貝電壓增益值：

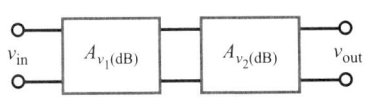

$$A_{v(dB)} = A_{v_1(dB)} + A_{v_2(dB)}$$

(10-13) 阻抗匹配系統：

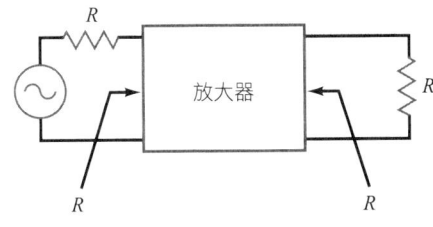

$$A_{p(dB)} = A_{v(dB)}$$

(10-22) 截止頻率：

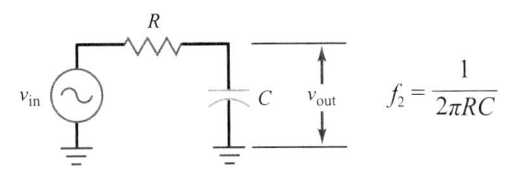

$$f_2 = \frac{1}{2\pi RC}$$

(10-26) 米勒效應：$C_{in(M)} = C(A_v + 1)$

及

(10-27) $$C_{out(M)} = C\left(\frac{A_v + 1}{A_v}\right)$$

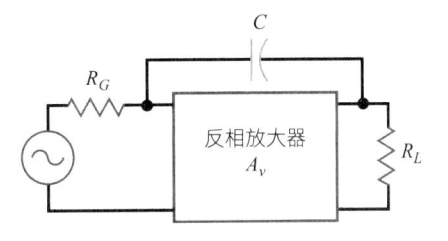

(10-29) 上升時間 - 頻寬：

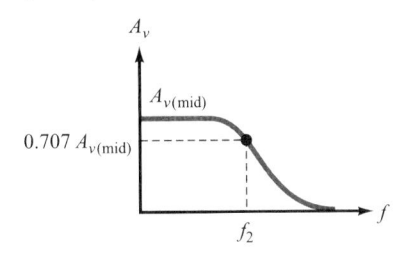

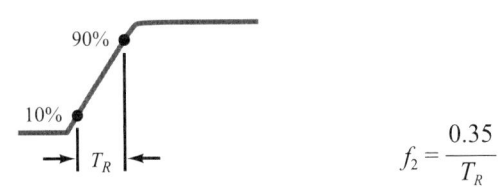

$$f_2 = \frac{0.35}{T_R}$$

(10-33) BJT 基射級電容值：

$$C_{be} \cong \frac{1}{2\pi f_T r'_e}$$

(10-37) FET 內部電容值：

$$C_{gd} = C_{rss}$$

(10-38) FET 內部電容值：

$$C_{gs} = C_{iss} - C_{rss}$$

(10-39) FET 內部電容值：

$$C_{ds} = C_{oss} - C_{rss}$$

自我測驗

1. 頻率響應是電壓增益對何者之圖形？
   a. 頻率
   b. 功率增益
   c. 輸入電壓
   d. 輸出電壓

2. 在低頻處，耦合電容會在何者身上產生下降情形？
   a. 輸入阻抗
   b. 電壓增益
   c. 電源阻抗
   d. 電源電壓

3. 線路雜散電容會對何者有影響？
   a. 下截止頻率
   b. 中頻帶電壓增益
   c. 上截止頻率
   d. 輸入阻抗

4. 在下或上截止頻率處，電壓增益為
   a. $0.35 A_{v(mid)}$
   b. $0.5 A_{v(mid)}$
   c. $0.707 A_{v(mid)}$
   d. $0.995 A_{v(mid)}$

5. 若功率增益加倍，分貝功率增益會增加
   a. 2 倍
   b. 3 dB
   c. 6 dB
   d. 10 dB

6. 若電壓增益值加倍，分貝電壓增益值會增加
   a. 2 倍
   b. 3 dB
   c. 6 dB
   d. 10 dB

7. 若電壓增益值為 10，則分貝電壓增益值為
   a. 6 dB
   b. 20 dB
   c. 40 dB
   d. 60 dB

8. 若電壓增益值為 100，則分貝電壓增益值為
   a. 6 dB
   b. 20 dB
   c. 40 dB
   d. 60 dB

9. 若電壓增益值為 2000，則分貝電壓增益值為
   a. 40 dB
   b. 46 dB
   c. 66 dB
   d. 86 dB

10. 有兩級電路的電壓增益分別為 20 dB 及 40 dB，則整個電壓增益值為
    a. 1
    b. 10
    c. 100
    d. 1000

11. 有兩級電路的電壓增益分別為 100 dB 及 200 dB，則整個電壓增益為
    a. 46 dB
    b. 66 dB
    c. 86 dB
    d. 106 dB

12. 有一個頻率是另一個頻率的 8 倍，試換算兩個頻率間相差多少個八度 (octave)。
    a. 1
    b. 2
    c. 3
    d. 4

13. 若 f = 1 MHz 而 f_2 = 10 Hz，f/f_2 的比值會等於多少個十倍頻？
    a. 2
    b. 3
    c. 4
    d. 5

14. 半對數紙意謂
    a. 一個軸是線性而另一個是對數
    b. 一個軸是線性而另一個是半對數

c. 兩個軸都是半對數
d. 沒有一個軸是線性的

15. 若欲改善放大器高頻響應情形，你會想嘗試哪個方法？
    a. 降低耦合電容
    b. 增加射極旁路電容
    c. 儘可能縮短導線長度
    d. 增加訊號源電阻

16. 放大器電壓增益在超過 20 kHz 時，每十倍頻會下降 20 dB。若中頻帶電壓增益為 86 dB，試求在頻率 20 MHz 處的電壓增益值為何？
    a. 20
    b. 200
    c. 2000
    d. 20,000

17. 在 BJT 放大電路中，C'_e 跟何者相同？
    a. C_{be}
    b. C_{ib}
    c. C_{ibo}
    d. 以上皆是

18. 在 BJT 放大電路中，C_{in} 與 C_{out} 的增加會
    a. 使 A_v 在低頻處下降
    b. 使 A_v 在低頻處上升
    c. 使 A_v 在高頻處下降
    d. 使 A_v 在高頻處上升

19. 在 FET 電路中，輸入耦合電容
    a. 正常來說，比在 BJT 電路中的大
    b. 決定高頻截止值
    c. 正常來說，比在 BJT 電路中的小
    d. 當作交流開路

20. 在 FET 元件資料手冊中，C_{oss}
    a. 等於 $C_{ds} + C_{gd}$
    b. 等於 $C_{gs} - C_{rss}$
    c. 等於 C_{gd}
    d. 等於 $C_{iss} - C_{rss}$

● 問題

10-1 放大器的頻率響應

1. 放大器之中頻帶電壓增益為 1000，若截止頻率 f_1 = 100 Hz 而 f_2 = 100 kHz，試問頻率響應看起來會像怎樣？而若輸入頻率為 20 Hz 及 300 kHz 時，電壓增益值各為多少？

2. 假設運算放大器之中頻帶電壓增益為 500,000，若上截止頻率為 15 Hz，試問頻率響應看起來如何？

3. 直流放大器之中頻帶電壓增益為 200，若上截止頻率為 10 kHz，試求輸入頻率為 100 kHz、200 kHz、500 kHz 及 1 MHz 時的電壓增益值。

10-2 分貝功率增益

4. 試求 A_p = 5、10、20 及 40 時的分貝功率增益值。

5. 試求 A_p = 0.4、0.2、0.1 及 0.05 時的分貝功率增益值。

6. 試求 A_p = 2、20、200 及 2000 時的分貝功率增益值。

7. 試求 A_p = 0.4、0.04 及 0.004 時的分貝功率增益值。

10-3 分貝電壓增益

8. 試求圖 10-34a 中整個電壓增益值，並將答案轉換成分貝值。

9. 試將圖 10-34a 中各級電路增益轉換成分貝值。

10. 試求圖 10-34b 中整個分貝電壓增益值，並將其轉換成一般的電壓增益值。

11. 試求圖 10-34b 中各級電路的一般電壓增益值。

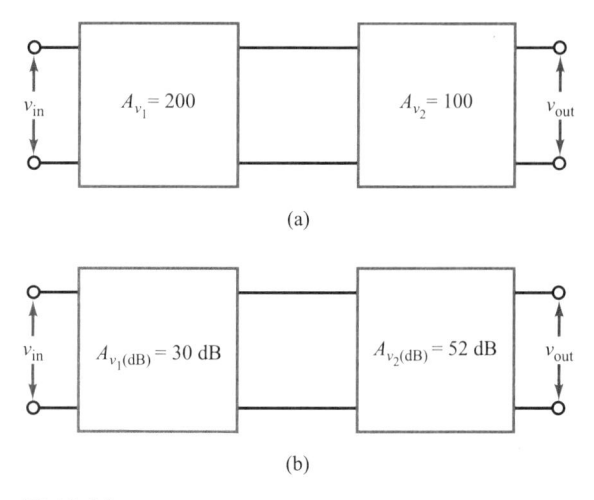

圖 10-34

(a) v_{in} → $A_{v_1} = 200$ → $A_{v_2} = 100$ → v_{out}

(b) v_{in} → $A_{v_1(\text{dB})} = 30\text{ dB}$ → $A_{v_2(\text{dB})} = 52\text{ dB}$ → v_{out}

12. 試求電壓增益值等於 100,000 之放大器，其分貝電壓增益值。

13. 音頻功率放大器 LM380 元件資料手冊上其分貝電壓增益值為 34 dB，試將其轉換成一般電壓增益值。

14. 有個兩級電路之放大器其電路級增益分別為：$A_{v_1} = 25.8$ 及 $A_{v_2} = 117$，試求各級電路的分貝電壓增益值及整體分貝電壓增益值。

10-4 阻抗匹配

15. 若圖 10-35 為阻抗匹配系統，試求整體分貝電壓增益值及各電路級的分貝電壓增益值。

16. 若圖 10-35 之電路阻抗匹配，試求負載電壓及負載功率值。

10-5 在參考值之上的分貝值

17. 若前級放大器輸出功率為 20 dBm，試問等於多少毫瓦？

18. 當麥克風輸出為 –45 dBV 時，試求其輸出電壓值。

19. 試將以下功率值轉換成 dBm 值：25 mW、93.5 mW 及 4.87 W。

20. 試將以下電壓值轉換成 dBV 值：1 μV、34.8 mV、12.9 V 及 345 V。

10-6 波德圖

21. 運算放大器元件資料手冊上已知中頻帶電壓增益 200,000、截止頻率 10 Hz、轉折率 20 dB/decade，試繪出理想波德圖，並求在 1 MHz 處的一般電壓增益值。

22. 運算放大器 LF351 的電壓增益為 316,000、截止頻率為 40 Hz 而轉折率為 20 dB/decade，試繪出理想波德圖。

10-7 更多的波德圖

23. MultiSim 試繪圖 10-36a 中落後電路的理想波德圖。

24. MultiSim 試繪圖 10-36b 中落後電路的理想波德圖。

25. 試繪圖 10-37 中電路的理想波德圖。

10-8 米勒效應

26. 若 $C = 5$ pF 及 $A_v = 200{,}000$，試求圖 10-38 中的輸入米勒電容值。

27. 試繪出圖 10-38 中，$A_v = 250{,}000$ 及 $C = 15$ pF 的輸入落後電路之理想波德圖。

28. 若圖 10-38 中，回授電容值為 50 pF，試求當 $A_v = 200{,}000$ 時的輸入米勒電容值。

29. 試繪出圖 10-38 中，回授電容值 100 pF、電壓增益 150,000 的理想波德圖。

10-9 上升時間與頻寬的關係

30. 放大器步級響應如圖 10-39a 所示，試求其上截止頻率。

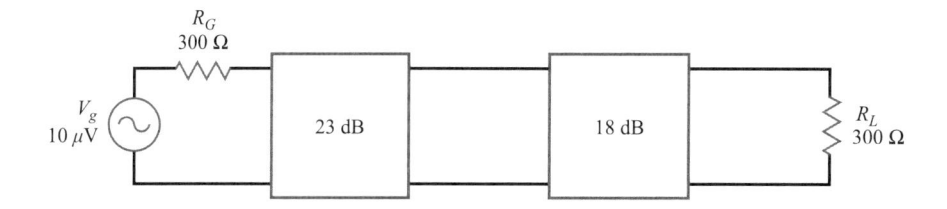

R_G = 300 Ω, V_g = 10 μV, 23 dB, 18 dB, R_L = 300 Ω

圖 10-35

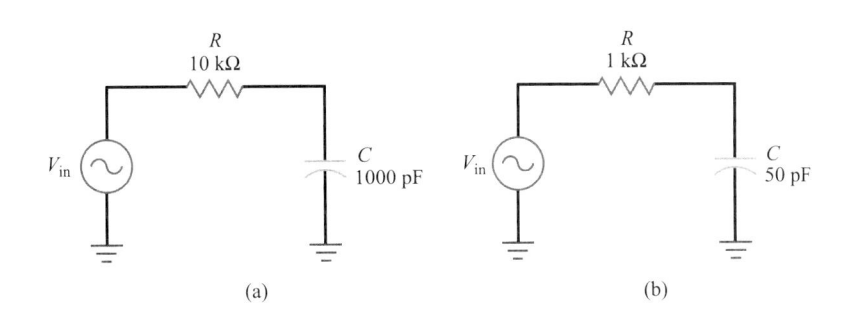

圖 10-36

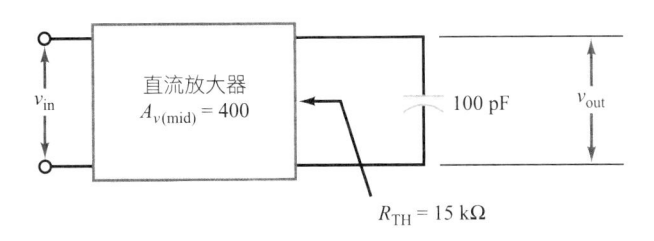

圖 10-37

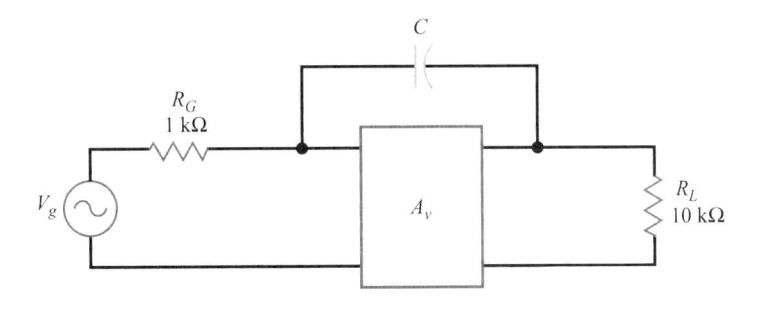

圖 10-38

31. 若放大器上升時間為 0.25 μs，試求其頻寬值。
32. 放大器上截止頻率為 100 kHz，若以方波測試，試求其輸出上升時間。
33. 在圖 10-40 中，對於基極耦合電路試求其低截止頻率值。
34. 在圖 10-40 中，對於集極耦合電路，試求其低截止頻率值。
35. 在圖 10-40 中，對於射極旁路電路，試求其低截止頻率值。
36. 在圖 10-40 中，已知 $C'_C = 2$ pF、$C'_e = 10$ pF 而 $C_{stray} = 5$ pF，針對基極輸入及集極輸出兩個電路，試求其高頻截止值。
37. 圖 10-41 電路使用規格為：$g_m = 16.5$ mS、$C_{iss} = 30$ pF、$C_{oss} = 20$ pF 及 $C_{rss} = 5.0$ pF 的增強型 MOSFET，試求 FET 內部電容值 C_{gd}、C_{gs} 及 C_{ds}。
38. 在圖 10-41 中，試求主要的低截止頻率值。
39. 在圖 10-41 中，針對閘極輸入及汲極輸出兩個電路，試求其高頻截止值。

492 電子學精要

(a)

(b)

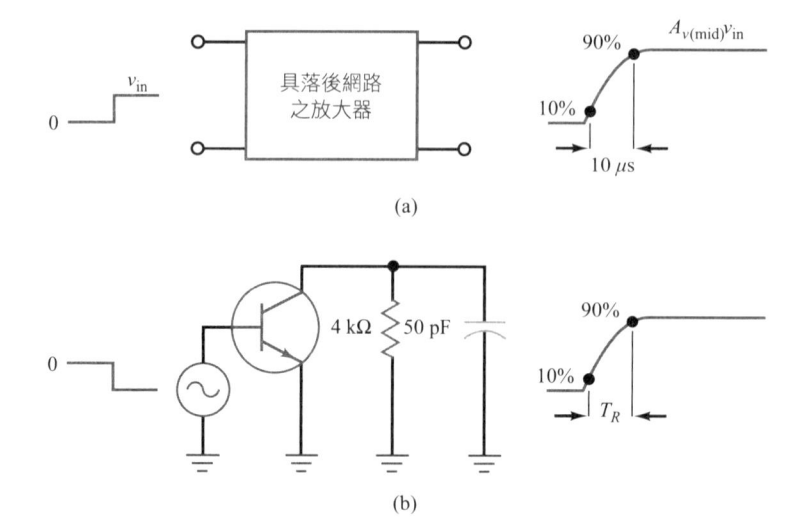

圖 10-39

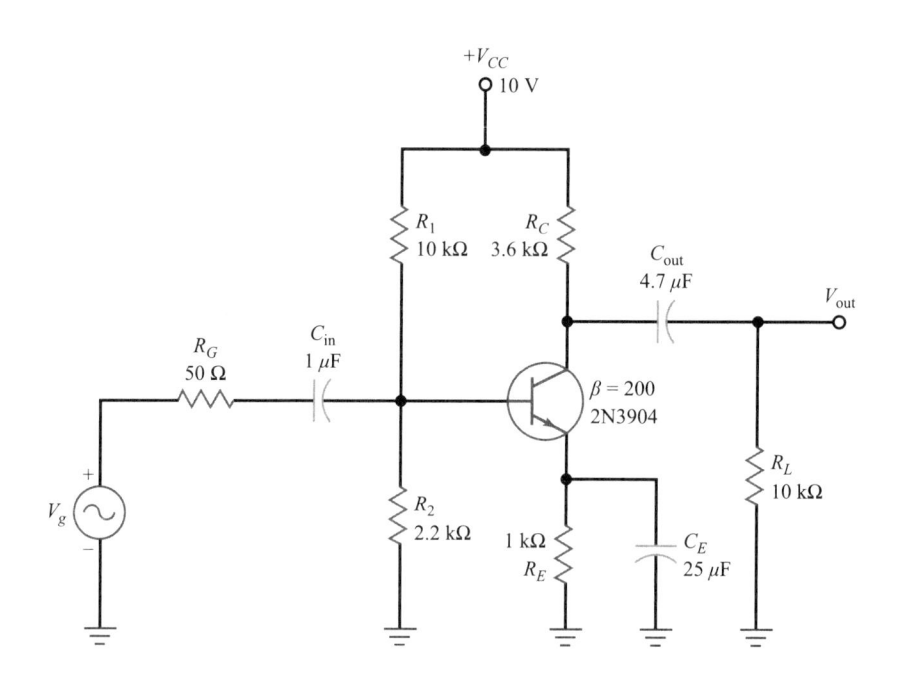

圖 10-40

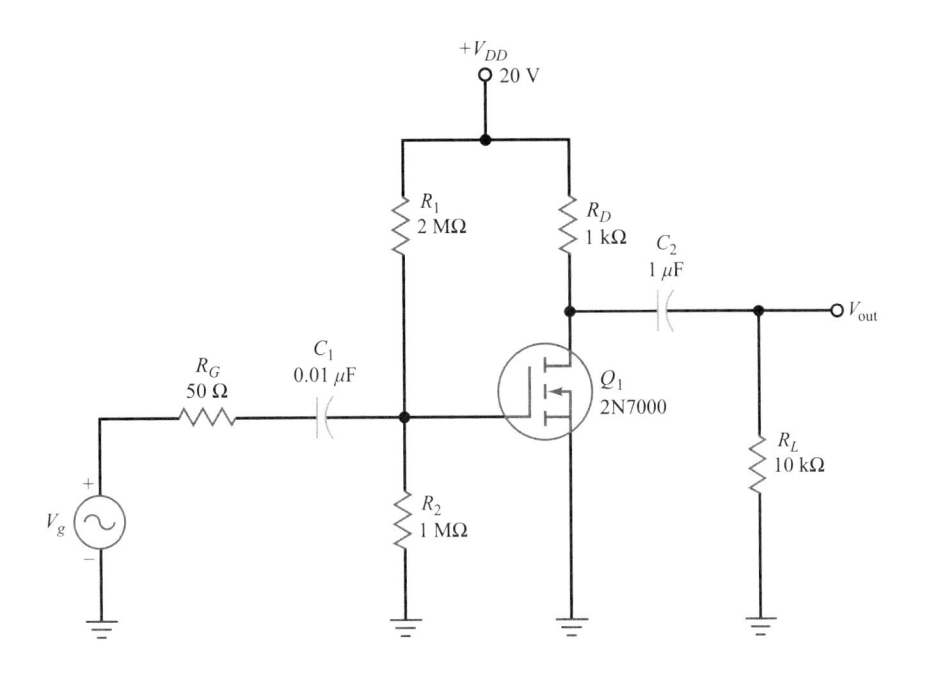

圖 10-41

● 腦力激盪

40. 在圖 10-42a 中，試求當 f = 20 kHz 及 44.4 kHz 時的分貝電壓增益值。

41. 在圖 10-42b 中，試求當 f = 100 kHz 時的分貝電壓增益值。

42. 圖 10-39a 放大器的中頻帶電壓增益為 100，若輸入為 20 mV 步級電壓，試求在 10% 及 90% 處的輸出電壓值。

43. 圖 10-39b 為一個等效電路，試求輸出電壓的上升時間。

44. 你手邊有兩份放大器的元件資料手冊，第一個的截止頻率為 1 MHz，第二個的上升時間為 1 μs，試問哪一個放大器有較大的頻寬？

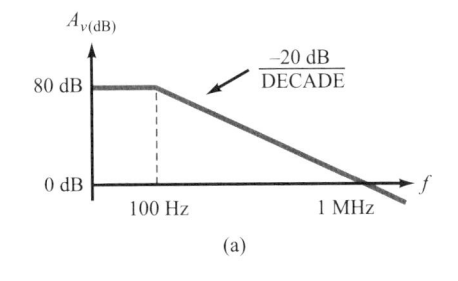

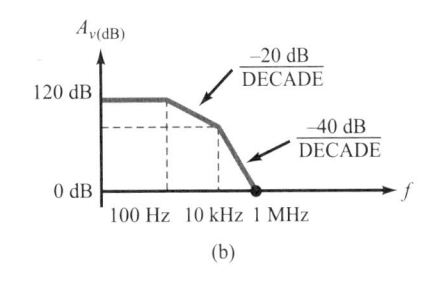

圖 10-42

● 運用軟體 Multisim 分析與解決問題

Multisim 分析與解決問題的檔案請至所提供的網址下載。網址內的章節序號為原文書的章節序號，請參照書末所附的「中英章節對照表」下載相關檔案。本章相關的檔案為 MTC14-45 到 MTC14-49。

開啟並分析解決各個檔案。執行量測以確認是否有錯，如果有，請查明錯誤。

45. 開啟並分析及解決檔案 MTC14-45。
46. 開啟並分析及解決檔案 MTC14-46。
47. 開啟並分析及解決檔案 MTC14-47。
48. 開啟並分析及解決檔案 MTC14-48。
49. 開啟並分析及解決檔案 MTC14-49。

● 問題回顧

1. 今早用麵包板在上面兜出了一個放大級電路，且用了許多導線，測到的上截止頻率遠低於其應有的數值，你有什麼建議嗎？
2. 在實驗工作台上為有個直流放大器、一個示波器及一個可以產生弦波、方波或三角波之函數產生器，試說明如何找出放大器的頻寬值。
3. 不要使用計算機，試將電壓增益 250 轉換成等效的分貝值。
4. 試繪出具 50 pF 回授電容及電壓增益 10,000 的反相放大器電路。接下來，試繪出輸入落後電路的理想波德圖。
5. 假設你的示波器前方面板標示其垂直放大器的上升時間為 7 ns，試問此儀器頻寬值。
6. 試問如何量測直流放大器的頻寬。
7. 為何分貝電壓增益使用倍數 20，但是功率增益卻使用倍數 10？
8. 為何在有些系統中阻抗匹配是重要的？
9. 試問 dB 與 dBm 間的差異。
10. 為何直流放大器稱為直流放大器。
11. 無線電台的工程師需要測試在數個十倍頻中的電壓增益值，試問何種圖紙最適合在這種情況中使用。
12. 你曾聽過 MultiSim (EWB) 嗎？若是，請問它是什麼？

● 自我測驗解答

1. a
2. b
3. c
4. c
5. b
6. c
7. b
8. c
9. c
10. d
11. c
12. c
13. d
14. a
15. c
16. a
17. d
18. b
19. c
20. a

練習題解答

10-1 $A_{v(mid)} = 70.7$；Av 在 5 Hz = 24.3；
A_v 在 200 kHz = 9.95

10-2 A_v 在 10 Hz = 141

10-3 20,000 在 100 Hz；2000 在 1 kHz；200 在 10 kHz；20 在 100 kHz；2.0 在 1 MHz

10-4 10 $A_p = 10$ dB；20 $A_p = 13$ dB；
40 $A_p = 16$ dB

10-5 4 $A_p = 6$ dB；2 $A_p = 3$ dB；
1 $A_p = 0$ dB；0.5 $A_p = -3$ dB

10-6 5 $A_p = 7$ dB；50 $A_p = 17$ dB；
500 $A_p = 27$ dB；5000 $A_p = 37$ dB

10-7 20 $A_p = 13$ dB；2 $A_p = 3$ dB；
0.2 $A_p = -7$ dB；0.02 $A_p = -17$ dB

10-8 50 $A_v = 34$ dB；200 $A_v = 46$ dB；
$A_{vT} = 10,000$；$A_{v(dB)} = 80$ dB

10-9 $A_{v(dB)} = 30$ dB；$A_p = 1,000$；$A_v = 31.6$

10-10 $A_{v_1} = 3.16$；$A_{v_2} = 0.5$；$A_{v_3} = 20$

10-11 $P = 1,000$ W

10-12 $V_{out} = 1.88$ mV

10-14 $f_2 = 159$ kHz

10-15 $f_2 = 318$ kHz；$f_{unity} = 31.8$ MHz

10-17 $C_{in(M)} = 0.3$ μF；$C_{out(M)} = 30$ pF

10-18 $T_R = 440$ ns；$f_2 = 795$ kHz

10-19 $f_1 = 63$ Hz

10-20 $f_2 = 1.43$ MHz

10-22 $C_{gd} = 5$ pF；$C_{gs} = 20$ pF；$C_{ds} = 5$ pF

Chapter 11 運算放大器

雖然市面上有一些高功率運算放大器，但大部分都是最大額定功率不超過 1 W 的低功率元件。一些運算放大器會對本身的頻寬做最佳化處理，有的則是將輸入最佳化成低偏移量，有的則是最佳化成低雜訊干擾等等。這是為何商用運算放大器種類是如此之多，幾乎任何類比應用中，我們都可發現到運算放大器的蹤跡。

運算放大器是類比系統中最基本的主動元件中的一些。例如，藉由連接 2 個外部電阻，我們可以將運算放大器的電壓增益及頻寬調整成我們所需要的。而且利用其他外部元件，我們可建立波形轉換器、振盪器、主動濾波器及其他有趣的電路。

學習目標

在學習完本章之後，你應能夠：
- 列出理想運算放大器及 741 運算放大器的特性。
- 定義出迴轉率及利用它來找出運算放大器的功率頻寬值。
- 分析由運算放大器組成的反相放大器。
- 分析由運算放大器組成的非反相放大器。
- 解釋加法放大器及電壓隨耦器如何運作。
- 列出其他線性積體電路及討論如何應用它們。

章節大綱

11-1 運算放大器的介紹
11-2 運算放大器 741
11-3 反相放大器
11-4 非反相放大器
11-5 雙運算放大器之應用
11-6 線性積體電路
11-7 表面黏著元件運算放大器

詞彙

BIFET op amp 雙極性場效應電晶體運算放大器
bootstrapping 靴帶
closed-loop voltage gain 閉迴路電壓增益
compensating capacitor 補償電容
first-order response 一階響應
gain-bandwidth product（GBW 或 GBP）增益頻寬乘積
inverting amplifier 反相放大器
mixer 混音器
noninverting amplifier 非反相放大器
nulling circuit 抵銷電路
open-loop bandwidth 開迴路頻寬
open-loop voltage gain 開迴路電壓增益
output error voltage 輸出誤差電壓
power bandwidth 功率頻寬
power supply rejection ratio (PSRR) 電源拒斥比
short-circuit output current 短路輸出電流
slew rate 迴轉率
summing amplifier 加法放大器
virtual ground 虛接地
virtual short 虛短路
voltage-controlled voltage source (VCVS) 電壓控制電壓源
voltage follower 電壓隨耦器
voltage step 步級電壓

11-1 運算放大器的介紹

圖 11-1 為運算放大器方塊圖。輸入級電路為差動放大器,接著為多個增益級及 class B 推挽式射極隨耦器。由於差動放大器為第一級電路,它決定運算放大器的輸入特性。如圖所示,在多數運算放大器中為單端輸出。有著正與負的電源,單端輸出設計成靜態值為零。這樣,零輸入電壓理想上會產生零輸出電壓。

並非所有運算放大器都會設計成如圖 11-1 那樣。例如,一些不會採用 class B 推挽式輸出,而其他的則可能會是雙端輸出。而且運算放大器不會如圖 11-1 建議的那樣簡單,單晶運算放大器內部設計非常複雜,使用許多電晶體作為電流鏡、主動式負載及其他不可能會在離散設計中出現的創新上面。對於我們的需求,圖 11-1 擷取兩個重要特性應用到典型運算放大器上:差動輸入與單端輸出。

圖 11-2a 為運算放大器電路符號,它有非反相及反相輸入端及單端輸出。理想上,這符號意謂放大器會有無窮大的電壓增益、無窮大的輸入阻抗及零輸出阻抗的特性。理想運算放大器代表的是一個完美的電壓放大器,且常被指為是**電壓控制電壓源(voltage-controlled voltage source, VCVS)**。VCVS 如圖 11-2b 所示,其中輸入電阻 R_{in} 為無窮大,而輸出電阻 R_{out} 為零。

表 11-1 總結了理想運算放大器的諸多特性。理想運算放大器有無窮大的電壓增益、無窮大的單位增益頻率、無窮大的輸入阻抗及無窮大的 CMRR 值。它的輸出阻抗為零、偏壓電流為零,且無任何偏移情形。這是為何製造商如果可以做到這些值的話,他們會很想把這些值做出來。但理想終歸理想,而他們所能做出來的參數,就是希望能越接近這些理想值越好。

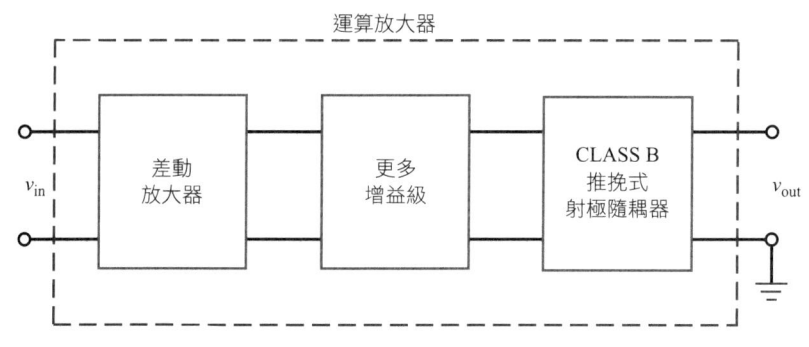

圖 11-1 運算放大器方塊圖。

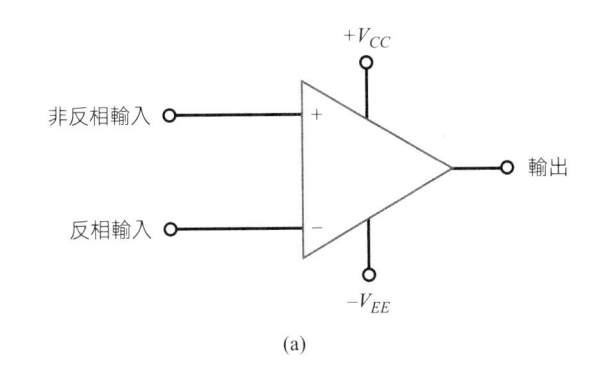

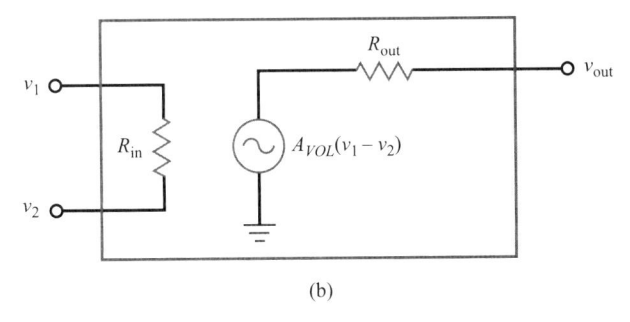

圖 11-2 (a) 運算放大器電路符號；(b) 運算放大器等效電路。

表 11-1 典型的運算放大器特性

物理量	符號	理想值	LM741C	LF157A
開迴路電壓增益	A_{VOL}	無窮大	100,000	200,000
單位增益頻率	f_{unity}	無窮大	1 MHz	20 MHz
輸入阻抗	R_{in}	無窮大	2 MΩ	10^{12} Ω
輸出阻抗	R_{out}	零	75 Ω	100 Ω
輸入偏壓電流	$I_{in(bias)}$	零	80 nA	30 pA
輸入偏移電流	$I_{in(off)}$	零	20 nA	3 pA
輸入偏移電壓	$V_{in(off)}$	零	2 mV	1 mV
共模拒斥比	CMRR	無窮大	90 dB	100 dB

舉例而言，表 11-1 的 LM741C 為一個標準運算放大器，自從 1960 年代開始，即為一個經典且可用的運算放大器。對一個單晶運算放大器而言，其特性已是最小的期望了。LM741C 的電壓增益為 100,000，單位增益頻率為 1 MHz，而輸入阻抗為 2 MΩ 等等。由於電壓增益值很高，所以輸入偏移可輕易地將運算放大器飽和，這是為何實際的電路需要在運算放大器的輸入與輸出間，有外部元件來穩定電壓增益。例如在許多應用中，負回授會被用來調整整體電壓增益成更低的數值，以換取穩定的線性操作。

當沒有使用回授路徑（迴路）時，電壓增益會是最大的，且被稱為**開迴路電壓增益（open-loop voltage gain）**，標示為 A_{VOL}。在表 11-1，注意到運算放大器 LM741C 的 A_{VOL} 為 100,000，雖然不是無窮大，但這開迴路電壓增益是非常高的。例如，輸入 10 μV 的微小電壓會產生 1 V（即 10 μV 乘上 100,000）的輸出。由於開迴路電壓增益非常高，所以我們可使用大量的負回授，來改善整個電路的性能。

運算放大器 741C 的單位增益頻率為 1 MHz，這意謂我們可高至 1 MHz 仍可獲得可用的電壓增益。741C 的輸入阻抗為 2 MΩ、輸出阻抗為 75 Ω、輸入偏壓電流為 80 nA、輸入偏移電流為 20 nA、輸入偏移電壓為 2 mV，而共模拒斥比（CMRR）則為 90 dB。

當需要更高的輸入阻抗時，設計者可用**雙極性場效應電晶體運算放大器（BIFET op amp）**。這類型的運算放大器將接面場效應電晶體及雙極性電晶體合併在相同的晶片上，接面場效應電晶體用於電路輸入級以獲取更小的輸入偏壓電流及偏移電流，雙極性電晶體則用於電路後級以獲取更大的電壓增益。

LF157A 是雙場效應電晶體運算放大器的一個例子。如表 11-1 所示，輸入偏壓電流只有 30 pA，而輸入阻抗為 10^{12} Ω。LF157A 的電壓增益為 200,000，而單位增益頻率為 20 MHz。利用這元件，我們可以得到高到 20 MHz 的電壓增益值。

11-2 運算放大器 741

1965 年飛捷半導體（Fairchild Semiconductor）推出首顆被廣泛使用之單晶運算放大器 μA709。雖然成功，但這第一代運算放大器有著許多缺點。後來推出的改良型，即大家所熟知的運算放大器 μA741。因為它不貴又容易使用，所以 μA741 更成功。而其他製造商也推出其他的 741 設計，例如摩托羅拉生產的 MC1741、國家半導體推出的 LM741 及德州儀器製造的 SN72741。由於在元件資料上它們有著相同的規格，所以所有的這些單晶運算放大器跟 μA741 是相同的。為了方便，多數人會捨棄英文字首，而稱這被廣泛使用的運算放大器為 741。

工業標準

741 已變成工業上的標準元件。我們可以試著在設計時先使用它，如果當使用 741 而無法符合設計規格時，可以升級使用更好的運算放大器元件。由於它是標準元件，所以我們將以 741 作為討論時所用的基本元件。一旦了解 741，就可以推展到其他運算放大器上。

知識補給站

比起雙極性運算放大器，雙極性場效應電晶體會提供更好的性能，所以多數現代通用型運算放大器會以雙極性場效應電晶體技術來生產製造。雙極性場效應電晶體運算放大器更為現代，一般會有更強的性能特性，其包含更寬的頻寬、更高的迴轉率、更高的輸出功率、更大的輸入阻抗及更低的偏壓電流。

順便一提，741 有不同的版本，如 741、741A、741C、741E 及 741N，它們不同之處在電壓增益、溫度範圍、雜訊等級與其他特性上。741C（C 代表「商用」）是較不貴且用途廣泛的運算放大器元件。它的開迴路電壓增益為 100,000、輸入阻抗 2 MΩ，而輸出阻抗為 75 Ω。圖 11-3 為三種常見的包裝樣式，以及它們各自的接腳。

輸入的差動放大器

圖 11-4 為 741 的簡化電路圖，這電路等效於 741 及許多後期的運算放大器。關於電路設計，我們毋需了解得非常詳細，但是應對電路如何工作有個概念，在 741 背後存在著一些基本觀念。

輸入級為差動放大器（Q_1 及 Q_2），在 741 中 Q_{14} 為電流源，它取代了後面的電阻。R_2、Q_{13} 及 Q_{14} 是電流鏡，對於 Q_1 及 Q_2 其會產生拖曳電流。741 使用主動式負載電阻，取代以一般電阻做差動放大器的集極電阻。這個主動式負載 Q_4 扮演有著極高阻抗的電流源角色。因此，差動放大器的電壓增益遠高於被動式負載電阻。

來自差動放大器的放大訊號會驅動射極隨耦器 Q_5 的基極端。這級電路會增加阻抗的大小，以避免負載落在差動放大器上。從 Q_5 出去的訊號會進入 Q_6，二極體 Q_7 及 Q_8 是最後級電路偏壓的一部分。Q_{11} 是

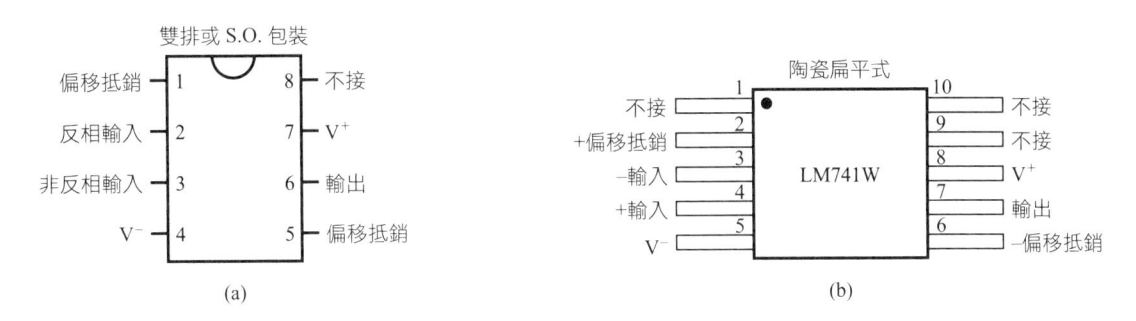

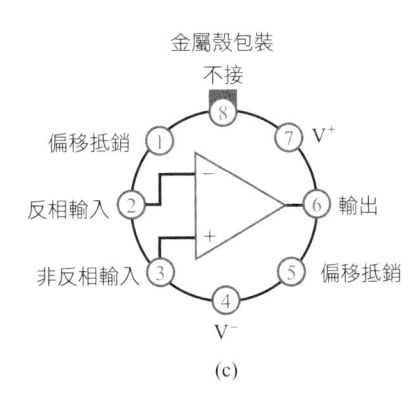

圖 11-3 741 的包裝樣式與接腳。(a) 雙排式；(b) 陶瓷扁平式；及 (c) 金屬殼裝。

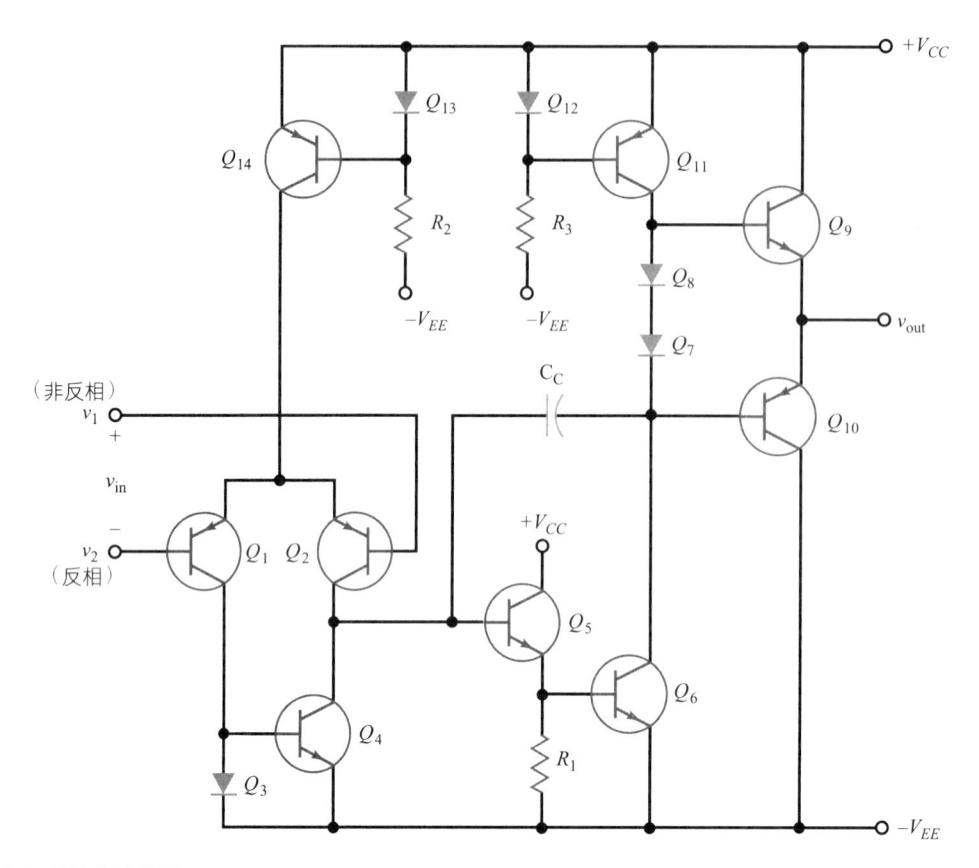

圖 11-4 741 的簡化電路圖。

Q_6 的主動式負載電阻，因此 Q_6 及 Q_{11} 像是一個有著非常高電壓增益的共射極驅動級電路。

最後一級

從共射極驅動級 Q_6 離開的放大訊號會進入最後一級電路，其為 class B 推挽式射極隨耦器（Q_9 及 Q_{10}）。由於分開的電源電壓（大小相同的正 V_{CC} 及負 V_{EE}），當輸入電壓為零時，靜態輸出理想上會是 0 V。偏離 0 V 的任何誤差值，稱為**輸出誤差電壓（output error voltage）**。

當 v_1 大於 v_2 時，輸入電壓 v_{in} 會產生正的輸出電壓 v_{out}。當 v_2 大於 v_1 時，輸入電壓 v_{in} 會產生負的輸出電壓 v_{out}。理想上，v_{out} 的電壓在發生被箝制的情形前，可以正到跟 $+V_{CC}$ 一樣的正值，也可以負到跟 $-V_{EE}$ 一樣的負值。但由於實際上 741 內部會產生一些電壓降，所以輸出電壓的擺動變化，會低於每個電源電壓 1 V 到 2 V 的範圍內。

主動式負載

在圖 11-4 中，我們有兩個主動式負載的例子（對於負載，以電晶體來取代電阻）。首先，在輸入差動放大器有個主動式負載 Q_4。其次，在共射極驅動級有個主動式負載 Q_{11}。因為電流源有高輸出阻抗，所以主動式負載會比電阻式負載產生更高的電壓增益。對於 741 這些主動式負載所產生的典型電壓增益值為 100,000。比起電阻來看，同樣以製程技術將電晶體做在晶片上是更容易且便宜的，所以在積體電路中，主動式負載是較受人歡迎與使用的。

> **知識補給站**
> 雖然 741 通常連接正及負的電源電壓，但運算放大器仍可以只連接單一電源電壓來操作。例如，$-V_{EE}$ 的輸入端可以接地，而 $+V_{CC}$ 的輸入端則連接到正的直流電源電壓。

頻率補償

在圖 11-4 中 C_c 為**補償電容**（compensating capacitor）。由於米勒效應，這個小電容（典型值為 30 pF）會乘以 Q_5 及 Q_6 的電壓增益，以獲得更大的等效電容值，而其為：

$$C_{in(M)} = (A_v + 1)C_c$$

其中，A_v 是 Q_5 及 Q_6 級的電壓增益值。

面對這個米勒電容的電阻，為差動放大器的輸出阻抗。因此，我們會有一個落後電路（lag circuit），在 741C 中這個落後電路會產生 10 Hz 的截止頻率。運算放大器的開迴路增益，在這個截止頻率處會下降 3 dB，然後 A_{VOL} 約以每十倍頻 20 dB 斜率下降到單位增益頻率（unity-gain frequency）處。

圖 11-5 為開迴路電壓增益對頻率的理想波德圖。741C 的開迴路電壓增益為 100,000，其等效於 100 dB。由於開迴路截止頻率為 10 Hz，電壓增益會在 10 Hz 處轉折，然後以每十倍頻 20 dB 斜率下降到 1 MHz 的 0 dB 處。

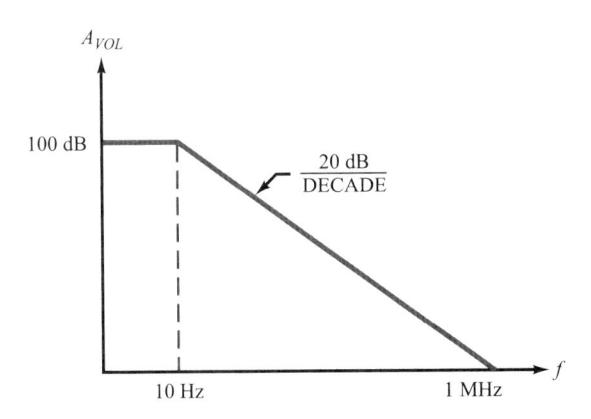

圖 11-5 741C 開迴路電壓增益的理想波德圖。

不同的運算放大器、電阻及電容組合會產生不同的頻率響應結果。從另一方面來看，我們則可使用它們來調整頻率響應的情況。在那時我們將討論會產生一階響應（每十倍頻降 20 dB）、二階響應（每十倍頻降 40 dB）、三階響應（每十倍頻降 60 dB）等等的電路。像 741C 就是一個有著內部補償的運算放大器，而其為一**階響應（first-order response）**。

順便一提，不是所有運算放大器內部都有補償。一些會要求使用者在外部連接補償電容，以避免發生振盪。使用外部補償的好處，是設計者在高頻性能上可以有更多的主控權。雖然以外部電容補償是比較簡單的方式，但當使用更複雜的電路時，則不只能提供補償，比起內部補償也可以產生更高的 f_{unity}。

偏壓及偏移

差動放大器有輸入偏壓及偏移情形，所以當沒有輸入訊號時，它們會產生輸出誤差。在許多應用中輸出誤差夠小，所以可以被忽略掉。但是當輸出誤差無法被忽略時，藉由使用相同的基極電阻，設計者是可以降低它的。這消除了偏壓電流的問題，但沒有消除偏移電流或偏移電壓。

這是要消除輸出誤差時，最好使用元件資料上所提供的**抵銷電路（nulling circuit）**的原因。這個被推薦的抵銷電路搭配內部電路一起運作，以消除輸出誤差，也將因為運算放大器參數上的溫度變化所引發的輸出電壓緩慢變化之熱漂移現象給最小化。有時候運算放大器的元件資料手冊會沒包含抵銷電路，在這情況中我們必須施加一小量的輸入電壓以將輸出誤差抵銷，稍後我們將再討論這方式。

圖 11-6 為 741C 的元件資料手冊上所建議之抵銷方式，交流電源驅動有著戴維寧阻抗 R_B 的反相輸入端。為了抵銷輸入偏壓電流（80 nA）流經這個電源阻抗的效應，一個等值的分立式電阻被加到非反相輸入端去，如圖所示。

為了消除 20 nA 輸入偏移電流及 2 mV 輸入偏移電壓的效應，741C 元件資料手冊上建議在接腳 1 及接腳 5 間使用 10 kΩ 的電壓計，藉由調整這個沒有輸入訊號的電壓計，我們可將輸出電壓歸零。

共模拒斥比

對於 741C，在低頻處的共模拒斥比（commom-mode rejection ratio, CMRR）為 90 dB。已知兩個相同的訊號，一個為想要的訊號，

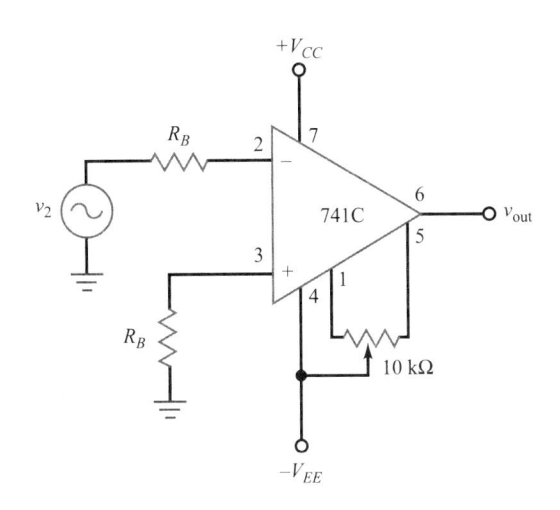

圖 11-6 741C 所用的補償及抵銷方式。

而另一個為共模訊號，在輸出端想要的訊號將比共模訊號大 90 dB。換成一般數目來看，這意謂想要的訊號將會比共模訊號大上約 30,000 倍，而在更高頻處這些效應則會減弱。如圖 11-7a 所示，注意在頻率 1 kHz 處 CMRR 值約為 75 dB、在 10 kHz 處則約為 56 dB 等。

最大峰對峰值輸出

放大器的 MPP 值為運算放大器所能產生的最大峰對峰輸出值。而運算放大器靜態輸出的理想值為零，交流輸出電壓值可在正負值間擺動變化。對於負載阻抗來說，其值遠大於 R_{out}，輸出電壓幾乎可擺動變化到電源電壓。例如，若 V_{CC} = +15 V 而 V_{EE} = –15 V，負載阻抗 10 kΩ 的 MPP 值理想上為 30 V。

非理想運算放大器，由於在運算放大器的最後一級上會有小的電壓降，所以輸出不會總是能擺動到電源電壓。而且，當負載阻抗比起 R_{out} 不是很大時，一些被放大的訊號會落在 R_{out} 上面，其意謂最後輸出電壓會更小。

圖 11-7b 為電源電壓 +15 V 及 –15 V 的 741C 其 MPP 對負載阻抗之圖形。注意對於 10 kΩ 的負載，MPP 約為 27 V，這意味輸出在 +13.5 V 會達正飽和，而在 –13.5 V 會達負飽和。當負載阻抗下降時，MPP 會如圖所示下降。例如，若負載阻抗只有 275 Ω，則 MPP 會下降到 16 V，其意謂輸出在 + 8 V 會達正飽和，而在 – 8 V 會達負飽和。

短路電流

在一些應用中，運算放大器可能會驅動約為零的負載阻抗值。在

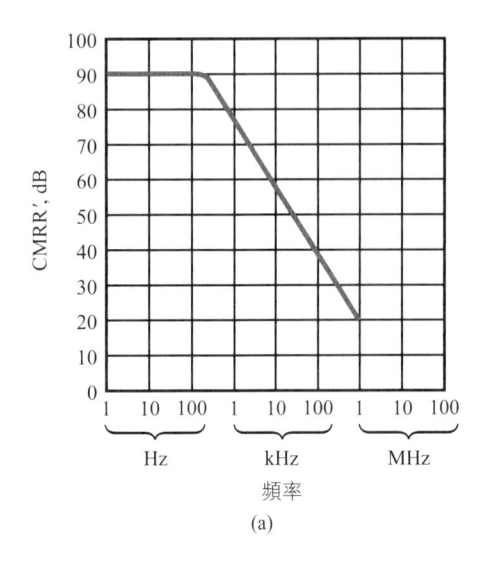

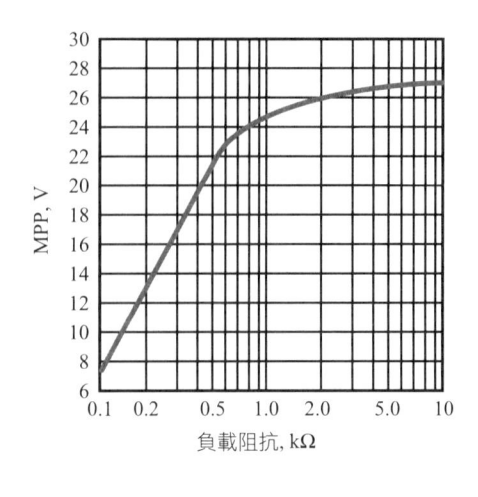

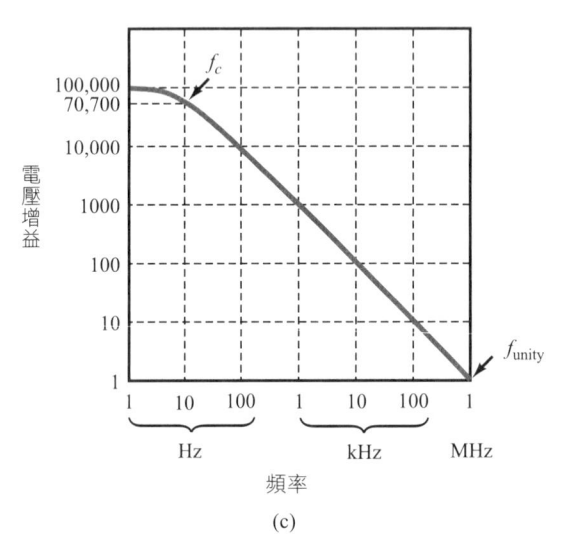

圖 11-7 典型 741C 的 CMRR、MPP 及 A_{VOL} 圖形。

這情況中,需要知道**短路輸出電流（short-circuit output current）**。741C 的元件資料手冊上列出了短路輸出電流值為 25 mA,這是運算放大器可以產生的最大輸出電流值。若使用小負載電阻（小於 75 Ω）,由於電壓不會大於 25 mA 乘上負載阻抗之值,所以不會預期得到大的輸出電壓值。

頻率響應

圖 11-7c 為 741C 的小訊號頻率響應情形。在中頻帶電壓增益為 100,000,741C 的截止頻率 f_c 為 10 Hz。如圖所示,電壓增益在 10 Hz 處為 70,700（下降 3 dB）。在截止頻率以上,電壓增益以每十倍頻

20 dB 斜率下降（一階響應）。

單位增益頻率是個電壓增益為 1 的頻率。在圖 11-7c 中 f_{unity} 為 1 MHz，由於 f_{unity} 代表運算放大器可用增益的上限，所以元件資料手冊通常會指定 f_{unity} 的值。例如，741C 的元件資料手冊列出的 f_{unity} 為 1 MHz，這意謂 741C 可放大訊號頻率到 1 MHz。當頻率超過 1 MHz 時，電壓增益會小於 1，此時 741C 就沒有運用價值了。若設計者需要更高的 f_{unity}，可使用更好的運算放大器。例如，LM318 的 f_{unity} 為 15 MHz，這意謂它一直到頻率 15 MHz 都可以產生有用的電壓增益值。

迴轉率

741C 內部補償電容扮演非常重要的角色：它可防止振盪發生來干擾我們所想要的訊號。但有個缺點是補償電容需要被充電與放電，這對運算放大器輸出變化反應速度來說會造成限制。

這裡有個基本概念：假設運算放大器輸入電壓為正的**步級電壓**（**voltage step**），突然有個從某直流電壓準位跳到更高準位的電壓暫態發生，若運算放大器本身很完美，我們會得到如圖 11-8a 所示的理想響應情況。然而，輸出會為所示之正的指數波形。這是由於輸出電壓充到更高準位之前，內部補償電容必須先充電，所以出現此情況。

在圖 11-8a 中，指數波形的初始斜率稱為**迴轉率**（**slew rate**），將其記作 S_R。迴轉率的定義為：

$$S_R = \frac{\Delta v_{out}}{\Delta t} \tag{11-1}$$

其中，希臘字母 Δ（唸作 delta）代表「變化量」。以文字敘述時，此方程式指的是迴轉率等於輸出電壓的變化量除以時間的變化量。

圖 11-8b 繪出了迴轉率的涵義，初始斜率等於指數波形一開始部分兩點間的垂直變化除以水平變化。例如，如圖 11-8c 所示，在開始的一微秒內，如果指數波形增加 0.5 V，則迴轉率為：

$$S_R = \frac{0.5 \text{ V}}{1 \text{ }\mu\text{s}} = 0.5 \text{ V}/\mu\text{s}$$

迴轉率代表運算放大器會有的最快響應能力。例如，741C 的迴轉率為 0.5 V/μs，這意謂 741C 的輸出在一微秒內的變化不會大於 0.5 V。換言之，若 741C 的輸入電壓有個大的步級變化，則我們在輸出上不會就得到一個突然的步級電壓。反而，我們得到的會是指數輸出波形。這輸出波形一開始的部分，看起來將像圖 11-8c 那樣。

我們也可得到正弦波訊號的迴轉率限制。描述如下：在圖 11-9a

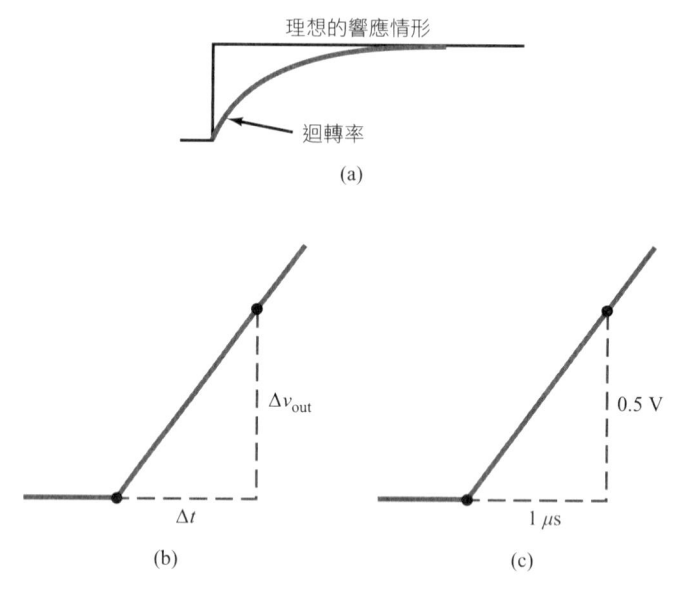

圖 11-8 (a) 輸入為步級電壓之理想與實際響應情形；(b) 繪出的迴轉率定義；(c) 迴轉率等於 0.5 V/μs。

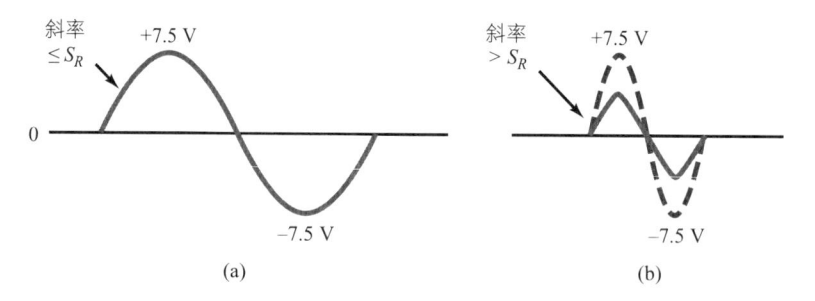

圖 11-9 (a) 正弦波初始斜率；(b) 若初始斜率超過迴轉率，就會出現失真。

中，只有正弦波初始斜率小於迴轉率，那麼運算放大器輸出才會產生正弦波。例如，若輸出的正弦波初始斜率為 0.1 V/μs，由於其迴轉率為 0.5 V/μs，所以可產生此正弦波而不會有任何問題。另一方面，若正弦波初始斜率為 1 V/μs，則如圖 11-9b 所示，輸出會小於其應有的值，而看起來像是三角波而非正弦波了。

由於迴轉率會限制運算放大器的大訊號響應情形，所以運算放大器的元件資料手冊總會指明迴轉率數值。而如果輸出正弦波非常小或頻率非常低，則迴轉率不會是個問題。但是當訊號大及頻率高時，迴轉率將會讓輸出訊號失真。

利用微積分，可推得方程式：

$$S_S = 2\pi f V_p$$

其中，S_S 為正弦波初始斜率、f 為頻率，而 V_p 則為峰值。為避免正弦波的迴轉率失真，S_S 必須小於或等於 S_R。當兩者相同時，我們處於限制處，即在迴轉率失真的邊緣上。在這情況中：

$$S_R = S_S = 2\pi f V_p$$

求解 f 可得：

$$f_{\max} = \frac{S_R}{2\pi V_p} \tag{11-2}$$

其中，$f_{\max}$ 指的是沒有失真發生，且可以被放大的最高頻率值。已知運算放大器迴轉率及所欲之峰值輸出電壓，我們可用式 (11-2) 去計算最大不失真頻率。超過這個頻率，我們將會在示波器上看到迴轉率失真。

頻率 $f_{\max}$ 有時稱為**功率頻寬（power bandwidth）**或是運算放大器的大訊號頻寬。圖 11-10 為式 (11-2) 針對三個迴轉率的圖形，最底下為 0.5 V/μs 的迴轉率，適用於 741C；而最上面則為 50 V/μs 迴轉率，其適用於 LM318（它的最小迴轉率為 50 V/μs）。

例如，假設我們使用 741C。為獲得 8 V 不失真輸出峰值電壓，頻

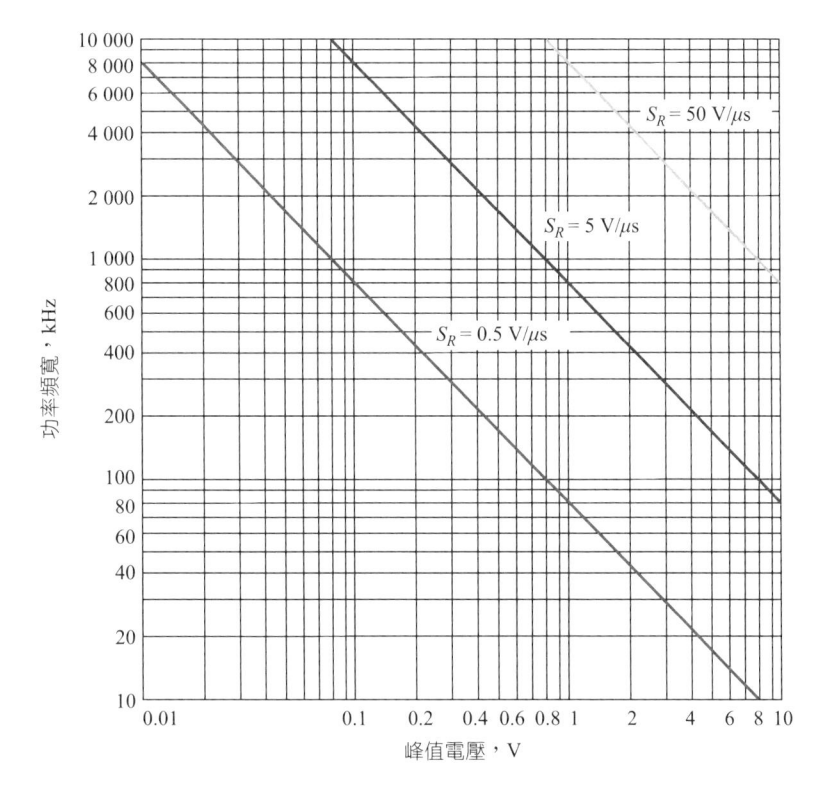

圖 11-10 功率頻寬 vs. 峰值電壓圖。

率不能高於 10 kHz（見圖 11-10）。增加 f_{max} 的一個方式是接受較小的輸出電壓，藉由取捨頻率峰值，我們可改善功率頻寬值。例如，若我們的應用可接受 1 V 的峰值輸出電壓，那麼 f_{max} 會增加到 80 kHz。

當分析運算放大器的操作時，有兩個頻寬要考量：小訊號頻寬由運算放大器的一階響應決定，而大訊號或功率頻寬由迴轉率決定，後面會再談到更多有關這兩個頻寬。

例題 11-1

試求反相輸入電壓為多少時，可將圖 11-11a 的 741C 驅動進負飽和狀態。

解答 圖 11-7b 顯示負載阻值 10 kΩ 下的 MPP 值會等於 27 V，對於負飽和其會轉換成 –13.5 V 輸出。由於 741C 的開迴路電壓增益為 100,000，所要求的輸入電壓值為：

$$v_2 = \frac{13.5 \text{ V}}{100{,}000} = 135 \ \mu\text{V}$$

圖 11-11b 對答案做了一個總結。如所見，反相輸入為 135 μV，會產生負飽和情況，輸出值為 –13.5 V。

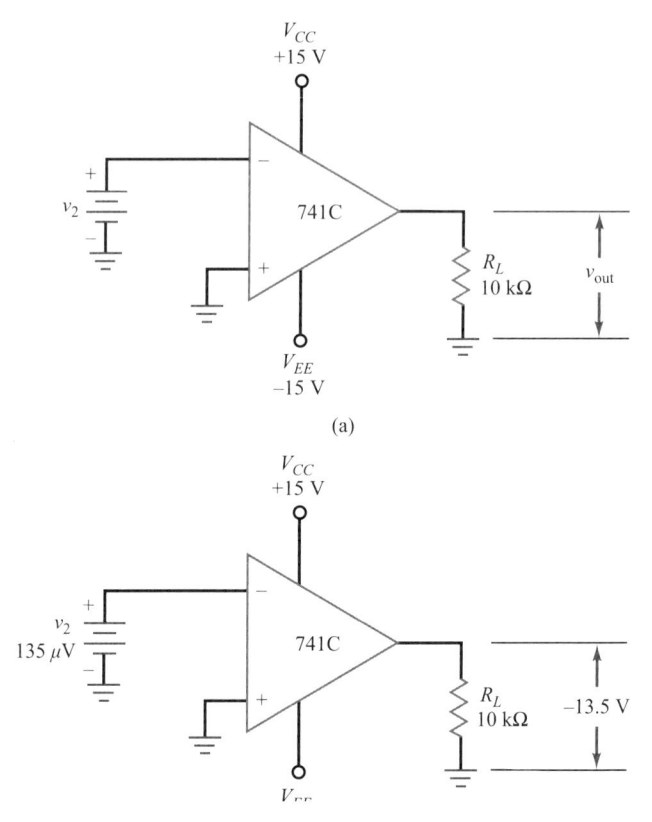

圖 11-11 例子。

練習題 11-1 當 $A_{VOL} = 200{,}000$ 時，試重做例題 11-1。

例題 11-2

試求當輸入頻率為 100 kHz 時，741C 的共模拒斥比。

解答 在圖 11-7a 中，可讀得 100 kHz 處的 CMRR 值約為 40 dB。而其等於 100，意謂在輸入頻率 100 kHz 時所要的訊號會比共模訊號得到 100 倍的放大。

練習題 11-2 試求當輸入頻率為 10 kHz 時，741C 的 CMRR 值。

例題 11-3

試求當輸入頻率分別為 1 kHz、10 kHz 及 100 kHz 時，741C 的開迴路電壓增益值。

解答 在圖 11-7c 中，頻率分別為 1 kHz、10 kHz 及 100 kHz 時的電壓增益值分別為 1000、100 及 10。如所見，頻率每次增加 10 倍，電壓增益每次就會下降 10 倍。

例題 11-4

運算放大器輸入電壓為一個大的步級電壓，輸出會是在 0.1 μs 內變化 0.25 V 的指數波形，試求運算放大器的迴轉率。

解答 利用式 (11-1)：

$$S_R = \frac{0.25 \text{ V}}{0.1 \,\mu\text{s}} = 2.5 \text{ V}/\mu\text{s}$$

練習題 11-4 若量得輸出電壓在 0.2 μs 內變化 0.8 V，試求其迴轉率。

例題 11-5

LF411A 的迴轉率為 15 V/μs，試求 10 V 的峰值輸出電壓功率頻寬值。

解答 利用式 (11-2)：

$$f_{\max} = \frac{S_R}{2\pi V_p} = \frac{15 \text{ V}/\mu\text{s}}{2\pi(10 \text{ V})} = 239 \text{ kHz}$$

練習題 11-5 利用 741C 及 $V_p = 200$ mV，重做例題 11-5。

例題 11-6

試求每個情況下的功率頻寬。

$$S_R = 0.5 \text{ V}/\mu\text{s} \text{ 及 } V_p = 8 \text{ V}$$
$$S_R = 5 \text{ V}/\mu\text{s} \text{ 及 } V_p = 8 \text{ V}$$
$$S_R = 50 \text{ V}/\mu\text{s} \text{ 及 } V_p = 8 \text{ V}$$

解答 以圖 11-10，求出每個功率頻寬以得出這些近似答案：10 kHz、100 kHz 及 1 MHz。

練習題 11-6 以 $V_p = 1\text{ V}$，重做例題 11-6。

11-3 反相放大器

反相放大器（inverting amplifier）是最基本的運算放大器電路，它使用負回授以穩定整個電壓增益。我們需要穩定整個電壓增益的原因，是因 A_{VOL} 太高及不穩定以至於在缺乏一些回授型式之下無法做任何的使用。例如，741C 的 A_{VOL} 最小值為 20,000，而最大值超過 200,000。在缺乏回授之下，此振幅與變化之無法預期的電壓增益是無法利用的。

反相負回授

圖 11-12 為反相放大器，為求簡化所以電源電壓沒有顯示出來。換句話說，我們現在所看的是交流等效電路，輸入電壓 v_{in} 透過電阻 R_1 驅動反相輸入端，這產生了反相輸入電壓 v_2。輸入電壓藉由開迴路增益放大，以提供反相輸出電壓。該輸出電壓經由回授電阻 R_f 被回授到輸入。因為輸出和輸入反相 180°，所以此結果為負回授。換言之，由輸入電壓產的任何 v_2 的變化，和輸出訊號是相反的。

這裡為負回授如何穩定整個電壓增益：不管如何，若開迴路電壓增益 A_{VOL} 都增加，輸出電壓將會增加且回授更多電壓至反相輸入端，這個相反的回授電壓會使 v_2 下降。因此，即使 A_{VOL} 增加，v_2 下降，最後的輸出電壓的增加會遠小於沒有負回授時的輸出電壓值。整體來看，輸出電壓是非常輕微的增加，小到幾乎不會被注意到。往後我們將會討論負回授在數學上的細節，而你將會更了解細微的變化。

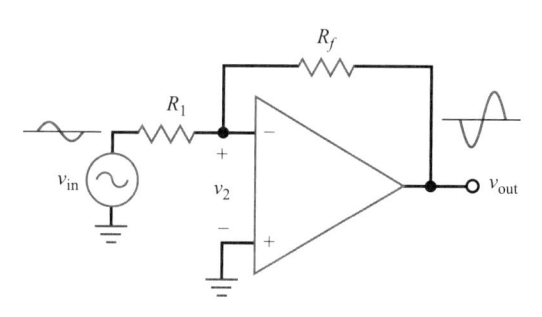

圖 11-12 反相放大器。

虛接地

當我們將電路中的一些點及地間以一條線連接在一起時，則這點的電壓會變成零。而且，這條線會提供流往地的電流路徑。實體上的接地（即在一點與地間以一條線連接在一起）對於電壓及電流兩者來說都是地。

虛接地（virtual ground）則不同，這類接地廣泛用於分析反相放大器。利用虛接地，反相放大器的分析及相關電路會變得很容易。

虛接地的概念是奠基在理想運算放大器上，當運算放大器為理想時，其有無窮大的開迴路電壓增益及輸入阻抗。因此，我們可針對圖 11-13 的反相放大器推出以下理想特性：

1. 由於 R_{in} 為無窮大，i_2 為零。
2. 由於 A_{VOL} 為無窮大，v_2 為零。

在圖 11-13 由於 i_2 為零，流經電阻 R_f 的電流必須等於流經 R_1 的輸入電流，如圖所示。而且，因為 v_2 為零，如圖 11-13 中所示之虛接地，意謂對於電壓而言，反相輸入端扮演地，但對電流則是開路。

虛接地是非常奇特的，由於虛接地對於電壓而言是短路，但對電流則是開路，所以它像是半個地。為了提醒我們這半個地的存在，圖 11-13 在反相輸入端及地之間使用虛線表示，虛線意謂沒有電流可以流到地。雖然虛接地是個理想的近似方式，當搭配程度重的負回授時，它會得到非常準確的答案。

電壓增益

在圖 11-14 中，將反相輸入端上的虛接地顯現出來，R_1 的右端為電壓的地，所以我們可寫出：

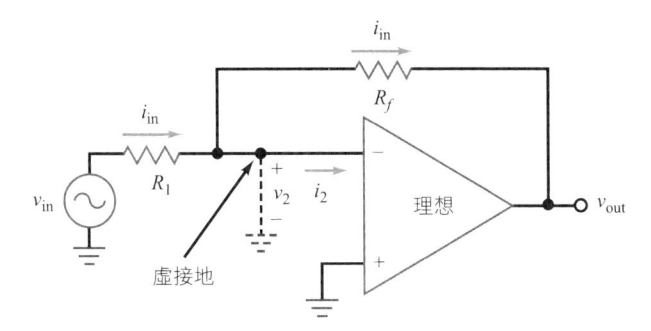

$$v_{in} = i_{in}R_1$$

圖 11-13 虛接地觀念：電壓短路、電流開路。

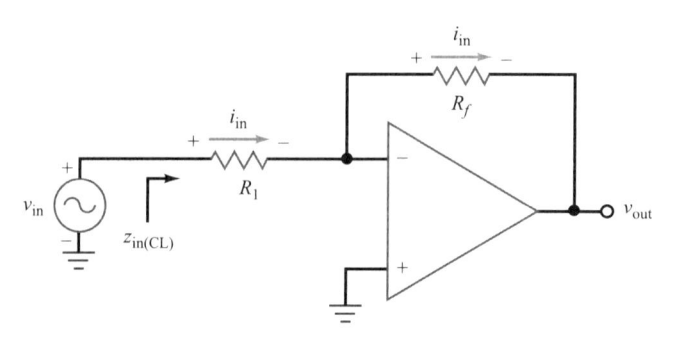

圖 11-14 反相放大器會有相同的電流流過兩個電阻。

相同地，R_f 的左端為電壓的地，所以輸出電壓的振幅為：

$$v_{out} = -i_{in}R_f$$

將 v_{out} 除以 v_{in} 可得電壓增益為：

$$A_{v(CL)} = \frac{-R_f}{R_1} \tag{11-3}$$

其中，$A_{v(CL)}$ 為閉迴路電壓增益。當輸出及輸入間有回授路徑時，由於其為電壓值，所以稱為**閉迴路電壓增益（closed-loop voltage gain）**。由於負回授，所以閉迴路電壓增益總是會小於開迴路電壓增益 A_{VOL}。

看看式 (11-3) 是何其的簡潔，閉迴路電壓增益會等於回授阻抗與輸入阻抗之比值。例如，若 $R_1 = 1\ k\Omega$ 而 $R_f = 50\ k\Omega$，閉迴路電壓增益為 50，由於負回授成分重，所以閉迴路電壓增益會非常穩定。如果由於溫度的變化、電源電壓改變或是運算放大器替換導致 A_{VOL} 變化，則 $A_{v(CL)}$ 將仍會非常接近 50。後面將會更仔細地討論增益穩定度。電壓增益方程式中的負號指的是 180° 的相位移。

輸入阻抗

在一些應用中，設計者可能會想要特定的輸入阻抗。這是反相放大器的一個優點——容易去設置一個想要的輸入阻抗。而這是為什麼呢？由於 R_1 的右端為虛接地，所以閉迴路輸入阻抗為：

$$z_{in(CL)} = R_1 \tag{11-4}$$

圖 11-14 所示為看入 R_1 左端的阻抗值。例如，若輸入阻抗為 $2\ k\Omega$，而閉迴路電壓增益需要 50，則設計者可使用 $R_1 = 2\ k\Omega$ 及 $R_f = 100\ k\Omega$。

> **知識補給站**
> 以虛接地的反相放大器來說，其可以有多個輸入端，而每個輸入彼此間是有效地隔離，每個輸入就只會看見自己的輸入阻抗而已。

頻寬

由於內部補償電容，所以運算放大器的**開迴路頻寬（open-loop bandwidth）**或截止頻率非常低，對於 741C：

$$f_{2(OL)} = 10 \text{ Hz}$$

在這頻率，開迴路電壓增益會發生轉折，並且以一階響應方式下降。

當使用負回授時，整個頻寬會增加。原因是：當輸入頻率大於 $f_{2(OL)}$ 時，A_{VOL} 會以每十倍頻 20 dB 之斜率下降。當 v_{out} 試著下降時，較少的相對電壓被回授至反相輸入端。因此，v_2 會增加而補償 A_{VOL} 的下降，因此，$A_{v(CL)}$ 會在比 $f_{2(OL)}$ 高的頻率處轉折，負回授越大，閉迴路截止頻率會越高，另一種說法是：$A_{v(CL)}$ 越小，$f_{2(OL)}$ 越高。

圖 11-15 繪出了如何利用負回授增加閉迴路頻寬。如你所見，負回授越重（越小的 $A_{v(CL)}$），閉迴路頻寬會越大，閉迴路頻寬方程式為：

$$f_{2(CL)} = \frac{f_{\text{unity}}}{A_{v(CL)} + 1} \quad \text{（限反相放大器）}$$

在多數應用中，$A_{v(CL)}$ 大於 10 而方程式可簡化為：

$$f_{2(CL)} = \frac{f_{\text{unity}}}{A_{v(CL)}} \quad \text{（非反相）} \tag{11-5}$$

例如，當 $A_{v(CL)}$ 為 10 時：

$$f_{2(CL)} = \frac{1 \text{ MHz}}{10} = 100 \text{ kHz}$$

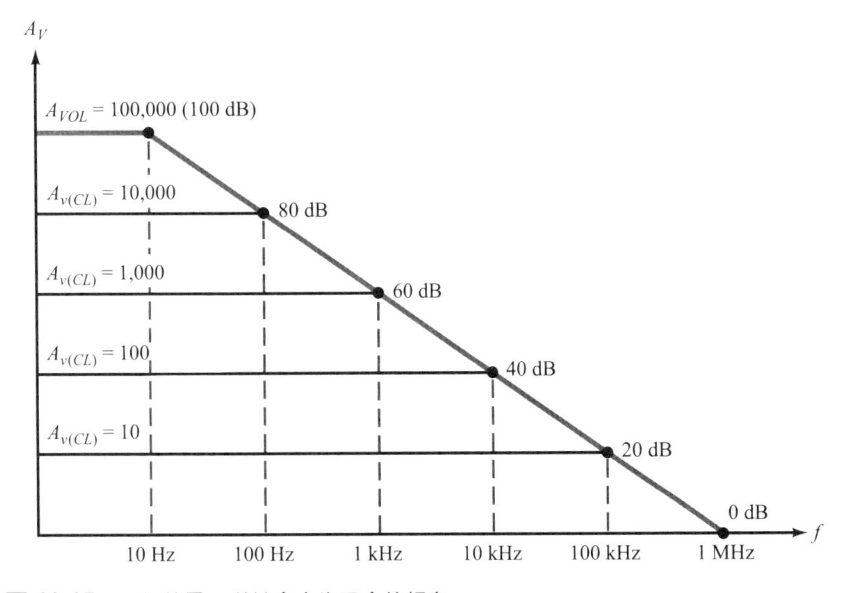

圖 11-15 更低的電壓增益會產生更多的頻寬。

跟圖 11-14 相符。若 $A_{v(CL)}$ 為 100：

$$f_{2(CL)} = \frac{1\ \text{MHz}}{100} = 10\ \text{kHz}$$

其也相符。

方程式 (11-5) 可以整理成：

$$f_{\text{unity}} = A_{v(CL)} f_{2(CL)} \tag{11-6}$$

注意單位增益頻率會等於增益與頻寬之乘積。因此，許多元件資料手冊指單位增益頻寬為**增益頻寬乘積**（gain-bandwidth product，簡稱 **GBW** 或 **GBP**）。

（注意：對於開迴路電壓增益，元件資料手冊上沒有一致的符號，所以你可能看見的是：A_{OL}、A_v、A_{vo} 及 A_{vol}。元件資料手冊中所有代表運算放大器的開迴路電壓增益通常很清楚，本書將使用 A_{VOL}。）

偏壓與偏移

負回授會讓由輸入偏壓電流、輸入偏移電流及輸入偏移電壓所引起的輸出誤差降低。三個輸入誤差電壓及整個輸出誤差電壓之方程式：

$$V_{\text{error}} = A_{VOL}(V_{1\text{err}} + V_{2\text{err}} + V_{3\text{err}})$$

當使用負回授時，方程式可寫成：

$$V_{\text{error}} \cong \pm A_{v(CL)}(\pm V_{1\text{err}} \pm V_{2\text{err}} \pm V_{3\text{err}}) \tag{11-7}$$

其中，V_{error} 為整個輸出誤差電壓值，注意式 (11-7) 包含 $\pm$ 符號。由於誤差可以是兩個方向中的任何一邊，所以元件資料手冊沒有包含 $\pm$ 符號。例如，兩個基極電流當中的任一個可以大於剩下的另一個，且輸入偏移電壓可以是正或負的。

在量產中，最壞可能情況中輸入誤差可能加總。個別輸入誤差為：

$$V_{1\text{err}} = (R_{B1} - R_{B2})I_{\text{in(bias)}} \tag{11-8}$$

$$V_{2\text{err}} = (R_{B1} + R_{B2})\frac{I_{\text{in(off)}}}{2} \tag{11-9}$$

$$V_{3\text{err}} = V_{\text{in(off)}} \tag{11-10}$$

當 $A_{v(CL)}$ 值小時，由式 (11-7) 所得到之整個輸出誤差值可能小到足以被忽略。如果不是這樣的話，就會需要做電阻補償及抵銷偏移了。

在反相放大器中，R_{B2} 為從反相輸入端看回去電源端的戴維寧阻抗，這個阻抗為：

$$R_{B2} = R_1 \parallel R_f \qquad (11\text{-}11)$$

若需要補償輸入偏壓電流，非反相輸入端應連接一個相同阻值的 R_{B1}，由於沒有交流訊號電流會經過這個電阻，所以這個阻抗在虛接地近似方式上不會有任何影響。

例題 11-7　|||| MultiSim

圖 11-16a 為交流等效電路，所以我們可忽略由輸入偏壓及偏移所引起的輸出誤差，試求閉迴路電壓增益、頻寬及分別在 1 kHz、1 MHz 處的輸出電壓值。

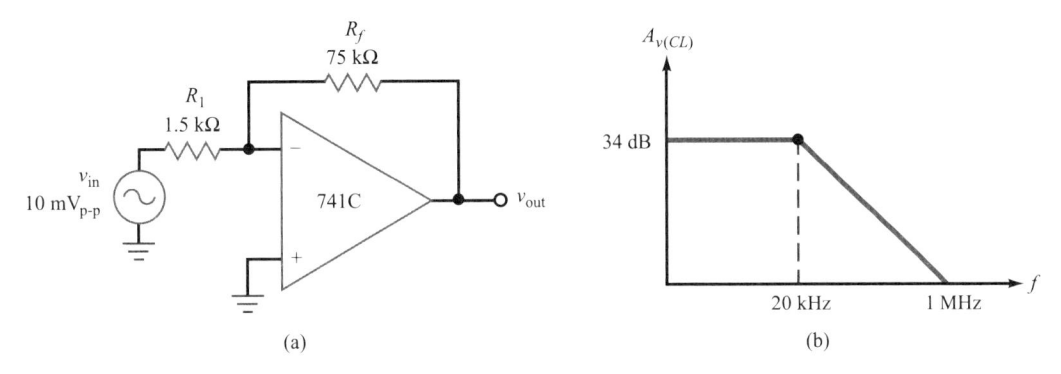

圖 11-16　例子。

解答　利用式 (11-3)，閉迴路電壓增益為：

$$A_{v(CL)} = \frac{-75 \text{ k}\Omega}{1.5 \text{ k}\Omega} = -50$$

利用式 (11-5)，閉迴路頻寬為：

$$f_{2(CL)} = \frac{1 \text{ MHz}}{50} = 20 \text{ kHz}$$

圖 11-16b 為閉迴路電壓增益的理想波德圖，50 換算成分貝等效值為 34 dB（速算法：50 是 100 的一半，即從 40 dB 往下降 6 dB）。

在 1 kHz 處的輸出電壓為：

$$v_{out} = (-50)(10 \text{ mV}_{p\text{-}p}) = -500 \text{ mV}_{p\text{-}p}$$

由於 1 MHz 為單位增益頻率，所以在 1 MHz 處的輸出電壓為：

$$v_{out} = -10 \text{ mV}_{p\text{-}p}$$

再次，負的輸出值表示在輸入與輸出間有著 180° 的相位移。

練習題 11-7　試求圖 11-16a 在頻率 100 kHz 處的輸出電壓值（提示：使用式 (10-20)）。

應用題 11-8

使用表 11-1 中典型值，試求圖 11-17 中當 v_{in} 為零時的輸出電壓。

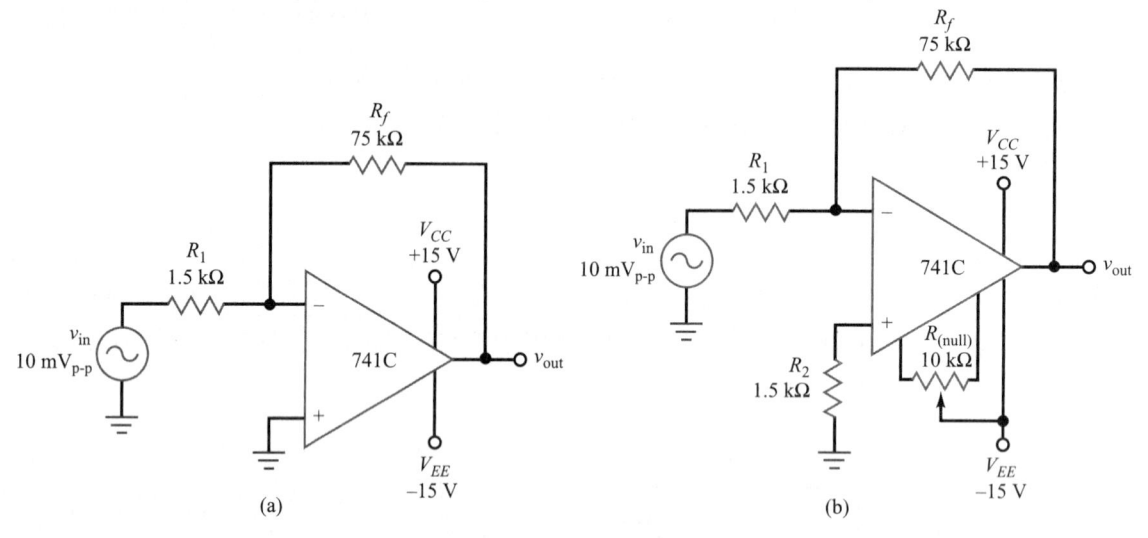

圖 11-17 例子。

解答 表 11-1 顯示 741C 的參數值：$I_{in(bias)} = 80$ nA、$I_{in(off)} = 20$ nA 及 $V_{in(off)} = 2$ mV，利用式 (11-11)：

$$R_{B2} = R_1 \| R_f = 1.5\ \text{k}\Omega \| 75\ \text{k}\Omega = 1.47\ \text{k}\Omega$$

利用式 (11-8) 到式 (11-10)，三個輸入誤差電壓值為：

$$V_{1\text{err}} = (R_{B1} - R_{B2})I_{in(bias)} = (-1.47\ \text{k}\Omega)(80\ \text{nA}) = -0.118\ \text{mV}$$

$$V_{2\text{err}} = (R_{B1} + R_{B2})\frac{I_{in(off)}}{2} = (1.47\ \text{k}\Omega)(10\ \text{nA}) = 0.0147\ \text{mV}$$

$$V_{3\text{err}} = V_{in(off)} = 2\ \text{mV}$$

前面例題計算的閉迴路電壓增益值為 50，利用式 (11-7)，在最壞可能的情況加入誤差，會得輸出誤差電壓值為：

$$V_{\text{error}} = \pm 50(0.118\ \text{mV} + 0.0147\ \text{mV} + 2\ \text{mV}) = \pm 107\ \text{mV}$$

練習題 11-8 以運算放大器 LF157A 重做例題 11-8。

應用題 11-9

在之前例題中，我們使用典型參數值，741C 的元件資料手冊列出了下面最壞情況下的參數值：$I_{in(bias)} = 500$ nA、$I_{in(off)} = 200$ nA 及 $V_{in(off)} = 6$ mV，圖 11-17a 中當 v_{in} 為零時，試重新計算輸出電壓值。

解答 利用式 (11-8) 到式 (11-10)，三個輸入誤差電壓為：

$$V_{1\text{err}} = (R_{B1} - R_{B2})I_{\text{in(bias)}} = (-1.47 \text{ k}\Omega)(500 \text{ nA}) = -0.735 \text{ mV}$$

$$V_{2\text{err}} = (R_{B1} + R_{B2})\frac{I_{\text{in(off)}}}{2} = (1.47 \text{ k}\Omega)(100 \text{ nA}) = 0.147 \text{ mV}$$

$$V_{3\text{err}} = V_{\text{in(off)}} = 6 \text{ mV}$$

在最壞可能情況中加入誤差會得到輸出誤差電壓為:

$$V_{\text{error}} = \pm 50(0.735 \text{ mV} + 0.147 \text{ mV} + 6 \text{ mV}) = \pm 344 \text{ mV}$$

在例題 11-7 中,所欲之輸出電壓為 500 mV$_{\text{p-p}}$,那麼我們還可以忽略掉大的輸出誤差電壓嗎?這要看應用而定。例如,假設我們只需要放大 20 Hz 至 20 kHz 頻率間的音頻訊號。那麼,我們可將輸出以電容性耦合到負載電阻或下一級電路,這將會阻隔直流輸出誤差電壓,但依然可傳遞交流訊號。在這情況中,輸出誤差就無所謂了。

另一方面,若我們欲放大 0 至 20 kHz 頻率的訊號,則我們需要使用更好的運算放大器(更低的偏壓與偏移量),或如圖 11-17b 所示調整電路。在這裡,我們已增加補償電阻到非反相輸入端去消除輸入偏壓電流的影響,而且,我們使用內阻為 10 kΩ 的電壓計,以抵銷輸入偏移電流及輸入偏移電壓的影響。

11-4 非反相放大器

非反相放大器(**noninverting amplifier**)是另一個基本的運算放大器電路,它使用負回授來穩定整個電壓增益。利用這類型的放大器,負回授也會增加輸入阻抗及降低輸出阻抗。

基本電路

圖 11-18 為非反相放大器交流等效電路,輸入電壓 v_{in} 驅動非反相輸入端。輸入電壓會被放大以產生所示之同相輸出電壓,部分的輸出電壓透過分壓電阻被回授至輸入端,跨在電阻 R_1 上的電壓為施加到反

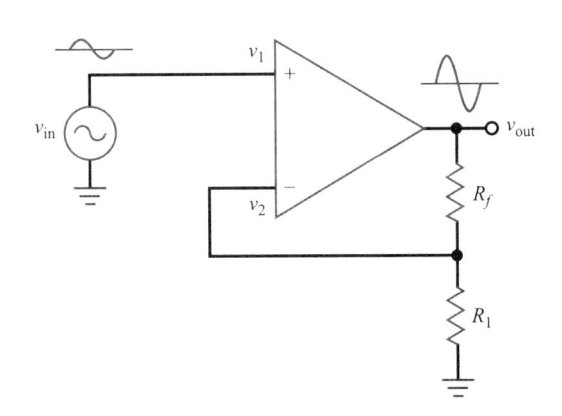

圖 11-18 非反相放大器。

相輸入端之回授電壓。這回授電壓幾乎等於輸入電壓，由於開迴路電壓增益高，所以在 v_1 及 v_2 間的誤差會非常小。由於回授電壓跟輸入電壓相反，所以我們會得到負回授效應。

這裡是負回授如何穩定整個電壓增益之情況：若開迴路電壓增益 A_{VOL} 不管原因如何都增加，則輸出電壓將會增加，且回授更多的電壓至反相輸入端。而這相反的回授電壓會讓淨輸入電壓 $v_1 - v_2$ 降低。因此，即使 A_{VOL} 增加，但 $v_1 - v_2$ 會下降，最後輸出增加會比沒有負回授的來得少。整體結果在輸出電壓只會有少許增加。

虛短路

當我們在電路中的兩點間以一條導線連接時，這兩點對地的電壓會相同，而且這條導線會在這兩點間提供電流路徑。這個實體上的短路（即以一條導線將兩點短路），對於電壓與電流兩者來說都是短路。

而**虛短路（virtual short）**則不同，這類短路可用來分析非反相放大器，利用虛短路觀念，我們可以快速且輕易地分析非反相放大器及其相關電路。

虛短路使用了理想運算放大器的兩個特性：

1. 由於 R_{in} 為無窮大，所以兩個輸入端電流都會為零。
2. 由於 A_{VOL} 為無限大，所以 $v_1 - v_2$ 為零。

> **知識補給站**
> 圖 11-19 的閉迴路輸入阻抗 $z_{in(CL)} = R_{in}(1 + A_{VOL}B)$，其中 R_{in} 表示開迴路輸入阻抗。

圖 11-19 為運算放大器輸入端點間的虛短路情形。虛短路對於電壓是短路，但對電流則是開路，就像虛線表示的不會有電流流過它。雖然虛短路是理想的近似方式，但當搭配大量負回授時，它會得到還滿準確的結果。

在這裡我們將使用虛短路觀念：每當我們分析非反相放大器或類似電路時，可以看到運算放大器輸入端點間的虛短路。只要運算放大

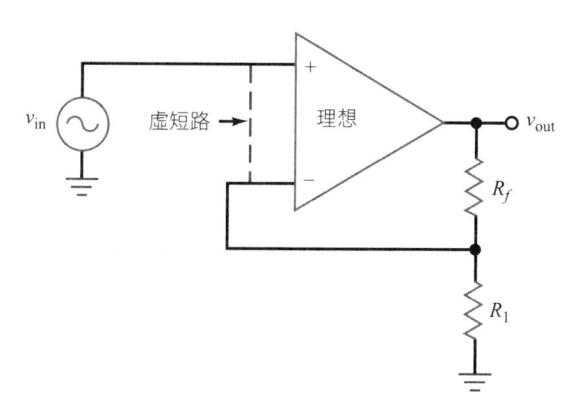

圖 11-19 虛短路會存在於運算放大器兩個輸入端間。

器操作在線性區（非正飽和或負飽和之情況），開迴路電壓增益會趨近於無窮大且虛短路會存在於兩個輸入端點間。

還有一點：由於虛短路，所以反相輸入端的電壓會跟隨著非反相輸入端的電壓。若非反相輸入端電壓上升或下降，則反相輸入端電壓也會立刻上升或下降。這個跟隨的動作稱作**靴帶（bootstrapping）**（就像「藉由你自己的靴帶來拉起你自己一樣」）。非反相輸入端會拉高或拉低反相輸入端到相同的值。換句話說，即反相輸入端的值會被靴帶成等於非反相輸入端的值。

電壓增益

在圖 11-20 中，會看到運算放大器輸入端點間的虛短路。則如圖所示，虛短路意謂輸入電壓會跨在電阻 R_1 上，所以可以寫成：

$$v_{\text{in}} = i_1 R_1$$

由於沒有電流會流經虛短路，相同的電流 i_1 須流經電阻 R_f，其意謂輸出電壓為：

$$v_{\text{out}} = i_1(R_f + R_1)$$

v_{out} 除以 v_{in} 可得電壓增益：

$$A_{v(CL)} = \frac{R_f + R_1}{R_1}$$

或

$$A_{v(CL)} = \frac{R_f}{R_1} + 1 \tag{11-12}$$

由於它跟反相放大器的方程式相同，所以這點容易記住，除了我們加

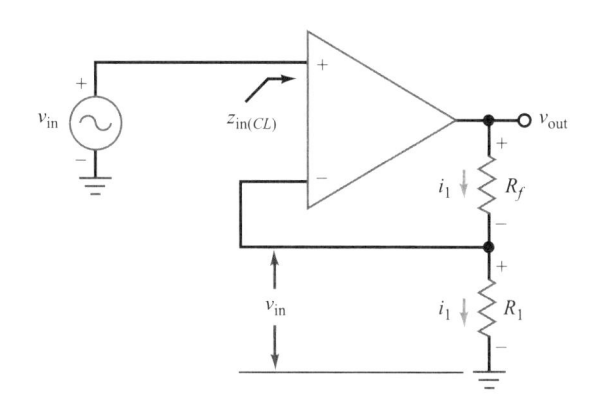

圖 11-20 輸入電壓跨在電阻 R_1 上而相同的電流會流經電阻。

入 1 到電阻值的比率上。也注意輸出與輸入是同相位，因此電壓增益方程式沒有使用符號 (−)。

其他的物理量

閉迴路輸入阻抗趨近於無窮大。我們將以數學方式分析負回授的影響，且顯示負回授將會讓輸入阻抗增加之情形。由於開迴路輸入阻抗已非常高（在 741C 中是 2 MΩ），閉迴路輸入阻抗甚至會更高。

頻寬上的負回授作用跟和反相放大器的一樣：

$$f_{2(CL)} = \frac{f_{\text{unity}}}{A_{v(CL)}}$$

再次，我們可對頻寬的電壓增益做個折衷處理，閉迴路電壓增益越小，頻寬就會越大。

輸入偏壓電流、輸入偏移電流及輸入偏移電壓會引起輸入誤差電壓。分析輸入誤差電壓的方法跟分析反相放大器的相同，在計算完每個輸入誤差後，乘上閉迴路電壓增益可得到整個輸出誤差值。

R_{B2} 為從反相輸入端看向分壓電阻的戴維寧等效阻抗，對於反相放大器，這阻值是相同的：

$$R_{B2} = R_1 \parallel R_f$$

如果需要對輸入偏壓電流進行補償，應要以相同的阻值 R_{B1} 連接到非反相輸入端。而由於沒有交流訊號電流會經過它，所以這阻值對於虛短路近似不會有任何影響。

輸出誤差電壓會降低 MPP 值

如其他章節中所討論到的，若我們是放大交流信號，可藉電容性耦合將輸出信號耦合到負載上。在這情形中，除非輸出誤差電壓很大，不然是可以忽略掉它的。若輸出誤差電壓很大，它將會明顯地降低 MPP（未受箝制之最大峰對峰輸出）值。

例如，若輸出誤差電壓為零，圖 11-21a 的非反相放大器可在低於電源電壓的 1 V 到 2 V 範圍內擺動變化。為求簡化，如圖 11-21b 所示，已知 MPP 為 28 V，假設輸出信號可在 +14 V 到 −14 V 之間擺動。現在如圖 11-21c 所示，假設輸出誤差電壓為 +10 V。以這個大輸出誤差電壓值，未受箝制之最大峰對峰值擺動變化會在 +14 V 到 +6 V 之間，MPP 值只有 8 V。如果應用上不要求大的輸出訊號，則這情況可能依然還好。這裡有一點要記住：輸出誤差電壓越大，MPP 值就會越小。

(a)

(b)

(c)

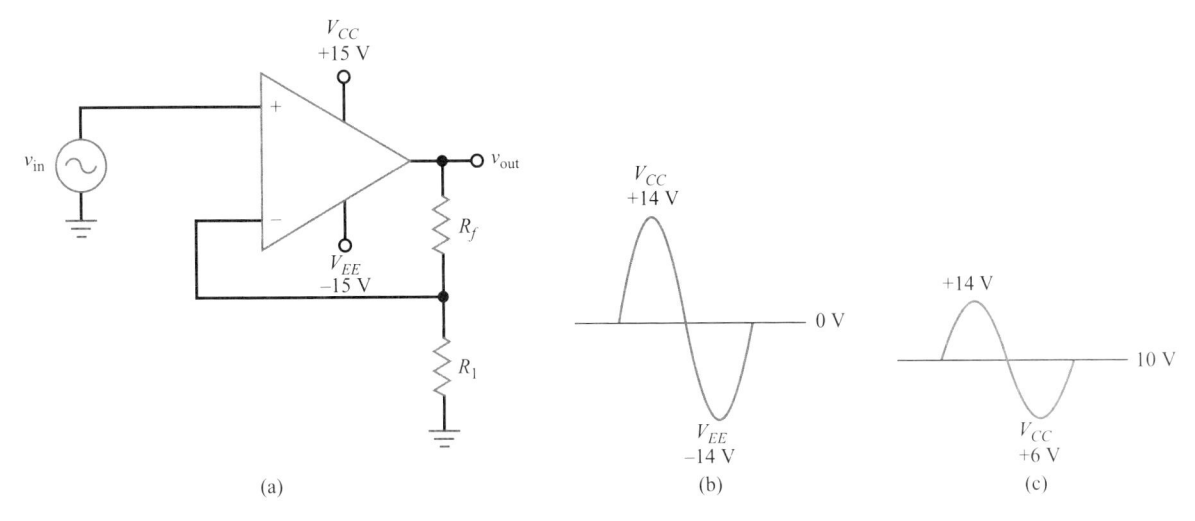

圖 11-21 輸出誤差電壓會降低 MPP 值。

例題 11-10　　　　　　　　　　　　　　　　　　　　　　III MultiSim

試求圖 11-22a 中的閉迴路電壓增益、頻寬以及在 250 kHz 時的輸出電壓值。

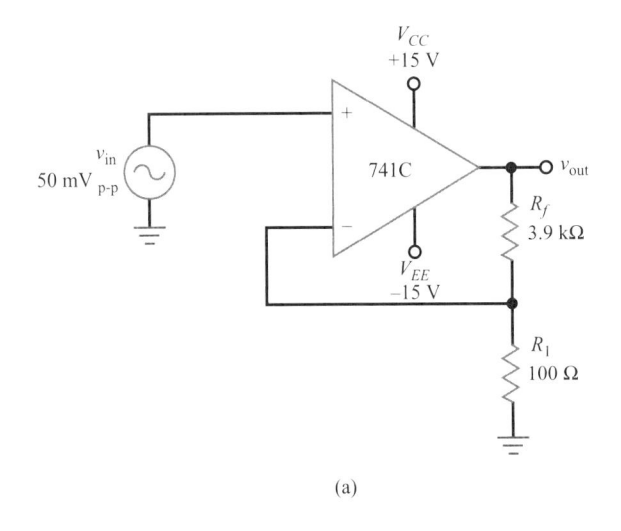

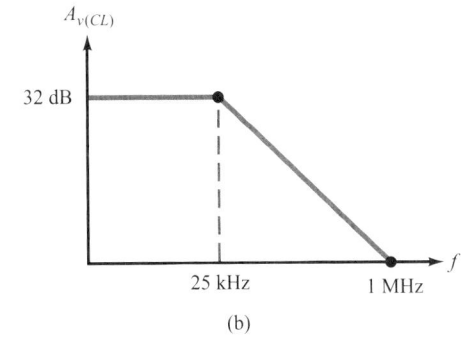

(a)

(b)

圖 11-22 例子。

解答 利用式 (11-12)：

$$A_{v(CL)} = \frac{3.9 \text{ k}\Omega}{100 \text{ }\Omega} + 1 = 40$$

將單位增益頻率除以閉迴路電壓增益會得到：

$$f_{2(CL)} = \frac{1 \text{ MHz}}{40} = 25 \text{ kHz}$$

圖 11-22b 為閉迴路電壓增益的理想波德圖，40 的等效分貝值為 32 dB（短路：40 = 10 × 2 × 2 或 20 dB + 6 dB + 6 dB = 32 dB）。由於 $A_{v(CL)}$ 在頻率 25 kHz 處轉折，它在頻率 250 kHz 處往下 20 dB。這意謂在 250 kHz 處 $A_{v(CL)} = 12$ dB，其等於平常的電壓增益為 4。因此，在頻率 250 kHz 時的輸出電壓值為：

$$v_{\text{out}} = 4 \ (50 \text{ mVp-p}) = 200 \text{ mVp-p}$$

練習題 11-10 在圖 11-22 中，將電阻 3.9 kΩ 改成 4.9 kΩ。試求頻率 200 kHz 時的 $A_{v(CL)}$ 及 v_{out}。

例題 11-11

為求方便，我們重複使用 741C 最壞情況下的參數值：$I_{\text{in(bias)}} = 500$ nA、$I_{\text{in(off)}} = 200$ nA，及 $V_{\text{in(off)}} = 6$ mV，試求圖 11-22a 中的輸出誤差電壓值。

解答 R_{B2} 為電阻 3.9 kΩ 及 100 Ω 的並聯等效值，其約等於 100 Ω。利用式 (11-8) 到式 (11-10)，三個輸入誤差電壓為：

$$V_{1\text{err}} = (R_{B1} - R_{B2})I_{\text{in(bias)}} = (-100 \text{ }\Omega)(500 \text{ nA}) = -0.05 \text{ mV}$$

$$V_{2\text{err}} = (R_{B1} + R_{B2})\frac{I_{\text{in(off)}}}{2} = (100 \text{ }\Omega)(100 \text{ nA}) = 0.01 \text{ mV}$$

$$V_{3\text{err}} = V_{\text{in(off)}} = 6 \text{ mV}$$

在最壞的可能情況，增加誤差會得到輸出誤差電壓值為：

$$V_{\text{error}} = \pm 40(0.05 \text{ mV} + 0.01 \text{ mV} + 6 \text{ mV}) = \pm 242 \text{ mV}$$

若輸出誤差電壓是個問題，我們可使用內阻 10 kΩ 的電壓計來抵銷輸出誤差。

11-5 雙運算放大器之應用

運算放大器的應用是如此廣泛及多樣化，在本章要廣泛地討論它們是不太可能。除此之外，在注意一些更進階的應用之前，我們需要多加了解負回授。現在，讓我們看一下兩個實際電路。

加法放大器

每當需要將兩個或多個類比訊號結合成單一個輸出時,圖 11-23a 的**加法放大器(summing amplifier)**自然會是個選擇。為求簡化,電路只顯示出兩個輸入,但是如果應用上有需要,則可以有多個輸入。像這樣的電路會放大每個輸入訊號,每個通道或輸入的增益為回授電阻除以適當的輸入電阻之比率。例如,圖 11-23a 的閉迴路電壓增益值為:

$$A_{v1(CL)} = \frac{-R_f}{R_1} \quad \text{和} \quad A_{v2(CL)} = \frac{-R_f}{R_2}$$

加法電路結合了所有被放大的輸入訊號成為一個輸出,如:

$$v_{\text{out}} = A_{v1(CL)}v_1 + A_{v2(CL)}v_2 \tag{11-13}$$

要證明式 (11-13) 很容易,由於反相輸入端為虛接地,所以整個輸入電流為:

$$i_{\text{in}} = i_1 + i_2 = \frac{v_1}{R_1} + \frac{v_2}{R_2}$$

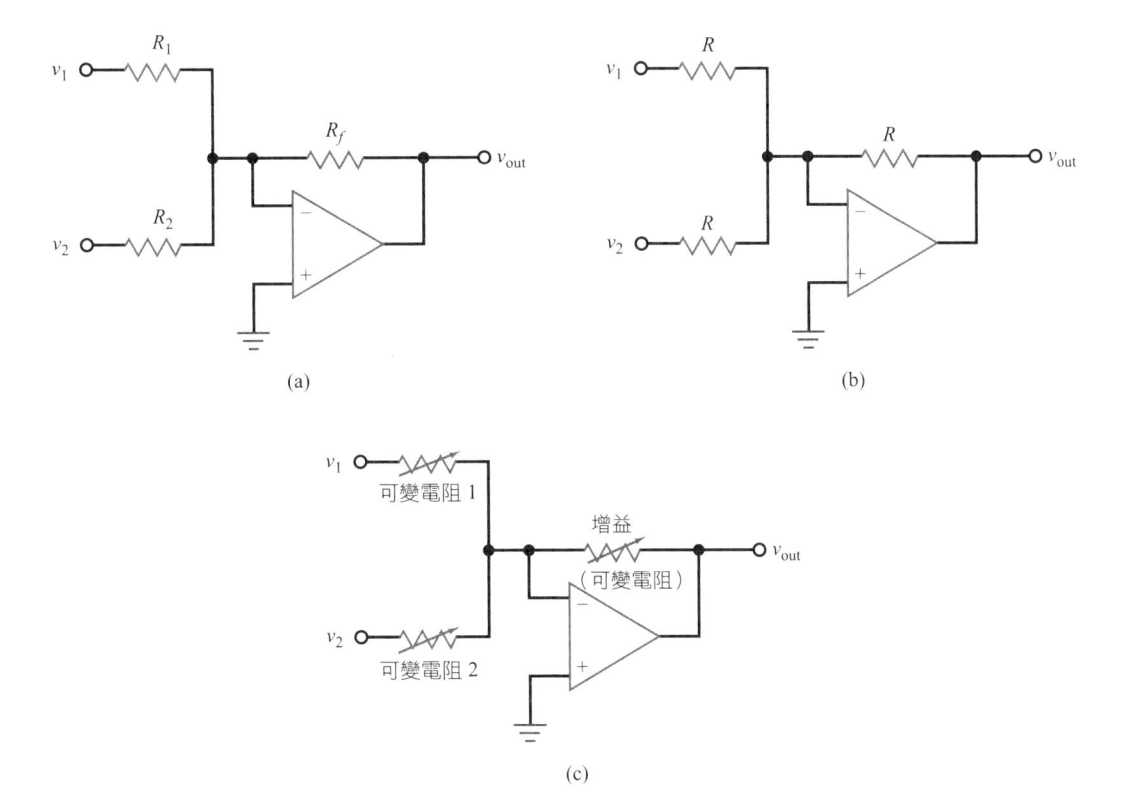

圖 11-23 加法放大器。

由於虛接地，所有電流會流經回授電阻，以產生輸出電壓，其振幅值為：

$$v_{\text{out}} = (i_1 + i_2)R_f = -\left(\frac{R_f}{R_1}v_1 + \frac{R_f}{R_2}v_2\right)$$

這裡可以看到，每個輸入電壓乘以自己的增益後相加，以產生整個輸出，相同的結果可應用到任意個數量的輸入。

如圖 11-23b 所示，在一些應用中所有的阻值是相同的。在這情形中，每個通道（輸入）有單位閉迴路電壓增益值，而輸出為：

$$v_{\text{out}} = -(v_1 + v_2 + \ldots + v_n)$$

這是結合輸入訊號及維持它們相對大小的方便作法。然後這個結合的輸出訊號，可以由多個電路進行處理。

圖 11-23c 為**混音器（mixer）**，在高傳真音響系統中它是結合音頻訊號的方便方法。可調式電阻允許我們設定每個輸入的電位，而增益控制允許我們去調整結合的輸出大小。藉由降低可變電阻 1，我們可讓訊號 v_1 在輸出端變得更大聲；藉由降低可變電阻 2，我們可讓訊號 v_2 更大聲；藉由增加增益，我們可讓兩個訊號變得更大聲。

最後一點：若加法電路需要藉由增加相同阻值到非反相輸入端以進行補償，所用的阻值是從反相輸入端看回去電源的戴維寧等效阻值。藉由將所有連接到虛接地的阻值做並聯等效，可得出這個阻值為：

$$R_{B2} = R_1 \| R_2 \| R_f \| \ldots \| R_n \tag{11-14}$$

電壓隨耦器

在面對需要產生幾乎和輸入訊號相同的輸出訊號時，使用射極隨耦器來增加輸入阻抗是很有用的方式。而這裡即將介紹的**電壓隨耦器（voltage follower）**跟射極隨耦器是相同的，不過它運作得更好。

圖 11-24a 為電壓隨耦器的交流等效電路。雖然它顯得有些簡單，但由於負回授情況為最大狀態，所以電路會是非常接近理想的。如你所見，回授阻抗為零。因此，所有輸出電壓會被回授至反相輸入端。由於在運算放大器輸入端間的虛短路，所以輸出電壓會等於輸入電壓：

$$v_{\text{out}} = v_{\text{in}}$$

其意謂閉迴路電壓增益為：

$$A_{v(CL)} = 1 \qquad (11\text{-}15)$$

我們藉由式 (11-12)，計算閉迴路電壓增益可獲得相同的結果。由於 $R_f = 0$ 及 $R_1 = \infty$：

$$A_{v(CL)} = \frac{R_f}{R_1} + 1 = 1$$

因此，由於電壓隨耦器會產生等於輸入電壓的輸出電壓（或是足夠接近以滿足幾乎所有的應用），所以電壓隨耦器是個完美的隨耦器電路。

而且，最大負回授會產生比開迴路輸入阻抗（其值在 741C 為 2 MΩ）更高的閉迴路輸入阻抗；再者，最大負回授會產生比開迴路輸出阻抗更低的閉迴路輸出阻抗（在 741C 為 75 Ω）。因此，對於要將高阻抗源轉換成低阻抗源之情形，我們就可以這幾乎完美的方法來處理。

圖 11-24b 以繪圖方式表示出這個想法，交流輸入源有高的輸出阻抗 R_{high}，而負載則為低的阻抗 R_{low}。由於在電壓隨耦器的最大負回授情況下，閉迴路輸入阻抗 $z_{\text{in}(CL)}$ 會很高，而閉迴路輸出阻抗 $z_{\text{out}(CL)}$ 會很低，所有的輸入源電壓會跨在負載電阻上面。

我們要了解的重點是：在高阻抗源與低阻抗負載間，電壓隨耦器會是個理想的介面。基本上，它將高阻抗電壓源轉換成低阻抗電壓

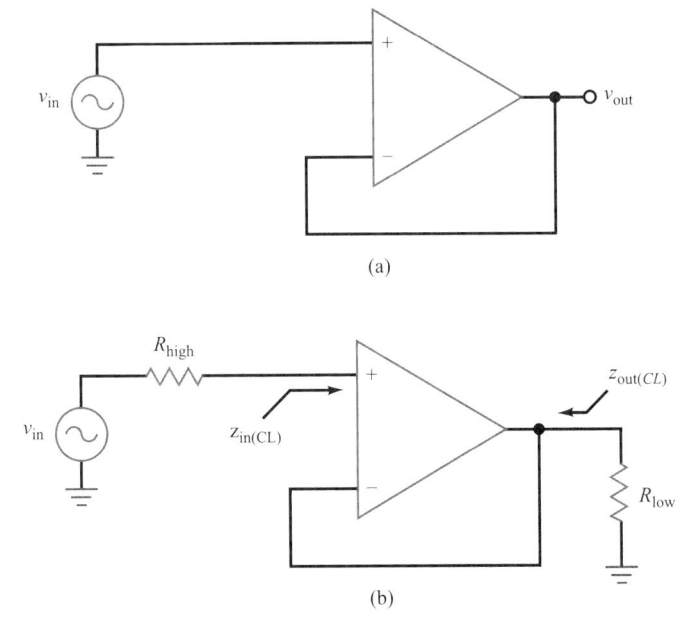

圖 11-24 (a) 電壓隨耦器有單位增益及最大頻寬；(b) 電壓隨耦器允許高阻抗源驅動低阻抗負載，而不會有任何的電壓損失。

源。在實務上可以看到電壓隨耦器被大量使用。

由於電壓隨耦器 $A_{v(CL)} = 1$，所以閉迴路頻寬會為最大，且等於：

$$f_{2(CL)} = f_{\text{unity}} \tag{11-16}$$

由於輸入誤差沒有被放大，所以另一個優點是具低輸出偏移誤差。由於 $A_{v(CL)} = 1$，所以整個輸出誤差電壓會等於最壞情況下的輸入誤差之總和。

應用題 11-12　　　　　　　　　　　　　　　　||| MultiSim

如圖 11-25 所示，有三個音頻訊號驅動加法放大器，試求交流輸出電壓值。

解答　通道（輸入）的閉迴路電壓增益為：

$$A_{v1(CL)} = \frac{-100 \text{ k}\Omega}{20 \text{ k}\Omega} = -5$$

$$A_{v2(CL)} = \frac{-100 \text{ k}\Omega}{10 \text{ k}\Omega} = -10$$

$$A_{v3(CL)} = \frac{-100 \text{ k}\Omega}{50 \text{ k}\Omega} = -2$$

輸出電壓為：

$$v_{\text{out}} = (-5)(100 \text{ mV}_{\text{p-p}}) + (-10)(200 \text{ mV}_{\text{p-p}}) + (-2)(300 \text{ mV}_{\text{p-p}}) = -3.1 \text{ V}_{\text{p-p}}$$

再次，負號指 180° 的相位移。

如果藉由增加相同的電阻 R_B 到非反相輸入端去做輸入偏壓補償是必要的話，那麼使用的電阻值會是：

$$R_{B2} = 20 \text{ k}\Omega \parallel 10 \text{ k}\Omega \parallel 50 \text{ k}\Omega \parallel 100 \text{ k}\Omega = 5.56 \text{ k}\Omega$$

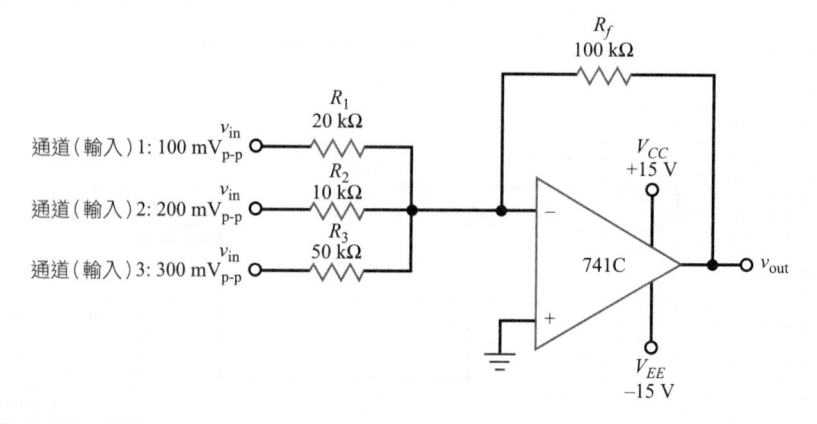

圖 11-25　例子。

最接近的標準值為 5.6 kΩ，它會是比較適切的電阻值（因實際上有 5.6 kΩ，但沒有 5.6 kΩ 的電阻）。抵銷電路可處理剩餘的輸入誤差。

練習題 11-12 使用圖 11-25，輸入端電壓從峰對峰值改為正的直流值，試求輸出直流電壓。

應用題 11-13　　　　　　　　　　　　　　　　　　　　　　|||| MultiSim

內阻 100 kΩ 的 10 mV$_{p-p}$ 交流電壓源驅動圖 11-26a 的電壓隨耦器，負載電阻值為 1 Ω。試求輸出電壓與頻寬值。

解答　閉迴路電壓增益為 1。因此：

$$v_{out} = 10\ mV_{p-p}$$

而頻寬為：

$$f_{2(CL)} = 1\ MHz$$

這例題回應先前所討論到的觀念，電壓隨耦器是將高阻抗源轉換成低阻抗源的容易做法，它就跟射極隨耦器一樣，只是它更好罷了。

練習題 11-13 使用運算放大器 LF157A 重做例題 11-13。

應用題 11-14

當以模擬軟體 MultiSim 建立圖 11-26a 的電壓隨耦器時，跨在 1 Ω 負載上的輸出電壓為 9.99 mV，試問如何計算閉迴路輸出阻抗值。

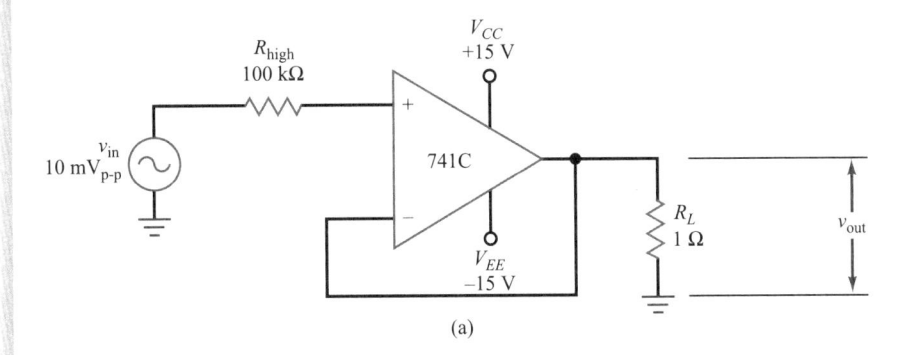

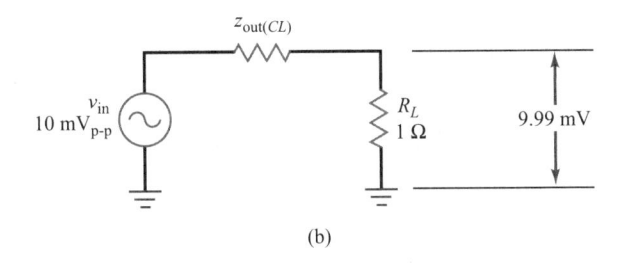

圖 11-26 例子。

解答

$$v_{\text{out}} = 9.99 \text{ mV}$$

閉迴路輸出阻抗跟看入負載電阻之戴維寧等效阻抗相同，在圖 11-26b 中的負載電流為：

$$i_{\text{out}} = \frac{9.99 \text{ mV}}{1 \text{ }\Omega} = 9.99 \text{ mA}$$

流過 $z_{\text{out}(CL)}$ 的負載電流為 9.99 mA，由於跨在 $z_{\text{out}(CL)}$ 的電壓為 0.01 mV：

$$z_{\text{out}(CL)} = \frac{0.01 \text{ mV}}{9.99 \text{ mA}} = 0.001 \text{ }\Omega$$

為了凸顯這個意義，在圖 11-26a 中，內阻 100 kΩ 的電壓源已被轉成內阻只有 0.001 Ω 的電壓源，像這小的輸出阻抗意謂這電壓源會接近理想電壓源。

練習題 11-14　在圖 11-26a 中若負載輸出電壓為 9.95 mV，試計算閉迴路輸出阻抗。

總結表 11-2 顯示我們所討論的基本運算放大器電路。

11-6　線性積體電路

> **知識補給站**
> 像是運算放大器的積體電路取代了在電子電路中的電晶體，這就像當初電晶體取代了真空管。然而，運算放大器及線性積體電路實際上都是微電子電路。

運算放大器約占所有線性 ICs 的三分之一。以運算放大器，我們可以建立許多有用的電路。雖然運算放大器是最重要的線性 IC，其他的線性 ICs 如音頻放大器、視訊放大器及穩壓器也廣泛地使用。

運算放大器的參數表

在表 11-3 中，字首 LF 指的是雙極性場效應電晶體運算放大器，例如，LF353 在表中是第一個。這個雙極性場效應電晶體運算放大器的最大輸入偏移電壓為 10 mV，最大輸入偏壓電流為 0.2 nA，而最大輸入偏移電流為 0.1 nA，它可以傳送 10 mA 的短路電流，它的單位增益頻率為 4 MHz，迴轉率為 13 V/μs，開迴路電壓增益為 88 dB，共模拒斥比則為 70 dB。

這個表格還包含了前面沒有討論過的兩個物理量。首先，有**電源拒斥比（power supply rejection ratio, PSRR）**，這個物理量定義為：

$$\text{PSRR} = \frac{\Delta V_{\text{in(off)}}}{\Delta V_S} \tag{11-17}$$

總結表 11-2 基本運算放大器的架構

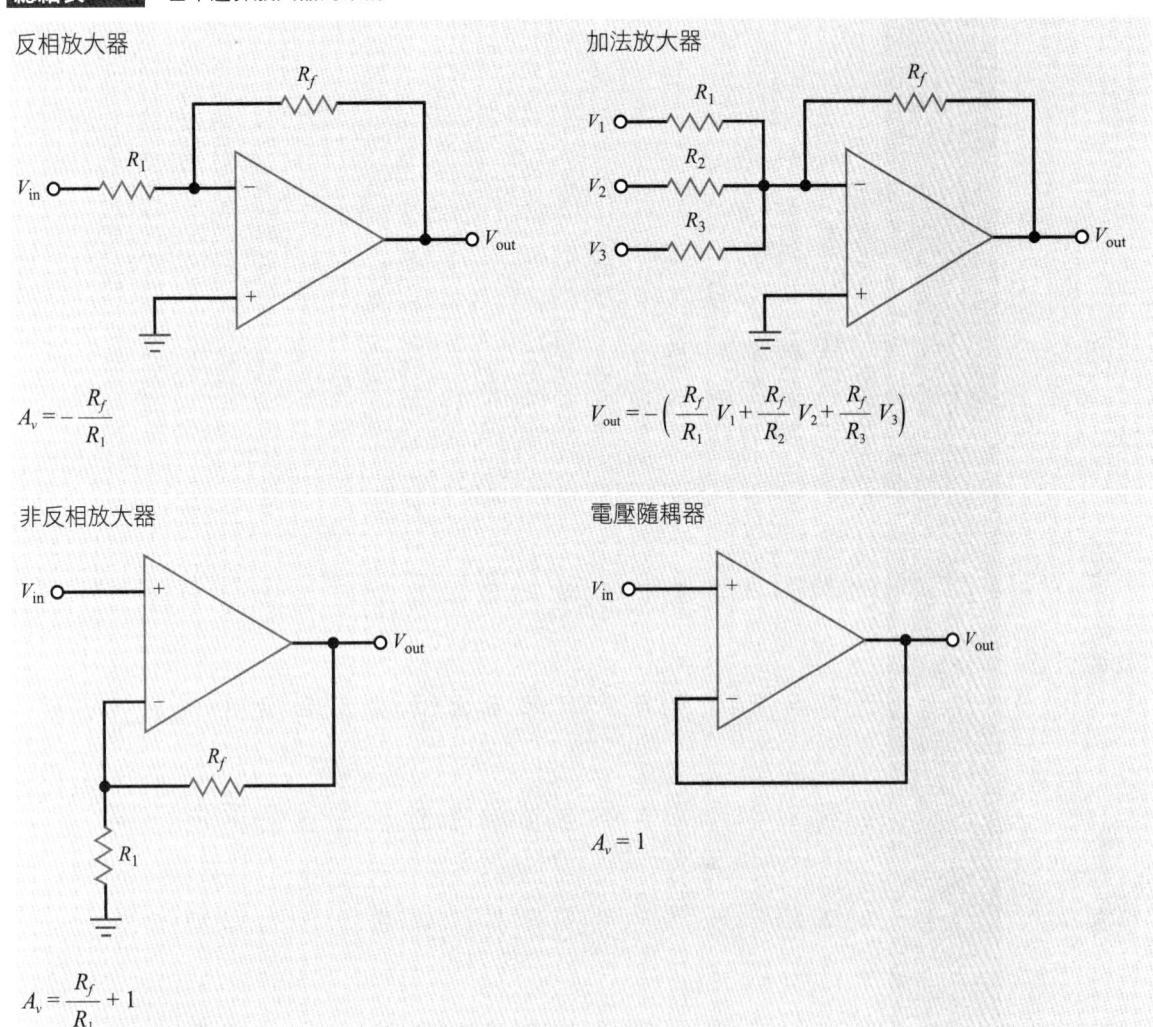

反相放大器

$$A_v = -\frac{R_f}{R_1}$$

加法放大器

$$V_{out} = -\left(\frac{R_f}{R_1}V_1 + \frac{R_f}{R_2}V_2 + \frac{R_f}{R_3}V_3\right)$$

非反相放大器

$$A_v = \frac{R_f}{R_1} + 1$$

電壓隨耦器

$$A_v = 1$$

這方程式提到電源拒斥比會等於輸入偏移電壓的變化除以電源電壓的變化。在進行量測時，製造商會同時且對稱地變動這兩個供應量。若 $V_{CC} = +15$ V，$V_{EE} = -15$ V，而 $\Delta V_S = +1$ V，則 V_{CC} 會變成 +16 V，而 V_{EE} 會變成 −16 V。

式 (11-17) 意思是：由於輸入差動放大器的不平衡，加上其他的內部效應，供應電壓的變化會產生輸出誤差電壓。此輸出誤差電壓除以閉迴路電壓增益，會得到輸入偏移電壓的變化。例如，表 11-2 的 LF351 的 PSRR 分貝值為 −76 dB，當我們轉換此成一般數目時，可得：

$$\text{PSRR} = \text{antilog}\frac{-76 \text{ dB}}{20} = 0.000158$$

表 11-3　25°C 下所選擇之運算放大器典型參數值

型號	$V_{in(off)}$ max, mV	$I_{in(bias)}$ max, nA	$I_{in(off)}$ max, nA	I_{out} max, mA	f_{unity} typ, MHz	S_R typ, V/μs	$A_{vol.}$ typ, dB	CMRR min, dB	PSRR min, dB	Drift typ, μV/°C	運算放大器敘述
LF353	10	0.2	0.1	10	4	13	88	70	−76	10	兩顆雙極性場效應電晶體
LF356	5	0.2	0.05	20	5	12	94	85	−85	5	雙極性場效電晶體，寬頻帶
LF411A	0.5	200	100	20	4	15	88	80	−80	10	低偏移雙極性場效應電晶體
LM301A	7.5	250	50	10	1+	0.5+	108	70	−70	30	外部補償
LM318	10	500	200	10	15	70	86	70	−65	—	高速・高迴轉率
LM324	4	10	2	5	0.1	0.05	94	80	−90	10	低功率四顆
LM348	6	500	200	25	1	0.5	100	70	−70	—	四顆 741
LM675	10	2 μA*	500	3 A#	5.5	8	90	70	−70	25	高功率，25 W 輸出
LM741C	6	500	200	25	1	0.5	100	70	−70	—	原始典型的
LM747C	6	500	200	25	1	0.5	100	70	−70	—	兩顆 741
LM833	5	1 μA*	200	10	15	7	90	80	−80	2	低雜訊
LM1458	6	500	200	20	1	0.5	104	70	−77	—	兩顆
LM3876	15	1 mA*	0.2 mA*	6 A†	8	11	120	80	−85	(−)	音頻（訊）功率放大器
LM7171	1	10 mA*	4 mA*	100	200	4100	80	85	−85	35	超高速放大器
OP-07A	0.025	2	1	10	0.6	0.17	110	110	−100	0.6	精密型
OP-21A	0.1	100	4	—	0.6	0.25	120	100	−104	1	低功率精密型
OP-42E	0.75	0.2	0.04	25	10	58	114	88	−86	10	高速雙極性場效應電晶體
TL072	10	0.2	0.05	10	3	13	88	70	−70	10	低雜訊雙極性場效應電晶體兩顆封裝型
TL074	10	0.2	0.05	10	3	13	88	70	−70	10	低雜訊雙極性場效應電晶體四顆封裝型
TL082	3	0.2	0.01	10	3	13	94	80	−80	10	低雜訊雙極性場效應電晶體兩顆封裝型
TL084	3	0.2	0.01	10	3	13	94	80	−80	10	低雜訊雙極性場效應電晶體四顆封裝型

* 對於 LM675、LM833、LM3876 和 LM7171，其值通常微安培表示。
# 對於 LM675 和 LM3875，其值通常安培表示。

或者，它有時被寫成：

$$PSRR = 158\ \mu V/V$$

這透露電源電壓每變化 1 V 時，將產生 158 μV 的輸入偏移電壓變化。因此，我們會有超過一個的輸入誤差來源，其會結合先前所討論到的三個輸入誤差。

　　LF353 最後一個參數值為 10 μV/°C 的電壓漂移量，此定義為輸入偏移電壓的溫度係數，它顯示出輸入偏移電壓是如何隨溫度而增加。10 μV/°C 的漂移量，意謂輸入偏移電壓在溫度每增加 1°C 時就會增加 10 μV。若運算放大器內部溫度增加 50°C 時，LF353 的輸入偏移電壓會增加 500 μV。

　　表 11-3 所選的運算放大器顯示出許多商用上可取得之元件。如 LF411A 為輸入偏移量只有 0.5 mV 的低偏移雙極性場效應電晶體；多數運算放大器為低功率元件，但並非都是這樣，像 LM675 為高功率運算放大器，其短路電流為 3 A，且可傳送 25 W 功率到負載電阻上；而 LM3876 為更高功率之元件，其短路電流為 6 A 且可推動 56 W 之負載功率，應用上包括立體聲組合音響、環繞立體聲放大器及高端的立體音響電視系統。

　　當你需要高迴轉率時，LM318 可以提供 70 V/μs 的迴轉率，而 LM7171 的則來到 4100 V/μs，迴轉率高頻帶會有大的頻寬，像 LM318 與 LM7171 就分別有 15 MHz 及 200 MHz 的頻寬。

　　許多運算放大器會將兩顆或四顆做在一起，這意謂同一個包裝中不是有兩顆就是有四顆運算放大器在裡面。例如，LM747C 裡面就有兩顆 741C，LM348 裡面則有四顆 741，單顆及雙顆運算放大器的包裝是 8 支腳，而四顆運算放大器的包裝則是 14 支腳。

　　並非所有運算放大器外部都需要以雙電源方式來供電。例如，LM324 有四顆被內部補償的運算放大器。雖然它可以像多數運算放大器一樣以雙電源供電，它也被特別設計成可以單電源方式供電，這點在許多應用中明顯是個好處。LM324 的另一個方便處是它可以低到 +5 V 的單電源來供電，對許多數位系統而言，5 V 是標準的電源值。

　　內部補償是方便且安全的方式，有被內部補償的運算放大器在任何情況下都不會發生振盪。其所付出的代價是會失去設計上的主控權，這是為何一些運算放大器會提供外部補償。例如，LM301A 是藉由外部連接 30 pF 的電容來做補償，但是設計者有以大電容做「過補償」及以小電容作「欠補償」的選擇權，過補償可改善低頻操作，而欠補償可增加頻寬及迴轉率。這是為何在表 11-3 中 + 號會被加到

LM301A 的 f_{unity} 及 S_R 上。

如我們所見，所有的運算放大器都有缺點，精密型運算放大器會試著減小這些缺點。例如，OP-07A 為精密型運算放大器，其最壞情況下的參數值為：輸入偏移電壓只有 0.025 mV、CMRR 至少 110 dB、PSRR 至少 100 dB，而漂移量只有 0.6 μV/°C。精密型運算放大器在要求高的應用上（諸如量測及控制）是需要的。

運算放大器有許多應用，運算放大器有許多應用，如在線性電路、非線性電路、振盪器、穩壓器及主動式濾波器中都可看到它們的身影。

音頻放大器

前置放大器是輸出功率小於 50 mW 的音頻放大器，由於用於音響系統前端，在這裡會放大來自光學感測器、磁帶頭、麥克風等等的微弱訊號，所以前置放大器會優化為低雜訊。

IC 型式的前置放大器例子如 LM833，為一低雜訊雙前置放大器。每一個放大器間相互獨立。LM833 有 110 dB 的電壓增益及 120 kHz 的 27 V 功率頻寬。LM833 的輸入級電路為差動放大器，允許差動或單端輸入。

中等的音頻放大器輸出功率從 50 mW 到 500 mW，這些在可攜式電子產品如手機、光碟播放機的輸出端附近是有用的。例如，LM4818 音頻功率放大器，其輸出功率為 350 mW。

音頻功率放大器會傳送超過 500 mW 的輸出功率，它們用於高傳真放大器、對講機、調幅-調頻無線電及其他的應用中。LM380 是個例子，其電壓增益為 34 dB、頻寬為 100 kHz，而輸出功率為 2 W。另一個例子為 LM4756 功率放大器，其內部設定的電壓增益為 30 dB，而每個通道可傳遞 7 W 功率。圖 11-27 為其包裝式樣及腳位，注意雙偏移腳位的排列。

圖 11-28 為 LM380 的簡化電路圖，輸入差動放大器使用 pnp 輸入，訊號可直接耦合，這對傳感器來說是個優點。差動放大器驅動電流鏡負載（Q_5 及 Q_6），電流鏡輸出會去到射極隨耦器（Q_7）及共射極驅動器（Q_8），輸出級電路為 class B 推挽式射極隨耦器（Q_{13} 及 Q_{14}）。內部有個 10 pF 的補償電容，它會使分貝電壓增益以每十倍頻 20 dB 斜率下降，這電容會產生約 5 V/μs 的迴轉率。

第 11 章　運算放大器　**535**

連接圖

塑膠包裝

15　PWRGNDR
14　V$_{OUTR}$
13　V$_{CC}$
12　V$_{OUTL}$
11　PWRGNDL
10　MUTE
9　STBY
8　GND
7　BIAS
6　NC
5　V$_{INL}$
4　VAROUTL
3　VOLUME
2　VAROUTR
1　V$_{INR}$

LM4756

俯視圖

(a)

塑膠包裝

NUZXYTT
LM4756TA

接腳 1　接腳 2

俯視圖

(b)

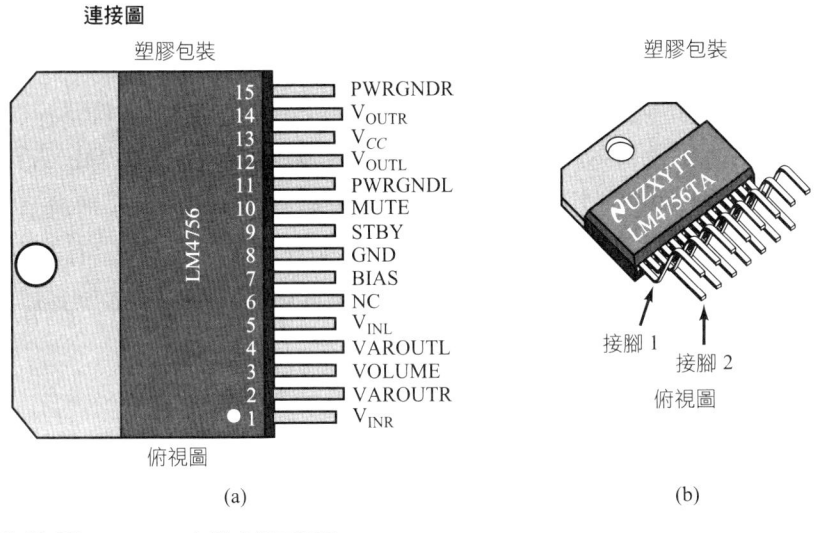

圖 11-27　LM4756 包裝式樣及腳位。

視訊放大器

　　視訊及寬頻帶放大器在非常廣的頻率範圍內有著平坦的響應情形（即固定值的分貝電壓增益）。典型的頻寬值會來到百萬赫茲（MHz）範圍。視訊放大器不必然是直流放大器，但它們常會有延伸至頻率零的響應情況，它們用在輸入頻率範圍很大的應用中。例如，許多示波器處理的頻率從 0 到 100 MHz 以上；像這些儀器在施加訊號到陰極射線管前，會使用視訊放大器增強訊號。另一個例子，LM7171 有寬到

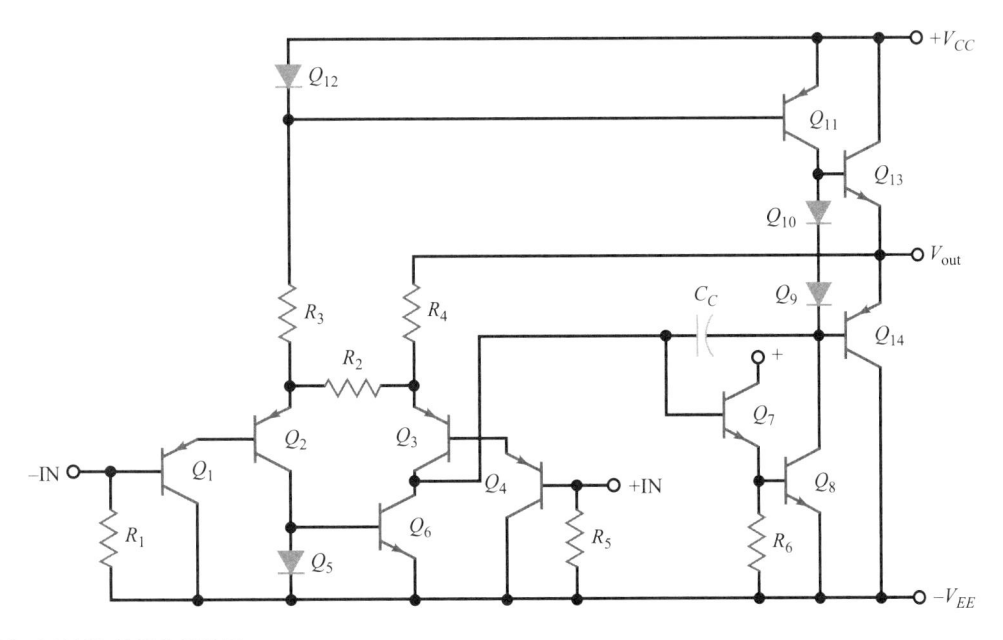

圖 11-28　LM380 的簡化電路圖。

200 MHz 的單位增益頻帶及 4100 V/μs 的迴轉率,是很高速的放大器,可在攝影機、影印機及掃描器與高畫質視訊放大器應用中見到。

積體電路視訊放大器藉由連接不同的外部電阻,可以調整其電壓增益值。例如,NE592 有 52 dB 之分貝電壓增益值及 40 MHz 的截止頻率;藉由改變外部元件可以得到高至 90 MHz 的有效增益值。MC1553 有 52 dB 的分貝電壓增益及 20 MHz 頻寬;這些是可以藉由改變外部元件來調整的。LM733 有非常寬的頻帶,它可以設定到提供 20 dB 的增益值及 120 MHz 的頻寬。

射頻及中頻放大器

射頻(radio-frequency, RF)放大器常是調幅、調頻或視訊接收器電路中的第一級電路。中頻(intermediate-frequency, IF)放大器典型上則是中間級電路。有些積體電路在同一個晶片上包含了射頻與中頻放大器。這放大器被調諧好(共振)以至於它們只會放大頻帶中的一狹窄頻段。這允許接收器從特定的無線電或電視台調諧到所想要之訊號。如先前所提到的,要將電感與大電容在晶片上積體化是不切實際的,針對這個原因,你必須連接外部電感及電容到晶片去以得到調諧的放大器。另一個射頻 ICs 的例子是 MBC13720,這顆低雜訊放大器設計操作在頻率 400 MHz 到 2.4 GHz 範圍內,它在許多無線寬頻的應用中可以見到。

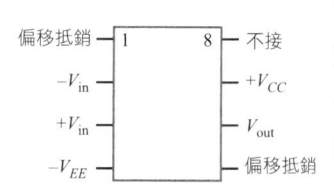

穩壓器

在濾波之後,會得到帶有漣波的直流電壓。這直流電壓正比於線電壓,亦即若線電壓變化 10% 時,它也會跟著變化 10%。在多數應用中,直流電壓變化 10% 算是太多了,所以穩壓就顯得必要。典型的 IC 穩壓器如 LM340 系列,這類晶片對於線電壓與負載阻抗在正常的變化情況下,可以維持輸出直流電壓值,使其變動不會超過 0.01%。其他特性包括可提供正或負的輸出電壓、可調整輸出電壓大小及短路保護。

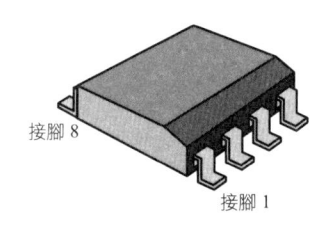

11-7 表面黏著元件運算放大器

運算放大器與類似種類的類比電路常出現表面黏著式包裝及傳統的雙排型式。由於多數運算放大器的接腳相對簡單,所以小的外型包裝(small outline package, SOP)是比較受歡迎的表面黏著型式。

例如,多年來運算放大器 LM741 一直是學校電子學實習所採用的主要元件,現在則常見最新的 SOP 包裝(如左邊)。在這例子中,表

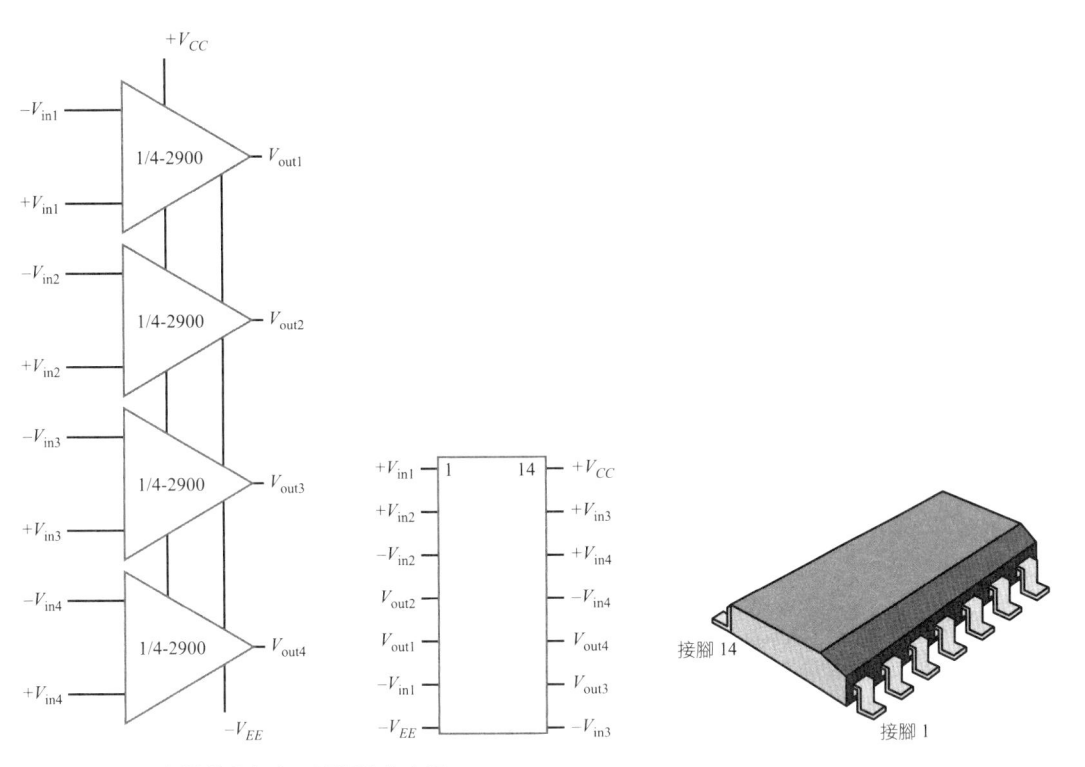

典型 14 支接腳 SOT 包裝其內部有四顆運算放大器。

面黏著元件（surface-mount device, SMD）的接腳跟人們所熟悉的雙排式版本是相同的。

LM2900 為一顆內部有四個運算放大器的積體電路，它是個更複雜的運算放大器 SMD 包裝。這元件提供穿透式、14 支接腳 DIP 包裝及 14 支接腳 SOT 包裝（如上），傳統上對於這兩種包裝接腳都是相同的。

● 總結

11-1　運算放大器的介紹

典型運算放大器有非反相輸入端、反相輸入端及一個輸出端，理想運算放大器有無窮大的開迴路電壓增益、無窮大的輸入阻抗及輸出阻抗值為零。它是個完美的放大器〔電壓控制電壓源（VCVS）〕。

11-2　運算放大器 741

741 是個用途廣泛的標準運算放大器，它含有內部補償電容以防止振盪發生。利用大的負載電阻值，輸出訊號可在低於任一個電源電壓的 1 V 或 2 V 範圍內擺動變化。利用小的負載電阻值，藉由短路電流 MPP 值會被限制住。而迴轉率指的是當面對一個步階輸入訊號來臨時，輸出電壓可以隨之對應產生變化的最快速度。功率頻寬直接正比於迴轉率且跟峰值輸出電壓成反比。

11-3 反相放大器

反相放大器是最基本的運算放大器電路，它使用負回授來穩定閉迴路電壓增益。由於反相輸入端對電壓而言是短路，但對電流而言則是開路，所以反相輸入端是虛接地。閉迴路電壓增益會等於回授電阻值除以輸入電阻值。閉迴路頻寬等於單位增益頻率除以閉迴路電壓增益。

11-4 非反相放大器

非反相放大器是另一個基本的運算放大器電路，它使用負回授來穩定閉迴路電壓增益。虛短路是在非反相輸入端及反相輸入端間。閉迴路電壓增益等於 $R_f/R_1 + 1$。閉迴路頻寬等於單位增益頻率除以閉迴路電壓增益。

11-5 雙運算放大器之應用

加法放大器有兩個或多個輸入與一個輸出，每個輸入會藉由其本身的通道增益而被放大，輸出等於被放大的輸入之總和。若所有的通道增益等於1，輸出會等於輸入的總和。在混音器中加法放大器可以放大與結合聲音訊號，電壓隨耦器的閉迴路電壓增益為1而頻寬為 f_{unity}，電壓隨耦器可以在高阻抗源與低阻抗負載間作介面使用。

11-6 線性積體電路

運算放大器約占所有線性 ICs 的三分之一。針對幾乎所有的應用而言，有許多種的運算放大器存在。一些會有非常低的輸入偏移量，有的會有高頻寬與高迴轉率，有的則是低漂移量。市面上也有將兩顆或四顆運算放大器做成一顆 IC 的產品，甚至有可以推動大負載功率的高功率運算放大器，其他還有音頻與視訊放大器、射頻與中頻放大器及穩壓器等線性 IC。

● 定義

(11-1) 迴轉率：

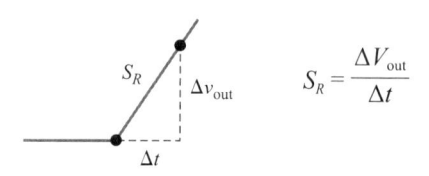

$$S_R = \frac{\Delta V_{out}}{\Delta t}$$

(11-17) 電源拒斥比：

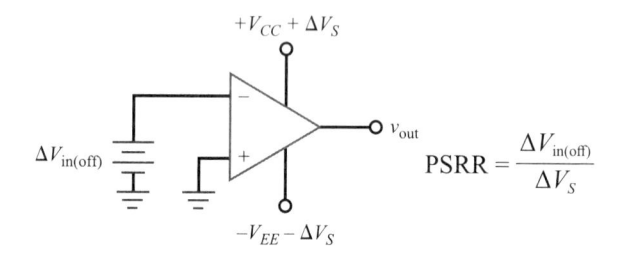

$$PSRR = \frac{\Delta V_{in(off)}}{\Delta V_S}$$

● 推導

(11-2) 功率頻寬：

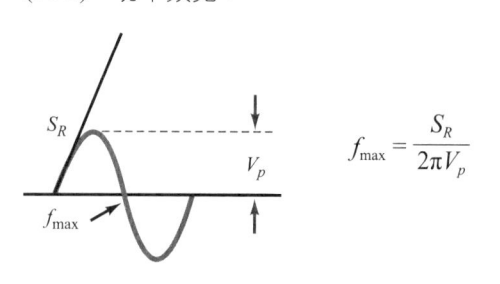

$$f_{max} = \frac{S_R}{2\pi V_p}$$

(11-3) 閉迴路電壓增益：

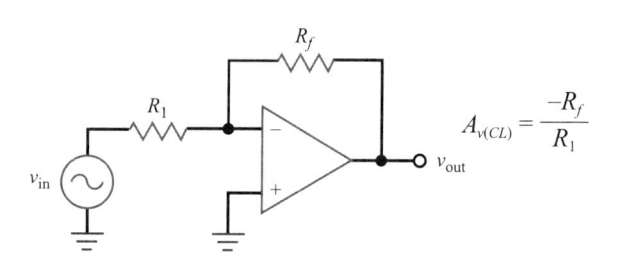

$$A_{v(CL)} = \frac{-R_f}{R_1}$$

第 11 章　運算放大器　**539**

(11-4)　閉迴路輸入阻抗：

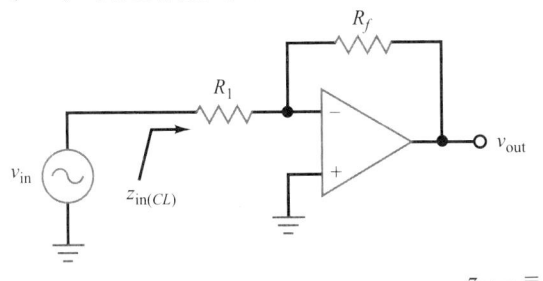

$$z_{in(CL)} = R_1$$

(11-5)　閉迴路頻寬：

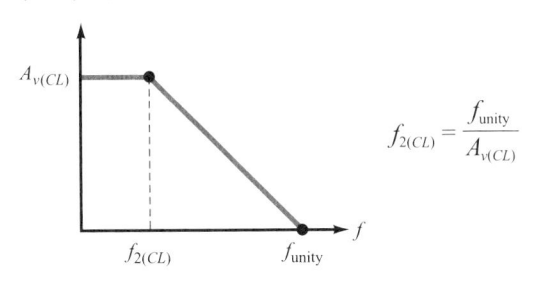

$$f_{2(CL)} = \frac{f_{unity}}{A_{v(CL)}}$$

(11-11)　補償電阻：

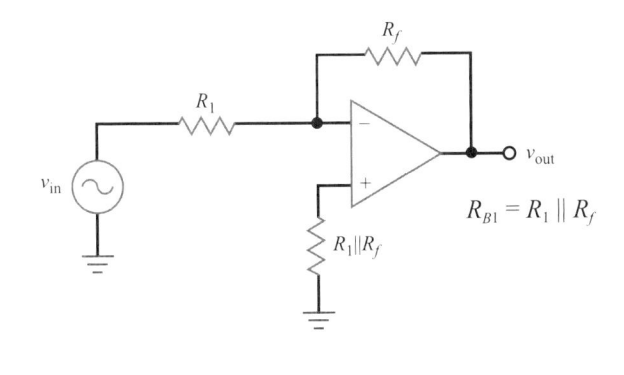

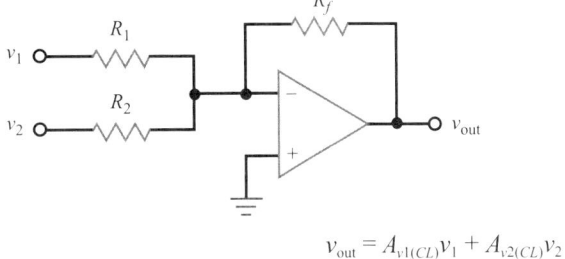

$$R_{B1} = R_1 \parallel R_f$$

(11-12)　非反相放大器：

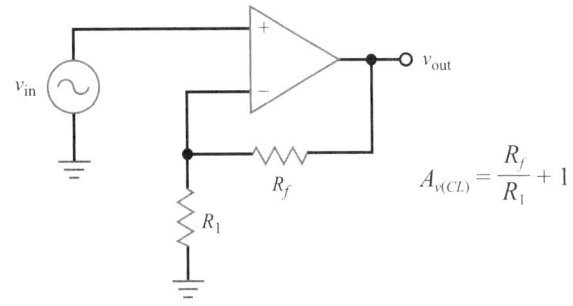

$$A_{v(CL)} = \frac{R_f}{R_1} + 1$$

(11-13)　加法放大器：

$$v_{out} = A_{v1(CL)}v_1 + A_{v2(CL)}v_2$$

(11-15)　電壓隨耦器：

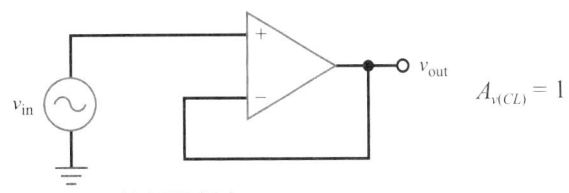

$$A_{v(CL)} = 1$$

(11-16)　隨耦器頻寬：

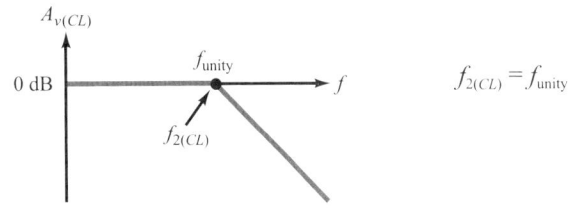

$$f_{2(CL)} = f_{unity}$$

● 自我測驗

1. 通常控制運算放大器開迴路截止頻率的是
   a. 線路雜散電容
   b. 基射電容
   c. 集基電容
   d. 補償電容

2. 補償電容會防止
   a. 電壓增益
   b. 振盪
   c. 輸入偏移電流
   d. 功率頻寬

3. 在單位增益頻率，開迴路電壓增益是
   a. 1
   b. $A_{v(mid)}$
   c. 零
   d. 非常大

4. 運算放大器的截止頻率等於單位增益頻率除以
   a. 截止頻率
   b. 閉迴路電壓增益
   c. 1
   d. 共模電壓增益

5. 若截止頻率為 20 Hz 而中頻開迴路電壓增益為 1,000,000，則單位增益頻率為
   a. 20 Hz
   b. 1 MHz
   c. 2 MHz
   d. 20 MHz

6. 若單位增益頻率為 5 MHz，而中頻開迴路電壓增益為 100,000，則截止頻率為
   a. 50 Hz
   b. 1 MHz
   c. 1.5 MHz
   d. 15 MHz

7. 正弦波的初始斜率直接正比於
   a. 迴轉率
   b. 頻率
   c. 電壓增益
   d. 電容

8. 當正弦波的初始斜率大於迴轉率時會
   a. 出現失真
   b. 出現線性操作
   c. 電壓增益最大
   d. 運算放大器運作得最好

9. 功率頻寬會增加，當
   a. 頻率下降
   b. 峰值下降
   c. 初始斜率下降
   d. 電壓增益下降

10. 741C 包含
    a. 分立式電阻
    b. 電感
    c. 主動式負載電阻
    d. 大的耦合電容

11. 741C 無法運作在於缺少
    a. 分立式電阻
    b. 被動式負載
    c. 兩個基極上的直流返回路徑
    d. 小的耦合電容

12. 雙極性場效應電晶體運算放大器的輸入阻抗為
    a. 低
    b. 中
    c. 高
    d. 極高

13. LF157A 為
    a. 差動放大器
    b. 源極隨耦器
    c. 雙極性運算放大器
    d. 雙極性場效應電晶體運算放大器

14. 若兩個電源電壓為 ±12 V，則運算放大器的 MPP 值會接近於
    a. 0
    b. +12 V
    c. –12 V
    d. 24 V

15. 741C 的開迴路截止頻率會受何者控制？
    a. 耦合電容
    b. 輸出短路電流
    c. 功率頻寬
    d. 補償電容

16. 741C 的單位增益頻率為
    a. 10 Hz
    b. 20 kHz
    c. 1 MHz
    d. 15 MHz

17. 單位增益頻率等於閉迴路電壓增益乘以
    a. 補償電容

b. 尾（拖曳）電流
   c. 閉迴路截止頻率
   d. 負載電阻
18. 若 f_{unity} 為 10 MHz 而中頻開迴路電壓增益為 200,000，則運算放大器的開迴路截止頻率為
   a. 10 Hz
   b. 20 Hz
   c. 50 Hz
   d. 100 Hz
19. 正弦波的初始斜率會增加，當
   a. 頻率下降
   b. 峰值增加
   c. C_c 增加
   d. 迴轉率下降
20. 若輸入訊號的頻率大於功率頻寬，
   a. 會出現迴轉率失真
   b. 會出現正常輸出訊號
   c. 輸出偏移電壓會增加
   d. 可能會出現失真
21. 運算放大器有開基極電阻，輸出電壓將會是
   a. 零
   b. 跟零稍微有些差距
   c. 最大的正或負值
   d. 放大的正弦波
22. 運算放大器電壓增益為 200,000，若輸出電壓為 1 V，則輸入電壓為
   a. 2 μV
   b. 5 μV
   c. 10 mV
   d. 1 V
23. 741C 的電源電壓是 ±15 V，若負載電阻大，則 MPP 值會近似於
   a. 0
   b. +15 V
   c. 27 V
   d. 30 V
24. 超過截止頻率，741C 的電壓增益會下降約
   a. 每十倍頻 10 dB
   b. 每八度 20 dB
   c. 每八度 10 dB
   d. 每十倍頻 20 dB
25. 運算放大器的電壓增益在何處會等於 1？
   a. 截止頻率
   b. 單位增益頻率
   c. 發電機頻率
   d. 功率頻寬
26. 當正弦波的迴轉率失真發生時，輸出
   a. 會更大
   b. 出現三角波
   c. 正常
   d. 沒有偏移
27. 741C 的
   a. 電壓增益為 100,000
   b. 輸入阻抗為 2 MΩ
   c. 輸出阻抗為 75 Ω
   d. 以上皆是
28. 反相放大器的閉迴路電壓增益等於
   a. 輸入電阻對回授電阻的比率
   b. 開迴路電壓增益
   c. 回授電阻除以輸入電阻
   d. 輸入阻抗
29. 非反相放大器有
   a. 大的閉迴路電壓增益
   b. 小的開迴路電壓增益
   c. 大的閉迴路輸入阻抗
   d. 大的閉迴路輸出阻抗
30. 電壓隨耦器有
   a. 等於 1 的閉迴路電壓增益值
   b. 小的開迴路電壓增益值
   c. 為零的閉迴路頻寬
   d. 大的閉迴路輸出阻抗
31. 加法放大器可以有
   a. 不超過兩個輸入訊號
   b. 兩個或更多的輸入訊號
   c. 無窮大的閉迴路輸入阻抗
   d. 小的開迴路電壓增益

● 問題

11-2 運算放大器 741

1. 假設負飽和會出現在低於 741C 電源電壓 1 V 處，試問反相輸入電壓要多少，以驅動圖 11-29 的運算放大器進入負飽和狀態。

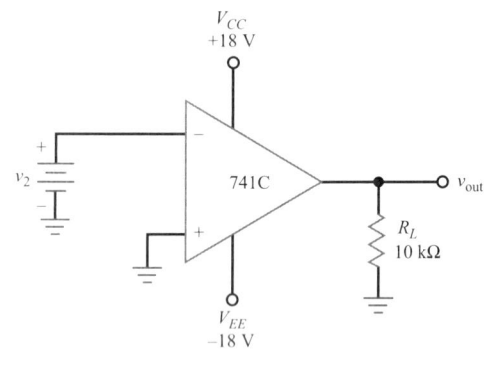

圖 11-29

2. 試求低頻處 LF157A 的共模拒斥比，並將分貝值轉換成一般數值。

3. 試求當輸入頻率分別為 1 kHz、10 kHz 及 100 kHz 時，LF157A 的開迴路電壓增益值（假設為一階響應，即以每十倍頻 20 dB 斜率下降）。

4. 運算放大器的輸入電壓為一個大的步級電壓訊號，輸出為在 0.4 μs 變化 2.0 V 的指數波形，試求運算放大器迴轉率。

5. LM318 的迴轉率為 70 V/μs，試求峰值輸出電壓 = 7 V 時的功率頻寬值。

6. 試利用式 (11-2) 計算下列各情況之功率頻寬值：

   a. $S_R = 0.5$ V/μs 且 $V_p = 1$ V
   b. $S_R = 3$ V/μs 且 $V_p = 5$V
   c. $S_R = 15$ V/μs 且 $V_p = 10$ V

11-3 反相放大器

7. **MultiSim** 試求圖 11-30 中閉迴路電壓增益及頻寬值，以及頻率 1 kHz、10 MHz 處的輸出電壓值。試繪出閉迴路電壓增益之理想波德圖。

8. 試以表 11-1 中的典型參數值求圖 11-31 中當 $v_{in} = 0$ 時的輸出電壓值。

9. LF157A 的元件資料手冊列出最壞情況下的參數值：$I_{in(bias)} = 50$ pA、$I_{in(off)} = 10$ pA 及 $V_{in(off)} = 2$ mV，試重新計算圖 11-31 中當 $v_{in} = 0$ 時的輸出電壓值。

11-4 非反相放大器

10. **MultiSim** 試求圖 11-32 中的閉迴路電壓增益、頻寬值及頻率 100 kHz 處的交流輸出電壓值。

11. 試求圖 11-32 中當 v_{in} 降到 0 時的輸出電壓值，請使用問題 9 中最壞情況下的參數值來計算。

11-5 雙運算放大器之應用

12. **MultiSim** 在圖 11-33a 中試求交流輸出電壓值。若需要加入補償電阻到非反相輸入端，試問其所需的值。

13. 試求圖 11-33b 中的輸出電壓值及頻寬。

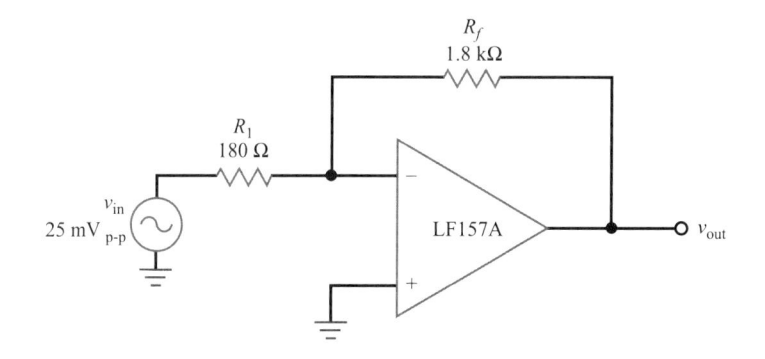

圖 11-30

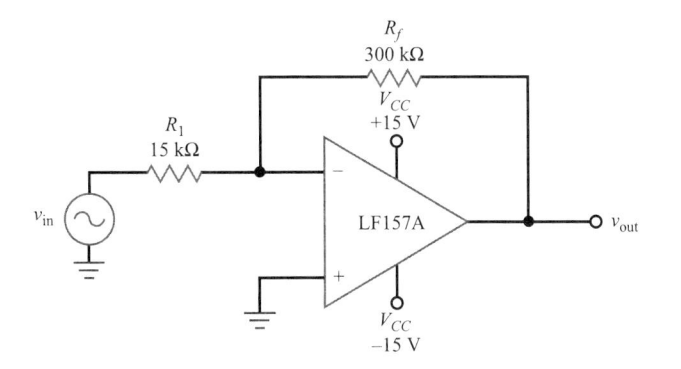

圖 11-31

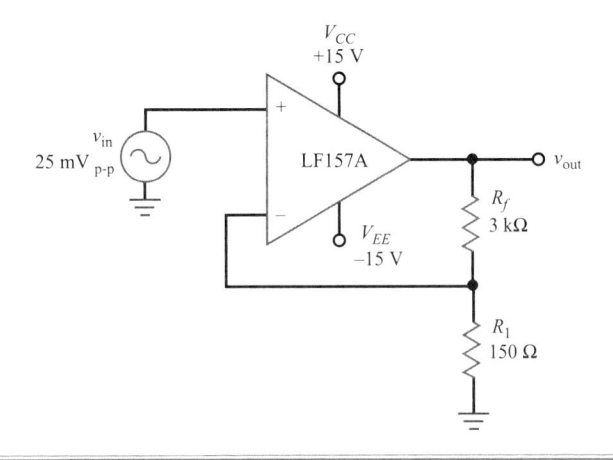

圖 11-32

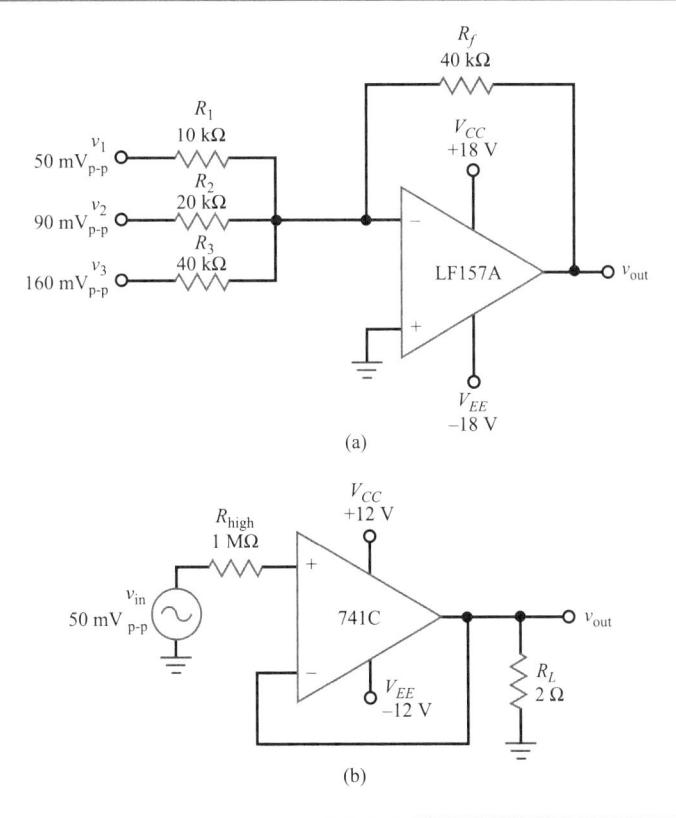

(a)

(b)

圖 11-33

● 腦力激盪

14. 圖 11-34 的可調式電阻能在 0 到 100 kΩ 範圍內變化，試計算最小及最大閉迴路電壓增益及頻寬值。

15. 試計算圖 11-35 中最小及最大閉迴路電壓增益及頻寬值。

16. 圖 11-33b 中交流輸出電壓為 49.98 mV，試求閉迴路輸出阻抗值。

17. 試求頻率 15 kHz、峰值 2 V 的正弦波初始斜率值。若頻率上升到 30 kHz，初始頻率會如何？

18. 表 11-2 中哪一個運算放大器有如下特性：
    a. 最小輸入偏移電壓
    b. 最小輸入偏移電流
    c. 最大輸出電流能力
    d. 最大頻寬
    e. 最小漂移

19. 試求頻率 100 kHz 處 741C 的 CMRR 值，及負載電阻為 500 Ω 時的 MPP 值，與頻率 1 kHz 處的開迴路電壓增益值。

20. 若圖 11-33a 的回授電阻改成 100 kΩ 的可變電阻，試求最大、最小輸出電壓值。

21. 試求圖 11-36 中每個開關位置的閉迴路電壓增益值。

22. 試求圖 11-37 中每個開關位置的閉迴路電壓增益及頻寬值。

23. 在接線如圖 11-37 的電路時，技術人員不讓 6 kΩ 電阻接地，試求圖 11-37 中每個開關位置的閉迴路電壓增益。

24. 若圖 11-37 中的電阻 120 kΩ 開路，試問輸出

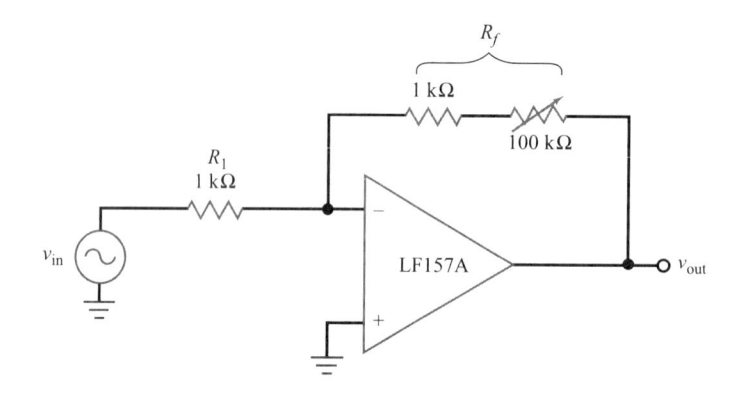

圖 11-34

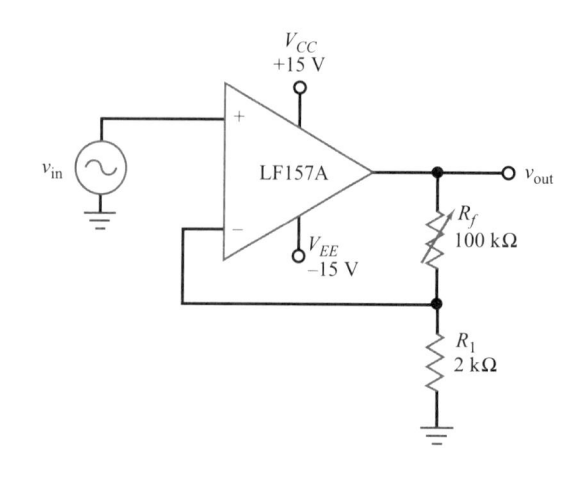

圖 11-35

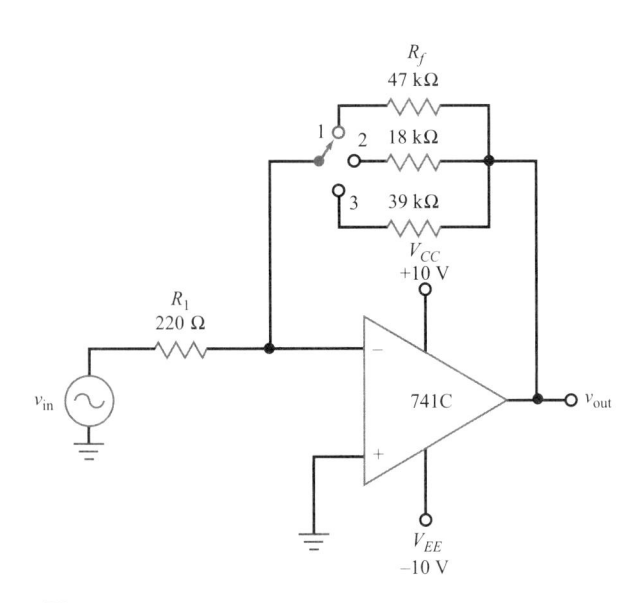

圖 11-36

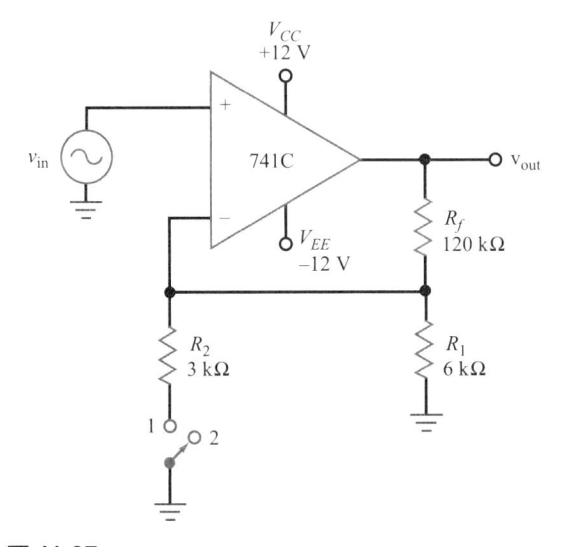

圖 11-37

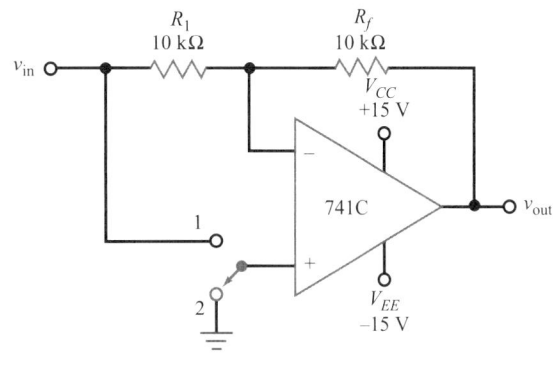

圖 11-38

電壓最可能會如何？

25. 試求圖 11-38 中每個開關位置的閉迴路電壓增益、頻寬值。

26. 若圖 11-38 中的輸入電阻開路，試求每個開關位置的開迴路電壓增益值。

27. 若圖 11-38 中的回授電阻開路，試問輸出電壓最可能會怎樣？

28. 741C 最壞情況下的參數值為：$I_{in(bias)}$ = 500 nA、$I_{in(off)}$ = 200 nA 及 $V_{in(off)}$ = 6 mV，試求圖 11-39 中整個輸出誤差電壓值。

29. 在圖 11-39 中輸出訊號頻率為 1 kHz，試求交流輸出電壓值。

30. 在圖 11-39 中若電容短路，試求整個輸出誤差電壓值。使用問題 28 中所提供的最壞情況參數值。

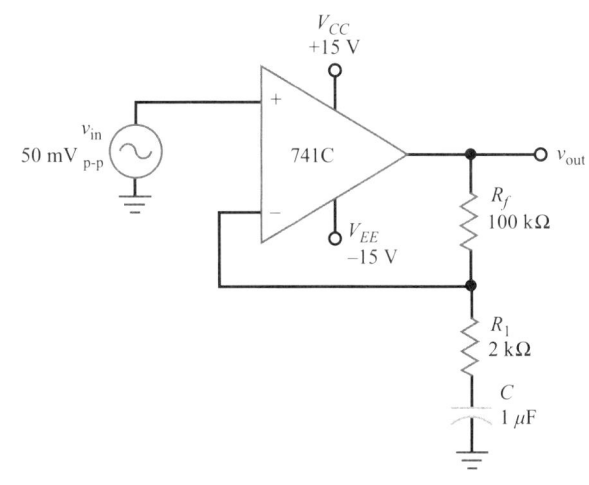

圖 11-39

● 運用軟體 Multisim 分析與解決問題

Multisim 分析與解決問題的檔案請至所提供的網址下載。網址內的章節序號為原文書的章節序號，請參照書末所附的「中英章節對照表」下載相關檔案。本章相關的檔案為 MTC16-31 到 MTC16-35。

開啟並分析解決各個檔案。執行量測以確認是否有錯，如果有，請查明錯誤。

31. 開啟並分析及解決檔案 MTC16-31。
32. 開啟並分析及解決檔案 MTC16-32。
33. 開啟並分析及解決檔案 MTC16-33。
34. 開啟並分析及解決檔案 MTC16-34。
35. 開啟並分析及解決檔案 MTC16-35。

● 由上而下的電路分析

針對以下問題使用圖 11-40。由於沒有回授，所以像這樣的電路要量產就顯得不切實際。輸入偏移誤差電壓最可能驅動運算放大器進入正飽和或負飽和情況，但是針對這個假設性的練習題是假定我們手邊有篩選過的 741C，以使輸出誤差電壓為零。

31. 試預期每個輸入基極電流所對應的響應情況。

32. 試預期電源電壓變化時，所對應產生的響應情況。

33. 試預測迴轉率改變時，所對應產生的響應情況。

34. 試預測峰值電壓變化時，所對應產生的響應情況。

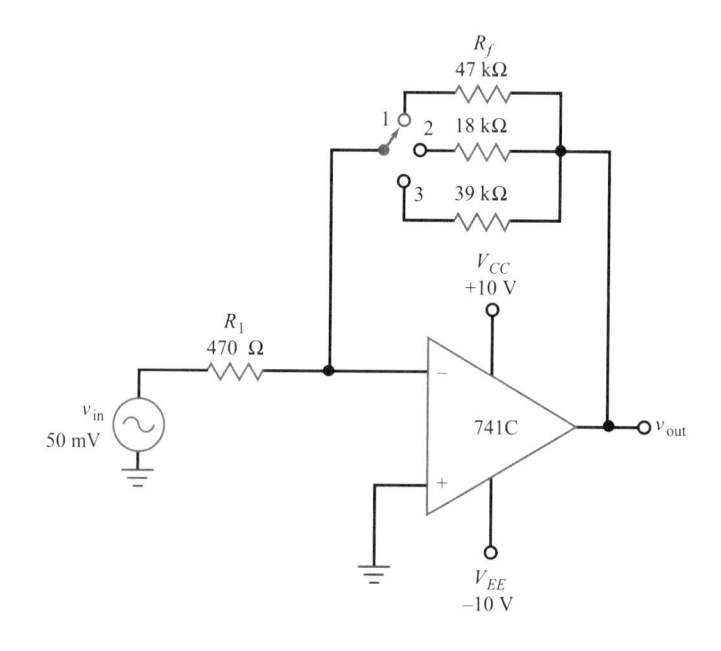

圖 11-40

● 問題回顧

1. 什麼是理想運算放大器？試比較 741C 與理想運算放大器的特性。
2. 試繪出帶有步階輸入電壓之運算放大器，並求其迴轉率，及為何它是重要的？
3. 試以帶有元件值之運算放大器繪出反相放大器，並指出虛接地所在位置，又虛接地的特性為何？試求閉迴路電壓增益、輸入阻抗及頻寬值。
4. 試以帶有元件值之運算放大器繪出非反相放大器，並指出虛接地所在處，而虛接地的特性為何？試求閉迴路電壓增益及頻寬。
5. 試繪出加法放大器及說明其運作原理。
6. 試繪出電壓隨耦器，及求其閉迴路電壓增益及頻寬值，並描述閉迴路輸入及輸出阻抗。若電壓增益很低時，試問這電路有什麼好？
7. 試問典型運算放大器輸入與輸出阻抗值，而這些值有哪些優點？
8. 試問運算放大器的輸入訊號頻率如何影響其電壓增益？
9. LM318 比起 LM741C 快多了，試問在哪些應用中會較喜歡使用 LM318。使用 LM318 會有哪些可能的缺點？
10. 對輸入電壓為零之理想運算放大器，為何輸出電壓會為零？
11. 除運算放大器以外，試說出一些線性 ICs。
12. 對於 LM741 要產生最大電壓增益值需要什麼條件？
13. 試繪出反相運算放大器及推出其電壓增益方程式。
14. 試繪出非反相運算放大器及推出其電壓增益方程式。
15. 為何會有以 741C 當作直流或低頻放大器的想法？

● 自我測驗解答

1. d
2. b
3. a
4. b
5. d
6. a
7. b
8. a
9. b
10. c
11. c
12. d
13. d
14. d
15. d
16. c
17. c
18. c
19. b
20. a
21. c
22. b
23. c
24. d
25. b
26. b
27. d
28. c
29. c
30. a
31. b

● 練習題解答

11-1　$V_2 = 67.5\ \mu V$

11-2　$CMRR = 60$ dB

11-4　$S_R = 4$ V/μS

11-5　$f_{max} = 398$ kHz

11-6　$f_{max} = 80$ kHz，800 kHz，8 MHz

11-7　$V_{out} = 98$ mV

11-8　$V_{out} = 50$ mV

11-10　$A_{v(CL)} = 50$；$V_{out} = 250$ mV$_{p-p}$

11-12　$V_{out} = -3.1$ Vdc

11-13　$V_{out} = 10$ mV；$f_{2(CL)} = 20$ MHz

11-14　$z_{out} = 0.005$

Chapter 12 負回授

1927 年 8 月，一位名叫哈洛德・布雷克（Harold Black）的年輕工程師，從紐約史坦頓島搭渡船去上班。為了度過夏日早晨時光，他草草記下了一些有關他新創意的方程式。而在接下來的幾個月當中，經過他的琢磨後提出了專利申請。但是如同真正的新創意常發生的，這個創意受到嘲笑。專利單位駁回了他的申請，且歸類為另一個「永遠不可能的愚蠢想法」。但這只是一時。而布雷克的創意正是負回授。

學習目標

在學習完本章之後，你應能夠：
- 定義四種負回授。
- 探討 VCVS 負回授在電壓增益、輸入阻抗、輸出阻抗及諧波失真上的影響。
- 解釋轉阻放大器的運作。
- 解釋轉導放大器的運作。
- 描述 ICIS 負回授如何可用來實現幾乎理想的電流放大器。
- 探討頻寬與負回授間之關係。

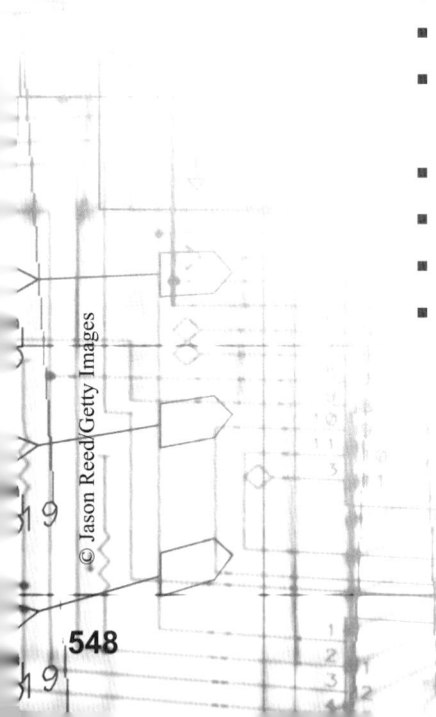

章節大綱

12-1 四種負回授
12-2 VCVS 電壓增益
12-3 其他的 VCVS 方程式
12-4 ICVS 放大器
12-5 VCIS 放大器
12-6 ICIS 放大器
12-7 頻寬

詞彙

current amplifier　電流放大器
current-controlled current source (ICIS)　電流控制電流源
current-controlled voltage source (ICVS)　電流控制電壓源
current-to-voltage converter　電流轉電壓之轉換器
feedback attenuation factor　回授衰減因數
feedback fraction B　回授分式 B
gain-bandwidth product (GBP)　增益頻寬乘積

harmonic distortion　諧波失真
loop gain　迴路增益
negative feedback　負回授
transconductance amplifier　轉導放大器
transresistance amplifier　轉阻放大器
voltage-controlled current source (VCIS)　電壓控制電流源
voltage-controlled voltage source (VCVS)　電壓控制電壓源
voltage-to-current converter　電壓轉電流之轉換器

12-1 四種負回授

布雷克只發明一種會穩定電壓增益、增加輸入阻抗及降低輸出阻抗的**負回授**（negative feedback）。隨著電晶體及運算放大器的出現，其他三種負回授就變得可行了。

基本概念

負回授放大器的輸入可以是電壓或電流。而且，輸出訊號可以是電壓或電流，這意謂有四種負回授存在。如表 12-1 所示，第一種有輸入電壓及輸出電壓，使用這種負回授電路稱為**電壓控制電壓源**（voltage-controlled voltage source, VCVS）。由於它有穩定的電壓增益、無窮大的輸入阻抗及零輸出阻抗，所以 VCVS 是個理想的電壓放大器。

第二種負回授，是輸入電流控制輸出電壓，使用這種回授的電路稱為**電流控制電壓源**（current-controlled voltage source, ICVS）。由於輸入電流會控制輸出電壓，所以 ICVS 有時候會稱為**轉阻放大器**（transresistance amplifier）。由於 v_{out}/i_{in} 的比值單位為歐姆，所以會用 resistance 這個字，而字首 trans 指比值是採取輸出對輸入來看。

第三種負回授其輸入電壓會控制輸出電流。使用這種回授的電路稱為**電壓控制電流源**（voltage-controlled current source, VCIS）。由於輸入電壓會輸出電流，所以 VCIS 有時稱為**轉導放大器**（transconductance amplifier）。由於 i_{out}/v_{in} 的比值單位是「西門子」（siemens）即「姆歐」（mhos），所以會用 conductance 這個字。

第四種負回授輸入電流會被放大，以得到更大的輸出電流。這類負回授電路稱為**電流控制電流源**（current-controlled current source, ICIS）。由於 ICIS 有穩定的電流增益、零輸入阻抗及無窮大的輸出阻抗，所以 ICIS 是個理想的電流放大器。

表 12-1 理想的負回授

輸入	輸出	電路	z_{in}	z_{out}	轉換	比值	符號	放大器類型
V	V	VCVS	∞	0	—	v_{out}/v_{in}	A_v	電壓放大器
I	V	ICVS	0	0	i 轉 v	v_{out}/i_{in}	r_m	轉阻放大器
V	I	VCIS	∞	∞	v 轉 i	i_{out}/v_{in}	g_m	轉導放大器
I	I	ICIS	0	∞	—	i_{out}/i_{in}	A_i	電流放大器

轉換器

由於 VCVS 為電壓放大器而 ICIS 為電流放大器，所以將 VCVS 及 ICIS 電路當作放大器是合理的。但是由於輸入量與輸出量不同，所以轉導放大器及轉阻放大器使用放大器這個詞，一開始看起來可能有點怪怪的。因此，許多工程師與技術人員比較喜歡把這些電路想成轉換器。例如，VCIS 也稱作**電壓轉電流之轉換器（voltage-to-current converter）**，即輸入電壓會得到電流輸出。同樣地，ICVS 也稱作**電流轉電壓之轉換器（current-to-voltage converter）**，即輸入電流會得到電壓輸出。

電路圖

圖 12-1a 中的 VCVS 為電壓放大器。有著實際的電路狀況，即輸入阻抗不是無窮大，但是非常高。同樣地，輸出阻抗不是零，但是非常低，VCVS 的電壓增益符號為 A_v。由於 z_{out} 趨近於零，所以對於任何實際負載阻抗，VCVS 的輸出側為一個定電壓源。

圖 12-1b 為 ICVS 轉阻放大器（電流轉電壓之轉換器），它有非常低的輸入阻抗及非常低的輸出阻抗。ICVS 的轉換因數稱為轉阻，符號為 r_m，以歐姆表示。例如，若 $r_m = 1\ \text{k}\Omega$，輸入電流為 1 mA，將會產生 1 V 的固定電壓跨在負載上。由於 z_{out} 趨近於零，所以 ICVS 的輸出側對於任何實際負載阻抗會是個定電壓源。

圖 12-2a 為 VCIS 之轉導放大器（電壓轉電流之轉換器），它有非常高的輸入阻抗及非常高的輸出阻抗。VCIS 的轉換因數稱為轉導，符號為 g_m，以「西門子」（即「姆歐」）表示。例如，若 $g_m = 1$ mS、輸入電壓 1 V 將會輸出 1 mA 的電流經過負載。由於 z_{out} 趨近於無窮大，所以對於任何實際負載阻抗而言，VCIS 輸出側會是個定電流源。

圖 12-2b 的 ICIS 為電流放大器，它有非常低的輸入阻抗及非常高的輸出阻抗，ICIS 的電流增益符號為 A_i。由於 z_{out} 趨近於無窮大，所

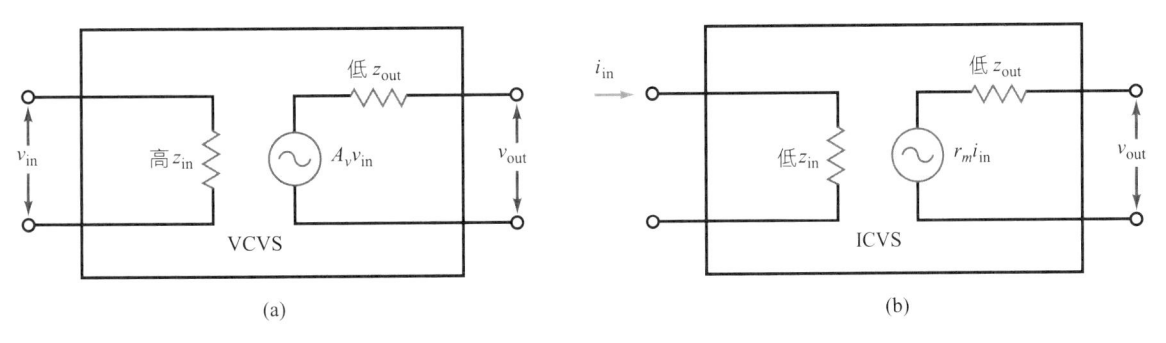

圖 12-1 (a) 電壓控制電壓源；(b) 電流控制電壓源。

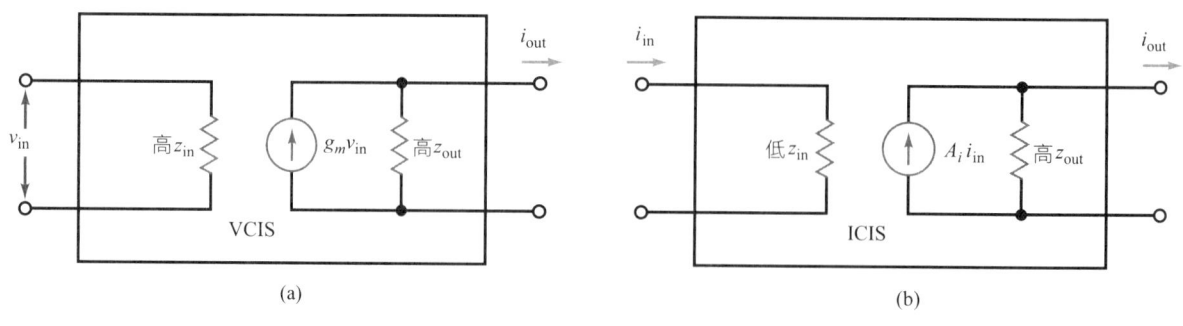

圖 12-2 (a) 電壓控制電流源；(b) 電流控制電流源。

以對於任何實際負載阻抗而言，VCVS 的輸出側都會是個定電流源。

12-2 VCVS 電壓增益

在運算放大器章節中，我們所分析的非反相放大器是廣泛被使用的 VCVS 電路型式。在這節中，我們會再次檢視非反相放大器，並更深入探討它的電壓增益情形。

正確的閉迴路電壓增益

圖 12-3 為非反相放大器，運算放大器的開迴路電壓增益（A_{VOL}）典型值為 100,000 或更高。由於分壓器，所以部分的輸出電壓會被回授至反相輸入端。任何 VCVS 電路的**回授分式 B**（feedback fraction B）被定義為：回授電壓除以輸出電壓。在圖 12-3 中：

$$B = \frac{v_2}{v_{\text{out}}} \tag{12-1}$$

在回授訊號到達反相輸入端前，由於回授分式會指出輸出電壓衰減多少，所以回授分式也稱為**回授衰減因數**（feedback attenuation factor）。

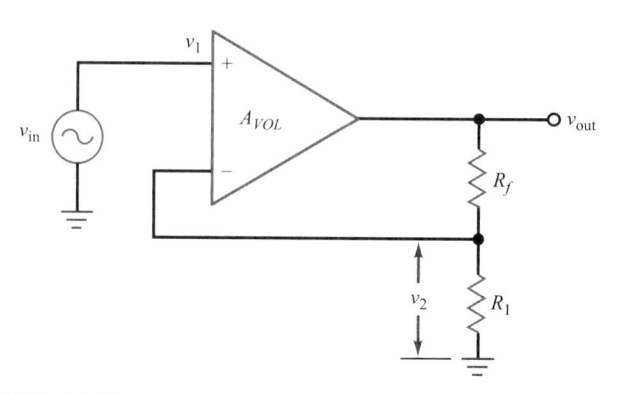

圖 12-3 VCVS 放大器。

利用一些代數，我們可針對閉迴路電壓增益，推導出以下正確的方程式：

$$A_{v(CL)} = \frac{A_{VOL}}{1 + A_{VOL}B} \tag{12-2}$$

或利用表 12-1 的表示法，其中 $A_v = A_{v(CL)}$：

$$A_v = \frac{A_{VOL}}{1 + A_{VOL}B} \tag{12-3}$$

這是任何 VCVS 放大器閉迴路電壓增益的正確方程式。

迴路增益

由於分母中第二項是順向路徑及回授路徑的電壓增益，所以分母中的第二項（$A_{VOL}B$）稱為**迴路增益（loop gain）**。在負回授放大器設計中，迴路增益是非常重要的參數值。在任何實際設計中，迴路增益會被弄得非常大。由於它會穩定電壓增益，且對增益穩定度、失真偏移量、輸入阻抗及輸出阻抗有增強或改善效果，所以迴路增益越大越好。

理想的閉迴路電壓增益值

對於 VCVS 要運作得好，迴路增益 $A_{VOL}B$ 必須遠大於 1。當設計者滿足這情況時，式 (12-3) 會變成：

$$A_v = \frac{A_{VOL}}{1 + A_{VOL}B} \cong \frac{A_{VOL}}{A_{VOL}B}$$

或

$$A_v \cong \frac{1}{B} \tag{12-4}$$

當 $A_{VOL}B \gg 1$ 時，這理想方程式會提供幾乎正確的答案。正確的閉迴路電壓增益值，略小於理想的閉迴路電壓增益值。如果需要，我們可利用以下算式，來計算理想值與正確值間的百分比誤差：

$$\% \text{ 誤差} = \frac{100\%}{1 + A_{VOL}B} \tag{12-5}$$

例如，若 $1 + A_{VOL}B$ 為 1000（即 60 dB），則誤差只有 0.1%。這意謂正確的答案只比理想答案差 0.1%。

使用理想方程式

式 (12-4) 可以用來計算任何 VCVS 放大器的理想閉迴路電壓增

益值。你所要做的是利用式 (12-1) 來計算回授分式 B 及採取倒數。例如，在圖 12-3 中回授分式為：

$$B = \frac{v_2}{v_{out}} = \frac{R_1}{R_1 + R_f} \tag{12-6}$$

採取倒數會得到：

$$A_v \cong \frac{1}{B} = \frac{R_1 + R_f}{R_1} = \frac{R_f}{R_1} + 1$$

除了以 A_v 取代 $A_{v(CL)}$ 外，這跟運算放大器輸入端間有虛短路情況下所推導出的方程式相同。

應用題 12-1

在圖 12-4 中，試計算回授分式、理想閉迴路電壓增益、百分比誤差及正確的閉迴路電壓增益值。針對 741C，我們使用 $A_{VOL} = 100,000$ 之典型值。

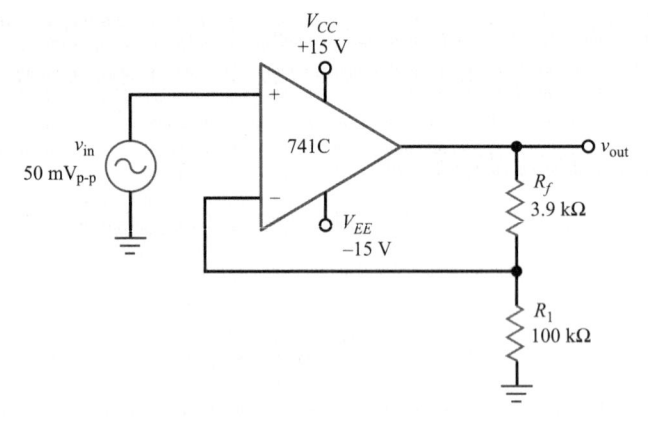

圖 12-4 例子。

解答 利用式 (12-6)，回授分式為：

$$B = \frac{100\ \Omega}{100\ \Omega + 3.9\ k\Omega} = 0.025$$

利用式 (12-4)，理想閉迴路電壓增益值為：

$$A_v = \frac{1}{0.025} = 40$$

利用式 (12-5)，百分比誤差為：

$$\%\ 誤差 = \frac{100\%}{1 + A_{VOL}B} = \frac{100\%}{1 + (100,000)(0.025)} = 0.04\%$$

我們可以兩個方法當中的任一個來計算正確的閉迴路電壓增益值：我們可減少理想的答案 0.04% 或使用正確的公式（式 (12-3)）來計算。這裡有針對兩個方法所做的計算結果：

$$A_v = 40 - (0.04\%)(40) = 40 - (0.0004)(40) = 39.984$$

這個不甚圓滿的答案，讓我們看到理想答案有多接近正確的答案（40）。我們可利用式 (12-3) 得到相同的正確答案：

$$A_v = \frac{A_{VOL}}{1 + A_{VOL}B} = \frac{100,000}{1 + (100,000)(0.025)} = 39.984$$

在結論中，這個例題已證明閉迴路電壓增益理想方程式的準確性。除非分析是很要求，不然總是可以使用理想方程式來計算。對於那些少見情況，當我們需要知道有多少誤差存在時，我們可退回去，以式 (12-5) 來計算百分比誤差值。

這個例題也讓我們在運算放大器輸入端間使用虛短路是被允許的。在更複雜的電路中，虛短路允許我們以歐姆定理為基礎之邏輯方式去分析回授影響，而非必須去推導一堆方程式。

練習題 12-1 在圖 12-4 中，將回授電阻 3.9 kΩ 改成 4.9 kΩ，試求回授分式、理想閉迴路電壓增益、百分比誤差及正確的閉迴路增益值。

12-3 其他的 VCVS 方程式

不管放大器是積體電路型式或是分立（discrete）元件型式，負回授對於放大器的缺點都有一定的改善效果。例如，從一個運算放大器到下一個運算放大器的開迴路電壓增益可能會有大的變化。而負回授就會發揮穩定電壓增益的效果，亦即它幾乎會消除掉運算放大器內部的差異，而使閉迴路電壓增益主要是跟外部阻抗有關而已。由於這些阻抗可以是有著非常低溫度係數的精密電阻（即阻值較不會受溫度影響），所以閉迴路電壓增益會變得很穩定。

同樣地，在 VCVS 放大器中負回授會增加輸入阻抗、降低輸出阻抗及減少任何被放大訊號的非線性失真。在本節中，我們將看看負回授究竟會改善多少情況。

知識補給站
基本上，任何沒有使用負回授的運算放大器，都會被認為太不穩定而無法使用。

增益穩定度

增益的穩定度會跟理想電壓增益值及正確的閉迴路電壓增益值間之百分比誤差有關。百分比誤差越小，則增益穩定度就會越好。當開迴路電壓增益最小時，閉迴路電壓增益最壞情況下的誤差值便會出現。如方程式：

$$\% \text{ 最大誤差} = \frac{100\%}{1 + A_{VOL(\min)}B} \tag{12-7}$$

其中，$A_{VOL(min)}$ 是最小值或元件資料手冊上所顯示的最壞情況下之開迴路電壓增益值。以 741C 來說，$A_{VOL(min)} = 20,000$。

例如，若 $1 + A_{VOL(min)}B$ 等於 500：

$$\% \text{ 最大誤差} = \frac{100\%}{500} = 0.2\%$$

以上述數值來量產任何 VCVS 放大器的閉迴路電壓增益，將會在理想值的 0.2% 以內。

閉迴路輸入阻抗

圖 12-5a 為非反相放大器，以下為 VCVS 放大器閉迴路輸入阻抗的正確方程式：

$$z_{in(CL)} = (1 + A_{VOL}B)R_{in} \parallel R_{CM} \tag{12-8}$$

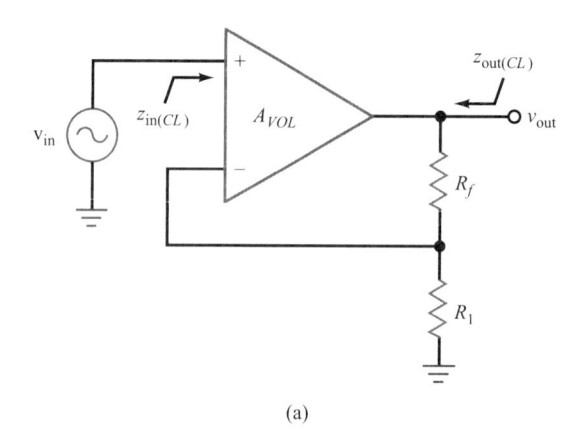

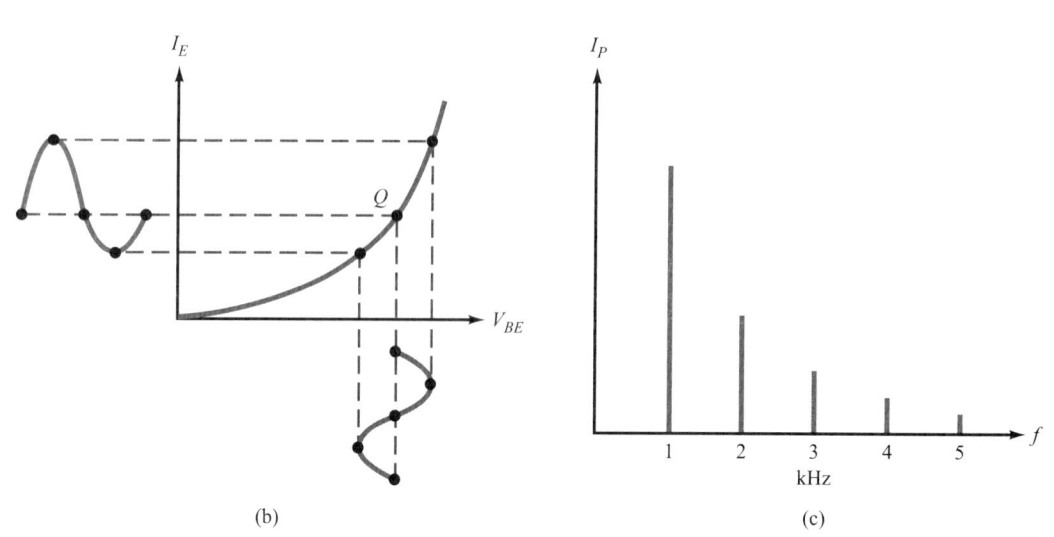

圖 12-5 (a) VCVS 放大器；(b) 非線性失真；(c) 基本波與諧波。

其中，R_{in} = 運算放大器開迴路輸入阻抗

R_{CM} = 運算放大器的共模輸入阻抗

關於出現在方程式中的阻抗：首先，R_{in} 為元件資料手冊上的輸入阻抗值。在分立式雙極性差動放大器中，其值為 $2\beta r'_e$。我們也討論到 R_{in}，即表 11-1 所列出 741C 之 2 MΩ 的輸入阻抗。

第二，R_{CM} 是輸入差動放大器的等效後部阻抗。在分立式雙極性差動放大器中，R_{CM} 會等於 R_E。在運算放大器中，電流鏡是用於取代 R_E。因此，運算放大器的 R_{CM} 會有極高的值。例如，741C 的 R_{CM} 遠大於 100 MΩ。

由於阻值大，所以 R_{CM} 常常被忽略，而式 (12-8) 可近似為：

$$z_{in(CL)} \cong (1 + A_{VOL}B)R_{in} \tag{12-9}$$

在實際的 VCVS 放大器中，由於 $1 + A_{VOL}B$ 遠大於 1，所以閉迴路輸入阻抗極高。在電壓隨耦器中，除了對於在式 (12-8) 中 R_{CM} 的並聯效應外，B 是 1 且 $z_{in(CL)}$ 會趨近於無窮大。換句話說，閉迴路輸入阻抗的極限值是：

$$z_{in(CL)} = R_{CM}$$

我們得到的主要一點是：閉迴路輸入阻抗的正確值並不重要，重要的是它非常大。通常會遠大於 R_{in}，但小於 R_{CM} 的極大值。

閉迴路輸出阻抗

在圖 12-5a 中，閉迴路輸出阻抗是指看回去 VCVS 放大器的整個輸出阻抗。針對閉迴路輸出阻抗，正確的方程式為：

$$z_{out(CL)} = \frac{R_{out}}{1 + A_{VOL}B} \tag{12-10}$$

其中，R_{out} 是元件資料手冊上所載之運算放大器開迴路輸出阻抗。我們討論過 R_{out}，而在運算放大器章節中表 11-1 列出了 741C 的輸出阻抗為 75 Ω。

由於在實際的 VCVS 放大器中 $1 + A_{VOL}B$ 會遠大於 1 Ω，所以閉迴路輸出阻抗會小於 1 Ω，而在電壓隨耦器中可能甚至會趨近於零。由於電壓隨耦器閉迴路阻抗是如此低，以至於用來連接的導線阻抗可能會成為限制的因素。

而且，主要的一點不是閉迴路輸出阻抗的正確值為何，而是

VCVS 負回授會將它降低到遠小於 1 Ω 之值。由此原因，VCVS 放大器的輸出側會趨近於理想的電壓源。

非線性失真

值得一提的改善情形是負回授對於失真的影響。在放大器後級電路中，由於放大元件的輸入/輸出響應會變得非線性，所以非線性失真將會隨著大訊號而出現。例如，如圖 12-5b 所示，藉由拉長正半週及壓縮負半週，基射二極體的非線性圖形會讓大訊號失真。

非線性失真會產生輸入訊號的諧波（harmonics）。例如，如果弦波電壓訊號的頻率為 1 kHz，如圖 12-5c 的頻譜所示，失真的輸出電流將會包含頻率 1 kHz、2 kHz、3 kHz 等的弦波訊號成分。當中基本頻率為 1 kHz 的成分稱為基本波，而其他則為諧波成分。所有諧波成分一起量測的有效值，可告訴我們出現的失真有多少，這是為何非線性失真常被稱為**諧波失真**（**harmonic distortion**）。

我們可以用失真分析儀來量測諧波失真。這個儀器會量測總諧波電壓，並且將它除以基本波電壓以得到總諧波失真百分比，其定義為：

$$總諧波失真 = \frac{總諧波電壓}{基本波電壓} \times 100\% \qquad (12\text{-}11)$$

例如，若總諧波電壓有效值為 0.1 V，而基本波成分的電壓為 1 V，則總諧波失真為 10%。

負回授會降低諧波失真，閉迴路諧波失真的正確方程式為：

$$THD_{CL} = \frac{THD_{OL}}{1 + A_{VOL}B} \qquad (12\text{-}12)$$

其中，THD_{OL} = 開迴路諧波失真
　　　THD_{CL} = 閉迴路諧波失真

再提醒一次，$1 + A_{VOL}B$ 這個物理量具有改善的作用。當它大時，它會降低諧波失真到可以被忽略的程度。在立體音響放大器中，這意謂我們會聽到高傳真的音樂，而非失真的聲音。

分立式負回授放大器

電壓放大器（voltage amplifier, VCVS）其電壓增益是由外部電阻所控制。分立式兩級電路之回授放大器，本質上就是使用負回授的非反相電壓放大器。

兩個共射極電路會產生的開迴路電壓增益為：

$$A_{VOL} = (A_{v1})(A_{v2})$$

輸出電壓驅動著由 r_f 與 r_e 所組成的分壓器。由於 r_e 的底部位於交流地，所以回授分式近似為：

$$B \cong \frac{r_e}{r_e + r_f}$$

這裡忽略了輸入電晶體射極的負載效應。

當回授電壓驅動射極時，輸入電壓 V_{in} 會驅動第一個電晶體的基極端，誤差電壓會跨在基射二極體上。閉迴路電壓增益近似於 $\frac{1}{B}$，而輸入阻抗為 $(1 + A_{VOL}B)R_{in}$，輸出阻抗則是 $\frac{R_{out}}{(1 + A_{VOL}B)}$，而失真為 $\frac{THD_{OL}}{(1 + A_{VOL}B)}$。在多種分立式放大器架構中，會發現使用負回授的情形是很常見的。

例題 12-2

在圖 12-6 中，741C 的 R_{in} = 2 MΩ、R_{CM} = 200 MΩ，而 741C 典型的 A_{VOL} = 100,000，試求閉迴路輸入阻抗值。

解答 在例題 12-1 中，我們計算得到的 B = 0.025，因此：

$$1 + A_{VOL}B = 1 + (100{,}000)(0.025) \cong 2500$$

利用式 (12-9)：

$$z_{in(CL)} \cong (1 + A_{VOL}B)R_{in} = (2500)(2 \text{ M}\Omega) = 5000 \text{ M}\Omega$$

每當你得到的答案超過 100 MΩ 時，你應該使用式 (12-8)。而利用式 (12-8) 可得：

$$z_{in(CL)} = (5000 \text{ M}\Omega) \parallel 200 \text{ M}\Omega = 192 \text{ M}\Omega$$

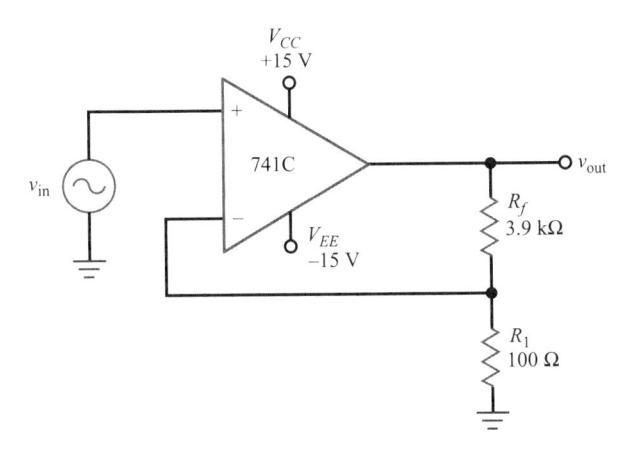

圖 12-6 例子。

這個高輸入阻抗意謂 VCVS 會趨近於理想的電壓放大器。

練習題 12-2 在圖 12-6 中，將 3.9 kΩ 電阻改成 4.9 kΩ，求解 $z_{\text{in}(CL)}$。

例題 12-3

使用 A_{VOL} = 100,000 及 R_{out} = 75 Ω 及前面例題的資料與結果，試計算圖 12-6 中的閉迴路輸出阻抗值。

解答 利用式 (12-10)：

$$z_{\text{out}(CL)} = \frac{75\ \Omega}{2500} = 0.03\ \Omega$$

這個低輸出阻抗意謂 VCVS 會趨近於理想的電壓放大器。

練習題 12-3 以 A_{VOL} = 200,000 及 B = 0.025，重做例題 12-3。

例題 12-4

假設放大器開迴路下的總諧波失真為 7.5%，試求閉迴路下的總諧波失真。

解答 利用式 (12-12)：

$$THD_{(CL)} = \frac{7.5\%}{2500} = 0.003\%$$

練習題 12-4 試將 3.9 kΩ 電阻值改成 4.9 kΩ，重做例題 12-4。

12-4 ICVS 放大器

圖 12-7 為轉阻放大器，它輸入為電流而輸出為電壓。由於它有零輸入阻抗及零輸出阻抗，ICVS 放大器幾乎是個完美的電流轉電壓之轉換器。

輸出電壓

對於輸出電壓，正確的方程式為：

$$v_{\text{out}} = -\left(i_{\text{in}} R_f \frac{A_{VOL}}{1 + A_{VOL}}\right) \tag{12-13}$$

由於 A_{VOL} 遠大於 1，所以方程式會化簡成：

$$v_{\text{out}} = -(i_{\text{in}} R_f) \tag{12-14}$$

其中，R_f 為轉阻值。

推導與記住式 (12-14) 有個容易的方法：使用虛接地的觀念。記住，對於電壓而言，反相輸入端對電壓而言是虛接地，但對於電流則不是。當你想像虛接地出現在反相輸入端時，你可以看見所有輸入電流必須流過回授電阻。由於這個電阻的左側為接地，所以輸出電壓的大小會是：

$$v_{out} = -(i_{in}R_f)$$

這電路是電流轉電壓之轉換器，對於 R_f 我們可選擇不同的數值以得到不同的轉換因數（轉阻值）。例如，若 $R_f = 1\ k\Omega$，則 1 mA 的輸入電流會產生 1 V 的輸出電壓。若 $R_f = 10\ k\Omega$，相同的輸入電流則會產生 10 V 的輸出電壓。如圖 12-8 所示，電流方向為傳統的電流流向。

非反相輸入阻抗與輸出阻抗

在圖 12-7 中，針對閉迴路輸入阻抗及輸出阻抗正確的方程式為：

$$z_{in(CL)} = \frac{R_f}{1 + A_{VOL}} \tag{12-15}$$

$$z_{out(CL)} = \frac{R_{out}}{1 + A_{VOL}} \tag{12-16}$$

在這兩個方程式中，大的分母將會將阻抗降到一個非常低的值。

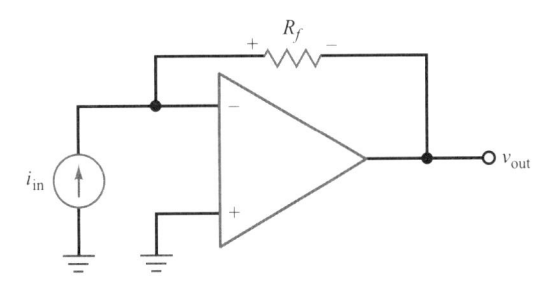

圖 12-7 ICVS 放大器。

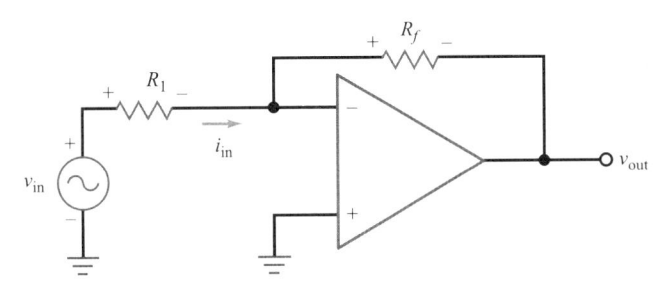

圖 12-8 反相放大器。

反相放大器

回想一下圖 12-8 中的反相放大器，其閉迴路電壓增益為：

$$A_v = \frac{-R_f}{R_1} \qquad (12\text{-}17)$$

這種放大器使用 ICVS 負回授，由於反相輸入端的虛接地，輸入電流會等於：

$$i_{\text{in}} = \frac{v_{\text{in}}}{R_1}$$

例題 12-5

在圖 12-9 中，若輸入頻率為 1 kHz，試求輸出電壓值。

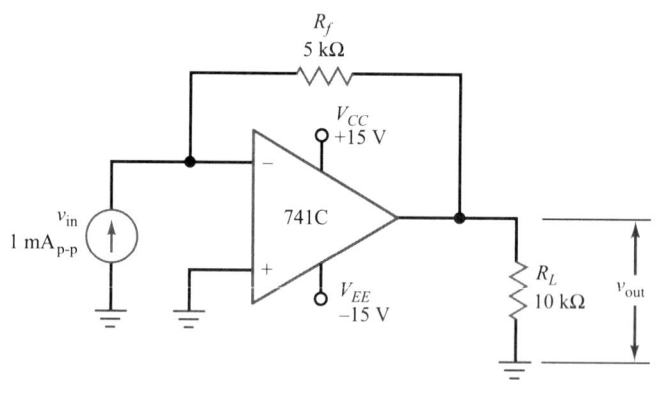

圖 12-9 例子。

解答 想像輸入電流峰對峰值 1 mA 流經 5 kΩ 電阻，利用歐姆定理或者式 (12-14)：

$$v_{\text{out}} = -(1\ \text{mA}_{\text{p-p}})(5\ \text{k}\Omega) = -5\ \text{V}_{\text{p-p}}$$

而且，負號指出有 180° 的相位移。輸出電壓為交流電壓，其峰對峰值為 5 V，而頻率為 1 kHz。

練習題 12-5 在圖 12-9 中，試將回授電阻改成 2 kΩ，並計算 v_{out}。

例題 12-6

試以典型的 741C 參數值，求出圖 12-9 中的閉迴路輸入及輸出阻抗。

解答 利用式 (12-15)：

$$z_{\text{in}(CL)} = \frac{5\ \text{k}\Omega}{1 + 100{,}000} \cong \frac{5\ \text{k}\Omega}{100{,}000} = 0.05\ \Omega$$

利用式 (12-16)：

$$z_{\text{out}(CL)} = \frac{75\ \Omega}{1 + 100{,}000} \cong \frac{75\ \Omega}{100{,}000} = 0.00075\ \Omega$$

練習題 12-6　試以 $A_{VOL} = 200{,}000$，重做例題 12-6。

12-5　VCIS 放大器

利用 VCIS 放大器，輸入電壓會控制輸出電流，由於這種放大器負回授程度重，所以輸入電壓會被轉換成精確的輸出電流值。

圖 12-10 為轉導放大器，除了負載電阻 R_L 與回授電阻外，其跟 VCVS 放大器類似。換句話說，主動輸出不是跨在 $R_1 + R_L$ 上的電壓，而是電流流經 R_L 上所產生的電壓。這輸出電流是穩定的；亦即，一個特定的輸入電壓會產生一個精確的輸出電流值。

在圖 12-10 中，輸出電流的正確方程式為：

$$i_{\text{out}} = \frac{v_{\text{in}}}{R_1 + (R_1 + R_L)/A_{VOL}} \tag{12-18}$$

在一個實際電路中，分母中的第二項遠小於第一項，而方程式會化簡成：

$$i_{\text{out}} = \frac{v_{\text{in}}}{R_1} \tag{12-19}$$

這有時候是寫成：

$$i_{\text{out}} = g_m v_{\text{in}}$$

其中，$g_m = 1/R_1$。

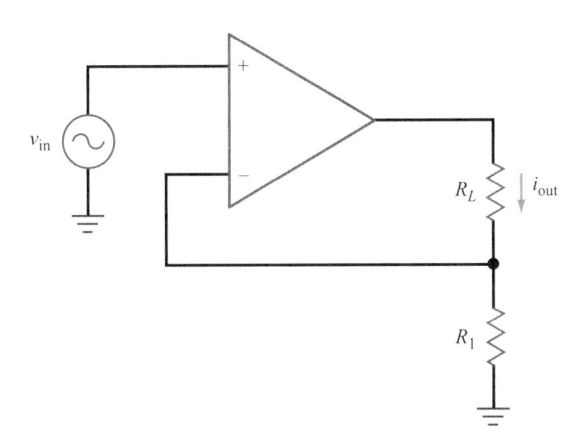

圖 12-10　VCIS 放大器。

有個容易的方法去推導與記住式 (12-19)：當你想像在圖 12-10 中的輸入端點間有虛短路存在時，反相輸入端會被靴帶至非反相輸入端。因此，所有輸入電壓會跨在 R_1 上，流經這電阻上的電流會為：

$$i_1 = \frac{v_{in}}{R_1}$$

在圖 12-10 中，針對這個電流唯一的路徑是 R_L，這是為什麼式 (12-19) 會得到輸出電流值的原因。

這電路為電壓轉電流之轉換器，我們可選擇不同數值的 R_1 以得到不同的轉換因數（轉導）。例如，若 $R_1 = 1\ k\Omega$，1 V 的輸入電壓會產生 1 mA 的輸出電流，若 $R_1 = 100\ \Omega$，相同的輸入電壓會產生 10 mA 的輸出電流。

由於圖 12-10 中的輸入側跟 VCVS 放大器的輸入側相同，所以對於 VCIS 放大器的閉迴路輸入阻抗之近似方程式為：

$$z_{in(CL)} = (1 + A_{VOL}B)R_{in} \qquad (12\text{-}20)$$

其中，R_{in} 為運算放大器的輸入阻抗。穩定的輸出電流看到的閉迴路輸出阻抗為：

$$z_{out(CL)} = (1 + A_{VOL})R_1 \qquad (12\text{-}21)$$

在這兩個方程式中，大的 A_{VOL} 會使阻抗朝無窮大的方向增加。而對於 VCIS 放大器，這正是我們所希望的情形。由於它有非常高的輸入及輸出阻抗，所以這電路幾乎是個完美的電壓轉電流之轉換器。

圖 12-10 的轉導放大器有個浮接的負載電阻（所謂浮接指的是負載沒有一端是接地的）。由於許多負載是單端型式，所以這不總是很方便的。在這情形中，你可能會看到以下的線性 IC 被用作轉導放大器：LM3080、LM13600 及 LM13700，這些單晶轉導放大器可驅動單端負載阻抗。

例題 12-7　　　　　　　　　　　　　　　　　　　　　|||MultiSim

試求圖 12-11 中的負載電流及負載功率，若負載阻抗改為 4 Ω 將會發生什麼事情？

解答　想像虛短路跨在運算放大器輸入端點上。利用反相輸入端會被靴帶至非反相輸入端的觀念，所有輸入電壓會跨於 1 Ω 電阻上。利用歐姆定理或式 (12-19)，可算出輸出電流為：

$$i_{out} = \frac{2\ V\ rms}{1\ \Omega} = 2\ A\ 有效值$$

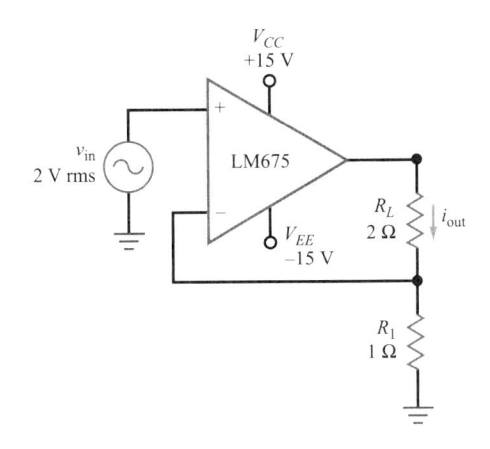

圖 12-11 例子。

這 2 A 會流過 2 Ω 的負載阻抗，產生負載功率：

$$P_L = (2\text{ A})^2(2\text{ Ω}) = 8\text{ W}$$

若負載阻抗改成 4 Ω，輸出電流有效值仍為 2 A，但是負載功率會增加為：

$$P_L = (2\text{ A})^2(4\text{ Ω}) = 16\text{ W}$$

只要運算放大器沒有飽和，我們可隨意改變負載阻抗值而仍然有穩定的輸出電流 2 A（有效值）。

練習題 12-7 在圖 12-11 中，將輸入電壓有效值改成 3 V，試求 i_{out} 及 P_L。

12-6　ICIS 放大器

ICIS 電路會放大輸入電流，由於負回授程度重，放大器傾向於像一個完美的**電流放大器（current amplifier）**般操作。它有非常低的輸入阻抗及非常高的輸出阻抗。

圖 12-12 為反相電流放大器，閉迴路電流增益是穩定的且已知為：

$$A_i = \frac{A_{VOL}(R_1 + R_2)}{R_L + A_{VOL}R_1} \tag{12-22}$$

通常，分母中的第二項會遠大於第一項，而方程式會化簡為：

$$A_i \cong \frac{R_2}{R_1} + 1 \tag{12-23}$$

ICIS 放大器的閉迴路輸入阻抗方程式為：

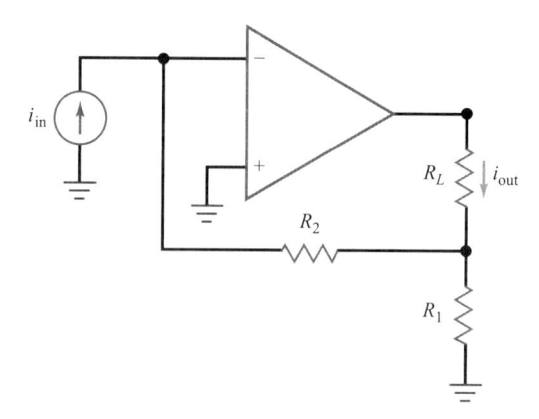

圖 12-12 ICIS 放大器。

$$z_{in(CL)} = \frac{R_2}{1 + A_{VOL}B} \tag{12-24}$$

這裡的回授分式為：

$$B = \frac{R_1}{R_1 + R_2} \tag{12-25}$$

穩定的輸出電流看到的閉迴路輸出阻抗為：

$$z_{out(CL)} = (1 + A_{VOL})R_1 \tag{12-26}$$

大的 A_{VOL} 會產生非常小的輸入阻抗及非常大的輸出阻抗。因此，ICIS 電路幾乎是個完美的電流放大器。

例題 12-8

試求圖 12-13 中的負載電流、負載功率。若負載阻抗改為 2 Ω，試求負載電流及功率。

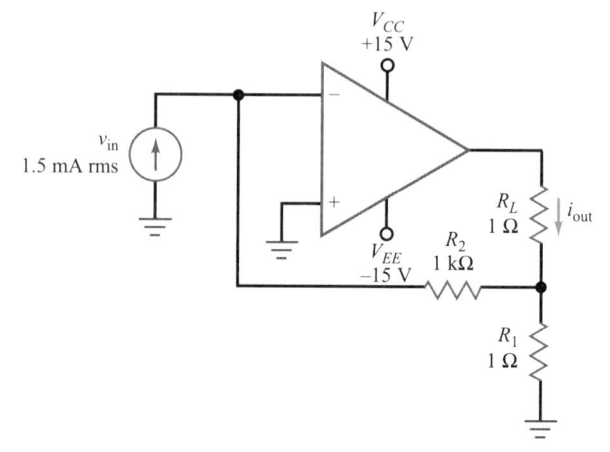

圖 12-13 例子。

解答 利用式 (12-23)，電流增益為：

$$A_i = \frac{1\,\text{k}\Omega}{1\,\Omega} + 1 \cong 1000$$

負載電流為：

$$i_{\text{out}} = (1000)(1.5\,\text{mA rms}) = 1.5\,\text{A rms}$$

負載功率為：

$$P_L = (1.5\,\text{A})^2(1\,\Omega) = 2.25\,\text{W}$$

若負載電阻增加到 2 Ω，負載電流有效值仍為 1.5 A，則負載功率會增加為：

$$P_L = (1.5\,\text{A})^2(2\,\Omega) = 4.5\,\text{W}$$

練習題 12-8 使用圖 12-13，將 i_{in} 改成 2 mA，試計算 i_{out} 及 P_L。

12-7 頻寬

由於開迴路電壓增益中的轉折（roll-off）情形，其意謂會有較少的電壓被回授回去，所以負回授可增加放大器的頻寬產生更多的輸入電壓作補償。因此，閉迴路截止頻率是高於開迴路截止頻率的。

增益頻寬乘積為定值

我們在運算放大器章節中討論過 VCVS 的頻寬，回想一下，閉迴路截止頻寬為：

$$f_{2(CL)} = \frac{f_{\text{unity}}}{A_{v(CL)}} \tag{12-27}$$

對於閉迴路頻寬，我們可再多推導出兩個 VCVS 方程式：

$$f_{2(CL)} = (1 + A_{VOL}B)f_{2(OL)} \tag{12-28}$$

$$f_{2(CL)} = \frac{A_{VOL}}{A_{v(CL)}}f_{2(OL)} \tag{12-29}$$

其中，$A_{v(CL)}$ 跟 A_v 相同。

你可以使用這些方程式中的任何一個去計算 VCVS 放大器的閉迴路頻寬。要使用哪一個，端視已知的資料而定。例如，若你知道 f_{unity} 的值及 $A_{v(CL)}$，則使用的就是式 (12-27)。若你有的是 A_{VOL}、B 及 $f_{2(OL)}$ 的

值,使用的就是式 (12-28)。有時候,你會知道 A_{VOL}、$A_{v(CL)}$ 及 $f_{2(OL)}$ 的值,在這情況中,是用式 (12-29)。

式 (12-27) 可以寫成:

$$A_{v(CL)}f_{2(CL)} = f_{unity}$$

這方程式左邊為增益與頻寬之乘積,而它稱為**增益頻寬乘積(gain-bandwidth product, GBP)**。對於已知運算放大器,方程式右側為一定值。以白話來說,這個方程式是說增益頻寬乘積為一個常數值。由於對於一已知運算放大器,GBP 會為一常數值。所以設計者必須對頻寬做出折衷,即增益較小頻寬就會較大。反之,設計者若想要較多的增益,那麼頻寬就要設得小一些。

改善上述問題唯一的方法是使用更高 GBP 值的運算放大器,這等於是讓 f_{unity} 值更高。如果運算放大器應用上沒有足夠的 GBP 值,設計者可選擇有著更大 GBP 值的較好的運算放大器。例如,741C 的 GBP 值為 1 MHz,若對於應用這個值太低的話,我們可使用 GBP 值為 15 MHz 的 LM318。這樣,對於相同的閉迴路電壓增益,我們就會得到 15 倍的頻寬值。

頻寬及迴轉率失真

雖然負回授會降低放大器後級電路的非線性失真,但是它對於迴轉率失真完全不會有任何影響。因此,在計算出閉迴路頻寬後,可用式 (12-2) 來計算功率頻寬。對於整個閉迴路頻寬中沒有失真的輸出部分,閉迴路截止頻率必須小於功率頻寬:

$$f_{2(CL)} < f_{max} \tag{12-30}$$

這意謂輸出的峰值應小於:

$$V_{p(max)} = \frac{S_R}{2\pi f_{2(CL)}} \tag{12-31}$$

為何負回授在迴轉率失真上沒有任何影響:運算放大器的補償電容會把大的輸入米勒電容降低。對於 741C,如圖 12-14a 所示,這個大容值會使輸入差動放大器負荷(載)能力下降。當迴轉率失真出現時,v_{in} 夠高去將一個電晶體飽和,而將另一個截止。由於運算放大器不再操作於線性區,所以負回授所能提供的幫助會暫時中止。

圖 12-14b 為當 Q_1 飽和而 Q_2 截止時所發生的情況。由於 3000 pF 的電容必須透過 1 MΩ 的電阻充電,我們得到圖中的迴轉。在電容充

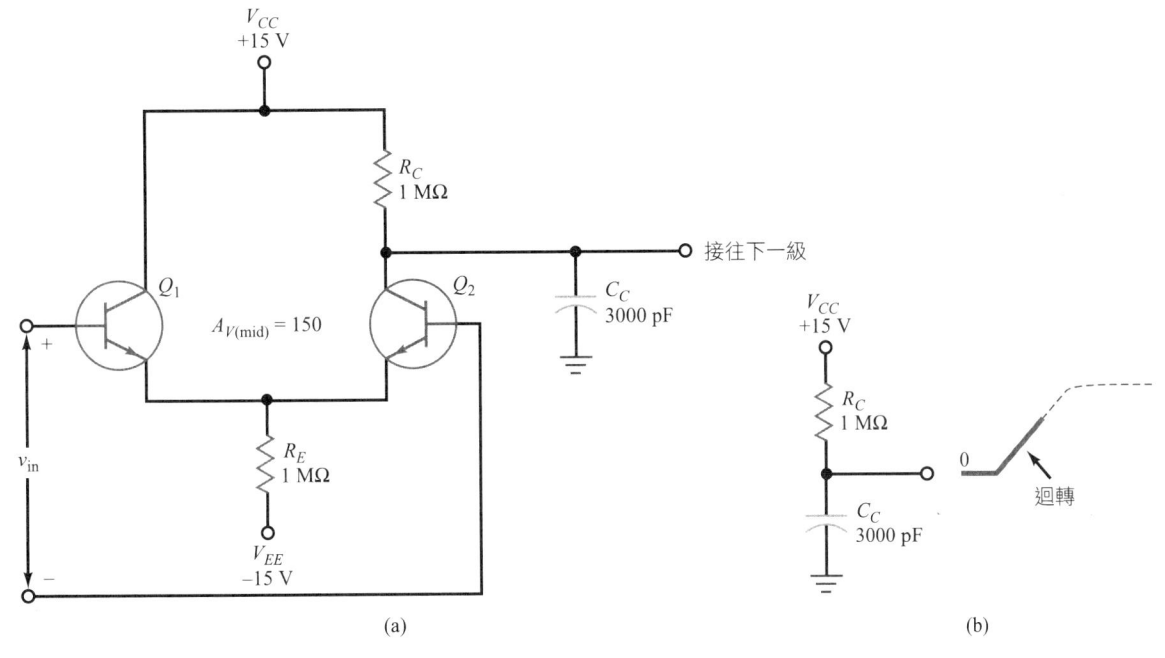

圖 12-14 (a) 741C 的輸入差動放大器；(b) 電容充電會引起迴轉。

電後，Q_1 會離開飽和狀態，Q_2 會離開截止狀態，而負回授所能提供的幫助會再度出現。

負回授的圖表

總結表 12-2 顯示了四種理想負回授原型，這些原型可加以調整，以獲得更進階電路的基本型電路。例如，藉由使用電壓源及輸入電阻 R_1，原型會變成廣泛使用的反相放大器。舉另一個例子，我們可加入耦合電容到 VCVS 原型電路中，以得到交流放大器。

應用題 12-9

若總結表 12-2 中 VCVS 放大器使用 LF411A，其 $(1 + A_{VOL}B) = 1000$ 而 $f_{2(OL)} = 160$ Hz，試求其閉迴路頻寬。

解答 利用式 (12-28)：

$$f_{2(CL)} = (1 + A_{VOL}B)f_{2(OL)} = (1000)(160 \text{ Hz}) = 160 \text{ kHz}$$

練習題 12-9 試以 $f_{2(OL)} = 100$ Hz，重做例題 12-9。

總結表 12-2　四種負回授

種類	穩定的	方程式	$Z_{in(CL)}$	$Z_{out(CL)}$	$f_{2(CL)}$	$f_{2(CL)}$	$f_{2(CL)}$
VCVS	A_v	$\dfrac{R_f}{R_1}+1$	$(1+A_{VOL}B)R_{in}$	$\dfrac{R_{out}}{(1+A_{VOL}B)}$	$(1+A_{VOL}B)f_{2(OL)}$	$\dfrac{A_{VOL}}{A_{v(CL)}}f_{2(OL)}$	$\dfrac{f_{unity}}{A_{v(CL)}}$
ICVS	$\dfrac{V_{out}}{i_{in}}$	$v_{out}=-(i_{in}R_f)$	$\dfrac{R_f}{1+A_{VOL}}$	$\dfrac{R_{out}}{1+A_{VOL}}$	$(1+A_{VOL})f_{2(OL)}$	—	—
VCIS	$\dfrac{i_{out}}{V_{in}}$	$i_{out}=\dfrac{V_{in}}{R_1}$	$(1+A_{VOL}B)R_{in}$	$(1+A_{VOL})R_1$	$(1+A_{VOL})f_{2(OL)}$	—	—
ICIS	A_i	$\dfrac{R_2}{R_1}+1$	$\dfrac{R_2}{(1+A_{VOL}B)}$	$(1+A_{VOL})R_1$	$(1+A_{VOL}B)f_{2(OL)}$	—	—

VCVS（非反相電壓放大器）　　ICVS（電流轉電壓之轉換器）　　VCIS（電壓轉電流之轉換器）　　ICIS（電流放大器）

應用題 12-10

若總結表 12-2 中 VCVS 放大器使用 LM308，其 $A_{VOL}=250{,}000$ 及 $f_{2(OL)}=1.2$ Hz。若 $A_{v(CL)}=50$，試求閉迴路頻寬。

解答　利用式 (12-29)：

$$f_{2(CL)}=\dfrac{A_{VOL}}{A_{v(CL)}}f_{2(OL)}=\dfrac{250{,}000}{50}(1.2\text{ Hz})=6\text{ kHz}$$

練習題 12-10　試以 $A_{VOL}=200{,}000$ 及 $f_{2(OL)}=2$ Hz，重做例題 12-10。

應用題 12-11

若總結表 12-2 中之 ICVS 放大器使用 LM12，其 $A_{VOL}=50{,}000$ 及 $f_{2(OL)}=14$ Hz，試求其閉迴路頻寬值。

解答　利用總結表 12-2 中之方程式：

$$f_{2(CL)}=(1+A_{VOL})f_{2(OL)}=(1+50{,}000)(14\text{ Hz})=700\text{ kHz}$$

練習題 12-11 在例題 12-11 中，若 $A_{VOL} = 75{,}000$ 而 $f_{2(OL)} = 750$ kHz，試求開迴路頻寬值。

應用題 12-12

若總結表 12-2 中之 ICIS 放大器使用 OP-07A，其 $f_{2(OL)} = 20$ Hz，若 $(1 + A_{VOL}B) = 2500$，試求閉迴路頻寬值。

解答 利用總結表 12-2 中之方程式：

$$f_{2(CL)} = (1 + A_{VOL}B)f_{2(OL)} = (2500)(20 \text{ Hz}) = 50 \text{ kHz}$$

練習題 12-12 試以 $f_{2(OL)} = 50$ Hz 重做例題 12-12。

應用題 12-13

有一個 VCVS 放大器使用 LM741C，其 $f_{\text{unity}} = 1$ MHz 而 $S_R = 0.5$ V/μs。若 $A_{v(CL)} = 10$，試求閉迴路頻寬及在 $f_{2(CL)}$ 處的最大不失真峰值輸出電壓。

解答 利用式 (12-27)：

$$f_{2(CL)} = \frac{f_{\text{unity}}}{A_{v(CL)}} = \frac{1 \text{ MHz}}{10} = 100 \text{ kHz}$$

利用式 (12-31)：

$$V_{p(\max)} = \frac{S_R}{2\pi f_{2(CL)}} = \frac{0.5 \text{ V/μs}}{2\pi(100 \text{ kHz})} = 0.795 \text{ V}$$

練習題 12-13 試以 $A_{v(CL)} = 100$，計算例題 12-13 中的閉迴路頻寬及 $V_{p(\max)}$。

● 總結

12-1 四種負回授

負回授有 VCVS、ICVS、VCIS 及 ICIS 四種。當中兩種（VCVS 及 VCIS）是由輸入電壓控制，而其他兩種（ICVS 及 ICIS）則是由輸入電流控制。VCVS 及 ICVS 的輸入側扮演電壓源角色，而 VCIS 及 ICIS 的輸出側則是扮演電流源角色。

12-2 VCVS 電壓增益

迴路增益為順向路徑及回授路徑的電壓增益。在任何實際設計中，迴路增益是非常大的，由於它不再與放大器的特性有關，所以閉迴路電壓增益會很穩定。相反地，它幾乎完全視外部電阻特性而定。

12-3 其他的 VCVS 方程式

由於 VCVS 負回授會穩定電壓增益、增加輸入阻抗、降低輸出阻抗及減少諧波失真，所以它對於放大器的缺點有改善作用。

12-4 ICVS 放大器

它是個轉阻放大器，等效於一個電流轉電壓之轉換器。由於虛接地，所以它理想上會有零輸入阻抗，而輸入電流會產生精確的輸出電壓值。

12-5 VCIS 放大器

它是個轉導放大器,等效於一個電壓轉電流之轉換器。它理想上會有無窮大的輸入阻抗,輸入電壓會產生精確的輸出電流值,輸出阻抗會趨近於無窮大。

12-6 ICIS 放大器

由於負回授程度重,ICIS 放大器會趨近於有著零輸入阻抗及無窮大輸出阻抗的完美理想電流放大器。

12-7 頻寬

由於開迴路電壓增益中的轉折情形,其意謂會有較少的電壓被回授回去。所以負回授會增加放大器的頻寬,產生更多的輸入電壓做補償。因此,閉迴路截止頻率會高於開迴率截止頻率。

● 定義

(12-1) 回授分式:

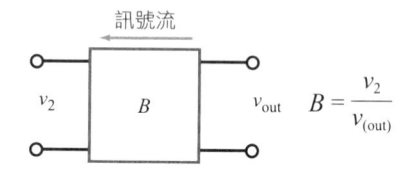

$$B = \frac{v_2}{v_{(out)}}$$

(12-11) 總諧波失真:

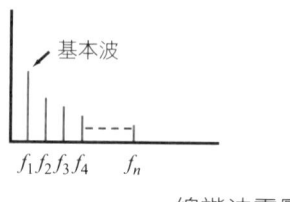

$$THD = \frac{總諧波電壓}{基本波電壓} \times 100\%$$

● 推導

(12-4) VCVS 電壓增益:

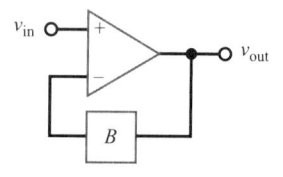

$$A_v \cong \frac{1}{B}$$

(12-5) VCVS 百分比誤差:

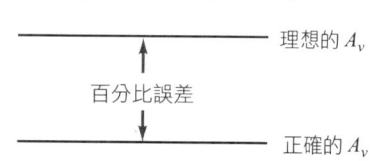

$$\%\ 誤差 = \frac{100\%}{1 + A_{VOL}B}$$

(12-6) VCVS 回授分式:

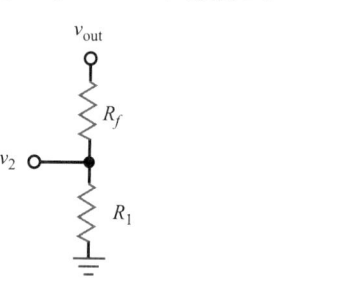

$$B = \frac{v_2}{v_{out}} = \frac{R_1}{R_1 + R_f}$$

(12-9) VCVS 輸入阻抗:

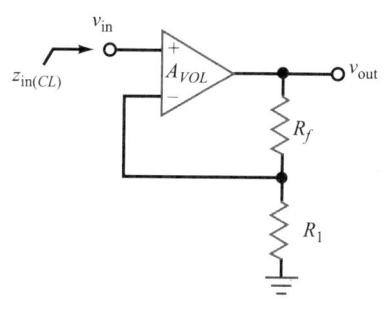

$$z_{in(CL)} \cong (1 + A_{VOL}B)R_{in}$$

第 12 章 負回授 **573**

(12-10) VCVS 輸出阻抗：

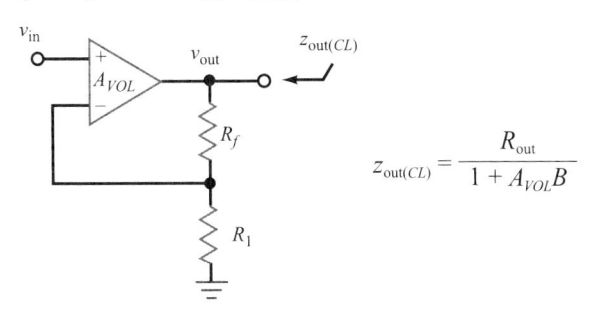

$$z_{out(CL)} = \frac{R_{out}}{1 + A_{VOL}B}$$

(12-12) 閉迴路失真：

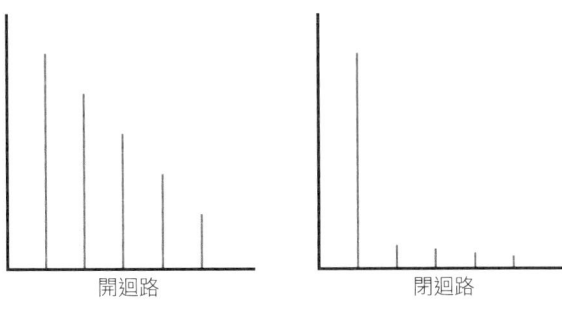

開迴路　　　閉迴路

$$THD_{CL} = \frac{THD_{OL}}{1 + A_{VOL}B}$$

(12-14) ICVS 輸出電壓：

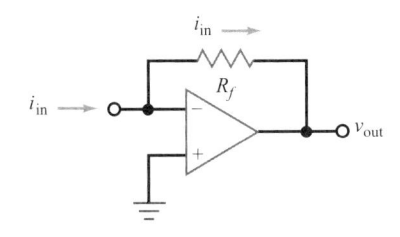

$$v_{out} = -(i_{in}R_f)$$

(12-15) ICVS 輸入阻抗：

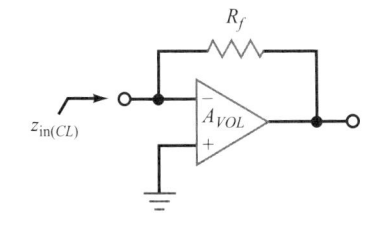

$$z_{in(CL)} = \frac{R_f}{1 + A_{VOL}}$$

(12-16) ICVS 輸出阻抗：

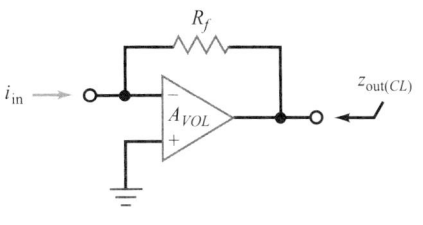

$$z_{out(CL)} = \frac{R_{out}}{1 + A_{VOL}}$$

(12-19) VCIS 輸出電流：

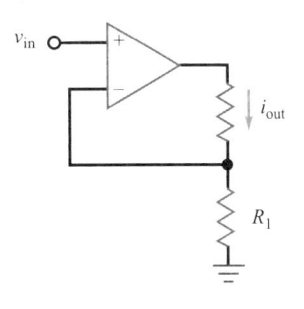

$$i_{out} = \frac{v_{in}}{R_1}$$

(12-23) ICIS 電流增益：

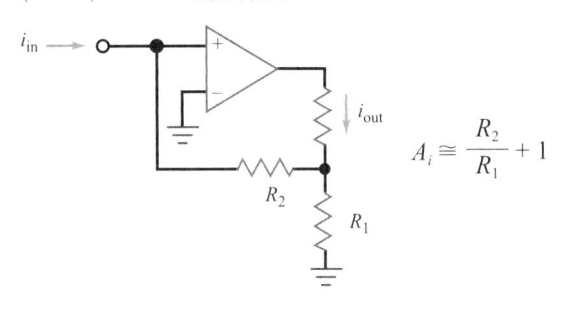

$$A_i \cong \frac{R_2}{R_1} + 1$$

(12-27) 閉迴路頻寬：

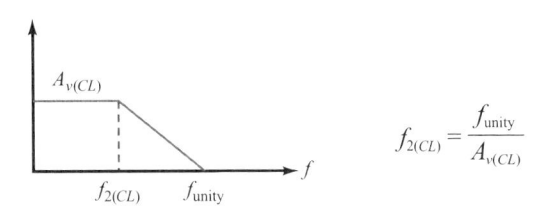

$$f_{2(CL)} = \frac{f_{unity}}{A_{v(CL)}}$$

自我測驗

1. 利用負回授，回來的訊號
   a. 有助於輸入訊號
   b. 抵銷輸入訊號
   c. 正比於輸出電流
   d. 正比於差動電壓增益

2. 有多少種負回授？
   a. 一種
   b. 兩種
   c. 三種
   d. 四種

3. VCVS 放大器會近似理想的
   a. 電壓放大器
   b. 電流轉電壓之轉換器
   c. 電壓轉電流之轉換器
   d. 電流放大器

4. 在理想運算放大器輸入端點間的電壓為
   a. 零
   b. 非常小
   c. 非常大
   d. 等於輸入電壓

5. 當運算放大器沒有飽和時，在非反相端及反相端的電壓
   a. 幾乎相等
   b. 差很大
   c. 等於輸出電壓
   d. 等於 ±15 V

6. 回授分式 B
   a. 總是小於 1
   b. 通常大於 1
   c. 可能等於 1
   d. 可能不等於 1

7. ICVS 放大器沒有輸出電壓，可能的問題是
   a. 沒有負的供應電壓
   b. 回授電阻短路
   c. 沒有回授電壓
   d. 負載電阻開路

8. 在 VCVS 放大器中，開迴路電壓增益中的任何減少，會產生何者的增加？
   a. 輸出電壓
   b. 誤差電壓
   c. 回授電壓
   d. 輸入電壓

9. 開迴路電壓增益等於
   a. 負回授的增益
   b. 運算放大器的差動電壓增益
   c. 當 B 為 1 的增益
   d. 在 f_{unity} 的增益

10. 迴路增益 $A_{VOL}B$
    a. 通常遠小於 1
    b. 通常遠大於 1
    c. 可能不等於 1
    d. 在 0 與 1 之間

11. ICVS 放大器閉迴路輸入阻抗
    a. 通常大於開迴路輸入阻抗
    b. 等於開迴路輸入阻抗
    c. 有時小於開迴路阻抗
    d. 理想上為零

12. ICVS 放大器電路會近似於理想的
    a. 電壓放大器
    b. 電流轉電壓之轉換器
    c. 電壓轉電流之轉換器
    d. 電流放大器

13. 負回授會減少
    a. 回授分式
    b. 失真
    c. 輸入偏移電壓
    d. 開迴路增益

14. 電壓隨耦器的電壓增益為
    a. 遠小於 1
    b. 1
    c. 大於 1
    d. A_{VOL}

15. 在實際運算放大器輸入端點間的電壓為
    a. 零
    b. 非常小
    c. 非常大
    d. 等於輸入電壓
16. 放大器的轉阻是它自己本身的何種比值？
    a. 輸出電流對輸入電壓
    b. 輸入電壓對輸出電流
    c. 輸出電壓對輸入電壓
    d. 輸出電壓對輸入電流
17. 電流無法透過何者流往地？
    a. 實體的地
    b. 交流地
    c. 虛接地
    d. 尋常的地
18. 在電流轉電壓之轉換器，輸入電流會流
    a. 經運算放大器的輸入阻抗
    b. 經回授電阻
    c. 往地
    d. 經負載電阻
19. 電流轉電壓之轉換器的輸入阻抗為
    a. 小
    b. 大
    c. 理想上為零
    d. 理想上為無窮大
20. 開迴路頻寬會等於
    a. f_{unity}
    b. $f_{2(OL)}$
    c. $f_{unity}/A_{v(CL)}$
    d. f_{max}
21. 閉迴路頻寬會等於
    a. f_{unity}
    b. $f_{2(OL)}$
    c. $f_{unity}/A_{v(CL)}$
    d. f_{max}
22. 對於一已知運算放大器，哪一個會是常數？
    a. $f_{2(OL)}$
    b. 回授電壓
    c. $A_{v(CL)}$
    d. $A_{v(CL)}f_{(CL)}$
23. 負回授不會改善
    a. 電壓增益的穩定度
    b. 後級電路中的非線性失真
    c. 輸出偏移電壓
    d. 功率頻寬
24. 有個飽和的 ICVS 放大器，可能的問題會是
    a. 沒有供應電壓
    b. 回授電阻開路
    c. 沒有輸入電壓
    d. 負載電阻開路
25. 有個 VCVS 放大器沒有輸出電壓，可能的問題是
    a. 負載電阻短路
    b. 回授電阻開路
    c. 輸入電壓過多
    d. 負載電阻開路
26. 有個飽和的 ICIS 放大器，可能的問題會是
    a. 負載電阻短路
    b. R_2 開路
    c. 沒有輸入電壓
    d. 負載電阻開路
27. 有個飽和的 ICVS 放大器，可能的問題會是
    a. 沒有正的供應電壓
    b. 回授電阻開路
    c. 沒有回授電壓
    d. 負載電阻短路
28. 在 VCVS 放大器中閉迴路輸入阻抗
    a. 通常大於開迴路輸入阻抗
    b. 等於開迴路輸入阻抗
    c. 有時候會小於開迴路輸入阻抗
    d. 理想上為零

● 問題

在以下問題中，請參考運算放大器章節中表 11-3 所示之運算放大器參數值。

12-2　VCVS 電壓增益

1. 在圖 12-15 中，試計算回授分式、理想閉迴路電壓增益、百分比誤差及正確的電壓增益值。

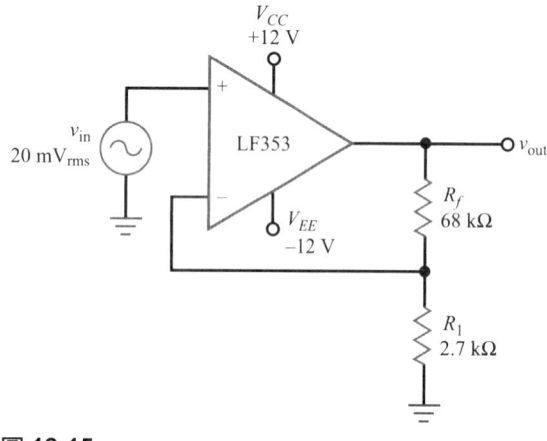

圖 12-15

2. 若圖 12-15 的 68 kΩ 改成 39 kΩ，試求回授分式及閉迴路電壓增益值。

3. 在圖 12-15 中 2.7 kΩ 電阻改成 4.7 kΩ，試求回授分式及閉迴路電壓增益值。

4. 若圖 12-15 的 LF351 換成 LM308，試求回授分式、理想閉迴路電壓增益、百分比誤差及正確的電壓增益值。

12-3　其他的 VCVS 方程式

5. 在圖 12-16 中，運算放大器的 R_{in} 為 3 MΩ 而 R_{CM} 為 500 MΩ，所使用的運算放大器 A_{VOL} = 200,000，試求閉迴路輸入阻抗值。

6. 使用 A_{VOL} = 75,000 及 R_{out} = 50，試求圖 12-16 中的閉迴路輸出阻抗。

7. 假設圖 12-16 中的放大器開迴路總諧波失真為 10%，試求閉迴路的總諧波失真。

12-4　ICVS 放大器

8. ⅢMultiSim 在圖 12-17 中，頻率為 1 kHz，試求輸出電壓值。

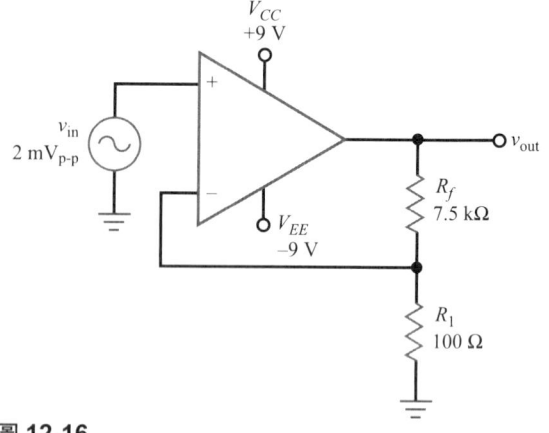

圖 12-16

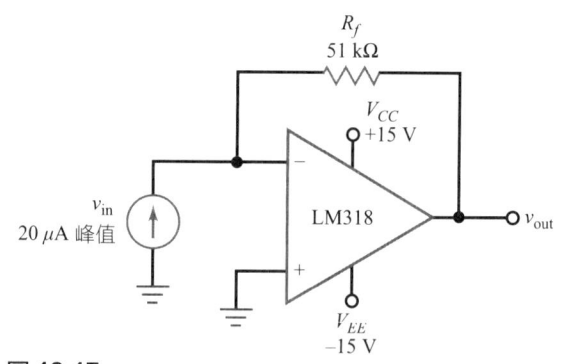

圖 12-17

9. ⅢMultiSim 若回授電阻由 51 kΩ 改成 33 kΩ，試求圖 12-17 中的輸出電壓值。

10. ⅢMultiSim 在圖 12-17 中，輸入電流改成有效值 10.0 μA，試求峰對峰輸出電壓值。

12-5　VCIS 放大器

11. ⅢMultiSim 試求圖 12-18 中的輸出電流及負載功率。

12. 在圖 12-18 中若負載電阻由 1 Ω 改成 3 Ω，試求輸出電流及負載功率。

13. ⅢMultiSim 在圖 12-18 中若 2.7 Ω 電阻改成 4.7Ω，試求輸出電流及負載功率。

12-6　ICIS 放大器

14. ⅢMultiSim 試求圖 12-19 中的電流增益及負載功率。

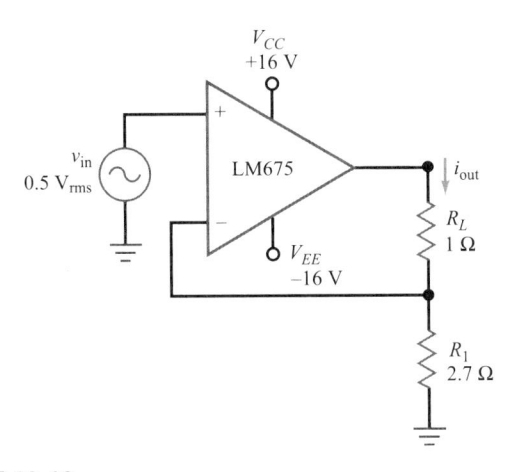

圖 12-18

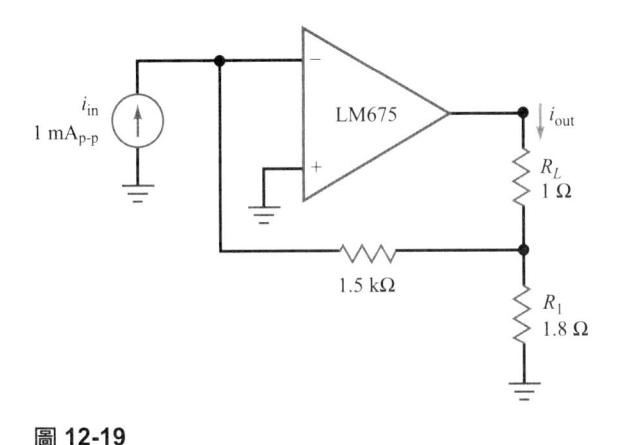

圖 12-19

15. **MultiSim** 若圖 12-19 中負載電阻由 1 Ω 改成 2 Ω，試求輸出電流及負載功率。

16. 圖 12-19 中若 1.8 Ω 電阻改成 7.5 Ω，試求電流增益及負載功率。

12-7 頻寬

17. 有個 VCVS 放大器使用 LM324，而其 $(1 + A_{VOL}B) = 1000$ 且 $f_{2(OL)} = 2$ Hz，試求閉迴路頻寬。

18. 若有個 VCVS 放大器使用 $A_{VOL} = 316,000$ 及 $f_{2(OL)} = 4.5$ Hz 的 LM833，試求 $A_{v(CL)} = 75$ 的閉迴路頻寬值。

19. 若有個 ICVS 放大器使用 $A_{VOL} = 20,000$ 及 $f_{2(OL)} = 750$ Hz 的 LM318，試求閉迴路頻寬。

20. 有個 ICIS 放大器使用 $f_{2(OL)} = 120$ Hz 的 TL072，若 $(1 + A_{VOL}B) = 5000$，試求閉迴路頻寬。

21. 有個 VCVS 放大器採用 $f_{unity} = 1$ MHz 而 $S_R = 0.5$ V/μs 的 LM741C，若 $A_{v(CL)} = 10$，試求閉迴路頻寬值，及在 $f_{2(CL)}$ 處最大不失真峰值輸出電壓。

● 腦力激盪

22. 圖 12-20 為可用來量測電流之電流轉電壓的轉換器，當輸入電流為 4 μA 時，電壓計讀值為多少？

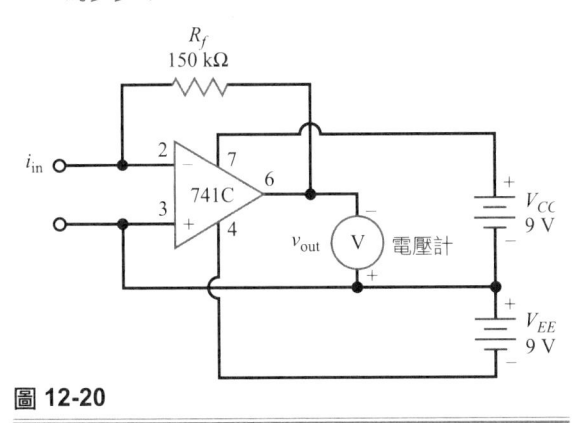

23. 圖 12-21 中的輸出電壓值為？

24. 在圖 12-22 中，試求開關在各位置下的放大器電壓增益值。

25. 在圖 12-22 中，若輸入電壓為 10 mV，試求開關在各位置下的輸出電壓。

26. 在圖 12-22 中，741C 的 $A_{VOL} = 100,000$、$R_{in} = 2$ MΩ 而 $R_{out} = 75$ Ω，試求各開關位置下的閉迴路輸入及輸出阻抗。

27. 在圖 12-22 中，741C 其 $A_{VOL} = 100,000$、$I_{in(bias)} = 80$ nA、$I_{in(offset)} = 20$ nA、$V_{in(offset)} = 1$ mV 而 $R_f = 100$ kΩ，試求開關在各位置下的輸出偏移電壓。

圖 12-20

28. 試問圖 12-23a 中開關在各位置下的輸出電壓值。

29. 圖 12-23b 的光二極體會產生 2 μA 電流，試求輸出電壓。

30. 若圖 12-23c 中的未知電阻為 3.3 kΩ，求輸出電壓。

31. 若圖 12-23c 中輸出電壓為 2 V，試求圖中未知電阻之電阻。

32. 圖 12-24 中的回授電阻有一電阻值，其受聲波控制。若回授阻抗在 9 kΩ 和 11 kΩ 之間呈弦波變化，試求輸出電壓。

33. 溫度會控制圖 12-24 的回授阻抗。若回授阻抗從 1 kΩ 變化到 10 kΩ，試求輸出電壓範圍。

34. 圖 12-25 為使用 BIFET 運算放大器的靈敏型直流電壓計，假設輸出電壓已歸零。對於各開關位置，試求會產生滿格偏轉的輸入電壓值。

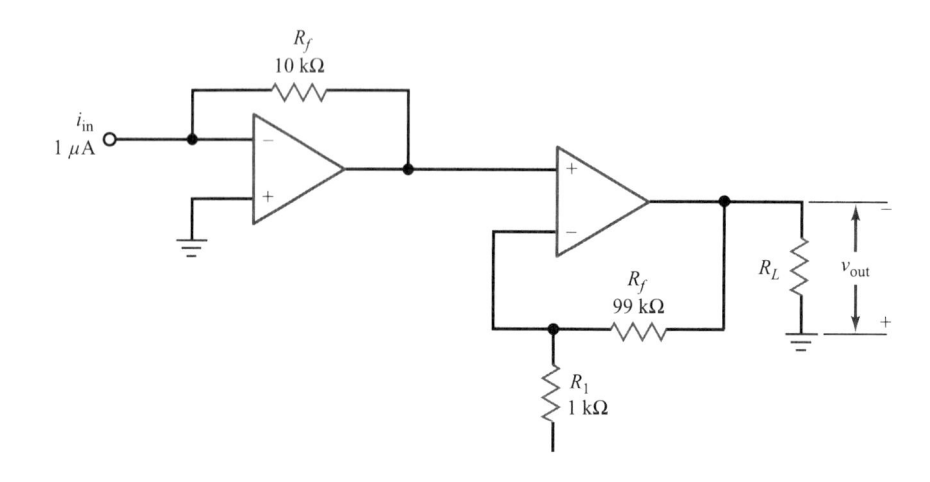

圖 12-21

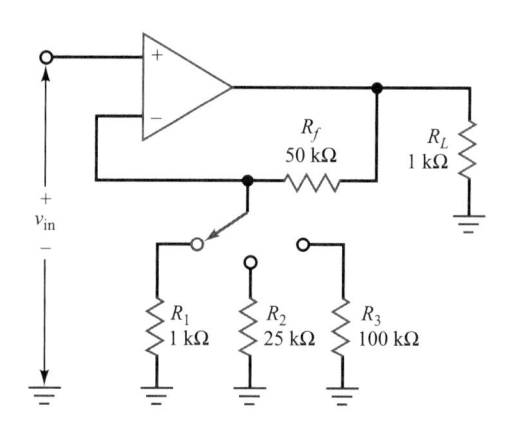

圖 12-22

圖 12-23

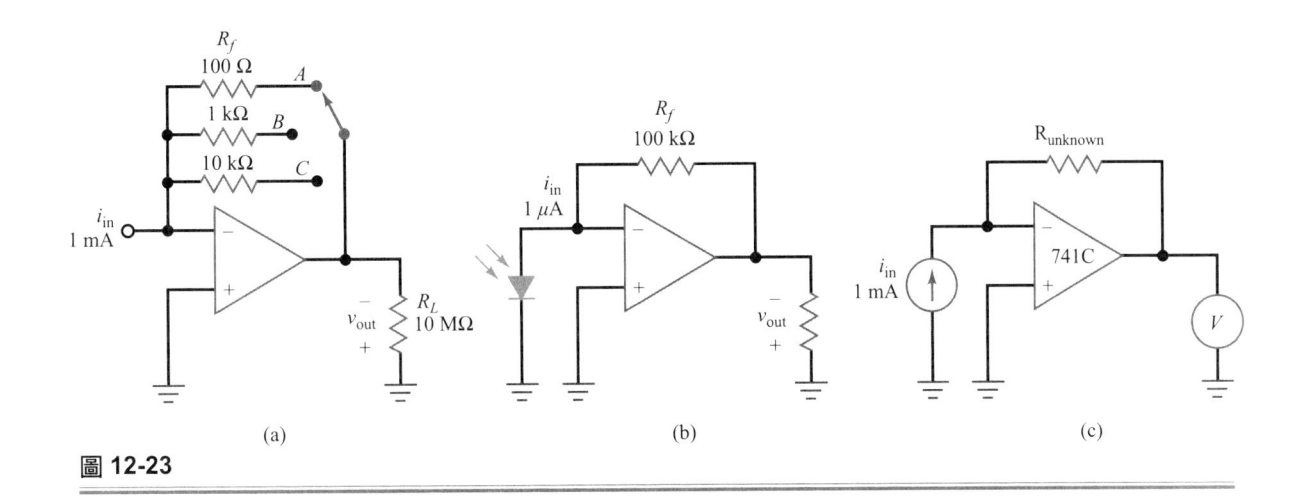

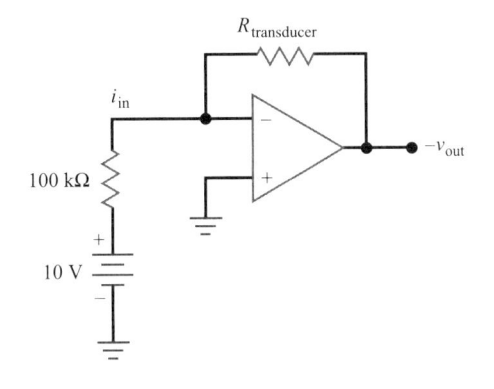

圖 12-24

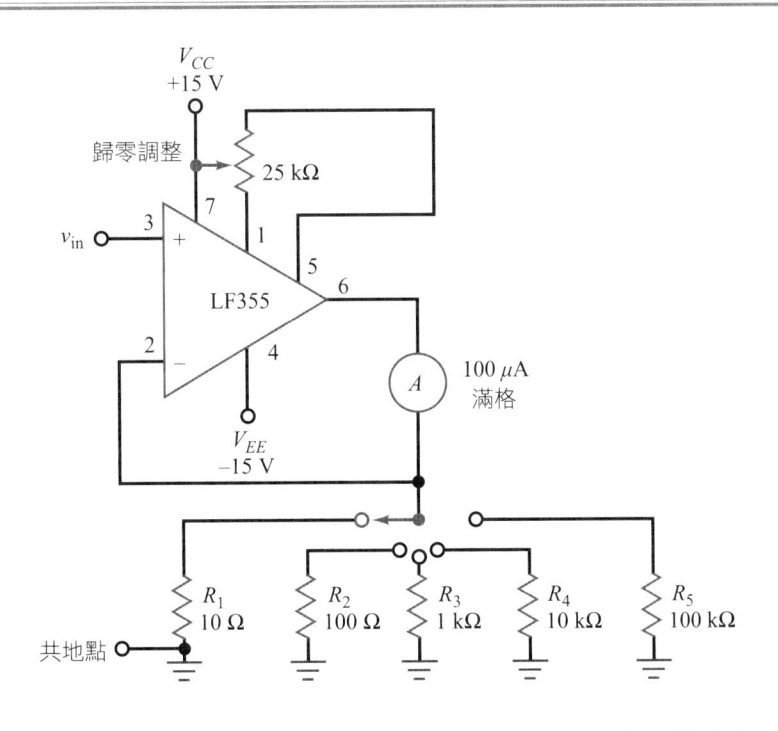

圖 12-25

電路檢測

MultiSim 針對以下問題使用圖 12-26，R_2 到 R_4 的任何一個電阻可以開路或短路。而且，將導線 *AB*、*CD* 或 *FG* 連接可以開路。

35. 試求問題 1 至 3。
36. 試求問題 4 至 6。
37. 試求問題 7 至 9。

運用軟體 Multisim 分析與解決問題

Multisim 分析與解決問題的檔案請至所提供的網址下載。網址內的章節序號為原文書的章節序號，請參照書末所附的「中英章節對照表」下載相關檔案。本章相關的檔案為 MTC17-38 到 MTC17-42。

開啟並分析解決各個檔案。執行量測以確認是否有錯，如果有，請查明錯誤。

38. 開啟並分析及解決檔案 MTC17-38。
39. 開啟並分析及解決檔案 MTC17-39。
40. 開啟並分析及解決檔案 MTC17-40。
41. 開啟並分析及解決檔案 MTC17-41。
42. 開啟並分析及解決檔案 MTC17-42。

問題回顧

1. 試繪出 VCVS 負回授等效電路，寫出閉迴路電壓增益、輸入與輸出阻抗及頻寬的方程式。
2. 試繪出 ICVS 負回授等效電路，而其與反相放大器關係為何？
3. 試問閉迴路頻寬與功率頻寬間的差異。
4. 試問有哪四種負回授，並簡單描述這些電路的作用。
5. 試問負回授在放大器頻寬上的影響。

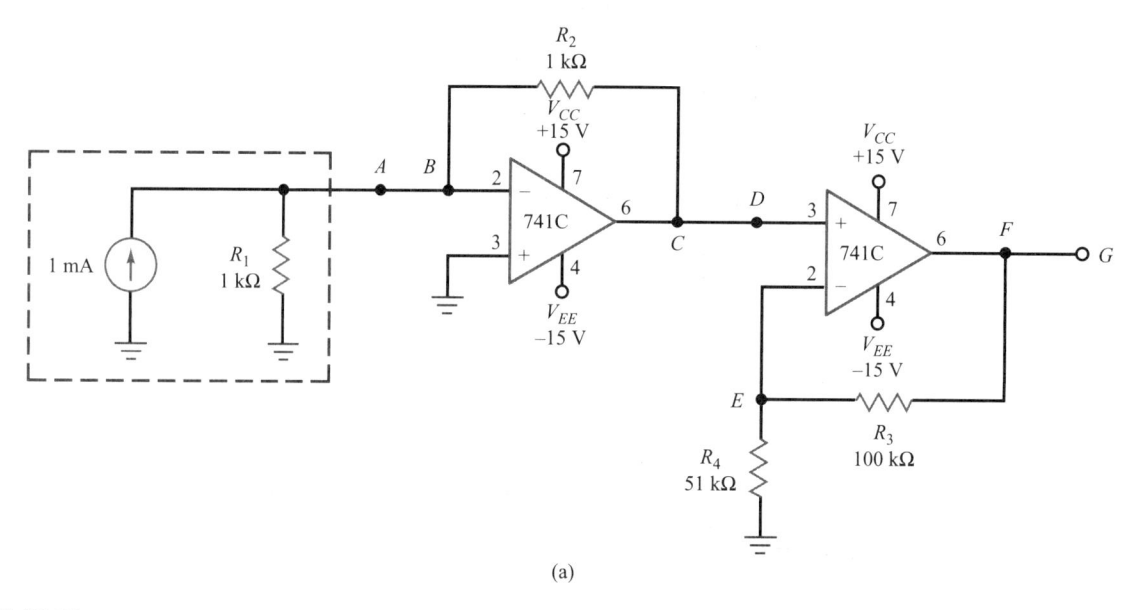

(a)

圖 12-26

電路檢測

問題	V_A	V_B	V_C	V_D	V_E	V_F	V_G	R_4
OK	0	0	−1	−1	−1	−3	−3	OK
T1	0	0	−1	0	0	0	0	OK
T2	0	0	0	0	0	0	0	OK
T3	0	0	−1	−1	0	−13.5	−13.5	0
T4	0	0	−13.5	−13.5	−4.5	−13.5	−13.5	OK
T5	0	0	−1	−1	−1	−3	0	OK
T6	0	0	−1	−1	0	−13.5	−13.5	OK
T7	+1	−4.5	0	0	0	0	0	OK
T8	0	0	−1	−1	−1	−1	−1	OK
T9	0	0	−1	−1	−1	−1	−1	∞

(b)

圖 12-26（續）

6. 試問閉迴路截止頻率是高或低於開迴路截止頻率。
7. 為何任何電路都會使用負回授？
8. 正回授對放大器有何影響？
9. 什麼是回授衰減（也稱回授衰減因數）？
10. 什麼是負回授？為何使用它？
11. 使用負回授將會降低整個電壓增益，為何你還會在放大級電路上採用負回授？
12. 何種放大器是 BJT 及 FET？

● 自我測驗解答

1. b
2. d
3. a
4. a
5. a
6. c
7. b
8. b
9. b
10. b
11. d
12. b
13. b
14. b
15. b
16. d
17. c
18. b

19. c	**24.** b
20. b	**25.** a
21. c	**26.** b
22. d	**27.** d
23. d	**28.** a

● 練習題解答

12-1 $B = 0.020$；

$A_{v(\text{ideal})} = 50$；

% 誤差 $= 0.05\%$；

$A_{v(\text{exact})} = 49.975$

12-2 $z_{\text{in}(CL)} = 191 \text{ M}\Omega$

12-3 $z_{\text{out}(CL)} = 0.015 \ \Omega$

12-4 $THD_{(CL)} = 0.004\%$

12-5 $v_{\text{out}} = 2 \text{ V}_{pp}$

12-6 $z_{\text{in}(CL)} = 0.025 \ \Omega$；

$z_{\text{out}(CL)} = 0.000375 \ \Omega$

12-7 $i_{\text{out}} = 3 \text{ A rms}$；

$P_L = 18 \text{ W}$

12-8 $i_{\text{out}} = 2 \text{ A rms}$；

$P_L = 4 \text{ W}$

12-9 $f_{2(CL)} = 100 \text{ kHz}$

12-10 $f_{2(CL)} = 8 \text{ kHz}$

12-11 $f_{2(CL)} = 10 \text{ Hz}$

12-12 $f_{2(CL)} = 125 \text{ kHz}$

12-13 $f_{2(CL)} = 10 \text{ kHz}$；

$V_{p(\max)} = 7.96 \text{ Hz}$

奇數題解答

以下提供各章章末的「問題」、「腦力激盪」等奇數題解答。

CHAPTER 1

1. −2
3. a. Semiconductor;（半導體）
   b. conductor;（導體）
   c. semiconductor;（半導體）
   d. conductor（導體）
5. a. 5 mA; b. 5 mA; c. 5 mA
7. 最小 = 0.60 V，最大 = 0.75 V
9. 100 nA
11. 降低飽和電流，並縮短 RC 時間常數
13. R_1 開路
15. D_1 開路

CHAPTER 2

1. 27.3 mA
3. 400 mA
5. 10 mA
7. 12.8 mA
9. 19.3 mA, 19.3 V, 372 mW, 13.5 mW, 386 mW
11. 24 mA, 11.3 V, 272 mW, 16.8 mW, 289 mW
13. 0 mA, 12 V
15. 9.65 mA
17. 12 mA
19. 開路
21. 二極體短路或電阻開路
23. 反向量測時得到 < 2.0 V 的讀值，這指出二極體是有問題的。
25. 陰極，指向色帶
27. 1N914：順向 $R = 100\ \Omega$；反向 $R = 800\ M\Omega$；1N4001：順向 $R = 1.1\ \Omega$，反向 $R = 5\ M\Omega$；1N1185：順向 $R = 0.095\ \Omega$，反向 $R = 21.7\ k\Omega$
29. 23 kΩ

CHAPTER 3

1. 70.7 V, 22.5 V, 22.5 V
3. 70.0 V, 22.3 V, 22.3 V
5. 20 V_{ac}, 28.3 V_p
7. 21.21 V, 6.74 V
9. 15 V_{ac}, 21.2 Vp, 15 V_{ac}
11. 11.42 V, 7.26 V
13. 19.81 V, 12.60 V
15. 0.5 V
17. 21.2 V, 752 mV
19. 紋（漣）波值將加倍。
21. 18.85 V, 334 mV
23. 18.85 V
25. 17.8 V; 17.8 V; no; higher
27. a. 0.212 mA; b. 2.76 mA
29. 11.99 V
31. 4.47 μA
33. 在正常操作期間，15 V 電源會供電給負載。左邊的二極體為順向偏壓，這允許 15 V 電源對負載提供電流。由於陰極端為 15 V，而陽極端只有 12 V，所以右邊的二極體會反向偏壓；這擋住了 12 V 的電池放電，一旦 15 V 電源不見，右邊的二極體便不會再是反向偏壓了，而 12 V 的電池就會對負載放電，左邊的二極體將會變成反向偏壓，阻止電流流進 15 V 電源。
31. 電容器將被破壞。
33. 0.7 V, 50 V
35. 1.4 V, 1.4 V
37. 2.62 V
39. 0.7 V, 59.3 V
41. 3393.6 V
43. 4746.4 V
45. 10.6 V, 10.6 V
47. 以 1° 為步級求出每個電壓值的總和，然後將總電壓除以 180。
49. 大約 0 V. 每個電容器將充電至相同的電壓但極性相反。

CHAPTER 4

1. 19.2 mA
3. 53.2 mA
5. I_S = 19.2 mA, I_L = 10 mA, I_Z = 9.2 mA
7. 43.2 mA
9. V_L = 12 V, I_Z = 12.2 mA
11. 15.05 V 到 15.16 V
13. 是，167 Ω
15. 783 Ω
17. 0.1 W
19. 14.25 V, 15.75 V
21. a. 0 V; b. 18.3 V; c. 0 V; d. 0 V
23. 跨在 R_S 上的短路
25. 5.91 mA
27. 13 mA
29. 15.13 V
31. 稽納電壓為 6.8 V 而 R_S 小於 440 Ω
33. 27.37 mA
35. 7.98 V
37. 問題 5：在 A 開路；問題 6：R_L 開路；問題 7：在 E 開路；問題 8：稽納短路。

CHAPTER 5

1. 0.05 mA
3. 4.5 mA
5. 19.8 μA
7. 20.8 μA
9. 350 mW
11. 理想：12.3 V，27.9 mW；第二種近似法：12.7 V、24.7 mW
13. −55°C 到 +150°C
15. 可能會燒毀
17. 30

583

19. 6.06 mA, 20 V
21. 負載線的左邊會往下移,而右邊則會維持在同一點。
23. 10.64 mA, 5 V
25. 負載線的左邊會下降一半,而右邊不動。
27. 最小:10.79 V;最大:19.23 V
29. 4.55 V
31. 最小:3.95 V;最大:5.38 V
33. a. 不在飽和區;b. 不在飽和區;c. 在飽和區;d. 不在飽和區
35. a. 上升;b. 上升;c. 上升;d. 下降;e. 上升;f. 下降
37. 165.67
39. 463 kΩ
41. 3.96 mA

CHAPTER 6

1. 10 V, 1.8 V
3. 5 V
5. 4.36 V
7. 13 mA
9. R_C 可能短路;電晶體集射極可能開路;R_B 可能開路,電晶體處在截止區;基極電路開路;射極電路開路
11. 短路的電晶體;R_B 值很低;V_{BB} 太高了
13. 開路射極電阻
15. 3.81 V, 11.28 V
17. 1.63 V, 5.21 V
19. 4.12 V, 6.14 V
21. 3.81 mA, 7.47 V
23. 31.96 μA, 3.58 V
25. 27.08 μA, 37.36 μA
27. 1.13 mA, 6.69 V
29. 6.13 V, 7.18 V
31. a. 下降;b. 上升;c. 下降;d. 上升;e. 上升;f. 不變
33. a. 0 V; b. 7.26 V; c. 0 V; d. 9.4 V; e. 0 V

35. −4.94 V
37. −6.04 V, −1.1 V
39. 電晶體將會壞掉
41. 將 R_1 短路,拉高電源電壓值
43. 9.0 V, 8.97 V, 8.43 V
45. 8.8 V
47. 27.5 mA
49. R_1 短路
51. 問題 3:R_C 短路;問題 4:電晶體端點短路在一起
53. 問題 7:R_E 開路;問題 8:R_2 短路
55. 問題 11:電源供應器故障;問題 12:電晶體的射基二極體開路

CHAPTER 7

1. 3.39 Hz
3. 1.59 Hz
5. 4.0 Hz
7. 18.8 Hz
9. 0.426 mA
11. 150
13. 40 μA
15. 11.7 Ω
17. 2.34 kΩ
19. 基極:207 Ω,集極:1.02 kΩ
21. 最小的 h_{fe} = 50;最大的 h_{fe} = 200;電流是 1 mA;溫度是 25°C
23. 電容會有某種程度的漏電流,其會流過電阻而在電阻上產生電壓降。
25. 9.09 Hz
27. 5.68 kΩ, 2.27 kΩ
29. 2700 μF

CHAPTER 8

1. 15 GΩ
3. 20 mA, −4 V, 500 Ω
5. 500 Ω, 1.1 kΩ
7. −2 V, 2.5 mA
9. 1.5 mA, 0.849 V

11. 0.198 V
13. 20.45 V
15. 14.58 V
17. 7.43 V, 1.01 mA
19. −1.5 V, 11.2 V
21. −2.5 V, 0.55 mA
23. −1.5 V, 1.5 mA
25. −5 V, 3200 μS
27. 3 mA, 3000 μS
29. 7.09 mV
31. 3.06 mV
33. 0 mV$_{p-p}$, 24.55 mV$_{p-p}$, ∞
35. 8 mA, 18 mA
37. 8.4 V, 16.2 mV
39. 2.94 mA, 0.59 V, 16 mA, 30 V
41. 開路 R_1
43. 開路 R_D
45. 開路 G-S
47. 開路 C_2
49. R_2 短路
51. C_3 短路
53. Q_1 從 D-S 端短路

CHAPTER 9

1. 2.25 mA, 1 mA, 250 μA
3. 3 mA, 333 μA
5. 381 Ω, 1.52, 152 mV
7. 1 MΩ
9. a. 0.05 V; b. 0.1 V; c. 0.2 V; d. 0.4 V
11. 0.23 V
13. 0.57 V
15. 19.5 mA, 10 A
17. 12 V, 0.43 V
19. +12 V 到 0.43 V 的方波
21. 12 V, 0.012 V
23. 1.2 mA
25. 1.51 A
27. 30.5 W
29. 0 A, 0.6 A
31. 20 S, 2.83 A
33. 14.7 V
35. 5.48 × 10 3 A/V2, 26 mA

37. 104×10^{-3} A/V², 84.4 mA
39. 1.89 W
41. 14.4 μW, 600 μW
43. 0.29 Ω
45. C_1 開路
47. Q_1 損毀
49. R_1 短路

CHAPTER 10
1. 196, 316
3. 19.9, 9.98, 4, 2
5. −3.98, −6.99, −10, −13
7. −3.98, −13.98, −23.98
9. 46 dB, 40 dB
11. 31.6, 398
13. 50.1
15. 41 dB, 23 dB, 18 dB
17. 100 mW
19. 14 dBm, 19.7 dBm, 36.9 dBm
21. 2
23. 參見圖 1
25. 參見圖 2
27. 參見圖 3
29. 參見圖 4
31. 1.4 MHz
33. 119 Hz
35. 284 Hz
37. 5 pF, 25 pF, 15 pF
39. 閘極：30.3 MHz；
    汲極：8.61 MHz
41. 40 dB
43. 0.44 μS
45. R_G 變成 500 Ω
47. C_{in} 是 0.1 μF 已非 1 μF
49. V_{CC} 為 15V 而非 10V

CHAPTER 11
1. 170 μV
3. 19,900, 2000, 200
5. 1.59 MHz
7. 10, 2 MHz, 250 mV$_{p-p}$, 49 mVpp；參見圖 5

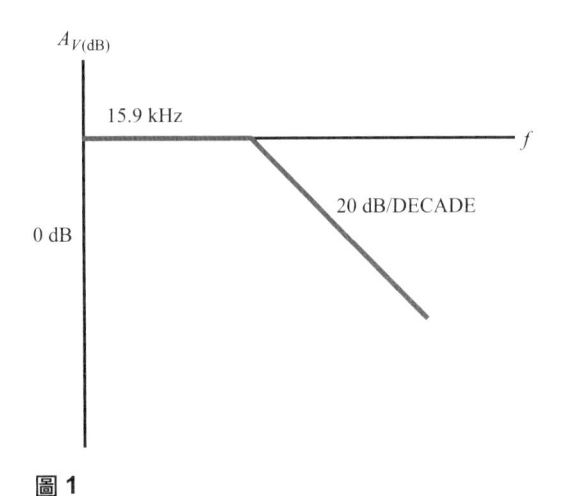

圖 1

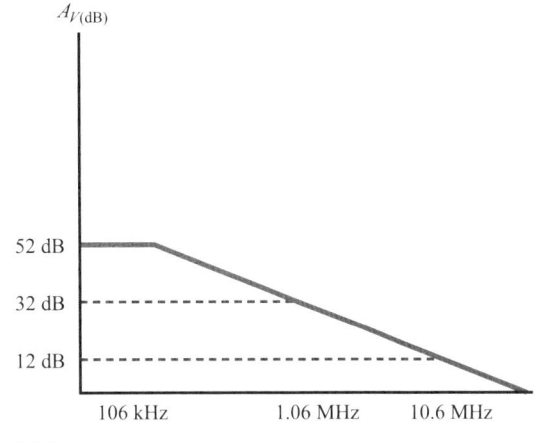

圖 2

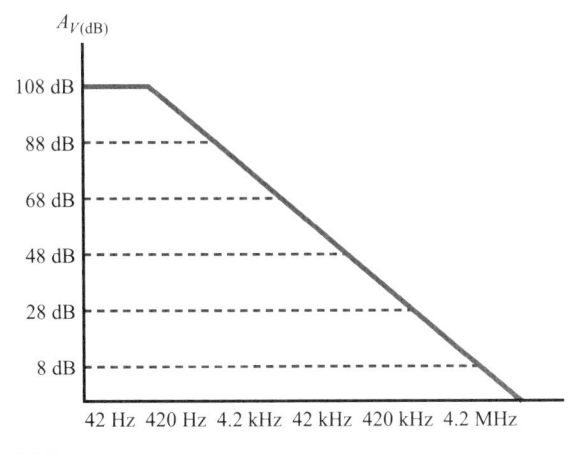

圖 3

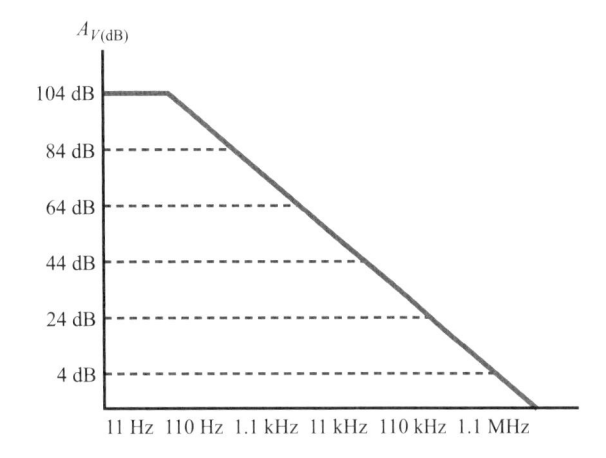

圖 4

圖 5

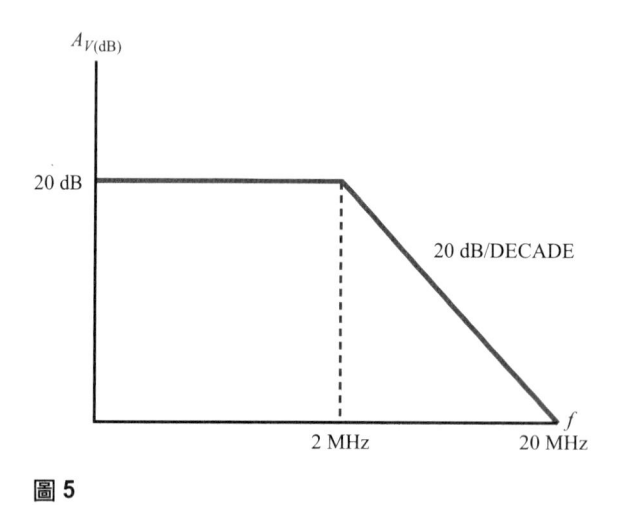

9. 40 mV
11. 42 mV
13. 50 mV$_{p-p}$, 1 MHz
15. 1 到 51, 392 kHz 到 20 MHz
17. 188 mV/μs, 376 mV/μs
19. 38 dB, 21 V, 1000
21. 214, 82, 177
23. 41, 1
25. 1, 1 MHz, 1, 500 kHz
27. 不是正飽和就是負飽和
29. 2.55 V$_{p-p}$

CHAPTER 12

1. 0.038, 26.32, 0.10%, 26.29
3. 0.065, 15.47
5. 470 MΩ
7. 0.0038 %
9. -0.660 V$_p$
11. 185 mA$_{rms}$, 34.2 mW
13. 106 mA$_{rms}$, 11.2 mW
15. 834 mA$_{p-p}$, 174 mW
17. 2 kHz
19. 15 MHz
21. 100 kHz, 796 mV$_p$
23. 1 V
25. 510 mV, 30 mV, 15 mV
27. 110 mV, 14 mV, 11 mV
29. 200 mV
31. 2 kΩ
33. 0.1 V 到 1 V
35. T1：C 與 D 間開路；T2：R_2 短路；T3：R_4 短路
37. T7：A 與 B 間開路；T8：R_3 短路；T9：R_4 開路

名詞索引

π 模型（π model）309
Ebers-Moll 模型（Ebers-Moll model）308
h 參數（h parameters）209
IC 型穩壓器（IC voltage regulator）100
n 型半導體（n-type semiconductor）12
p 型半導體（p-type semiconductor）13
PIN 二極體（PIN diode）173
pn 接面（pn junction）13
T 模型（T model）308

一劃

一階響應（first-order response）504

二劃

七段顯示器（seven-segment display）161
二極體（diode）13

三劃

上升時間 T_R（risetime T_R）468
小信號放大器（small-signal amplifiers）301
小信號電晶體（small-signal transistors）204

四劃

分貝功率增益（decibel power gain）443
分貝值（decibels）442
分貝電壓增益（decibel voltage gain）445
反相放大器（inverting amplifier）464, 512
介面（interface）413
反（逆）向偏壓（reverse bias）16
內部電容（internal capacitances）436
切換式穩壓器（switching regulator）85
切換（switching）222
互補式金氧半導體（complementary MOS, CMOS）408
少數載子（minority carrier）12
分壓器偏壓法 (voltage-divider bias, VDB) 257, 340
不斷電電源供應器（uninterruptible power supply, UPS）414

五劃

半功率頻率（half-power frequencies）437
加法放大器（summing amplifier）525
半波整流器（half-wave rectifier）68
失真（distortion）300
主動式負載電阻（active-load resistors）406
主動區（active region）196
功率場效應電晶體（power FET）410
功率電晶體（power transistors）204
功率頻寬（power bandwidth）509
功率額定值（power rating）39
主電容（dominant capacitor）437
本質半導體（intrinsic semiconductor）10
半導體（semiconductor）5
本體電阻（bulk resis-tance）38

六劃

光二極體（photodiode）162
自由電子（free electron）5
全波整流器（full-wave rectifier）74
交流射極電阻（ac emitter resistance）304
交流接地（ac ground）296
交流等效電路（ac equivalent circuit）311
交流短路（ac short）291
交流電流增益（ac current gain）302
共射極（common emitter, CE）192
共射極放大器（common-emitter (CE) amplifier）312
回授分式 B（feedback fraction B）552
回授衰減因數（feedback attenuation factor）552
米勒效應（Miller effect）465
共基極放大器（common-base (CB) amplifier）313
回授電容（feedback capacitor）464
共陰極（common-cathode）162
自動增益控制（automatic gain control, AGC）366
自偏壓（self-bias）271, 336
再結合（recombination）8
共集極放大器（common-collector (CC) amplifier）313
共陽極（common-anode）162
光電子學（optoelectronics）153
光電晶體（phototransistor）254
共源極放大器（common-source (CS) amplifier）350
光耦合器（optocoupler）163
多數載子（majority carrier）12
共價鍵（covalent bond）7

七劃

夾止電壓（pinchoff voltage）329
步級恢復二極體（step-recovery diode）172
步級電壓（voltage step）507
汲極回授偏壓（drain-feedback bias）419
汲極（drain）326
串聯開關（series switch）358

八劃

放大器中頻帶（midband of an amplifier）437
放大（amplifying）222
非反相放大器（noninverting amplifier）519
空乏型 MOSFET（depletion-mode MOSFET）390
非本質半導體（extrinsic semiconductor）11
空乏層（depletion layer）14
垂直型金氧半導體（VMOS）411
直流放大器（dc amplifier）438
直流等效電路（dc equivalent circuit）310
直流轉交流轉換器（dc-to-ac converter）414
直流轉直流轉換器（dc-to-dc converter）414
直流 α（dc alpha）190
直流 β（dc beta）190
金氧半場效應電晶體（metal-oxide semiconductor FET, MOSFET）388
非線性元件（nonlinear device）36
抵銷電路（nulling circuit）504
波德圖（Bode plot）453
並聯開關（shunt switch）357
門檻電壓（threshold voltage）395
矽（silicon）5

九劃

負回授（negative feedback）550
突波電阻（surge resistor）95
突波電流（surge current）95
背面二極體（back diode）172
表面漏電流（surface-leakage current）18
表面黏著式電晶體（surface-mount transistors）210
前級穩壓器（preregulator）137
信號的直流值（dc value of a signal）68
負電阻值（negative resistance）173
負載線（load line）55, 214
洩漏區（leakage region）130
降額因數（derating factor）149
重疊定理（superposition theorem）310

十劃

修正因素（correction factor）246
原型電路（prototype）242
峰值反向電壓（peak inverse voltage, PIV）94
峰值檢測器（peak detector）111
消除（swamp out）270
射極二極體（emitter diode）186
射極回授偏壓法（emitter-feedback bias）270
射極偏壓（emitter bias）244
旁路電容（bypass capacitor）296
迴路增益（loop gain）553
射極（emitter）186
迴轉率（slew rate）507
級（stage）268

十一劃

基板（substrate）390
接面二極體（junction diode）13
接面溫度（junction temperature）22
接面電晶體（junction transistor）184
深度飽和（hard saturation）224
混音器（mixer）526
透納二極體（tunnel diode）173
閉迴路電壓增益（closed-loop voltage gain）514
被動式濾波器（passive filter）99
雪崩效應（avalanche effect）19
理想二極體（ideal diode）41
基極偏壓（base bias）213
基極（base）186
陰極（cathode）36
通道（channel）327
淺飽和（soft saturation）224
崩潰區（breakdown region）197
崩潰電壓（breakdown voltage）18

十二劃

單一方向的負載電流（unidirectional load current）68
最大順向電流（maximum forward current）38
發光二極體（light-emitting diodes, LEDs）153
發光效率（Luminous efficacy）160
發光強度（luminous intensity）155
順向偏壓（forward bias）15
單位增益頻率（unity-gain frequency）457
開迴路電壓增益（open-loop voltage gain）500
開迴路頻寬（open-loop bandwidth）515
場效應電晶體（field-effect transistor, FET）324

場效應（field effect）326
虛接地（virtual ground）513
虛短路（virtual short）520
集極二極體（collector diode）186
集極回授偏壓法（collector-feedback bias）270
短路輸出電流（short-circuit output current）506
陽極（anode）36
集極（collector）186
散熱片（heat sink）208
開關電路（switching circuits）198

電壓控制元件（voltage-controlled device）327
電壓控制電流源（voltage-controlled current source, VCIS）550
電壓控制電壓源（voltage-controlled voltage source, VCVS）498, 550
補償電容（compensating capacitor）503
電壓增益（voltage gain）294
電壓隨耦器（voltage follower）526
電壓轉電流之轉換器（voltage-to-current converter）551

十三劃

電子系統（electronic systems）58
電流放大器（current amplifier）565
溫度係數（temperature coefficient）135
電流控制電流源（current-controlled current source, ICIS）550
電流控制電壓源（current-controlled voltage source, ICVS）550
電流源偏壓（current-source bias）344
電流增益（current gain）190
電流轉電壓之轉換器（current-to-voltage converter）551
雷射二極體（laser diode）163
靴帶（bootstrapping）521
電發光（electroluminescence）154
電源拒斥比（power supply rejection ratio, PSRR）530
電源供應器（power supply）85
閘極偏壓法（gate bias）333
閘源極截止電壓（gate-source cutoff voltage）330
源極隨耦器（source follower）351
閘極（gate）326
源極（source）326
電壓倍增電路（voltage multiplier）113

十四劃

截止區（cutoff region）198
截止頻率（cutoff frequencies）437
截止點（cutoff point）217
箝位器（clamper）108
飽和區（saturation region）197
飽和電流（saturation current）18
截波器（chopper）358
截波器（clipper）104
飽和點（saturation point）215
漣波（ripple）85
對數刻度（logarithmic scale）454
障壁電位（barrier potential）15
摻雜（doping）11

十五劃

耦合電容（coupling capacitor）290
數位（digital）405
線性元件（linear device）36
歐姆區（ohmic region）329
歐姆電阻（ohmic resistance）38
熱阻（thermal resistance）208

落後電路（lag circuit）459
稽納二極體（zener diode）130
稽納效應（zener effect）135
稽納電阻（zener resistance）130
增益頻寬乘積（gain-bandwidth product, GBP）516, 568
稽納穩壓器（zener regulator）132
熱能（thermal energy/heat energy）8
增強型 MOSFET（enhancement-mode MOSFET）394
導通帶（conduction band）21
線路雜散電容（stray-wiring capacitance）437
膝點電壓（knee voltage）37

十六劃

輸入扼流圈濾波器（choke-input filter）83
輸入電容濾波器（capacitor-input filter）86
輸出誤差電壓（output error voltage）502
橋式整流器（bridge rectifier）78
諧波失真（harmonic distortion）558
頻率響應（frequency response）436
靜態點（quiescent point）220
積體電路（integrated circuit, IC）99, 184

十七劃

環境溫度（室溫）（ambient temperature）8

十八劃

轉阻放大器（transresistance amplifier）550
濾波器（filter）68
蕭特基二極體（Schottky diode）166
雙極性接面電晶體（bipolar junction transistor, BJT）184
雙極性場效應電晶體運算放大器（BIFET op amp）500
雙電源射極偏壓法（two-supply emitter bias, TSEB）266
雙態電路（two-state circuits）227
轉導放大器（transconductance amplifier）550
轉導特性曲線（transconductance curve）331
轉導值（transconductance）348

十九劃

類比（analog）404
穩固式分壓器（firm voltage divider）261
穩流二極體（current-regulator diodes）171

二十三劃

變阻器（varistor）171
變容器（varactor）167

中英章節對照表

中文章節	英文章節	章名
1	2	半導體 (Semiconductors)
2	3	二極體原理 (Diode Theory)
3	4	二極體電路 (Diode Circuits)
4	5	特殊用途的二極體 (Special-Purpose Diodes)
5	6	雙極性接面電晶體原理 (BJT Fundamentals)
6	7	雙極性接面電晶體偏壓 (BJT Biasing)
7	8	交流模型 (Basic BJT Amplifiers)
8	11	接面場效應電晶體 (JFETs)
9	12	金氧半場效應電晶體 (MOSFETs)
10	14	頻率響應 (Frequency Effects)
11	16	運算放大器 (Operational Amplifiers)
12	17	負回授 (Negative Feedback)

Multisim 檔案下載網址：
http://highered.mheducation.com/sites/0073373885/student_view0/multisim_files.html
本網址只提供檔案下載，不提供軟體，請學生另找軟體安裝。